普通高等教育“十一五”国家级规划教材
财政部文化产业发展专项资金资助项目
湖南省优秀教材
湖南省普通高等学校“十三五”专业综合改革试点项目

高 等 学 校 机 械 工 程 类 规 划 教 材

机械设计基础

第五版

主　编　刘江南　李小兵　徐小军
副主编　赵又红　雷兆虹　颜海燕
　　　　伍素珍　吴远志
主　审　唐进元

湖南大学出版社 · 长沙

内 容 简 介

本书是在原普通高等教育“十一五”国家级规划教材、湖南省优秀教材的基础上多次改版修订的。全书共5篇17章，内容包括：引论篇；机械产品设计基础篇（机械系统总体方案设计，机械零件设计基础知识）；运动机构设计与分析篇（平面连杆机构，齿轮传动机构，轮系，带传动与链传动机构，其他常用机构，机械平衡及周期性速度波动调节）；机械连接、轴系及其他零件设计篇（机械连接的设计，滚动轴承的选择，滑动轴承的设计，联轴器、离合器及制动器的选择，轴系布局与轴的设计，其他通用零件的设计）；系统方案设计示例与机械创新设计篇。全书每章都有知识概要与知识图谱首尾呼应，双色印刷突出重难点内容，二维码链接一系列的实物现场录像、仿真动画、重难点讲解、例题解析、授课视频等数字化资源，并配有诸多例题和习题，附录补充大量机械设计常用基础数据、机械设计术语的中英文对照表，还配有教师专用课件。

本书顺应高等教育专业改革需要，内容体系突出系统设计与创新，结合现代机械产品正向设计和课程教学实施的基本规律，阐述机械系统的运动设计和结构设计相关知识，可作为高等学校机械设计类基础课程教材，既适用于传统工科专业，也适应于新工科专业；还可作为高职高专工科机械类专业教材，并可供有关专业的师生自学和工程技术人员参考。

图书在版编目（CIP）数据

机械设计基础/刘江南，李小兵，徐小军主编．—5版．—长沙：湖南大学出版社，2024.2（2024.8重印）
ISBN 978-7-5667-3207-1

Ⅰ．机…　Ⅱ．①刘…　②李…　③徐…　Ⅲ．①机械设计　Ⅳ．①TH122

中国国家版本馆CIP数据核字（2023）第158086号

机械设计基础（第五版）
JIXIE SHEJI JICHU（DI-WU BAN）

主　　编： 刘江南　李小兵　徐小军
策划编辑： 卢　宇
责任编辑： 卢　宇　廖　鹏
印　　装： 长沙新湘诚印刷有限公司
开　　本： 787 mm×1092 mm　1/16　**印张：** 22　**字数：** 577千字
版　　次： 2024年2月第1版　**印次：** 2024年8月第2次印刷
书　　号： ISBN 978-7-5667-3207-1
定　　价： 59.80元

出 版 人： 李文邦
出版发行： 湖南大学出版社
社　　址： 湖南·长沙·岳麓山　　**邮　　编：** 410082
电　　话： 0731-88822559(营销部),88821315(编辑室),88821006(出版部)
传　　真： 0731-88822264(总编室)
网　　址： http://press.hnu.edu.cn
电子邮箱： pressluy@hnu.edu.cn

高等学校机械工程类规划教材

序

（2024 年版）

当前，世界科技的突飞猛进为机械学科发展积蓄了变革力量，高质量发展的时代要求为机械学科发展树立了新的标杆。现代机械与信息及其他相关技术融合成为高度复合的系统，促进了智能机器人、智能制造、航空航天、生物制药、能源等众多技术领域的创新发展。机械工程已跨入一个全新的发展阶段，对高等教育相关学科的工程人才培养提出了更高的要求。

教材是新工科建设与专业人才培养的核心工具和重要载体，也是深化教育教学改革、全面推进素质教育、培养创新人才的重要保证。新工科专业的教材编写需要做到时代性和科学性相结合，突出知识的应用性、思维的创新性、理论的转化性、工作的创造性。

由湖南大学出版社组织出版的“高等学校机械工程类规划教材”自 2005 年第一版以来，始终围绕服务“教师教学需要、学生学习需要”的宗旨，紧跟时代步伐，不断修正与创新，在近 20 年的发展历程中，得到了众多使用高校的好评，并获得了许多荣誉。其中，《机械设计基础》《机械原理》等 7 部教材于 2012 年获得财政部文化产业发展专项资金资助，配套制作的“机械工程系列立体教材”获得第二届湖南出版政府奖电子出版物奖（2017 年）、第四届湖湘优秀出版物奖荣誉奖（2018 年）。

在新工科背景下，这套教材启动了新一轮修订工作，编委会更新换代，参编高校阵容增强，编写团队发展壮大。新版教材进一步将立德树人的根本任务以及教研和最新科研成果融入教材之中，在科学性、基础性、实用性和系统性的基础上，重构了教材内容体系，将价值塑造、知识传授和能力培养融为一体，具有突出的创新性与先进性。此外，教材还配套研制了多媒体课件、微课视频、仿真动画、学习指导等大量数字资源，并以新形态呈现。总体上看，教材体现了“四新融合”——新理论融合、新教学科研成果融合、新实践成果融合、新前沿技术融合，让学习者领略机械之妙，感受机械之美，体验学习之乐，激发创新之能。

相信这套教材能促进机械基础课程教学质量的进一步提升，带动教育教学改革的持续深入，助力培养适应中国特色社会主义发展需要的高素质、复合型新工科人才。

邓宗全

中国工程院院士、哈尔滨工业大学教授

2024 年 1 月

序

（2014 年版）

针对机械类基础课程教学需要，湖南大学出版社组织出版的“高等学校机械工程类规划教材”，已被众多高校采用近十年。其中，《机械设计基础》（第二版）入选国家“十一五”规划教材，并被评为湖南省优秀教材；《机械设计基础》《互换性与测量技术基础》《工程制图》《工程制图习题集》《计算机绘图基础》等曾获中南地区大学出版社优秀教材奖；《工程制图》曾获中国大学出版社图书奖优秀畅销书奖。教学实践表明，“机械工程类规划教材”深受广大师生的欢迎和好评。

近年来，随着高等机械工程教育改革与发展的不断深入，越来越多的高校参加国际工程教育专业认证，对教学内容和课程体系改革有了新的方向和新的要求。信息技术的快速发展，特别是互联网、大数据、云计算等技术的应用，促使传统教学模式发生了深刻的变化。作为传统教学知识载体的课程教材，亟需顺应时代需求而不断改进。

新版的“高等学校机械工程类‘十二五’规划教材”，在保持原版特色的基础上，围绕“教师教学需要”和“学生学习需要”两个中心点，秉持“体现内容的前沿性”“保持内容的整体性和系统性”“兼顾内容的全面性与精练性”“突出工程实践性”等原则，修改完善了教材内容，采取了新的编写方式。为了满足工程教育“以能力为导向”的交互式学习的需要，建立了与教材配套的立体化资源，使得学生不仅可以利用教材在课堂上学习知识，而且能够在课后进行更多的主动式、自主式学习。

新版系列教材配套教师用演示文稿，整合辅导教材、电子资料库、教学网站等载体，提供主体知识、案例及案例分析、习题试题库及答案、教案、课件、学习软件、自测（考试）软件等内容，是立体化的系列教材。

由此可见，湖南大学出版社 2014 年新版的“高等学校机械工程类‘十二五’规划教材”，将促进机械基础课程教学质量的进一步提高，带动教学内容和课程改革的进一步深入，为人才培养模式创新作出有益的探索，从而更好地为高等教育培养工科专业高级人才服务。

中国工程院院士、浙江大学教授
2014 年 2 月

序

（2005 年版）

从现在到 2020 年，是我国全面建设小康社会，实现国民经济增长模式根本转变，走新型工业化道路的关键时期。在这个重要的历史时期，机械工程高等教育承担着培养适应和推进新型工业化发展的现代高级工程人才的历史重任。准确地把握未来教育、科学和技术发展的机遇与挑战，客观地认识我们的教育、科学和技术发展的基础，是指导高等机械工程教育改革与发展的基本出发点。我国目前正处于实现工业化的过程中，要坚持对外开放，我国必须融入世界经济全球化的过程，必须积极承接世界制造业的转移。为了使我国制造业从中、低端产品加工基地转为世界工业产业中心之一，我们要努力加强研发力量，提高集成能力和创新能力。机械工程的集成与创新的载体是人才。抓住 21 世纪头 20 年的时机，我们以工程带动科技进步，培养从设计、制造工艺到操作、管理的各级各类人才，必将为全面建设小康社会，实现工业化，推动制造业再上新台阶发挥更为直接的作用。

目前，我国高等工程教育发展水平与适应社会发展需要之间还存在差距，问题之一是课程体系和教学方法没有出现根本性的转变。从 1990 年以来，高等院校开展了大规模的教学内容和课程体系改革，取得了明显成效，推出了一批优秀教材和精品课程。但是，传统的课程体系、教学计划、培养模式并没有发生普遍深刻的变化，不同学科的知识依然相互分离，综合性的课程还不多见，理论与工程实践脱节的局面并未得到根本性的改变。随着工业化进程和机械工程科技的发展，教学内容不断增加，教学要求不断提高，我们还是习惯于增加课程、增加学时，而忽视了课程的整合、融合、拓宽、更新，在教学方法上依然以讲授为主，学生自主学习、自我体验、自由创造的氛围还不够浓厚。现代机械工程要求的多学科综合和实践性、适应性的特征在高级工程人才培养的过程中体现得还远远不够。

现代机械工程已是多学科的综合体，今天机械工程科学家、工程师等技术专家的基本作用正是集成与创新，其任务是构建和实现机械系统。我们必须依据所在高校和专业的固有特点和特殊性质，按照教育目标定位，按照现代机械工程的特点，对机械工程高等教育的内容和课程体系进行改革，搞好机械工程类教材建设。为适应机械工程类教学改革的要求，湖南大学出版社精心组织出版了“高等学校机械工程类规划教材”。这套教材已规划了 20 余种，将于近年内陆续推出。规划教材涵盖了机械工程类的主要专业基础课程和部分专业选修课程，其中一些教材此前已经过多次使用，受到教师和学生的好评。这套教材由湖南省机械工程学会、湖南大学等 10 余所高校数十位长期在教学与教研教改第一线工作的教师共同努力编写而成。基于各高校教学改革和教材建设的经验，我们相信这套教材的出版和使用，能够加强各兄弟院校的交流与合作，并在教材建设和机械工程高等教育的改革发展方面相互借鉴、相互促进，为我国机械工程技术人才培养起到积极的作用。

教材建设要出精品，而精品绝不是一蹴而就的。机械工程科学与技术的发展正突飞猛进，机械技术与计算机技术、信息技术、控制技术、环保技术相结合，使得机械工程的内涵越来越丰富，发展的空间越来越广阔。虽然，这套教材突出了21世纪机械工程教育的综合性、适应性等特点，在整合、拓宽、更新和注重工程应用上下了工夫，对课程内容、体系进行了改革，但是，从总体改革思路、改革探索深度、学术水平、工程应用、教学手段、组织工作等方面来看，我们还有很大的拓展空间。世界在发展、国家在发展、高校在发展，我们这套教材的建设远不能说已经成熟、完美。我们还需要团结一心，虚心听取各高校教师、学生的批评，在自身的教育实践中进行修正、探索、提炼、变革、创新。

任重道远，行者无疆！

钟志华

中国工程院院士、湖南大学教授

2005年8月

第五版前言

与时俱进、精益求精是本教材近二十年一直坚持的理念。自2005年第一版到2019年第四版，每一版都对教材内容进行了精雕细琢，并不断更新其呈现形态。按照每4～5年改版一次的长期建设规划，本教材启动了第五次改版工作。这次改版基于以下背景：

（1）党的十八大以来，中央提出了一系列关于加强和改进大中小学教材建设的要求，教育部也于2019年12月印发了《普通高等学校教材管理办法》（教材〔2019〕3号），重点强调了要坚持正确的政治方向和价值导向，健全教材建设相关规章制度，依法依规推进教材建设。

（2）随着时代的发展，机械设计的对象呈现出广义化、个性化、信息化、智能化和复杂化的特征，机械设计的模式、技术和工具都发生了变化，这些变化都需要在教材中得以体现，确保知识传授和能力培养的时效性。

（3）新工科建设背景下，专业人才的培养目标对课程体系的学科范畴扩展和交叉融合提出了新要求，理论教学与实践教学环节的组织形式以及课时分配发生了显著变化。

（4）主编刘江南教授、徐小军教授作为教育部高等学校机械基础课程教学指导分委员会委员、教育部高等学校创新方法教学指导分委员会特邀委员，近四年来参与教指委组织的国内外机械设计和创新方法相关课程教材的调研分析，对机械设计教材建设有了更深入的思考。

（5）编写团队近年来在教研教改和科学研究中取得了不少新成果，需要充实到教材中。

基于以上背景，本次修订的重点工作主要体现在贯彻落实立德树人的根本任务、重构教材的内容体系、建立系统的知识图谱、增加前沿性和先进性内容等几个方面。

（1）加强价值塑造，强化综合素质培养。将“树立正确的设计理念，明确机械设计的社会意义，强化责任意识和担当精神”作为本课程的主要任务之一；结合各章节具体内容，将国家重大装备战略需求、制造业装备设计发展历史、人类文明的杰出创造成果、当前机械设计热点问题等素材分别融入绪论、正文、插图、例题和习题等内容之中；引导树立正确的设计思想和工程伦理，运用科学思维和工程方法，分析和解决新时代的工程实际问题。

（2）重构教材内容体系，顺应课程改革发展新趋势。在原内容体系基于学科知识认知规律的基础上，综合考虑机械设计对象的新变化和传统知识在新时代工程实际中应用的需求变化，重构了教材的内容体系。在力求确保科学性的同时，强化整体性和系统性，以满足一流专业和一流课程建设的需要。

① 按照现代机械产品正向设计和课程教学实施的基本规律，将原来共18章的架构重塑为五大篇——“引论”“机械产品设计基础”“运动机构设计与分析”“机械连接、轴系及其他零件设计”“系统方案设计示例与机械创新设计”，突出内容的系统性、逻辑性、全面性与层次性。

②将总论性质的内容（如原“机械设计的基本要求和一般设计程序”“现代设计方法与软件工具概述”等）并入第1章绪论之中，并增加一个小节“机械设计主要方法”；

③将产品正向设计前期阶段对应的“机械系统总体方案设计”章节内容提前到第2章，并强化产品和整机的系统设计；将产品设计后期阶段对应的机械零件设计基础知识调整到第3章；

④新增“轴系布局方案设计”一节，突出了系统布局设计的必要性和重要性，深入分析系统设计中的难点，强调了轴系零部件之间的关联性和系统性；

⑤分别将螺旋传动机构、凸轮机构和弹簧并入其他常用机构和其他通用零件这两章，增强了内容的逻辑关系；

⑥ 新增“螺栓组载荷等效分解”和“机架类零件设计”两节，强化了内容的完整性和系统性；

⑦在第16章机械系统设计示例中，增加了执行系统设计示例，结合原有的传动系统设计示例，将前文的内容进行集中的系统应用，与教材前两章首尾呼应；

⑧新增“机械创新设计”一章，对教材传统内容进行新的拓展；

⑨新增大量机械设计基础数据，以附录方式链接，方便设计时查找。

(3) 构建系统的知识图谱，强化知识关联以促进高效学习。机械设计教材知识历来显得零碎，为了强化知识的系统性并突出重难点，全面梳理各章知识点之间的关联，分层次将所有相关知识点贯通，将原来与各章概要相呼应的本章小结修订为系统的知识图谱，以巩固内容的掌握和提升学习的成效。

(4) 融入教研和科研成果，增加前沿性和先进性内容。结合所承担的多项教育部新工科研究与实践项目、产学合作协同育人项目和教指委教研教改项目等前沿研究成果，厘清容易混淆或难以理解的基本概念，更新发展中的相关内容，持续保持其先进性和前瞻性。例如重新论述了机械、机器、机构、高副约束、轴承游隙等基本概念；新增了机械创新设计、虚拟设计、智能设计、柔顺机构、变胞机构、RV减速器和谐波减速器、滚珠丝杆及行星滚柱丝杠传动等章节内容；新增了电子齿轮、电子凸轮和电子槽轮等拓展知识的习题、二维码链接的拓展知识；更新了先进设计方法及软件工具；采用了最新的标准规范；等等。

此外，结合始于第三版的双色印刷纸质教材、立体化数字化教材及融媒体技术，增加了大量数字资源及其二维码展示和彩色显示内容；勘正并精炼了若干细节内容。

本版编写团队继续壮大，参加修订工作的教师有刘江南（第1章、第2章、第3章、第5章、第7章、第10章、第14章、知识图谱、统稿）、雷兆虹（第4章、第8章、知识图谱）、赵又红（第11章、第12章、知识图谱、习题增补）、伍素珍（第6章、第9章、知识图谱）、谢桂芝（第7章、第14章、知识图谱）、刘杰（第13章、附录）、徐小军（前言、大纲和全书统稿修改）、颜海燕（第15章、知识图谱）、李小兵（大纲、第16章、第17章、知识图谱）、吴远志和王永强、唐永辉（重要素材收集与提炼）、颜超英（第2章）。本书由刘江南、李小兵、徐小军担任主编，赵又红、雷兆虹、颜海燕、伍素珍、吴远志担任副主编。

本书承蒙唐进元教授审阅并提出宝贵意见和建议，同时得到教育部高等学校机械基础课程教学指导分委员会多位专家的指点，以及湖南大学机械与运载工程学院机电系多位教师的帮助，编者在此一并表示最诚挚的感谢！

由于编者水平和时间所限，本书难免仍有疏虞之处，恳请读者不吝指正，编者不胜感激。

编　者

2024年1月

第四版前言

本书自2005年8月第一版发行以来，重印和再版多次，深受广大读者欢迎。第二版入选“普通高等教育‘十一五’国家级规划教材”，并先后被评为湖南省优秀教材和中南地区大学出版社优秀教材。

目前我国高等工程教育改革发展已经站在新的历史起点，随着大数据、“互联网+”、人工智能与虚拟现实/增强现实对大学课程的影响，传统学习模式将被打破；而智能型学习时代的来临，使得“互联网+教学”的课堂教学改革已经成为新时代发展的必然趋势。结合“新工科”建设的新理念，编者在各校课程建设与教学改革已取得的经验和成果基础上，多次交流研讨了本教材的改革更新思路。在保留第三版特色的基础上，本教材进行了以下修订工作。

1. 为了方便读者学习，将信息技术与教学融合，在新版各章中增加了一系列二维扫码仿真动画，读者可以自己用智能手机或智能平板浏览学习课程的相关资源。

2. 本次修订还修改了第三版教材中存在的文字、语句或其他错误，规范了术语，使语言更流畅。同时还精心修订了与教材配套的多媒体教学课件。

3. 本教材附有相应习题解答和立体化教学资源，方便师生的教与学。

4. 为贯彻新的国家标准，本教材采用了最新颁布的国家标准和规范术语。

参加本版修订工作的有刘江南、郭克希、赵又红、雷兆虹、颜海燕、汤迎红、颜超英、林国湘等教师，由刘江南、郭克希担任主编，赵又红、曾立平、颜海燕担任副主编。

本版仍由湖南省机械原理教学研究会理事长、机械设计教学研究会副理事长、中南大学唐进元教授担任主审，他对本书的修订提出了许多宝贵意见和建议，编者在此表示最诚挚的感谢！

本次修订是在湖南大学出版社获得的财政部文化产业发展专项资金资助的“中国工程教育在线——交互式可视化工程训练数字网络出版平台”项目的支持下完成的。本次修订还获得了湖南省普通高等学校“十三五”专业综合改革试点项目（湘教通〔2016〕275）的资助。在此，一并表示感谢！

由于编者水平有限，本书中难免有疏虞之处，恳请读者不吝指正。

编　者

2019年1月

第三版前言

本着与时俱进、精益求精的理念，本教材自第一版2005年8月出版以来，一直沿着“每年一修订、四年一改版”的总体思路坚持不懈地努力建设。第二版在教育部“十一五”国家级规划教材项目资助下于2009年8月出版。近年来，通过进一步吸收编者的教学改革经验、广泛征集高校用户的宝贵建议和意见，利用每次重印的机会对教材的局部内容和部分插图进行了修改和完善。

随着互联网时代的飞速发展，大数据、云计算、MOOCs课程风起云涌，碎片式学习等获取知识方式的改变，促使传统教学模式发生较大变化。作为传统教学知识载体的课程教材，亟须顺应时代需求而不断改进。本教材的第三版修订，即是在此背景下进行。

本次修订在保持和发扬第二版特色的基础上，具体修订原则如下：

1. 凸显重点和难点内容，在继续沿着“体现内容的前沿性”“保持内容的整体性和系统性”“兼顾内容的全面性与精练性”“突出工程实践性”等原则修改完善教材内容的基础上，采用双色印刷技术，通过彩色显示文字中部分关键词和插图中关键线条的方式，将教学内容的重点和难点凸显出来，有助于读者对知识的层次性把握。

2. 制作教材配套的立体化资源。根据教材各章的教学内容，广泛收集和选用不同渠道中的公共资源，制作图片、动画、视频等教学素材，为读者提供更多的配套资源。课程资源将在网站 www. yunjiaoshi. net，www. yunjiaoshi. cn 推出。

3. 制作教材配套的演示文稿。整合教材纸质版内容和教材配套的立体化资源中的部分素材，制作适合课程教学授课用的演示文稿，方便用户的教学活动。

本次修订是在湖南大学出版社获得的财政部文化产业发展专项资金资助的“中国工程教育在线——交互式可视化工程训练数字网络出版平台”项目的支持下完成的。

参加本次修订工作的老师有郭克希（第1章、第2章），李河清（第3章），雷兆虹（第4章），邹培海、汤迎红（第5章），刘江南（第6章、第7章、第8章），吴长德、林国湘（第9章），陈敏钧（第10章），莫富灏、周知进、曾立平（第11章），赵又红（第12章、第13章），谢桂芝（第14章），周长江（第15章），杨华（第16章），颜海燕（第17章、第18章）。本书由刘江南、郭克希担任主编，赵又红、曾立平、颜海燕担任副主编。

本书承蒙湖南省机械原理教学研究会理事长、机械设计教学研究会副理事长唐进元教授审阅，并一如既往地对修订工作提出了许多宝贵意见和建议，编者谨在此对他的大力支持和帮助表示最诚挚的感谢！

由于编者水平和时间所限，本书恐仍有漏误和欠妥之处，恳请读者不吝指正，编者不胜感激。

编　者

2014年1月

第二版前言

第二版是在总结第一版经验的基础上，根据近几年教学实践和当前教学改革以及机械工业发展的需要修订而成的。

本书第一版于2005年8月出版，经过几年来在诸多高校的使用，曾利用每次重印的机会根据反馈意见对书中的疏漏之处和印刷错误进行了补充和更正。本次修订的根本目的是以教育部《教育部财政部关于实施高等学校本科教学质量与教学改革工程的意见》（教高〔2007〕1号）和《教育部关于进一步深化本科教学改革全面提高教学质量的若干意见》（教高〔2007〕2号）等文件精神为指导，通过进一步提升教材质量以促进和实现教学质量的提高。

此次修订的指导思想是：树立精品意识，锤炼精品教材。从方便适用出发，在保持和发扬第一版特色的基础上，具体修订原则如下：

1. 体现内容的前沿性：提供MATLAB、Excel、UGS NX、Pro/E、ANSYS等应用软件接口，将传统教学内容与先进信息化工具有机链接；补充应用较广的反求设计等现代设计方法，删除非主流设计方法或手段的内容；增加先进技术简介等。

2. 保持内容的整体性和系统性：按照“机械系统—基础知识—常用机构—通用零部件—系统设计”的体系组织章节，前后相关内容合理呼应和衔接，避免重复或不一致。在形式上，每章增加“本章小结”，与“本章概要”首尾呼应，表达本章的全貌和精髓。在内容组织上，将“机械平衡和速度波动调节”一章的位置提前到机构内容之后，将“齿轮传动效率”和“减速器简介”结合到“系统设计”一章中，将第1章和原第17章“机械系统的功能结构”等重复内容重新调整，将运动副的概念从原第3章提前到第1章机构的组成之中。在“齿轮传动”一章，锥齿轮设计与直齿轮设计所用参数尽量一致，等等。

3. 兼顾内容的全面性与精练性：突出课程主要内容，减少选学内容的章节。例如，为配合课程设计，在“系统设计”一章增加篇幅详细介绍传动系统设计的内容和方法；将“弹性元件”并入“连接”一章，增加型面连接的内容；将“齿轮传动”一章中“直齿圆柱齿轮传动的受力分析及计算载荷”和“直齿圆柱齿轮的设计计算”两小节合并为一节，“许用应力”内容插入“强度计算”之中。

4. 突出工程实践性：增设独立一章“机械传动系统设计实例”，串联前面各章相关内容，以指导学生实际设计训练、强化系统观念；增加设计例题、优化原有习题和例题，以利于培养学生分析解决工程实际问题的能力。

5. 丰富内容表达形式：增加图表等形象描述元素，用有限篇幅表达更丰富的内容。例如，各章小结采用框图形式描述内容的相互关系，使初学者有一个层次上和全局上的清晰概念，不至于有太零碎的感觉。又如，开创性地在数轴上直观表达带传动所受各力的关系，用符号形象表达滚动轴承代号等。

6. 提高标题的准确性：修改部分章节标题，更精准地体现内容的实质。如将“齿轮标准中心距”改为“齿轮标准安装”，将平面机构自由度的下一级目录“构件自由度、运动副的约束、自由度计算公式”改为“自由度的计算、机构具有确定运动的条件、计算平面机构自由度时应注意的事项”等。

7. 更新标准、规范术语。

本书带“*”的章节为选学内容，使用时可酌情取舍。

参加本次修订工作的老师有郭克希（第1、第2章），李河清（第3章），雷兆虹（第4章），汤迎红（第5章），刘江南（第6章、第7章、第8章），吴长德、林国湘（第9章），陈敏钧（第10章），曾立平、周知进（第11章），赵又红（第12章、第13章），陈芳祖（第14章），周长江（第15章），杨华（第16章），颜海燕（第17章、第18章）。本书由刘江南、郭克希担任主编，赵又红、曾立平、颜海燕担任副主编。

本书承蒙湖南省机械原理教学研究会理事长、中南大学唐进元教授审阅，并对修订工作提出了许多宝贵意见和建议，编者谨在此对他表示衷心的感谢！

由于编者水平和时间所限，误漏之处在所难免，恳请读者批评指正，编者不胜感激。

编　者

2009年5月

第一版前言

本教材由湖南省8所高校教师根据21世纪创新型、复合型人才培养目标以及课程教学基本要求，结合自己的教学经验和多年来的教改实践编写而成。

考虑到工科近机械类和非机械类专业覆盖学科领域广、对机械设计基础知识要求不尽相同等特点，本书突出机械设计中的共性问题，以各种典型机构和零部件的种类、特点、应用范围、选择和设计方法为主线，介绍机械系统的组成与结构、功能和工作原理。在编写中，兼顾不同专业，适当拓宽基础，精选教材内容，并注重取材的先进性和实用性。与传统教材内容相比，本教材具有如下特点：

(1) 根据近机械类和非机械类专业的课程设置特点，增加金属材料与热处理、摩擦磨损与润滑等机械设计的预备知识，补充轮类和轴类典型零件的加工制造等相关内容。

(2) 为培养学生的创新意识与设计能力，增加了机械系统总体方案设计内容，介绍总体方案设计的基本思想、设计原理和设计方法。

(3) 为适应科学技术发展的需要，增加了现代设计概述的内容，介绍一些现代设计方法和手段。

(4) 将以往机械原理范畴的齿轮机构和机械零件范畴的齿轮传动合二为一，形成一个整体。

(5) 为了体现理论与实践的结合，更好地配合课程设计，增加了减速器的相关内容。

(6) 采用最新颁布的国家标准和规范，如齿轮精度、滚动轴承寿命、基本额定载荷等内容。

(7) 在保证基本内容的前提下，精简和压缩一般内容，简化公式的演绎与推导。

本书共18章，参加编写的人员有郭克希（第1章、第2章），李河清（第3章），雷兆虹（第4章），丁敬平（第5章），曾周亮、陈志刚、莫爱贵（第6章、第7章），刘江南（第8章、第18章），林国湘（第9章），曾立平（第10章），赵又红（第11章、第12章），金秋谈（第13章），周长江（第14章），周知进（第15章），陈敏钧（第16章），杨华（第17章）。本书由刘江南、郭克希担任主编，赵又红、曾立平、莫爱贵担任副主编。

承蒙湖南省机械原理教学研究会理事长、中南大学唐进元教授对本书审阅，并提出了许多宝贵意见和建议，编者在此深表感谢！

在编写过程中我们参考了有关文献，在此对这些文献的作者表示衷心的感谢。

由于编者水平有限，加之时间较紧，书中疏漏之处在所难免，恳请读者批评指正，编者不胜感激。

编　者

2005年7月

目　　次

第一篇　引论

第二篇　机械产品设计基础

第三篇　运动机构设计与分析

第五篇 系统方案设计示例与机械创新设计

第一篇

引论

第1章　绪　论

本章概要:为了满足生产和生活的需要,人们设计和制造了各种各样的机械产品,机械的发展程度成为衡量国家工业水平的重要标志。本章主要阐述机械、机器、零件、部件、机构、构件等重要的基本概念,介绍机器、机构和现代机械系统的组成,说明本课程研究的内容、性质与任务,概述机械设计的基本要求、一般程序和主要方法。

1.1　机械、机器、机构及其组成

1.1.1　什么是机械

"机械"这个术语是一个集合名词,泛指所有利用力学原理、通过运动方式做功的各类人造有形物体,包括机器、器械、工具、仪器等实物装置。"机械"与其他术语连用,也用来表示与这些有形物体相关的抽象概念、无形领域或组织机构,如机械装备、机械制造、机械工程学科、机械行业、机械学院等。

中华民族几千年的文明,孕育了悠久的机械发展史。数千年前就已开始使用如图1-1所示的纺织机械、水力机械和交通工具。史料记载的连机碓和水碾都运用了凸轮原理,指南车和记里鼓车都应用了轮系传动原理。公元前5世纪的子贡曾说:"有械于此,一日浸百畦,用力甚寡而见功多。"公元前3世纪韩非子记载:"明于权计,审于地形舟车机械之利,用力少,致功大,则入多。"目前许多机器中仍在使用的青铜轴瓦和金属人字圆柱齿轮,在我国东汉文物中就有它们的原始形态。

(a)纺织机械

(b)水力机械

(c)指南车

图1-1　古代发明的机械装置

古代机械依靠人力、畜力和水力来驱动,有限的动力约束了机械的发展。18世纪初,蒸汽机的发明推动了第一次工业革命,带动了纺织机、火车、汽轮机等机器的发展;19世纪到20世纪初,内燃机的发明推动了第二次工业革命,促进了汽车、飞机等运输工具的发展;20世纪中后期,以机电一体化技术为代表,在机器人、航空航天、海洋舰船等领域开发出了众多高新机械产品,如火箭、人造卫星、宇宙飞船、航空母舰、深海探测器等。

随着时代的不断进步,机械的形式和内涵也越来越丰富。当前,智能机械、微型机械、仿生机械正蓬勃发展。随着经济的腾飞,我国正在大力发展先进制造业,推进高端制造,机械工业正在赶超世界先进水平。

1.1.2 认识机器

在我们身边，随处可见很多的机械产品。家里的剪刀、打气筒、洗衣机、榨汁机、跑步机，楼层间的电梯，公园里的健身装置，停车场的道闸，工地上的挖土机、吊车，等等。

例如传统的自行车和现代的电动汽车，如图 1-2 所示，都是出行的交通工具。自行车依靠骑车人的自我控制输入双腿交替踩踏的运动及能量，通过链传动传递到后车轮使其在地面滚动，从而带动整车移动；输入双手配合推拉把手的运动及能量，带动前车轮在地面左右摆动，从而实现车辆转向。电动汽车通过复杂的控制和信息处理系统，控制轮毂电机和直线电机将电能转换为机械能、输出旋转或直线运动，再分别通过减速器等传动系统将运动及能量传递到车轮，使其在地面转动或摆动，从而带动车轮移动。

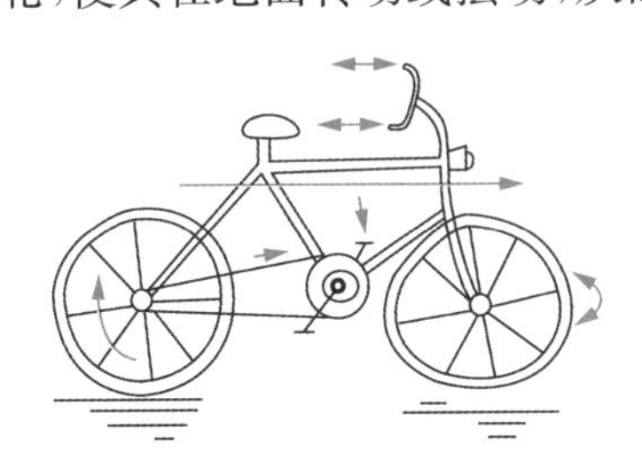

(a)自行车的运动及能量传递

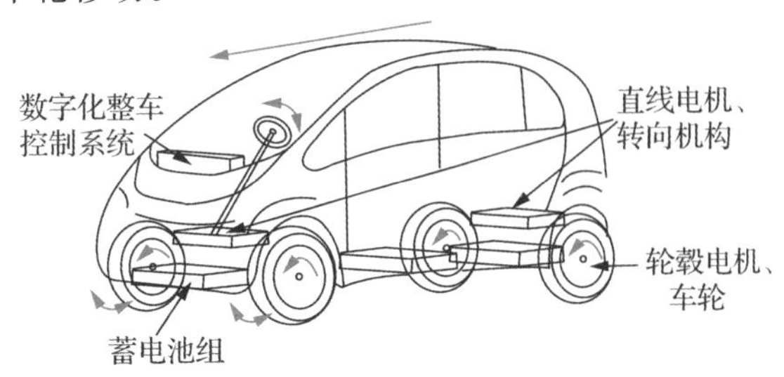

(b)电动汽车的运动及能量传递

图 1-2　自行车和电动汽车的机械特征

自行车和电动汽车都有传递机械运动、通过运动方式做功和实现运输的功能等共同特点，但是后者还有转换能量和信息的功能。两者属于不同类型的机械产品，前者只是一个机械装置，而后者则是一台机器。

机器是执行机械运动、用来变换和传递能量或物料或信息、代替人类做功的具体实物装置，是一种机械产品。根据功能的不同，机器一般分为动力机器、工作机器和信息机器三类。动力机器将某种能量变换成机械运动的能量，或者将机械运动的能量变换成其他形式的能量，例如内燃机、涡轮机、电动机、发电机等；工作机器由某种能源驱动去完成有用的机械功，例如电动的织布机、包装机、工业机器人、空气压缩机等；信息机器由某种能源驱动去完成信息的传递和变换，例如电动的复印机、绘图机、传真机、照相机等。单个机器可以是其他机器的组成部分，例如内燃机，它本身既是一种将燃料热能转化为机械能的典型动力机器，又可以是燃油汽车这类机器的驱动部件。

除了机器之外，机械产品中的实物装置还有器械、工具、仪器等，如自行车、钳子、显微镜。这些装置通常仅用于传递机械运动及能量，没有变换能量类型的功能。

从机械制造的角度来看，机器都是由独立制造的单元体通过装配而成的，这些单元体称为零件。根据应用的广泛性，零件分成通用零件和专用零件。凡在不同机器中经常使用的零件，例如螺钉、齿轮、轴、弹簧等，属于通用零件；只在某些特定机器中存在的零件，例如内燃机的活塞、汽轮机的叶片等，属于专用零件。为完成同一使命而在结构上装配在一起并协同工作的若干零件装配体，例如滚动轴承、减速器等，称为部件。零件和部件均可作为机械产品。

例如燃油汽车中的内燃机，如图 1-3 所示，由一系列零部件装配而成，包括汽缸体 1、活塞 2、连杆 3、推杆 8 等部件，以及曲轴 4、齿轮 5、齿轮 6 和凸轮 7 等零件，其中部件连杆 3 又由如图 1-4 所示的连杆体、连杆盖、轴瓦、螺栓、螺母、开口销等诸多零件组装而成。

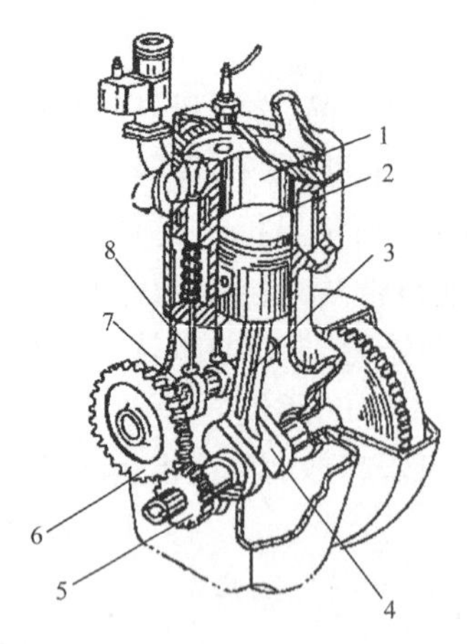

1:汽缸体　2:活塞　3:连杆　4:曲轴
5,6:齿轮　7:凸轮　8:推杆

图 1－3　内燃机中的零部件

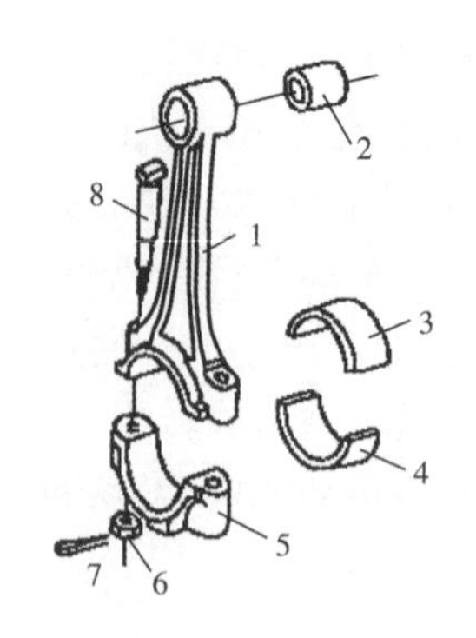

1:连杆体　2,3,4:轴瓦　5:连杆盖
6:螺母　7:开口销　8:螺栓

图 1－4　构成连杆的零件

机器有三个基本特征:①是人造的零部件实物组合装置;②各部分之间具有确定的相对运动或能实现预期功能;③必须做有用功,完成能量、物料、信息的变换或传递。

1.1.3　什么是机构

无论是机器还是其他机械装置,其功能不同、大小不一、形状各异、用途多样,既有大到数千米、重达千吨级的复杂大型装备,如太空飞船、海上航母等,也有小到纳米级的芯片和血管机器人。为了更容易理解千差万别的机械系统所具有的运动特性,从运动学角度进行分析,假设其内部物体都是刚体,那么机器和其他机械装置都是由各种运动机构所组成的。

机构是由若干构件通过运动副连接而形成的运动单元,是机械装置的工作原理分析模型。构件是独立运动的单元体,其内部质点之间没有相对运动;运动副是相邻构件通过接触相互约束但仍可产生一定相对运动的连接。各构件之间通过一系列运动副实现有序的运动和动力传递,完成机构输入、输出运动的功能转换,变换运动的形式及运动量大小,改变力的作用形式及力的作用大小。在力学课程中,有对连杆机构、齿轮机构等进行运动学和动力学分析,工程上也常见到带传动、链传动、螺旋传动等机构的运用。

如图 1－3 所示的内燃机,其运动系统包括如图 1－5 所示的三个机构:

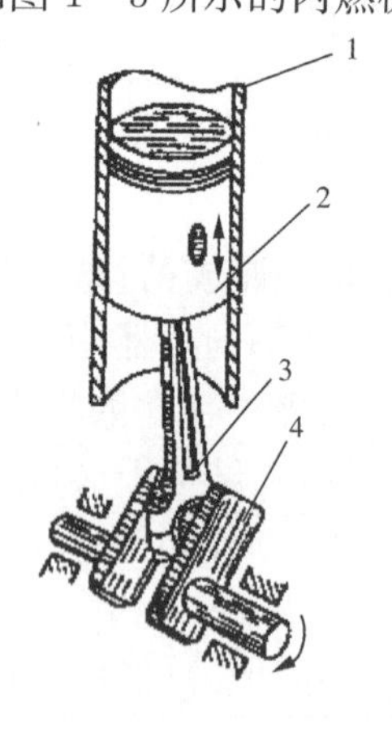

(a)曲柄滑块机构

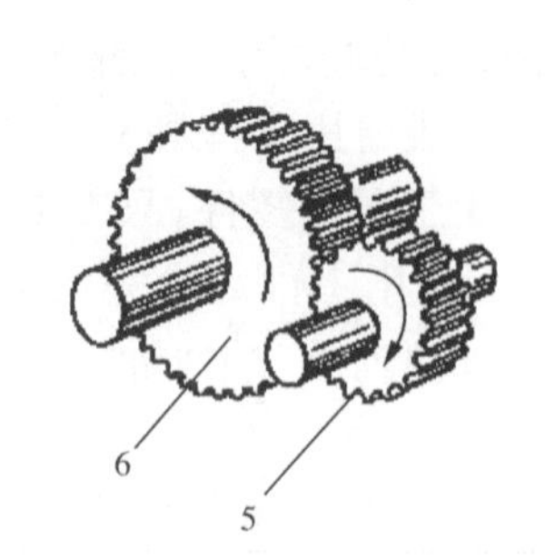

(b)齿轮机构

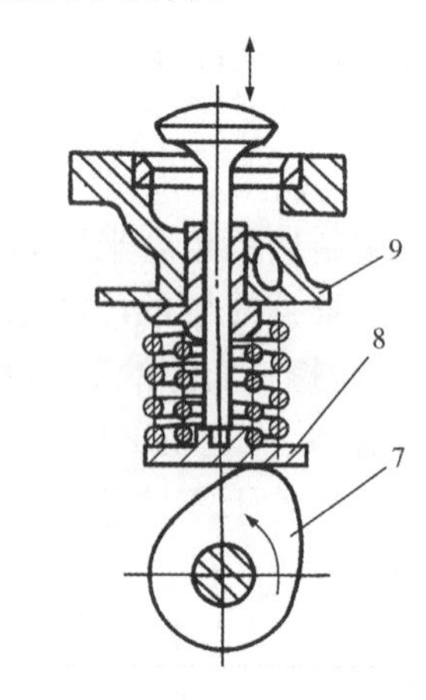

(c)凸轮机构

图 1－5　内燃机中的运动机构

(1)曲柄滑块机构。由四个构件组成:固定不动的支撑件和汽缸体 1、往复直线运动的活塞 2、平面运动的连杆 3 和旋转运动的曲轴 4。

(2)齿轮机构。由三个构件组成:各自独立旋转运动的齿轮 5、齿轮 6 及固定不动的支撑件。

(3)凸轮机构。由三个构件组成:旋转运动的凸轮 7、往复直线运动的进气阀推杆 8 及固定不动的支撑件 9。

其中,零件之间存在有相对运动的接触,如曲轴与支撑轴承的轴瓦接触、活塞与汽缸体的接触、两个齿轮的轮齿啮合,都构成了运动副,分别产生相互约束下的转动、移动和滚动。

一个构件通常对应着机器结构中的一个零件或者做同一独立运动的多个零部件。例如上述内燃机中的曲柄滑块机构,构件 1 对应汽缸体和支撑系统中的所有零件;构件 2 对应活塞部件;构件 3 对应连杆部件;构件 4 对应曲轴一个零件。

机构与机器的关系:机器是一种通过运动而做功的实物装置,其内部除了有一系列做独立运动传递动力的零部件,还有包括电气、气液压系统等在内的其他实物组件,以及信息传递与控制相关的软件系统;机构是用于分析运动及动力输入输出变换关系的运动单元抽象模型,由构件和运动副组成,忽视与接触处运动约束无关的实体形貌、材料、表面质量和尺寸公差等实物特征。从传统机械原理的角度分析机器的运动和受力情况时,将做同一独立运动的全部零部件看作同一个刚性构件,机器被看作是一个由若干机构组成的运动系统。最简单的机器可由一个机构构成。随着现代分析技术的不断发展,机构分析模型中的构件已不只限于刚体,还涉及弹性体、柔性体、液体、气体和电磁体等;对运动副的研究也有考虑其摩擦、间隙和碰撞冲击等问题。

1.1.4 现代机械系统及其组成

传统意义上的机械是人类体力的延伸,其主要功能是实现力和运动的变换,实现在一定负载下做功、完成人力难以完成的各类机械动作。现代机械由机、电、气、液、光、信息等综合集成,以计算机信息技术协调控制,不仅是人类体力的延伸,也是人类脑力的延伸。现代机械产品已渗透到人们工作和生活的方方面面,机器的形态也在发生深刻的变化。

从功能角度而言,现代机械系统主要由以下子系统组成:

(1)驱动系统。其功能是给整个机械系统提供运动和动力。机械系统的动力源可来自人力、畜力、风力、液力、电力、热力、压缩空气等,现代机器多采用原动机作为驱动系统。如图 1-6 所示的燃油汽车的内燃机、太空飞船的光伏系统、加工中心的电动机及气液压原动件。

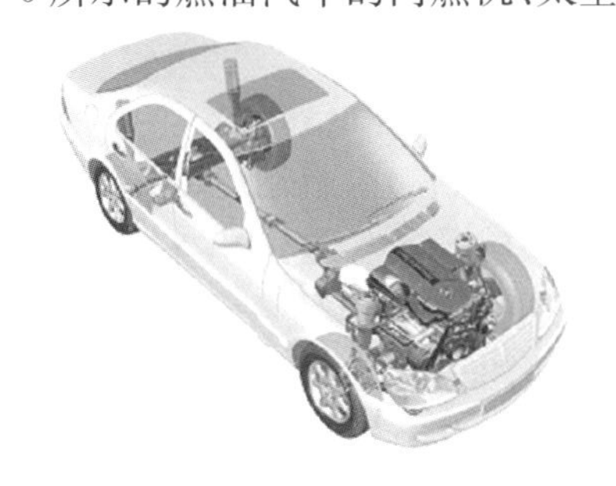

(a)燃油汽车

(b)神舟飞船

(c)机械加工中心

图 1-6 典型的现代机械系统

(2)传动系统。其功能是将驱动系统的动力变换并传递给执行系统。如图 1-6(a)所示汽车底盘上的变速器。传动系统有下述几大类:①机械传动系统,即利用机构实现传动的系统;②气液压传动系统,即利用泵、缸、阀、执行器等气液压元件实现传动的系统;③电力传动系统,即利用电气装置实现传动的系统;④前三大类组合的传动系统。

(3)执行系统。其功能是利用机械能来改变作业对象的性质、状态、形状或位置,或对作业对象进行检测、度量等,按预定规律运动,进行生产或达到其他预定要求。执行系统处于运动和动力传递的末端,直接与作业对象接触,包括执行构件及其机构,如图 1-6(a)所示的汽车车轮。

(4)控制与信息处理系统。其功能是控制驱动系统、传动系统、执行系统各部分协调有序地工作,并准确可靠地完成整个机械系统功能。控制系统通常包括各种控制机构、电气装置、气液压系统和计算机信息处理系统。现代机械系统,如机器人、图 1-6(b)所示的神舟飞船、图 1-6(c)所示校企合作开发的机械加工中心等,其控制和信息测量及处理都是由计算机软硬件来完成的。

1.2 本课程研究的内容、性质和任务

1.2.1 本课程研究的机械设计内容

本课程的研究对象是机械运动相关的结构系统、其常用机构和通用零部件。研究目的是掌握这些对象的工作原理、结构特点、基本设计理论和计算方法,分析和计算机器中的运动、力和能量的变化,以确定各个相关零部件所需的材料、形状和尺寸,设计出能够满足功能与制造要求的机械系统及其零部件。本课程研究的机械设计内容主要有以下几个方面:

(1)机械设计基础知识。机械系统的基本构成和重要概念;机械设计的基本要求、主要内容、设计过程和常规设计方法,以及现代设计方法和机械创新设计方法。

(2)机械运动系统总体方案和常用机构设计。根据运动要求与工作条件规划设计机械运动系统总体方案的过程与方法;常用机构的组成原理、运动分析及力分析的常规方法。

(3)零部件实体结构设计。机械零件常用材料及其选用原则;机械零件的工作载荷与应力、摩擦、磨损及润滑;零件的主要失效形式和设计准则;零件的结构工艺性和标准化等基础知识;一系列通用零件的设计和选用方法,包括零件工作能力设计和结构设计,以及标准零部件的选用等常规方法。

(4)机械运动系统的设计示例。通过执行系统和传动系统的设计示例,将设计内容串联起来进行课程知识的应用示范。

1.2.2 本课程的性质和任务

本课程是一门培养学生具有机械设计基本能力的工科基础核心课,为培养德才兼备的高素质工科专业人才发挥重要作用。随着科学技术的进步和生产过程机械化、自动化、智能化水平的不断提高,工程技术人员必将遇到新型机械产品开发、现有机械设备改造、使用和管理等问题。这就要求相关工程技术人员应具备扎实的机械设计知识、能力和素养。

本课程的主要任务是:

(1)使学生树立正确的设计理念,明确机械设计的社会意义,强化责任意识和担当精神。

(2)使学生认识和了解机械系统的组成与结构、机械系统的功能和工作原理,能正确选择和使用通用机械。

(3)让学生了解机械设计的基本要求、主要内容和一般程序,了解传统机械设计方法和现代设计方法的特点,掌握机械零件设计的基础知识。

(4)让学生掌握机械运动总体方案规划流程和常用机构的工作原理、运动学和动力学特性,初步具备分析和设计常用机构的能力;对机械动力学的基本知识有所了解。

(5)让学生掌握通用机械零件的工作原理、结构特点、设计计算等基本知识,并初步具有设计一般简单机械装置及常用机械传动装置的能力。

(6)培养学生运用标准、规范、手册、图册等有关技术资料的能力。

本课程需要综合运用机械制图、工程力学、金属工艺学、机械工程材料与热处理等先修课程的知识和生产实践经验,解决常用机构和通用零部件的设计问题,所涉及的知识面较广且偏重于工程应用。因此,学习时应重视理论联系实际,注意掌握分析问题和解决问题的方法;运用系统分析观点,掌握机械系统总功能与运动机构分功能、机械总要求与机构和零件分要求之间的关系,并从工程实用的观点,对所设计的机械系统进行分析评价。

1.3 机械设计的基本要求、一般程序和主要方法

1.3.1 机械设计的基本要求

在设计机器及其零部件等机械产品时,应考虑以下基本要求:

(1)功能要求。机械产品应能实现预定的功能,满足用户的使用要求。这主要靠细分功能并指标化、正确运用机械工作原理、合理选择机构类型和拟定机械系统方案等来实现。

(2)安全性与可靠性要求。安全可靠是机械产品的必备性能。安全性是指为防止机械产品失效导致人身、物质等重大损失而在设计时采取的预防措施。可靠性是指在规定的条件下和规定的时间内,机械产品完成其功能的能力。为满足这两个要求,必须从机械系统整体设计、零部件结构设计、材料与热处理选择、加工工艺制定、保护措施设置等方面加以保证。

(3)经济性要求。为使机械产品在设计、制造、使用和回收等全生命周期中保持低成本,设计时应采用科学方法,缩短设计周期;构思合理的工作原理,简化结构;选用适当的材料,减小尺寸、重量;制定合理的制造和装配工艺;最大限度采用标准化、系列化及通用化零部件。

(4)社会性要求。所设计的机械产品应与人、环境和社会保持和谐的关系,节约优先、保护优先。符合国家及行业的相关法规;节能环保;操作安全方便;造型美观、色彩大方宜人;具有市场竞争力。

(5)其他特殊要求。对不同的机械产品,还有一些特别的要求。例如:机床要求长期保持精度;飞机要求重量轻、飞行阻力小而运载能力大;食品机械要求保持卫生安全;等等。

1.3.2 机械设计的一般程序

机械产品的设计,有基于现有产品的再设计和基于正向研发的新设计两种类型,两者的设计过程截然不同。前者先对现有产品进行结构、机理、功能等分析,然后通过类比、适配、变型等方式进行设计;后者则从需求分析开始,进行功能规划、原理设计和结构设计。机械设计时,应按实际情况确定设计流程。此处,介绍基于正向研发的机械设计一般程序,如图 1-7 所示。

系统总体方案设计包括产品规划和概念设计。在产品规划阶段,根据需求分析,或受用户委托,或由主管部门下达任务,提出产品研发目标和设计任务,并从技术、经济、社会等多方面进行可行性分析与论证。在概念设计阶段,本着技术先进、使用可靠、经济合理的原则,运用设计知识和创造性思维,建立系统功能结构,拟定功能实现的工作原理,提出并优选系统总体方案。

详细结构设计包括详细设计和完善设计。在详细设计阶段,将系统总体方案转化为合理

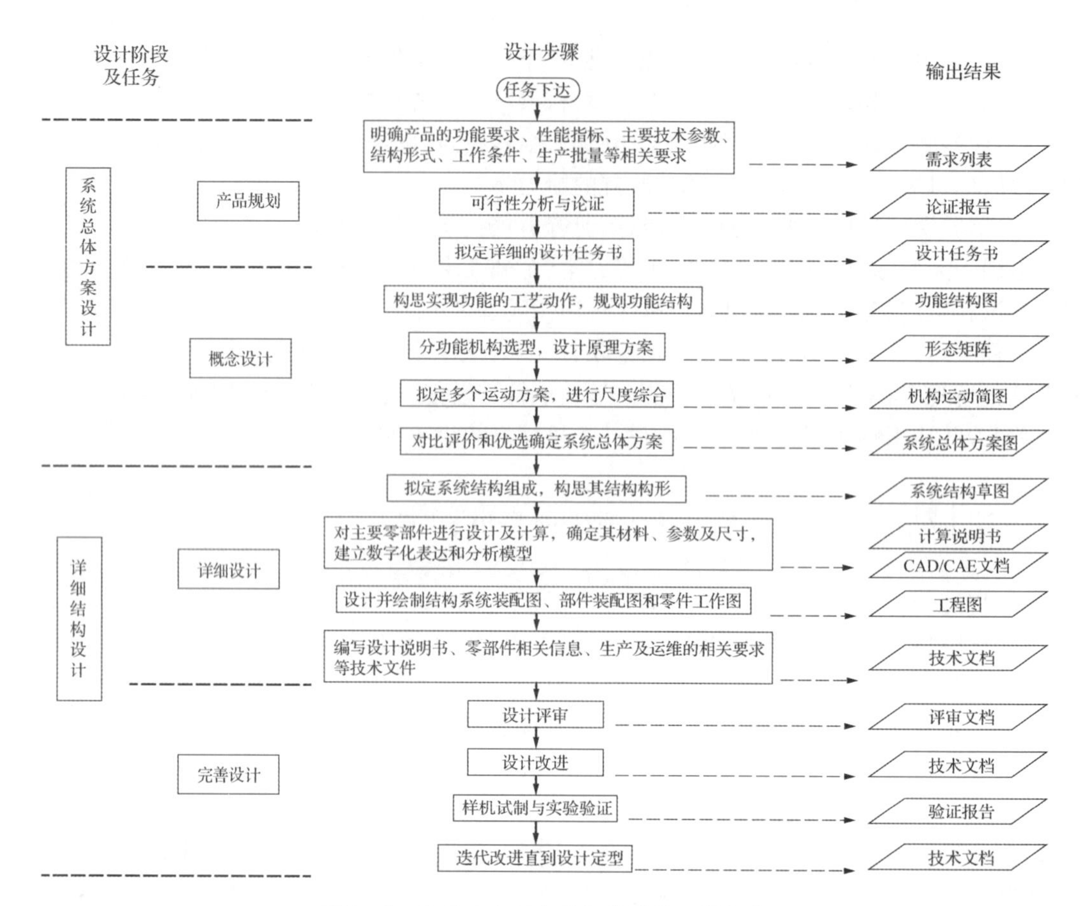

图 1-7 基于正向研发的机械设计一般程序

的具体结构，分析和计算运动、力和能量的变化，确定零部件的材料、形状和尺寸。在完善设计阶段，对详细设计结果进行审定、验证和改进。

值得注意的是：图 1-7 中各设计阶段并非简单地按顺序串联进行，通常前后各阶段或步骤之间会有反复迭代的修改、调整，直至得到满意的结果。为了清晰起见，图 1-7 中未表示这种循环，教材后文多处的流程图也是如此。

1.3.3 机械设计的主要方法

1.3.3.1 常规设计

机械设计作为一门历史悠久的课程，已经形成了较为完整的基于力学和材料科学理论的机械运动学、动力学和工作能力分析与设计方法，这些方法被称为常规设计方法或传统设计方法。

对于机械设计中机构的选型和传动系统的布局等方案设计，常规方法主要依靠设计者的经验，并参考同类机械已有的设计，通过类比分析来进行。对于机构的尺度设计，常规设计则有较为系统的理论和方法，包括解析法、作图法和实验法，实现机械系统的运动学和动力学分析。

对于主要零件工作能力的分析与设计，常规方法以理论力学和材料力学为基础理论，将复杂问题做某些简化，得出近似公式或经验公式。例如对于动态载荷，通常通过引入动载系数的方法做简化处理，按静态载荷进行计算。对于一些次要零件或结构复杂零件的尺寸确定，以及零件细部的结构设计，则常常采用类比的方法。

常规设计方法存在一些不足，例如：过分依赖设计者的个人经验和水平；简化假设较多，且受计算手段的限制，设计计算精度有限；设计结果满足于获得一个可用方案而不是最佳方案；设计周期长、效率低，不能满足快速变化的市场需求。

1.3.3.2 优化设计

优化设计是基于数学规划的最优化理论和算法，运用计算机技术对设计目标进行优化，从多种方案中找出满意方案的设计方法。采用优化方法设计机械产品，可以提高产品质量、节省原材料、降低成本，从而达到提高经济效益的目的。

优化设计过程大致如下：

(1)根据工作要求、专业理论、实践经验等建立数学模型；

(2)选择优化方法及相应程序；

(3)通过计算机进行参数设计，对设计方案进行评价、优化。

机械优化设计的数学模型是机械设计问题的数学表现形式，由设计变量、目标函数和约束条件三部分组成，一般可表达为在等式或不等式约束条件下求变量函数的极小值或极大值，如式(1-1)。

$$\begin{aligned} &\min f(X), X\in \mathbf{R}^n \\ &\text{s. t. } g_u(X)\geqslant 0, u=1,2,\cdots,m \\ &\quad h_v(X)=0, v=1,2,\cdots,p, p<n \end{aligned} \tag{1-1}$$

式中 s. t. 为 subject to 的缩写。

根据有无约束条件，优化问题分为无约束优化问题和约束优化问题；根据约束条件和目标函数是否为线性函数，优化问题又分为线性规划和非线性规划。

对于简单问题，可用试算法拟定几个方案进行比较，从中选出最优方案。对于单项目标的优化设计，可采用传统的解析方法或数值计算方法获得最优结果。传统的优化方法有：无约束优化中的一维优化方法如黄金分割法、二次插值法，多维优化方法如鲍威尔共轭方向法、梯度法、牛顿法、变尺度法等；约束优化中的约束随机方向法、复合形法和惩罚函数法等。对于复杂系统，必须全面考虑各种影响因素，往往要对多目标进行优化，甚至是离散优化，得到的解也是多个半有序的(即不一定都可以比较其优劣的)非劣解。多目标的优化方法甚多，如约束法、主要目标法、线性加权和法、理想点法、分目标乘除法、极大极小法、分层序列法、协调曲线法等。

1.3.3.3 可靠性设计

可靠性设计是基于概率统计理论的一种设计方法。其将设计参数作为随机变量，以失效分析、失效预测和可靠性试验为依据，降低设计对象的失效概率、保证可靠度。

同一批相同零件，即使满足计算准则(如强度准则 $\sigma\leqslant[\sigma]$)，也并不表示每个零件在实际生产中一定是安全的。在规定工况和使用期限内，尽管材料、加工、尺寸、受载等均相同，但总有一定数量的零件会提前失效。这种零件在规定工况、规定使用期限内实现规定功能的概率问题，即为可靠性问题。

常用定量指标可靠度 $R(t)$ 来衡量零件的可靠性。$R(t)$是时间的函数，且

$$0\leqslant R(t)\leqslant 1$$

设有 N_0 个相同零件，当到达工作时间 t 时有 N_f 个零件失效，而仍能正常工作的零件为 N 个，则

$$R(t)=\frac{N}{N_0}=\frac{N_0-N_f}{N_0}=1-\frac{N_f}{N_0} \tag{1-2}$$

与 $R(t)$对立的是失效概率 $F(t)$，则

第1章 绪论

$$F(t)=\frac{N_f}{N_0}=1-R(t) \tag{1-3}$$

随着时间的延长，零件可靠度 $R(t)$ 逐渐下降，失效概率 $F(t)$ 逐渐上升。因此，按照可靠性设计的观点，关于强度，不是“安全”与“不安全”，而是“安全概率有多大”的概念。

机器系统的可靠度取决于零件(单元)的可靠度。根据零件在机器中的功能关系(与装配关系不一定相同)，有几种典型的系统可靠性模型，如图 1-8 所示。

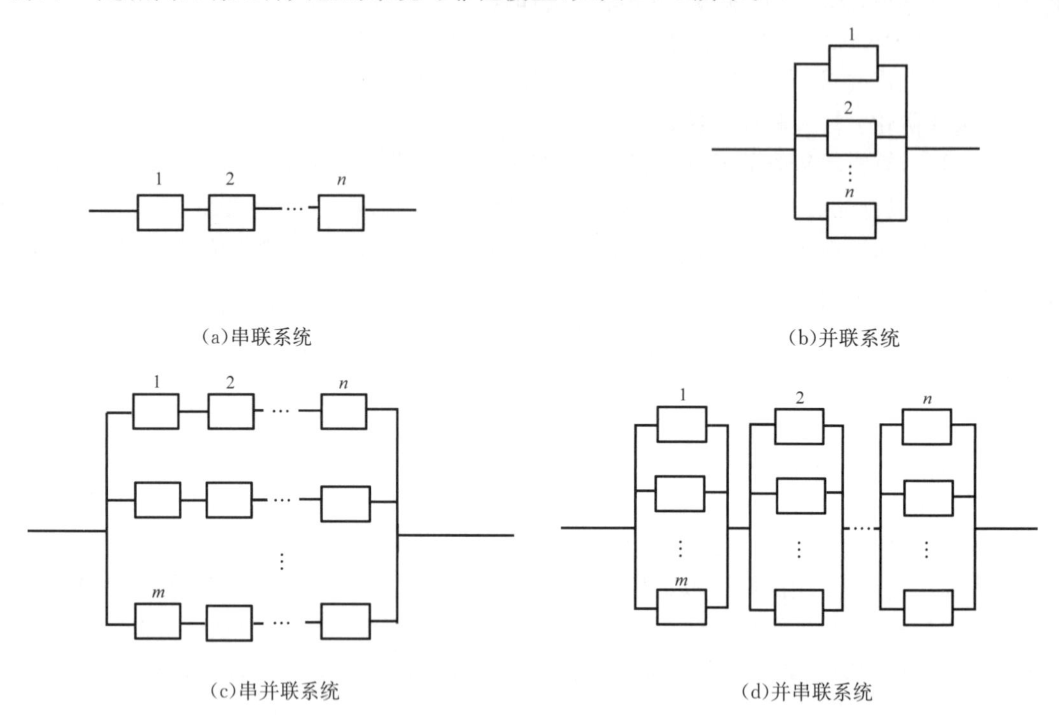

(a)串联系统　(b)并联系统

(c)串并联系统　(d)并串联系统

图 1-8　系统可靠性模型

(1)串联系统。系统中任一单元的失效都将导致机器的失效。系统可靠度为

$$R_s=\prod_{i=1}^{n}R_i,i=1,2,\cdots,n \tag{1-4}$$

机器可靠度 R_s 随零件数的增多而降低，随任一零件可靠性的提高而提高。

(2)并联系统。只有系统中所有单元失效时，系统才失效。系统可靠度为

$$R_s=1-\prod_{i=1}^{n}F_i=1-\prod_{i=1}^{n}(1-R_i),i=1,2,\cdots,n \tag{1-5}$$

式中：F_i——第 i 单元的失效概率；

R_i——第 i 单元的可靠度。

机器可靠度 R_s 随零件数增多而提高，也随零件的可靠性提高而提高。

(3)混联系统。若每个单元的可靠度均为 R，则串并联系统的可靠度为

$$R_s=1-(1-R^n)^m \tag{1-6}$$

并串联系统的可靠度为

$$R_s=[1-(1-R)^m]^n \tag{1-7}$$

可靠性设计的一般程序和主要内容如图 1-9 所示。

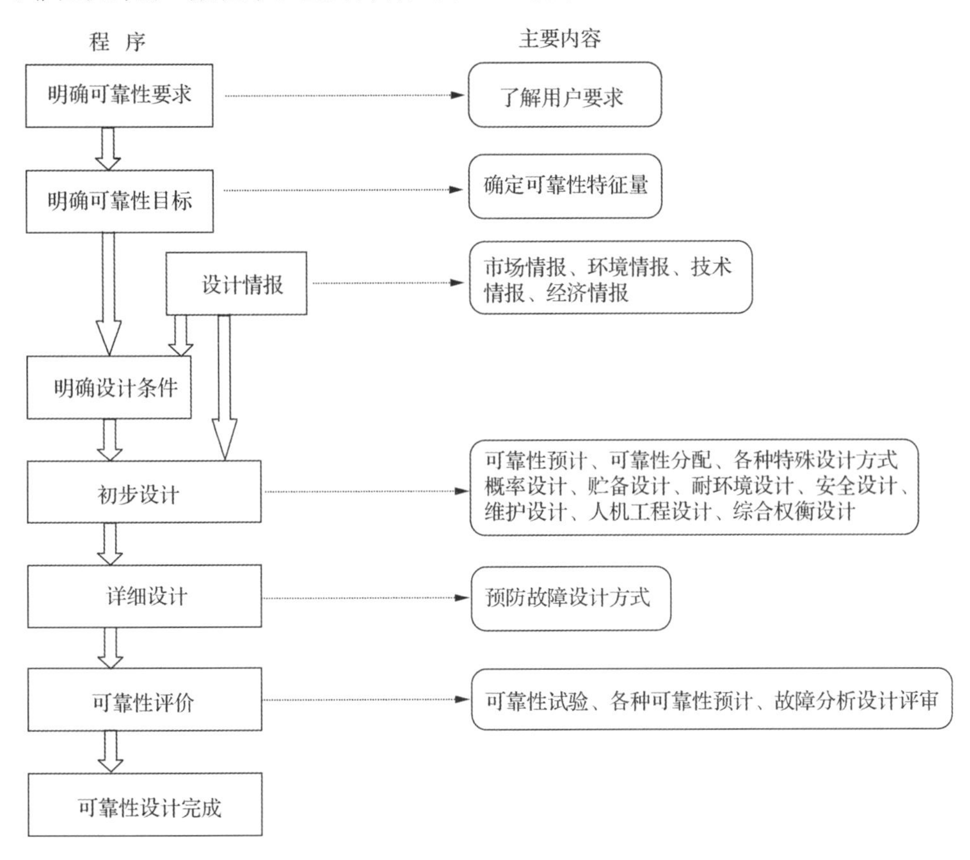

图 1-9　可靠性设计程序与手段

可靠性预计有很多方法，随着预计目的、设计时期、系统规模、失效类型及数据情况等的不同而采用不同的方法。概略预计法常用于缺乏足够数据的设计初期，而数学模型法可根据各单元可靠性与系统可靠性的关系建立精确或半精确的数学模型，经过计算来预计系统的可靠性。对于一些复杂的系统，很难采用数学模型法得到可靠性的函数表达式，于是产生了上下限法。该方法先绘制简化的可靠性逻辑框图，再逐步复杂化，算出系统可靠度的上限和下限，从而取得系统可靠度的预计值。当系统各单元可靠性特征量已知，但系统的可靠性模型太复杂而不便应用时，则可用随机模拟法（又叫蒙特卡洛模拟法）近似计算出系统可靠度的预计值。随着模拟次数的增加，其预计精度也逐渐增高。

可靠性分配是将规定的系统可靠度合理地细分给系统中每个单元的一种方法。如果说系统的可靠性预计是根据系统中最基本单元的重要度来推测系统可靠性的顺过程，那么可靠性分配则是根据系统要求的总指标由上而下规定最基本单元可靠度的逆过程。

可靠性分配要考虑很多因素，如技术水平、复杂程度、重要程度、任务情况等。分配方法也较多：等分配法假定各单元可靠性相同，常用于设计初期；比例分配法是考虑重要度的一种分配方法，各单元可靠性服从指数分布；代数分配法则综合考虑单元的复杂性和重要性。

1.3.3.4　计算机辅助设计

随着计算机技术的快速发展和广泛应用，市场上不断涌现设计相关的通用和专用软件。运用这些软件进行总体方案设计、三维数字化建模、二维工程图绘制、计算分析和技术文档编写等设计活动，称为计算机辅助设计（computer aided design，CAD）。其中，不仅有辅助机械设计中大量计算和绘图等繁琐工作的传统CAD软件，如AutoCAD、浩辰CAD、中望CAD、纬衡CAD、SolidWorks、UGS NX等，以及通用计算类软件如MATLAB、Excel等，也有运动分析与动力分析、有限元分析等计算机辅助工程(computer aided engineering，CAE)软件，如ADAMS、中望All-In-One、ANSYS、DADS、英特仿真INTESIM、MWorks、SciFEA等，还有与计算机辅助制造(computer aided manufacturing，CAM)一体化的软件系统，如北航海尔的CAXA、CATIA、Mastercam等。为加快推进科技自立自强，国产软件开发越来越被重视，目前正呈现蓬勃发展的势头。

相对于传统设计方法，计算机辅助设计具有以下明显的优势：显著提高计算精度和设计效率；较准确地对动态载荷和系统动态特性进行预测和优化；可实现参数化、自动化甚至智能化辅助设计；大大缩短设计周期，快速适应快节奏变化的需求；加速产品更新换代，增强市场竞争力；使设计人员从繁琐的重复性工作中解脱出来，专注于创造性的设计。

1.3.3.5 虚拟设计

虚拟设计是运用虚拟现实技术，让设计者通过不同的交互手段在虚拟环境中进行设计的一种方法，对推动我国制造业高端化发展具有重要的积极作用。虚拟设计通过高投入硬件所构建的虚拟空间设计平台，嵌入CAD技术的资源和成果，如同在现实中建造园林景观一样，将规划师和建筑师的构思完整地可视化展示出来。设计者能够结合视觉、听觉、触觉和嗅觉等多种感知功能进行人机交互，更好地观测和操控设计对象、不断进行深层次的分析，如可装配性分析和干涉检验等，以便进行设计调整和修改。经过对设计产品的开发时间、成本、质量和风险进行评估，作出对“虚拟产品”系统的综合建议。虚拟设计增强交流沟通的体验感，支持协同工作和异地设计，利于资源共享和优势互补，从而缩短产品开发周期。

1.3.3.6 智能设计

智能设计是利用人工智能技术、通过智能化设计系统来辅助设计或自动化设计的一种方法，对推动我国制造业智能化发展具有重要的促进作用。智能化设计系统针对大规模复杂产品的设计，更好地承担各种复杂任务。其不仅可以完成一般的CAD工作，也可以承担设计中的智能活动，如逻辑推理、创新设计，旨在帮助设计师在较短的时间内生成更高质量的设计方案，并缩短设计周期或降低设计成本。

智能设计的实现主要有两种方式。一种是自上而下的方式，即使用专家系统或其他形式的人工智能，将设计师的经验和知识转化为符号逻辑和规则，以此指导设计决策。这种方法需要预先定义设计问题的知识表示和规则库，以及推理引擎来应用这些规则。另一种是自下而上的方式，即使用机器学习、遗传算法等计算方法，从数据中学习设计知识，并生成设计方案。这种方法不需要事先规定特定的知识表示或规则库，而是通过学习数据中的模式和特征来自主学习并生成设计方案。

按照设计能力，智能设计可分为三个层次：常规设计、联想设计和进化设计。常规设计是使用预先定义好的设计属性、设计进程和设计策略，智能系统在推理机的作用下，调用符号模型进行设计。这种设计方法适用于定义良好、结构良好的常规问题，但对于复杂问题，其解决能力有限。联想设计是指借助于其他事例和设计数据，实现对常规设计的一定突破的设计。目前联想设计主要分为两类：一类是比较工程中现有的设计案例，获取现有设计的指导信息，这需要收集大量良好的、可对比的设计案例，对于大多数问题可能很难实现；另一类是利用人工神经网络的数值处理能力，从试验数据、计算数据中获得关于设计的隐含知识，以指导设计。进化设计是基于进化算法的智能设计，通过模拟进化过程，生成和优化设计方案。这种方法能处理大量的变量和约束条件，在复杂问题的解决方面具有很大的潜力。

1.3.3.7 协同设计

随着用户对产品需求日趋个性化和多样化，各种产品日趋复杂化，市场竞争不断加剧，这对设计提出了更高的要求。产品开发在设计阶段既要考虑产品全生命周期中的各种主要性能指标，又要考虑与制造和装配等相关的各种因素，避免在研制后期出现不必要的返工与重复性工作，从而缩短从市场分析到产品上市的时间。由此，先后出现了并行设计、计算机集成制造系统（CIMS）、虚拟设计及制造、多学科设计优化（MDO）等方法。随着计算机技术和网络通信技术、现代控制技术、系统工程等相关学科的飞速发展，在上述方法的基础上又产生了协同设计方法。

协同设计是一种系统化的方法。它是在计算机协同工作环境中，通过对复杂产品设计过程的重组、建模优化，建立产品协同设计开发流程，并利用 CAx/DFx、PDM、虚拟设计等集成化技术与工具，进行系统化的协同工作模式。协同设计是对并行设计、CIMS、虚拟设计等设计方法的继承、深化和发展。从设计过程的发展历程来看，CAx 独立应用阶段注重设计工具的实施，并行工程阶段注重 CAx/DFx 工具之间的协同，局部协同阶段强调多领域工具并行协同，全局协同阶段强调多领域工具实时并行协同，重视设计、仿真、优化与试验一体化技术的应用。

协同设计是现代复杂装备研发发展的必然要求，系统能否发挥协同效应是由系统内部各子系统或组的协同作用决定的，协同得越好，系统的整体性功能就越好。如图 1－10所示的复杂装备多领域协同创新研发体系结构，其中，PLM 为产品生命周期管理，SDM 为仿真数据管理，ODM 为优化数据管理，TDM 为试验数据管理。

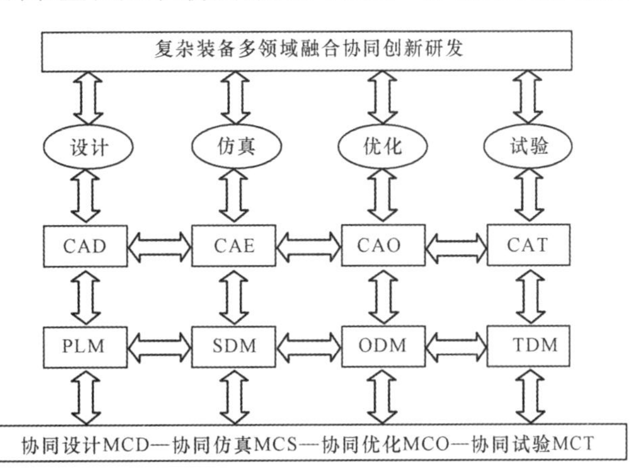

图 1－10 复杂装备协同创新研发体系结构

虽然复杂产品协同仿真优化领域尚未完全成熟，还没有建立起完整的科学理论和应用体系，但是目前国外有许多学者纷纷将注意力集中在这一领域，并取得了一定的进展，未来协同设计、协同仿真、协同优化、协同试验必将是复杂产品设计与研发的不可缺少的手段。

1.3.3.8 绿色设计

绿色设计是针对当前人类社会所面临的资源短缺与环境污染的严重威胁而提出的一种新的产品设计理念，对推动我国制造业绿色化发展、到 2035 年广泛形成绿色生产生活方式、生态环境根本好转、基本实现美丽中国目标具有重要意义。

绿色设计基于系统的观点将产品寿命循环周期中的各个阶段看成一个有机整体，在产品设计阶段便考虑在保证产品功能、寿命、质量和成本的前提下，使产品设计、生产、流通、使用、维护、报废回收、再利用等各阶段的资源利用率更高，进而对环境的污染更少，故绿色设计又被称为生态设计、环境设计、生命周期设计或环境意识设计等。

绿色设计的设计准则包括：

（1）结构设计准则。产品节能省料；尽量减少零件数量；采用模块化设计有利于维护升级和重复使用；尽量将价值高、有害或有毒的材料制成的零部件布置在易分离的部位；尽量将无法回收的零部件集中布置;等等。

(2)材料选择准则。尽量选用可回收、易回收或再生材料;尽可能不用或少用有害或有毒材料;尽量减少材料品种数;尽量使相互连接零件的材料能兼容;等等。

(3)工艺选择准则。尽可能使毛坯尺寸和形状接近于零件的最终尺寸和形状;切削加工时尽量少用或不用冷却液;尽量采用节能省料而无污染的工艺。

(4)针对产品使用阶段的设计准则。减小使用能耗;减少排放废弃物;保证可靠性,经久耐用;等等。

(5)针对产品维护阶段的设计准则。可操作性;优先使用标准件;优先考虑模块化的部件设计;在易磨损的机构中考虑可调节和补偿的结构;等等。

(6)针对产品回收阶段的设计准则。满足可拆卸性、可清洗性、检测和分选等的要求;对材料进行必要的标识,减少回收时的识别和分选工作量。

绿色设计的主要步骤包括:①建立绿色设计小组;②搜集绿色设计信息;③设计绿色产品方案;④决策绿色设计;⑤建立企业联盟。绿色设计的主要工作内容包括:①材料选择与管理;②产品可回收性设计;③产品的装配与拆卸性设计;④产品包装设计;⑤绿色产品成本分析;⑥绿色产品设计数据库与知识库建立。

以上所述的优化设计、可靠性设计、计算机辅助设计、虚拟设计、智能设计、协同设计、绿色设计都属于现代设计方法,教材最后一章还将介绍创新设计方法。尽管现代设计方法已广泛兴起,但目前常规设计方法仍被广泛采用。设计者只有首先掌握常规方法、打下扎实基础,才能进一步用好现代设计方法和开展创新设计。

本章知识图谱

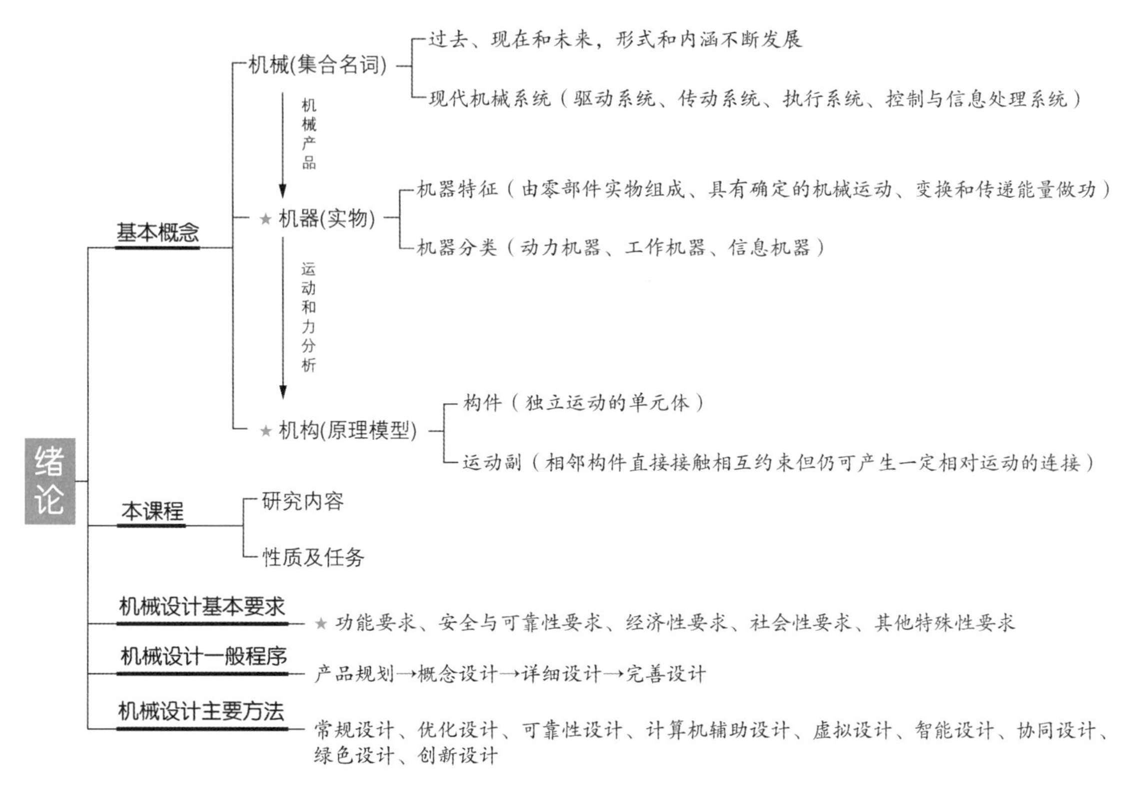

习　题

1-1　试述机械与机器、机构与构件、零件与部件的概念及其相互关系。

1-2　现代机械系统由哪些子系统组成？各子系统具有什么功能？

1-3　指出下列机器的驱动系统、传动系统、执行系统和控制系统：(1)跑步机；(2)电动摩托车；(3)摇头电风扇；(4)直升电梯。

1-4　本课程的研究对象和机械设计内容分别是什么？

1-5　机械设计的基本要求有哪些？

1-6　常规设计方法有哪些特点？

1-7　现代设计方法有哪些？

第二篇

机械产品设计基础

第 2 章　机械系统总体方案设计

本章概要：机械系统的总体方案设计是根据机械产品的功能要求确定其物质载体的过程。其结果在很大程度上决定了机械系统的工作性能。本章介绍机械系统总体方案设计的主要内容及流程，选择或设计执行系统、传动系统、原动机的基础知识，控制系统的基本组成和分类，以及评价优选机械系统方案的方法。

2.1　机械系统总体方案设计概述

机械设计通常要满足产品的功能和性能要求。一般认为，一个功能是具有某些属性的物质之间由于存在某种形式的接触而产生一个作用的结果。功能可以采用多种形式进行描述，例如采用动词加宾语的形式。性能是机械产品的技术属性，通常采用参数来描述，以参数的数值来度量，例如发动机的动力性能常用有效转矩、有效功率、转速和平均有效压力等参数描述。

机械系统总体方案设计是在详细设计之前需要完成的工作，涉及产品规划和概念设计两个设计阶段。其主要内容是规划系统功能结构和工作原理、设计系统运动方案，同时涉及主要功能载体的初步结构构思及系统相关参数的确定。设计者根据任务要求，运用自己掌握的知识和经验，以及通过必要的试验，确定机械作业过程变换和传递能量或物料或信息的工艺动作；通过分析，确定在作业过程中人的参与程度（即机械化和自动化的程度）和技术系统的边界；针对通过机械原理来实现的各个分功能，按照机械系统总体方案设计流程，设计满足预定要求的优选方案。机械系统的总体方案设计要尽可能摆脱已有观念的束缚，尽量从更广的范围内寻求解决方案，以便获得更优的方案，为最终设计出具有竞争力的产品创造一个良好的开端。

机械系统总体方案设计的基本流程如图 2－1 所示，主要包括六个阶段。

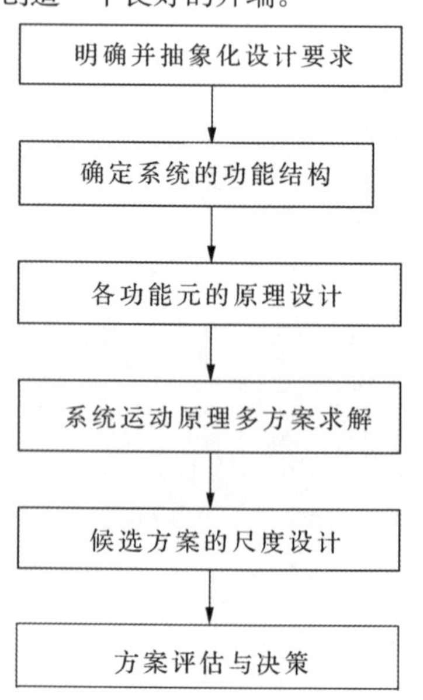

图 2－1　总体方案设计基本流程

（1）明确并抽象化设计要求。从设计任务的要求出发，尽可能准确理解设计任务的本质及约束条件，一方面找出任务的核心及其主要量化参数，避免设计方向上出现大的偏差；另一方面将设计任务中定量的要求抽象为定性的一般化描述，以摆脱其规定性的约束，寻求更开阔的思路和求解途径。

（2）确定系统的功能结构。描述机械系统的总功能，可用框图表达能量流、物料流及信号流等输入和输出之间的转换关系。一个机械系统的总功能往往比较复杂，通常很难立即找出实现方案。因此，需将其分解成若干分功能，与机械作业过程中所需做功的工艺动作或功能作用建立起更直接的对应关系。如有必要可进一步分解，对应到变换运动、力或能量的形式、空间、时序等，直至底层的基本单元——功能元（容易求解的单元），从而建立如图 2－2 所示的系统功能结构。

（3）各功能元的原理设计。针对每一个功能元，寻求其作

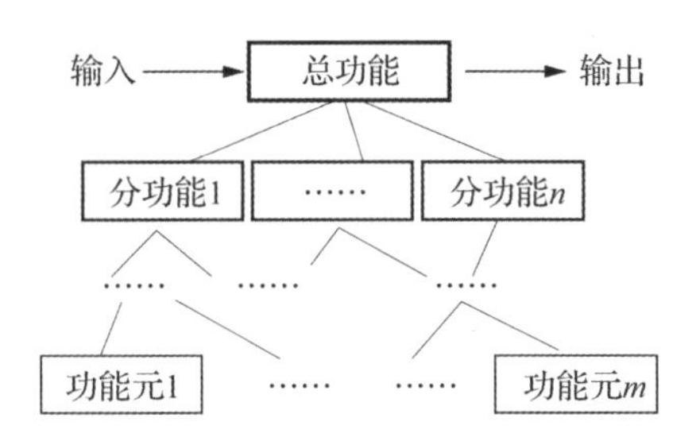

图 2-2 系统功能结构图

用原理，即找到实现此功能的科学效应。机械系统的主要功能都是以某种与运动、力或能量变化相关的物理效应为基础，且通过机构运动的原理来实现的，遵循运动学和动力学相关规律。其功能元的原理方案通常对应运动构件或机构。

(4)系统运动原理多方案求解。为了实现系统的总功能，需将各分功能的机械作用原理进行合理的组合，以建立系统方案的原理解。组合的依据是系统的功能结构。一般实现同一功能元的物理效应可以有多种，针对每一个功能元，列出尽量多可实现其功能的解决方案，构成一个形态学矩阵(参见例 2-1)。经过对功能元原理解的不同组合，可获得一系列候选的系统运动原理方案。

(5)候选方案的尺度设计。运用教材后续相关章节的基础知识，针对候选的原理方案，对各类机构和运动系统进行尺度设计。根据要实现的运动方案的位移、速度和加速度等运动参数，设计出各机构运动相关的尺寸。

(6)方案评价与优选。依据机械系统设计的功能目标，对各候选方案的价值及效用进行比较和评价，根据评价结果作出选择或决定，得出拟用方案。从而确定系统总体方案，为后续详细设计提供基础。

下面举例说明机械运动原理方案的设计过程及方法。

例 2-1 试设计某加压装置的原理方案。根据空间条件，加压装置的主动件驱动轴需水平放置，通过人工单手驱动，将输入的旋转运动变换为从动件直立加压杆的上下往复运动，且要输出较大的压力。

解 1)明确并抽象化设计要求

由题目可知，该装置的作用是加压(未明确具体参数值)。其做功的工艺动作只有一个竖直方向的往复移动，但是，其输入的驱动件为绕水平轴的转动。因此其输入输出的关系是在增加力的大小的同时，还要将输入的正反连续回转运动变换为输出的往复直线移动、将输入的水平轴线运动变换为输出的垂直方向运动，将其抽象化为还要有改变运动形式和改变运动方向的作用。

2)确定系统的功能结构

根据任务要求，以及题目中明确的动力源、主动件和从动件等约束条件，规划加压装置的功能结构。加压是系统的总功能，实现该功能需要三个分功能：①改变运动形式；②改变运动方向；③增力作用。

考虑到运动形式通常有转动和移动两种，在改变运动形式的同时，还要改变运动方向，因此对应有两种变向方案：转动状态下变向和移动状态下变向。为了增力加压，根据能量守恒原理，系统要有降速的功能。于是，将三个分功能对应的具体内容作为功能元，分别是：①转动变移动；②运动轴线变向；③降速增力。

3)设计原理方案

如果将三个分功能做不同顺序的串联组合，可得到功能结构的六种功能元组合方案，如图

2-3所示。其中，Ⅰ、Ⅱ、Ⅲ是在移动状态下改变运动方向；Ⅳ、Ⅴ、Ⅵ是在转动状态下改变轴线方向；Ⅲ、Ⅳ、Ⅴ是在转动状态中降速增力，Ⅰ、Ⅱ、Ⅵ是在移动状态中降速增力。

针对每一个功能元，列出尽量多可实现其运动的基本机构，构成一个形态学矩阵，如表2-1所示。若对每一个功能元各选取一个机构组成一个系统，则可组成 $5^3=125$ 个系统运动原理方案。

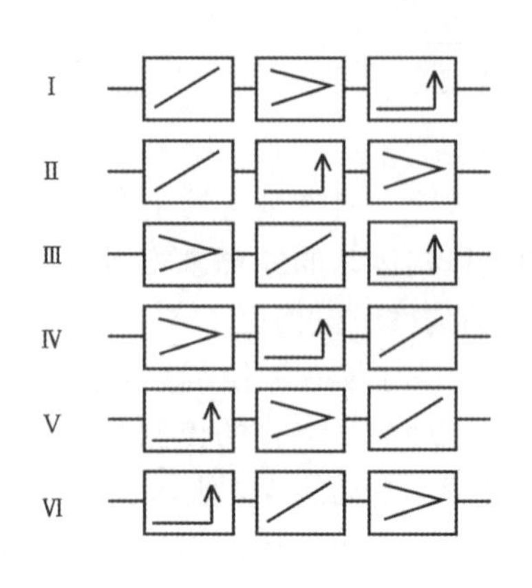

转动变移动　运动轴线变向　降速增力

图2-3　加压装置的功能元串联组合方案

表2-1　实现功能元的基本机构形态学矩阵

功能元	传力原理：接触正压力			传力原理：接触摩擦力	传力原理：流体压力
	凸轮机构	连杆机构	齿轮机构	挠性机构	

此外，还可选用一个基本机构同时完成上述三个分功能的方案。例如，移动从动件凸轮机构是一个基本机构，若将其从动件直立放置，则不仅满足了改变运动形式由转动变移动的需要，同时也实现了改变运动方向由水平变垂直的功能，还可通过适当地设计凸轮廓线来实现增力作用。

在这些数以百计的方案中,凭经验、凭直观可先剔除一些明显不符合要求的方案。如利用摩擦原理的机构做加压机构,除非在加压力要求很小的情况下,否则效率太低、手力不足以实现,是不适用的。再如,若要求放手后仍能保持压力,则所选机构必须要有自锁性能,否则也只能舍弃。

结合教材后续章节相关内容学习,筛选一些可行的运动机构原理方案,如表 2-2 所示的组合螺旋圆柱凸轮机构、凸轮推杆机构、组合连杆机构、组合螺旋液压机构等,再进行尺度设计和方案评估、优选。

表 2-2　加压装置部分原理方案

系统功能结构	系统运动机构原理方案
	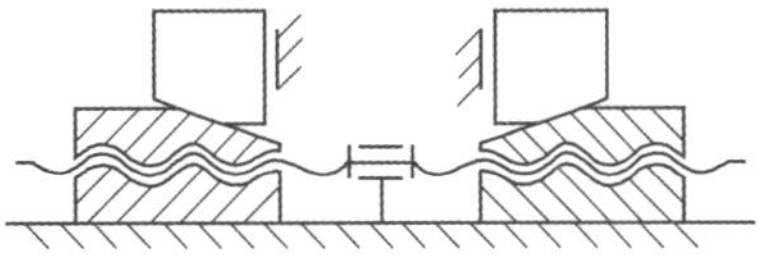
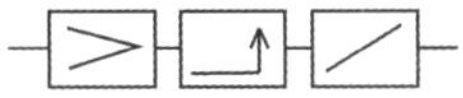	
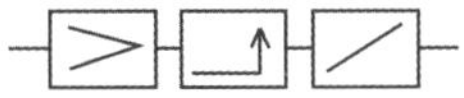	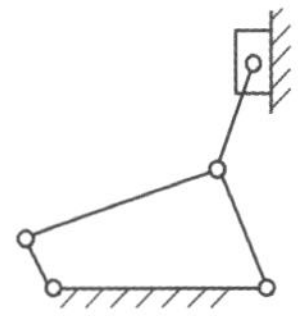
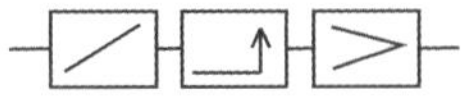	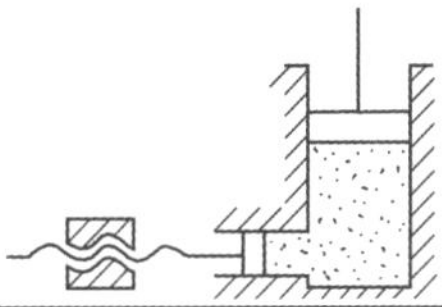

2.2　运动机构基础知识

2.2.1　常用机构及其简图表达方式

2.2.1.1　常用机构的分类

若组成机构的所有构件都在同一平面内或几个相互平行的平面内运动,则称这种机构为平面机构,否则称空间机构。工程中常见的机构大多属于平面机构。为了系统地研究各类机构的设计理论和方法,通常在教材章节中按结构特点对运动机构进行分类,如分成连杆机构、齿轮机构、凸轮机构、螺旋机构等。但是在设计时,首先要求所选用的机构能够实现某种动作或有关功能。因此,从机械设计需要出发,将各种机构按运动转换等基本功能进行分类,如表 2-3所示。关于这些常用机构的结构及特点,详见后续各章内容。

表 2-3　常用机构按基本功能的分类

序号	基本功能		举　　例
1	变换运动形式	(1)转动⇄转动	双曲柄机构、齿轮机构、带传动机构、链传动机构
		(2)转动⇄摆动	曲柄摇杆机构、曲柄摇块机构、摆动导杆机构、摆动从动件凸轮机构
		(3)转动⇄移动	曲柄滑块机构、齿轮齿条机构、挠性输送机构、螺旋机构、正弦机构、移动推杆凸轮机构
		(4)转动→单向间歇转动	槽轮机构、不完全齿轮机构、空间凸轮间歇运动机构
		(5)摆动⇄摆动	双摇杆机构
		(6)摆动⇄移动	正切机构
		(7)移动⇄移动	双滑块机构、移动推杆移动凸轮机构
		(8)摆动→单向间歇转动	齿式棘轮机构、摩擦式棘轮机构
2	变换运动速度		齿轮机构(用于增速或减速)、双曲柄机构(用于变速)
3	变换运动方向		圆柱齿轮机构、蜗杆机构、锥齿轮机构等
4	进行运动合成(或分解)		差动轮系、各种二自由度机构
5	对运动进行操纵或控制		离合器、凸轮机构、连杆机构、杠杆机构
6	实现给定的运动位置或轨迹		平面连杆机构、连杆-齿轮机构、凸轮-连杆机构、联动凸轮机构
7	实现某些特殊功能		增力机构、增程机构、微动机构、急回特性机构、夹紧机构、定位机构

2.2.1.2　机构组成要素和机构的简图表达

机构是由构件和运动副组成的机械工作原理分析模型，其对应的实际结构千差万别。为了使分析问题简化并进行直观表达，通常忽略与运动无关的外形和构造，仅用规定的简单线条和符号来表示其组成要素。

1)运动副的分类及其表示方法

运动副是两个构件通过点、线或面的直接接触相互约束但仍可产生一定相对运动的连接。其参与接触的点、线、面等几何元素统称为运动副元素。按照运动副元素的几何形状对运动副进行分类，有圆柱副、平面与平面副、球面与平面副、球面副、螺旋副、曲面与曲面副等；如果按照两构件相对运动的空间关系进行分类，则有平面运动副和空间运动副之分。

平面运动副按照运动副元素不同分为低副和高副两类。两构件通过面接触组成的运动副称为低副，通过点或线接触组成的运动副称为高副。低副又有转动副(或称铰链)和移动副两种。例如图 1-3 所示内燃机曲轴在轴承中的转动、如图 2-4(a)所示轴在滑动轴承中的转动、图 2-4(b)所示两个构件通过销轴连接的相对转动，都属于转动副；图 1-3 所示内燃机活塞在汽缸中的移动、图 2-4(c)和图 2-4(d)所示两个构件之间的直线移动，都属于移动副；图 2-4(e)所示车轮在轨道上的滚动、图 2-4(f)所示两个齿轮的轮齿啮合接触，都属于平面高副。

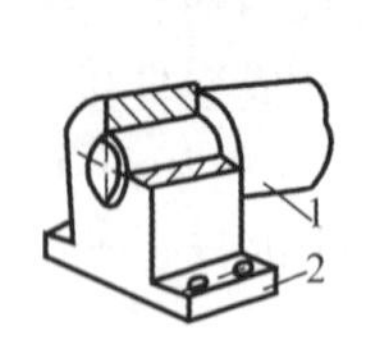

(a)转动副 1

(b)转动副 2

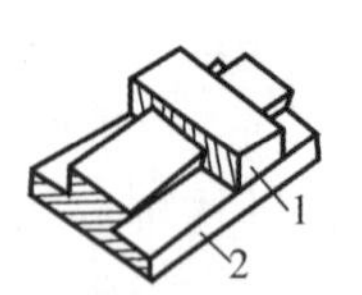

(c)移动副 1

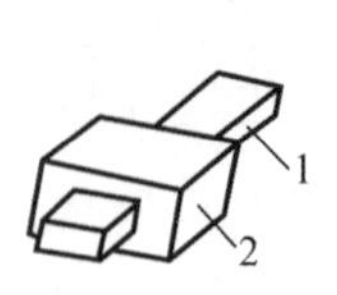

(d)移动副 2

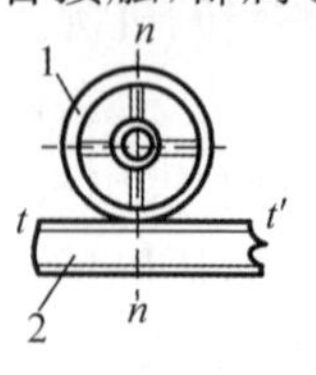

(e)高副 1

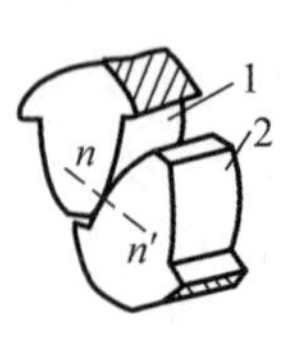

(f)高副 2

1,2:构件

图 2-4　平面运动副的结构示意图

《机械制图 机构运动简图用图形符号》(GB/T 4460—2013)规定了运动副的规范化表达方式,如表 2 - 4 所示。

表 2 - 4　运动副的简图符号表达

运动副名称		平面运动副			空间运动副	
		转动副	移动副	平面高副	螺旋副	球面副、球销副
运动副符号	两运动构件构成的运动副	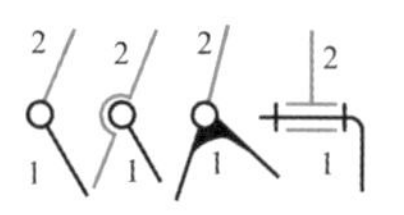	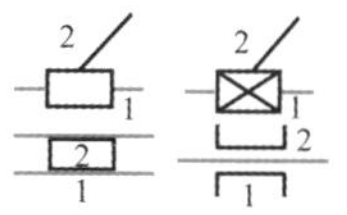	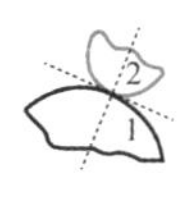	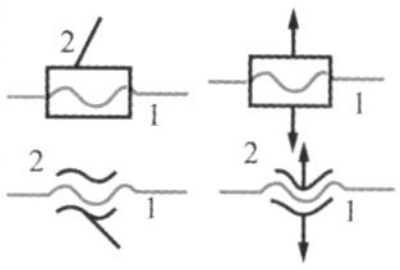	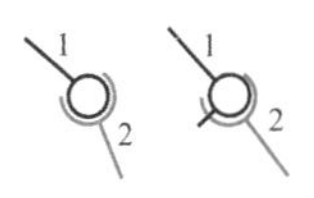
	两构件之一为固定时的运动副	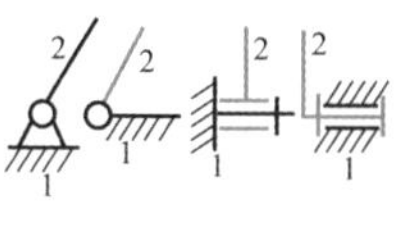	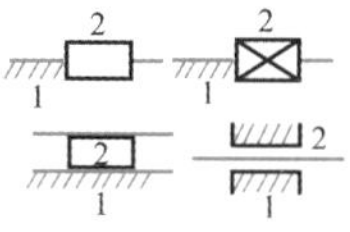		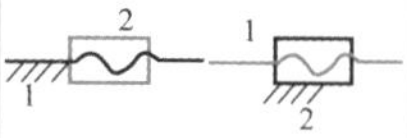	

2)构件的分类及其表示方法

机构中的构件分为以下三类:

(1)机架。用来支承运动构件的固定构件。通常机架相对地面是不动的,故以机架为参考坐标来描述其他构件的运动情况。

(2)主动件。又称为原动件或输入构件,其运动由动力源或其他机构输入。

(3)从动件。机构中随着主动件的运动而运动的其余活动构件。其中输出预期运动规律的从动件称为输出构件,其运动规律取决于原动件的运动规律和各构件的运动尺寸。

一般构件的规范化表示方法如表 2 - 5 所示。

表 2 - 5　一般构件的规范化表示方法

构件类型	构件符号
杆、轴类构件	
固定构件	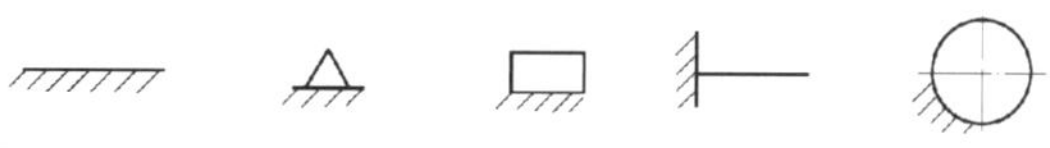
同一构件	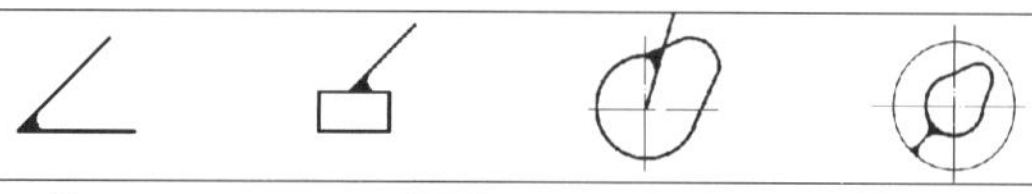
两副构件	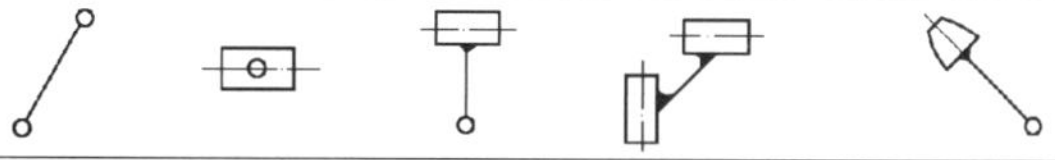
三副构件	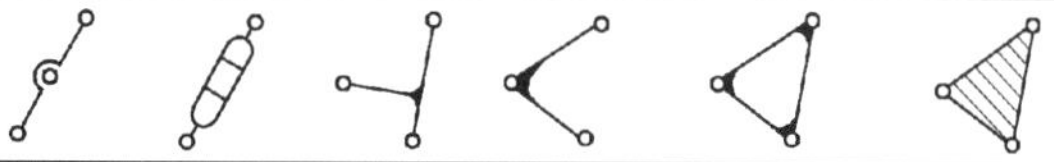

3)平面机构运动简图

在对现有机械系统进行分析或设计新的机械系统时,往往都需要先绘制简单、直观、便于交流的机构图形。用规定的简图符号表示构件和运动副,并按比例确定运动副位置、表达各构件相对运动关系的线图,称为机构运动简图。只用简图符号不按尺寸比例绘制的机构图形称为机构示意图。机构运动简图中常用的规定符号见表 2 - 6。

表 2-6 机构运动简图中常用的规定符号

名称	符号	名称	符号
电动机	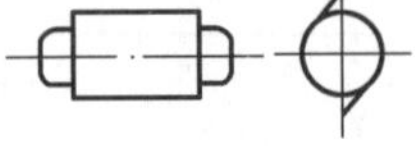	装在支架上的电动机	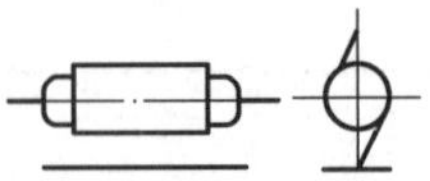
带传动	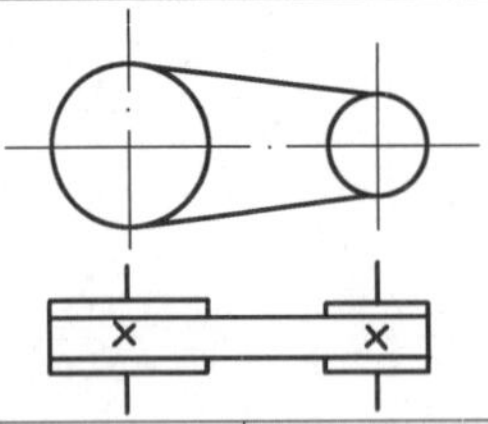	链传动	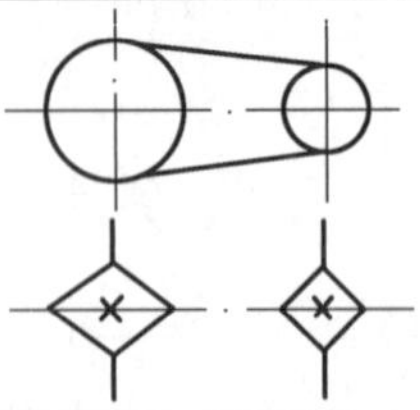

名称	基本符号	可用符号	名称	基本符号	可用符号
外啮合圆柱齿轮传动	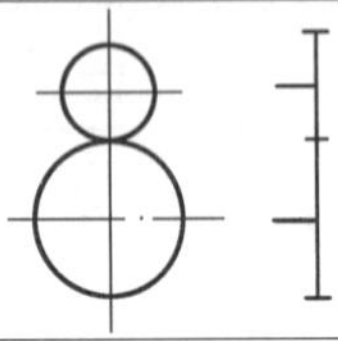		内啮合圆柱齿轮传动	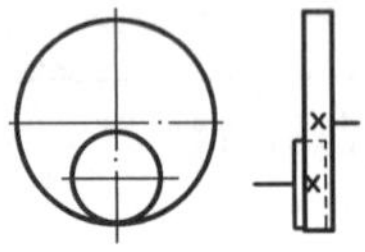	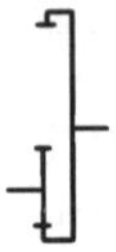
齿轮齿条传动	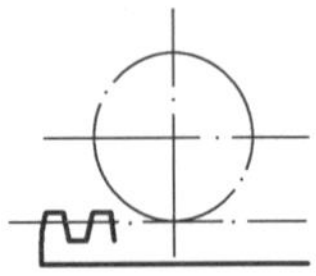	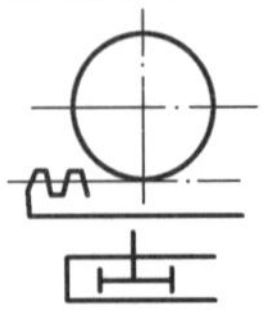	圆锥齿轮传动	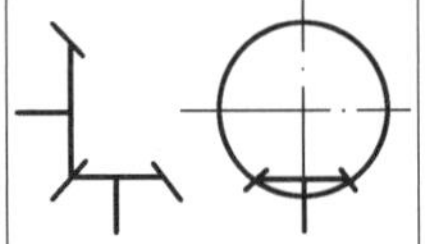	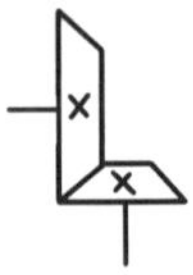
圆柱蜗杆传动	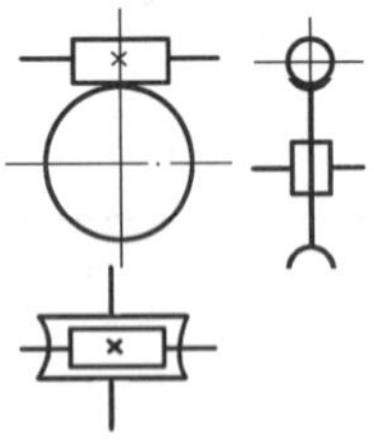	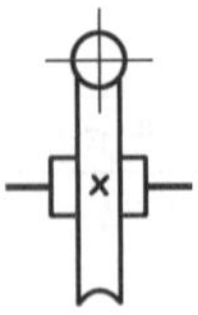	摩擦传动	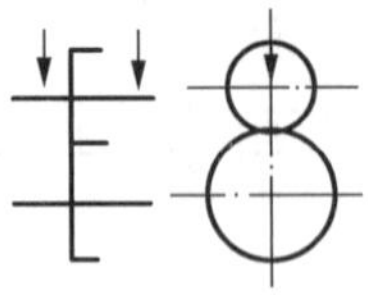	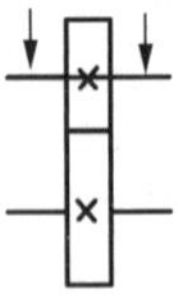
外啮合槽轮机构	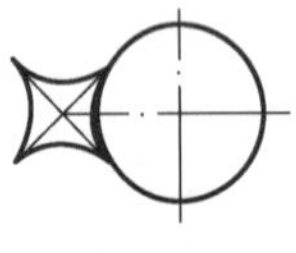	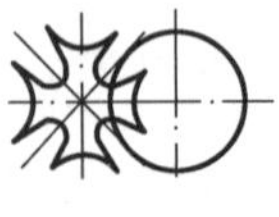	内啮合槽轮机构	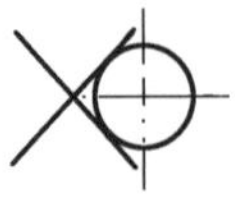	
外啮合棘轮机构		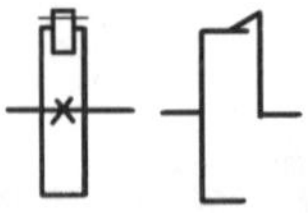	内啮合棘轮机构		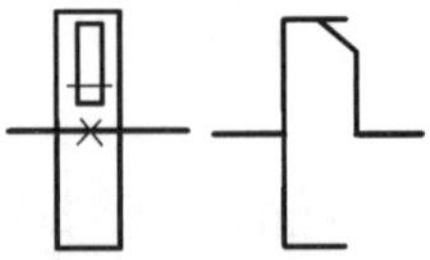

绘制机构运动简图时，首先要搞清楚所要绘制的机械系统结构和动作原理，然后从主动件开始，按照运动传递的顺序，仔细分析各构件相对运动性质，确定运动副的类型和数目；在此基础上合理选择视图平面，通常选择与大多数构件的运动平面相平行的平面为视图平面；选取适当的长度比例尺 μ_l[一般取 μ_l=实际尺寸(单位 m)/图上长度(单位 mm)]，按一定的顺序进行绘图，并将比例尺标注在图上。一般情况下，用阿拉伯数字表示构件编号，用大写英文字母表示运动副编号，用带箭头符号表示主动件的运动方向。

下面举例说明机构运动简图的绘制方法。

例 2-2 图 2-5(a)所示为某颚式破碎机的结构。当曲轴 1 绕轴心 O 连续回转时，动颚板 5 绕轴心 F 往复摆动，从而将矿石轧碎。试绘制此破碎机的机构运动简图。

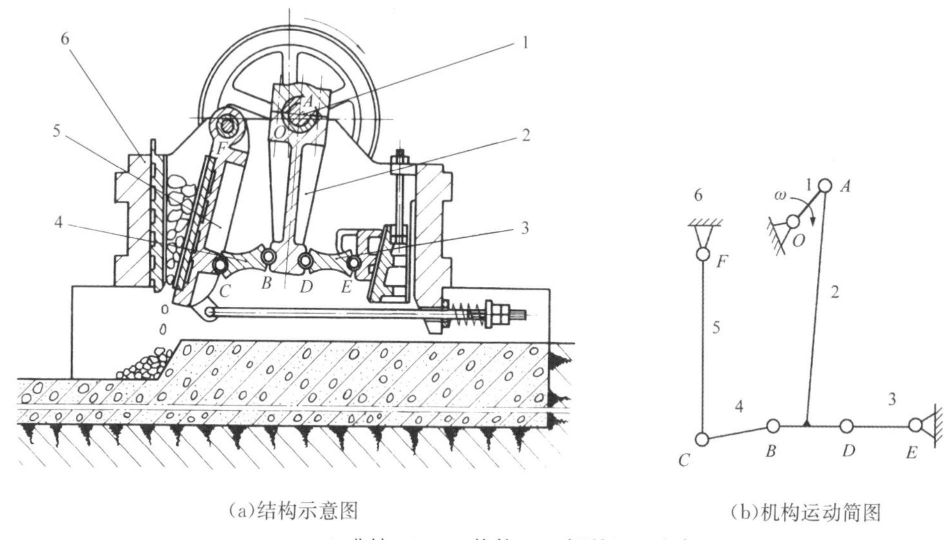

(a)结构示意图　　(b)机构运动简图

1:曲轴　2,3,4:构件　5:动颚板　6:机架

图 2-5　颚式破碎机及其机构运动简图

解　先找出破碎机的原动部分为曲轴 1，工作部分为动颚板 5。然后循着运动传递的路线可以看出，此破碎机是由曲轴 1、构件 2、构件 3、构件 4、动颚板 5 和机架 6 这六个构件组成的。其中曲轴 1 和机架 6 在 O 点构成转动副，曲轴 1 和构件 2 也构成转动副，其轴心在 A 点；构件 2 分别与构件 3、构件 4 在 D 和 B 两点构成转动副；构件 3 与机架 6 在 E 点构成转动副；动颚板 5 分别与构件 4、机架 6 在 C 和 F 点构成转动副。

将破碎机的组成情况搞清楚后，再选定投影面和比例尺，并定出转动副 O,A,B,C,D,E,F 的位置，即可绘出其机构运动简图，如图 2-5(b)所示。

2.2.2　平面机构的可动性与运动确定性评估

2.2.2.1　平面机构自由度计算

三维空间中的构件如果不受约束，可沿参考系的 3 个坐标轴自由移动和转动，而作平面运动的自由构件，只有两个移动和一个转动的独立运动。如图 2-6 所示，在 xOy 坐标系中，构件 S 可随任一点 A 沿 x 轴、y 轴方向移动和绕 A 点转动。构件相对于参考系所具有的独立运动数目称为构件的自由度。所以一个空间自由构件具有 6 个自由度，而作平面运动的自由构件只有 3 个自由度。

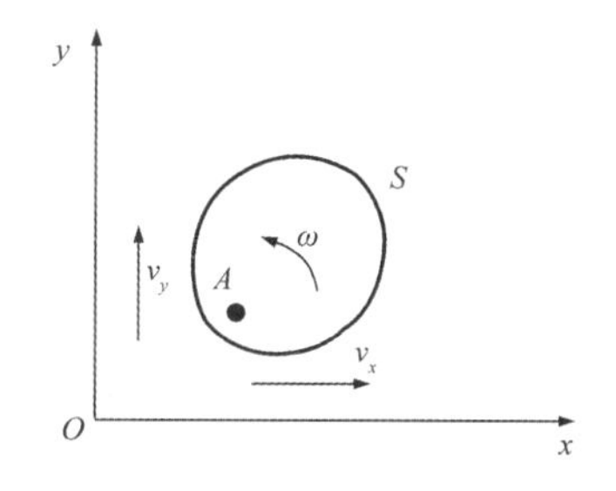

图 2-6　构件作平面运动的自由度

当两构件通过运动副连接后，构件的独立运动受到了限制，自由度随之减少。对独立运动所加的限制称为约束。不同类型的运动副引入的约束数不同，所保留的自由度也不同。例如在图 2-4 的平面运动副中，转动副约束了两个移动自由度，保留了一个转动自由度；移动副约束了沿某个坐标轴的移动和平面内的转动两个自由度，保留了沿另一个坐标轴移动的自由度；高副则只约束了沿接触点公法线 $n-n'$ 压入方向移动的自由度（工程上往往同时通过形封闭或力封闭来约束其反方向脱离的移动），保留绕接触点转动和沿接触点公切线 $t-t'$ 方向移动的两个自由度。在平面机构中，每个低副引入的约束数为 2，高副的约束数为 1。

机构相对于机架能产生独立运动的数目，称为机构的自由度。设平面机构中共有 n 个活动构件(机架不是活动构件),在尚未构成运动副时均为自由构件,共有 $3n$ 个自由度。当各构件构成运动副后,设共有 P_L 个低副和 P_H 个高副,则机构将受到 $2P_L+P_H$ 个约束,故机构的自由度为

$$F=3n-2P_L-P_H \tag{2-1}$$

2.2.2.2 机构具有确定运动的条件

机构的自由度也就是机构可以独立运动的个数。由前述可知,只有原动件可以独立运动的,从动件不能独立运动。通常原动件都与机架相连,具有一个独立运动(转动或移动),是由外界给定的。为了使机构具有确定的运动,机构自由度应大于零,且机构的原动件的数目应等于机构的自由度。这就是机构具有确定运动的条件。如果机构的原动件数小于机构的自由度,机构的运动就不确定;如果原动件数大于机构的自由度,机构就会因产生干涉而不能运动,甚至导致机构中薄弱环节的损坏。

例 2-3 计算图 2-5(b)所示颚式破碎机主体机构的自由度,并判断机构有无确定的运动。

解 在颚式破碎机主体机构中,有五个活动构件,$n=5$;包含七个转动副,$P_L=7$;没有高副,$P_H=0$。所以由式(2-1)得机构自由度为

$$F=3n-2P_L-P_H=3\times5-2\times7=1$$

该机构具有一个原动件(曲轴 1),原动件数与机构自由度相等,故具有确定的运动。

2.2.2.3 平面机构自由度计算应注意的事项

在计算平面机构自由度时,应注意下述几种情况。

(1)复合铰链。两个以上的构件同时在一处以转动副相连接就构成复合铰链。如图 2-7(a)所示的三个构件组成的复合铰链,从图 2-7(b)可以看出,它实际为两个转动副。依此类推,m 个构件组成的复合铰链应具有$(m-1)$个转动副。

(2)局部自由度。在有些机构中,某些构件所能产生的局部运动,并不影响其他构件的运动。通常把这些构件所能产生的这种局部运动的自由度称为局部自由度。在如图 2-8(a)所示的滚子推杆凸轮机构中,为了减少高副元素的磨损,在推杆 3 与凸轮 1 之间装了一个滚子 2。此时,该机构中 $n=3$,$P_L=3$,$P_H=1$。其自由度为

$$F=3n-2P_L-P_H=3\times3-2\times3-1\times1=2$$

但是,滚子 2 绕其自身轴线的转动,并不对其他构件的运动产生影响,因此其运动只是一种局部自由度。如图 2-8(b)所示,设想将滚子 2 和推杆 3 焊在一起,显然并不影响其他构件的运动。但此时该机构却变为 $n=2$,$P_L=2$,$P_H=1$,其自由度为

$$F=3n-2P_L-P_H=3\times2-2\times2-1\times1=1$$

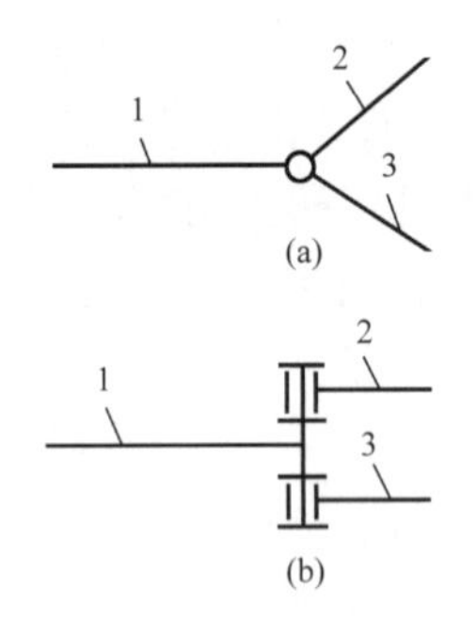

图 2-7 复合铰链

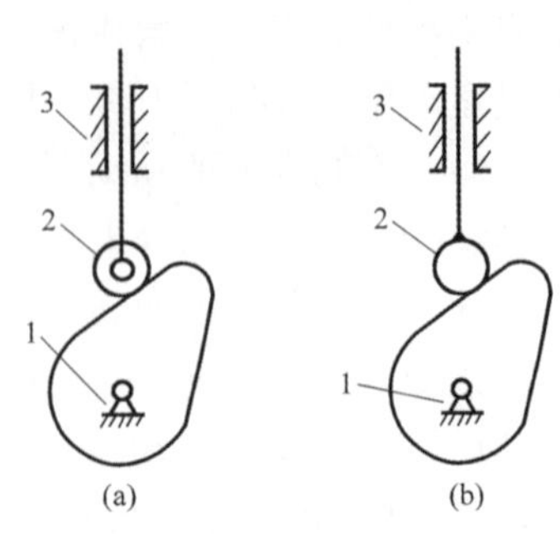

1:凸轮 2:滚子 3:推杆

图 2-8 局部自由度

由此可见,可以认为该机构的实际自由度为 1。这就是说,在计算机构的自由度时,应将机构中的局部自由度除去不计。

(3)虚约束。在运动副引入的约束中,有些约束对机构自由度的影响是重复的。这些对机构运动不起限制作用的重复约束称为虚约束或消极约束,在计算机构自由度时应将虚约束除去不计。

平面机构中的虚约束常出现在下列场合:

①两个构件组成若干个导路中心线互相平行或重叠的移动副,只能算一个移动副,如图 2-9(a)所示。

②两个构件组成若干轴线互相重合的转动副,只能算一个转动副,如图2-9(b)所示。

③机构中对运动不起独立作用的对称部分。如图2-9(c)所示轮系,采用齿轮 2 和齿轮 2′ 对称布置形式,实际上只要齿轮 2 就能满足运动要求。齿轮2′并不影响机构的运动,故其带入的约束为虚约束。

④如两构件在多处接触而构成平面高副,且各接触点处的公法线彼此重合,只能算一个平面高副,如图 2-9(d)所示。

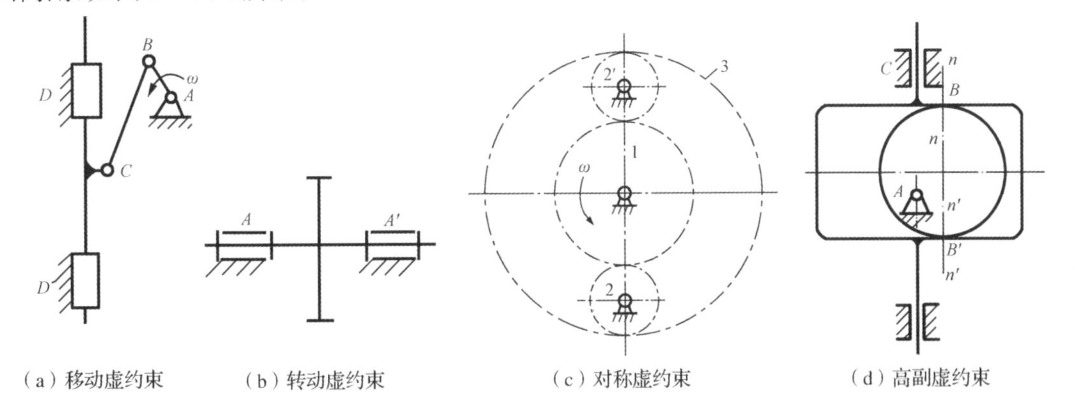

图 2-9 虚约束

⑤当机构中有两个构件相连接时,若它们连接点的轨迹在未组成运动副以前就相互重合,则此连接形成的运动副就只构成虚约束。

图 2-10(a)是一平行四边形机构,若构件 2 为主动件且作转动时,构件 4 也将以 D 点为圆心转动,而构件 3 将作平移。它上面各点的轨迹均为圆心在 AD 线上、半径为 AB 长的圆周。该机构的自由度 $F=3n-2P_{\mathrm{L}}-P_{\mathrm{H}}=3\times3-2\times4-0=1$。

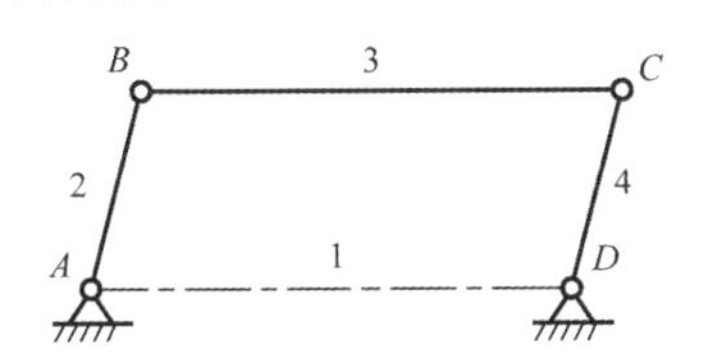

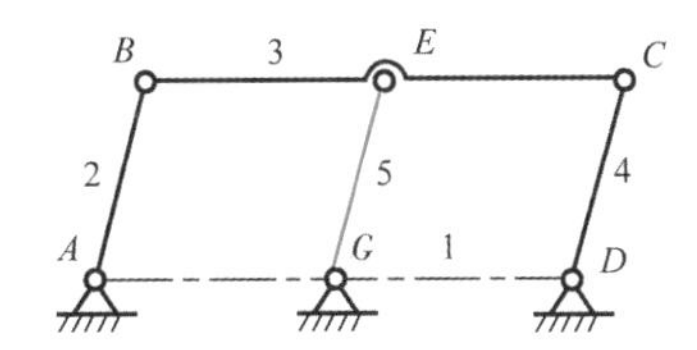

(a)4 个构件的平行四边形机构　(b)5 个构件的平行四边形机构

图 2-10 机构中的虚约束

若在机构上再加一个构件 5,如图 2-10(b)所示,它与构件 2 和构件 4 平行且等长。显然,加上构件 5 后对整个构件的运动并无影响,但此时机构的自由度却为 $F=3n-2P_{\mathrm{L}}-P_{\mathrm{H}}=3\times4-2\times6-0=0$。机构自由度数为零意味着机构不能运动,显然与实际情况不符。这是因为加了一个构件 5 和两个转动副，即增加 3 个自由度并引入 4 个约束，于是减少了机构的 1 个自由度，但构件 3 和构件 5 上的 E 点在未形成运动副前均作圆心为 G 点的圆周运动，半径为 EG。所以两者轨迹重合，即这多出的一个约束与原有约束重复，并不起新的约束作用，因此为虚约束。计算自由度时应将那些从机构运动的角度看来是多余的构件及其带入的运动副去掉。

虚约束对运动虽不起作用，但可以增加构件的刚性和使构件受力均衡，所以实际机械中虚约束随处可见。只有将机构运动简图中的虚约束排除，才能算出真实的机构自由度。

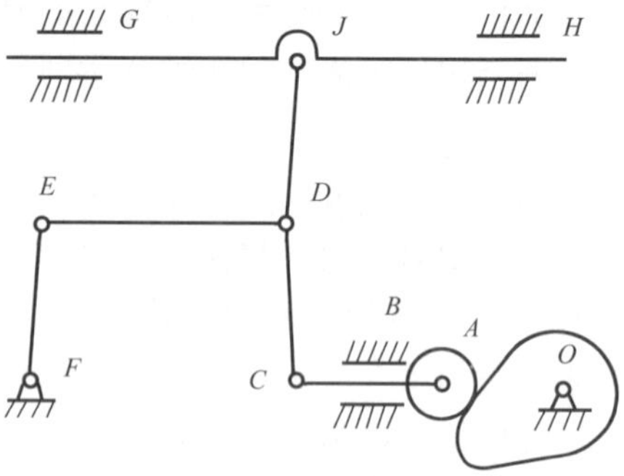

例 2-4 计算图2-11所示机构的自由度，并指出图中的复合铰链、局部自由度和虚约束等情况。

解 机构中的滚子 A 有一个局部自由度，G 和 H 组成两个导路平行的移动副，其中之一为虚约束，D 为复合铰链。活动构件数 $n=7$，低副 $P_L=9$，高副 $P_H=1$。

$$F=3n-2P_L-P_H=3\times7-2\times9-1=2$$

机构的自由度为 2，该机构需有 2 个原动件，如凸轮 O 和 EF 杆。

图 2-11 某机构的运动简图

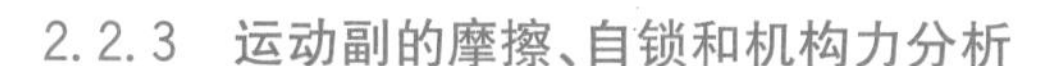

2.2.3 运动副的摩擦、自锁和机构力分析

2.2.3.1 机械装置中的外力和做功效率

机械装置运转时往往受到外力作用，通过运动而做功。其外力包括动力源驱动力、执行构件生产阻力（又称为工作负载）、零部件重力、机座支撑力、其他接触介质的压力和摩擦阻力等。其中，驱动力与其作用点的速度方向相同或成锐角，所做的功为正功，称为输入功；生产阻力与其作用点的速度方向相反或成钝角，所做的功为负功，称为输出功或有效功；其他有害外力以及系统内部摩擦力所做的功均为耗散功，称为损失功；与运动方向垂直的外力不做功。

一般用机械效率 η 来表示机械功的有效利用程度，即输出功 W_r 与输入功 W_d 之比。$\eta=W_r/W_d=(W_d-W_f)/W_d=1-W_f/W_d=1-\zeta$，其中 W_f 为损失功，ζ 为机械损失率。考虑单位时间内的做功，机械效率 η=输出功率 P_r/输入功率 P_d。

2.2.3.2 运动副中的摩擦和力分析

一个运动副的两元素接触所产生的法向正压力和切向摩擦力，统称为运动副反力。对于一个机构而言，运动副反力是其内部作用力；但对于单个构件而言，则是外力。运动副中摩擦力所做的功，无论对于构件、机构还是机械系统，都是损失功。

1)移动副中的摩擦和力分析

移动副的两元素为面接触。针对水平面移动副、水平楔形槽移动副和斜平面移动副，分析其构件 1 滑块的受力情况，如图 2-12 所示。其中，F_d、F_Q 分别为作用在滑块上的水平外力和垂直外力（含重力），F_{N21}、F_{f21}、F_{R21} 分别为构件 2 作用在滑块上的法向力、摩擦力和总反力。滑块匀速移动时，所受的作用力互相平衡。

摩擦力的大小与接触面的几何形状密切相关，上图中有以下的参数关系：

(a) $F_{f21}=fF_{N21}=Ff_Q=F_d$，总反力 F_{R21} 与法向力 F_{N21} 之间的夹角 φ 称为摩擦角，$\varphi=\arctan f$，f 为滑块与构件 2 的摩擦因素。以 nn 为轴线、总反力 F_{R21} 的作用线为母线而形成的圆锥为摩擦锥。推动滑块移动的水平外力 F_d 做正功，摩擦力 F_{f21} 做损失功。当移动副中没有工作负载时，匀速滑块不需要在此处输出有效功。

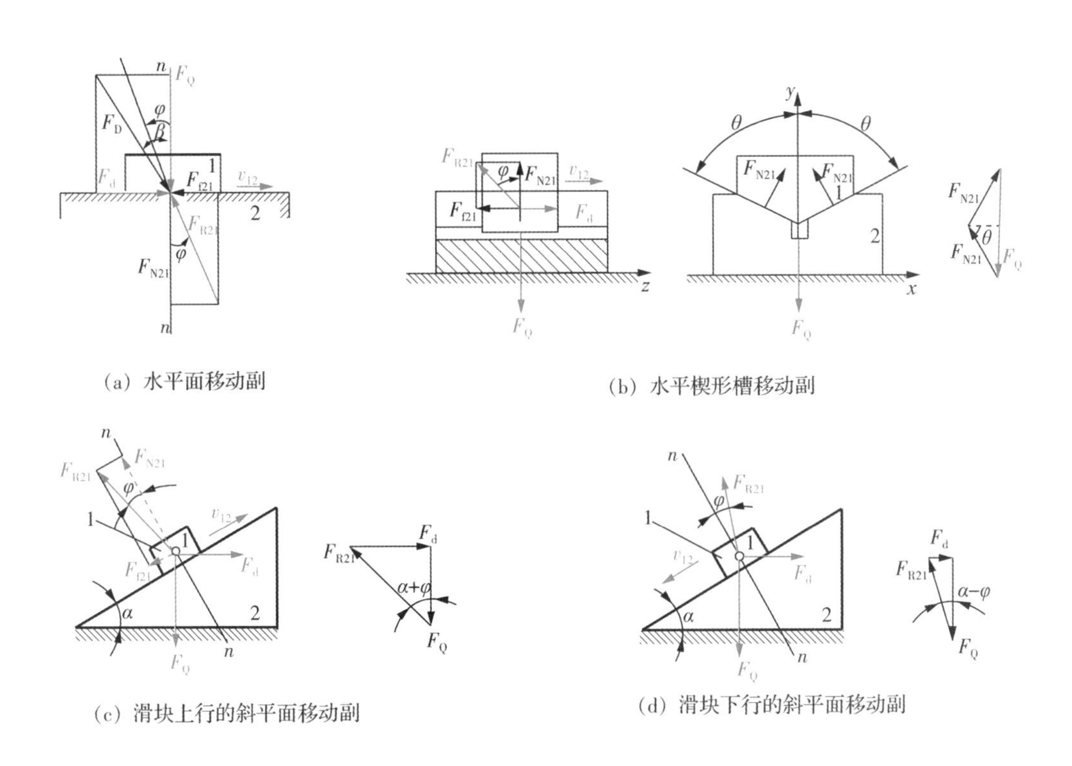

图 2-12　移动副中滑块的受力分析

(b)$F_{f21}=2fF_{N21}=(f/\sin\theta)F_Q=f_vF_Q=F_d$，$f_v=f/\sin\theta$，$f_v$ 为将槽面摩擦等效为平面摩擦时的当量摩擦因素，与之相应的摩擦角 $\varphi_v=\arctan f_v$，称为当量摩擦角。此时推动滑块移动的水平外力 F_d 做正功，摩擦力 F_{f21} 做损失功。当移动副中没有工作负载时，匀速滑块不需要在此处输出有效功。

(c)$F_{f21}=fF_{N21}=F_{N21}\tan\varphi$，$F_d=F_Q\tan(\alpha+\varphi)$，$F_d\cos\alpha=F_{f21}+F_Q\sin\alpha$。此时推动滑块移动做正功的分力大小为 $F_d\cos\alpha$，摩擦力 F_{f21} 做损失功。即使移动副中没有其他工作负载，沿斜面上升的匀速滑块也需要由水平外力 F_d 克服除摩擦力之外做负功的移动阻力 $F_Q\sin\alpha$，其机械效率 $\eta=F_Q\sin\alpha/(F_d\cos\alpha)=\tan\alpha/\tan(\alpha+\varphi)$。

(d)$F_{f21}=fF_{N21}=F_{N21}\tan\varphi$，$F_d=F_Q\tan(\alpha-\varphi)$，$F_Q\sin\alpha=F_{f21}+F_d\cos\alpha$。此时推动滑块移动做正功的分力大小为 $F_Q\sin\alpha$，摩擦力 F_{f21} 做损失功。即使移动副中没有其他工作负载，沿斜面下滑的匀速滑块也需要由垂直外力 F_Q 克服除摩擦力之外做负功的移动阻力 $F_d\cos\alpha$，其机械效率 $\eta=F_d\cos\alpha/(F_Q\sin\alpha)=\tan(\alpha-\varphi)/\tan\alpha$。

2)转动副中的摩擦与摩擦圆

转动副的元素结构通常由一个轴颈和一个支撑轴承所构成，微观上存在间隙，多为点接触，分析其构件 1 轴颈在匀速转动时的受力情况，如图 2-13(a)所示。其中，M_d、F_Q 分别为作用在轴颈上的驱动力矩和驱动力，F_{N21}、F_{f21}、F_{R21} 分别为轴承作用在轴颈上的法向力、摩擦力和总反力。轴颈匀速转动时，所受的力及力矩互相平衡。

作用在轴颈上的摩擦力 $F_{f21}=f_vF_Q$，f_v 为当量摩擦因素，与两元素的材料、接触点数量、摩擦磨损所处阶段等有关。工程上，一般线接触取 $f_v\approx f$；半圆柱面接触且未经磨合时，取 $f_v\approx(1.5\sim1.6)f$；计算时可根据具体实际情况在$(1\sim1.6)f$ 区间选取。由于轴颈上的 M_d、F_Q 与 F_{R21} 相平衡，故有 $F_Q=F_{R21}$、$M_d=\rho F_{R21}$。以 ρ 为半径的圆始终与总反力 F_{R21} 相切，称为摩擦圆；ρ 称为摩擦圆半径，$\rho=f_v r$。

3)平面高副中的摩擦

平面高副两元素之间通常有滚动兼滑动，故有滚动摩擦力和滑动摩擦力。但由于滚动摩擦力远小于滑动摩擦力，在机构力分析时一般只考虑滑动摩擦力，$F_{f21}=fF_{N21}$，如图 2-13(b)所示。

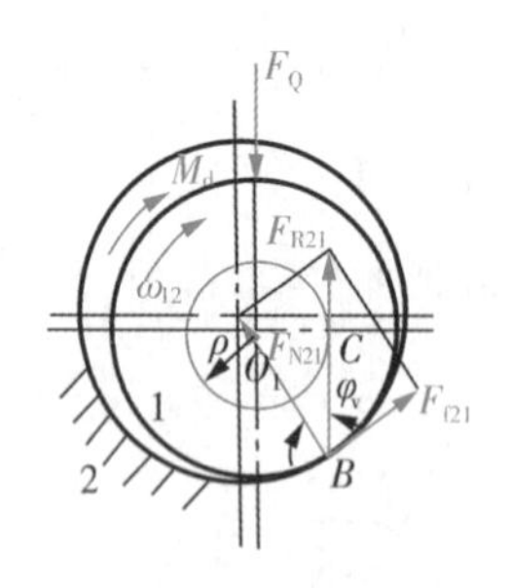

(a) 转动副中轴颈的受力

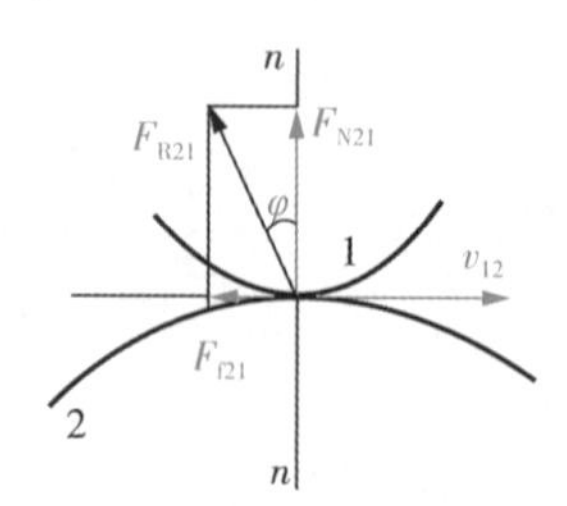

(b) 平面高副中的力

图 2-13 转动副和平面高副的力分析

此外，螺旋副的摩擦，可等效为斜面楔形槽移动副的摩擦，详见第 10 章第 10.1.2 节。

2.2.3.3 运动副的自锁

一般来说，在运动副自由度方向施加的有效作用力(力矩)如果大于摩擦力(力矩)，就可以驱动运动副作相对运动。有时在实物装置中，无论施加多大的作用力都无法使运动副元素之间产生相对运动，这种现象称为机械的自锁。

移动副的自锁条件：滑块 1 上水平外力 F_d 和垂直外力 F_Q 的合力(驱动力)F_D 作用于摩擦锥之内，即 F_D 与 F_Q 的夹角 β 小于摩擦角 φ。当 $\beta=\varphi$ 时，滑块匀速运动或保持静止；当 $\beta>\varphi$ 时，滑块将加速运动。

转动副的自锁条件：轴颈 1 上驱动力 F_Q 为单力，且作用于摩擦圆之内。

当运动副自锁时，其机械效率 $\eta\leqslant 0$。

由于运动副中摩擦力的方向与运动副两元素的相对运动(趋势)方向相反，自锁现象常被利用来控制运动副在某个自由度中的单向运动，使其一个方向可动但反方向不可动。例如千斤顶中的螺旋副自锁，用于螺旋顶起(往上移动)之后阻止重力作用产生往下退回的移动。自锁现象在工程实际中具有十分重要的意义。

2.2.3.4 机构力分析的基本原理与方法

机构力分析是将机构系统作为研究对象，一方面确定其运动副中的反力，另一方面为保证机构能按给定规律运动，确定其所需的平衡力或力矩。例如内燃机中的机构，若在已知驱动力、各构件重力和惯性力(矩)作用下存在不平衡的现象，则要通过机构力分析，求出需在机器上施加的平衡力(矩)。

机构力分析通常采用动态静力分析法，按照达朗贝尔原理，将机构中动态构件在任意时刻的惯性力和惯性力矩看作外力，加在相应的构件上，对机构进行分析。力分析的求解方法通常有图解法和解析法两种。前者直观、形象，通过软件绘制比人工绘制精度更高；后者求解精度高，而且方便软件实现。传统的机构力分析通常不考虑运动副中的间隙，一般将构件看作刚性体，求解精度不高。借用专业软件进行分析，可以克服这些不足。

为了计算构件的惯性力或力矩，必须先对机构进行运动分析，因此，力分析是以运动分析为基础的。构件惯性力和惯性力矩的计算有以下两种方法。

一种是运用一般力学方法。将平面复合运动构件(如构件 3)的惯性力系简化为一个加在质心 S_3 上的惯性力 $\boldsymbol{F}_{I3}(=-m_3\boldsymbol{a}_{S3})$和一个惯性力矩 $\boldsymbol{M}_{I3}(=-J_{S3}\boldsymbol{\alpha}_3)$,其中 $\boldsymbol{a}$ 和 $\boldsymbol{\alpha}$ 分别为质心的加速度和构件的角加速度;对于变速移动的平面构件(如滑块 1),仅有一个加在质心 S_1 上的惯性力 $\boldsymbol{F}_{I1}=-m_1\boldsymbol{a}_{S1}$;对于绕定轴转动的构件(如曲柄 2),若轴线不通过质心,则变速转动有一个惯性力 $\boldsymbol{F}_{I2}(=-m_2\boldsymbol{a}_{S2})$和一个惯性力矩 $\boldsymbol{M}_{I2}(=-J_{S2}\boldsymbol{\alpha}_2)$,也可转化为一个总惯性力;若轴线通过质心,则只有惯性力矩 $\boldsymbol{M}_{I2}=-J_{S2}\boldsymbol{\alpha}_2$。

另一种是质量代换法。将构件的质量按一定条件用集中于构件上几个特定代换点的集中质量来等效替代(构件质量不变、质心位置不变、对质心轴的转动惯量不变),只需求各集中质量的惯性力,而无需求其惯性力矩。

机构力分析求运动副反力,由于是系统内力,所以必须先分解构件组,再逐个分析。分解构件组要满足静定条件,即所能列出的独立的力平衡方程数应等于未知的参数数目。求解的步骤首先是判断首解运动副,通常选择外力和外力矩都已知的两个构件所组成的运动副;然后逐一求解各构件组。

考虑摩擦的机构力分析,难点是确定运动副中总反力的方向。一般先从二力构件开始,总反力的方向与法向反力偏斜一个摩擦角或切于摩擦圆,偏斜的方向与相对速度方向相反。

2.3 执行系统的运动方案设计

执行系统处于机械系统运动和动力传递的末端,直接对作业对象进行操作,利用机械能改变作业对象的性质、状态、形状或位置,或对作业对象进行检测、度量等。执行系统由执行机构实现,其输出构件即执行构件,直接与作业对象接触并按预定规律运动,以完成相应的工艺动作要求。执行机构需要根据工艺过程的功能要求而设计,在其对应功能元的原理方案设计中综合考虑。执行机构的原理方案决定了执行系统工作性能的好坏,对机械系统的性能、结构、尺寸、重量及使用效果等有重大的影响。所以,执行机构的运动设计是机械系统设计中关键而具创造性的部分。

2.3.1 执行构件的运动设计

将工艺动作分解成执行构件的基本运动可有多种不同方案,只有对生产过程或工艺动作进行深刻的分析,才能正确地把握工艺过程的规律性和目的性,制定出切实可行的运动方案。

1)执行构件的数目

机械系统作业时,各分功能可以有多个执行构件。例如机械手的抓取功能,如果采用两个夹板相对移动的原理方案,可以让其中一个固定不动、另一个运动,则只有一个运动的执行构件;也可以让两个夹板共用驱动和传动系统并以对称规律同步相向移动,则视其为一个执行构件的并联输出;还可以让两者各自独立移动,则有两个执行构件。类似地,如果采用三个甚至更多手爪的原理方案,那么执行构件的数目就更是多变了。在例 2-1 中,加压的工艺动作只需要一个直立加压杆作为执行件,在其六种功能元串联组合方案中,每一种方案都只有最后那个功能元输出的是执行构件。

可见,执行构件的数目取决于拟定的系统工艺动作过程和工作原理,对应于系统功能结构中直接执行作业操作的功能元数目。但两者数目不一定相等,因为有的功能元可能输出多个执行件,有的多个功能元输出给同一执行件。

2)执行构件的运动形式

从运动学可知，刚体的基本运动形式有转动和移动两种。执行构件的运动形式，取决于要实现的分功能的运动要求，其描述内容包括：①运动轨迹，如往复直线移动、往复圆周摆动、整周转动和某种特定轨迹移动，以及多种简单运动复合的平面运动或空间运动；②运动频率，例如等速还是变速，间歇还是连续，周期性还是随机性，周期多长，等等。常用的运动形式有往复直线移动、连续转动、往复摆动、曲线运动及复合运动等，前三种最为基础。

3)执行构件的运动参数

确定了执行构件的运动形式之后，需要依据设计任务书的要求，计算或确定其运动参数的数值或变化区间。其中包括：位移-时间曲线(s-t 或 θ-t)，运动周期 T，运动频率 f，转速 n，还有一些涉及后续各章相关知识的参数如急回特性 K 等。

如果机械系统有多个执行构件，相互之间还需要在运动时间、空间和速度等方面进行系统协调与配合。例如车削螺纹时，夹持工件的主轴转速与车刀的走刀速度必须配合好，才能加工出合格的螺纹。设计时，常采用系统运动循环图进行直观表达，其形式灵活多样，详见课程设计指导书或相关参考资料。图 2－14 所示为某刨削加工机床进料、进退刀和上下刀三个执行构件的直角坐标式运动循环图。

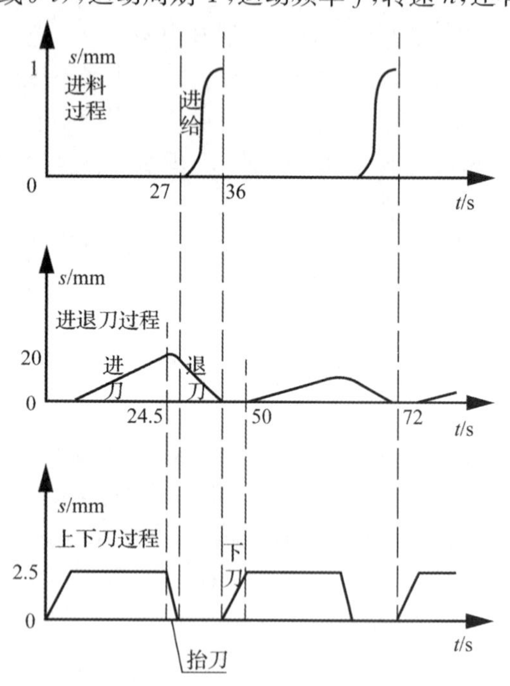

图 2－14　某刨削加工机床的系统运动循环图

2.3.2　执行机构的选型

执行构件的运动方案确定后，需要寻求能满足其运动要求的机构，并将执行构件作为该执行机构的输出构件。完成同一种运动功能的机构，可以由不同原理的基本机构或由基本机构的不同组合方式来实现。例如，要实现某一运动功能，可以利用推、拉力传动原理，摩擦力传动原理，液压力及电磁力传动原理，等等。

执行机构的选型要求设计者熟知各种基本机构及气、液、电等多种传动知识，进行机构类型的综合，提出尽可能多的运动方案。通常先从常用基本机构中进行选择，如表 2－7 所列。若选择的机构不能满足要求，一种做法是将多个基本机构进行组合，以获得新的运动特性；另一种做法是利用演化或变异方法改变机构中构件的形状、运动尺寸，更换机架或原动件，增加辅助构件，以获得新的机构或特性。详见教材后续内容和参考资料。

表 2－7　可输出各种运动形式的常用机构

执行构件运动形式		实现运动形式的常用执行机构
旋转运动	连续旋转运动	齿轮机构、双曲柄机构、转动导杆机构、轮系、摩擦传动机构、双万向铰链机构、挠性传动机构、某些组合机构等
	间歇旋转运动	槽轮机构、棘轮机构、凸轮式间歇运动机构、不完全齿轮机构等
	往复摆动	摆动从动件凸轮机构、曲柄摇杆机构、双摇杆机构、摆动导杆机构、摇块机构、某些组合机构等

续表

执行构件运动形式		实现运动形式的常用执行机构
直线移动	往复移动	气压缸、液压缸、曲柄滑块机构、移动导杆机构、移动从动件凸轮机构、齿轮齿条机构、螺旋机构、正弦机构、正切机构、某些组合机构等
	间歇往复移动	气压缸、液压缸、间歇往复移动推杆的凸轮机构、利用连杆曲线的圆弧段实现间歇运动的连杆机构、利用行星轮摆线圆弧段实现间歇运动的连杆机构等
	单向间歇移动	棘齿条机构、摩擦式棘条机构、液压缸等
曲线运动		利用连杆曲线实现预定轨迹的连杆机构、凸轮-连杆组合机构、齿轮-连杆组合机构、行星轮系与连杆组合机构等
刚体导引运动		曲柄滑块机构、铰链四杆机构、凸轮-连杆组合机构、齿轮-连杆组合机构等

2.4 驱动系统的选择

机械系统的动力一般来自工业界或自然界提供的能源，例如电力、热力、液力、压缩空气、风力、畜力、人力等。现代机器多选用原动机作为驱动系统，给整个机械系统提供运动和动力。

2.4.1 原动机的种类

按照所用能源的不同，原动机分为两大类。第一类是指将自然界的能源转变为机械能的原动机，如柴油机、汽油机、汽轮机、光伏系统等；第二类是指将工业能源机所产生的各种形态的能量转变为机械能的原动机，如电动机、液压马达、液压缸、气压马达、气压缸等。原动机的输出力矩与其相应转速间的关系称为原动机的机械特性或输出特性。

本节简单介绍第二类原动机。

1)电动机

电动机是一种最常用的原动机。按电源的不同，电动机可分为交流电动机和直流电动机两大类。交流电动机根据其转速是否与旋转磁场的转速相同，又分为同步电动机和异步电动机两种。直流电动机则根据励磁方式的不同分为他励、并励、串励、复励等形式。按照电动机是否带有控制器、是否闭环控制，又有普通电机、步进电机和伺服电机之分。普通电机一般输出旋转运动，且不能满足快速响应和精准定位的要求；步进电机是将控制器的电脉冲信号转变为角位移或线位移的步进开环控制电机；伺服电机本身具备发出脉冲的功能，可通过闭环精确控制电机的转动和定位。伺服电机成本较高，但在现代工业中应用越来越广，按照其输出的运动形式不同，又分为转动伺服电机和直线伺服电机两类。直线伺服电机主要用于对系统动态特性要求非常高以及特殊环境的场合，比如半导体生产线等。目前交流伺服电机多为永磁同步交流伺服，受工艺和成本限制很难做到大功率。在大功率应用场合多采用变频器驱动的交流异步电机(一般交流电机或恒力矩、恒功率的各类变频电机)。

三相异步电动机是传统工业中应用最广泛的一种，使用三相交流电源，其品种繁多。表2-8所列为Y系列(IP44)封闭式三相异步电动机技术数据。

表 2-8　Y 系列(IP44)封闭式三相异步电动机技术参数

型号	额定功率/kW	同步转速/(r·min⁻¹)	满载转速/(r·min⁻¹)	堵转转矩/额定转矩/(N·m)	最大转矩/额定转矩/(N·m)	质量/kg
Y801-2	0.75	3 000	2 830	2.2	2.2	16
Y90S-2	1.5		2 840			22
Y100L-2	3.0		2 870			33
Y132S1-2	5.5		2 900	2.0		64
Y160M1-2	11		2 930			117
Y801-4	0.55	1 500	1 390	2.2	2.2	17
Y90S-4	1.1		1 400			22
Y100L1-4	2.2		1 430			34
Y132S-4	5.5		1 440			68
Y160M-4	11		1 460			123
Y90S-6	0.75	1 000	910	2.0	2.0	23
Y100L-6	1.5		940			33
Y132S-6	3.0		960			63
Y160M-6	7.5		970			119
Y180L-6	15			1.8		195

2)液压马达和气压马达

液压马达是将液压能转变成旋转机械能的一种能量转换装置。按输出转矩的大小和转速高低可以分为两类:一类是高速小转矩液压马达,转速范围一般在 300～3 000 r/min 或更高,转矩在几百牛顿·米以下,其结构类型主要有齿轮式、叶片式、轴向柱塞式和钢球式等;另一类是低速大转矩液压马达,转速一般低于 300 r/min,转矩为几百至几万牛顿·米,其结构形式主要有柱塞式、钢球式和摆线转子式等。

气压马达的功能与液压马达类似,只是它以压缩空气为动力传递介质。气压马达按工作原理的不同可分为容积式和透平式两大类。容积式气压马达根据其结构的不同又分为叶片式、活塞式、齿轮式和摆动式。气压马达的功率范围及转速范围均比较宽:功率小至几百瓦,大至几万瓦;转速可从每分钟几转到几万转。

3)液压缸和气压缸

液压缸和气压缸(俗称油缸和气缸)分别将液压能和气压能转变为机械能,输出直线往复运动。按流体供给方向的不同,分为单作用缸和双作用缸;按结构形式的不同分为活塞缸、柱塞缸、伸缩缸和摆动缸;按活塞杆形式的不同,分为单活塞杆缸和双活塞杆缸。气压缸比液压缸动作迅速、反应快,但工作压力较低(0.3～1 MPa),输出力或转矩较小。

2.4.2　原动机的选型

在设计驱动系统选择原动机时,需要明确或计算其类型、容量(功率)、转速、结构形式等相关内容,并确定其型号。对原动机的选型,主要从以下三个方面进行分析比较。

(1)分析执行系统的负载特性和要求,包括执行系统的载荷特性、工作制度、结构布置和工作环境等。

(2)分析原动机本身的机械特性,包括原动机的功率、转矩、转速等特性,以及原动机所能适应的工作环境。应使原动机的机械特性与执行系统的负载特性相匹配。

(3)进行经济性的比较。当同时可用多种类型的原动机进行驱动时,经济性的分析是必不可少的,包括能源的供应和消耗,原动机的制造、运行和维修成本的对比等。

由于电力电网所提供的电源为三相交流电源,对于工作位置固定的机械,最常用的原动机是电动机。若无特殊要求,一般可根据是否需要精准控制、成本控制等要求而选用普通三相交流异步电动机、步进电动机或伺服电机。气、液压原动机都需要配备高压流体的连续供给系统。液压马达和液压缸多用于执行构件缓慢移动的场景;气压马达和气压缸的气体介质比液压油更具安全性,而且价格较低,但效率低、噪声大。对于中等功率、高速、精度要求不高、软动作或缓冲要求高的场合,气压马达或气压缸通常比液压马达及液压缸具有优势,但在大功率、高精度传动以及空气温度或压力变化可能导致气压系统出现问题的场合中,液压马达和液压缸往往更有优势。

2.5 传动系统的方案设计

传动系统连接驱动系统和执行系统,其作用是变换运动的形式或运动量大小,改变力的作用形式或力的作用大小,以协调和适配执行机构所需输入条件与原动机输出性能之间的差异。例如实现降速增力或增速降矩,变速(将原动机的某种速度输出为变化的速度),将均匀连续的旋转变换为连续或间歇的某种规律的旋转或摆动,将转动变换为移动,改变运动方向,等等。

传动系统通常可按工作原理的不同选择以下几种方式来实现:①机械传动,即利用运动机构实现传动;②气液压传动,即利用泵、缸、阀、执行器等气液压元件实现传动;③电力传动,即利用电气装置实现传动;④前三种组合传动。本教材侧重于介绍机械传动,气液压传动和电力传动可参考相关资料。机械传动系统按传动比或输出速度是否变化可分为固定传动比和可调传动比的传动系统,后者又可分为有级可调和无级可调。

2.5.1 机械传动常用机构的性能比较

常用传动机构的性能比较如表 2-9 所示。

表 2-9 常用传动机构的性能比较

传动机构	最大传递功率/kW	最大允许圆周速度/($m \cdot s^{-1}$)	效率	最大减速比	特 点
圆柱齿轮传动	50 000	15～120	0.96～0.98	4～7	传动效率高,互换性好,易于制造和精确加工,装配维修方便,是齿轮传动中应用最广的传动
圆锥齿轮传动	370	15～50	0.94～0.97	4～8	两轴相交,可改变传动的方向。传动中会产生轴向力
蜗杆传动	550	15～35	0.4～0.92	40～80	传动比大,运转平稳、噪声小,结构紧凑,可实现自锁,效率较低
普通 V 带传动	750	25～30	0.9～0.96	8～15	结构简单,运转平稳、噪声小,能缓和冲击,有过载保护作用,外廓尺寸大,传动有滑动使传动比不恒定,作用在轴上的力大,带的寿命短
滚子链传动	3 750	40	0.92～0.98	6～8	结构简单,传动比恒定,能在恶劣环境下工作,工作可靠,作用在轴上的力小。瞬时速度不均匀,链磨损伸长后易产生振动、掉链

续表

传动机构	最大传递功率/kW	最大允许圆周速度/($m\cdot s^{-1}$)	效率	最大减速比	特　点
摩擦轮传动	200	50	0.85～0.92	25	加工简单，可以实现无间隙正反向传动，可以在动力连续传递的情况下无级地调节传动比。摩擦轮表面、轴和轴承均受到很大的载荷，速比不能维持准确不变，需有调节压紧力的装置
螺旋传动			滑动 0.3～0.6；滚动 0.85～0.95		主要用于将回转运动变为直线运动，滑动螺旋的机械效率较低，可以自锁；滚动螺旋效率高，不具自锁性，可以变直线运动为旋转运动，为防止逆转需另加自锁机构

2.5.2　传动方案拟定应注意的事项

传动类型的选择关系到整个机器的运动方案设计和工作性能参数，技术经济指标是确定传动方案的主要因素。

1)传动机构选择的基本原则

①采用尽可能短的运动链。运动链短，则传动的机械效率高，传动的累积误差小，传动复杂性、重量和制造成本低。

②优先选用基本机构。这是因为基本机构结构简单，技术成熟。在基本机构不能满足运动或动力要求时，可采用变异或组合机构。

③使机械具有较高的机械效率。传递功率大的运动链必须选用效率高的机械，传递功率小的或只传递运动的运动链可以将机械效率的高低放在次要的地位。

2)传动机构顺序的合理安排

①带传动为摩擦传动，承载能力较小。传递相同转矩时，结构尺寸较其他传动形式大，应安排在传动的高速级。

②链传动由于瞬时传动比不断变化，致使运动不均匀，有冲击，故不宜用于高速级，应布置在低速级。

③蜗杆传动的传动比大，传动平稳，效率较低，适用于中、小功率和间歇运转的场合。若同时采用齿轮和蜗杆传动，应将蜗杆传动布置在高速级。

④锥齿轮的加工困难，特别是大模数锥齿轮，因此只在需要改变轴的方向时才采用，且应尽量布置在高速级，并限制其传动比，以减小其直径和模数。

⑤斜齿轮传动的平稳性较直齿轮传动好，常用在高速级或要求传动平稳的场合。

⑥开式齿轮传动的工作环境较差，润滑条件不好，磨损较严重，寿命短，应布置在低速级。

2.5.3　传动系统的运动计算

当一个动力源带动一个执行机构时，其传动系统可以采用一个机构或多个机构串联实现；当一个动力源带动多个不同的执行机构时，其传动系统由多个机构并联或混联实现。常将传动系统中的一个传动机构称为一级，如一级带传动、二级齿轮传动等。传动系统的运动计算包含总传动比的确定和各级传动比的分配两个方面。

1)传动系统的总传动比确定

总传动比即传动系统首构件与末构件的转速比，通常也就是原动机转速与执行机构原动件转速之比。当选择好原动机和确定了工作机械的生产节拍或速度后，总传动比即可确定。

2)传动系统各级传动比的分配

当传动系统由多级传动机构串联组成时,总传动比 i 与各级传动比 $i_1, i_2, \cdots, i_n$ 之间的关系为

$$i = i_1 i_2 \cdots i_n \tag{2-2}$$

传动比的分配就是确定各级传动比,使它们满足各级传动机构和总传动比的要求。显然各级传动比的值是有多组解的,确定它们的值时,通常应考虑以下几个方面:

①各级传动的传动比都应在各自允许的合理范围内,以保证符合各种传动形式的工作特点并使其结构紧凑。

②分配各种形式传动机构的传动比时,应注意使各传动零件尺寸协调,结构匀称合理,不会造成互相干涉碰撞。

③当传动链较长、传动功率较大时,应使大多数传动机构在较高速度下工作,再进行较大幅度的减速,使较少数量的传动机构在低速下工作。

④对于两级或多级齿轮减速器,传动比的分配直接影响减速器外廓尺寸的大小、承载能力能否充分发挥及各级传动零件润滑是否方便等。

各级传动比确定后,可计算各级传动机构的输入转速。第一级传动机构的输入转速为原动机的工作转速,以后各级传动机构的输入转速为

$$n_k = n_{k-1}/i_{k-1} (k = 2,3,\cdots,n) \tag{2-3}$$

式中:n_k——第 k 级传动机构的输入转速,r/min;

n_{k-1}——第 $k-1$ 级传动机构的输入转速,r/min;

i_{k-1}——第 $k-1$ 级传动机构的传动比。

2.5.4 传动系统的动力计算

传动系统的动力计算通常是计算传动系统各传动机构的输入功率和输入转矩。传动系统第一级传动机构的输入功率为原动机的输出功率,其后各级传动机构的输入功率为

$$P_k = P_{k-1} \eta_{k-1} \eta_{轴承} \eta_{供油} (k = 2,3,\cdots,n) \tag{2-4}$$

式中:P_k——第 k 级传动机构的输入功率,kW;

P_{k-1}——第 $k-1$ 级传动机构的输入功率,kW;

η_{k-1}——第 $k-1$ 级传动机构的效率;

$\eta_{轴承}$——第 $k-1$ 级传动机构轴承摩擦损耗的效率,一般对于滚动轴承支承取 0.98～0.99,对于滑动轴承支承取 0.94～0.97;

$\eta_{供油}$——第 $k-1$ 级传动机构润滑油飞溅和搅动损耗的效率,齿轮飞溅润滑时取值 0.97～0.99,在方案设计初期润滑方式尚未确定时,可不予考虑。

传动系统各传动机构的输入转矩可由其输入功率和输入转速计算

$$T_k = 9\ 550 \frac{P_k}{n_k} (k = 1,2,\cdots,n) \tag{2-5}$$

式中:T_k——第 k 级传动机构的输入转矩,N·m。

图 2-15 所示为某带式输送机的一个传动系统设计方案。

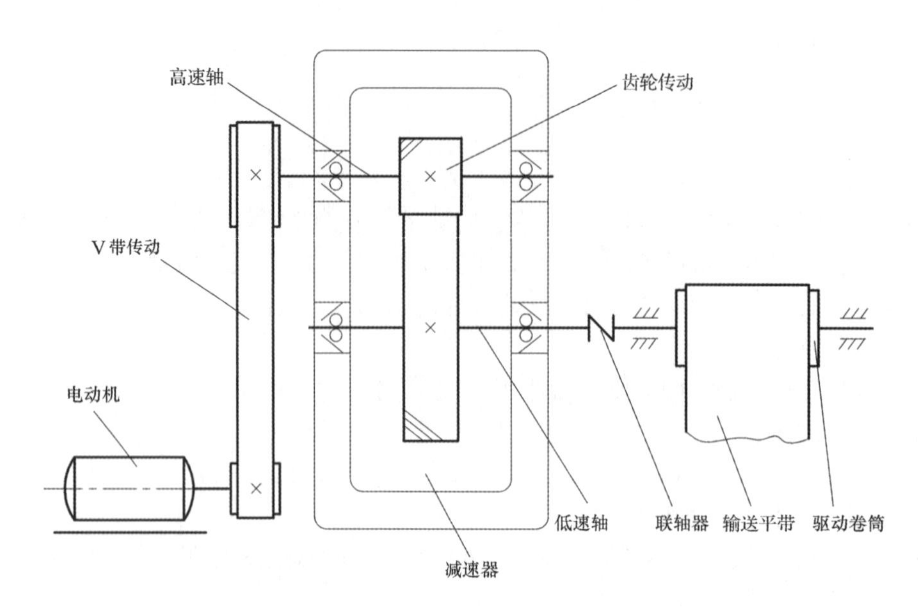

图 2-15　某带式输送机的传动系统设计方案

2.6　控制系统的类型选择

控制系统是机械产品的大脑，将输入信号转换为输出信号以控制某些物理量，统一调度和指挥驱动系统、传动系统、执行系统，使之相互协调、井然有序地工作，以确保精准、可靠地实现机械系统的总体功能。

2.6.1　控制系统的分类

按照控制原理、输入给定信号、被控对象等的不同，控制系统分为多种类型。

1)按控制原理分类

①开环控制。控制系统中没有反馈回路，系统输出只随输入值而变化，被控对象的状态对控制作用不产生影响。其特点是结构简单，但控制精度不高，抗干扰能力差。

②闭环控制。控制系统中有反馈回路，将被控对象的状态输出量反馈到控制系统中，通过比较调整控制，以减小偏差。其特点是控制精度高，抗干扰能力强，但容易产生振荡。

2)按给定信号分类

①恒值控制。输入的给定信号保持恒定值。这种控制在一般机械产品中比较常见。

②随动控制。输入的给定信号预先不能确定，通过获取被控制量的动态特性而调整。例如国防上的雷达跟踪系统即属此类。

③程序控制。输入的给定信号按程序预先确定的某种规律而变化。例如金属冶炼炉的温度往往采用这种控制。

3)按被控对象分类

①过程控制。在将原料经过适当处理得到产品的工业生产过程中采用的控制系统，被控量为温度、压力、流量、液位、黏度、pH 等过程参数。

②伺服控制。在以电动机或气、液压伺服机构驱动的装备中采用的一类反馈控制系统，被控量为机械运动的位移、速度、加速度、力和力矩等参数。

2.6.2 控制系统的基本组成

无论是多么复杂或智能的控制系统，其关键部分都是由若干基本环节或元件组成的。图 2-16 所示为闭环控制系统的基本环节示意图。闭环系统一般由给定环节、测量环节、比较环节、校正及放大环节和执行环节五大环节组成，实现对被控对象的精确控制。

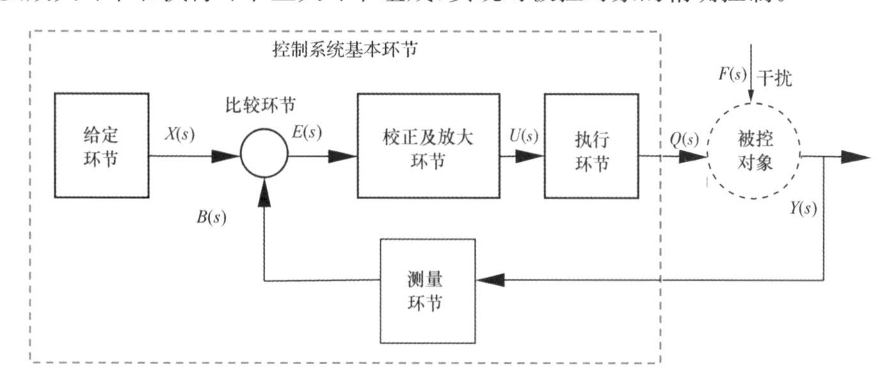

图 2-16 典型的闭环控制系统方框图

(1)给定环节。给定环节发出控制信号给定值 $X(s)$，用于确定被控对象的“目标值”。给定环节的物理特性决定了给出的信号可以是电量、非电量，也可以是数字量或模拟量。

(2)测量环节。测量环节用于测量被控变量 $Y(s)$，并将其转换为便于传送的另一物理量 $B(s)$（一般为电量）。例如，电位器可将机械转角转换为电压信号，测速发电机可将转速转换为电压信号，光栅测量装置可将直线位移转换为数字信号。

(3)比较环节。比较环节将给定信号 $X(s)$与反馈信号 $B(s)$转换为同样形式的信号进行比较，得到一个偏差信号 $E(s)$，如幅值偏差、相位偏差、位移偏差等。如果 $X(s)$与 $B(s)$都是电压信号，则比较环节就是一个电压相减环节。

(4)校正及放大环节。为了实现反馈控制，要将偏差信号 $E(s)$作必要的校正，然后将其弱电信号的功率放大为控制作用信号 $U(s)$，推送给执行环节。

(5)执行环节。执行环节发送操纵变量 $Q(s)$驱动被控对象按照控制作用信号 $U(s)$的规律运行。执行环节一般是作用在能给被控对象传送外部能量的受控装置，如机器中将电能转换成机械能的电机，使其在工作中进行受控的能量转换，驱动被控对象作机械运动。

如果采用计算机闭环控制，由于计算机采用的是数字信号传递，而一次仪表多采用模拟信号传递，需要有 A/D 转换器将模拟量转换为数字量作为其输入信号，以及 D/A 转换器将数字量转换为模拟量作为其输出信号，故用微型计算机及 A/D(模/数)与 D/A(数/模)转换接口代替图 2-16 中的校正及放大环节。

常见的数控机床，其主运动、进给运动及各种辅助运动都采用计算机数控(computer numerical control，CNC)系统，通过输入数控装置的数字信号来控制。如图 2-17 所示为数控机床进给工作台常用的三种控制系统示意图。

开环控制的工作台没有位置检测反馈装置，其控制精度主要决定于驱动元器件和电动机的性能。数控装置根据所要求的运动速度和位移量，向步进电动机驱动器的环形分配器和功率放大电路输出一定频率和数量的脉冲，不断改变步进电动机各相绕组的供电状态，使其转过相应的角位移，再经过机械传动链，实现执行件工作台面的直线移动或转动，其位移量或转速大小由输入脉冲的频率和脉冲数决定。开环系统结构简单、调试容易、造价低廉，但输出扭矩

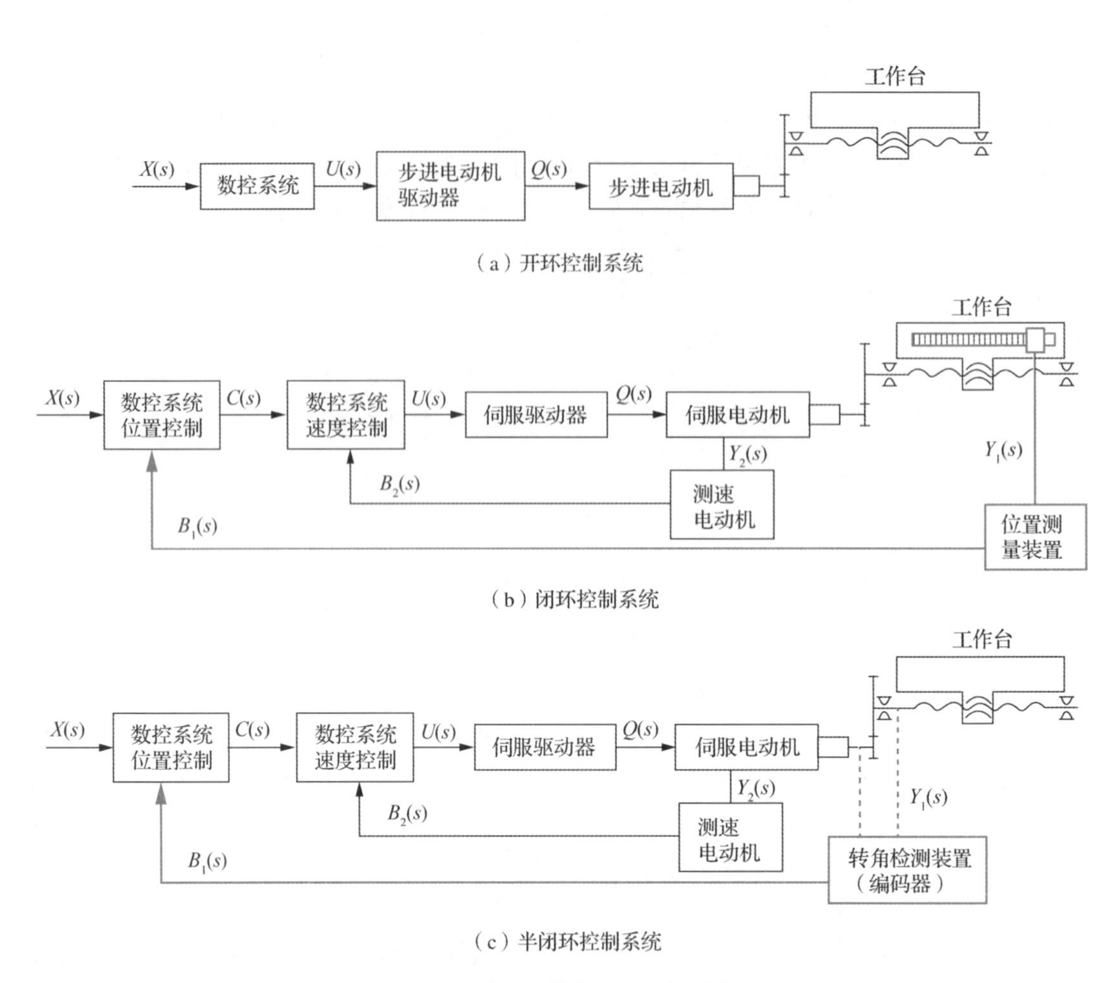

（a）开环控制系统

（b）闭环控制系统

（c）半闭环控制系统

图 2－17　进给工作台的三种控制系统

的大小有限，而且当脉冲频率较高时，容易产生丢步，难以实现对执行件的快速控制。随着步进电动机细分技术的发展，开环控制在低扭矩、高精度、速度中等的小型设备中得到广泛应用，尤其在微电子生产设备中具有独特的优势。

闭环控制的工作台在运动末端执行件上安装检测装置，将直接测量到的直线位移或角位移反馈到数控装置，严格控制其按实际需要的位移量运动。机械传动链的全部环节都包括在闭环之内，理论上控制精度主要取决于检测装置的精度，可实现超高精度的控制。但在工程实际中，机床结构及传动链的刚度、间隙、导轨的低速运动特性以及机床结构的抗振性等因素，都会对控制精度产生影响，严重的还会使伺服系统的稳定性下降甚至引起振荡。所以，闭环控制的机床结构系统对整体精度和性能的要求较高，总体价格也比较昂贵。

半闭环控制是一种折中的控制方案。在工作台电动机轴或丝杠的端部装有角位移、角速度检测装置，间接地检测推算出执行件工作台的实际位移反馈给数控装置。随着脉冲编码器的迅速发展，检测装置与伺服电动机可同轴安装，甚至可将脉冲编码器与伺服电动机设计成一个整体，使系统更加紧凑，从而提供了一种高性价比的控制方案。由于闭环内不包括惯性大的运动部件，控制系统方便调试，并具有良好的稳定性。将机械传动链放在闭环之外，虽然其误差无法得到校正或消除，但目前广泛采用的滚珠丝杠螺母机构具有良好的精度及保持性，而且通过采取消除反向运动间隙的结构，因而半闭环控制可满足绝大多数数控机床的需要。

2.7 机械系统方案评价与决策

经过上述的机械系统功能结构规划、功能元原理方案求解、执行系统运动方案设计、原动机选型、传动系统方案设计、控制系统规划等一系列设计过程，获得机械系统的多种备选方案。再通过科学的评价和决策方法来确定综合最优的机械系统方案，是机械系统总体方案设计的重要步骤。其评价准则、评价指标和评价决策方法都应该符合机械系统方案设计的特点和要求，才能使机械系统方案评价更加准确和有效。

2.7.1 方案评价准则

在机械系统方案设计阶段，各方面的信息一般来说都还不够充分，这一阶段的设计工作只是解决原理方案和机构系统的设计问题，不涉及具体机械结构设计的细节。因此，为使方案评价结果尽量准确、有效，应遵循以下几个评价准则。

(1)评价内容应包括技术、经济、安全可靠等三个方面。不仅要考虑对机械产品性能有决定性影响的主要设计要求，也应考虑对设计结果有影响的主要条件。

(2)建立科学的评价指标体系。评价指标体系应尽可能全面，但要抓住重点；评价指标应具有独立性，且总数不宜过多。

(3)评价指标定量化。对于难以定量的评价指标，可以通过分级量化。对于经济性的评价，往往只能从定性角度加以考虑，尽量采用功能成本(包括生产成本和使用成本)指标。

(4)一般不考虑评价指标重要程度的加权系数。但是，为了使评价指标有广泛的适用范围，可以对某些评价指标按不同应用场合列出加权系数。例如承载能力，对于重载的机器，应加上较大的权重。

(5)在评价时，应充分尊重机械设计专家的知识和经验，特别是同类机器的设计专家的知识和经验，并尽可能多地掌握各种技术信息和技术情报。

2.7.2 方案评价指标体系

机械系统方案是由若干运动机构组成的。在方案评价阶段，对于单一机构的选型和整个机械运动系统的选择都应建立合理的评价指标。从机构及其系统的选择与评定的要求来看，主要应满足五个方面的性能指标，可根据每个方面的具体内容，构建类似于表 2-10 所示的二级评价指标体系。

表 2-10 机构系统的评价指标示例

序号	1	2	3	4	5
一级评价指标	*A* 机构功能	*B* 工作性能	*C* 动作性能	*D* 经济性	*E* 结构紧凑性
二级评价指标	*A*1：运动规律； *A*2：传动精度	*B*1：应用范围； *B*2：可调性； *B*3：运转速度； *B*4：承载能力	*C*1：速度峰值； *C*2：噪声； *C*3：耐磨性； *C*4：可靠性	*D*1：制造难易程度； *D*2：制造误差敏感度； *D*3：调整方便性； *D*4：能耗	*E*1：尺寸； *E*2：重量； *E*3：结构复杂性

确定这些评价指标，一是根据具体设计任务中的主要性能要求，二是参考相关设计资料，并结合机械设计专家的咨询建议。随着科学技术的发展和生产实践经验的积累，这些指标需要不断增删和完善。

2.7.3 方案评价与决策方法

1)对应于评价指标的机构量化评估

在构思和拟订机械系统方案时,往往首先选用一些典型机构,这是因为典型机构的结构特性、工作原理和设计方法都已为大众所熟悉,并且易于实际应用。利用方案评价的二级指标对各种备选机构进行评估、选优,一个重要步骤就是要将各种机构按各项评价指标进行量化评价。

通常情况下,这些评价指标较难量化,但是可以按类似“很好”“好”“较好”“不太好”“不好”的分档方式进行初步评估。这种评估应运用教材后续各章节知识、综合机械设计专家意见来进行,在特殊情况下也可以由若干个有一定设计经验的专家或设计人员来评估。表 2-11 为四种典型机构二级评价指标的初步分档评估示例,可为评分和择优提供一定的参考。如果在机械系统方案中,采用自己创新的机构或其他的一些非典型机构,应对评价指标另做评定。

表 2-11 四种典型机构评价指标的初步评估示例

序号	一级评价指标	二级评价指标	评估			
			连杆机构	凸轮机构	齿轮机构	组合机构
1	A	A1	任意性较差,只能达到有限个精确位置	基本上能任意运动	一般做定速比转动或移动	基本上能任意运动
		A2	较高	较高	高	较高
2	B	B1	较广	较广	广	较广
		B2	较好	较差	较差	较好
		B3	高	较高	很高	较高
		B4	较大	较小	大	较大
3	C	C1	较大	较小	小	较小
		C2	较小	较大	小	较小
		C3	耐磨	差	较好	较好
		C4	可靠	可靠	可靠	可靠
4	D	D1	易	难	较难	较难
		D2	不敏感	敏感	敏感	敏感
		D3	方便	较麻烦	方便	方便
		D4	一般	一般	一般	一般
5	E	E1	较大	较小	较小	较小
		E2	较轻	较重	较重	较重
		E3	简单	复杂	一般	复杂

上述机构对应于评价指标的五档评估,可以量化为类似 4、3、2、1、0 的分数值,但由于多个专家的评价总有一定差别,应对其评分取平均值,结果不再为整数;也可以将分值归一化采用相对值 1、0.75、0.5、0.25、0 表示,其平均值按实际计算确定。

2)方案评价指标的量化评估

系统方案的评价体系,其内容除了评价指标体系之外,还应明确各指标在该体系中的占比分值。指标的占比分值应根据机械方案设计需满足的要求,按照指标的重要程度来分配。这是一项十分细致、复杂的工作。针对上述二级评价指标,通过一定范围内的专家咨询,逐项评定每个指标的占比分值。此外,还应根据专家的咨询意见对评价体系进行不断修改、补充和完善。表 2-12 为初步构建的机构选型方案评价体系示例,既有评价指标,又有各指标占比分值,一般情况下满分为 100 分。建立初步的评价体系后,就可以使方案评价逐步摆脱对经验、类比的依赖。

表 2-12　初步构建的机构选型方案评价体系

<table>
<tr><th>一级评价指标</th><th>总分</th><th>二级评价指标</th><th>占比分</th><th>备注</th></tr>
<tr><td rowspan="2">A</td><td rowspan="2">25</td><td>A1</td><td>15</td><td rowspan="2">以运动为主时,加权系数 1.5</td></tr>
<tr><td>A2</td><td>10</td></tr>
<tr><td rowspan="4">B</td><td rowspan="4">20</td><td>B1</td><td>5</td><td rowspan="4">受力较大时,B3、B4 加权系数 1.5</td></tr>
<tr><td>B2</td><td>5</td></tr>
<tr><td>B3</td><td>5</td></tr>
<tr><td>B4</td><td>5</td></tr>
<tr><td rowspan="4">C</td><td rowspan="4">20</td><td>C1</td><td>5</td><td rowspan="4">加速较大时,加权系数 1.5</td></tr>
<tr><td>C2</td><td>5</td></tr>
<tr><td>C3</td><td>5</td></tr>
<tr><td>C4</td><td>5</td></tr>
<tr><td rowspan="4">D</td><td rowspan="4">20</td><td>D1</td><td>5</td><td rowspan="4"></td></tr>
<tr><td>D2</td><td>5</td></tr>
<tr><td>D3</td><td>5</td></tr>
<tr><td>D4</td><td>5</td></tr>
<tr><td rowspan="3">E</td><td rowspan="3">15</td><td>E1</td><td>5</td><td rowspan="3"></td></tr>
<tr><td>E2</td><td>5</td></tr>
<tr><td>E3</td><td>5</td></tr>
</table>

利用如表 2-12 所示的机构系统方案评价体系,加上各个机构对应于评价指标的量化评估后,就可以对多种备选的机构进行评估、选优。

3)机械系统方案的评价决策

对于机械系统方案的评价,可以在对各机构进行评估后将其评价值相加,取最大评价值的机构系统作为优选的机械系统方案。对于相对评价值低于 0.6 的方案,一般认为较差,应该予以剔除。若方案的相对评价值高于 0.8,那么只要它的各项评价指标都较均衡,则可以采用。对于相对评价值为 0.6~0.8 的方案,则要进行具体分析,有的方案在找出薄弱环节后加以改进,可成为较好的方案而被采纳。例如,当传递相对较远的两平行轴之间的运动时,采用 V 带传动是比较理想的方案;但是,当整个系统要求传动比十分精确,而其他部分都已考虑到这一点并采取相应措施时(如高精度齿轮传动、无侧隙双导程蜗杆传动等),V 带传动就是一个薄弱环节,如果改成同步带传动,就能达到扬长避短的目的,又能成为优先选用的好方案。

此外,也可以采用多种价值组合的规则来进行综合评估。机械系统方案的选择本身是一个因素复杂、要求全面的难题,采用什么样的评价指标和计算方法,需要不断探索。

本章知识图谱

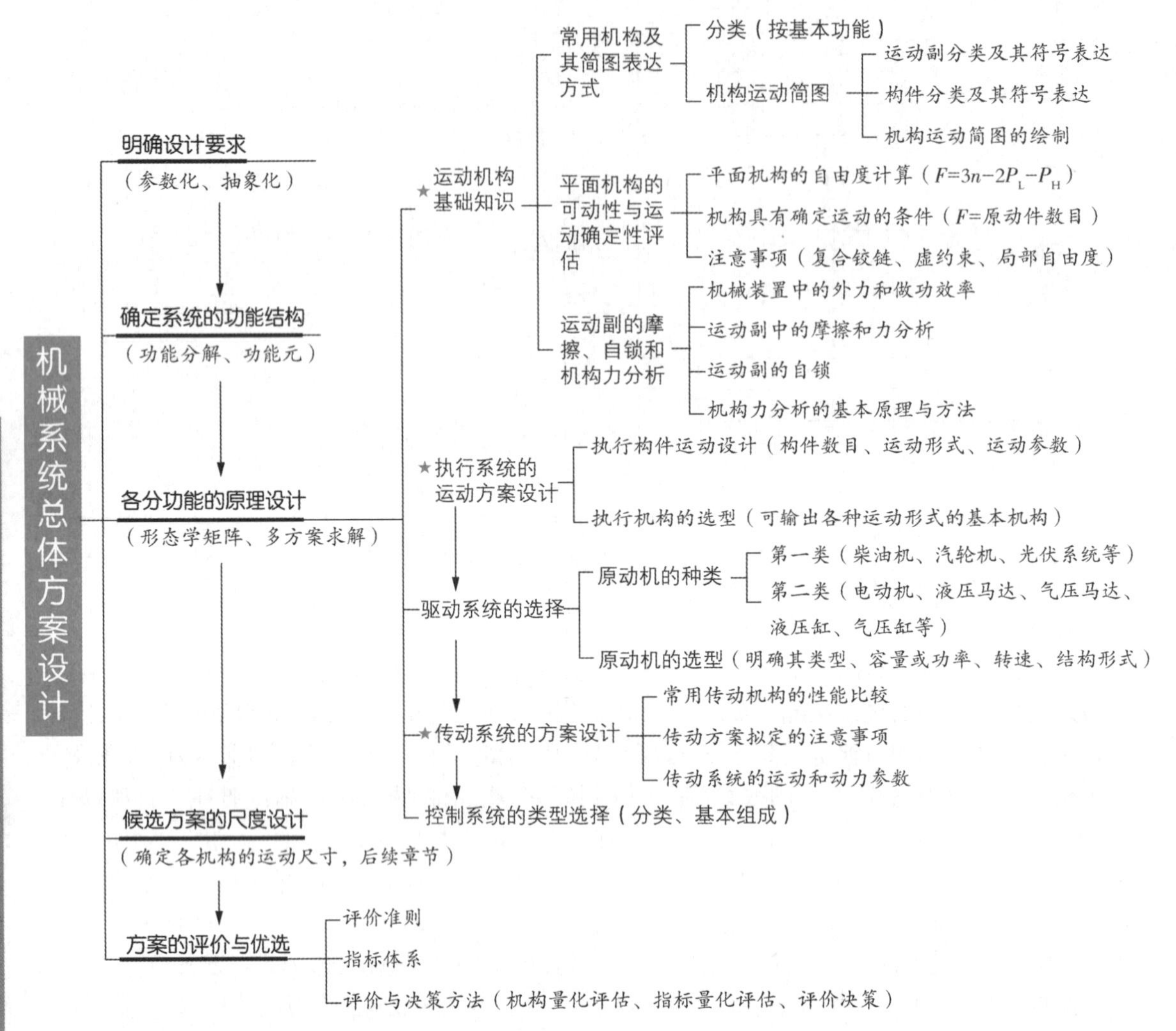

习　题

2-1　机械系统总体方案设计有哪些阶段？怎样得到尽可能多的设计方案？

2-2　执行系统运动方案设计的主要内容是什么？

2-3　常用机构的基本功能有哪些？

2-4　请解释以下基本概念：形态学矩阵，运动副，复合铰链，机构运动简图，机构自由度。

2-5　机构运动简图有何用处？它能表示出原机构哪些方面的特征？

2-6　机构具有确定运动的条件是什么？当机构的原动件数少于或多于机构的自由度时，机构的运动将发生什么情况？

2-7　在计算平面机构的自由度时，应注意哪些事项？

2-8　局部自由度虽然不影响整个机构的运动，为什么常常出现局部自由度？既然虚约束对机构的运动实际上不起作用，在实际机械中为什么又常常存在虚约束？

2－9　绘出图示机构的机构运动简图。

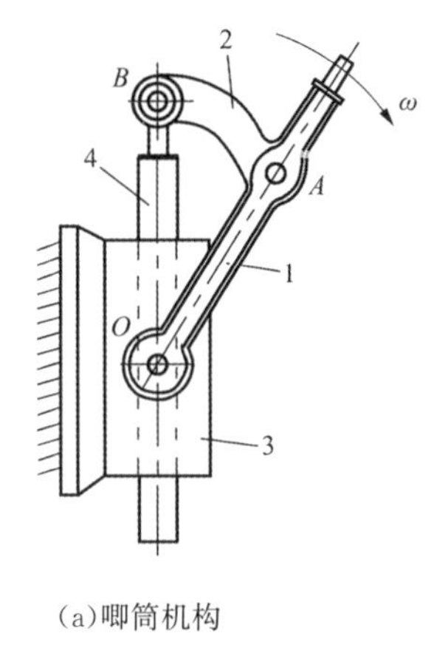

(a)唧筒机构

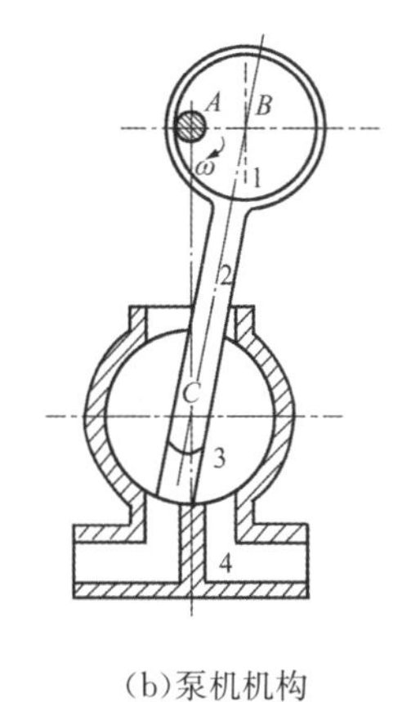

(b)泵机机构

题 2－9 图

2－10　指出图示机构运动简图中的复合铰链、局部自由度和虚约束，计算各机构的自由度。

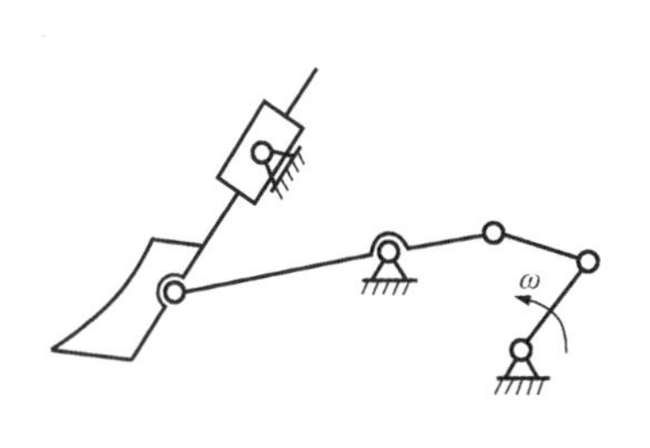

(a)推土机机构

(b)锯木机机构

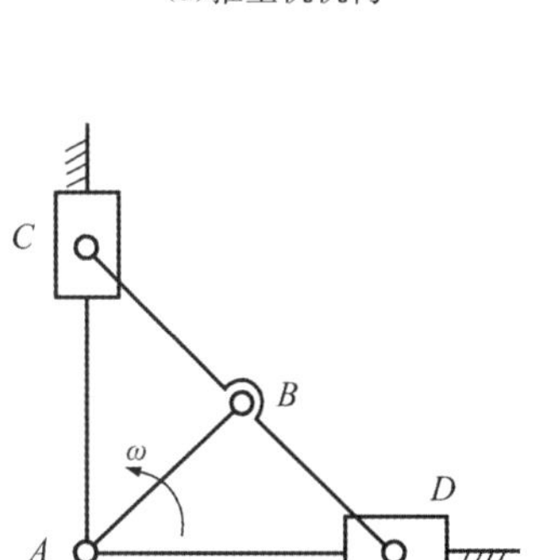

(c)椭圆规机构

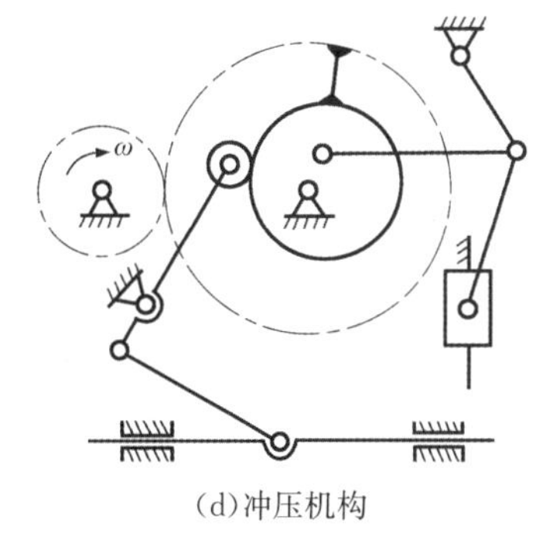

(d)冲压机构

题 2－10 图

2－11　机械系统常用的原动机有哪些？各有什么特点？

2－12　安排传动机构的顺序要考虑哪些问题？

2－13　从哪些方面来评价机械系统运动方案？

第 3 章　机械零件设计基础知识

本章概要：每一台机器或机械装置，都是由一系列零件组装而成的系统，机械零件是其最小的制造单元。零件设计在机械系统的详细设计阶段完成。本章介绍机械零件设计中的共性知识，如零件的常用材料及其选择的基本原则，机械零件的工作载荷与应力、摩擦、磨损与润滑，机械零件的主要失效形式、设计准则和设计步骤，以及零件的结构工艺性和标准化等基础知识。

3.1　机械零件的常用材料及热处理

3.1.1　机械零件的常用材料

在实际生产中，机械零件的常用材料包括金属和非金属两大类，其具体分类和应用举例如表 3－1 所示。金属材料包括黑色金属和有色金属，其中以黑色金属材料应用最广。黑色金属材料是铁及其合金，如钢、铸铁和铁合金等，其主要牌号及力学性能见表 3－2；有色金属材料是指钢铁以外的其他金属及其合金。非金属材料是指除了金属材料以外的材料，如工程塑料、橡胶、合成纤维等高分子材料，还有陶瓷材料和复合材料等。通用机械零件多采用传统的钢铁材料，特定场合选择有色金属材料。而非金属材料，由于具有金属材料不可替代的某些独特性能，成为重要的新型工程材料，应用越来越广。

表 3－1　机械零件常用材料的分类和应用举例

材料分类			应用
铸铁	灰铸铁(HT)	低牌号(HT100，HT150)	对力学性能无一定要求的零件，如盖、底座、手轮、机床床身等
		高牌号(HT200～400)	承受中等静载的零件，如机身、底座、泵壳、法兰、齿轮、联轴器、飞轮、带轮等
	可锻铸铁	铁素体型(KTH)	承受低、中、高动载荷和静载荷的零件，如差速器壳、扳手、支座、弯头等
		珠光体型(KTZ)	要求强度和耐磨性较高的零件，如曲轴、凸轮轴齿轮、活塞环、轴套等
	球墨铸铁(QT)		和可锻铸铁基本相同
	特殊性能铸铁		耐热、耐蚀、耐磨的零件
钢	碳素钢	低碳钢(碳的质量分数≤0.25％)	铆钉、螺钉、连杆、渗碳零件等
		中碳钢(碳的质量分数 0.25％～0.60％)	齿轮、轴、蜗杆、丝杠、连接件等
		高碳钢(碳的质量分数＞0.60％)	弹簧、工具、模具等
	合金钢	低合金钢(合金元素总的质量分数≤5％)	较重要的钢结构和构件、渗碳零件、压力容器等
		中合金钢(合金元素总的质量分数 5％～10％)	飞机构件、热镦锻模具、冲头等
		高合金钢(合金元素总的质量分数＞10％)	航空工业蜂窝结构、液体火箭壳体、核动力装置、弹簧等
	铸钢	普通碳素铸钢	机座、箱壳、阀体、曲轴、大齿轮、棘轮等
		低合金铸钢	容器、水轮机叶片、水压机工作缸、齿轮、曲轴等
		特殊用途铸钢	耐蚀、耐热、无磁的零件，电工零件、水轮机叶片、模具等

续表

材料分类			应用
铝合金	铸造铝合金	铝硅合金	要求质量轻、导热性好的机架类零件，发动机汽缸体、风机叶片
		铝铜合金	要求质量轻、导热性好的机架类零件，如曲轴箱、飞轮盖、挂梁
		铝镁合金	耐腐蚀的船舶、航空、内燃机车零件，如各种壳件，船用舷窗
		铝锌合金	高静载荷和冲击又不便热处理的零件，如空压机活塞、起落架等
铜合金	铸造铜合金	铸造黄铜	轴瓦、衬套、阀体、船舶零件、耐蚀零件、管接头等
		铸造青铜	轴瓦、蜗轮、丝杠螺母、叶轮、管配件等
	变形铜合金	黄铜	管、销、铆钉、螺母、垫圈、小弹簧、电器零件、耐蚀零件、减摩零件等
		青铜	弹簧、轴瓦、蜗轮、螺母、耐磨零件等
轴承合金	锡基轴承合金		轴承衬，其摩擦因数小，减摩性、抗胶合性、磨合性、耐蚀性、韧性、导热性均良好
	铅基轴承合金		轴承衬，其摩擦因数小，减摩性、抗胶合性、磨合性、导热性均良好，但强度、韧性和耐蚀性稍差，价格较低
塑料	热塑性塑料（如聚乙烯、有机玻璃、尼龙等） 热固性塑料（如酚醛塑料、氨基塑料等）		一般结构零件、减摩件、耐磨零件、传动件、耐腐蚀件、绝缘件、密封件、透明件等
橡胶	通用橡胶 特种橡胶		密封件、减振件、防振件、传动带、运输带和软管、绝缘材料、轮胎、胶辊、化工衬里等

表 3-2　常用钢铁材料的牌号及力学性能

材料		力学性能			试件尺寸/mm
类别	牌号	抗拉强度 σ_b/MPa	屈服强度 σ_s/MPa	断后伸长率 δ/%	
碳素结构钢	Q215 Q235	335～450 375～500	215 235	31 26	$d \leqslant 16$
优质碳素结构钢	20 35 45 65Mn	410 530 600 735	245 315 355 430	25 20 16 9	$d \leqslant 25$
合金结构钢	35SiMn 40Cr 20CrMnTi	885 980 1 080	735 785 835	15 9 10	$d \leqslant 25$ $d \leqslant 25$ $d \leqslant 15$
铸钢	ZG270-500 ZG310-570	500 570	270 310	18 15	$d < 100$
灰铸铁	HT150 HT200 HT250	145 195 240	— — —	— — —	壁厚 10～20
球墨铸铁	QT400-15 QT500-7 QT600-3	400 500 600	250 320 370	15 7 3	壁厚 30～200

注：钢铁材料的硬度与热处理方法、试件尺寸等因素有关，其数值详见有关机械设计手册。

3.1.2 金属材料的热处理

热处理是改善金属材料使用性能和加工性能的一种重要工艺方法。许多金属材料可以用热处理的方法改变其整体或表层的物理、力学性能，发挥其使用潜力。在零件的生产加工过程中，热处理被安排在各个冷热加工工序之间，起着承上启下的作用。热处理方案的正确选择以及工艺位置的合理安排，是制造出合格零件的重要保证。

热处理包括预先热处理和最终热处理。预先热处理包括退火、正火、调质等，一般安排在毛坯制造（铸、锻、焊）之后，半精加工之前。最终热处理包括淬火、回火以及化学热处理等。零件经过最终热处理后，其硬度一般较高，难以切削加工，故其工艺位置应尽量靠后，一般安排在半精加工之后、精加工之前。表 3-3 列出了钢制零件的常用热处理方法及应用。

表 3-3 钢件的常用热处理方法及应用

名 称	操 作 方 法	目 的	应 用
退 火	将钢件加热到临界温度（约723℃）以上 30℃～50℃保温一段时间，然后随炉冷却	降低硬度，提高塑性，改善切削加工性能；细化晶粒，改善力学性能；消除冷热加工所产生的内应力	适用于碳素钢和合金钢的铸件、锻件和焊接件；一般在毛坯状态下进行退火
正 火（正常化）	将钢件加热到临界温度以上30℃～50℃保温一定时间，然后在空气中冷却，冷却速度比退火快	与退火相似	用于处理低、中碳钢零件；渗碳零件的预先热处理工序
淬 火	将钢件加热到临界温度以上，保温一定时间，然后在水、盐水或油中快速冷却	获得高强度和高硬度，提高耐磨性和耐蚀性	适用于含碳量大于 0.3%的碳素钢、合金钢；淬火后能发挥钢的强度和耐磨性潜力，但产生很大内应力，降低塑性和韧性，故应回火以得到较好的综合性能
回 火	将淬火后的钢件再加热到临界以下的温度，保温一定时间后，在空气、油或水中冷却。按回火温度不同，又分低温回火（150℃～250℃）、中温回火（350℃～500℃）、高温回火（500℃～650℃）	降低或消除淬火后产生的内应力，减小工件变形，提高塑性和韧性；稳定工件尺寸	硬度要求 HRC 55～62，用低温回火；硬度要求 HRC 35～45，用中温回火；硬度要求 HRC 23～35，用高温回火
调 质	淬火后再进行高温回火	改善切削加工性能；减小淬火时的变形；获得良好的综合力学性能	适用于中碳钢和淬透性较好的合金钢；可作为重要零件（如轴）的热处理，精密零件的预先热处理
时 效	将钢件加热到 120℃以下，长时间保温，随炉或在空气中冷却	降低或消除淬火后的微观应力和机械加工产生的残余应力	稳定工件形状及尺寸

3.1.3 机械零件的材料选择

机械零件的材料选择是一个比较复杂的决策问题。设计者在进行零件设计选材时，应对该零件的服役条件、应具备的主要性能指标，以及能满足要求的常用材料的性能特点、加工工艺性及成本高低等进行全面分析、综合考虑。合理选择的标准应该是在满足零件工作要求的条件下，最大限度地发挥材料潜力，提高性价比。

选材的基本原则：

(1)遵循绿色、循环、低碳的理念，节约优先，降低对环境和社会的不利影响。

(2)材料的使用性能应满足工作要求。材料的使用性能包含以下几个方面：

① 力学性能（强度、硬度、塑性、韧性、弹性和刚度等）。

② 物理性能（密度、熔点、热容、热膨胀性、导热性、导电性、磁性等）。

③ 化学性能（耐腐蚀性、高温抗氧化性、抗老化性、降解性等）。

由于零件的工作条件不同，有的零件主要要求高强度，有的则要求高耐磨性等，故对材料的性能要求应有所侧重。对所选材料使用性能的要求，是在对零件的工作条件及零件的失效分析的基础上提出的。表 3－4 列举了一些常用零件的工作条件、主要失效方式及所要求的主要力学性能指标。

表 3－4　一些常用零件的工作条件、主要失效方式及主要力学性能指标

零件名称	工作条件	主要失效方式	主要力学性能指标
重要螺栓	交变拉应力	过量塑性变形或由疲劳而造成破坏	屈服强度，疲劳强度，HBW
重要传动齿轮	交变弯曲应力，交变接触压应力，齿表面受带滑动的滚动摩擦和冲击载荷	齿的折断，过度磨损或出现疲劳麻点	抗弯强度，疲劳强度，接触疲劳强度，HRC
曲轴、轴类	交变弯曲应力，扭转应力，冲击负荷，磨损	疲劳破坏，过度磨损	屈服强度，疲劳强度，HRC
弹　簧	交变应力，振动	弹力丧失或疲劳破坏	弹性极限，屈强比，疲劳强度
滚动轴承	点或线接触下的交变压应力，滚动摩擦	过度磨损破坏，疲劳破坏	抗压强度，疲劳强度，HRC

(3)材料的工艺性能应满足加工要求。材料的工艺性能表示材料加工的难易程度。选用的材料从毛坯到成品应都能容易地制造出来。具体考虑以下几点：

① 铸造性。对铸造毛坯，应考虑材料的液态流动性，以及产生缩孔或偏析的可能性。

② 可锻性。对锻造毛坯，应考虑材料的延伸性、热脆性和变形能力等。

③ 焊接性。对焊接零件，要考虑材料的可焊性和产生裂纹的倾向等。

④ 热处理性。对要热处理的零件，应考虑材料的可淬性、淬透性及淬火变形的倾向等。

⑤ 切削加工性。对需要经过切削加工的零件，要考虑材料的易切削性，以及切削后能达到的表面粗糙度和表面性质的变化等。

(4)力求零件生产的总成本最低。除了使用性能与工艺性能，经济性也是选材时必须考虑的。经济性不仅是选用的材料本身价格应便宜，更重要的是应使零件制造成本甚至产品总成本最低。同时，所选材料应符合国家的资源情况和供应情况。为此，主要考虑以下因素：

① 材料的相对价格。不同材料的价格差异很大，而且市场价格不断变动。因此设计人员应对材料的市场价格有所了解，以便于核算产品的制造成本。

② 国家的资源状况。随着工业的发展，资源和能源的问题日益突出，选用材料时必须对此有所考虑，特别是对于大批量生产的零件，所用的材料应该来源丰富并符合我国的资源状况。例如，我国缺铝，但钨资源却十分丰富，所以选用高速钢时就要尽量多用钨高速钢，而少用铝高速钢。另外，还要注意生产所用材料的能源消耗，尽量选用耗能低的材料。

③ 零件的总成本。选材时从以下几个方面考虑零件的总成本：材料的价格、零件的自重、零件的寿命、零件的加工费用、试验研究费(为采用新材料所必须进行的研究与试验费)及维修费等。如单件生产箱体零件，虽然采用铸铁的价格比采用钢的价格低，但需制作木模和砂型等，若改用钢板焊接，则其加工费用会降低。

3.2 机械零件的工作载荷与应力

3.2.1 机械零件的工作载荷

机械零件在工作时,往往要承受或传递载荷。这些载荷通常来自做功工作点的阻力、摩擦阻力、重力、运动和温度变化所产生的载荷。将零件能够安全工作的限度称为零件的工作能力,通常此限度是对载荷而言的,所以习惯上又称为零件的承载能力。

按载荷和作用时间的关系,将载荷分为静载荷和动载荷。静载荷是指大小、位置、方向都不变或变化缓慢的载荷;动载荷是指大小、位置或方向随时间变化的载荷。

在工程计算中,将载荷分为名义载荷、工作载荷和计算载荷。名义载荷是指在理想的平稳工作条件下作用在零件上的载荷;工作载荷是指在某种工况条件下零件实际承受的载荷;计算载荷是指考虑各种附加载荷因素的影响,将实际工作的动载荷、零件上非均匀分布的载荷等经折合估算后的计算参数,常用载荷系数或工况系数 K 与名义载荷的乘积来估算。

3.2.2 与应力相关的概念

3.2.2.1 静应力和变应力

在载荷作用下,零件表面和内部将产生正应力 σ 或切应力 τ。按照应力随时间变化的情况,将其分为静应力和变应力。静应力是指不随时间变化或变化很小的应力;变应力是指随时间而变化的应力,可以由变载荷产生,也可以由静载荷产生。其中,无规律地随时间变化的应力称为随机变应力,周期性变化的应力称为循环变应力。图 3-1 所示为几种典型的应力变化规律。

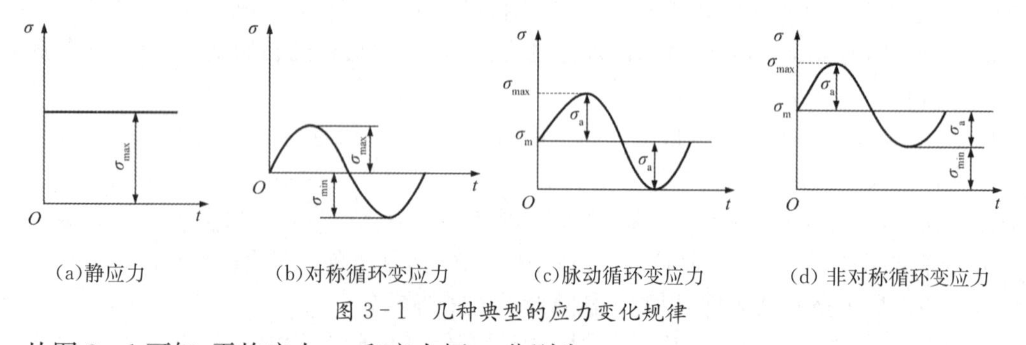

(a)静应力　(b)对称循环变应力　(c)脉动循环变应力　(d) 非对称循环变应力

图 3-1　几种典型的应力变化规律

从图 3-1 可知,平均应力 σ_m 和应力幅 σ_a 分别为

$$\sigma_m=\frac{\sigma_{max}+\sigma_{min}}{2} \tag{3-1}$$

$$\sigma_a=\frac{\sigma_{max}-\sigma_{min}}{2} \tag{3-2}$$

式中:σ_{max},σ_{min}——最大应力、最小应力,MPa。

通常采用应力循环特性 r(亦称应力比,$r=\frac{\sigma_{min}}{\sigma_{max}}$)来表示变应力的不对称程度。$r=+1$ 为静应力;$r=0$ 为脉动循环变应力;$r=-1$ 为对称循环变应力;$-1<r<+1$ 为非对称循环变应力。

3.2.2.2 许用应力和极限应力

(1)静应力下的许用应力和极限应力。零件在静应力作用下可能产生破裂或塑性变形。

其许用应力为

$$[\sigma]=\frac{\sigma_{\lim}}{S}\text{或}[\tau]=\frac{\tau_{\lim}}{S} \tag{3-3}$$

式中：$[\sigma]$，$[\tau]$——许用正应力、许用切应力，MPa；

S——安全系数；

$\sigma_{\lim}$，$\tau_{\lim}$——极限正应力、极限切应力，MPa。对于塑性材料，极限正应力为屈服极限 σ_s；对于脆性材料，极限正应力为强度极限 σ_b。

(2)变应力下的许用应力和极限应力。在变应力作用下，零件因疲劳而断裂。疲劳断裂的初期是在零件表面或表层形成微裂纹，这种微裂纹随着应力循环次数的增加而逐渐扩展，直至未断裂的截面积不足以承受外载荷时就突然断裂。且不管是脆性材料还是塑性材料，疲劳断口均表现为无明显塑性变形的突然脆性断裂。疲劳断裂不同于一般静力断裂，它是裂纹扩展到一定程度后才发生的突然断裂。此时的最大应力与使用期限或寿命期限的应力循环次数有关，往往远比静应力下材料的强度极限低，甚至比屈服极限低。

材料的疲劳特性通过最大应力 σ_{max}、应力循环次数 N、应力循环特性 r 来综合描述。在材料的标准试件上加上一定应力比的等幅变应力，通常是加上 $r=-1$ 的对称循环变应力或是 $r=0$ 的脉动循环变应力。通过试验，记录出在不同最大应力下引起试件疲劳破坏所经历的应力循环次数 N，得到疲劳曲线，即 σ-N 关系曲线，如图 3-2 所示。不同循环特性 r 下的疲劳曲线可参见有关手册。

疲劳曲线反映了材料抵抗疲劳破坏的能力。从图 3-2 中可以看出，应力越小，试件能经受的循环次数就越多。当 $N>N_D$ 以后，曲线趋于水平，可认为试件经无限次循环都不会断裂。以 N_D 为界，$N<N_D$ 为有限寿命区，$N>N_D$ 为无限寿命区。点 D 所对应的疲劳极限被称为持久疲劳极限。试验表明，材料在不同的应力循环特性 r 下的 N_D 及其持久疲劳极限都不同。工程上，规定一个循环基数 N_0，用材料在 N_0 对应的疲劳极限 σ_{rN_0}（简称 σ_r）值来近似代表其持久疲劳极限。在不同的应力循环特性 r 下材料的疲劳极限 σ_r 不同，σ_0 和 σ_{-1} 分别表示脉动循环和对称循环变应力下的疲劳极限。

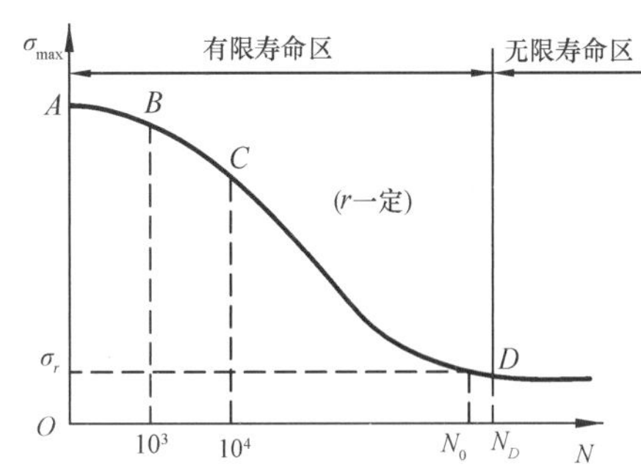

图 3-2　材料疲劳曲线(σ-N 曲线)

在疲劳曲线 CD 段，有疲劳曲线方程

$$\sigma_{rN}^m N=\sigma_r^m N_0=C \tag{3-4}$$

式中：σ_{rN}——对应于循环次数 N 的疲劳极限；

C——材料常数；

m——随应力状态而不同的幂指数，其值由试验决定，弯曲时 $m=9$。

对应于循环次数 N 的对称循环疲劳极限

$$\sigma_{-1N}=\sigma_{-1}\sqrt[m]{\frac{N_0}{N}} \tag{3-5}$$

在变应力作用下，应取材料的疲劳极限作为计算的极限应力。由于实际机械零件与标准试件之间在尺寸大小、表面状态、应力集中、环境介质等方面存在差异，这些因素的综合影响使零件的疲劳极限不同于材料的疲劳极限，其中尤以应力集中、零件尺寸和表面状态三项因素对机械零件的疲劳强度影响最大。为此引入应力集中系数 k_σ、尺寸系数 ε_σ 和表面状态系数 β 等进行计算。

当应力是对称循环变化时，许用应力为

无限寿命下

$$[\sigma_{-1}]=\frac{\varepsilon_\sigma\beta\sigma_{-1}}{k_\sigma S} \tag{3-6}$$

有限寿命下

$$[\sigma_{-1}]=\frac{\varepsilon_\sigma\beta\sigma_{-1N}}{k_\sigma S} \tag{3-7}$$

当应力是脉动循环变化时，许用应力为

$$[\sigma_0]=\frac{\varepsilon_\sigma\beta\sigma_0}{k_\sigma S} \tag{3-8}$$

以上各系数均可从机械设计手册中查得。

例 3-1 已知某材料的对称循环弯曲应力的疲劳极限 $\sigma_{-1}=180$ MPa，$m=9$，循环基数 $N_0=5\times10^6$，试求循环次数 N 分别为 10 000、620 000 次的有限寿命弯曲应力疲劳极限。

解 由式(3-5) $\sigma_{-1N}=\sigma_{-1}\sqrt[m]{\frac{N_0}{N}}$

得

$$\sigma_{10\,000}=\sigma_{-1}\sqrt[m]{\frac{N_0}{N}}=180\sqrt[9]{\frac{5\times10^6}{10\,000}}=359.05(\text{MPa})$$

$$\sigma_{620\,000}=\sigma_{-1}\sqrt[m]{\frac{N_0}{N}}=180\sqrt[9]{\frac{5\times10^6}{620\,000}}=227(\text{MPa})$$

由以上计算可知，有限寿命 N 下的疲劳极限应力大于循环基数 N_0 下的疲劳极限值。

3.2.2.3 接触应力

若两个零件在受载前是点接触或线接触，受载后，由于变形，其接触处为一小面积，通常此面积甚小而表层产生的应力却很大，这种应力称为接触应力。在接触应力的反复作用下，零件表层将产生初始疲劳裂纹，然后裂纹逐渐扩展，最后使表层金属呈小片状剥落下来，零件表面形成一些小坑，这种现象称为疲劳点蚀。疲劳点蚀损坏了零件的规则表面，影响了接触面积，降低了承载能力，并引起振动和噪声。

图 3-3 表示两个轴线平行的圆柱体接触受力后的示意图。

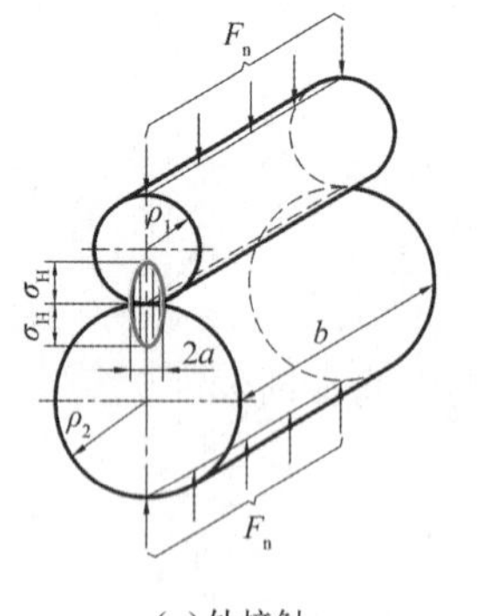

(a)外接触

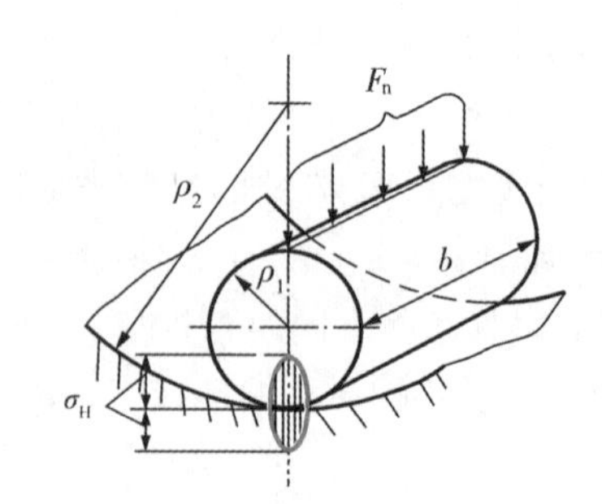

(b) 内接触

图 3-3 两圆柱体的接触应力

根据赫兹理论，两个平行圆柱体相压时，表层产生的最大接触应力为

$$\sigma_H = \sqrt{\frac{F_n}{\pi b} \cdot \frac{\frac{1}{\rho_1} \pm \frac{1}{\rho_2}}{\frac{1-\mu_1^2}{E_1} + \frac{1-\mu_2^2}{E_2}}} \tag{3-9}$$

式中：σ_H——最大接触应力或赫兹应力；

b——接触长度；

F_n——作用于接触面上的总压力；

ρ_1, ρ_2——圆柱体 1 和圆柱体 2 接触处的曲率半径，“+”用于外接触，“−”用于内接触；

μ_1, μ_2——圆柱体 1 和圆柱体 2 材料的泊松比；

E_1, E_2——圆柱体 1 和圆柱体 2 材料的弹性模量。

接触许用应力为

$$[\sigma_H] = \frac{\sigma_{Hlim}}{S_H} \tag{3-10}$$

式中：σ_{Hlim}——由实验测得的材料的接触疲劳极限，对于钢，其经验公式为

$$\sigma_{Hlim} = 2.76 \times \text{布氏硬度值} - 70 \ (\text{MPa}) \tag{3-11}$$

S_H——接触疲劳安全系数。

3.3 摩擦、磨损与润滑

任何机械的运转都是靠各种运动副两接触表面的相对运动来实现的。而相对运动必然伴随着产生摩擦、磨损。能量因为摩擦而无形消耗，零件因磨损而报废。磨损不但引起机械零件失效，而且还是引起其他后续失效的最初原因。摩擦和磨损是普遍存在的自然现象，摩擦损失了世界上一次性能源的 1/3 以上，磨损是材料设备破坏和失效的三大形式之一。为了尽可能地减少摩擦与磨损，可以采取润滑的方式来解决。润滑是在相对运动构件的相互作用表面涂充润滑物质，以达到降低摩擦、减缓磨损目的的一种形式。

摩擦学是一门研究摩擦、磨损与润滑相关的边缘和交叉学科，涉及力学、流变学、表面物理学、表面化学及材料学、工程热物理学等学科。本小节只介绍机械设计中有关摩擦学方面的一些基础知识。

3.3.1 摩擦

在外力作用下，紧密接触的两个零件做相对运动或具有相对运动趋势时，其接触面间会产生阻碍这种运动的阻力，这种现象称为摩擦。在机械装置中，摩擦总是发生在运动副、摩擦传动和螺纹连接等结构部位。按接触面运动状态的不同，摩擦可分为静摩擦和动摩擦。动摩擦又分为滑动摩擦和滚动摩擦。按摩擦表面间润滑状态的不同，摩擦又可分为干摩擦、边界摩擦、流体摩擦和混合摩擦。

(1)干摩擦。干摩擦是两零件表面直接接触、不加入任何润滑剂时的摩擦状态。在工程实际中，即使很洁净的表面上也存在脏污膜和氧化膜，所以并不存在真正的干摩擦。在机械设计中，通常把未经人为润滑的摩擦状态当作干摩擦处理。如图 3-4(a)所示。干摩擦的摩擦因数大，所导致的磨损严重。

(2)边界摩擦。边界摩擦(边界润滑)是摩擦面上有一层边界膜起润滑作用时的摩擦状态。

在摩擦面之间注入润滑剂后，零件表面吸附润滑剂形成极薄的、具有润滑作用的边界膜，如图 3－4(b)所示。边界摩擦的摩擦性质取决于边界膜和表面的吸附性能，虽然其摩擦因数小于干摩擦因数，但仍有磨损发生。

(3)流体摩擦。流体摩擦是摩擦表面被流体(液体或气体)完全隔开时的摩擦状态，如图 3－4(c)所示。这种摩擦的摩擦因数极小，不会发生磨损，是理想的摩擦状态。

(4)混合摩擦。混合摩擦是边界摩擦与流体摩擦共存的摩擦状态。如图 3－4(d)所示，其摩擦因数小于边界摩擦因数，有时存在磨损。

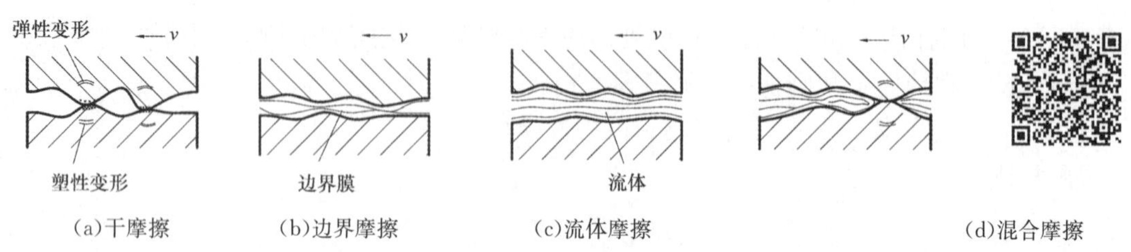

图 3－4 摩擦状态

摩擦具有两面性。一方面，在机械中的摩擦使运动表面产生磨损，降低机械零件的精度、强度、寿命，影响其工作性能与可靠性，同时又消耗部分功，使机械效率下降，这是摩擦有害的一面；另一方面，可以利用机械中的摩擦特性来传递动力和运动，如摩擦离合器、螺纹连接、带传动等，这是摩擦有益的一面。研究摩擦的目的是减少摩擦的有害影响，利用摩擦的有益之处为人们服务。

3.3.2 磨损

由于机械作用或伴有物理化学作用，接触表面材料不断损失或转移的现象称为磨损。磨损是摩擦的直接结果。

3.3.2.1 磨损过程

磨损的过程包括磨合、稳定磨损和剧烈磨损三个阶段，如图 3－5 所示。

(1)磨合阶段。磨损初期，相互运动的零件表面被逐渐磨平，磨损速度由快到慢，形成较为稳定的有利于实际工作的表面形貌。这一阶段所占时间比率较小。

(2)稳定磨损阶段。在磨合阶段结束后，接触表面被冷作硬化，形成了稳定的表面粗糙度，摩擦条件保持相对稳定，磨损缓慢而平稳。这一阶段的时间长短反映零件的寿命。

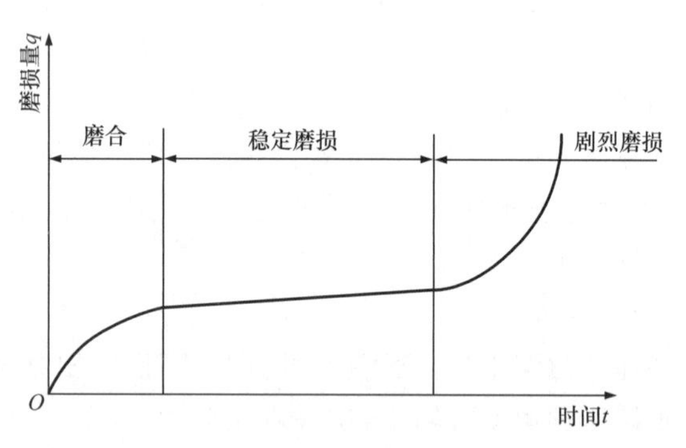

图 3－5 磨损过程

(3)急剧磨损阶段。在这个阶段，接触表面的磨损急剧增加，零件工作表面被破坏，润滑条件恶化，机械效率下降，最终导致零件的完全失效。这时必须停机，更换零件。

实际机械零件在使用过程中，这三个过程无明显界限。

3.3.2.2 磨损类型

磨损的类型有黏着磨损、磨粒磨损、表面疲劳磨损和腐蚀磨损等。

(1)黏着磨损。在混合摩擦或边界摩擦状态下，当载荷较大、速度较高时，零件表面的边界膜被破坏，粗糙凸峰在相互作用的各点发生“冷焊”现象，随着表面的相对运动，“冷焊”点被撕裂，材料从一个表面转移到另一个表面，这种现象称为黏着磨损。当载荷越大、温度越高时，黏着磨损越严重。

(2)磨粒磨损。在摩擦过程中，零件表面脱落的凸峰或外来的颗粒进入摩擦表面之间，引起表面材料分离的“磨削”现象称为磨粒磨损。零件表面越硬，磨粒磨损越小。

(3)表面疲劳磨损(点蚀)。在滚动或滚滑运动的接触表面，交变循环应力引起疲劳裂纹，随着应力循环次数的增加，疲劳裂纹逐渐扩大，造成微颗粒从表面剥落、形成小凹坑的现象，称为表面疲劳磨损(点蚀)。零件表面的粗糙度越大，硬度越低，接触应力越大，则越容易产生表面疲劳磨损。

(4)腐蚀磨损。在摩擦过程中，零件表面材料与周围介质发生化学或电化学反应而产生的表面破坏现象称为腐蚀磨损。

磨损会破坏机械零件的工作表面，改变零件的形貌和尺寸精度，降低工作的可靠性，有时还会导致机械系统失效而提前报废，因而磨损一般是有害的。但工程上也有利用磨损作用的场合，如精加工中的磨削与抛光、机器的磨合等。

3.3.3 润滑

润滑是通过添加润滑剂，使其在摩擦表面间形成润滑膜，从而减小摩擦、降低或避免磨损的工程常用方法。润滑膜还具有缓冲、吸振、散热、密封等作用。

3.3.3.1 润滑剂

润滑剂的主要作用是减小摩擦、降低磨损，同时还起到冷却降温、减缓锈蚀、缓冲吸振、清污和密封等作用。

润滑剂包括气体、液体、半固体和固体四种基本类型。气体润滑剂中常用的是空气，主要应用在空气轴承中；液体润滑剂常用的是润滑油；半固体润滑剂主要是指由润滑油和稠化剂混合而成的各种润滑脂；固体润滑剂是指可以形成固体膜以减少摩擦阻力的物质，如石墨、聚四氟乙烯等。在一般机械中常用的是润滑油和润滑脂，下面分别介绍这两种润滑剂。

(1)润滑油。工业润滑油一般分为矿物油和合成油两类。矿物油是石油分流产品，润滑性好，适用范围广，而且来源较充足、价格低廉，故应用最为广泛。合成油是通过化学合成方法制成的润滑油，具有润滑性能优良、化学稳定性能好、耐高温或低温等优势，但价格较高，目前多用于航天航空领域。

衡量润滑油性能的主要指标有：黏度(动力黏度 η 和运动黏度 ν，参见第 12 章的润滑油相关内容)、黏度指数、闪点和倾点等。黏度反映润滑油流动时的内部摩擦阻力。黏度越高，油越稠。温度是影响黏度的主要因素，温度升高，黏度会明显降低。现行国家标准 GB/T 3141—1994 将工业润滑油按 40℃时的运动黏度划分为 20 个等级。黏度指数是衡量黏度随温度变化的大小的指标。黏度指数越大，黏度受温度变化的影响越小。闪点是指润滑油在规定条件下加热，油蒸气和空气的混合气与火焰接触发生瞬间闪光时的最低温度。这是一项安全指标，根据不同行业的要求，取值高低有不同，一般要求润滑油的闪点高于工作温度 20℃～40℃。倾点为润滑油在给定条件下丧失流动性的温度以上 3℃的温度。表 3－5 列出了常用工业润滑油的性能和用途。

表 3-5　常用工业润滑油的性能和用途(JB/T 8831—2001)

类别	品种代号	牌号	40℃时运动黏度/ν ($mm^2 \cdot s^{-1}$)	黏度指数(不小于)	闪点/℃(不低于)	倾点/℃(不高于)	主要性能和用途	说明
工业闭式齿轮油(GB 5903—2011)	L-CKC 中载荷工业齿轮油	68	61.2～74.8	90	180	−8	具有良好的极压抗磨和热氧化稳定性,适用于冶金、矿山、机械、水泥等行业中载荷(500～1 100 MPa)闭式齿轮的润滑	L表示润滑剂类
		100	90～110					
		150	135～165		200			
		220	198～242					
		320	288～352					
		460	414～506					
		680	612～748			−5		
	L-CKD 重载荷工业齿轮油	100	90～110	90	180	−8	具有更好的极压抗磨性、抗氧化性,适用于矿山、冶金、机械、化工等行业中重载齿轮传动装置	
		150	135～165		200			
		220	198～242					
		320	288～352					
		460	414～506					
		680	612～748			−5		
轴承油(SH/T 0017—1990)	L-FD 轴承油	2	2.0～2.4	—	60	凝点不高于−15	主要适用于精密机床主轴轴承的润滑及其他以油浴、压力、油雾润滑的滑动轴承和滚动轴承的润滑。N10 可作为普通轴承用油和缝纫机用油	SH为石化部标准代号
		3	2.9～3.5		70			
		5	4.2～5.1		80			
		7	6.2～7.5		90			
		10	9.0～11.0	90	100			
		15	13.5～16.5		110			
		22	19.8～24.2		120			

(2)润滑脂。润滑脂俗称黄油、干油,是由润滑油、稠化剂等在高温下混合而成的膏状润滑材料。

衡量润滑脂性能的指标是锥入度和滴度。锥入度是指将质量为(150±0.25)g 的标准圆锥体放入 25℃的润滑脂试样中,经过 5 s 后沉入的深度。它反映润滑脂内部阻力的大小和流动性的强弱。锥入度越小,润滑脂越稠。滴度是指在规定的加热条件下,润滑脂从标准测量杯的孔口滴下第一滴时的温度。润滑脂的种类很多,其性能、用途详见表 3-6。

表 3-6　常见润滑脂的性能和用途

润滑脂		牌号	锥入度/(1/10 mm)	滴度/℃ ≥	性　能	主要用途
	名　称					
钙基	钙基润滑脂(GB/T 491—2008)	1	310～340	80	抗水性好,适用于潮湿环境,但耐热性差	目前尚广泛应用于工业、农业、交通运输等机械设备的中速中低载荷轴承的润滑。逐渐为锂基脂所取代
		2	265～295	85		
		3	220～250	90		
		4	175～205	95		
钠基	钠基润滑脂(GB 492—1989)	2	265～295	160	耐热性很好,黏附性强,但不耐水	适用于不与水接触的工农业机械的轴承润滑,使用温度不超过110 ℃
		3	220～250	160		

3.3.3.2　*润滑方法*

(1)油润滑的方法与装置。主要有以下五种:

①手工加油润滑。操作人员用油壶或油枪将油注入设备的油孔或油嘴中,使油流至需要

润滑的部位。

②滴油润滑。滴油润滑所用的装置为油杯，如图 3－6 所示，针阀油杯可调节滴油速度来改变供油量，并且停车时可扳倒油杯上端的手柄以关闭针阀而停止供油。油芯油杯则通过毛线或棉线的引导利用油的自重滴流至摩擦表面。

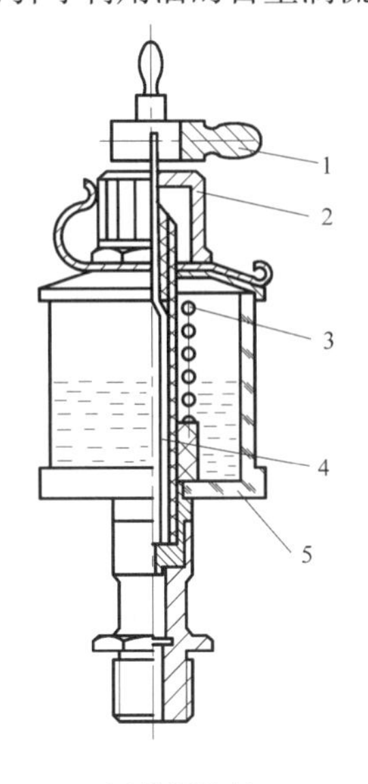

(a)针阀油杯

1:手柄　2:调节螺母　3:弹簧　4:针阀　5:油杯体

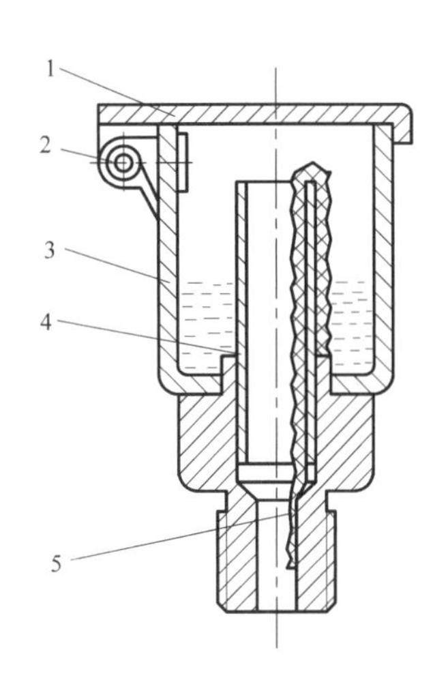

(b)油芯油杯

1:盖　2:扭转弹簧　3:油杯体　4:铝管　5:油芯

图 3－6　滴油润滑用油杯

③油环润滑。油环润滑的装置如图 3－7 所示。油环空套在水平轴上，下部浸在润滑油中。轴在旋转时带动油环转动，将润滑油带到轴颈上润滑轴承。

④飞溅润滑。在封闭式传动中，转动件(如齿轮)的一部分浸入油中，当其旋转时，润滑油被溅起，散落到其他零件上进行润滑。

⑤压力循环润滑。利用液压泵、阀和油路等装置将油箱中的润滑油以一定的压力输送到需要润滑的部位。

(2)脂润滑的方法与装置。按所用装置的不同，润滑脂的加脂方式分为人工加脂、脂杯加脂、脂枪加脂和集中润滑系统。图 3－8 为应用广泛的旋盖式油脂杯。

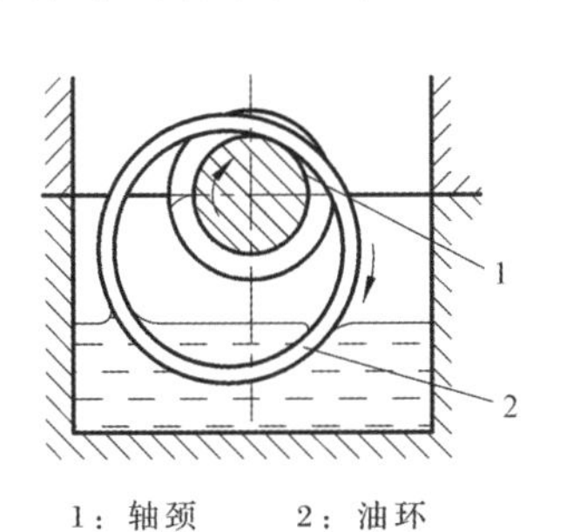

1：轴颈　　2：油环

图 3－7　油环润滑

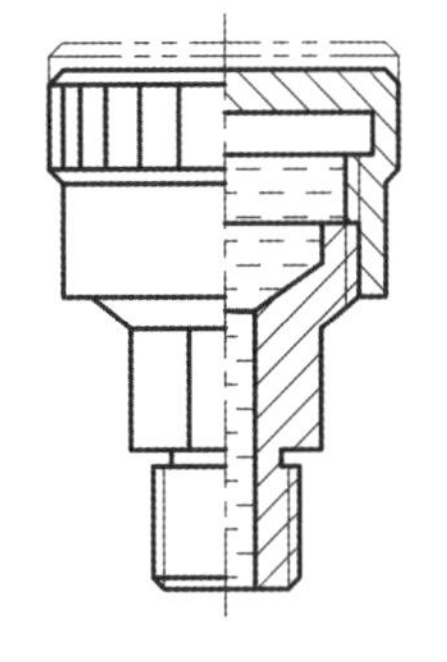

图 3－8　旋盖式油脂杯

3.4 机械零件的主要失效形式、设计准则和设计步骤

3.4.1 机械零件的主要失效形式

机械零件的失效是指零件丧失正常工作能力、达不到设计性能要求的一种状态。机械零件的主要失效形式有：

(1)整体断裂。零件在受拉、压、弯、剪、扭等外载荷作用时，由于某一危险截面上的应力超过零件的强度极限或疲劳强度而发生的断裂。例如螺栓的断裂、齿轮轮齿根部的折断等。

(2)过度变形。过度变形是指零件上的弹性变形过大或应力超过材料屈服极限所导致的塑性变形。例如机械臂因刚度不足，受载后所产生的弹性变形过大，将影响其正常工作；机床的夹持定位件产生的过大塑性变形，将降低加工精度；汽轮机汽缸的水平结合面因变形而漏汽等。

(3)表面磨损。如前文所述，磨损是两个接触表面产生摩擦而使表面物质丧失或转移的现象。例如传动轴的轴颈磨损。

(4)接触疲劳与点蚀。接触疲劳是零件表面受到接触变应力反复作用而产生裂纹的现象。当有润滑液介入时，裂纹逐渐扩展，导致表面微粒剥落，形成点蚀破坏。例如滑动轴承轴瓦表面的疲劳裂纹、齿轮齿面的疲劳点蚀等。

(5)表面腐蚀。零件的表面腐蚀是发生在金属表面的一种电化学或化学侵蚀现象，其结果是使金属表面产生锈蚀、表面轮廓遭到破坏。例如汽轮机的后级叶片在湿蒸汽中工作，会产生电化学腐蚀损坏。

(6)正常工作条件的破坏。某些零件只在特定条件下才能正常工作，否则就失效。例如高速旋转的零件只能在避开系统固有频率的转速下工作；摩擦传动的摩擦面只能提供小于临界摩擦力的工作力；液体润滑的滑动轴承只能在润滑油膜足够厚的前提下正常工作。如果这些工作条件被破坏、导致系统不能正常地工作，都被认为是失效。

零件的以上失效形式中，表面磨损、接触疲劳和表面腐蚀都是随工作时间的延续而逐渐发生的失效形式。工作时到底发生哪种形式的失效，与很多因素有关，且在不同行业和不同的机器上也不尽相同。

3.4.2 零件设计的计算准则

机械零件可能有多种失效形式，归纳起来，主要是由于强度、刚度、耐磨性、稳定性和温度等几个方面对工作能力的影响。对于不同的失效形式，建立相应的工作能力判定条件，就成为零件设计计算准则，即以防止产生可能失效为目的而拟定的零件工作能力计算依据的基本原则。零件的主要设计计算准则有强度准则、刚度准则、耐磨性准则、振动稳定性准则、耐热性准则和可靠性准则。

3.4.2.1 强度准则

强度是指零件在载荷作用下抵抗断裂、塑性变形及表面失效(磨粒磨损和腐蚀磨损除外)的能力，是零件应满足的基本要求。强度准则是指零件的工作应力不应超过零件的许用应力。对不同类型的应力，在设计时需采用不同的强度计算准则。对静应力采用静强度判据，对变应力采用疲劳强度判据。其表达式为

$$\sigma \leqslant [\sigma] \text{或} \tau \leqslant [\tau] \tag{3-12}$$

式中：σ，τ ——零件的工作正应力和切应力，MPa；

$[\sigma]$，$[\tau]$——许用正应力和许用切应力，MPa。

3.4.2.2 刚度准则

刚度是零件受载以后抵抗弹性变形的能力。刚度准则是指零件在载荷作用下的弹性变形

应小于或等于机器工作性能允许的极限值(许用变形量)。其表达式为

$$y \leqslant [y];\theta \leqslant [\theta];\varphi \leqslant [\varphi] \tag{3-13}$$

式中:y,θ,φ——零件工作时的挠度、偏转角和扭转角;

$[y],[\theta],[\varphi]$——零件的许用挠度、许用偏转角和许用扭转角。

3.4.2.3 耐磨性准则

耐磨性是指做相对运动的零件工作表面抵抗磨损的能力。很多零件的寿命取决于耐磨性。耐磨性准则是指零件的磨损量在预定期限内不超过允许量。由于磨损机理比较复杂,通常采用条件性的计算准则,即零件的压强 p 不大于零件材料的许用压强$[p]$。其表达式为

$$p \leqslant [p] \tag{3-14}$$

3.4.2.4 振动稳定性准则

为确保零件及系统工作振动稳定性,设计时要使机器中受激振作用的零件的固有频率 f 与激振源的频率 f_p 错开。通常振动稳定性准则的表达式为

$$0.85f > f_p \quad 或 \quad 1.15f < f_p \tag{3-15}$$

3.4.2.5 耐热性准则

耐热性指的是零件在工作条件下抗氧化、抗热变形和抗蠕变的能力。在高温下(一般钢制零件在 300℃以上,轻合金和塑料零件在 100℃以上)工作时,零件的强度会明显降低。热变形会导致零件承受附加载荷,同时出现氧化、蠕变现象,大大影响机械精度或使零件失效。为了保证零件在高温下正常工作,除合理设计其结构及合理选材之外,还可采用水冷或气冷等降温措施。

3.4.2.6 可靠性准则

可靠性表示零件在规定的时间内能稳定工作的能力。通常用可靠度 R 表示。可靠度是指在规定的使用时间(寿命)内和预定的环境条件下,机械能够正常地完成其功能的概率。表征零件可靠性的另一指标是零件的平均工作时间(也称平均寿命)。对于不可修复的零件,平均寿命是指其失效前的平均工作时间;对于可修复的零件,则是指其平均故障间隔时间。在工程实际中,平均寿命应用统计方法确定。

3.4.3 零件设计的一般步骤

机械结构中主要零件的设计常按下列步骤进行:

(1)根据零件的功能要求,结合系统总体方案、结构构形和装配草图,确定零件的结构形式和设计的计算内容。

(2)根据机器的工作要求和简化的计算方案,确定作用在零件上的载荷。

(3)根据零件工作情况的分析,选择合适的材料。

(4)分析零件可能的失效形式,选定相应的设计准则进行计算,确定零件的形状和主要尺寸。应当注意,零件尺寸的计算值一般不是最终的采用值,设计者还要根据制造零件的工艺要求和标准、规格加以圆整。

(5)绘制零件工作图,制订技术要求,编写计算说明书及有关技术文件。

对于不同的零件和工作条件,以上这些设计步骤可以有所不同。在设计过程中,这些步骤又是相互交错、反复进行的。如果一种零件可能同时存在几种失效方式,那么应按实际情况分别进行考虑,然后选取综合性价比尽可能高、失效损失尽量小的设计方案。

这里应当指出,在设计机械零件时,往往只有将较复杂的实际工作情况进行一定的简化,才能应用力学等理论解决机械零件的设计计算问题。因此,这种计算或多或少带有一定的条件性或假定性,称为条件性计算。机械零件设计基本上是按条件性计算进行的,如果符合公式的适用范围,一般计算结果具有一定的可靠性,并能保证机械零件的安全性。为了使计算结果更符合实际情况,必要时可进行模拟试验或实物试验。

3.5 机械零件的结构工艺性和标准化

3.5.1 机械零件的结构工艺性

机械零件的结构，主要是由它在机械中的作用、和其他相关零件的关系以及制造工艺(毛坯制造、机械加工以及装配工艺)决定的，机械零件的结构应在满足使用要求的前提下，能用最简单的工艺，以及最少的时间、劳动量、设备、工具、费用生产出来。既能满足使用要求又有良好的工艺性的零件结构，才是合理的结构。

设计机械零件的时候，通常从以下几个方面考虑零件的结构工艺性。

(1)毛坯选择合理。零件毛坯的制备方法有铸造、锻造、轧制、冲压、焊接等。获得毛坯的方法不同，零件的结构也有区别。毛坯的选择一般取决于生产批量、材料性能和加工的可能性等。

(2)结构简单合理。零件结构形状越复杂，制造越困难，成本越高。设计零件时最好采用简单的表面，如平面、圆柱面及其组合，同时还应该尽量使其加工表面数目最少和加工面积最小。

(3)制造精度及表面粗糙度规定适当。零件的加工费用随着制造精度的提高和表面粗糙值的减小而增加，因此在没有充分根据时，不应当追求高的制造精度。零件的表面粗糙度也应当根据配合表面的实际需要作出适当的规定。

3.5.2 机械零件的标准化

标准化是为了在一定范围内获得最佳秩序，对实际的或潜在的问题制订共同的和重复使用的规则的活动。标准化在推进国家治理体系和治理能力现代化中发挥着基础性、引领性作用。标准化水平是衡量一个国家的生产技术和科学管理水平的尺度，是现代化的重要标志。为了推动高质量发展、全面建设社会主义现代化国家，2021 年 10 月中共中央、国务院印发了《国家标准化发展纲要》。

对产品和零部件实行标准化有着重大的意义。在制造方面，可以实行专业化大量生产，提高产品质量，降低成本；在设计方面，可减少设计工作量；在管理维修方面，可以减少库存量和便于更换损坏的零件。随着全球经济一体化的发展，企业在国际化经营过程中，经常遇到有关标准、质量认证、检测等方面的新问题。

产品标准化是指对产品的品种、规格、质量、检验或安全、卫生要求等制定标准并加以实施。产品标准化包括三方面的含义：

(1)产品品种规格的系列化。将同一类产品的主要参数、形式尺寸、基本结构等依次分档，制成系列化产品，以较少的品种规格满足用户的广泛需要。

(2)零部件的通用化。对同一类型或不同类型产品中用途及结构相似的零部件(如螺栓、轴承座、滚动轴承、联轴器、减速器等)进行统一，实现通用互换。

(3)产品质量标准化。产品质量关系到企业的生存。要保证产品的质量合格和稳定，就必须做好设计、加工工艺、装配检验、包装储运等环节的标准化。

不少通用零件，如螺纹连接件、滚动轴承等，由于应用范围广、用量大，已经高度标准化而成为标准件。设计时只需根据设计手册或产品目录选定型号和尺寸，向专业经销商或制造方订购。此外，很多零件虽然使用范围极为广泛，但在具体设计时，根据工作条件的不同，在材料、尺寸、结构等方面的个性化选择也各不相同，为此，对其某些基本参数规定系列化的标准数列，如规定齿轮模数的系列值等。

按照标准的层次，我国的标准分为国家标准(GB)、行业标准、地方标准和企业标准四种。按标准实施的强制程度，又分为强制性标准和推荐性标准两种。例如《工业环境用机器人 安全要求 第 1 部分：机器人》(GB 11291.1—2011)和《机器人与机器人装备 工业机器人的安全要求 第 2 部分：机器人系统与集成》(GB 11291.2—2013)都是强制性标准，必须执行。而《机器人安全总则》(GB/T 38244—2019)、《机器人机构的模块化功能构件规范》(GB/T 35144—2017)等均为推荐性标准，鼓励企业采用。机械设计相关标准可查阅机械设计手册，也可以查阅国家标准频道(网址 http:// www.chinagb.org)、中国标网(网址 http://www.spc.org.cn/) 或其他相关网站。

国内外部分标准或组织的代号见表 3-7。

表 3-7 国内外部分标准或组织代号

国 内	标准或组织	国 外	标准或组织
CCEC	中国节能产品认证管理委员会	ANSI	美国国家标准协会标准
CNS	中国台湾标准	ASTM	美国材料与试验协会标准
GB	中国国家标准	BSI	英国标准协会标准
HB	中国航空行业标准	DIN	德国工业标准
HG	中国化工行业标准	GOST R	俄罗斯联邦国家标准
JB	中国机械行业标准	JIS	日本工业标准
QC	中国汽车行业标准	KS	韩国标准
YB	中国黑色冶金行业标准	EN	欧洲标准化委员会标准
YS	中国有色金属行业标准	ISO	国际标准化组织标准

本章知识图谱

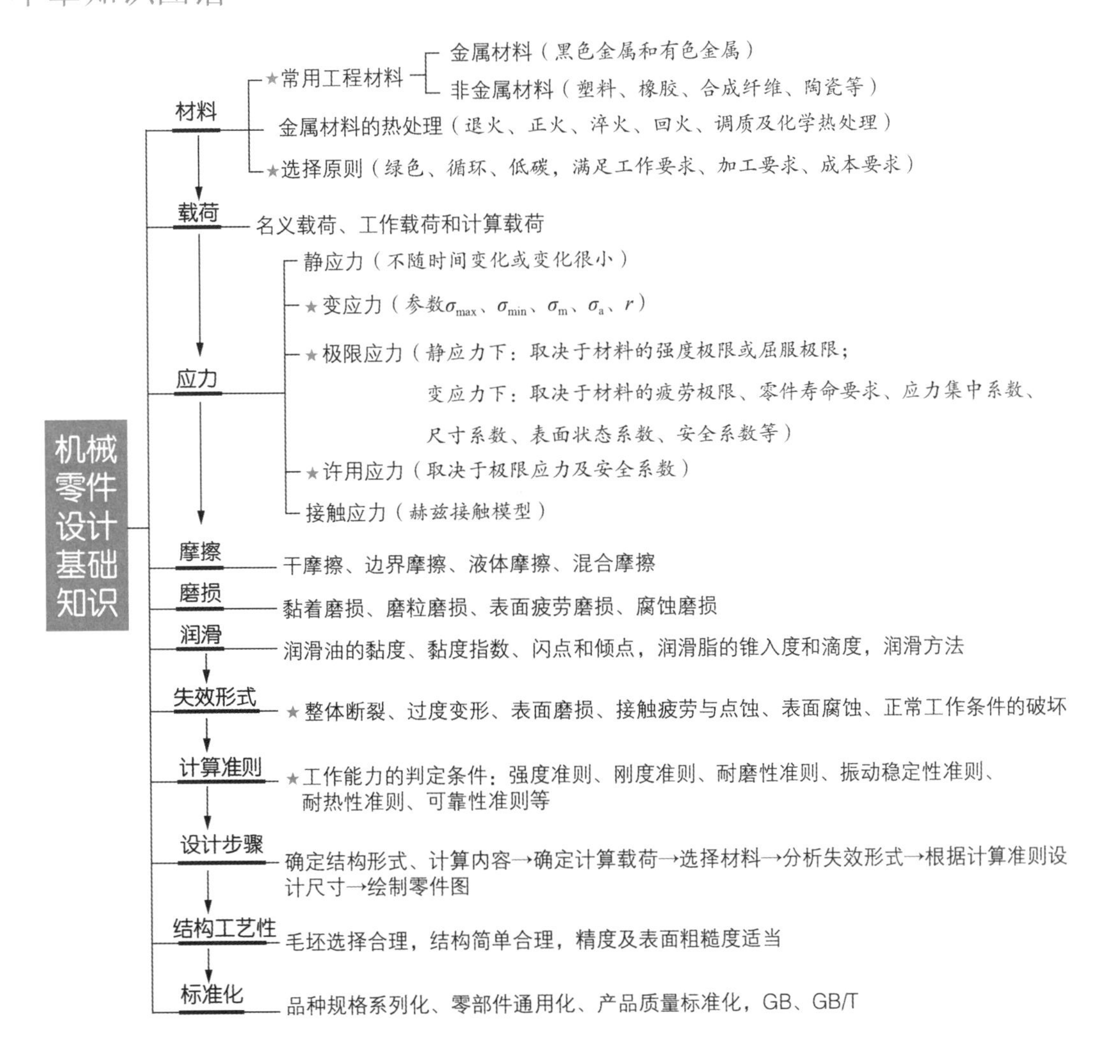

习　题

3-1　常用钢铁材料的牌号有哪些？

3-2　机械零件设计中选择材料的基本原则是什么？

3-3　零件所承受的载荷有哪些？何谓机械零件的工作能力？

3-4　解释名词：静载荷、变载荷、名义载荷、计算载荷、静应力、变应力、接触应力。

3-5　有一个转轴的材料为40MnB，材料的对称循环弯曲疲劳极限$\sigma_{-1}=436$ MPa，幂指数$m=9$，循环基数N_0为10^7。试问：当要求该轴的寿命N分别为10^4、2×10^5、5×10^6、2×10^7时，其疲劳极限σ_{-1N}的数值分别是多少？

3-6　摩擦是坏还是好？

3-7　试述各类磨损的机理。

3-8　润滑油和润滑脂的主要质量指标有哪几项？

3-9　什么是机械零件的失效？其主要形式有哪些？

3-10　机械零件的设计准则有哪些？

3-11　零件结构的工艺性应该从哪些方面进行考虑？

3-12　零部件标准化的意义是什么？

第三篇

运动机构设计与分析

第 4 章　平面连杆机构

本章概要：平面连杆机构是一种应用极为广泛的机构，在各行各业以及日常生活的机械设备中经常见到。本章将扼要介绍平面连杆机构的特点，重点阐述平面四杆机构的基本类型、演化形式以及基本特性，并详细介绍平面四杆机构的设计方法。同时简单介绍用瞬心法对连杆机构进行运动分析。

4.1　平面连杆机构的特点及应用

连杆机构是若干刚性构件用低副连接组成的机构，又称为低副机构。在连杆机构中，若各运动构件均在相互平行的平面内运动，则称为平面连杆机构；若各运动构件不都在相互平行的平面内运动，则称空间连杆机构。

4.1.1　平面连杆机构的特点

如前所述，平面连杆机构中的运动副一般均为低副，低副两元素为面接触，其优点是在传递同样的载荷的条件下，两元素间的压强较小，可以承受较大的载荷；低副的两元素间便于润滑，不易产生大的磨损；低副两元素的几何形状也比较简单，便于加工制造。平面连杆机构具有丰富的运动轨迹和规律，并且在平面连杆机构中，当原动件以相同的规律运动时，如果改变各构件的相对长度关系，可使从动件得到不同的运动规律。连杆机构的缺点是运动副磨损后的间隙不能自动补偿，容易积累运动误差，运动中的惯性力难以平衡，因此常用于速度较低的场合。此外，连杆结构不易精确实现复杂的运动规律。

4.1.2　平面连杆机构的应用

四杆机构是最简单也是最早出现的一种连杆机构。早在 13 世纪前期就已经得到广泛的应用。如图 4－1 所示的发明于东汉初年的水排，就利用了连杆机构。水排用于冶铸鼓风，是机械工程史上一项重要的发明。18 世纪，著名发明家瓦特将四杆机构应用到他发明的蒸汽机里，为活塞提供近似的直线运动。现代工程机械中的很多工作装置用到了连杆机构，如混凝土泵车和汽车起重机的臂架系统，液压挖掘机的控制铲斗动作的装置。连杆机构在重载装备中的应用举足轻重，载人航空航天（如图 4－2 所示的航空太阳能折展机构）、深海探测设备、智能机器人、并联机床等，都有连杆机构的身影。

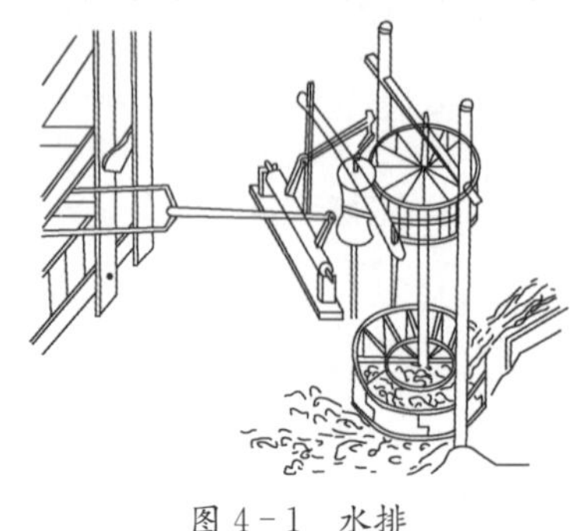

图 4－1　水排

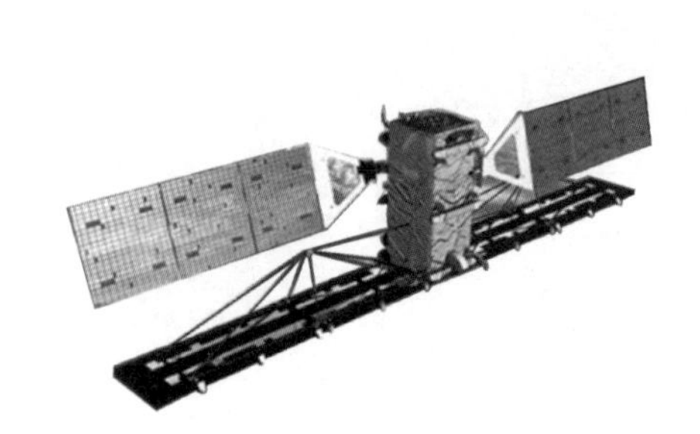

图 4－2　太阳能折展机构

近年来，国内外在连杆机构的研究方面都有长足的发展，不仅限于单自由度四杆机构的研究，也注重多自由度多杆机构的分析和综合。由于计算机技术的发展和现代数学工具的日益完善，人们开发了许多通用性强、使用方便的分析和设计连杆的智能化 CAD 软件，为平面连杆机构的设计和研究奠定了坚实的基础。

4.2 平面四杆机构的基本类型及其演化

4.2.1 平面四杆机构的基本类型

最简单的平面连杆机构是由四个构件组成的，简称平面四杆机构。其应用非常广泛，是组成多杆机构的基础。全部由转动副组成的平面四杆机构称为铰链四杆机构，如图 4－3 所示。在此机构中，固定件 4 为机架，与机架直接相连的构件 1 和构件 3 两构件称为连架杆，与机架相对的构件 2 称为连杆。在连架杆中，能做整周回转的称为曲柄，只能在一定范围内摆动的则称为摇杆。若组成转动副的两构件能做整周相对运动，则该转动副称为整转副或周转副；不能做整周相对转动的则称为摆转副。对于铰链四杆机构来说，机架和连杆总是存在的，因此可按两连架杆的运动形式将铰链四杆机构分为三种基本类型：曲柄摇杆机构、双曲柄机构和双摇杆机构。

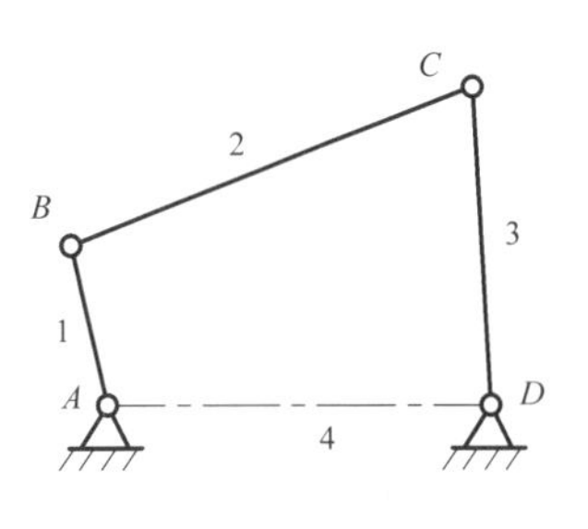

图 4－3　铰链四杆机构

4.2.1.1 曲柄摇杆机构

在铰链四杆机构中，若两个连架杆中一个为曲柄，另一个为摇杆，则此四杆机构称为曲柄摇杆机构。在这种机构中，当曲柄为原动件、摇杆为从动件时，可将曲柄的连续转动转变成摇杆的往复摆动。此种机构应用广泛，如图 4－4 所示的雷达天线俯仰机构即为此种机构。曲柄 1 缓慢地匀速转动，通过连杆 2，使摇杆 3 在一定的角度范围内摆动，从而调整天线俯仰角的大小。

4.2.1.2 双曲柄机构

在铰链四杆机构中，若两个连架杆都是曲柄，则称为双曲柄机构；如两曲柄长度不同，则称为不等双曲柄机构。在这种机构中，当主动曲柄以等角速度连续转动时，从动曲柄以变角速度连续转动，且其变化幅度相当大，最大值和最小值可相差 2～3 倍。图 4－5 所示的惯性筛机构就是利用了双曲柄机构的这个特性，从而使筛子 6 的往复运动具有较大变化的加速度，使被筛的材料颗粒能得到很好的筛分。

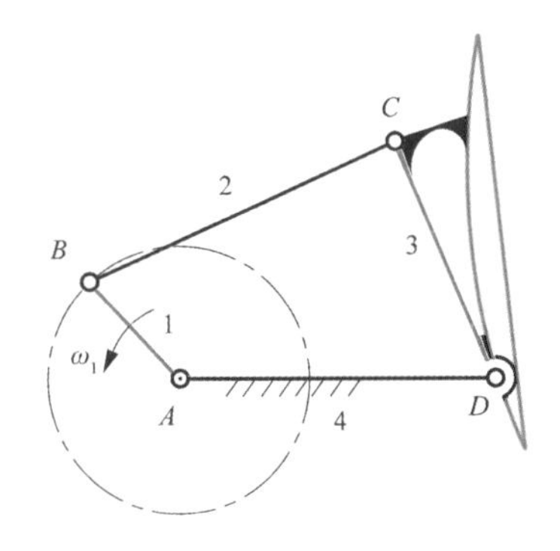

图 4－4　雷达天线俯仰角调整机构

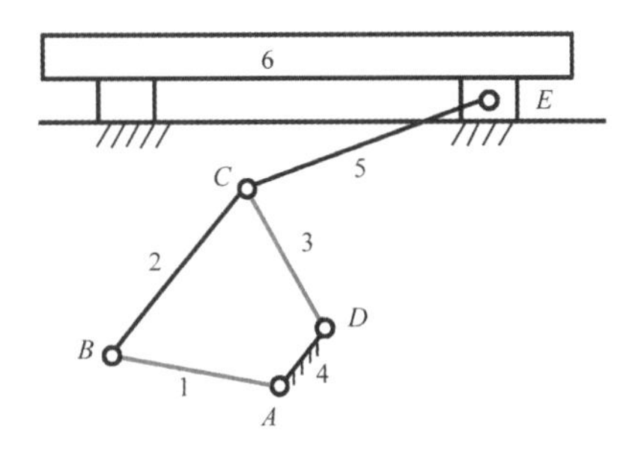

图 4－5　惯性筛机构

在双曲柄机构中，若其相对两杆平行且相等，则称为平行四边形机构，如图 4-6 所示。这种机构的运动特点是两曲柄 1 和 3 以相同的角速度同向转动，而连杆 2 做平移运动。如图 4-7所示机车车轮的联动机构就是利用了其两曲柄等速同向转动的特性。

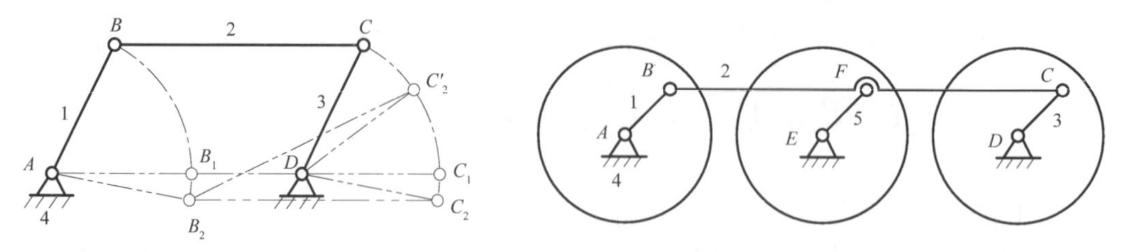

图 4-6　平行四边形机构　　　　图 4-7　机车车轮联动机构

平行四边形机构在运动过程中，当两曲柄与连杆及机架共线时，在原动曲柄转向不变的条件下，从动曲柄会出现转动方向不确定的现象。在图 4-6 中，当曲柄 1 由 AB_1 转到 AB_2 时，从动曲柄 3 可能转到 DC_2，也可能转到 DC_2'。为了保证从动曲柄转向不变，可在机构中安装一个惯性较大的轮形构件(称为飞轮)，借助它的转动惯性，使从动曲柄按原转向继续转动，或者采用多组相同机构错开相位排列的方法(如车轮联动机构)，以保持从动曲柄的转向不变。

曲柄长度相等，而连杆与机架不平行的铰链四杆，称为反平行四边形机构，如图 4-8 所示。这种机构的主、从动曲柄转向相反。图 4-9 所示的车门开闭机构即为其应用实例，它可以使两扇车门同时反向打开或关闭。

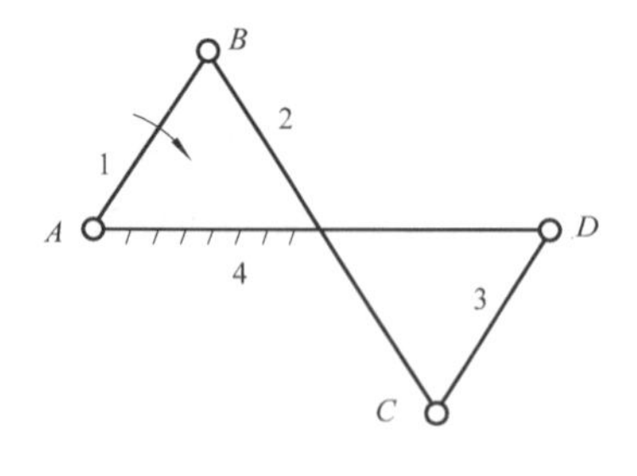

图 4-8　反平行四边形机构

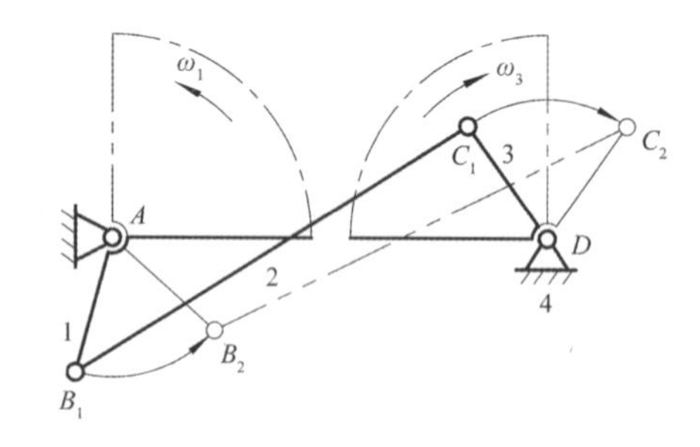

图 4-9　汽车车门开闭机构

如图 4-10(a)中的双曲柄机构与悬梯是"嫦娥三号"探测器中将月球车从着陆器转移到月面上的转移机构。当着陆器稳定着陆后，悬梯展开，月球车由着陆器移动到悬梯上，然后双曲柄机构在自身重力和缓释绳的作用下缓慢旋转使悬梯下降(此时悬梯平动)。当悬梯接触月面后，月球车从悬梯移动到月面上。如图 4-10(b)为着陆器着陆在月球表面的照片。

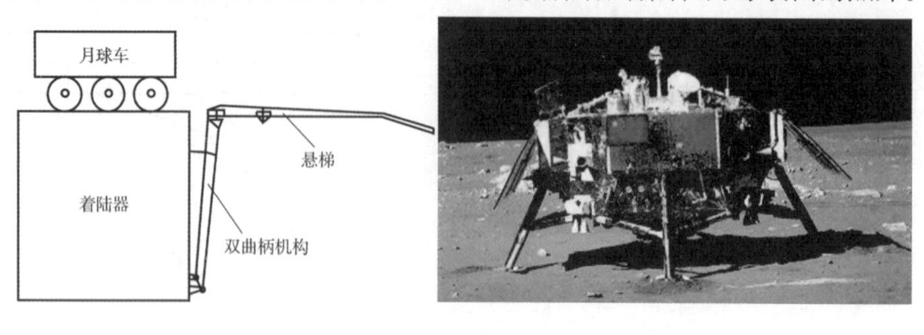

(a)转移机构　　　　(b)着陆照

图 4-10　着陆器上的双曲柄机构

4.2.1.3 双摇杆机构

若铰链四杆机构的两连架杆都是摇杆，则称为双摇杆机构。图 4－11 所示鹤式起重机机构的四杆机构 $ABCD$ 即为双摇杆机构。当主动摇杆 AB 摇动时，从动摇杆 CD 也随之摆动，位于连杆 BC 延长线上的重物悬挂点 E 近似地水平直线移动，从而避免了重物因不必要的升降而发生事故和能量损耗。

在双摇杆机构中，若两摇杆长度相等，则形成等腰梯形机构。图 4－12 所示的汽车、拖拉机前轮的转向机构 $ABCD$ 即为等腰梯形机构。

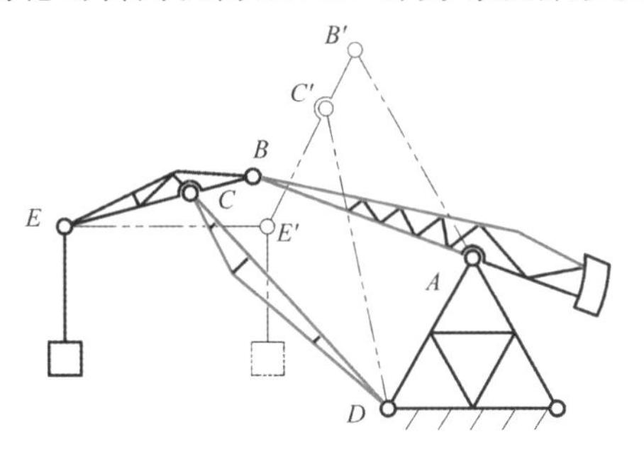

图 4－11 鹤式起重机机构

图 4－12 车轮转向机构

除上述三种形式的铰链四杆机构之外，在实际机器中，还广泛地应用着其他类型的四杆机构。这些四杆机构可以看作由铰链四杆机构通过用移动副取代转动副、变更机架、改变杆长和扩大转动副等途径演化而来。掌握这些演化方法，有利于对连杆机构进行创新设计。

4.2.2 平面四杆机构的演化

4.2.2.1 曲柄滑块机构

在图 4－13(a)所示的曲柄摇杆机构中，当曲柄 1 绕轴 A 转动时，铰链 C 将沿圆弧 $\widehat{m-m'}$ 往复运动。摇杆长度越长，曲线 $m-m'$ 越平直。设将摇杆 3 的长度增至无穷大，则铰链 C 运动的轨迹 $m-m'$ 将变为直线。这时可以将摇杆 3 做成滑块，转动副 D 将演化成移动副。这种机构称为曲柄滑块机构，如图 4－13(b)所示。当滑块轨迹的延长线与回转中心 A 存在偏距 e 时，称为偏置曲柄滑块机构。图 4－13(c)所示为没有偏距的对心曲柄滑块机构。

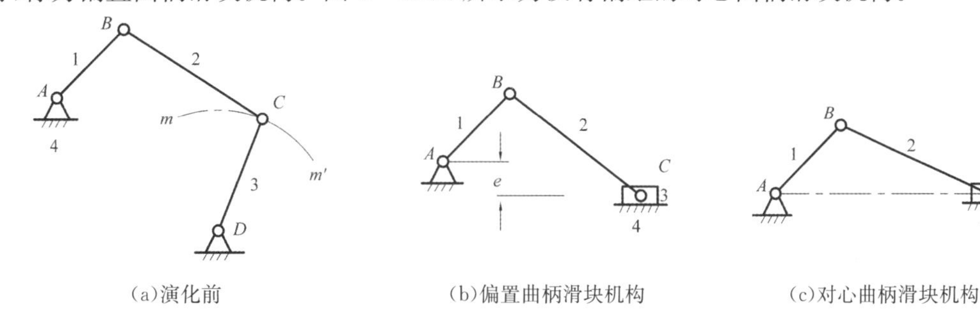

(a)演化前　(b)偏置曲柄滑块机构　(c)对心曲柄滑块机构

图 4－13 曲柄摇杆机构及其演化

曲柄滑块机构还广泛地应用在冲床、内燃机、空气压缩机、医疗器械等各种机械中。例如，曲柄滑块机构应用于榫槽侧拉床机构中。榫槽侧拉床是高精密机床，主要用来加工飞机发动机、汽轮机涡流盘等的榫槽和榫头，属于国防工业的尖端装备，国外拥有该项技术的国家对我国进行技术封锁。我国进行自主研发，并在榫槽侧拉床机构中应用曲柄滑块巧妙地将圆弧运动的角度变化转变为直线方向上的位移变化，实现了直线位移与角度位移的一一对应，不仅降低了加工成本，还降低了对装配的要求，节约了成本，使榫槽侧拉床国产代替进口成为可能。

4.2.2.2 导杆机构

选用运动链中不同的构件作为机架，以获得不同机构的演化方法叫作机构倒置。这种演化方法并没有改变运动链的尺寸和各构件之间的相对运动关系。导杆机构可以看成是曲柄滑块机构中选取不同的构件为机架演化而成的。在图 4－14(a)所示的曲柄滑块机构中，若改选构件 1 为机架，则构件 4 将绕轴 A 转动，而滑块 3 将以构件 4 为导轨并沿构件 4 相对移动，如图 4－14(b)所示。构件 4 称为导杆，此机构称为导杆机构。在导杆机构中，通常取杆 2 为原动件，若杆 1 的长度 $AB<BC$，如图 4－14(b)所示，杆 2 和杆 4 均能整周转动，则称为转动导杆机构；若 $AB>BC$，杆 4 仅能在某一角度范围内往复摆动，则称为摆动导杆机构。

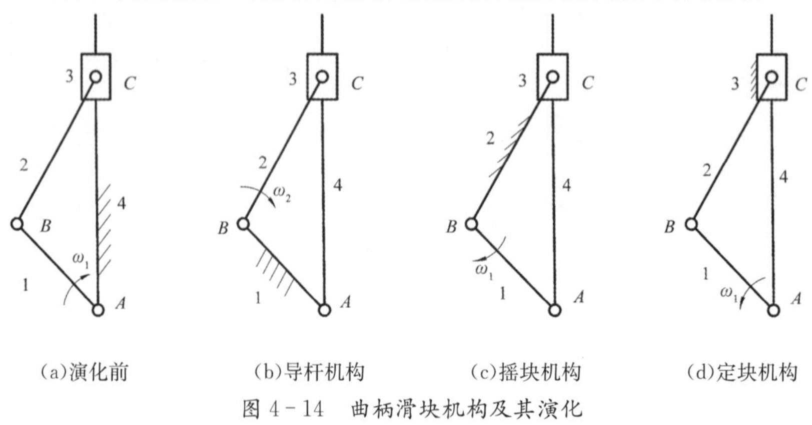

图 4－14　曲柄滑块机构及其演化

图 4－15 所示即为摆动导杆机构在传统牛头刨床中的应用实例。当 BC 杆绕 B 点做等速转动时，AD 杆绕 A 点作变速转动，DE 杆驱动刨刀做变速往返运动。

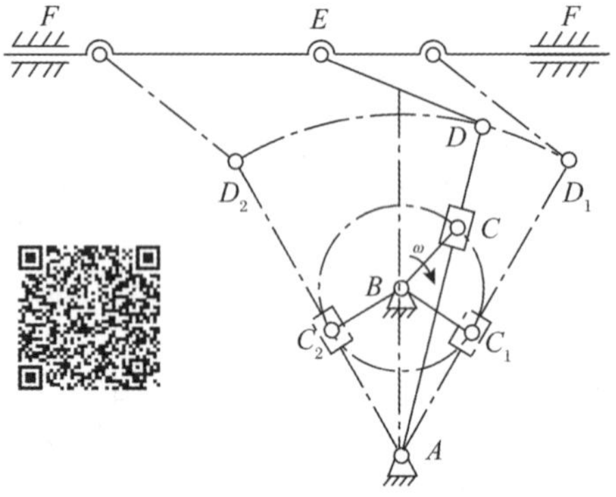

图 4－15　牛头刨床的摆动导杆机构

4.2.2.3 摇块机构

若在图 4－14(a)所示的曲柄滑块机构中，改选构件 BC 为机架，则将演化为图 4－14(c)所示的曲柄摇块机构，其中构件 3 仅能绕点 C 摇摆。这种机构广泛用于摆动式内燃机和液压驱动装置内。图 4－16 所示的自卸卡车车厢的举升机构，即为此机构的应用实例。

4.2.2.4 定块机构

在图 4－14(a)所示的曲柄滑块机构中，若改选构件 3 为机架，则将演化为图 4－14(d)所示的定块机构。这种机构常用于如图 4－17 所示的手摇唧筒等机构。

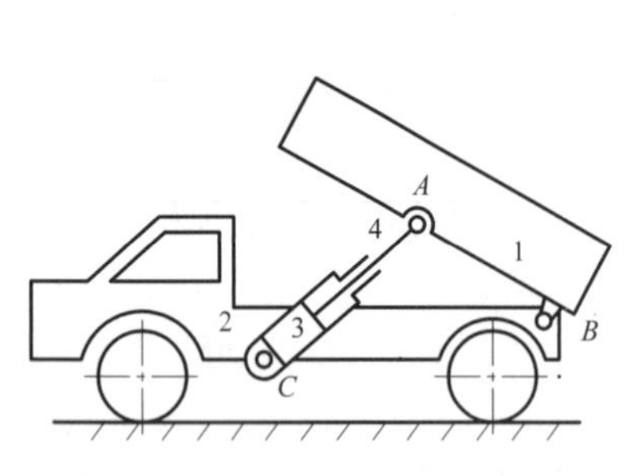
图 4－16　自卸卡车车厢的举升机构

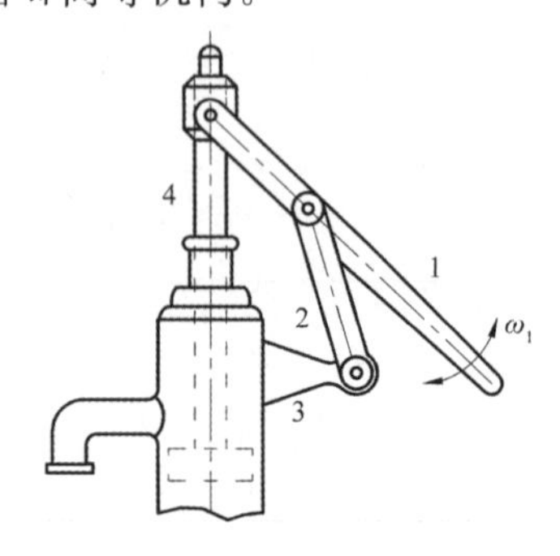
图 4－17　手摇唧筒机构

4.2.2.5 偏心轮机构

在图 4-18(a)所示的曲柄摇杆机构中，当曲柄 1 的尺寸较小时，由于结构的需要，常将曲柄 1 改成如图 4-18(b)所示的一个几何中心与回转中心不相重合的圆盘，此圆盘称为偏心轮。回转中心与几何中心间的距离称为偏心距，它等于曲柄长。这种机构则称为偏心轮机构。显然，此偏心轮机构与原曲柄摇杆机构的运动特性完全相同。此偏心轮机构，可认为是将图 4-18(a)所示的曲柄摇杆机构中的转动副 B 的半径扩大，使之超过曲柄的长度演化而成的。

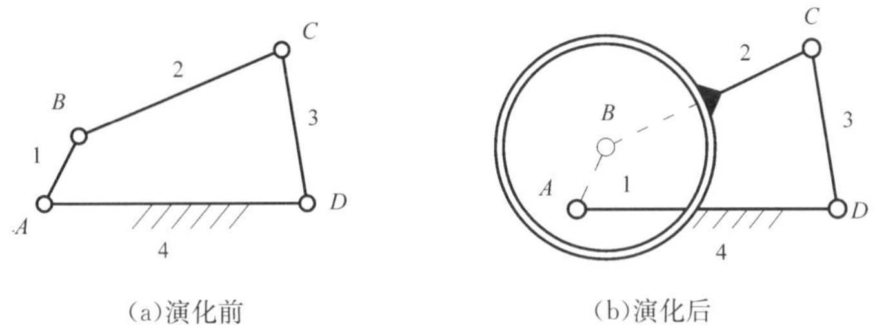

图 4-18 偏心轮机构

当曲柄长度很小时，通常把曲柄做成偏心轮，这样不仅增加了轴颈的尺寸，提高了偏心轴的刚度和强度，而且当轴颈位于中部时，还可以安装整体式连杆，使结构简化。这种机构广泛应用于冲床、剪床、柱塞油泵等设备中。

4.2.2.6 双滑块机构

双滑块机构是具有两个移动副的四杆机构，可以认为是铰链四杆机构中的两杆长度趋于无穷大演化而来的。

按照两移动副所处位置的不同，双滑块机构的分成四种形式。

(1)两个移动副不相邻，如图 4-19 所示。这种机构从动件的位移与原动件的转角的正切成正比，因此又称为正切机构。

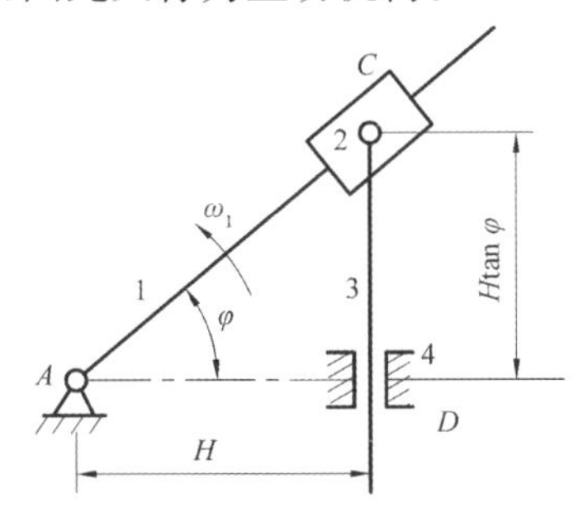

图 4-19 正切机构

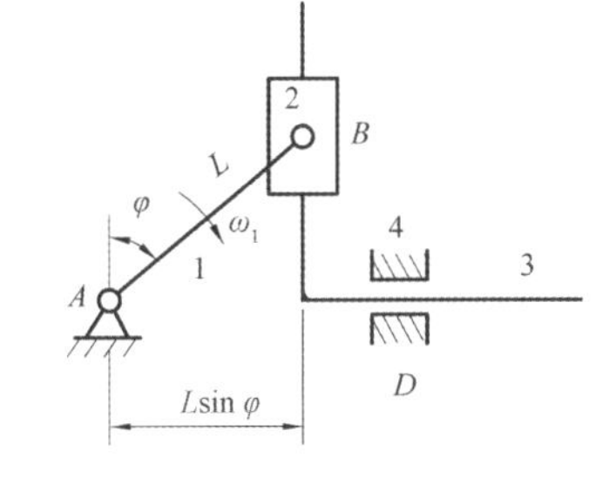

图 4-20 正弦机构

(2)两个移动副相邻，且其中一个移动副与机架相关联，如图 4-20 所示。这种机构从动件的位移与原动件的转角的正弦成正比，因此又称为正弦机构。

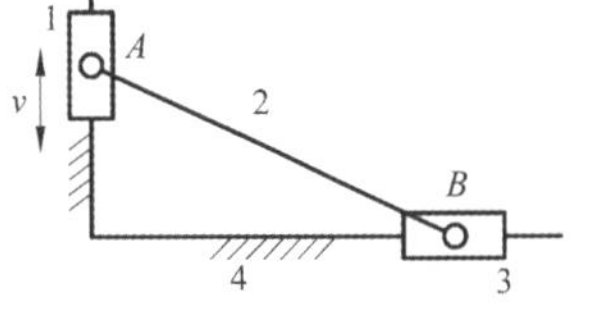

图 4-21 椭圆仪

(3)两个移动副均与机架相关联，如图 4-21 所示的椭圆仪就是这种机构的应用实例。当滑块 1 和滑块 3 沿机架的十字槽滑动时，连杆 2 上的各点便描绘出长、短轴不同的椭圆。

(4)两个移动副相邻且均不与机架相关联，如图 4-22(a)所示。这种机构的主动件 1 与从动件 3 具有相同的角速度。图 4-22(b)所示滑块联轴器就是这种机构的应用实例，它可以用来连接中心线不重合的两根轴。

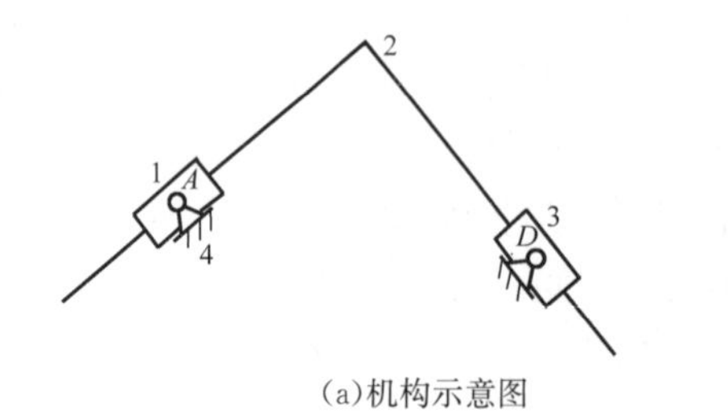

(a)机构示意图

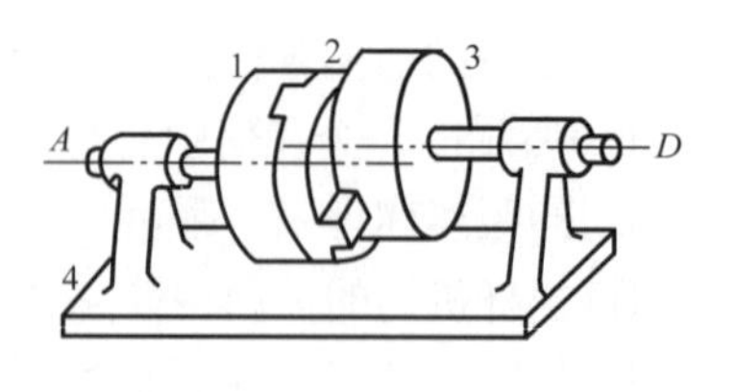

(b)结构示意图

图 4-22 滑块联轴器

4.3 平面四杆机构的工作特性

了解平面四杆机构运动和传力的基本特性，对于正确选择机构类型、进行机构设计具有重要的指导意义。

4.3.1 周转副存在的条件

在工程实际中，用于驱动机构的原动机通常是做整周转动的。因此要求机构的主动件也能整周转动，即希望主动件是曲柄。下面以图 4-23 所示的铰链四杆机构为例来分析转动副 A 为周转副的条件。

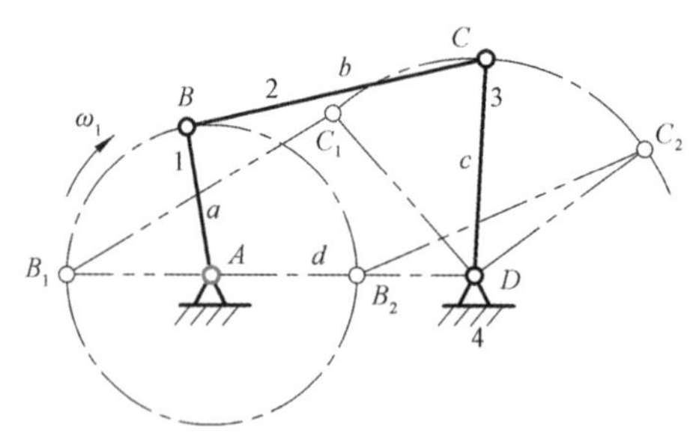

图 4-23 曲柄摇杆机构有周转副的条件

若分别以 a,b,c,d 表示铰链四杆机构各杆的长度，设 $a\leqslant d$，在杆 1 绕转动副 A 转动的过程中，铰链 B 和 D 点的距离是不断变化的。设 BD 的长度为 f，由图 4-23，当杆 1 转至位置 AB_1 时 f 达到最大值 $f_{\max}=a+d$；当杆 1 转至位置 AB_2 时，f 达到最小值 $f_{\min}=d-a$。

若杆 1 能绕转动副 A 相对机架 4 做整周转动(即转动副 A 为周转副)，则杆 1 应能占据与机架共线的 AB_1 和 AB_2 这两个关键位置，即可以构成三角形 B_1C_1D 和 三角形 B_2C_2D。根据三角形构成原理，可以推出下列各式。

由$\triangle B_1C_1D$ 可得

$$a+d\leqslant b+c \tag{a}$$

由$\triangle B_2C_2D$ 可得　$b-c\leqslant d-a$

和　$c-b\leqslant d-a$

亦即

$$a+b\leqslant c+d \tag{b}$$

$$a+c\leqslant b+d \tag{c}$$

将式(a)、式(b)、式(c)分别两两相加得

$$\left.\begin{aligned} a&\leqslant c\\ a&\leqslant b\\ a&\leqslant d \end{aligned}\right\} \tag{4-1}$$

若 $d<a$，用同样的方法可得转动副 A 为周转副的条件：

$$d+a \leqslant b+c \tag{d}$$

$$d+b \leqslant a+c \tag{e}$$

$$d+c \leqslant a+b \tag{f}$$

$$\left.\begin{aligned} d &\leqslant a \\ d &\leqslant b \\ d &\leqslant c \end{aligned}\right\} \tag{4-2}$$

分析式(4-1)和式(4-2)说明，组成周转副 A 的两个构件中必有一个为最短杆；式(a)、式(b)、式(c)和式(d)、式(e)、式(f)说明最短杆与最长杆的长度和必小于或等于其他两杆的长度和，此条件通常称为杆长条件。

综合以上两种情况可得出铰链四杆机构有周转副存在的条件：最短杆与最长杆的长度之和小于或等于其他两杆的长度之和。

周转副的位置：满足杆长条件时，最短杆参与组成的转动副都是周转副。具有周转副的铰链四杆机构是否存在曲柄，还应根据选取何杆为机架来判断。

(1)当最短杆为机架时，机架上有两个周转副，则为双曲柄机构。

(2)当最短杆为连架杆时，机架上有一个周转副，则为曲柄摇杆机构。

(3)当最短杆为连杆时，机架上没有周转副，则为双摇杆机构。

若铰链四杆机构各杆的长度不满足杆长条件，则在该机构中将不存在周转副(即其四个转动副都是摆转副)，因而也就不可能存在曲柄。此时不论以何杆为机架，该四杆机构将均为双摇杆机构。

4.3.2 急回运动特性

图 4-24 所示为一曲柄摇杆机构，设曲柄 AB 为原动件，在其转动一周过程中，有两次与连杆共线，这时摇杆 CD 分别位于两极限位置 C_1D 和 C_2D。摇杆在两极限位置间的摆角为 ϕ。机构在两个极位时，原动件 AB 所处两个位置之间所夹的锐角 θ 称为极位夹角。如图4-24所示，当曲柄以等角速度 ω_1 顺时针转 $\varphi_1=180°+\theta$ 时，摇杆由位置 C_1D 摆到 C_2D，摆角是 ϕ。设所需时间为 t_1，C 点的平均速度为 v_1。当曲柄继续转过 $\varphi_2=180°-\theta$ 时，摇杆又从位置 C_2D 回到 C_1D，摆角仍然是 ϕ，设所需时间为 t_2，C 点的平均速度为 v_2。摇杆往复摆动的摆角虽然相同，但是相应的曲柄转角不等，即 $\varphi_1>\varphi_2$，而曲柄又是等速转动的，所以有 $t_1>t_2$，因而 $v_1<v_2$。它表明摇杆在摆回时具有较大的平均速度。摇杆的这种性质称为急回运动。为了表明急回运动的急回程度，通常用行程速度变化系数 K 来衡量，即

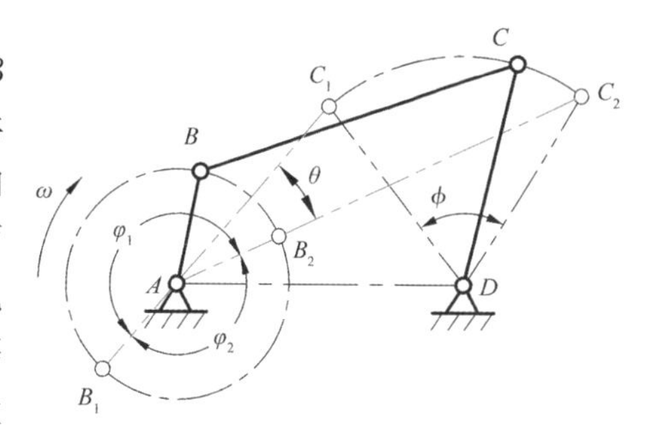

图 4-24 曲柄摇杆机构的急回特性

$$K=\frac{v_2}{v_1}=\frac{\widehat{C_1C_2}/t_2}{\widehat{C_1C_2}/t_1}=\frac{t_1}{t_2}=\frac{\varphi_1}{\varphi_2}=\frac{180°+\theta}{180°-\theta} \tag{4-3}$$

如已知 K，即可以求得极位夹角

$$\theta=180°\frac{K-1}{K+1} \tag{4-4}$$

第4章 平面连杆机构

上述分析表明：当曲柄摇杆机构在运动过程中出现极位夹角 θ 时，机构便具有急回运动特性。θ 角愈大，K 值愈大，机构的急回运动特性也愈显著。所以可通过分析机构中是否存在极位夹角 θ 及 θ 的大小，来判定机构是否有急回运动及急回运动的程度。在一般机械中，$1\leqslant K\leqslant 2$。

图 4－25(a)、图 4－25(b)分别表示偏置曲柄滑块机构和摆动导杆机构的极位夹角。用式(4－3)同样可求相应的行程速度变化系数 K。

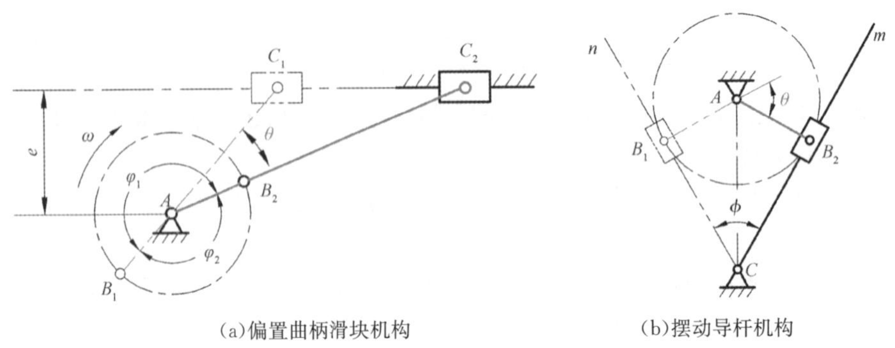

(a)偏置曲柄滑块机构　　(b)摆动导杆机构

图 4－25　极位夹角

4.3.3　压力角和传动角

在图 4－26 所示的四杆机构中，若不考虑各运动副中的摩擦力及构件重力和惯性力的影响，由主动件 AB 经过连杆 BC 传递到从动件 CD 上点 C 的力，将沿 BC 方向。力 F 可分解为沿受力点 C 的速度方向的分力 F_t 及垂直 v_c 方向的分力 F_n。设力 F 与受力点 C 的速度方向之间所夹锐角为 α，则

$$F_t = F\cos\alpha$$

$$F_n = F\sin\alpha$$

其中 F_t 是推动从动件 CD 运动的有效分力，而 F_n 只能使铰链 C 和 D 产生径向压力。由上式可知 α 越大，径向压力 F_n 也越大，故称角 α 为压力角。在摩擦副中产生较大的阻力，当 F_t 不能克服这个阻力时，从动件不能运动，机构自锁。压力角的余角称为传动角，用 γ 表示，$\gamma = 90° - \alpha$(连杆 BC 与从动件 CD 所夹的锐角)。由上式可见，γ 角愈大，则有效分力 F_t 愈大，而 F_n 愈小，因此对机构的传动愈有利。所以在连杆机构中常用传动角的大小及变化情况来表示机构传力性能的好坏。

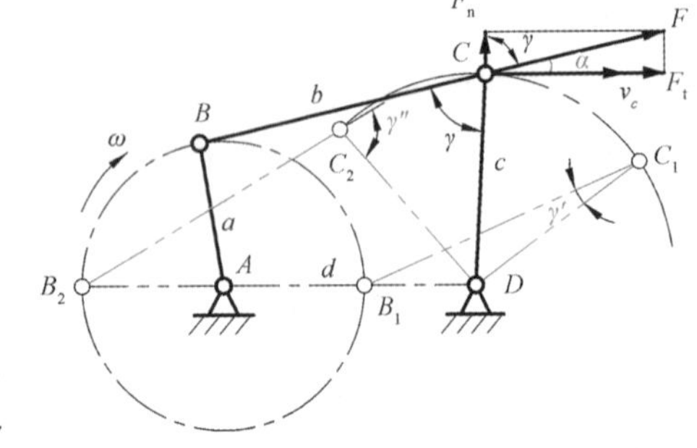

图 4－26　压力角和传动角

在机构的运动过程中，传动角 γ 的大小是变化的。当曲柄 AB 转到与机架重叠共线(AB_1 位置)和拉直共线时(AB_2 位置)，传动角出现极值 γ' 和 γ''。这两个角大小分别为

$$\gamma' = \arccos\frac{b^2+c^2-(d-a)^2}{2bc} \tag{4-5}$$

$$\gamma'' = 180° - \arccos\frac{b^2+c^2-(d+a)^2}{2bc} \tag{4-6}$$

比较这两个位置的传动角，即可求得最小传动角。为了保证机构的传动性能良好，设计时通常应使 $\gamma_{min}\geqslant 40°$；在传递力矩较大时，则应使 $\gamma_{min}\geqslant 50°$，对于一些受力很小或不常使用的操作机构，则可允许传动角小些，只要不发生自锁即可。

4.3.4　死点

在图 4－27 所示的曲柄摇杆机构中，设摇杆 CD 为主动件，则当机构处于图示两个位置之

一时，连杆与从动曲柄共线，出现了传动角 $\gamma=0°$ 的情况。这时主动件 CD 通过连杆作用于从动件 AB 上的力恰好通过其回转中心，所以不能使构件 AB 转动而出现“顶死”现象。机构的此种位置称为死点。为了消除死点位置的不良影响，可以对从动曲柄施加外力或利用飞轮及构件自身惯性的作用，使机构能够顺利地通过死点而正常运转。

如图 4－28 所示的缝纫机脚踏板驱动机构，就是利用皮带轮的惯性作用使机构通过死点位置的。

死点位置对传动虽然不利，但在工程实践中，也常常利用机构的死点来实现特定的工作要求。例如图 4－29 所示的飞机起落架机构。在机轮放下时，杆 BC 与杆 CD 成一直线，此时虽然机轮上可能受到很大的力，但由于机构处于死点，经杆 BC 传给杆 CD 的力通过其回转中心，所以起落架不会反转（折回），这样可使降落更加可靠。

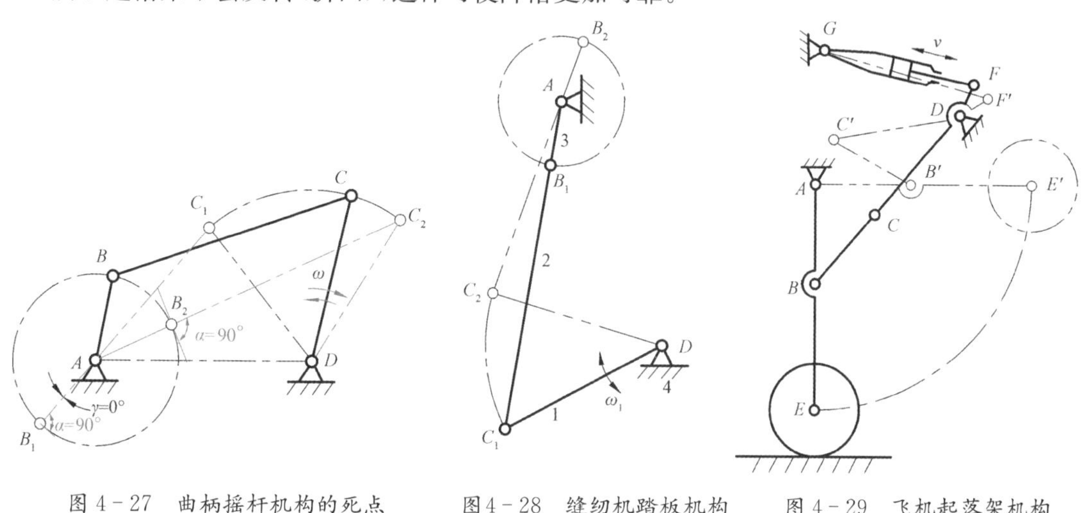

图 4－27　曲柄摇杆机构的死点　　图 4－28　缝纫机踏板机构　　图 4－29　飞机起落架机构

4.4　平面四杆机构的设计

平面四杆机构设计的基本问题是根据工作要求选定机构的类型，并确定机构的几何尺寸（称为尺度综合）。为了使机构设计得合理、可靠，通常还需要满足结构条件和动力条件（如最小传动角）等。在设计中主要解决两类问题：①按照给定构件的位置或运动规律的要求，设计四杆机构；②按照给定点的轨迹设计四杆机构。

四杆机构的设计方法有图解法、解析法和实验法。图解法直观，可以手工绘图，但误差较大，若采用 AutoCAD、CAXA 等软件可实现精确绘图；解析法精确，可通过 MATLAB 等软件实现；实验法简便。随着计算机技术的普及，解析法应用越来越广泛。

4.4.1　图解法设计四杆机构

4.4.1.1　按连杆预定的位置设计四杆机构

当四杆机构的四个铰链中心确定后，其各杆的长度也就相应确定了，所以根据设计要求确定各杆的长度，可以通过确定四个铰链的位置来解决。

如图 4－30 所示，已知连杆的两个位置 B_1C_1，B_2C_2 和连杆的长度 l_2，要求用图解法设计该铰链四杆机构。

如上所述，这时该机构设计的主要问题是确定两固定铰链 A 和 D 点的位置，即可确定其他三杆的长度。由于B和C两点的运动轨迹是圆,该圆的中心就是固定铰链的位置。因此A和D的位置应分别位于B_1B_2和C_1C_2的垂直平分线上,具体位置可根据需要选取,故有无穷多解。为了得到确定的解,可根据具体情况添加辅助条件。

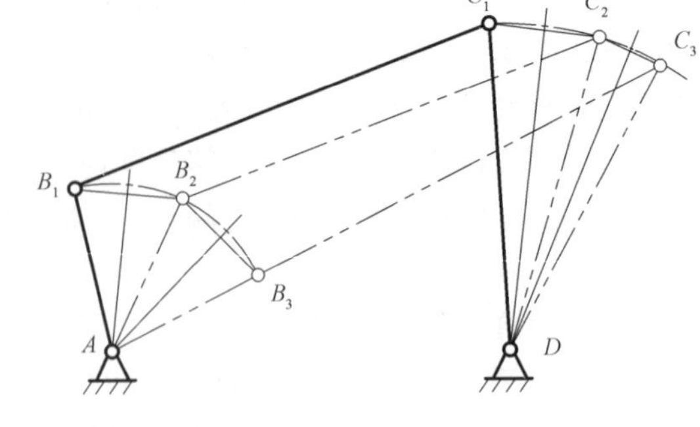

图4-30　给定连杆三个位置设计

若要求连杆占据预定的三个位置B_1C_1,B_2C_2,B_3C_3,则可用上述方法分别作B_1B_2,B_2B_3的垂直平分线,其交点即为固定铰链A的位置;同理,分别作C_1C_2和C_2C_3的垂直平分线,其交点即为固定铰链D的位置。AB_1C_1D即为所求的四杆机构。

4.4.1.2　按给定的行程速比系数K设计四杆机构

根据行程速比系数K设计四杆机构时,可利用机构在极限位置时的几何关系,再结合其他辅助条件进行设计。

(1)曲柄摇杆机构。设已知摇杆的长度l_3、摆角ϕ及行程速比系数K,要求设计此曲柄摇杆机构。

设计的实质是确定铰链中心A点的位置,定出其他三杆的尺寸l_1,l_2,l_4。设计步骤如下:

①由给定的行程速比系数K计算极位夹角:

$$\theta=180^\circ(K-1)/(K+1)$$

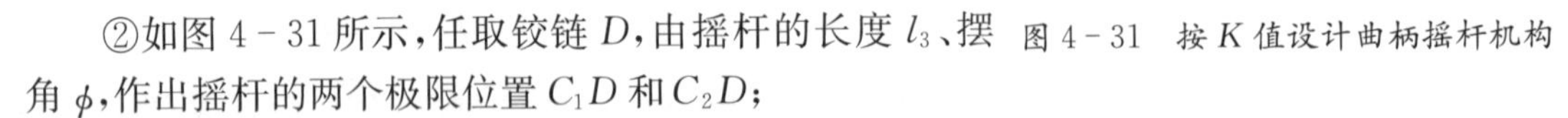

②如图4-31所示,任取铰链D,由摇杆的长度l_3、摆角ϕ,作出摇杆的两个极限位置C_1D和C_2D;

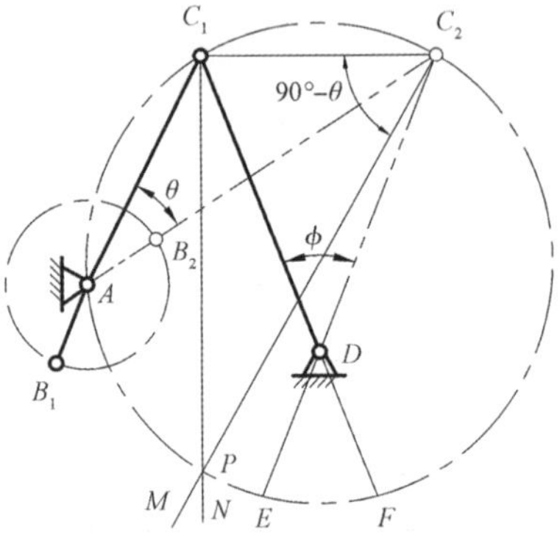

图4-31　按K值设计曲柄摇杆机构

③连接C_1和C_2,作$C_1N\perp C_1C_2$;

④再作C_2M使$\angle C_1C_2M=90^\circ-\theta$,得$C_2M$与$C_1N$的交点$P$,显然$\angle C_1PC_2=\theta$;

⑤作$\triangle PC_1C_2$的外接圆,则圆弧C_1PC_2上任一点A至C_1和C_2的连线的夹角$\angle C_1AC_2$都等于极位夹角θ,所以曲柄轴心A应在此圆弧上;

⑥因极限位置曲柄与连杆共线,故$AC_1=l_2-l_1$,$AC_2=l_2+l_1$,故$l_1=(AC_2-AC_1)/2$;再以A为圆心,l_1为半径作圆交C_1A延长线于点B_1,交AC_2于点B_2,即得$B_1C_1=B_2C_2=l_2$,$AD=l_4$。

由于A点可以在$\triangle PC_1C_2$的外接圆上除EF段之外的圆弧上任选,故按前述条件,可得无穷多的解。但A点位置不同,机构传动角的大小、变化也不一样。故可以按照最小传动角或其他辅助条件来确定A点位置。如给定机架尺寸,则点A的位置也随之确定。

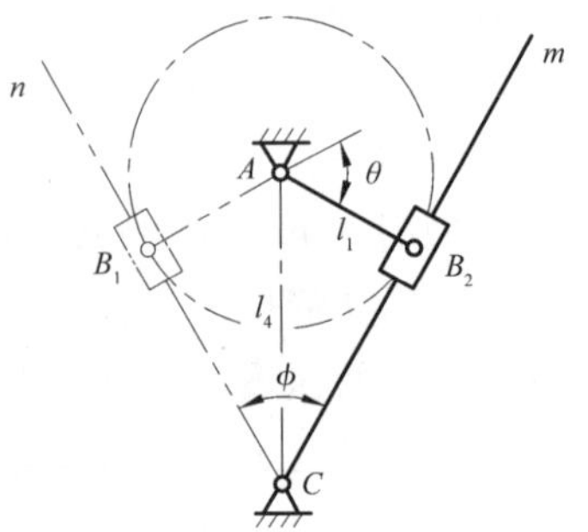

图4-32　按K值设计导杆机构

(2)导杆机构。设已知摆动导杆机构的机架长度l_4、行程速比系数K,要求设计此机构。

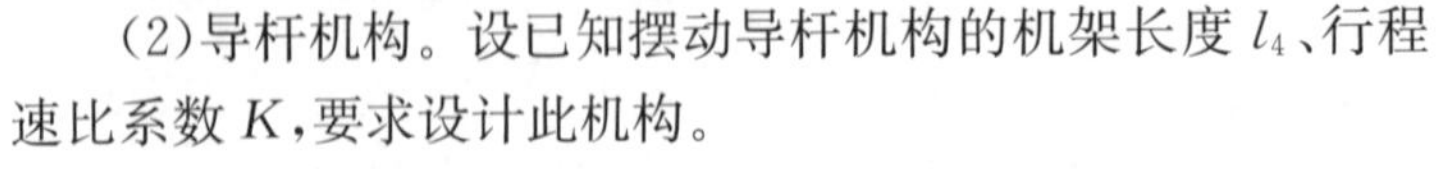

由图4-32可以看出,导杆机构的极位夹角θ与导杆的摆角ϕ相等。设计此四杆机构时,需要确定的几何尺寸仅有曲柄的长度l_1。设计步骤如下:

①根据行程速比系数K算出极位夹角:

$$\theta=180^\circ(K-1)/(K+1)$$

②任选一点 C,作$\angle mCn=\phi=\theta$,得出导杆两极限位置 Cm 和 Cn;

③再作摆角的平分线,在线上取 $AC=l_4$,即得曲柄的回转中心 A;

④过点 A 作导杆任一极位的垂直线 AB_1(或 AB_2),则该线段长即为曲柄的长度 l_1。

例 4-1 设计一曲柄摇杆机构 $ABCD$。已知摇杆的长度 $l_{CD}=40$ mm,摇杆的摆角 $\phi=45°$,行程速比系数 $K=1.2$,机架的长度 d 等于连杆长度 b 减去曲柄长度 a。试用图解法确定其余各杆尺寸。

解 (1)由给定的行程速比系数 K 计算极位夹角 $\theta=180°(K-1)/(K+1)=16.36°$;

(2)取作图比例尺 $\mu_l=0.002$ m/mm,如图 4-33 所示,任取一点为固定铰链 D,根据 $l_{CD}=40$ mm,$\phi=45°$,作出摇杆的两个极限位置 C_1D 和 C_2D;

(3)连接 C_1 和 C_2,作 $C_1P\perp C_1C_2$,$\angle C_1C_2P=90°-\theta=73.64°$,交点为 P,以 C_2P 为直径,作$\triangle PC_1C_2$ 的外接圆;

(4)作 C_1D 的中垂线与$\triangle PC_1C_2$ 的外接圆交于 A 点。由作图可知$\triangle AC_1D$ 是等腰三角形,故 $AD=AC_1=b-a$,A 即为固定铰链 A 点;

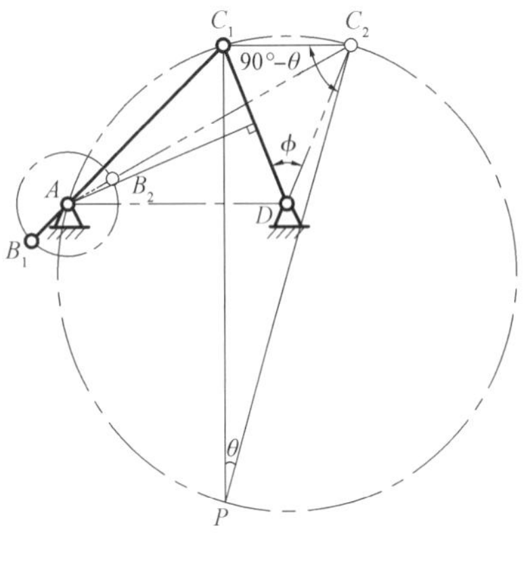

图 4-33 曲柄摇杆机构设计

(5)连接 AC_1 和 AC_2。量得$\overline{AC_2}=40$ mm,即

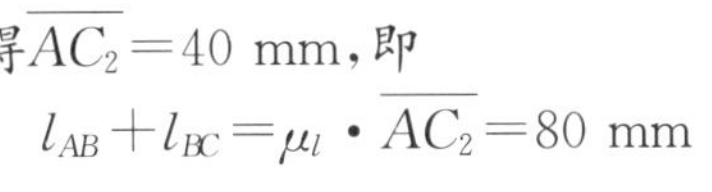

$$l_{AB}+l_{BC}=\mu_l\cdot\overline{AC_2}=80\ \text{mm}$$

量得$\overline{AC_1}=26.5$ mm,即

$$l_{BC}-l_{AB}=\mu_l\cdot\overline{AC_1}=53\ \text{mm}$$

所以,$l_{AB}=13.5$ mm,$l_{BC}=66.5$ mm,$l_{AD}=\mu_l\cdot\overline{AD}=53$ mm。

例 4-2 试设计一偏置曲柄滑块机构。已知滑块的行程速比系数 $K=1.4$,滑块的行程 $H=400$ mm,导路的偏距 $e=200$ mm,如图 4-34 所示。求曲柄 l_{AB} 和连杆 l_{BC} 的长度。

解 已知行程速比系数 K,设计偏置曲柄滑块机构的方法与设计曲柄摇杆机构类似,先求出极位夹角 θ,再根据滑块的行程 H,导路的偏距 e 确定各杆长度。

取作图比例尺 $\mu_l=0.01$ m/mm 作图:

(1)由给定的行程速比系数 K 计算极位夹角 $\theta=180°(K-1)/(K+1)=30°$;

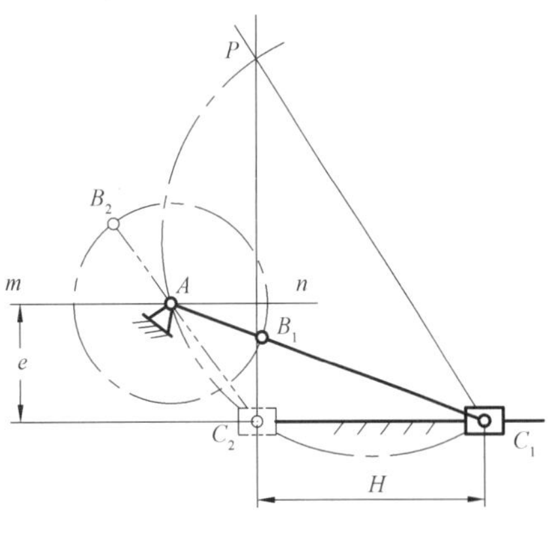

图 4-34 偏置曲柄滑块机构设计

(2)如图 4-34 作直线 C_1C_2,取 $C_1C_2=400/\mu_l=40$ mm,作 C_1C_2 的平行线 mn,且与 C_1C_2 相距 $\mu_le=20$ mm;

(3)作 $C_2P\perp C_1C_2$,$\angle C_2C_1P=90°-\theta=60°$,二线交于 P 点;

(4)作$\triangle PC_1C_2$ 的外接圆,与 mn 交于 A 点;

(5)连接 AC_1 和 AC_2。

量得$\overline{AC_1}=60$ mm,即 $l_{AB}+l_{BC}=\mu_l\cdot\overline{AC_1}=600$ mm,

量得$\overline{AC_2}=25$ mm,即 $l_{BC}-l_{AB}=\mu_l\cdot\overline{AC_2}=250$ mm,

故 $l_{BC}=425$ mm,$l_{AB}=175$ mm。

4.4.2 解析法设计四杆机构

按两连架杆预定的对应位置设计四杆机构。在图4-35所示的铰链四杆机构中，已知连架杆 AB 和 CD 的三对对应位置 φ_1，ϕ_1；φ_2，ϕ_2；φ_3，ϕ_3。要求确定各杆的长度 l_1，l_2，l_3 和 l_4。现以解析法求解。该机构的各构件按同一比例增减时，各杆转角间的关系不变，因此只需确定各杆的相对长度。取 $l_1=1$，则该机构的待求参数只有三个。

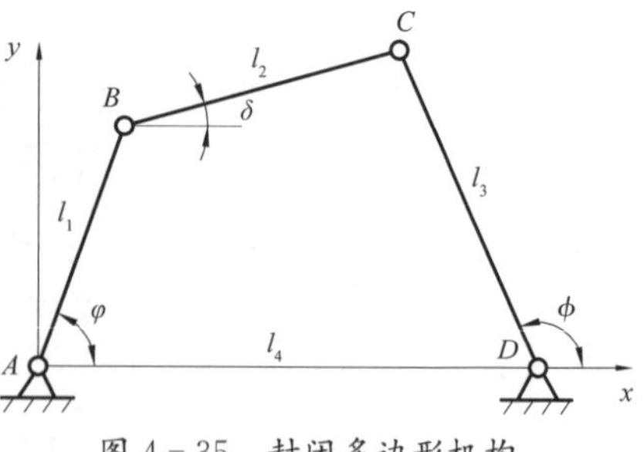

图 4-35 封闭多边形机构

该机构组成封闭的四边形，取各杆在 x 轴和 y 轴的投影，可得关系式

$$\left.\begin{aligned}\cos\varphi+l_2\cos\delta&=l_4+l_3\cos\phi\\ \sin\varphi+l_2\sin\delta&=l_3\sin\phi\end{aligned}\right\}\tag{4-7}$$

将 $\cos\varphi$ 和 $\sin\varphi$ 移到等式右边，再把等式两边平方相加，即可消去 δ，整理后得

$$\cos\varphi=\frac{l_4^2+l_3^2+1-l_2^2}{2l_4}+l_3\cos\phi-\frac{l_3}{l_4}\cos(\phi-\varphi)$$

为简化上式，令

$$\left.\begin{aligned}P_0&=l_3\\ P_1&=-l_3/l_4\\ P_2&=\frac{l_4^2+l_3^2+1-l_2^2}{2l_4}\end{aligned}\right\}\tag{4-8}$$

则有

$$\cos\varphi=P_0\cos\phi+P_1\cos(\phi-\varphi)+P_2\tag{4-9}$$

式(4-9)即为两连架杆转角之间的关系式。将已知的三对对应转角 φ_1，ϕ_1；φ_2，ϕ_2；φ_3，ϕ_3 分别代入可得方程组

$$\left.\begin{aligned}\cos\varphi_1&=P_0\cos\phi_1+P_1\cos(\phi_1-\varphi_1)+P_2\\ \cos\varphi_2&=P_0\cos\phi_2+P_1\cos(\phi_2-\varphi_2)+P_2\\ \cos\varphi_3&=P_0\cos\phi_3+P_1\cos(\phi_3-\varphi_3)+P_2\end{aligned}\right\}\tag{4-10}$$

解方程组(4-10)可以解出三个未知数。将它们代入式(4-8)即可求得 l_2，l_3 和 l_4。各杆长同时乘以任意比例系数，所得的机构都能实现对应的转角。

如果仅给定两连架杆的两对位置，则方程组只能得两个方程，三个参数中的一个可以任意给定，故有无穷个解。若给定两连架杆的位置超过三对，一般没有精确解，但可以用优化的方法或实验法试凑，求其近似解。

例 4-3 已知两连架杆的三组对应位置：$\varphi_1=55°$，$\phi_1=60°$；$\varphi_2=75°$，$\phi_2=85°$；$\varphi_3=105°$，$\phi_3=100°$。若取机架的 AD 长度 $l_{AD}=300$ mm，试用解析法求解铰链四杆机构的各杆长度。

解 将三组对应转角代入方程组

$$\left.\begin{aligned}\cos 55°&=P_0\cos 60°+P_1\cos(60°-55°)+P_2\\ \cos 75°&=P_0\cos 85°+P_1\cos(85°-75°)+P_2\\ \cos 105°&=P_0\cos 100°+P_1\cos(100°-105°)+P_2\end{aligned}\right\}$$

解得各杆的相对长度 $P_0=1.235\,6$，$P_1=-17.159\,1$，$P_2=17.049\,6$，即各杆的相对长度，$l_3=P_0=1.235\,6$，$l_4=-l_3/P_1=0.072$，$l_2=(l_4^2+l_3^2+1-2l_4P_2)^{\frac{1}{2}}=0.277\,1$，$l_1=1$。

将 $l_{AD}=300$ mm 代入可得四杆机构各杆的尺寸 $l_{AB}=4\ 167$ mm，$l_{BC}=1\ 155$ mm，$l_{CD}=5\ 148$ mm，$l_{AD}=300$ mm。

解析法设计四杆机构可以利用软件编程实现。MATLAB 作为一种应用最广泛的基于矩阵的科学计算软件，不仅具有强大的数值计算、符号运算功能，而且可以像 BASIC、C 等计算机高级语言一样进行程序设计、编写 M 文件。MATLAB 语言还提供了丰富的图形表达功能，能够实现二维、三维甚至四维的图形的可视化。

本例题如果采用 MATLAB 语言编程求解，程序如下。

%JD1 代表角度 φ_1，D1 代表角度 ϕ_1；JD2 代表角度 φ_2，D2 代表角度 ϕ_2；JD3 代表角度 φ_3，D3 代表角度 ϕ_3。LAD 代表 AD 杆长。

```
function f=sgjg(JD1,D1,JD2,D2,JD3,D3,LAD)
A=[cos(D1*pi/180) cos(D1*pi/180-JD1*pi/180) 1;
cos(D2*pi/180) cos(D2*pi/180-JD2*pi/180) 1;
cos(D3*pi/180) cos(D3*pi/180-JD3*pi/180) 1];
B=[cos(JD1*pi/180) cos(JD2*pi/180) cos(JD3*pi/180)]';
x=A\B;
p0=x(1,1);
p1=x(2,1);
p2=x(3,1);
L3=p0;
L4=-L3/p1;
L2=sqrt(L4*L4+L3*L3+1-2*L4*p2);
LAB=LAD/L4
LBC=LAB*L2
LCD=LAB*L3
```

4.4.3 实验法设计四杆机构

如图 4-36 所示，已知两连架杆 1 和连架杆 3 的四对对应转角 φ_{12}，φ_{23}，φ_{34}，φ_{45} 和 ϕ_{12}，ϕ_{23}，ϕ_{34}，ϕ_{45}，试用实验法近似实现满足这一要求的四杆机构。

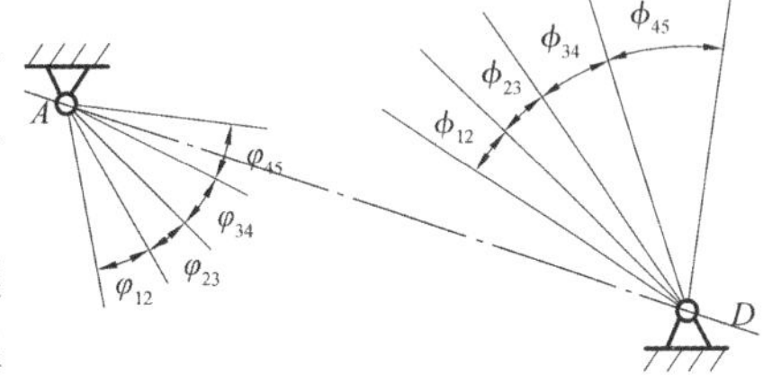

图 4-36　给定连架杆四对对应转角位置

(1)如图 4-37(a)所示，在图纸上任取一点 A 作为连架杆 1 的转动中心，并任选 AB_1 作为连架杆 1 的长度 l_1，根据给定的 φ_{12}，φ_{23}，φ_{34} 和 φ_{45} 作出 AB_2，AB_3，AB_4 和 AB_5。

(2)选取连杆 2 的合适长度 l_2，以 B_1，B_2，B_3，B_4 和 B_5 各点为圆心，以 l_2 为半径作圆弧 K_1，K_2，K_3，K_4 和 K_5。

(3)如图 4-37(b)所示，在透明纸上选定一点 D 作为连架杆 3 的转动中心，并任选 Dd_1 作为连架杆 3 的第一位置，根据给定的 ϕ_{12}，ϕ_{23}，ϕ_{34} 和 ϕ_{45}，作出 Dd_2，Dd_3，Dd_4 和 Dd_5。再以点 D 为圆心，以连架杆 3 可能的不同长度为半径作一系列同心圆弧。

(4)将画在透明纸上的图 4-37(b)覆盖在图 4-37(a)上进行试凑，如图 4-37(c)所示，使圆弧 K_1，K_2，K_3，K_4，K_5 分别与连架杆 3 的对应位置 Dd_1，Dd_2，Dd_3，Dd_4，Dd_5 的交点 C_1，C_2，C_3，C_4，C_5 位于(或近似位于)以 D 为圆心的某一同心圆周上，则图形 AB_1C_1D 即为所要求的四杆机构。

若移动透明纸，不能使交点 C_1，C_2，C_3，C_4，C_5 落在同一圆弧上，则需要改变连架杆 2 的长度，然后重复以上步骤，直到这些交点正好落在或近似落在同一圆弧上。

上述方法求出的图形 AB_1C_1D 只表达所求机构各杆的相对长度。各杆的实际尺寸只要与 AB_1C_1D 保持同样的比例，都能满足设计要求。

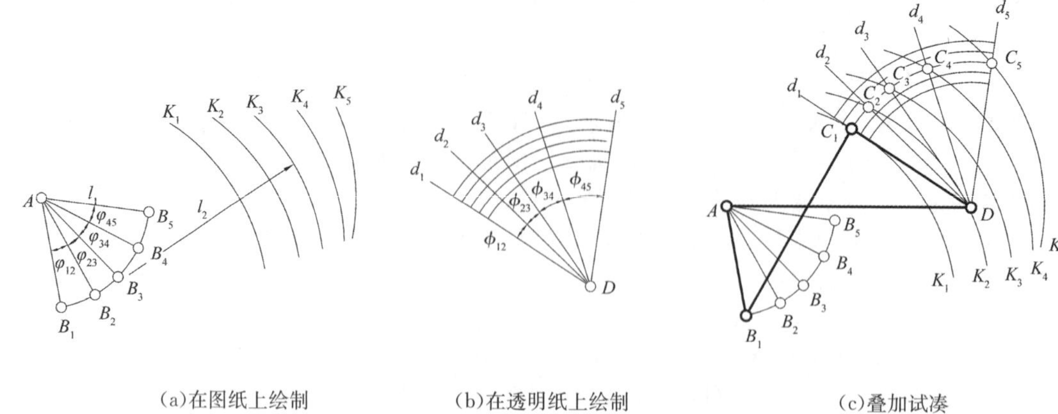

(a)在图纸上绘制　　(b)在透明纸上绘制　　(c)叠加试凑

图 4-37　几何实验法设计四杆机构

这种几何实验法方便、实用，并相当精确，在机械设计中被广泛使用。这种方法同样适用于曲柄滑块机构的设计。

四杆机构运动时，连杆做平面复杂运动，连杆上每一点都描出一条封闭曲线——连杆曲线。在工程上，常常利用事先编制的连杆曲线谱，设计铰链四杆机构。所设计的连杆机构能近似地实现按照给定的运动轨迹进行工作的要求。

4.5　用瞬心法对连杆机构进行运动分析

无论是设计新的连杆机构还是分析现有的连杆机构的工作特性，都需要对连杆机构进行运动分析。机构运动分析的方法很多，主要有图解法和解析法。图解法的特点是形象直观，但精度不高，有时对机构一系列位置进行分析时，需要反复作图，也相当烦琐。解析法的特点是把机构中已知的尺寸参数和运动变量与未知的运动变量之间的关系用数学式表达出来，然后求解，可得到很高的计算精度，同时还便于把机构分析问题和机构综合问题联系起来。其缺点是不如图解法形象直观，有时计算量较大。

本节只讨论速度瞬心及其在连杆机构速度分析上的简单应用。

4.5.1　速度瞬心及其求法

当两构件互做平面相对运动时(如图 4-38 所示)，在任一瞬时都可认为它们是在绕某一点做相对转动。该点即为两构件的速度瞬心，简称瞬心。显然，两构件在瞬心处的相对速度为零，或者说绝对速度相等。故瞬心可定义为两构件上的瞬时等速重合点。若该点的绝对速度为零，则为绝对瞬心，否则为相对瞬心。今后将用符号 P_{ij} 表示构件 i 与 j 的瞬心。

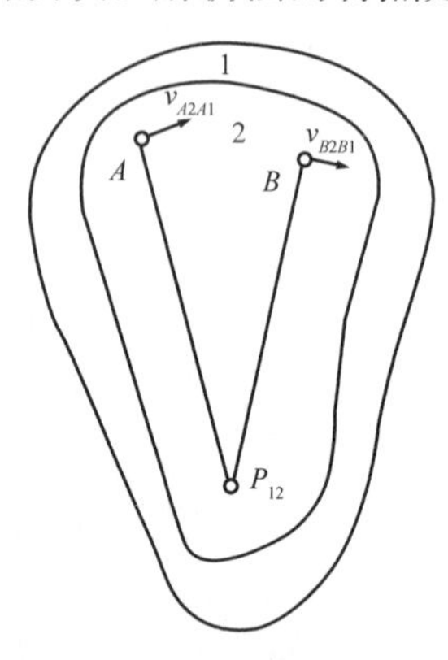

图 4-38　相对瞬心

产生相对运动的任意两构件间都有一个瞬心，若一个机构由 N 个构件组成，则瞬心数 K 为

$$K=N(N-1)/2 \tag{4-11}$$

各瞬心位置的确定方法如下：

(1)由瞬心定义确定瞬心的位置。通过运动副直接相连的两构件间的瞬心容易确定，如图 4-39 所示，以转动副相连接的两构件的瞬心就在转动副的中心处，见图 4-39(a)；以移动副相连接的两构件的瞬心位于垂直于导路方向的无穷远处，见图 4-39(b)；以平面高副相连接的两构件的瞬心，当高副两元素做纯滚动时就在接触处，见图 4-39(c)；当高副两元素间有相

对滑动时则在过接触点高副元素的公法线上，见图 4-39(d)。

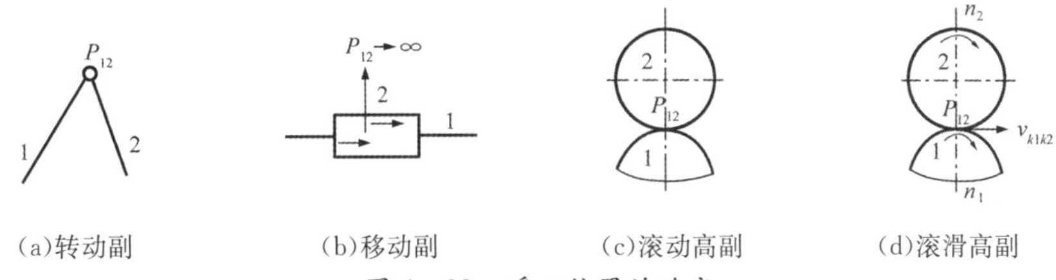

图 4-39 瞬心位置的确定

(2)借助三心定理确定瞬心的位置。对于不直接接触的各个构件，其瞬心可用三心定理来寻求。该定理是做相对平面运动的三个构件共有三个瞬心，这三个瞬心位于同一直线上。其证明如下：如图 4-40 所示，构件 1、构件 2、构件 3 为彼此做平面运动的三个构件。根据式(4-11)，它们共有三个瞬心 P_{12}、P_{13} 和 P_{23}。其中 P_{12}、P_{13} 分别处于两转动副中心。为简单起见，设构件 1 是固定的，于是，构件 2 及构件 3 上任一点的速度必分别与该点至 P_{12} 及 P_{13} 的连线相垂直。现如图设 K 点为构件 2 及构件 3 上连线之外的任一重合点，则 v_{K2} 和 v_{K3} 的方向显然不同，而瞬心 P_{23} 应该是构件 2 及构件 3 上的重合点，故知 P_{23} 必定不在 K 点。如图显见，只有 P_{23} 位于 P_{12} 和 P_{13} 的连线上时，构件 2 及构件 3 上的重合点的速度方向才能一致。此即证明 P_{23} 与 P_{12}、P_{13} 必同在一条直线上。

在图 4-41 所示的平面铰链四杆机构中，瞬心 P_{12}、P_{23}、P_{34}、P_{14} 的位置可直观确定，而其余两瞬心 P_{13}、P_{24} 则不能直观地确定。但根据三心定理，对于构件 1、2、3 来说，P_{13}、P_{12}、P_{23} 三个瞬心位于同一直线上，而对于构件 1、4、3 来说，P_{13}、P_{14}、P_{34} 也应位于同一直线上。因此，$P_{12}P_{23}$ 和 $P_{14}P_{34}$ 两直线的交点就是瞬心 P_{13}。同理可求得瞬心 P_{24}。

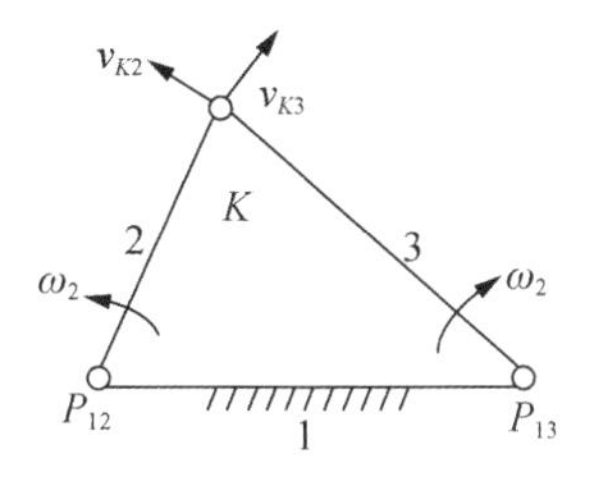

图 4-40 三心定理的证明

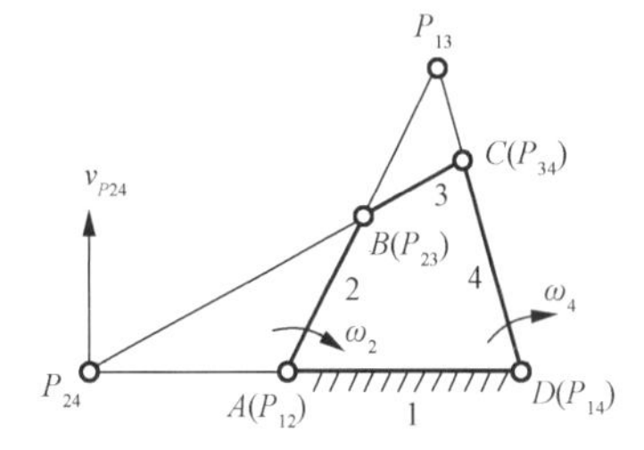

图 4-41 铰链四杆机构的瞬心

4.5.2 速度瞬心法在连杆机构中的应用

瞬心是两构件在某瞬时的相对速度为零的重合点，即绝对速度相同的重合点，因此，两构件在该瞬时的相对运动都可看成绕该瞬心的相对运动。利用瞬心的这一特征分析机构速度的方法称为速度瞬心法。下面举例说明其在连杆机构中的应用。

例 4-4 确定图4-41所示铰链四杆机构中构件 2 与 4 的角速比$\frac{\omega_2}{\omega_4}$。

解 为了确定$\frac{\omega_2}{\omega_4}$，需求瞬心 P_{12}，P_{14}，P_{24}，已在图 4-41 中示出。P_{24} 是构件 4 和构件 2 的同速点，因此，通过 P_{24} 可以求出构件 4 和构件 2 的角速比。今构件 4 绕绝对瞬心 P_{14} 转动，构件 4 上 P_{24} 的绝对速度

$$v_{P_{24}}=\omega_4 l_{P_{24}P_{14}}$$

构件 2 绕绝对瞬心 P_{12} 转动，构件 2 上 P_{24} 的绝对速度

$$v_{P_{24}}=\omega_2 l_{P_{24}P_{12}}$$

故得

$$\omega_2 l_{P_{24}P_{12}}=\omega_4 l_{P_{24}P_{14}}$$

或

$$\frac{\omega_2}{\omega_4}=\frac{l_{P_{24}P_{14}}}{l_{P_{24}P_{12}}}=\frac{P_{24}P_{14}}{P_{24}P_{12}} \tag{4-12}$$

上式表明两构件的角速度与其绝对瞬心至相对瞬心的距离成反比。若如图 4－41 所示，P_{24}在 P_{14}和 P_{12}的同一侧，则 ω_2 和 ω_4 方向相同。若 P_{24}在 P_{12}和 P_{14}之间，则 ω_2 和 ω_4 方向相反。应用类似方法可求出其他任意两构件的角速比的大小和角速度的方向。

用瞬心法求简单机构的速度是很方便的，不足之处是构件数较多时，瞬心数目太多，求解费时，且作图时常有某些瞬心落在图纸之外。瞬心法除了可以求连杆机构的速度及角速度，也可以用来求其他机构的速度及角速度。

本章知识图谱

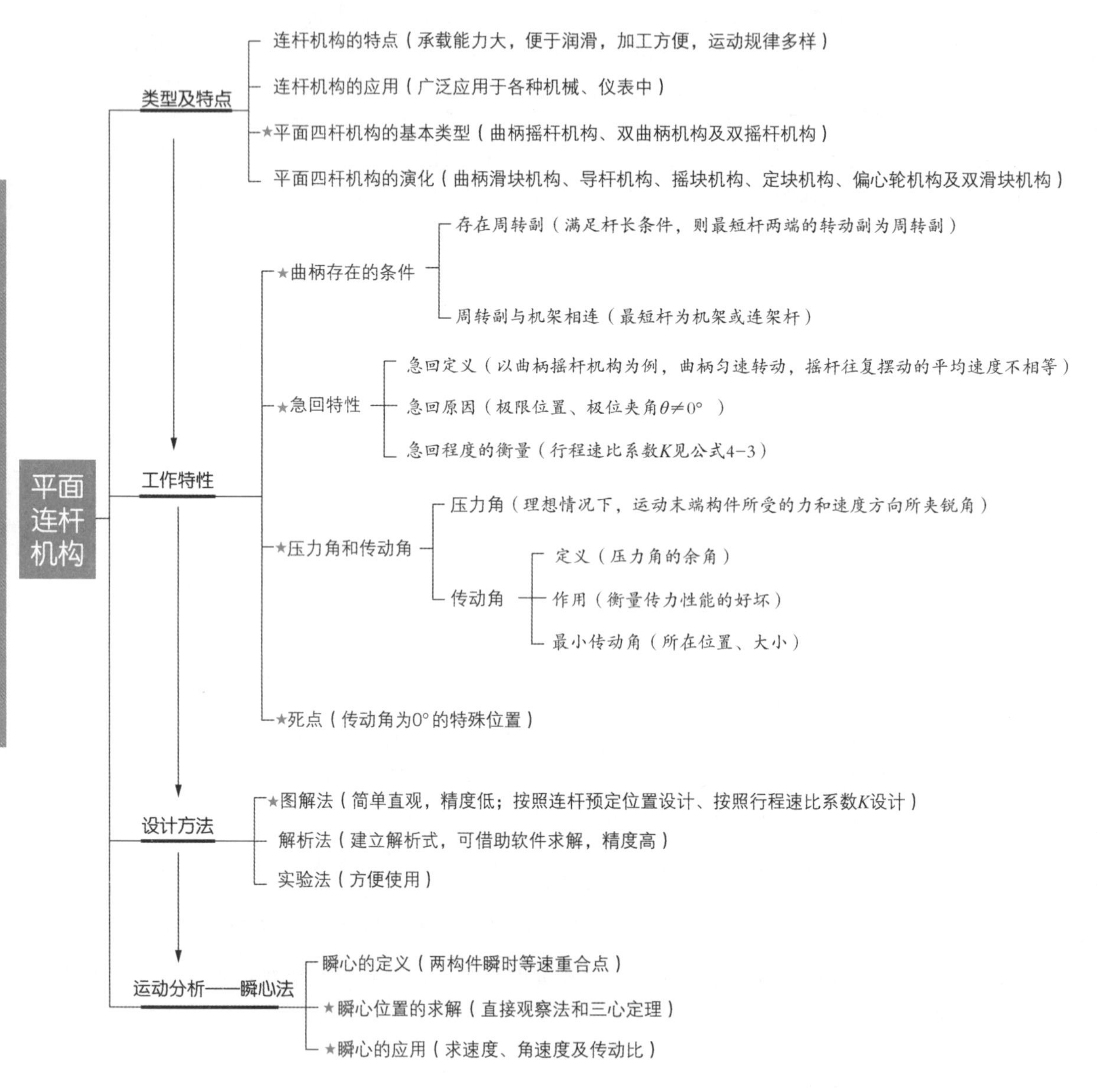

习　题

4－1　什么是连杆机构的急回特性？它用什么表达？什么叫极位夹角？它与机构的急回特性有什么关系？

4－2　什么叫“死点”？如何利用或避免“死点”位置？

4－3　什么是连杆机构的压力角和传动角？研究传动角的意义是什么？

4－4　图示四杆机构，各杆长度为 $a=240$ mm，$b=600$ mm，$c=400$ mm，$d=500$ mm，试问：

(1)当取杆 4 为机架时，是否有曲柄存在？

(2)若各杆长度不变，能否以选不同杆为机架的办法获得双曲柄机构和双摇杆机构？如何获得？

(3)当 a，b，c 三杆的长度不变，4 为机架时，要获得曲柄摇杆机构，d 的取值范围为多少？

4－5　在图示的铰链四杆机构中，各杆件长度为 $a=28$ mm，$b=52$ mm，$c=50$ mm，$d=72$ mm。求该机构的极位夹角 θ 和行程速比系数 K，杆 CD 的最大摆角 ϕ 和最小传动角 $\gamma_{\min}$。

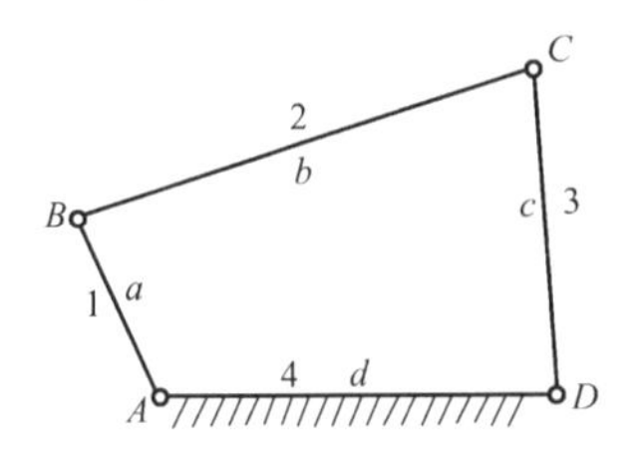

题 4－4 图

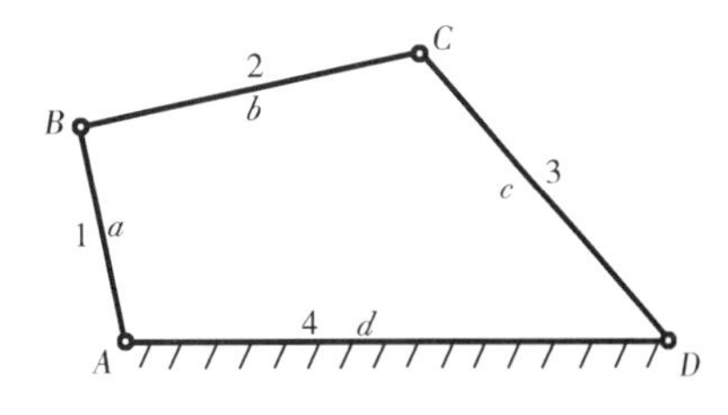

题 4－5 图

4－6　试设计一曲柄摇杆机构，已知摇杆 CD 的长度 $l_{CD}=75$ mm，行程速比系数 $K=1.5$，机架的长度 $l_{AD}=100$ mm，摇杆的一个极限位置与机架的夹角 $\phi=45°$，求曲柄 l_{AB} 和连杆 l_{BC} 的长度。

4－7　设计一偏置曲柄滑块机构，已知滑块的行程速比系数 $K=1.5$，滑块的行程 $H=50$ mm，导路的偏距 $e=20$ mm，求曲柄 l_{AB} 和连杆 l_{BC} 的长度。

4－8　设计一摆动导杆机构，已知机架长度 $l_{AD}=100$ mm，行程速比系数 $K=1.4$，求曲柄的长度。

4－9　试以解析法设计一铰链四杆机构，要求两连架杆实现三组对应位置分别为 $\varphi_1=45°$，$\phi_1=52°10'$；$\varphi_2=90°$，$\phi_2=82°10'$；$\varphi_3=135°$，$\phi_3=112°10'$。

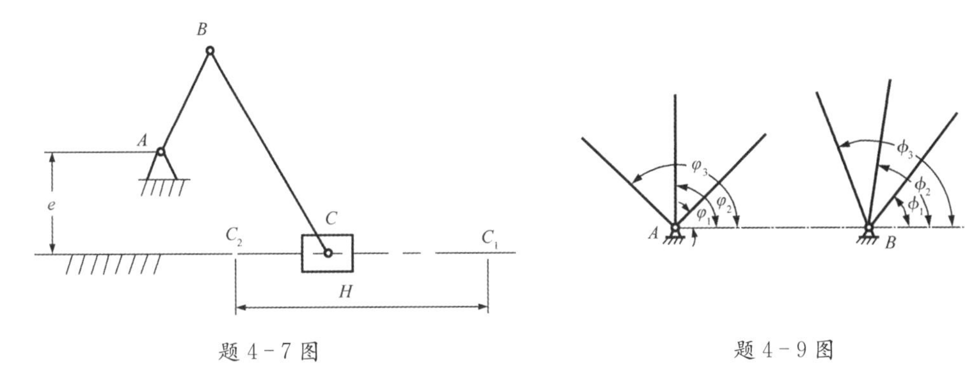

题 4－7 图　　　　题 4－9 图

4－10　求出图示导杆机构的瞬心，以及构件 1 和构件 3 的角速比 ω_1/ω_3。

4－11　在图示的齿轮-连杆组合机构中，试用瞬心法求齿轮 1 与齿轮 3 的瞬心。

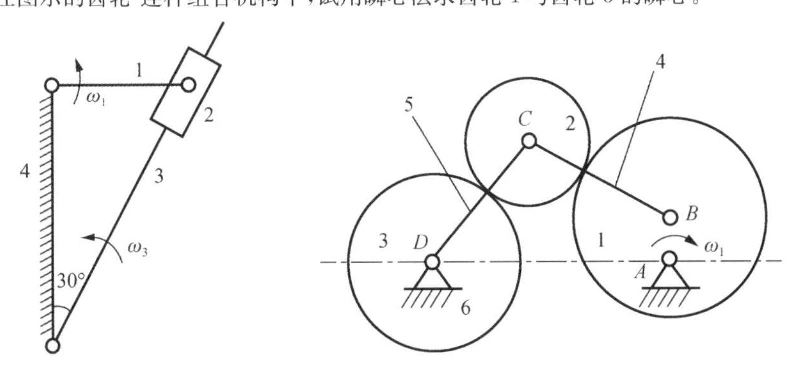

题 4－10 图　　　　题 4－11 图

第 5 章　齿轮传动机构

本章概要：齿轮传动机构用来传递两轴之间的运动与动力，是一种在各行各业应用非常广泛的传动机构。本章将介绍渐开线直齿、斜齿圆柱齿轮传动、直齿圆锥齿轮传动以及蜗杆传动的有关知识。其中重点讨论直齿圆柱齿轮，内容涉及齿轮啮合原理和齿轮设计两方面。齿轮啮合原理部分介绍渐开线齿廓、齿轮参数、啮合传动和齿轮制造等内容；齿轮设计部分介绍齿轮的材料及制造精度选择、受力分析、失效形式、设计准则与强度计算。蜗杆传动部分主要介绍阿基米德蜗杆传动。

5.1　齿轮传动的分类及特点

齿轮机构由主动齿轮、从动齿轮和机架等构件组成，两齿轮以高副接触，属高副机构。其主要用于机械传动系统。

齿轮传动实现两轴之间运动与动力的传递。与其他机械传动相比，其主要优点有：①传动比准确、传动平稳；②圆周速度大，可达 300 m/s；③传动功率范围大，从几瓦到数十万千瓦；④效率高，可达 99%以上；⑤使用寿命长，工作可靠。其主要缺点是：①制造和安装精度要求较高，故成本较高；②不适于两轴间距离较远的传动。

齿轮机构的分类方法较多，按照轴线间相互位置、轮齿方向和啮合情况可做如下分类：

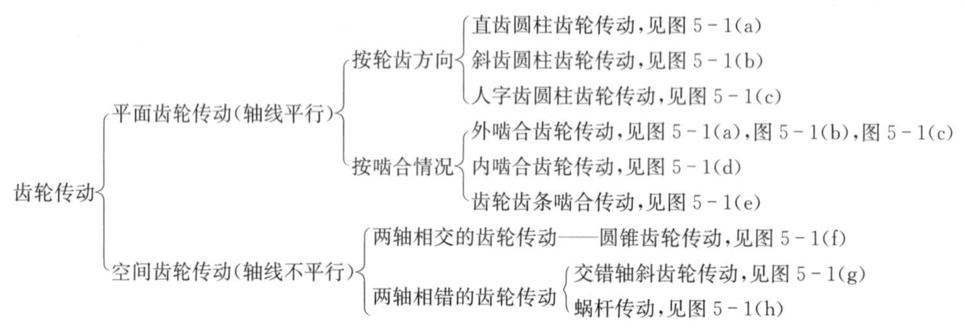

按照装置封闭与否，齿轮传动又分为开式齿轮传动和闭式齿轮传动。开式齿轮传动的齿轮外露，易落入灰尘和杂物，润滑不良，齿面易磨损；闭式齿轮传动的齿轮和轴承全部封闭在箱体内，可以保证良好的润滑和工作条件，应用广泛。如图 5-2(a)所示的国内自主研发的高铁 350 km 中国标准动车组某齿轮箱，在−40～+45 ℃的范围内都能正常运行，可以在−40 ℃极低环境温度下冷启动，在极短时间内完成速度从 0 到 350 km/h 的加速，满足高铁持续高速运行、长距离、开行密度较高、载客量较大、高寒、多雪、高原风沙、沿海湿热，以及雾霾、柳絮等复杂环境的各种严苛要求。风电齿轮箱是风电整机制造的核心部件，如图 5-2(b)所示的国内风电齿轮箱全球龙头企业研发并获全球风电权威媒体 Windpower Monthly 2022 年度“全球最佳风电机组一传动链”的 16～18 MW 全集成中速传动齿轮箱，其扭矩密度高达 200 N·m/kg。此外，正是由于齿轮在机械行业乃至整个工业界的重要地位，它甚至成为一种代表性符号和象征，出现在国徽、校徽、

院徽和其他重要的标志性图案之中。

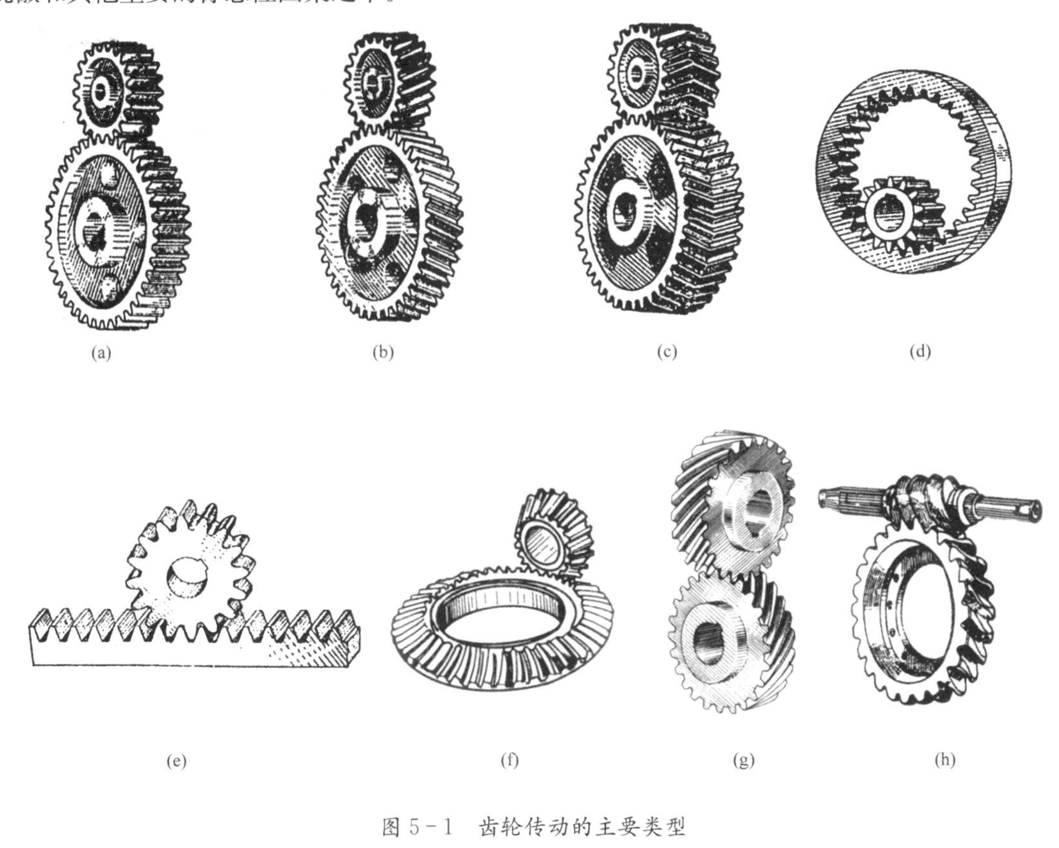

图 5-1　齿轮传动的主要类型

(a)高铁齿轮箱

(b)风电齿轮箱

图 5-2　高性能齿轮箱

按照齿轮齿廓曲线的不同，齿轮分为渐开线齿轮、摆线齿轮和圆弧齿轮。其中，渐开线齿轮应用最广。按照齿面硬度的高低，齿轮又可分为软齿面(布氏硬度≤HBW 350)齿轮和硬齿面(布氏硬度>HBW 350)齿轮，前者主要应用于强度、速度及精度都要求不高的场合，后者应用广泛。

齿轮工作时应满足两项基本要求：

(1)传动平稳。要求齿轮传动的瞬时传动比不变，以减小冲击、振动和噪声。

(2)足够的承载能力。要求在尺寸小、质量轻的前提下，齿轮的强度高、耐磨性好；在预定的使用期限内，不出现断齿、点蚀及严重磨损等失效现象。

5.2 齿廓啮合基本定律

齿轮传动的基本要求之一是传动平稳，即输出速度与输入速度变化规律一致，瞬时传动比恒定。齿廓啮合的基本定律就是阐述齿廓形状符合什么条件时才能满足这个基本要求。

图 5-3 所示为相互啮合的两齿廓 E_1 和 E_2 在 K 点接触。过 K 点作两齿廓的公法线 $n-n'$，与连心线 O_1O_2 交于点 C。由瞬心定律可知 C 点是齿轮 1 和 2 的相对速度瞬心，故

$$\frac{\omega_1}{\omega_2}=\frac{\overline{O_2C}}{\overline{O_1C}}=\frac{r_2'}{r_1'}=i_{12} \tag{5-1}$$

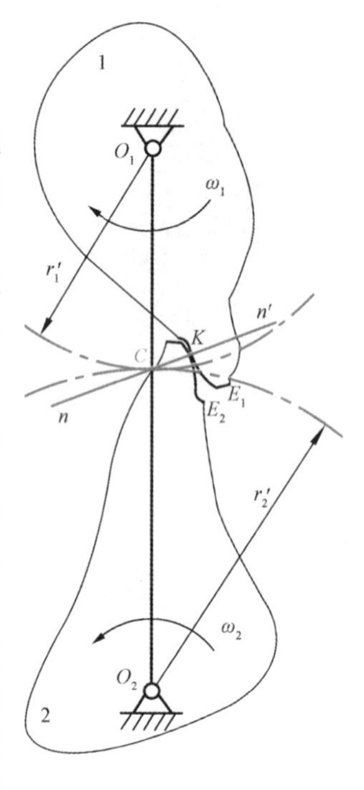

图 5-3 齿廓啮合基本定律

式(5-1)表明，一对传动齿轮的瞬时传动比 i_{12}(即角速比)与其连心线 O_1O_2 被齿廓接触点公法线所分割的两线段长度成反比。这个规律称为齿廓啮合基本定律。

欲使传动比恒定不变，必须使 C 点为连心线上一定点，这个定点称为节点。分别以两轮中心 O_1 和 O_2 为圆心，过节点 C 所作两个相切的圆称为节圆。由于节点处的相对速度等于零，一对节圆的圆周速度相等($\omega_1\cdot\overline{O_1C}=\omega_2\cdot\overline{O_2C}$)，一对齿轮的啮合传动可看作两个节圆的纯滚动。

能使两轮瞬时传动比 i_{12} 保持不变的一对齿廓称为共轭齿廓。传动齿轮的齿廓曲线除要求满足定传动比之外，还必须考虑制造、安装和强度等要求。机械传动中常用的齿廓曲线有渐开线、圆弧和摆线等，其中应用最广的是渐开线齿廓。

5.3 渐开线齿廓

5.3.1 渐开线的形成

如图 5-4(a)所示，当一直线沿某圆做纯滚动时，此直线上任意一点 K 的轨迹称为该圆的渐开线，这个圆称为渐开线的基圆(半径为 r_b)，该直线称为渐开线的发生线，角 θ_K 称为渐开线 AK 段的展角。当以此渐开线作为齿轮的齿廓，并与其共轭齿廓在 K 点啮合时，则在该点所受正压力的方向(即法线方向)与速度方向之间所夹的锐角 α_K 称为 K 点的压力角。

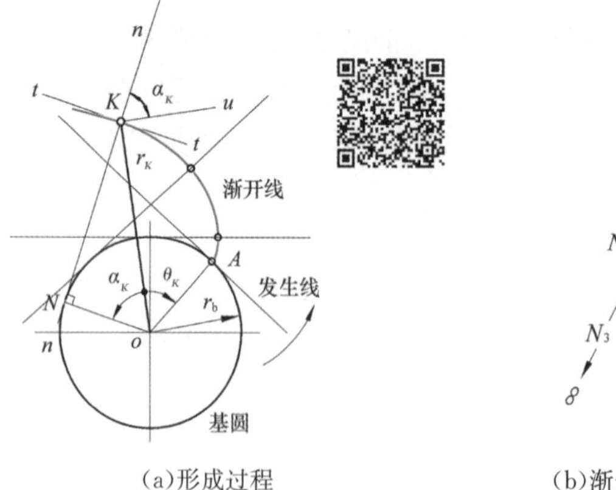

(a)形成过程

(b)渐开线形状与基圆大小的关系

图 5-4 渐开线的形成

5.3.2 渐开线的性质

由渐开线的形成可知，渐开线具有以下性质：

(1)发生线在基圆上滚过的长度，等于基圆上被滚过的弧长，即$\overline{NK}=\overset{\frown}{NA}$。

(2)渐开线上任意一点的法线必与基圆相切。因发生线沿基圆做纯滚动，它与基圆的切点 N 为速度瞬心，所以线段 NK 为渐开线上 K 点的法线，且恒与基圆相切。

(3)N 点为渐开线在 K 点的曲率中心，NK 是 K 点的曲率半径，因此渐开线上各点的曲率半径是不同的，K 点离基圆越远，曲率半径越大，渐开线越平缓。

(4)渐开线的形状取决于基圆的大小，同一基圆上的渐开线形状相同，不同基圆上的渐开线形状不同，基圆越大，渐开线越平直，见图 5-4(b)。当基圆半径为无穷大时，渐开线为直线，齿条的齿廓就是这种直线齿廓。

(5)渐开线是从基圆开始向外展开的，故基圆内无渐开线。

(6)渐开线上各点的压力角不相等。距离基圆越远，压力角越大。

5.3.3 渐开线方程

如图 5-4(a)所示，渐开线上任意点 K 的位置可用向径 r_K 和展角 θ_K 来表示。以压力角 α_K 为参数，建立极坐标方程。在$\triangle KON$ 中，

$$\cos\alpha_K=\frac{\overline{ON}}{\overline{OK}}=\frac{r_b}{r_K}$$

$$\tan\alpha_K=\frac{\overline{NK}}{\overline{ON}}=\frac{\overset{\frown}{NA}}{\overline{ON}}=\frac{r_b(\alpha_K+\theta_K)}{r_b}=\alpha_K+\theta_K$$

即

$$\theta_K=\tan\alpha_K-\alpha_K$$

式中：θ_K 是 α_K 的函数，称为渐开线函数，用 $\mathrm{inv}\,\alpha_K$ 表示。由上两式可得渐开线的极坐标方程为

$$\left.\begin{aligned}r_K&=\frac{r_b}{\cos\alpha_K}\\ \theta_K&=\mathrm{inv}\,\alpha_K=\tan\alpha_K-\alpha_K\end{aligned}\right\}\tag{5-2}$$

式中：θ_K 以弧度为单位。不同压力角的渐开线函数 $\mathrm{inv}\,\alpha_K$ 值可查阅相关资料。

5.3.4 渐开线齿廓的啮合特性

(1)四线合一。齿轮传动时，其齿廓啮合点的轨迹称为啮合线。如图 5-5 所示，一对渐开线齿廓在任意点 K 啮合，过 K 点作两齿廓的公法线 N_1N_2，根据渐开线的性质，该公法线就是两基圆的公切线。当两齿廓转到 K'点啮合时，过 K'点所作公法线也是两基圆的公切线。由于齿轮基圆的大小和位置均固定，渐开线齿廓公法线 $n-n'$是唯一的。因此不管齿轮在哪点啮合，啮合点总在这条齿廓公法线上，即啮合线与齿廓公法线重合。齿轮传动时正压力沿着公法线方向传递，因此对于渐开线齿廓的齿轮传动，啮合线、过啮合点的公法线、基圆的公切线和正压力作用线四线合一。

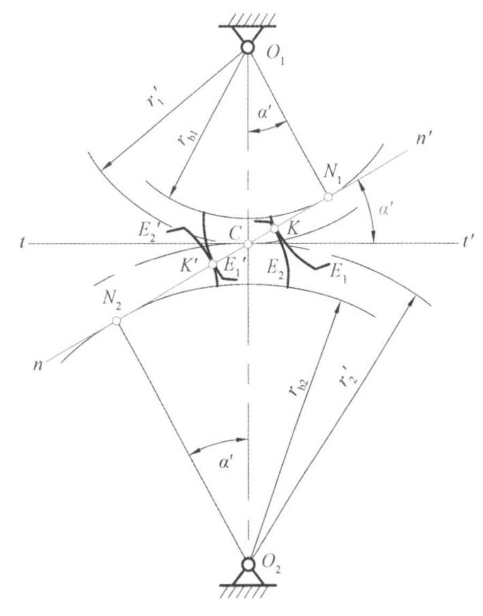

图 5-5 渐开线齿轮的啮合

(2)啮合线为一直线。如前所述，渐开线齿廓的啮合线必与公法线 N_1N_2 相重合，所以啮合线为一直线。啮合线的直线性使得传递压力的方向保持不变，从而使传动平稳。

啮合线与两节圆公切线所夹的锐角称为啮合角，用 α' 表示，它就是渐开线在节圆上的压力角。显然，齿轮传动时，啮合角不变。

(3)中心距可分性。由式(5－1)及$\triangle O_1CN_1 \backsim \triangle O_2CN_2$ 知

$$i_{12}=\frac{\omega_1}{\omega_2}=\frac{\overline{O_2C}}{\overline{O_1C}}=\frac{r_2'}{r_1'}=\frac{r_{b2}}{r_{b1}} \tag{5-3}$$

当两齿轮加工完后，基圆大小即已确定，所以传动比是常数。即使两轮的实际中心距与设计中心距有偏差，也不会改变其传动比，这种性质称为中心距可分性。该特性使渐开线齿轮对加工、安装的误差及轴承的磨损不会敏感，故对齿轮传动十分有利。

5.4 渐开线标准直齿圆柱齿轮各部分名称和尺寸参数计算

5.4.1 齿轮各部分的名称和符号

如图 5－6 所示，圆柱齿轮一般由轮缘、轮辐、轮毂三部分组成，轮缘上均匀分布整数个齿。每个轮齿有齿顶、齿廓和齿根，两侧齿廓都由形状相同的反向渐开线曲面组成，相邻两轮齿之间的空间为齿槽。渐开线齿轮轮缘的各部分名称及符号如图 5－6 所示。

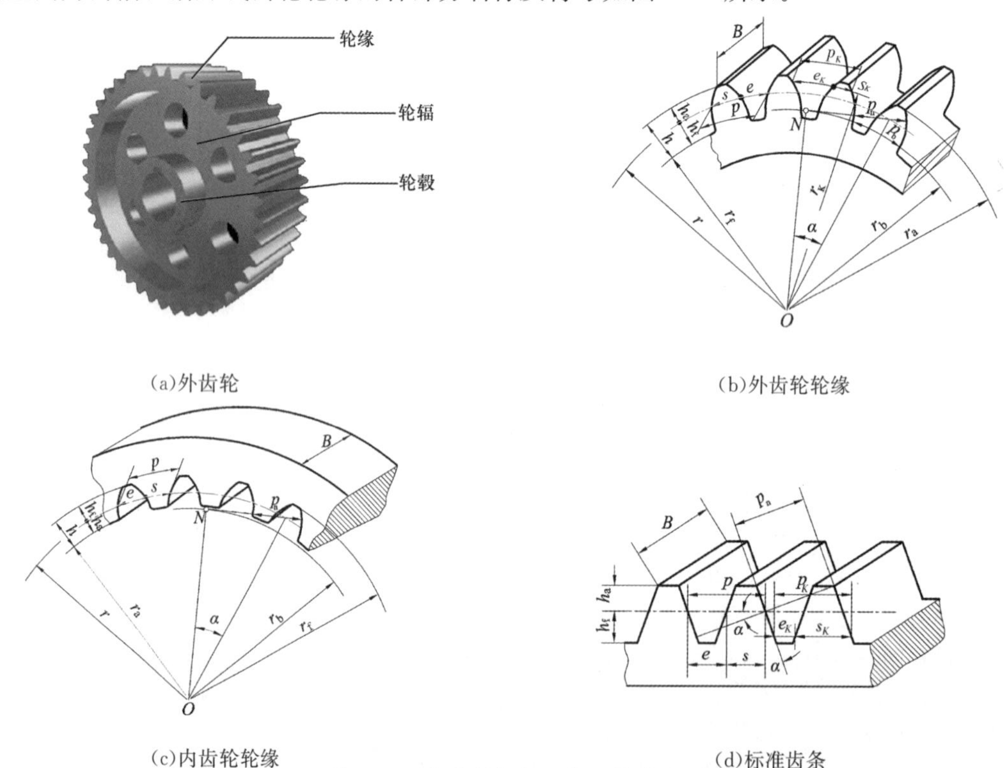

图 5－6　齿轮各部分名称及符号

(1)齿顶圆、齿根圆。过齿轮各轮齿顶部所作的圆，称为齿顶圆，其直径和半径分别以 d_a 和 r_a表示。过齿轮各齿槽底部所作的圆，称为齿根圆，其直径和半径分别以 d_f和 r_f表示。

(2)齿厚、齿槽宽和齿距。在任意圆周 K 上，轮齿两侧齿廓的弧线长度称为该圆周上的齿厚，用 s_K 表示；齿槽两侧齿廓的弧线宽度称为该圆上的齿槽宽，用 e_K 表示。相邻两齿同侧齿廓之间的弧长，称为该圆上的齿距，用 p_K 表示。

$$p_K=s_K+e_K \tag{5-4}$$

(3)分度圆。为便于设计、制造、测量和互换,在齿顶圆和齿根圆之间,取一个圆作为计算齿轮各部分几何尺寸的基准,称为分度圆,其直径和半径分别用 d 和 r 表示。规定分度圆上的齿厚、齿槽宽、齿距、压力角等符号一律不加脚标,如 s,e,p,α 等。凡是分度圆上的参数都直接称呼,如:齿厚、齿槽宽、齿距、压力角等,而其他圆上的参数都必须指明是哪个圆上的参数。

(4)齿顶高、齿根高、齿全高。齿顶圆与分度圆之间的径向距离,称为齿顶高,用 h_a 表示。齿根圆与分度圆之间的径向距离,称为齿根高,用 h_f 表示。齿顶圆与齿根圆之间的径向距离,称为齿全高,用 h 表示。

$$h=h_a+h_f \tag{5-5}$$

5.4.2 渐开线齿轮的基本参数

(1)齿数。在齿轮整个圆周上分布的轮齿总数称为齿数,用 z 表示。当 $z=\infty$ 时,齿轮变为齿条。

(2)模数。分度圆周长 $=\pi d=zp$,即

$$d=\frac{p}{\pi}z \tag{5-6}$$

式中,π 为无理数,参数计算很不方便,于是人为地将 $\frac{p}{\pi}$ 规定为简单有理数并标准化,称为齿轮的模数,用 m 表示,其单位为 mm,即

$$m=\frac{p}{\pi} \text{或} p=\pi m$$

故

$$d=mz \tag{5-7}$$

模数是齿轮的重要参数,是计算齿轮几何尺寸的基准参数。m 越大,则 p 越大,轮齿的尺寸也越大。我国已规定了齿轮模数的标准系列值(表 5-1)。在设计齿轮时,m 必须取标准值。

表 5-1 渐开线齿轮的模数(GB/T 1357—2008) mm

第一系列	1	1.25	1.5	2	2.5	3	4	5	6		8	10	12	16	20	25	32	40	50
第二系列	1.125	1.375	1.75	2.25	2.75	3.5	4.5	5.5	(6.5)	7		9	11	14	18	22	28	36	45

注:本标准适用于渐开线圆柱齿轮,对于斜齿轮是指法面模数;选取时优先选第一系列,括号内的模数尽量不用。

(3)压力角。我国标准规定分度圆上的压力角为标准压力角 α,其值为 20°。

(4)齿顶高系数和顶隙系数。用模数的线性关系式来表示轮齿的齿顶高和齿根高,则

$$\left.\begin{aligned} h_a&=h_a^* m \\ h_f&=(h_a^*+c^*)m \end{aligned}\right\} \tag{5-8}$$

式中:h_a^*,c^* 分别为齿顶高系数和顶隙系数。

我国标准规定齿顶高系数和顶隙系数为标准值:对于正常齿制,$h_a^*=1$,$c^*=0.25$;对于短齿制,$h_a^*=0.8$,$c^*=0.3$。

在一对齿轮中,一个齿轮的齿根圆柱面与配对齿轮的齿顶圆柱面之间留有间隙,称为顶隙,用 c 表示,$c=c^* m$。其目的是避免一个齿轮的齿顶与另一个齿轮的齿槽底相抵触,同时还能贮存润滑油。

综上所述,m,α,h_a^*,c^* 和 z 是渐开线齿轮几何尺寸计算的五个基本参数。m,α,h_a^* 和 c^* 均为标准值且 $s=e$ 的齿轮,称为标准齿轮。

5.4.3 标准直齿圆柱齿轮轮缘的几何尺寸计算

渐开线标准齿轮轮缘的几何尺寸计算列于表 5-2 中。

表 5-2　标准直齿圆柱齿轮轮缘几何尺寸的计算公式

序号	名称	符号	计算公式
1	齿顶高	h_a	$h_a = h_a^* m = m$
2	齿根高	h_f	$h_f = (h_a^* + c^*)m = 1.25m$
3	齿全高	h	$h = h_a + h_f = (2h_a^* + c^*)m = 2.25m$
4	顶隙	c	$c = c^* m = 0.25m$
5	分度圆直径	d	$d = mz$
6	基圆直径	d_b	$d_b = d\cos\alpha$
7	齿顶圆直径	d_a	$d_a = d \pm 2h_a = m(z \pm 2h_a^*)$
8	齿根圆直径	d_f	$d_f = d \mp 2h_f = m(z \mp 2h_a^* \mp 2c^*)$
9	齿距	p	$p = \pi m$
10	齿厚	s	$s = \frac{p}{2} = \frac{1}{2}\pi m$
11	齿槽宽	e	$e = \frac{p}{2} = \frac{1}{2}\pi m$
12	两个齿轮啮合的标准中心距	a	$a = \frac{1}{2}(d_2 \pm d_1) = \frac{1}{2}m(z_2 \pm z_1)$

注：表中正负号处，上面符号用于外啮合，下面符号用于内啮合。

例 5-1　一对渐开线标准直齿圆柱齿轮传动，已知 $m=7$ mm，$z_1=21$，$z_2=37$，$\alpha=20°$，$h_a^*=1$，$c^*=0.25$。试计算其分度圆直径、齿顶圆直径、齿根圆直径、基圆直径、齿厚(齿槽宽)和标准中心距。

解　该齿轮传动为标准直齿圆柱齿轮传动，可按表 5-2 所列公式直接计算，也可利用 Excel 软件进行计算：①

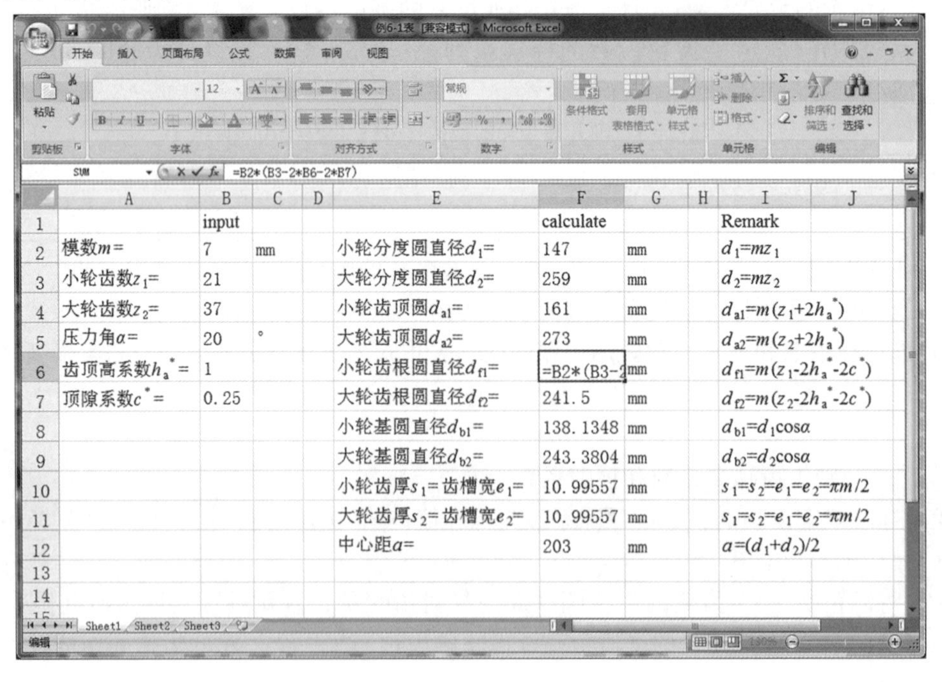

=B2*(B3-2*B6-2*B7)

	A	B	C	D	E	F	G	H	I
1		input				calculate			Remark
2	模数 m=	7	mm		小轮分度圆直径 d_1=	147	mm		$d_1=mz_1$
3	小轮齿数 z_1=	21			大轮分度圆直径 d_2=	259	mm		$d_2=mz_2$
4	大轮齿数 z_2=	37			小轮齿顶圆 d_{a1}=	161	mm		$d_{a1}=m(z_1+2h_a^*)$
5	压力角 α=	20	°		大轮齿顶圆 d_{a2}=	273	mm		$d_{a2}=m(z_2+2h_a^*)$
6	齿顶高系数 h_a^*=	1			小轮齿根圆直径 d_{f1}=	=B2*(B3-2	mm		$d_{f1}=m(z_1-2h_a^*-2c^*)$
7	顶隙系数 c^*=	0.25			大轮齿根圆直径 d_{f2}=	241.5	mm		$d_{f2}=m(z_2-2h_a^*-2c^*)$
8					小轮基圆直径 d_{b1}=	138.1348	mm		$d_{b1}=d_1\cos\alpha$
9					大轮基圆直径 d_{b2}=	243.3804	mm		$d_{b2}=d_2\cos\alpha$
10					小轮齿厚 s_1=齿槽宽 e_1=	10.99557	mm		$s_1=s_2=e_1=e_2=\pi m/2$
11					大轮齿厚 s_2=齿槽宽 e_2=	10.99557	mm		$s_1=s_2=e_1=e_2=\pi m/2$
12					中心距 a=	203	mm		$a=(d_1+d_2)/2$

① Excel 工作表的输入方法可参考 7.3.5 节或该软件帮助文件。

5.5 渐开线标准直齿圆柱齿轮的啮合传动

5.5.1 正确啮合的条件

一对标准直齿圆柱齿轮啮合传动时，要使两轮相邻轮齿的两对同侧齿廓能同时在啮合线上正确地啮合，如图 5－7 所示，要求前对齿在 A_1 点啮合时后对齿在 A_2 点啮合。显然，两轮的相邻轮齿同侧齿廓沿法线的距离(称为法向齿距，以 p_n 表示)必须相等，即

$$p_{n1}=p_{n2}$$

否则，前对齿在 A_1 点啮合时，后对齿不是相互嵌入就是相互分离，均不能正确地啮合。

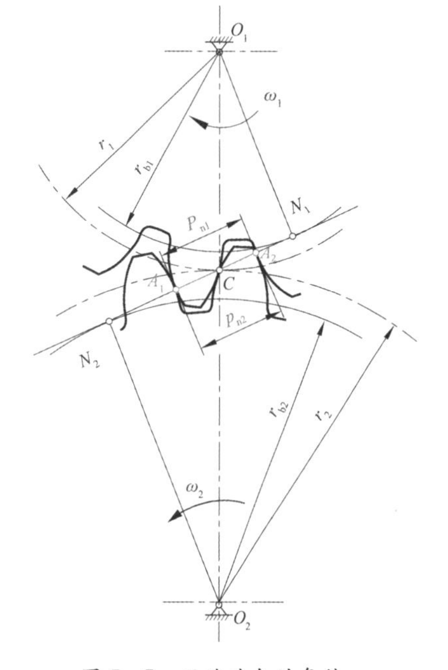

图 5－7 正确啮合的条件

由渐开线性质知：齿轮法向齿距等于基圆齿距(以 p_b 表示)。而

$$p_{b1}=\frac{\pi d_{b1}}{z_1}=\frac{\pi d_1\cos\alpha_1}{z_1}=\frac{\pi m_1 z_1\cos\alpha_1}{z_1}=\pi m_1\cos\alpha_1$$

同理 $$p_{b2}=\pi m_2\cos\alpha_2$$

故 $$\pi m_1\cos\alpha_1=\pi m_2\cos\alpha_2$$

即 $$m_1\cos\alpha_1=m_2\cos\alpha_2 \qquad (5-9)$$

式(5－9)说明：只要两轮的模数和压力角的余弦之积相等，两轮即能正确啮合，但由于模数和压力角都是标准值，所以一对标准直齿圆柱齿轮的正确啮合条件为

$$\left.\begin{aligned}m_1=m_2=m\\ \alpha_1=\alpha_2=\alpha\end{aligned}\right\}$$

由相互啮合齿轮模数相等的条件，可推出一对齿轮的传动比为

$$i_{12}=\frac{\omega_1}{\omega_2}=\frac{d_{b2}}{d_{b1}}=\frac{d_2}{d_1}=\frac{mz_2}{mz_1}=\frac{z_2}{z_1} \qquad (5-10)$$

5.5.2 连续传动及重合度

如图 5－8 所示的一对渐开线直齿圆柱齿轮传动，设轮 1 为主动轮，轮 2 为从动轮，转动方向如图所示。一对齿廓开始啮合时，主动轮的齿根推动从动轮的齿顶运动，开始啮合点是从动轮的齿顶圆与啮合线 N_1N_2 的交点 B_2。同理主动轮的齿顶圆与啮合线 N_1N_2 的交点 B_1 则为两轮齿廓开始分离点。线段 B_1B_2 为啮合的实际轨迹，称为实际啮合线段。显然，齿顶圆越大，B_1 和 B_2 点越接近 N_1 和 N_2 点，但因基圆内无渐开线，故实际啮合线段的 B_1 和 B_2 点不能超过极限点 N_1 和 N_2。线段 N_1N_2 为理论上可能的最长啮合线段，称为理论啮合线段。

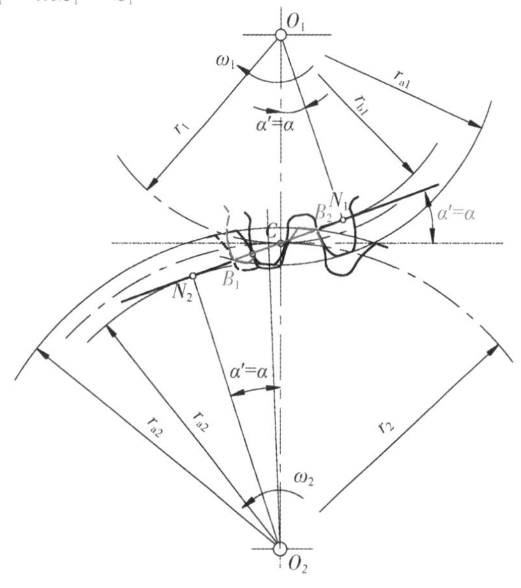

图 5－8 连续传动条件

两齿轮在啮合传动时，若前一对轮齿尚未脱

离啮合，而后一对轮齿就已进入啮合，则这种传动称为连续传动。若要求连续传动，则后一对轮齿应在前一对轮齿啮合点 K 尚未到达啮合终点 B_1 时进入啮合始点 B_2。因此，齿轮连续传动的条件是

$$\overline{B_1B_2} \geqslant \overline{B_2K}$$

由渐开线性质可知，线段$\overline{B_2K}$等于基圆齿距 p_b，比值$\dfrac{\overline{B_1B_2}}{p_b}$称为重合度，用 ε 表示。于是齿轮连续传动的条件为

$$\varepsilon = \frac{\overline{B_1B_2}}{p_b} \geqslant 1 \tag{5-11}$$

ε 越大，表示同时啮合的齿的平均对数越多，齿轮传动越平稳。

5.5.3 标准安装

一对相啮合的标准齿轮，由于两轮的模数、压力角相等，且分度圆上的齿厚与齿槽宽相等，因此，当分度圆与节圆重合时，便可满足无侧隙啮合的条件。节圆与分度圆相重合的安装称为标准安装，此时的中心距称为标准中心距，用 a 表示。

$$a = r_1' + r_2' = r_1 + r_2 = \frac{1}{2}m(z_1 + z_2)$$

显然，此时啮合角 α' 等于分度圆压力角 α。

工程上，由于制造、安装、磨损等原因，往往两轮的实际中心距 a' 与标准中心距 a 不一致。但由于渐开线齿轮中心距具有可分性，所以不会影响定传动比传动，此时分度圆与节圆不重合，有

$$a'\cos\alpha' = a\cos\alpha \tag{5-12}$$

对于内啮合齿轮传动，标准安装时其中心距 a 为

$$a = r_2 - r_1 = \frac{1}{2}m(z_2 - z_1)$$

由以上分析可知：节圆、啮合角是一对齿轮啮合传动时才存在的参数，单个齿轮没有，而分度圆、压力角则是单个齿轮所具有的几何参数。

5.6 齿轮的材料与制造

5.6.1 齿轮常用材料及其热处理方法

对齿轮材料的基本要求是：齿面硬度高、齿芯韧性好。选择材料和热处理方法时，主要根据工作条件、结构尺寸、毛坯成形方法、经济性等方面的要求来确定。最常用的齿轮材料是锻钢，其次是铸钢、铸铁，以及非金属材料。

对于软齿面齿轮，常选用中碳钢或中碳合金钢轮坯，先进行调质或正火处理，然后进行插齿或滚齿加工。适用于强度、精度要求不高的场合，成本较低。在确定大、小齿轮硬度时，应使小齿轮齿面硬度比大齿轮齿面硬度高 HBW 30～50。这是因为小齿轮受载荷更频繁，且小齿轮齿根较薄，为使两齿轮的轮齿接近等强度，小齿轮的齿面要比大齿轮的齿面硬一些。

对于硬齿面齿轮，常选用中碳钢或中碳合金钢毛坯切齿后再进行表面淬火处理，最后磨齿加工。

当齿轮的尺寸较大(大于 400～600 mm)时，一般采用铸造毛坯。低速轻载时，可选用铸铁，球墨铸铁的力学性能和抗冲击能力比灰铸铁高，可代替铸钢铸造大直径齿轮。

非金属材料的弹性模量小、质量较轻，且能减轻动载和降低噪声，适用于高速轻载、精度要求不高的场合，常用的有夹布胶木、尼龙和工程塑料等。

齿轮常用材料参见表 5－3。

表 5－3 齿轮常用材料

材料	热处理方法	硬度		应用特点
		HBW	HRC（表面淬火）	
45 钢	正火	162～217		用于要求较低的大齿轮
	调质	217～255	40～50	
35SiMn	调质	217～269	45～55	调质后强度较高、韧性好，适用于中低速、中载的一般齿轮传动。经过表面淬火，硬齿面承载能力强，适用于中速、中载的主传动齿轮
40MnB	调质	240～280	45～55	
35CrMo	调质	207～269	45～55	
40Cr	调质	241～286	48～55	
20Cr	渗碳淬火	300	58～62	齿面硬度高、耐冲击，适用于冲击较大的场合
20CrMnTi	渗碳淬火	300	58～62	
38CrMoAlA	调质、渗氮	255～321	渗氮 HV>850	齿面硬度高、变形小，但不耐冲击。适用于工作平稳的场合
ZG310-570	正火	156～217		用于尺寸大、形状复杂和不便锻造的齿轮
ZG340-640	正火	169～229		
	调质	241～269		
HT300		187～255		易成形，成本低，适用于低速轻载、工作平稳的场合
HT350		197～269		
QT500-5	正火	147～241		某些场合可替代铸钢
QT600-2	正火	229～302		

5.6.2 齿廓的切制原理

齿廓的加工方法很多，大致分为切削法和塑性成形法。相对而言，切削法应用更广，主要有铣齿、滚齿、拉齿等，常用于加工比较重要的齿轮；根据切削原理不同，切削法分为成形法和范成法。塑性成形法有铸造法、热轧法、冲压法、模锻法、粉末冶金法等，用这种方法加工的齿轮轮齿一般具有较高的抗疲劳强度，且加工成本较低。

5.6.2.1 *成形法*

成形法是在普通铣床上用轴向剖面形状与被切齿轮齿槽形状完全相同的成形铣刀直接切出齿形的方法，如图 5－9（圆盘铣刀）和图 5－10（指状铣刀）所示。

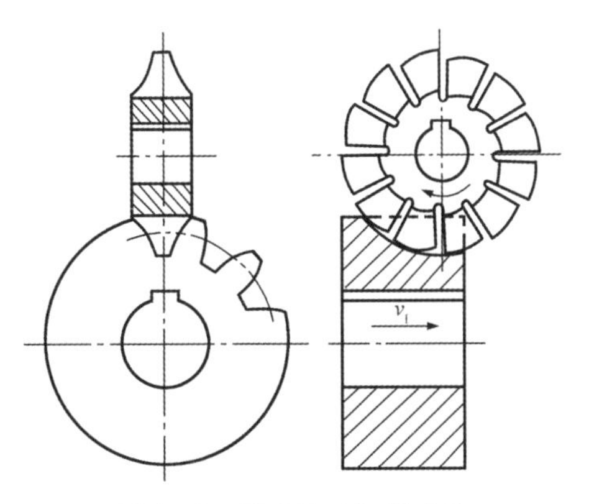

图 5－9 圆盘铣刀切制齿轮

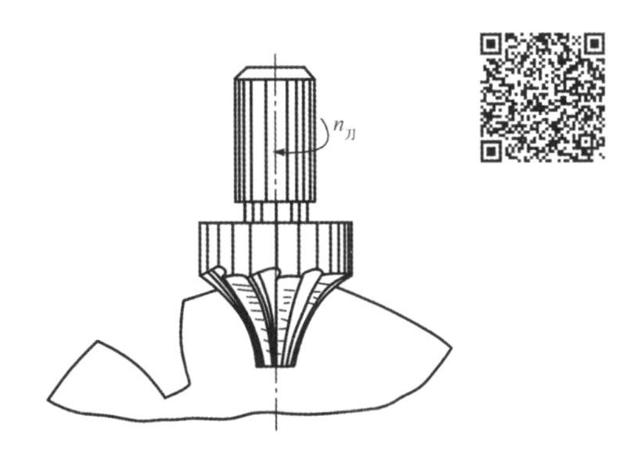

图 5－10 指状铣刀切制齿轮

加工时，铣刀绕自己的轴线旋转，同时轮坯沿其轴线方向直线移动。铣完一个齿槽后，轮坯退回原处，然后用分度头将轮坯转过 $360°/z$，再铣下一个齿槽，直到铣出所有的齿槽为止。

由于渐开线齿廓形状取决于基圆的大小，当 m 和 α 一定时，基圆大小随齿数 z 而变，齿槽形状也随之不同，对应于每一个齿数的齿轮都准备一把刀具是不经济的。工程中，加工同样模数和压力角的齿轮，只备有 1 至 8 号八种齿轮铣刀，其切制齿轮的齿数范围见表 5-4。

表 5-4　各号铣刀切制齿轮的齿数范围

铣刀号	1	2	3	4	5	6	7	8
所切齿轮齿数	12～13	14～16	17～20	21～25	26～34	35～54	55～134	≥135

成形法加工方便易行，但难以保证精度，生产率低，常用于修配和小批量生产。

5.6.2.2　*范成法*

范成法是利用齿轮啮合传动时两轮齿廓互为包络线原理来加工的，刀具和轮坯之间的对滚运动与一对齿轮互相啮合传动时完全相同。范成法加工时常用的刀具有齿轮插刀(图 5-11)、齿条插刀(图 5-12)和齿轮滚刀(图 5-13)三种。其中齿轮滚刀的加工过程连续、生产率高，其广泛应用于大批量生产中。

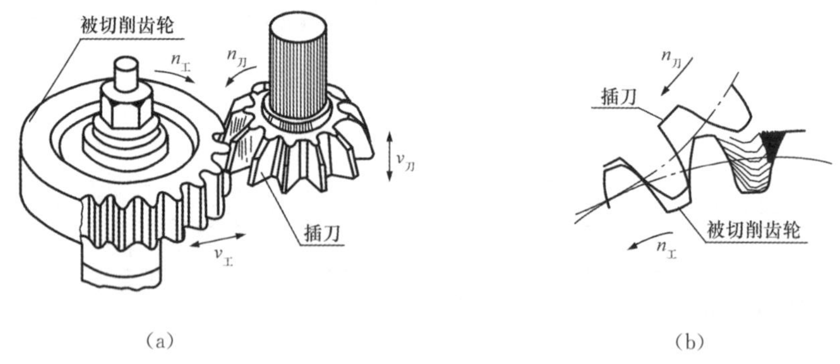

图 5-11　齿轮插刀切制齿轮

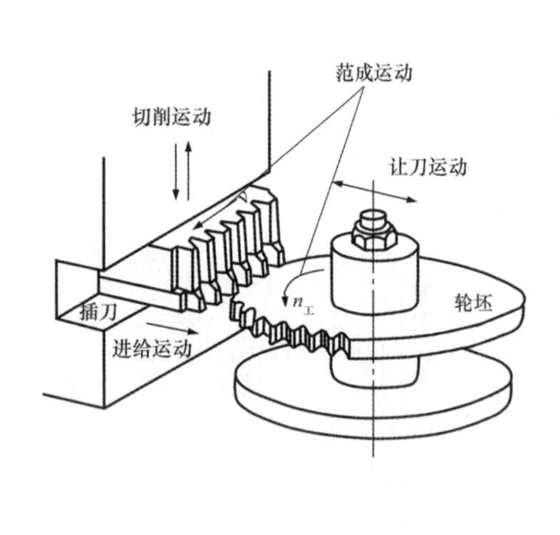

图 5-12　齿条插刀切制齿轮

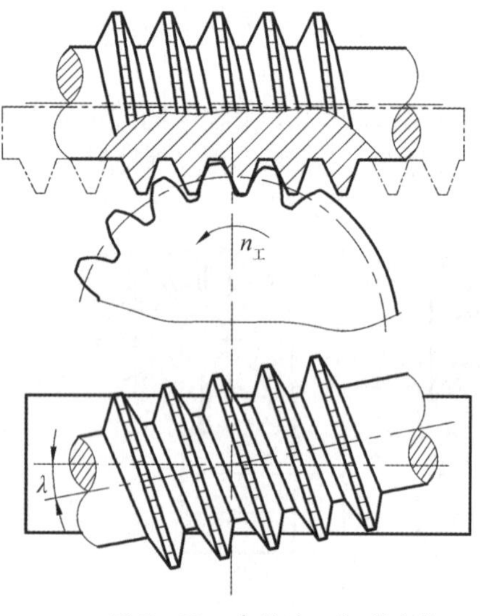

图 5-13　齿轮滚刀切制齿轮

用上述各种加工方法生产出来的齿轮，在一般情况下可以直接使用。但在重要的场合下，为了使齿轮满足高速、平稳、低噪声等使用要求，或为了消除表面缺陷、提高抗疲劳强度，常常需要进行精加工，以获得所需的表面粗糙度和更高的精度。精加工方法常用的有剃齿、冷滚、磨齿、抛光等。

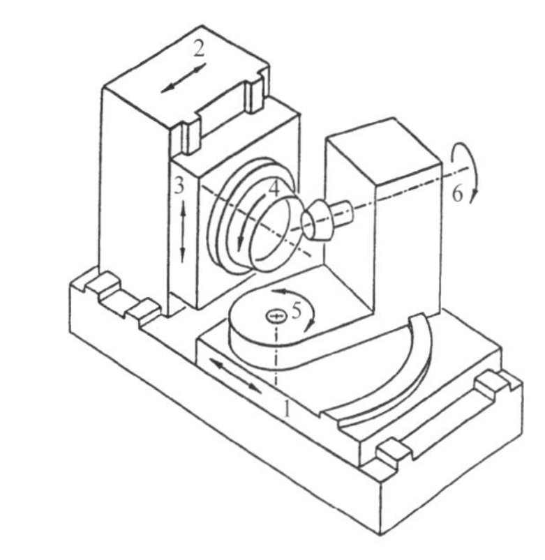

1:Z 轴
2:X 轴
3:Y 轴
4:C 轴
5:B 轴
6:A 轴

图 5-14　螺旋锥齿轮数控机床结构示意图

图 5-14 所示为某数控螺旋锥齿轮铣齿机和数控磨齿机的结构示意图，配备有 X 轴（刀具水平移动）、Y 轴（刀具垂直移动）、Z 轴（床鞍进给）、A 轴（工件轴回转）、B 轴（工件箱回转）和 C 轴（刀具回转）等六个数控轴，加工齿轮时用计算机直接控制 X,Y,Z,A,B 五轴联动就可以确定刀具和工件的任何相对位置，加工出螺旋锥齿轮。

5.6.3　渐开线齿廓的根切现象、最少齿数和变位齿轮

用范成法加工齿轮，当刀具的齿顶线与啮合线的交点超出啮合极限点 N 时，如图 5-15 所示，会出现轮齿根部的渐开线齿廓被刀具切去一部分的现象，加工出双点划线所示的齿形，这种现象称为根切。根切一方面削弱了轮齿根部的强度，另一方面使齿轮传动的重合度减小，因而影响传动的平稳性。因此，应尽量避免根切的产生。

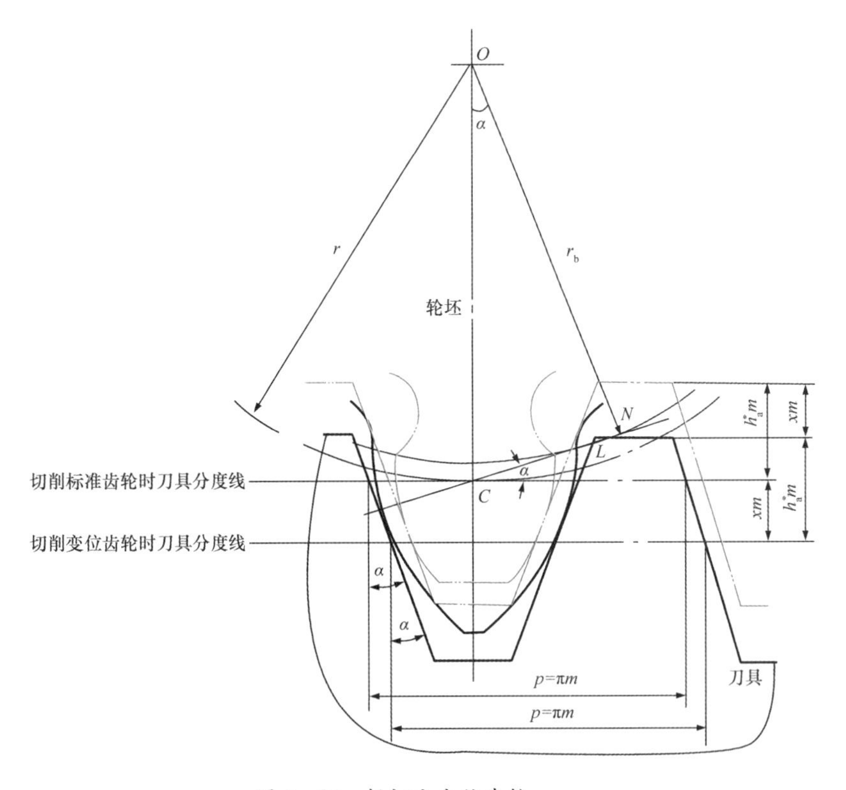

图 5-15　根切和变位齿轮

根切的产生与齿轮的齿数相关，齿数越少，越容易产生根切。标准直齿圆柱齿轮欲避免根切，其齿数必须大于或等于不发生根切时的最少齿数 $z_{\min}$。

$$z_{\min}=\frac{2h_a^*}{\sin^2\alpha} \tag{5-13}$$

对于 $h_a^*=1$，$\alpha=20°$正常齿制的齿轮，代入式(5-13)可得 $z_{\min}=17$；短齿制齿轮 $h_a^*=0.8$，$\alpha=20°$，代入式(5-13)可得 $z_{\min}=14$。若要求齿轮的齿数 $z<z_{\min}$而又不产生根切，则应采用变位齿轮。下面简单介绍一下变位齿轮。

用齿条刀具加工齿轮时，若刀具分度线与被加工齿轮的分度圆相切，则加工出的齿轮为标准齿轮，这时轮齿在分度圆上的齿厚等于齿条中线上的齿槽宽($\pi m/2$)，如图 5-15 中双点划线所示。刀具在双点划线位置时，其齿顶线超过了啮合极限点 N，切制出的标准齿轮产生根切。可见要使被切的齿轮不发生根切，则只要刀具退出一定的距离，使其齿顶线不超过啮合极限点 N 即可。现以切削标准齿轮的位置为基准，将刀具的位置沿径向移动一段距离，这一距离称为刀具的变位量，以 xm 表示。其中 m 为模数，x 为变位系数。并规定刀具远离轮坯中心的变位系数为正，刀具靠近轮坯中心的变位系数为负。当刀具变位后，与分度圆相切的不是刀具的分度线，而是刀具节线，这样切出的齿轮称为变位齿轮，如图 5-15中实线所示。

采用正变位齿轮可加工出 $z<z_{\min}$的齿轮，而不产生根切。切削变位齿轮和切削标准齿轮所用的刀具相同，变位齿轮和标准齿轮的模数和压力角相等，因而它们的分度圆和基圆也相等。由此可见，变位齿轮的齿廓曲线和标准齿轮的齿廓曲线是同一个基圆上展出的渐开线，不过取用不同的部位而已，如图 5-16 所示。变位齿轮的某些尺寸不再是标准齿轮的值，如正变位齿轮的齿厚和齿顶高变大，齿根高变小，等等。

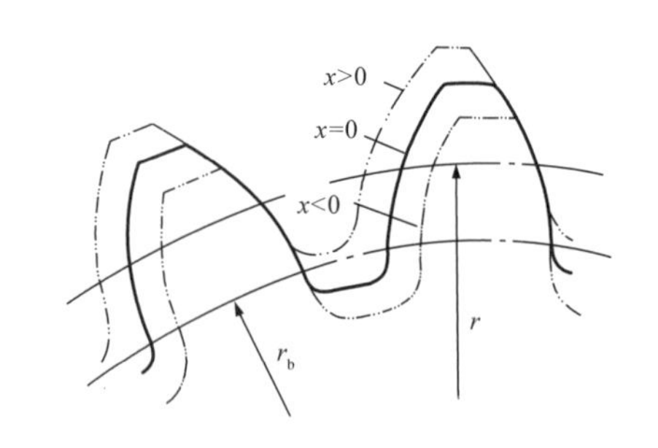

图 5-16　变位齿轮与标准齿轮的齿廓比较

5.6.4　渐开线圆柱齿轮的精度等级

在工程实际中，齿轮的制造和安装都不可避免会产生误差，如两轮轴线不平行、齿轮形状和尺寸误差等，都会给传动的准确性、运动平稳性和载荷分布均匀性带来不利影响。

现行国家标准 GB/T 10095.1—2022《圆柱齿轮 ISO 齿面公差分级制 第 1 部分：齿面偏差的定义和允许值》给出了单个齿轮齿面的齿距偏差、齿廓偏差、螺旋线偏差和径向跳动等基本偏差的定义，并规定基本偏差的精度等级从高到低对应为 1 级到 11 级；国家标准 GB/T 10095.2—2023《圆柱齿轮 ISO 齿面公差分级制 第 2 部分：径向综合偏差的定义和允许值》给出了单个齿轮径向综合偏差的定义，并规定其精度等级从 R30 到 R50 共 21 级。标准中还规定了各个精度等级的公差计算方法、测量方法。对于机械设计的初学者而言，理解和应用这些内容的难度较大。为便于了解并简化烦琐的计算，下文按照传统的精度选择做法进行相关阐述。

常用的渐开线圆柱齿轮精度等级是 5～8 级，其应用范围见表 5-5。

表 5-5　常用圆柱齿轮传动的精度等级及其应用范围

精度等级	圆周速度/(m·s^{-1})		应用范围
	直齿	斜齿	
5 级	⩾15	⩾30	用于速度、运动平稳性和噪声控制等要求较高的场合，如金属切削机床、航空发动机、透平减速器等装置用齿轮
6 级	⩽15	⩽30	用于在高速下平稳地回转，并要求有很高的效率和低噪声的齿轮，如分度机构用齿轮，特别重要的飞机齿轮
7 级	⩽10	⩽20	用于在高速中载或中速重载的齿轮，如机床进给齿轮、减速器齿轮、汽车用齿轮
8 级	⩽6	⩽12	用于对精度没有特别要求的场合，如一般输送机械、工程机械、农用机械等装置用齿轮

5.7　齿轮传动的失效形式及设计准则

齿轮传动是靠轮齿的啮合来传递运动和动力的，轮齿失效是齿轮的主要失效形式。由于传动装置有开式和闭式之分，齿面硬度有软齿面（硬度⩽HBW 350）和硬齿面（硬度>HBW 350）之分，转速有高与低之分，载荷有轻与重之分，所以生产实际中常会出现各种不同的失效形式。

5.7.1　轮齿常见的失效形式

（1）轮齿折断。齿轮工作时，作用在轮齿上的交变载荷将使轮齿根部产生较大的交变弯曲应力，又由于齿根圆角处有严重的应力集中，因此，齿根处易出现如图 5-17 所示的疲劳裂纹。裂纹的不断扩展，最后导致轮齿折断，这种折断称为疲劳折断。如果齿轮受到短时间严重过载或冲击，也可能发生突然折断，这种折断称为过载折断。

有效避免轮齿疲劳折断的措施有选用合适的材料，采取正确的热处理方法，选择适当的模数，采用变位齿轮增大齿根厚度，等等。

（2）齿面点蚀。轮齿工作时，齿面啮合点处的接触应力是脉动循环应力。当齿面接触应力超过材料接触疲劳极限时，首先在靠近节线的齿根表面产生微小的疲劳裂纹，润滑液的渗入使裂纹逐渐扩展，最后导致齿面金属微粒剥落，形成小麻点，如图 5-18 所示，这种现象称为齿面点蚀。一般闭式传动中的软齿面较易发生点蚀失效，设计时，应保证齿面有足够的接触强度。对于开式齿轮传动，由于磨损严重，点蚀不是其主要失效形式。

图 5-17　轮齿弯曲疲劳折断

图 5-18　齿面点蚀

提高齿面抗点蚀能力的重要措施有提高齿面硬度，降低齿面粗糙度，选择合适的润滑油，采用变位齿轮传动，等等。

（3）齿面胶合。在高速重载的闭式传动中，啮合区温度升高、润滑油变稀常致使润滑油膜破裂，导致两齿面的金属直接接触并互相粘连，其中较软齿面上的金属沿滑动方向被撕下来而形成伤痕，这种现象称为齿面胶合。

采用提高齿面硬度、降低齿面粗糙度值、限制油温、增加油的黏度、选用加有抗胶合添加剂的合成润滑油等方法，可防止胶合的产生。

(4) 齿面磨损。齿轮在啮合过程中，若有金属微粒、砂粒、灰尘等进入轮齿间，将引起齿面磨损。磨损将破坏渐开线齿形，并使侧隙增大，从而引起冲击和振动，严重时，甚至造成轮齿折断。齿面磨损是开式传动中的主要失效形式。

采用闭式传动、提高齿面硬度、降低表面粗糙度值、选择合适的材料和热处理方法、保持良好的润滑，可以减轻齿面磨损。

(5) 塑性变形。在载荷作用下，较软的齿面可能产生局部的塑性变形，使齿面失去正确的齿形而失效，这种失效方式多发生在低速重载、频繁启动和过载传动中。

5.7.2 齿轮传动的设计准则

在设计齿轮时，一般根据齿轮可能出现的失效形式计算齿面接触疲劳强度和齿根弯曲疲劳强度。对于闭式齿轮传动，若轮齿为软齿面，其主要失效形式是点蚀，通常按齿面接触疲劳强度进行设计，按齿根弯曲疲劳强度进行校核；若轮齿为硬齿面，失效形式比较复杂，难以确定哪种为主，一般同时按齿面接触疲劳强度及齿根弯曲疲劳强度的计算公式确定分度圆直径、模数、齿数等参数值。对于开式齿轮传动，其主要生效形式是轮齿折断和齿面磨损，可按齿根弯曲疲劳强度确定模数 m，并考虑磨损的影响将求得的 m 值加大 10%～20%。

5.8 直齿圆柱齿轮传动的设计计算

5.8.1 齿轮啮合的作用力及计算载荷

在计算齿轮的强度、设计轴和轴承之前，须先分析轮齿上所受的作用力大小和方向。图 5-19 所示为一对标准直齿轮啮合时的受力情况，其齿廓在节点接触，略去齿面间的摩擦力，轮齿间的相互作用力为 F_n，分别作用在主、从动齿轮上，其大小相等，方向相反。该力沿齿廓的公法线方向，称为法向力。

$$F_n=\frac{2T_1}{d_1\cos\alpha} \tag{5-14}$$

式中：F_n——法向力，N；

T_1——小齿轮的驱动力矩，N·mm；

d_1——小齿轮的分度圆直径，mm；

α——分度圆的压力角，$\alpha=20°$。

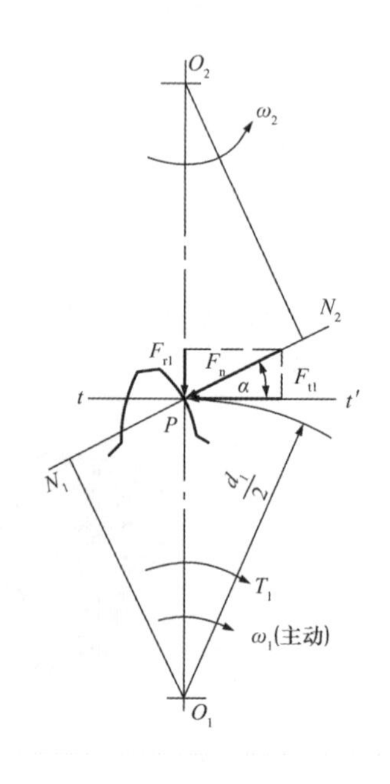

图 5-19 直齿圆柱齿轮传动的受力分析

齿轮传动时，通常已知小齿轮传递的名义功率 P_1(kW) 及其转速 n_1(r/min)，所以小齿轮的驱动力矩为

$$T_1=9.55\times10^6\frac{P_1}{n_1} \tag{5-15}$$

为方便计算轴和轴承上的力，将法向力分解为相互垂直的两个分力：圆周力 F_t 和径向力 F_r。

$$\left.\begin{aligned}F_t&=\frac{2T_1}{d_1}\\F_r&=F_t\tan\alpha\end{aligned}\right\}\tag{5-16}$$

根据作用力与反作用力的原理，可求出作用在从动轮上的力：$F_{t1}=-F_{t2}$；$F_{r1}=-F_{r2}$；$F_{n1}=-F_{n2}$。主动轮上所受的圆周力是阻力，与转动方向相反；从动轮上所受的圆周力是驱动力，与转动方向相同。两个齿轮上的径向力分别指向各自的轮心。

在实际工作中，由于原动机和工作机的工作特性不同，会产生附加的动载荷。齿轮、轴、轴承的加工、安装误差及弹性变形会引起载荷非均匀分布。因此，计算齿轮强度时，通常用计算载荷 KF_n 代替以名义转矩计算的载荷 F_n，K 称为载荷系数。

$$K=K_AK_vK_\alpha K_\beta \tag{5-17}$$

式中：K_A——使用系数；

K_v——动载系数；

K_α——齿间载荷分配系数；

K_β——齿向载荷分配系数。

式中四个系数值可从有关资料查取。表 5－6 中给出载荷系数 K 的估值范围，仅供练习参考。

表 5－6　载荷系数 K

原　动　机	工 作 机 械 的 载 荷 特 性		
	均　匀	中等冲击	大的冲击
电　动　机	1～1.2	1.2～1.6	1.6～1.8
多缸内燃机	1.2～1.6	1.6～1.8	1.9～2.1
单缸内燃机	1.6～1.8	1.8～2.0	2.2～2.4

注：当斜齿、圆周速度低、精度高、齿宽系数较小时，K 取小值；与直齿、圆周速度高、精度低、齿宽系数较大时，K 取大值。当齿轮在两轴承之间并对称布置时，K 取小值；当齿轮在两轴承之间不对称布置及悬臂布置时，K 取大值。

5.8.2　齿面接触疲劳强度计算

齿轮工作时，齿面上接触应力的大小随接触点的位置变化而变化，通常采用图 3-3 所示的赫兹接触模型进行分析，由式(3-9)计算齿面接触应力 σ_H。工程上发现，齿面点蚀多发生在节点附近。在齿面强度计算时，为了计算方便，通常取节点处接触应力为计算依据。经过理论推导，可得齿面接触疲劳强度校核公式

$$\sigma_H=Z_EZ_HZ_\varepsilon\sqrt{\frac{2KT_1}{bd_1^2}\cdot\frac{u\pm1}{u}}\leqslant[\sigma_H] \tag{5-18}$$

式中“＋”号用于外啮合，“－”号用于内啮合。

引入齿宽系数 $\phi_d=\dfrac{b}{d_1}$，则由式(5－18)可得齿面接触疲劳强度设计公式

$$d_1\geqslant\sqrt[3]{\frac{2KT_1}{\phi_d}\cdot\frac{u\pm1}{u}\cdot\left(\frac{Z_EZ_HZ_\varepsilon}{[\sigma_H]}\right)^2} \tag{5-19}$$

式中：K——载荷系数；

T_1——小齿轮的驱动力矩，N·mm；

b——轮齿啮合宽度，mm；

d_1——小齿轮节圆直径，对于标准齿轮传动为分度圆直径，mm；

u——齿数比，$u=\frac{z_2(\text{大齿轮齿数})}{z_1(\text{小齿轮齿数})}$；

$[\sigma_H]$——许用接触应力，MPa。在强度计算时，按下式取两轮中较小者。

$$[\sigma_H]=\frac{\sigma_{Hlim}}{S_H}$$

σ_{Hlim}是失效概率为1%时试验齿轮的接触疲劳极限，其值由图5-20查取；

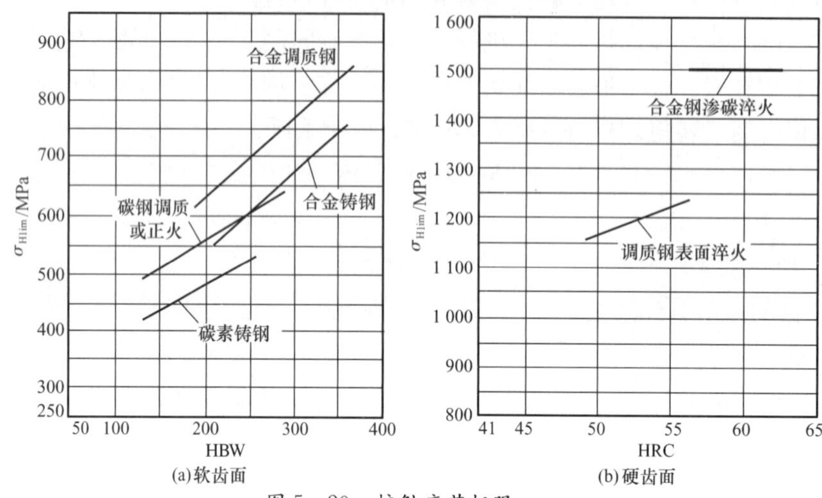

图5-20　接触疲劳极限σ_{Hlim}

S_H为齿面接触疲劳强度最小安全系数，由表5-7查取。

表5-7　最小安全系数S_H和S_F

失效概率（按使用要求提出）	最小安全系数	
	S_H	S_F
≤1/10 000(高可靠度)	1.5～1.6	2.00
≤1/1 000(较高可靠度)	1.25～1.3	1.60
≤1/100(一般可靠度)	1.00～1.10	1.25
≤1/10(低可靠度)	0.85～1.00	1.00

Z_E——材料弹性影响系数，考虑配对齿轮材料的弹性模量和泊松比对接触应力的影响，$\sqrt{\text{MPa}}$，其值见表5-8；

Z_H——节点区域系数，考虑节点处齿面形状对接触应力的影响，对于标准直齿轮$\alpha=20°$，$Z_H=2.5$；

Z_ε——重合度系数，是考虑重合度对接触应力的影响而引入的系数。其值可按下式计算：

$Z_\varepsilon=\sqrt{\frac{4-\varepsilon_t}{3}}$，$\varepsilon_t$为端面重合度，设计时可按式$\varepsilon_t=1.88-3.2(1/z_1\pm1/z_2)$计算。

ϕ_d——齿宽系数，$\phi_d=0.5(i\pm1)\phi_a$，一般$\phi_a=b/a=0.1\sim1.2$，标准齿轮传动中ϕ_a应取标准系列值：0.2，0.25，0.3，0.4，0.5，0.6，0.8，1.0，1.2。

由此可见，标准圆柱齿轮传动的齿面接触疲劳强度主要取决于齿轮的直径或中心距。值得注意的是：相啮合的大小齿轮的接触应力相等，而大小齿轮的许用接触应力一般不相等，强度计算时用较小的许用接触应力值计算。

表 5-8　材料弹性影响系数 Z_E　　$\sqrt{MPa}$

小齿轮材料	大齿轮材料			
	锻钢	铸钢	球墨铸铁	灰铸铁
锻钢	189.8	188.9	181.4	162.0
铸钢	—	188.0	180.5	161.4
球墨铸铁	—	—	173.9	156.6
灰铸铁	—	—	—	143.7

5.8.3　齿根弯曲疲劳强度计算

齿轮工作时，齿根截面上的应力比较复杂，通常采用如图 5-21 所示的 Lewis 悬臂梁模型进行分析，计算齿根截面的弯曲应力 σ_F。将轮齿看作悬臂梁；假设只有一对轮齿啮合；全部载荷作用在齿顶；轮齿根部危险截面用 30°切线法确定(作与轮齿对称中心线成 30°夹角并与齿根圆角相切的斜线，两切点连线即为危险截面)。应用材料力学知识进行推导，可得齿根弯曲疲劳强度校核公式

$$\sigma_F=\frac{2KT_1}{bd_1m}Y_{FS}Y_\varepsilon\leqslant[\sigma_F] \tag{5-20}$$

将 $\phi_d=\frac{b}{d_1}$，$d_1=mz_1$ 代入式(5-20)，得弯曲疲劳强度设计公式

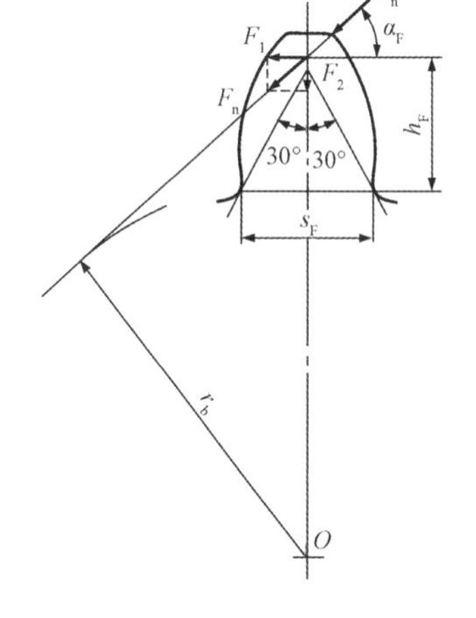

图 5-21　Lewis 悬臂梁模型

$$m\geqslant\sqrt[3]{\frac{2KT_1Y_{FS}Y_\varepsilon}{\phi_d z_1^2[\sigma_F]}} \tag{5-21}$$

式中：m——模数，mm；

Y_{FS}——复合齿形系数，$Y_{FS}=Y_{Fa}Y_{Sa}$，其中 Y_{Fa} 为力作用于齿顶时的齿形系数，它是考虑齿形对齿根弯曲应力影响的系数；Y_{Sa} 为力作用于齿顶时的应力修正系数，它是考虑齿根过渡圆弧处应力集中效应以及压应力、剪应力对弯曲应力的影响而引入的系数。Y_{FS} 与齿数 $z(z_v)$ 及变位系数 x 有关，对于正常齿制标准圆柱齿轮，其值由图 5-22 查出。

Y_ε——重合度系数，是考虑重合度对弯曲应力的影响而引入的系数。其值可按下式计算

$$Y_\varepsilon=0.25+\frac{0.75}{\varepsilon_t}$$

$[\sigma_F]$——许用弯曲应力，MPa。其值可按下式计算

$$[\sigma_F]=\frac{\sigma_{Flim}}{S_F}$$

σ_{Flim} 是失效概率为 1%时试验齿轮的弯曲疲劳极限，通常为区间值。设计计算时，可参考图 5-23 查取其中间值，图中 σ_{Flim} 是单向运转的实验值，对于长期双向运转的齿轮传动，将 σ_{Flim} 乘以 0.7 修正。

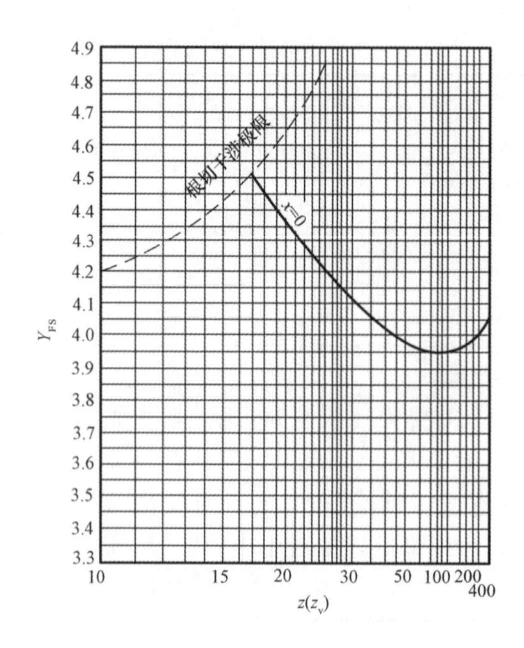

图 5-22　复合齿形系数 Y_{FS}

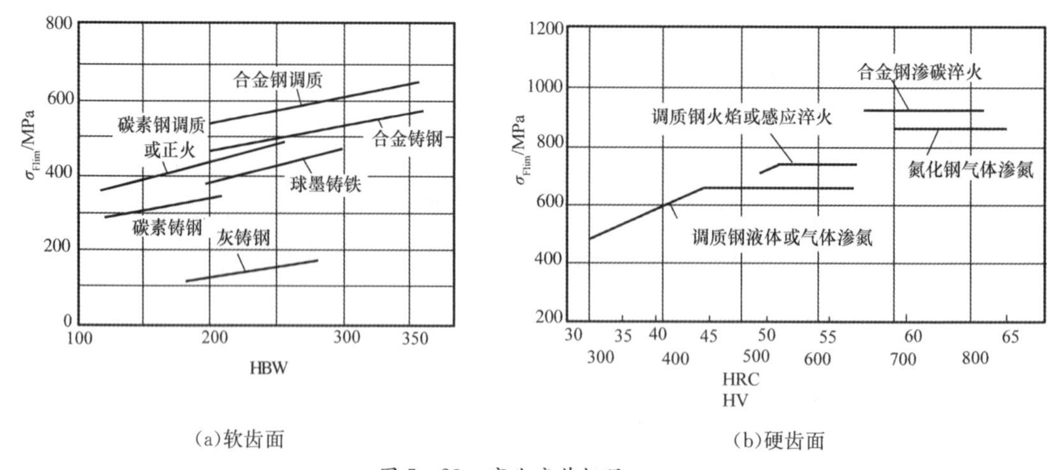

(a)软齿面　　(b)硬齿面

图 5-23　弯曲疲劳极限 σ_{Flim}

S_F 为弯曲疲劳强度的最小安全系数，由表 5-7 查取。

其他参数的含义及单位同前。

由此可见，标准圆柱齿轮传动的齿根弯曲疲劳强度取决于齿轮的模数，即轮齿的大小。

应该注意：一对齿轮传动，其大、小两齿轮的复合齿形系数 Y_{FS} 和许用弯曲应力 $[\sigma_F]$ 是不同的。因为 Y_{FS} 越大或许用应力 $[\sigma_F]$ 越小，轮齿的弯曲强度越低，故在弯曲强度计算时，通常分别计算 $\frac{Y_{FS_1}}{[\sigma_F]_1}$ 和 $\frac{Y_{FS_2}}{[\sigma_F]_2}$，取其较大者代入式(5-21)，算得的模数圆整取标准值。

5.8.4　主要设计参数的选择

(1)精度等级。齿轮精度等级的高低，直接影响着内部动载荷、齿间载荷分配与齿向载荷分布及润滑油膜的形成，并影响齿轮传动的振动与噪声的大小。提高齿轮的加工精度，可以有效地减少振动和噪声，但制造成本也会提高。齿轮的精度等级应根据传动的用途、使用条件、传递功率、圆周速度及性能指标或其他技术要求来确定，可根据表 5-5 选取。

(2)齿数 z_1 和模数 m。软齿面闭式传动的承载能力主要取决于齿面接触疲劳强度。在满足齿根弯曲强度的条件下,齿数宜选大些,模数宜选小些,从而提高传动的平稳性并减少轮齿的加工量。推荐取 $z_1=24\sim40$。

硬齿面闭式传动及开式传动的承载能力主要取决于齿根弯曲疲劳强度。模数宜选大些,齿数宜选小些。推荐取 $z_1=17\sim24$。传递动力的齿轮模数不应小于 2 mm。

(3)齿宽系数 ϕ 和齿宽 B。齿轮越宽,承载能力越强,但增大齿宽又会使齿面上的载荷分布更不均匀,因此齿宽系数应适当选取。参照 ϕ_a 标准值和表 5-9 中 ϕ_d 范围,当大、小齿轮均为硬齿面时,就取小值;当大、小齿轮均为软齿面或仅大齿轮为软齿面时,就取大值。直齿轮取较小值,斜齿轮取较大值。载荷稳定、轴刚度较大时取大值,反之取小值。

表 5-9　齿宽系数 ϕ_d

齿轮相对轴承位置	对称布置	非对称布置	悬臂布置
ϕ_d	0.8～1.4	0.6～1.2	0.4～0.9

轮齿啮合宽度 $b=\phi_d d$,为防止制造安装误差引起啮合齿宽减小,常取 $B_2=\phi_d d$,且要圆整,而 $B_1=B_2+(5\sim10)$mm。

(4)齿数比 u。一对齿轮传动的齿数比不宜选择过大,否则大小齿轮的尺寸相差悬殊。一般对于直齿圆柱齿轮传动,$u\leqslant5$;对于斜齿圆柱齿轮传动,$u\leqslant6\sim7$。当传动比较大时,可采用两级或多级齿轮传动。对于开式齿轮传动或手动传动,必要时单级齿轮传动的 u 可取到 8～12。

5.8.5　齿轮设计步骤及设计实例

齿轮设计的一般步骤如下:

(1)根据齿轮的工况条件,确定齿轮传动形式,选定合适的齿轮材料和热处理方法,初选齿轮精度等级。

(2)选择齿轮的主要参数。

(3)根据设计准则,计算校核模数 m 或分度圆直径 d_1。

(4)计算齿轮轮缘的几何尺寸。

(5)验算齿轮的圆周速度和精度等级,选择润滑方式。

(6)设计齿轮结构并绘制齿轮的工程零件图。

例 5-2　如图5-24所示,试设计此带式输送机减速器的高速级齿轮传动。已知输入功率 $P=4$ kW,小齿轮转速 $n_1=960$ r/min,齿数比 $u=3.5$,由电动机驱动,工作寿命 15 年(设每年工作 300 天),两班制,带式输送机工作平稳,转向不变。

解　1)选定齿轮传动类型、材料、热处理方式、精度等级

按图 5-24 所示传动方案,选用闭式直齿圆柱标准齿轮传动。

该装置载荷不大,速度和精度要求均不高,故大、小齿轮均选软齿面。小齿轮的材料选用 40Cr 调质,齿面硬度为 HBW 280,大齿轮选用 45 钢调质,齿面硬度为 HBW 250。两者硬度差 HBW 30。初选齿轮精度 8 级。

2)初步选取主要参数

取 $z_1=24$,$z_2=uz_1=3.5\times24=84$,

取 $\phi_a=0.3$,则 $\phi_d=0.5(i+1)\phi_a=0.675$,符合表 5-9 范围。

3)齿面接触疲劳强度设计计算

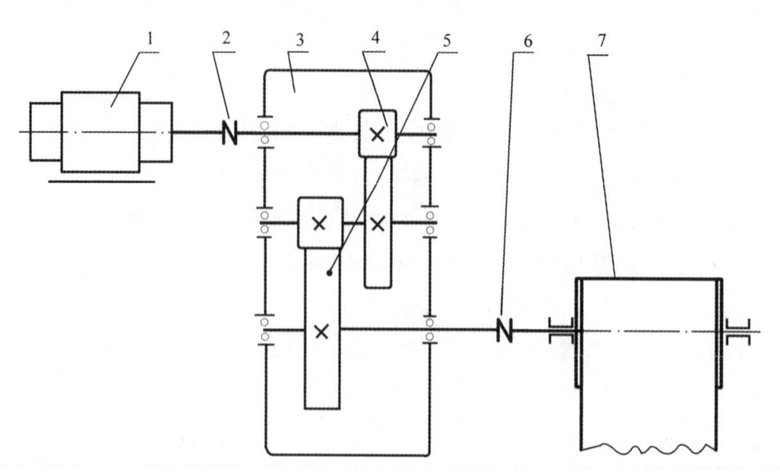

1:电动机　2,6:联轴器　3:减速器　4:高速级齿轮传动　5:低速级齿轮传动　7:输送机滚筒

图 5－24　带式输送机传动系统

按式(5－19)计算小轮分度圆直径

$$d_1 \geqslant \sqrt[3]{\frac{2KT_1}{\phi_d} \cdot \frac{u+1}{u} \cdot \left(\frac{Z_E Z_H Z_\varepsilon}{[\sigma_H]}\right)^2}$$

确定各参数值：

①载荷系数：查表 5－6，取 $K=1.2$；

②小齿轮驱动力矩：

$$T_1 = 9.55\times10^6 \frac{P}{n_1} = 9.55\times10^6\times\frac{4}{960} = 3.98\times10^4 (\mathrm{N\cdot mm})$$

③材料弹性影响系数：查表 5－8，$Z_E=189.8\sqrt{\mathrm{MPa}}$；

④区域系数：$Z_H=2.5$；

⑤重合度系数：因 $\varepsilon_t = 1.88-3.2\left(\frac{1}{z_1}+\frac{1}{z_2}\right) = 1.88-3.2\times\left(\frac{1}{24}+\frac{1}{84}\right)=1.71$，

$$Z_\varepsilon = \sqrt{\frac{4-\varepsilon_t}{3}} = \sqrt{\frac{4-1.71}{3}} = 0.87$$

⑥许用应力：查图 5－20(a)，$\sigma_{\mathrm{Hlim1}}=770\ \mathrm{MPa}$，$\sigma_{\mathrm{Hlim2}}=610\ \mathrm{MPa}$，查表 5－7，按一般可靠度要求取 $S_H=1$，

则
$$[\sigma_H]_1 = \frac{\sigma_{\mathrm{Hlim1}}}{S_H} = \frac{770}{1} = 770(\mathrm{MPa})$$

$$[\sigma_H]_2 = \frac{\sigma_{\mathrm{Hlim2}}}{S_H} = \frac{610}{1} = 610(\mathrm{MPa})$$

取两式计算中的较小值，即 $[\sigma_H]=610\ \mathrm{MPa}$；

于是
$$\begin{aligned} d_1 &\geqslant \sqrt[3]{\frac{2KT_1}{\phi_d} \cdot \frac{u+1}{u} \cdot \left(\frac{Z_E Z_H Z_\varepsilon}{[\sigma_H]}\right)^2} \\ &= \sqrt[3]{\frac{2\times1.2\times3.98\times10^4}{0.675}\times\frac{3.5+1}{3.5}\times\left(\frac{189.8\times2.5\times0.87}{610}\right)^2} \\ &= 43.68(\mathrm{mm}) \end{aligned}$$

4)确定模数

计算模数　$m=\frac{d_1}{z_1}\geqslant\frac{43.68}{24}=1.82(\text{mm})$,

取标准值　$m=2$ mm。

5)齿根弯曲疲劳强度校核计算

按式(5-20)校核:$\sigma_F=\frac{2KT_1}{bd_1m}Y_{FS}Y_\varepsilon\leqslant[\sigma_F]$,

式中:①小轮分度圆直径:$d_1=mz_1=2\times24=48(\text{mm})$;

②轮齿啮合宽度:$b=\phi_d\cdot d_1=0.675\times48=32.4(\text{mm})$;

③复合齿形系数:查图5-22,$Y_{FS1}=4.25$,$Y_{FS2}=3.98$;

④重合度系数:$Y_\varepsilon=0.25+\frac{0.75}{\varepsilon_t}=0.25+\frac{0.75}{1.71}=0.6886$;

⑤许用应力:查图5-23(a),$\sigma_{Flim1}=620$ MPa,$\sigma_{Flim2}=480$ MPa,

查表5-7,取 $S_F=1.25$,

则　$$[\sigma_F]_1=\frac{\sigma_{Flim1}}{S_F}=\frac{620}{1.25}=496\ \text{MPa},[\sigma_F]_2=\frac{\sigma_{Flim2}}{S_F}=\frac{480}{1.25}=384(\text{MPa})$$

⑥计算大、小齿轮的$\frac{Y_{FS}}{[\sigma_F]}$并进行比较

$$\frac{Y_{FS1}}{[\sigma_F]_1}=\frac{4.25}{496}=0.00857<\frac{Y_{FS2}}{[\sigma_F]_2}=\frac{3.98}{384}=0.010365$$

于是
$$\sigma_{F2}=\frac{2KT_1}{bd_1m}Y_{FS2}Y_\varepsilon=\frac{2\times1.2\times3.98\times10^4}{32.4\times48\times2}\times3.98\times0.6886$$
$$=84.16(\text{MPa})<[\sigma_F]_2$$

故满足齿根弯曲疲劳强度要求。

6)几何尺寸计算

$h_a=h_a^*m=1\times2=2(\text{mm})$;

$h_f=(h_a^*+c^*)m=(1+0.25)\times2=2.5(\text{mm})$;

$h=h_a+h_f=4.5(\text{mm})$;

$d_1=mz_1=2\times24=48(\text{mm})$;

$d_2=mz_2=2\times84=168(\text{mm})$;

$d_{a1}=d_1+2h_a=52(\text{mm})$;

$d_{a2}=d_2+2h_a=172(\text{mm})$;

$d_{f1}=d_1-2h_f=43$ mm;

$d_{f2}=d_2-2h_f=163$ mm;

$p=\pi m=6.28$ mm;

$s=e=p/2=3.14$ mm;

$a=\frac{m}{2}(z_1+z_2)=\frac{2}{2}\times(24+84)=108$ mm;

$b=\phi_a a=0.3\times108=32.4$ mm;

取 $B_2=33$ mm;

$B_1=B_2+(5\sim10)$ mm,取 $B_1=38$ mm。

7)验算初选精度等级是否合适

齿轮圆周速度 $v=\frac{\pi d_1 n_1}{60\times 1\,000}=\frac{\pi\times 48\times 960}{60\times 1\,000}=2.41(\mathrm{m/s})<6(\mathrm{m/s})$,

对照表 5-5 可知选择 8 级精度合适。

8)结构设计并绘制齿轮二维工程零件图

详见本教材 5.11.1 小节。

5.9 斜齿圆柱齿轮传动

5.9.1 齿廓曲面的形成

前面讨论直齿圆柱齿轮时,仅分析了齿轮的端面(即垂直于齿轮轴线的平面)情况,实际上,如图 5-25 所示轮齿总是有一定宽度的,基圆应是基圆柱,发生线应是发生面,发生线上的 K 点就是一条直线 KK'。KK' 与发生面在基圆柱上的切线 NN' 平行,且平行于齿轮轴线。当发生面沿基圆柱做纯滚动时,直线 KK' 在空间形成的轨迹就是一个渐开面,即直齿轮的齿廓曲面。一对直齿轮互相啮合时,两轮齿面的接触线为平行于其轴线的直线,如图 5-26 所示。这种齿轮的啮合状况是整个齿宽同时进入啮合和同时脱离啮合。因此,传动的平稳性差,冲击力和噪声大,不适于高速传动。为了克服这种缺点,改善啮合性能,工程中采用了斜齿圆柱齿轮传动。

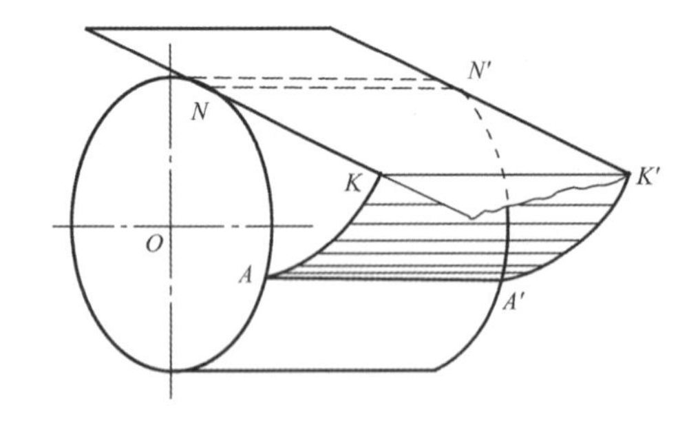

图 5-25 直齿轮齿廓曲面的形成

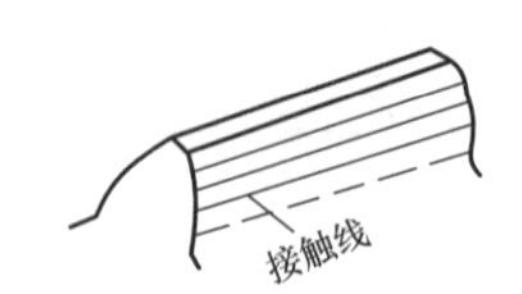

图 5-26 直齿轮传动接触线

斜齿圆柱齿轮齿面形成原理和直齿圆柱齿轮的情况相似,所不同的是发生面上的直线 KK' 与直线 NN' 不平行(当然也与齿轮的轴线不平行),而是与直线 NN' 成一夹角 β_b,如图 5-27 所示。当发生面沿基圆柱做纯滚动时,其上的斜线 KK' 在空间所形成的轨迹即为斜齿圆柱齿轮的齿廓曲面。如果将发生面卷在基圆柱上,则直线 KK' 就成为基圆柱上的一条螺旋线 AA'。又由于斜线 KK' 上任一点的轨迹都是同一基圆上的渐开线,只是它们的起点不同,即依次处于 AA' 的各点上,所以其齿廓曲面为渐开螺旋面。由此可见,斜齿圆柱齿轮的端面齿廓曲线仍为渐开线。故从端面上看,一对渐开线斜齿轮传动就相当于一对渐开线直齿轮传动,所以它也满足齿廓啮合基本定律。

一对斜齿轮互相啮合时,两轮齿面的接触线是斜直线,如图 5-28 所示。其啮合过程是在前端面从动轮的齿顶一点开始接触,然后接触线由短逐渐变长,再由长逐渐变短,最后在后端面从动轮齿根部的某一点开始分离。这种啮合情况,减少了传动时的冲击和噪声,提高了传动的平稳性,故斜齿轮适用于重载高速传动。

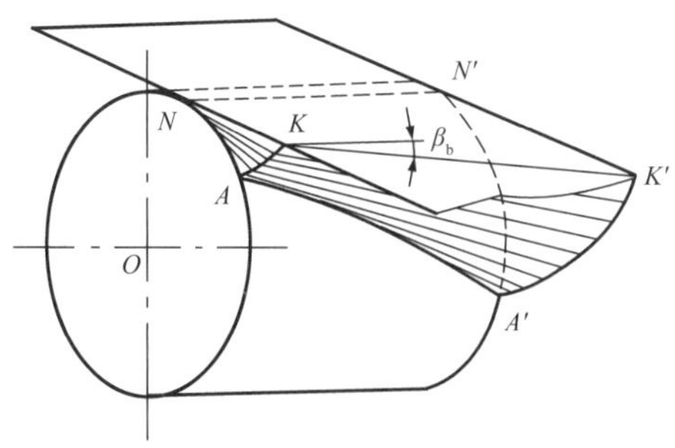

图 5-27　斜齿轮齿廓曲面的形成

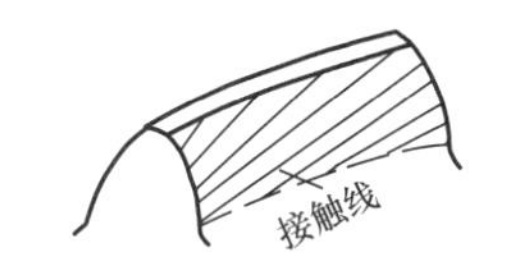

图 5-28　斜齿轮传动接触线

5.9.2　斜齿圆柱齿轮的基本参数

在垂直于轮齿螺旋线方向的法向剖面(即法面)上,斜齿轮齿廓曲线及齿形都与端面不同。下面对斜齿轮的基本参数加以说明。

(1)斜齿轮的螺旋角 β。如图 5-29 所示,将斜齿轮的分度圆柱面展开,则分度圆柱面上轮齿的螺旋线为一条斜线,其倾角 β 称为分度圆柱面上轮齿的螺旋角。通常用螺旋角 β 来表示斜齿轮轮齿的倾斜程度。设分度圆柱的直径为 d,螺旋线的导程为 p_z,则

$$\tan\beta=\frac{\pi d}{p_z}$$

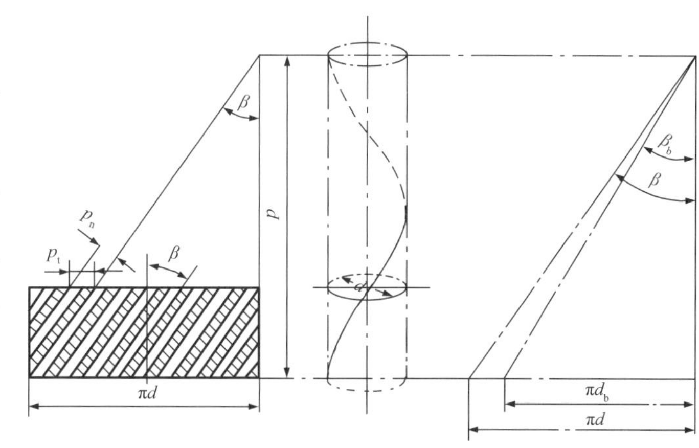

图 5-29　斜齿轮螺旋角

轮齿在基圆柱上的螺旋角为 β_b,其螺旋线导程也为 p_z,故

$$\tan\beta_b=\frac{\pi d_b}{p_z}$$

从端面上看,斜齿轮的齿廓曲线和直齿轮一样也为渐开线,基圆直径 d_b 与分度圆直径 d 亦有如下的关系

$$d_b=d\cos\alpha_t$$

式中:α_t 为分度圆上齿廓的端面压力角。故

$$\tan\beta_b=\frac{\pi d_b}{p_z}=\frac{\pi d\cdot\cos\alpha_t}{p_z}=\tan\beta\cdot\cos\alpha_t \tag{5-22}$$

(2)端面齿距 p_t 与法向齿距 p_n,端面模数 m_t 与法向模数 m_n 的关系。图 5-29 所示的阴影线部分代表轮齿,空白部分代表齿槽。由图可见,端面齿距 p_t 与法向齿距 p_n 是不相等的,它们之间的关系为

$$p_n=p_t\cdot\cos\beta$$

又因

$$p_n=\pi m_n,\ p_t=\pi m_t$$

故法向模数 m_n 与端面模数 m_t 的关系为

$$m_n=m_t\cdot\cos\beta \tag{5-23}$$

(3)端面压力角 α_t 与法向压力角 α_n 的关系。由图 5-30 可得

$$\frac{\tan \alpha_n}{\tan \alpha_t}=\cos \beta \qquad (5-24)$$

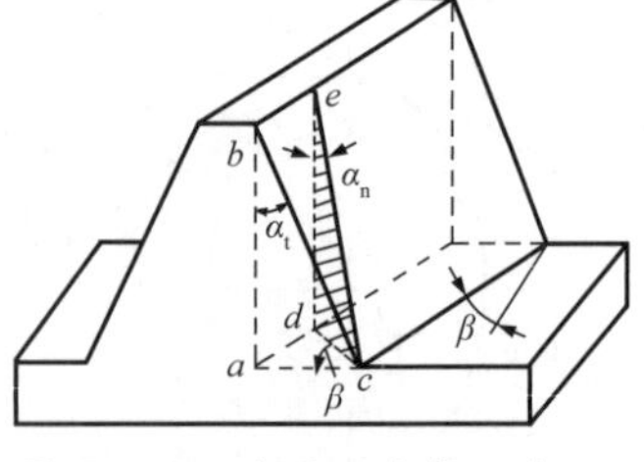

图 5-30 端面压力角 α_t 与法向压力角 α_n

(4) 端面齿顶高系数 h_{at}^* 与法面齿顶高系数 h_{an}^*、端面顶隙系数 c_t^* 与法面顶隙系数 c_n^* 的关系。

$$h_a=h_{at}^* \cdot m_t=h_{an}^* \cdot m_n,$$

$$h_f=(h_{at}^*+c_t^*)\cdot m_t=(h_{an}^*+c_n^*)\cdot m_n,$$

由式(5-23)可得

$$\left.\begin{aligned} h_{at}^* &= h_{an}^* \cos \beta \\ c_t^* &= c_n^* \cos \beta \end{aligned}\right\} \qquad (5-25)$$

在绝大多数情况下,斜齿轮是用铣刀或滚刀加工的,这时刀具沿螺旋线方向(倾斜角 β)运动,所以齿轮的法面参数(m_n,α_n,h_{an}^* 及 c_n^*)为标准值。同时为了利用切制直齿轮的刀具来加工斜齿轮,斜齿轮参数的标准值与直齿轮中规定的标准值相等。

5.9.3 斜齿圆柱齿轮传动的正确啮合条件和几何尺寸计算

(1) 正确啮合条件。要使一对斜齿轮能正确啮合,除像直齿轮一样必须保证两轮的模数和压力角分别相等外,两轮轮齿在啮合时其倾斜方向应一致。因此,外啮合斜齿轮传动的正确啮合条件为:

①两斜齿轮的螺旋角应大小相等,方向相反,若其中一轮为右旋齿轮,另一轮则为左旋齿轮,即 $\beta_1=-\beta_2$;

②两轮的法面模数和法面压力角应分别相等,即

$$m_{n1}=m_{n2}=m_n;\alpha_{n1}=\alpha_{n2}=\alpha_n$$

互相啮合两轮螺旋角的大小相等,故由式(5-23)及式(5-24)可知,其端面模数和端面压力角也分别相等。

(2)几何尺寸计算。由于一对斜齿轮啮合,在端面上就相当于一对直齿轮的啮合,故斜齿圆柱齿轮的基本参数和几何尺寸主要按端面来计算,计算公式见表 5-10。

表 5-10 渐开线正常齿标准斜齿圆柱齿轮的基本参数和几何尺寸计算

名称	符号	计算公式
端面模数	m_t	$m_t=m_n/\cos\beta$,m_n 为标准值
螺旋角	β	一般取 $\beta=8°\sim20°$
端面压力角	α_t	$\alpha_t=\arctan\left(\frac{\tan\alpha_n}{\cos\beta}\right)$,$\alpha_n$ 为标准值
分度圆直径	d	$d_1=m_tz_1=m_nz_1/\cos\beta, d_2=m_tz_2=m_nz_2/\cos\beta$
齿顶高	h_a	$h_{a1}=h_{a2}=h_a=h_{an}^*m_n=m_n$
齿根高	h_f	$h_{f1}=h_{f2}=h_f=(h_{an}+c_n^*)m_n=1.25m_n$
齿全高	h	$h=h_a+h_f=2.25m_n$
齿顶圆直径	d_a	$d_{a1}=d_1+2m_n, d_{a2}=d_2+2m_n$
齿根圆直径	d_f	$d_{f1}=d_1-2.5m_n, d_{f2}=d_2-2.5m_n$
中心距	a	$a=(d_1+d_2)/2=(z_1+z_2)m_t/2=(z_1+z_2)m_n/(2\cos\beta)$

5.9.4 斜齿圆柱齿轮传动的重合度

图 5-31(a)表示直齿轮传动的啮合平面,图 5-31(b)表示斜齿轮传动的啮合平面。对直齿轮来说,当前端的齿廓在 B_2 点开始进入啮合时,沿整个齿宽便同时进入啮合;前端面齿廓转到终止点 B_1 退出啮合时,整个齿宽便同时退出啮合。所以其重合度 $\varepsilon=L/P_b$。对斜齿轮来说,其前端齿廓也是在 B_2 点开始进入啮合,但这时整个轮齿没有全部进入啮合;当前端齿廓在 B_1 点开始退出啮合

时，整个轮齿也没有完全脱离啮合，还要沿后端啮合线继续啮合一段长度 ΔL，待后端齿廓到达终止点 B_1 后才完全脱离啮合。由图可见，斜齿轮传动的实际啮合线长比直齿轮传动增大了 ΔL。故斜齿轮传动的重合度比直齿轮传动的重合度增大 $\varepsilon_\beta=\Delta L/P_b=b\tan\beta_b/P_b$。

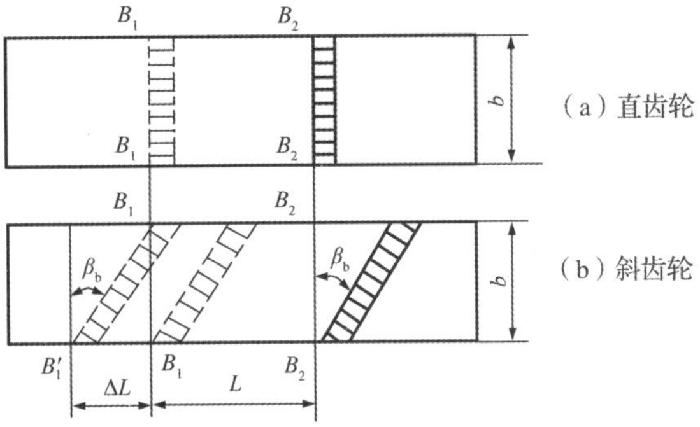

因此，斜齿轮传动的重合度为

$$\varepsilon=\varepsilon_t+\varepsilon_\beta \qquad (5-26)$$

图 5-31　重合度

式中：ε_t——端面的重合度，设计时可按 $\varepsilon_t=[1.88-3.2(1/z_1\pm1/z_2)]\cos\beta$ 计算；

ε_β——轴向重合度，即由于轮齿的倾斜而产生的附加重合度。

$$\varepsilon_\beta=\frac{b\cdot\tan\beta\cdot\cos\alpha_t}{\dfrac{p_n\cos\alpha_t}{\cos\beta}}=\frac{b\cdot\sin\beta}{\pi m_n} \qquad (5-27)$$

由上可见，斜齿轮的重合度随轮齿啮合宽度 b 和螺旋角 β 的增大而增大，这是斜齿轮传动平稳、承载能力高的原因之一。

5.9.5　斜齿圆柱齿轮的当量齿数

尽管切制斜齿轮所用铣刀和切制直齿轮的铣刀是一样的，但加工时刀刃位于轮齿的法面内，并沿着分度圆螺旋线方向进刀，所以切出来的轮齿，其法面上的齿槽形状与刀刃的形状一样。因此，挑选铣刀时，刀具的模数和压力角应与斜齿轮的法面模数和法面压力角相等。同时，除按模数、压力角进行选择外，还应根据齿数的多少来选择铣刀的刀号，因铣刀的刀号是按直齿轮的齿数制定的，故必须找出一个与斜齿轮法面齿形相当的直齿轮，然后按这个直齿轮的齿数来选择刀号。这个齿形与斜齿轮法面齿形相当的直齿轮叫作斜齿轮的当量齿轮，如图5-32所示。它的齿数叫作当量齿数，记作 z_v。

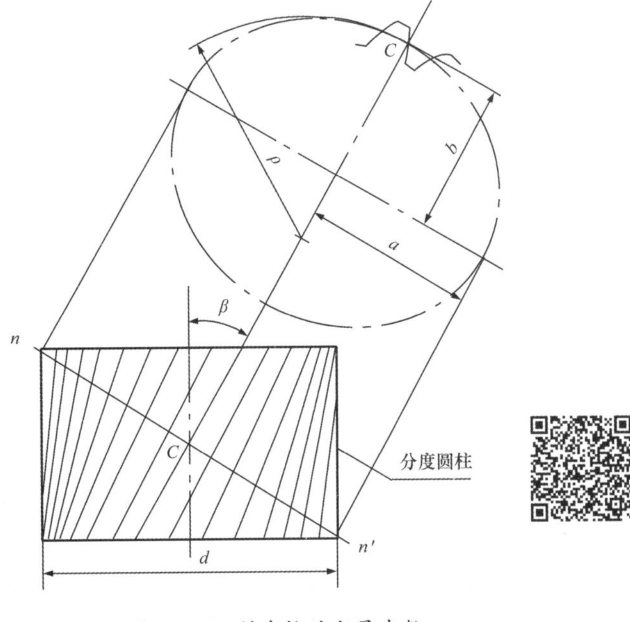

图 5-32　斜齿轮的当量齿数

如图 5－32 所示，过斜齿轮的分度圆柱上一点 C 作垂直于分度圆柱螺旋线的法面 $n-n'$，则该法面与分度圆柱面的交线为一椭圆。其长半轴为 $a=d/2\cos\beta$，短半轴为 $b=d/2$。由高等数学可知，椭圆在 C 点的曲率半径为

$$\rho=\frac{a^2}{b}=\frac{(d/2\cos\beta)^2}{d/2}=\frac{d}{2\cos^2\beta}$$

以 ρ 为分度圆半径，以斜齿轮的 m_n 为模数，取标准压力角 α_n 作一直齿圆柱齿轮，其齿形近似于斜齿轮的法向齿形，该齿轮即称为斜齿轮的当量齿轮。故当量齿数为

$$z_v=\frac{z}{\cos^3\beta} \tag{5-28}$$

式中：z——斜齿轮的实际齿数。

由于 $\frac{1}{\cos^3\beta}>1$，所以斜齿轮的当量齿数 z_v 必大于其实际齿数 z。

利用当量齿数可求出标准斜齿轮不发生根切的最少齿数

$$z_{min}=z_{vmin}\cdot\cos^3\beta \tag{5-29}$$

5.9.6 斜齿圆柱齿轮受力分析和强度计算

5.9.6.1 受力分析

图 5－33(a)表示斜齿轮传动中主动轮的受力情况，当不计摩擦时，齿轮所受的法向力 F_n 可分解为三个相互垂直的分力：圆周力 F_t、轴向力 F_a、径向力 F_r，如图 5－33(b)所示。其中：

$$\left.\begin{aligned}F_t&=\frac{2T_1}{d_1}\\F_a&=F_t\tan\beta\\F_r&=F_t\frac{\tan\alpha_n}{\cos\beta}\end{aligned}\right\} \tag{5-30}$$

而法向力

$$F_n=\frac{F_t}{\cos\alpha_n\cos\beta}$$

式中：T_1——小齿轮上的驱动力矩，N·mm；

d_1——小齿轮分度圆直径，mm；

α_n——法面压力角。

图 5－33(c)表示一对斜齿轮受力的传动情况，主动轮上的圆周力 F_{t1} 与齿轮回转方向 n_1 相反；从动轮上的圆周力 F_{t2} 与齿轮回转方向 n_2 相同。两轮的径向力 F_r 的方向都指向各自轮心。轴向力 F_a 的方向与齿轮回转方向和螺旋线方向有关，在主动轮上可用左、右手法则判断：左螺旋用左手，右螺旋用右手，握住齿轮轴线，四指屈指方向为主动轮旋转方向，则大拇指的指向即为轴向力 F_a 的方向，从动轮的轴向力 F_a 与其相反。图中两轮所受 3 个分力在二维图中表示方法如图 5－33(d)所示。

5.9.6.2 强度计算

(1)齿面接触强度计算。斜齿轮齿面接触强度计算与直齿轮基本相同，其验算公式为

$$\sigma_H=Z_EZ_HZ_\varepsilon Z_\beta\sqrt{\frac{2KT_1}{bd_1^2}\cdot\frac{u\pm1}{u}}\leqslant[\sigma_H] \tag{5-31}$$

设计公式为

$$d_1\geqslant\sqrt[3]{\frac{2KT_1}{\phi_d}\cdot\frac{u\pm1}{u}\left(\frac{Z_EZ_HZ_\varepsilon Z_\beta}{[\sigma_H]}\right)^2} \tag{5-32}$$

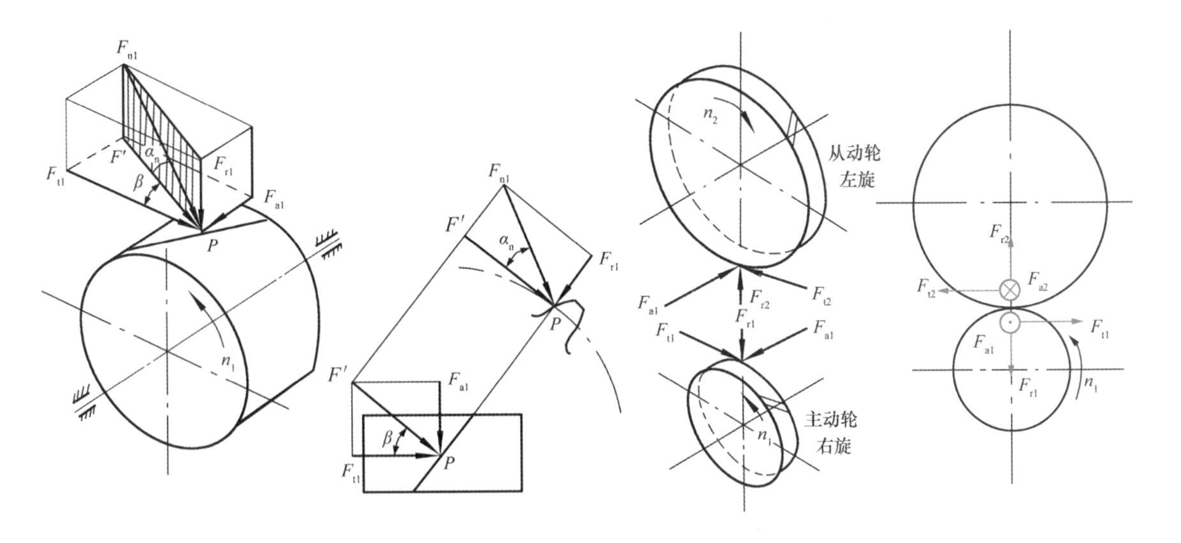

图 5-33　斜齿轮传动的受力分析

式中：Z_ε——重合度系数，是同时考虑端面重合度和轴向重合度对接触应力影响而引入的系数。$Z_\varepsilon=\sqrt{\frac{4-\varepsilon_t}{3}(1-\varepsilon_\beta)+\frac{\varepsilon_\beta}{\varepsilon_t}}$，若 $\varepsilon_\beta \geqslant 1$，则取为 1；

Z_β——螺旋角影响系数，$Z_\beta=\sqrt{\cos\beta}$；

Z_E——材料弹性影响系数，与直齿轮的同名系数相同；

Z_H——节点区域系数，与直齿轮的同名系数相同。其值查图 5-34。

(2)齿根弯曲强度计算。斜齿圆柱齿轮齿根弯曲强度按其法面上的当量直齿圆柱齿轮进行计算。除考虑因接触线倾斜、有利于提高弯曲强度而引入螺旋角影响系数 Y_β 外，其余与直齿轮相同，即弯曲强度验算公式为

$$\sigma_F=\frac{2KT_1}{bd_1m_n}Y_{FS}Y_\varepsilon Y_\beta \leqslant [\sigma_F] \tag{5-33}$$

代入 $b=\phi_d d_1$，$d_1=\frac{m_n z_1}{\cos\beta}$得设计公式

$$m_n \geqslant \sqrt[3]{\frac{2KT_1\cos^2\beta}{\phi_d z_1^2[\sigma_F]}Y_{FS}Y_\varepsilon Y_\beta} \tag{5-34}$$

式中：Y_{FS}——复合齿形系数，根据 z_v 查图5-22。

Y_β——螺旋角影响系数，$Y_\beta=1-\varepsilon_\beta\frac{\beta}{120°}$，当 $\varepsilon_\beta \geqslant 1$ 时，按 $\varepsilon_\beta=1$ 计算。

Y_ε——考虑重合度对弯曲应力影响引入的重合度系数，计算同直齿轮公式。

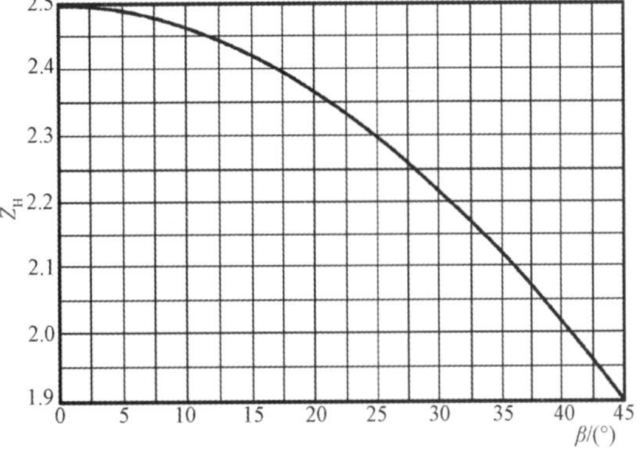

图 5-34　斜齿轮区域系数 Z_H

5.9.7　斜齿圆柱齿轮传动的优缺点

与直齿轮传动相比，斜齿轮传动具有以下优点：①斜齿轮齿面的接触线为斜直线，轮齿是

逐渐进入啮合和逐渐脱离啮合的，故传动平稳，冲击和噪声小。②重合度较大，并随齿宽和螺旋角的增大而增大，因此同时啮合的齿数较多，每对轮齿分担的载荷较小，故承载能力高，运转平稳，适用于高速传动。③斜齿轮的最少齿数比直齿轮少，故结构紧凑。

斜齿轮的主要缺点是工作时产生轴向分力，因此必须采用向心推力轴承，使系统结构复杂化。此外，轴向分力 F_a 增大传动中的摩擦损失。为了克服这一缺点，可以采用人字齿轮。这种齿轮的轮缘上对称分布着左旋和右旋轮齿，其轴向分力互相抵消。人字齿轮的缺点是制造比较困难。

由上述可知，螺旋角 β 的大小对斜齿轮传动的性能影响很大。若 β 太小，则斜齿轮的优点不突出；若 β 太大，又会产生很大的轴向推力，所以一般取 $\beta=8^\circ\sim20^\circ$。人字齿轮没有轴向推力，故 β 可以取得大些，一般采用 $\beta=25^\circ\sim40^\circ$。

5.9.8 斜齿圆柱齿轮传动设计实例

例 5-3 试设计某带式输送机单级减速器的斜齿轮传动。已知输入功率 $P=14.4$ kW，小齿轮转速 $n_1=456.5$ r/min，传动比 $i=3.35$，两班制每年工作 300 天，工作寿命 8 年。带式输送机运转平稳，单向输送。

解 1)选定齿轮材料、热处理方式、精度等级

据题意，选闭式斜齿圆柱齿轮传动。此减速器的功率较大，大、小齿轮均选硬齿面，齿轮材料均选用20Cr，渗碳淬火，齿面硬度为 HRC 58～62。初选齿轮精度 7 级。

2) 初步选取主要参数

取 $z_1=20$，$z_2=iz_1=3.35\times20=67$，

取 $\phi_a=0.4$，则 $\phi_d=0.5(i+1)\phi_a=0.5\times(3.4+1)\times0.4=0.88$，符合表 5-9 范围。

3)初选螺旋角 $\beta=12^\circ$

4)轮齿齿根弯曲疲劳强度设计计算

按式(5-34)计算法面模数 $m_n\geqslant\sqrt[3]{\dfrac{2KT_1\cos^2\beta}{\phi_d z_1^2[\sigma_F]}Y_{FS}Y_\varepsilon Y_\beta}$，

确定公式内各参数计算值：

①载荷系数 K：查表 5-6，取 $K=1.2$；

②小齿轮的驱动力矩 T_1：

$$T_1=9.55\times10^6\frac{P}{n_1}=9.55\times10^6\times\frac{14.4}{456.5}=3.0125\times10^5(\text{N}\cdot\text{mm})$$

③复合齿形系数 Y_{FS}：$z_{v1}=\dfrac{z_1}{\cos^3\beta}=\dfrac{20}{\cos^3 12^\circ}=21.37$，$z_{v2}=\dfrac{z_2}{\cos^3\beta}=\dfrac{67}{\cos^3 12^\circ}=71.59$，

查图 5-22 得，$Y_{FS1}=4.34$，$Y_{FS2}=3.96$；

④重合度系数 Y_ε：

由 $\varepsilon_t=\left[1.88-3.2\left(\dfrac{1}{z_1}+\dfrac{1}{z_2}\right)\right]\cos\beta=\left[1.88-3.2\left(\dfrac{1}{20}+\dfrac{1}{67}\right)\right]\times\cos12^\circ=1.64$，

得 $Y_\varepsilon=0.25+\dfrac{0.75}{\varepsilon_t}=0.25+\dfrac{0.75}{1.64}=0.707$；

⑤螺旋角影响系数 Y_β：

由 $b=\phi_d d_1=\phi_d\dfrac{z_1 m_n}{\cos\beta}$及式(5-27)可得

$\varepsilon_\beta=\dfrac{b\sin\beta}{\pi m_n}=\dfrac{\phi_d z_1\tan\beta}{\pi}=\dfrac{0.88\times20\times\tan12^\circ}{\pi}=1.19>1$，取 $\varepsilon_\beta=1$ 计算，

$Y_\beta=1-\varepsilon_\beta \dfrac{\beta}{120^\circ}=1-\dfrac{12^\circ}{120^\circ}=0.9$;

⑥许用应力：查图 5-23(b)，$\sigma_{\text{Flim1}}=\sigma_{\text{Flim2}}=920\ \text{MPa}$，

查表 5-7，取 $S_{\text{F}}=1.25$，

则 $[\sigma_{\text{F}}]_1=[\sigma_{\text{F}}]_2=\dfrac{\sigma_{\text{Flim}}}{S_{\text{F}}}=\dfrac{920}{1.25}=736(\text{MPa})$；

⑦计算大、小齿轮的 $\dfrac{Y_{\text{FS}}}{[\sigma_{\text{F}}]}$ 并进行比较：

因为 $[\sigma_{\text{F}}]_1=[\sigma_{\text{F}}]_2$，$Y_{\text{FS1}}>Y_{\text{FS2}}$，故 $\dfrac{Y_{\text{FS1}}}{[\sigma_{\text{F}}]_1}>\dfrac{Y_{\text{FS2}}}{[\sigma_{\text{F}}]_2}$，

于是 $m_{\text{n}}\geqslant\sqrt[3]{\dfrac{2KT_1\cos^2\beta}{\phi_d z_1^2[\sigma_{\text{F}}]_1}Y_{\text{FS1}}Y_\varepsilon Y_\beta}$

$=\sqrt[3]{\dfrac{2\times1.2\times301.25\times10^3\cos^2 12^\circ}{0.88\times20^2\times736}\times4.34\times0.707\times0.9}\approx1.95(\text{mm})$。

5)按齿面接触疲劳强度设计计算

按式(5-32)计算小齿轮分度圆直径

$$d_1\geqslant\sqrt[3]{\frac{2KT_1}{\phi_d}\cdot\frac{u+1}{u}\left(\frac{Z_{\text{E}}Z_{\text{H}}Z_\varepsilon Z_\beta}{[\sigma_{\text{H}}]}\right)^2}$$

确定公式中各参数值：

①材料弹性影响系数 Z_{E}：查表 5-8，$Z_{\text{E}}=189.8\sqrt{\text{MPa}}$；

②由图 5-34 选取区域系数：$Z_{\text{H}}=2.45$；

③重合度系数：$Z_\varepsilon=\sqrt{\dfrac{4-\varepsilon_{\text{t}}}{3}(1-\varepsilon_\beta)+\dfrac{\varepsilon_\beta}{\varepsilon_{\text{t}}}}=\sqrt{\dfrac{1}{1.64}}=0.781$；

④螺旋角影响系数：$Z_\beta=\sqrt{\cos\beta}=\sqrt{\cos 12^\circ}=0.99$；

⑤许用应力：

查图 5-20(b)，$\sigma_{\text{Hlim1}}=\sigma_{\text{Hlim2}}=1\ 500(\text{MPa})$，

查表 5-7，取 $S_{\text{H}}=1$，则 $[\sigma_{\text{H}}]_1=[\sigma_{\text{H}}]_2=\dfrac{\sigma_{\text{Hlim}}}{S_{\text{H}}}=\dfrac{1\ 500}{1}=1\ 500\ \text{MPa}$，

于是

$$d_1\geqslant\sqrt[3]{\frac{2KT_1}{\phi_d}\cdot\frac{u+1}{u}\left(\frac{Z_{\text{E}}Z_{\text{H}}Z_\varepsilon Z_\beta}{[\sigma_{\text{H}}]}\right)^2}$$

$$=\sqrt[3]{\frac{2\times1.2\times301.25\times10^3}{0.88}\times\frac{3.35+1}{3.35}\times\left(\frac{189.8\times2.45\times0.781\times0.99}{1\ 500}\right)^2}$$

$$=39.43(\text{mm})$$

$$m_{\text{n}}=\frac{d_1\cos\beta}{z_1}=\frac{39.43\times\cos 12^\circ}{20}=1.928(\text{mm})$$

6)基本参数和几何尺寸计算

根据设计准则，需要协调 m_{n}、d_1 和 z_1 三个参数取值，同时满足齿根强度和齿面强度的要求，即 $m_{\text{n}}\geqslant1.95\ \text{mm}$，$d_1\geqslant39.43\ \text{mm}$（若 z_1 仍取 20，那么 $m_{\text{n}}\geqslant1.928\ \text{mm}$）。

按表 5-1 选取标准值 $m_{\text{n}}=2\ \text{mm}$；

确定中心距 $a=\dfrac{m_n(z_1+z_2)}{2\cos\beta}=\dfrac{2\times(20+67)}{2\times\cos 12^\circ}=88.95$ mm，圆整取 $a=90$ mm；

确定螺旋角 $\beta=\arccos\dfrac{m_n(z_1+z_2)}{2a}=\arccos\dfrac{2\times(20+67)}{2\times 90}=14.8^\circ$；

因与初选值12°相差较大，故需重新计算各参数值。按上述步骤和方法求得：

$z_{v1}=22.14, z_{v2}=74.17, Y_{FS1}=4.33, Y_{FS2}=3.95$；

$\varepsilon_t=1.62, Y_\varepsilon=0.71$；$\varepsilon_\beta\approx1.48>1$，仍取 $\varepsilon_\beta=1$ 计算，$Y_\beta=0.88$；

$Z_H=2.43, Z_\varepsilon=0.786, Z_\beta=0.98$；

得 $m_n\geqslant1.92$ mm，$d_1\geqslant39.12$ mm。

结果分别与修正前的1.95 mm和39.43 mm相差甚微，上述修正前的取值 $m_n=2$ mm、$a=90$ mm满足强度要求且无须更改，螺旋角14.8°不变。

于是

$m_t=m_n/\cos\beta=2/\cos 14.8^\circ=2.07$(mm)；

$\alpha_t=\arctan\left(\dfrac{\tan\alpha_n}{\cos\beta}\right)=20.63^\circ$；

$d_1=\dfrac{m_n z_1}{\cos\beta}=\dfrac{2\times 20}{\cos 14.8^\circ}=41.37$(mm)；

$d_2=\dfrac{m_n z_2}{\cos\beta}=\dfrac{2\times 67}{\cos 14.8^\circ}=138.60$(mm)；

$h_a=h_{an}^* m_n=1\times2=2$(mm)；

$h_f=(h_{an}^*+c_n^*)m_n=(1+0.25)\times2=2.5$(mm)；

$h=h_a+h_f=4.5$ mm；

$d_{a1}=d_1+2h_a=41.37+2\times2=45.3$(mm)；

$d_{a2}=d_2+2h_a=138.60+2\times2=142.60$(mm)；

$d_{f1}=d_1-2h_f=41.37-2\times2.5=36.37$(mm)；

$d_{f2}=d_2-2h_f=138.60-2\times2.5=133.60$(mm)；

$b=\phi_d\cdot d_1=0.88\times41.37=36.41$(mm)；

取 $B_2=38$ mm，$B_1=B_2+(5\sim10)$mm，取 $B_1=45$ mm。

7)验算初选精度等级是否合适

圆周速度　$v=\dfrac{\pi d_1 n_1}{60\times1\,000}=\dfrac{\pi\times41.37\times456.5}{60\times1\,000}=0.99$(m/s)，

$v<20$ m/s且富余较大，可参考表5-5有关条件将精度等级定为8级。

8)结构设计及绘制齿轮零件图

详见本教材5.11.1小节。

5.10 直齿圆锥齿轮传动

5.10.1 圆锥齿轮传动概述

圆锥齿轮传动传递的是相交两轴的运动和动力。两轴线的夹角Σ可根据传动的要求来决定。一般机械中，多采用Σ=90°的传动。圆锥齿轮的轮齿分布在圆锥体上，从大端到小端逐渐减小，如图5-35(a)所示。一对圆锥齿轮的运动可看成是两个锥顶共点的圆锥体相互做纯滚动，

这两个锥顶共点的圆锥体就是节圆锥。此外,与圆柱齿轮相似,圆锥齿轮还有分度圆锥、齿顶圆锥、齿根圆锥、基圆锥。对于正确安装的标准圆锥齿轮传动,其节圆锥与分度圆锥重合。

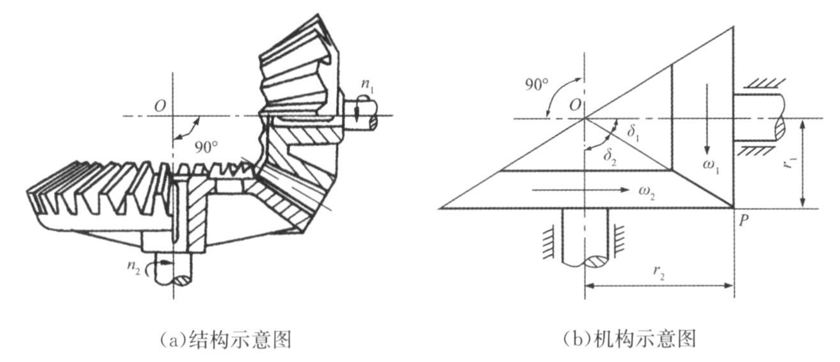

(a)结构示意图　　(b)机构示意图

图 5-35　直齿圆锥齿轮传动

图 5-35(b)所示为一对正确安装的标准圆锥齿轮,其分度圆锥与节圆锥重合,两齿轮的分度圆锥角分别为 δ_1 和 δ_2,大端分度圆半径分别为 r_1 和 r_2,齿数分别为 z_1 和 z_2。两齿轮的传动比为

$$i=\frac{\omega_1}{\omega_2}=\frac{n_1}{n_2}=\frac{z_2}{z_1}=\frac{r_2}{r_1}=\frac{\overline{OP}\sin\delta_2}{\overline{OP}\sin\delta_1}=\frac{\sin\delta_2}{\sin\delta_1} \tag{5-35}$$

当 $\Sigma=\delta_1+\delta_2=90°$ 时,

$$i=\tan\delta_2=\cot\delta_1 \tag{5-36}$$

圆锥齿轮的轮齿有直齿和曲齿两种类型。直齿圆锥齿轮易于制造,适用于低速、轻载传动的场合,而曲齿圆锥齿轮传动平稳,承载能力强,常用于高速、重载传动的场合,曲齿圆锥齿轮制造较为复杂。下面仅讨论直齿圆锥齿轮传动。

5.10.2　圆锥齿轮的背锥和当量齿数

如图 5-36 所示,$\triangle OAB$ 为圆锥齿轮的分度圆锥,过分度圆锥上的点 A 作分度圆锥母线 OA 的垂线,与分度圆锥的轴线交于 O_1 点。以 OO_1 为轴、O_1A 为母线的圆锥称为此圆锥齿轮的背锥。

如图 5-37 所示,将背锥上的齿廓展开成平面,则成为两个扇形齿轮,其分度圆半径即为背锥的锥矩,分别用 r_{v1} 和 r_{v2} 表示。将两扇形齿轮补足为完整的圆柱齿轮,这两个圆柱齿轮称为圆锥齿轮的当量齿轮,其齿数称为当量齿数,用 z_v 表示。

由图 5-37 可得

$$r_{v1}=\frac{r_1}{\cos\delta_1}=\frac{mz_1}{2\cos\delta_1} \tag{5-37}$$

而 $r_{v1}=mz_{v1}/2$,所以

$$\left.\begin{aligned} z_{v1}&=\frac{z_1}{\cos\delta_1}\\ z_{v2}&=\frac{z_2}{\cos\delta_2}\end{aligned}\right\} \tag{5-38}$$

由此可知 $z_{v1}>z_1$,$z_{v2}>z_2$。

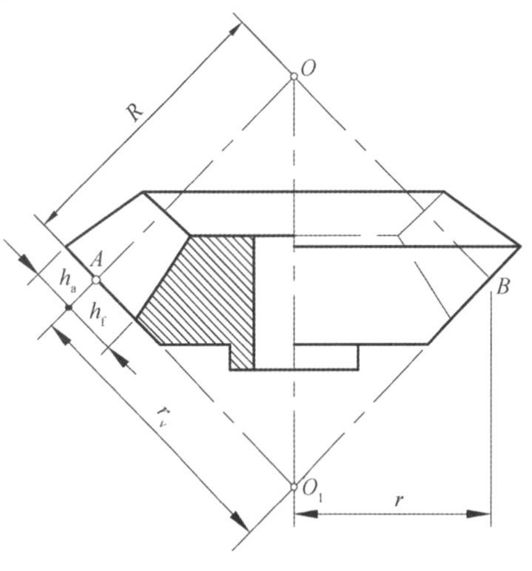

图 5-36　圆锥齿轮的背锥

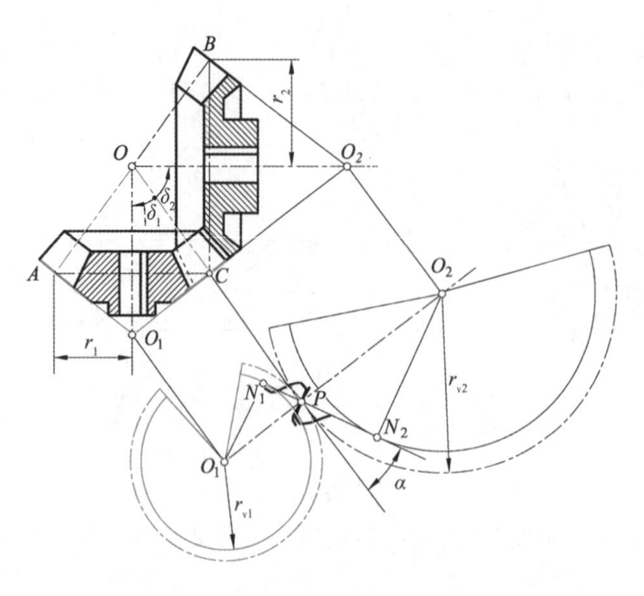

图 5－37　圆锥齿轮的当量齿轮

5.10.3　直齿圆锥齿轮的几何尺寸计算

直齿圆锥齿轮的齿高由大端到小端逐渐收缩。图 5－38(a)所示为不等顶隙收缩齿圆锥齿轮,其节圆锥与分度圆锥重合,且两轴交角$\Sigma=90°$。图 5－38(b)所示为《直齿及斜齿轮基本轮廓》(GB 12369—1990)规定的等顶隙收缩齿圆锥齿轮,其齿根圆锥与分度圆锥共锥顶,但齿顶圆锥母线与另一齿轮齿根圆锥母线平行,不与分度圆锥共锥顶,故两轮顶隙从大端到小端都是相等的,这样不仅提高了轮齿承载能力,并且利于储存油润滑。标准直齿圆锥齿轮各部分名称及几何尺寸计算见表 5－11。

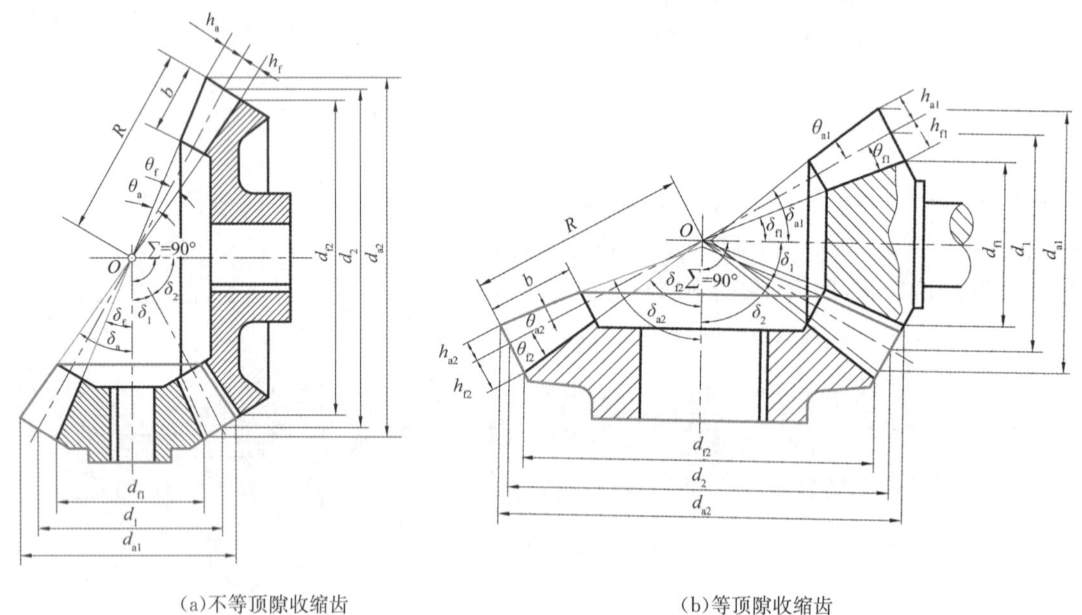

(a)不等顶隙收缩齿　　　　(b)等顶隙收缩齿

图 5－38　圆锥齿轮的几何尺寸

表 5-11　标准直齿圆锥齿轮传动($\Sigma=90°$)的主要几何尺寸计算公式

名称	符号	计算公式
分度圆锥角	δ	$\delta_1=\operatorname{arccot}\frac{z_2}{z_1}, \delta_2=90°-\delta_1$
分度圆直径	d	$d_1=mz_1, d_2=mz_2$
齿顶高	h_a	$h_{a1}=h_{a2}=h_a^* m$
齿根高	h_f	$h_{f1}=h_{f2}=(h_a^*+c^*)m$
齿顶圆直径	d_a	$d_{a1}=d_1+2h_a\cos\delta_1$ $d_{a2}=d_2+2h_a\cos\delta_2$
齿根圆直径	d_f	$d_{f1}=d_1-2h_f\cos\delta_1, d_{f2}=d_2-2h_f\cos\delta_2$
锥矩	R	$R=\frac{1}{2}\sqrt{d_1^2+d_2^2}$
齿宽	b	$b\leqslant\frac{1}{3}R$
齿顶角	θ_a	不等顶隙收缩齿 $\theta_{a1}=\theta_{a2}=\arctan\frac{h_a}{R}$；等顶隙收缩齿 $\theta_{a1}=\theta_{f2}, \theta_{a2}=\theta_{f1}$
齿根角	θ_f	$\theta_{f1}=\theta_{f2}=\arctan\frac{h_f}{R}$
齿顶圆锥角	δ_a	$\delta_{a1}=\delta_1+\theta_{a1}, \delta_{a2}=\delta_2+\theta_{a2}$
齿根圆锥角	δ_f	$\delta_{f1}=\delta_1-\theta_{f1}, \delta_{f2}=\delta_2-\theta_{f2}$
当量齿数	z_v	$z_{v1}=\frac{z_1}{\cos\delta_1}, z_{v2}=\frac{z_2}{\cos\delta_2}$

计算直齿圆锥齿轮的几何尺寸时一般以大端参数为标准值，这是因为大端尺寸计算和测量的相对误差较小。齿宽 $b=\phi_R R=(0.25\sim0.3)R$，$\phi_R$ 为齿宽系数，R 为锥矩。

直齿圆锥齿轮正确啮合的条件可由当量圆柱齿轮的正确啮合条件得到，即两齿轮的大端模数相等，压力角也相等，即 $m_1=m_2=m$；$\alpha_1=\alpha_2=\alpha$。其模数的标准系列值见表 5-12[参考《锥齿轮模数》(GB/T 12368—1990)]。

表 5-12　圆锥齿轮大端端面模数系列　　mm

0.1	0.12	0.15	0.2	0.25	0.3	0.35	0.4	0.5	0.6	0.7	0.8	0.9
1	1.125	1.25	1.375	1.5	1.75	2	2.25	2.5	2.75	3	3.25	3.5
3.75	4	4.5	5	5.5	6	6.5	7	8	9	10	11	12
14	16	18	20	22	25	28	30	32	36	40	45	50

5.10.4　直齿圆锥齿轮受力分析和强度计算

5.10.4.1　*受力分析*

图 5-39 所示为圆锥齿轮传动主动轮上的受力情况。主动轮上的法向力为 F_n，F_n 作用在位于齿宽 b 中间位置的节点 P 上，即作用在分度圆锥的平均直径 d_{m1} 处。设齿轮上作用的转矩为 T_1，忽略接触面上的摩擦力，则法向力 F_n 可分解成 3 个互相垂直的分力：圆周力 F_{t1}、径向力 F_{r1} 及轴向力 F_{a1}，其在二维平面中的表示法如图 5-39(c)所示，其计算公式为

$$\left.\begin{aligned}&\text{圆周力} && F_{t1}=\frac{2T_1}{d_{m1}}\\&\text{径向力} && F_{r1}=F'\cdot\cos\delta=F_{t1}\tan\alpha\cdot\cos\delta\\&\text{轴向力} && F_{a1}=F'\cdot\sin\delta=F_{t1}\tan\alpha\cdot\sin\delta\end{aligned}\right\}\quad(5-39)$$

d_{m1} 根据几何尺寸关系由分度圆直径 d_1、锥矩 R 和齿宽 b 来确定，

$$\frac{R-0.5b}{R}=\frac{0.5d_{m1}}{0.5d_1}$$

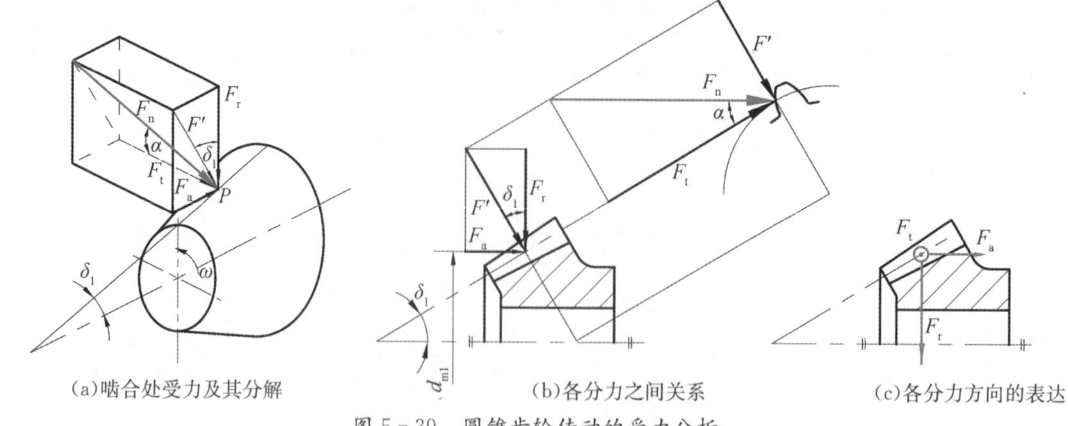

(a)啮合处受力及其分解 (b)各分力之间关系 (c)各分力方向的表达

图 5-39 圆锥齿轮传动的受力分析

故

$$d_{m1}=\frac{R-0.5b}{R}d_1=(1-0.5\phi_R)d_1 \tag{5-40}$$

圆周力和径向力方向的确定方法与直齿轮相同，两齿轮的轴向力方向都是沿着各自的轴线方向并指向轮齿的大端。大齿轮的受力可根据作用力与反作用力原理确定：$F_{t1}=F_{t2}$，$F_{r1}=F_{a2}$，$F_{a1}=F_{r2}$，负号表示两力方向相反。

5.10.4.2 强度计算

计算直齿圆锥齿轮的强度时，可按齿宽中点处一对当量直齿圆柱齿轮的传动作近似计算。

当两轴交角$\Sigma=90°$时，齿面接触疲劳强度的校核公式为

$$\sigma_H=\frac{4.98Z_E}{1-0.5\phi_R}\sqrt{\frac{KT_1}{\phi_R d_1^3 u}}\leqslant[\sigma_H] \tag{5-41}$$

设计公式为

$$d_1\geqslant\sqrt[3]{\frac{KT_1}{\phi_R u}\left(\frac{4.98Z_E}{(1-0.5\phi_R)[\sigma_H]}\right)^2} \tag{5-42}$$

式中：ϕ_R——齿宽系数，$\phi_R=b/R$，一般 $\phi_R=0.25\sim0.35$。

其余各项符号的意义与直齿轮相同。

齿根弯曲疲劳强度计算的校核公式为

$$\sigma_F=\frac{4KT_1Y_{FS}}{\phi_R(1-0.5\phi_R)^2 z_1^2 m^3\sqrt{u^2+1}}\leqslant[\sigma_F] \tag{5-43}$$

式中：Y_{FS}——复合齿形系数，按当量齿数 z_v 查图 5-22。

设计公式为

$$m\geqslant\sqrt[3]{\frac{4KT_1Y_{FS}}{\phi_R(1-0.5\phi_R)^2 z_1^2[\sigma_F]\sqrt{u^2+1}}} \tag{5-44}$$

计算得到模数 m 后应圆整取标准值。

5.11 齿轮结构设计及齿轮传动的润滑

5.11.1 齿轮的结构设计

齿轮的结构设计主要包括选择合适的结构形式，确定齿轮的轮毂、轮辐、轮缘等各部分的尺寸并绘制齿轮的二维工程零件图等。

常用的齿轮结构形式有以下几种：

(1)齿轮轴。当圆柱齿轮的齿根圆至键槽底部的距离 $x\leqslant(2\sim2.5)m$ 或圆锥齿轮小端的齿根圆至键槽底部的距离 $x\leqslant(1.6\sim2)m$ 时，将齿轮与轴制成一体，称为齿轮轴，如图 5-40 所示。

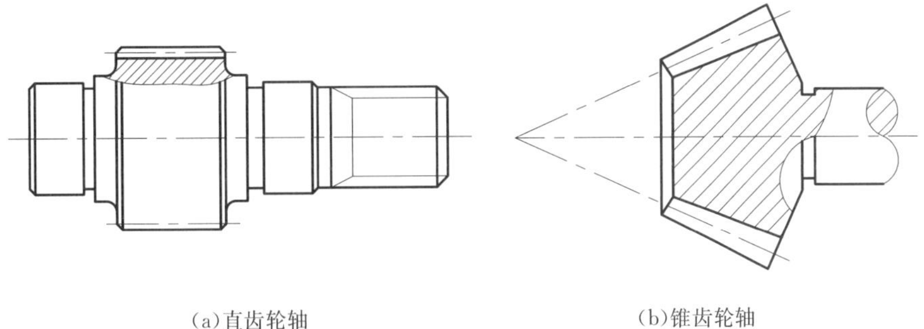

(a)直齿轮轴　　　　　　　　(b)锥齿轮轴

图 5-40　齿轮轴

(2)实体式齿轮。当齿轮的齿顶圆直径 $d_a \leqslant 200$ mm 而又不属于(1)中情况时，则采用实体结构，如图 5-41 所示。这种结构形式的齿轮常用锻钢制造。

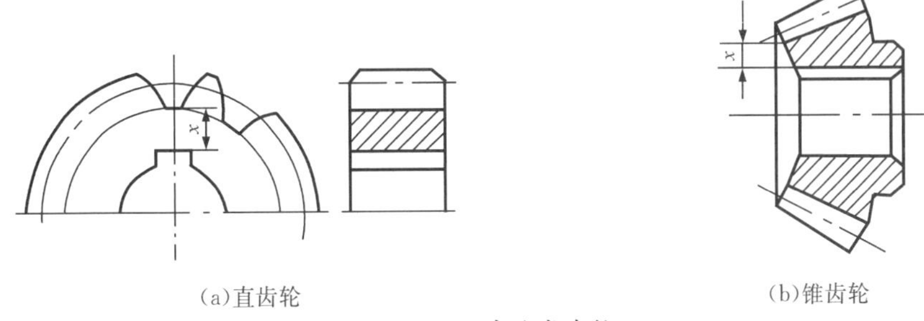

(a)直齿轮　　　　　　　　(b)锥齿轮

图 5-41　实体式齿轮

(3)腹板式齿轮。当齿轮的齿顶圆直径 $d_a = 200 \sim 500$ mm 时，采用腹板式结构，如图5-42所示。这种结构形式的齿轮一般多用锻钢制造，其各部分尺寸由图中经验公式确定。

(4)轮辐式齿轮。当齿轮的齿顶圆直径 $d_a > 500$ mm 时，采用轮辐式结构，如图 5-43 所示。这种结构形式的齿轮常采用铸钢或铸铁制造，其各部分尺寸按图中经验公式确定。

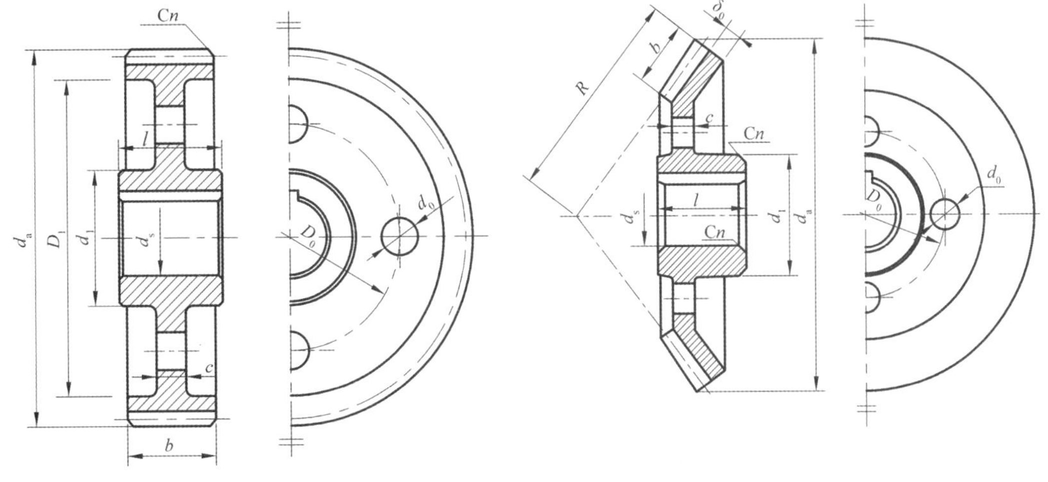

(a)直齿轮　　　　　　　　(b)锥齿轮

$d_1 = 1.6d_s$(d_s 为轴径)　　$c = 0.3b$　　$d_1 = 1.6d_s$(铸钢)　　$c = (0.1 \sim 0.17)l > 10$ mm

$D_0 = \frac{1}{2}(D_1 + d_1)$　　$l = (1.2 \sim 1.3)d_s \geqslant b$　　$d_1 = 1.8d_s$(铸铁)　　$\delta_0 = (3 \sim 4)m_n > 10$ mm

$D_1 = d_a - (10 \sim 12)m_n$　　$n = 0.5m_n$　　$l = (1 \sim 1.2)d_s$　　D_0 和 d_0 根据结构确定

$d_0 = 0.25(D_1 - d_1)$

图 5-42　腹板式齿轮

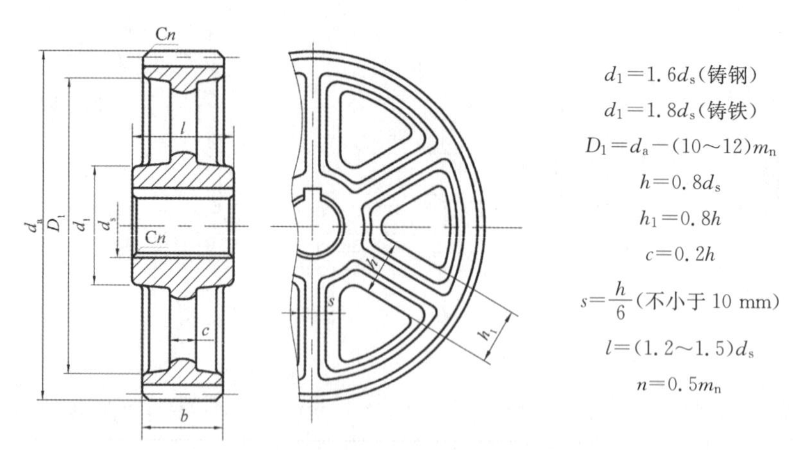

图 5-43　轮辐式齿轮

齿轮结构通常用二维工程图表达，如图 5-44 所示为某大齿轮的二维工程零件图。随着计算机辅助分析软件的不断发展，三维模型表达方式逐渐增多，图 5-45 为在 UGS NX4 软件中对该例齿轮进行参数化三维建模的界面。

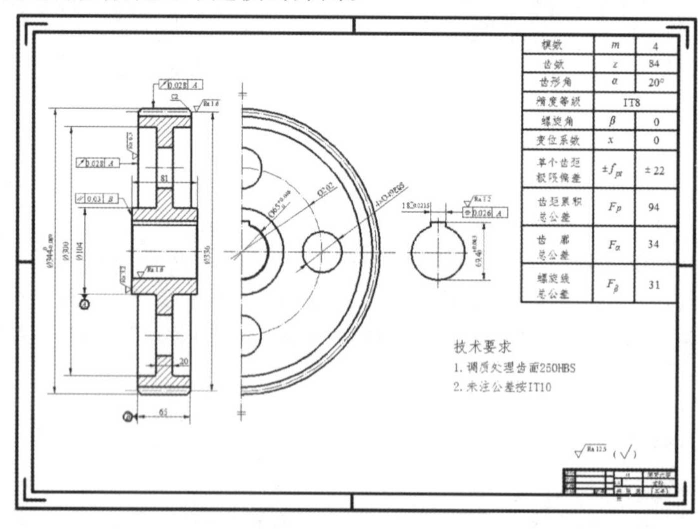

图 5-44　齿轮零件二维工程图

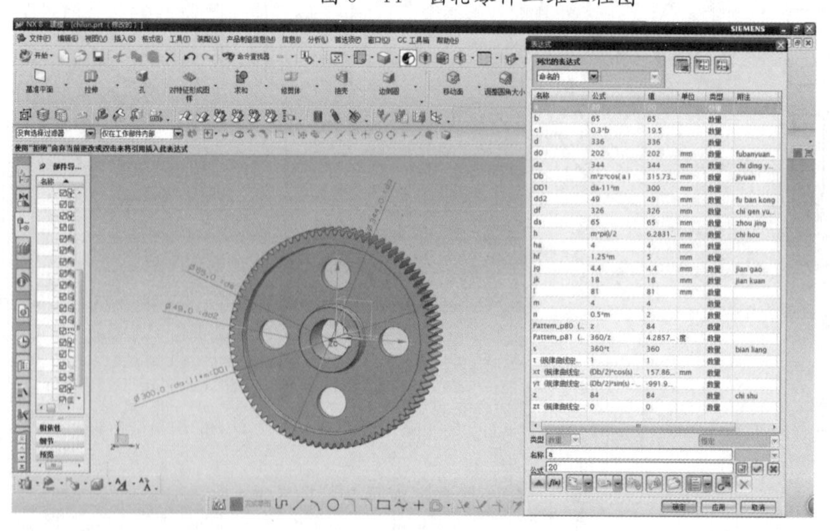

图 5-45　齿轮参数化三维建模

5.11.2 齿轮传动的润滑

润滑对于齿轮传动十分重要。润滑不仅可以减小摩擦、减轻磨损，还可以起到冷却、防锈、降低噪声、洗涤等改善齿轮工作状况、延长齿轮使用寿命的作用。

5.11.2.1 润滑方式

闭式齿轮传动的润滑方式有浸油润滑和喷油润滑两种。一般根据齿轮的圆周速度来确定采用哪一种润滑方式。

(1)浸油润滑。当齿轮的圆周速度 $v \leqslant 12$ m/s 时，通常将大齿轮浸入油池中进行润滑，如图 5－46(a)所示。当转速较大时，齿轮浸入深度约为一个齿高；当转速较低时，可浸深些，但不宜浸入过深，否则会增大运动阻力并使油温升高。在多级齿轮传动中，对于未浸入油池内的齿轮，可采用带油轮将油带到未浸入油池内的齿轮齿面上，如图 5－46(b)所示。浸油齿轮将油甩到齿轮箱壁上，有利于散热。

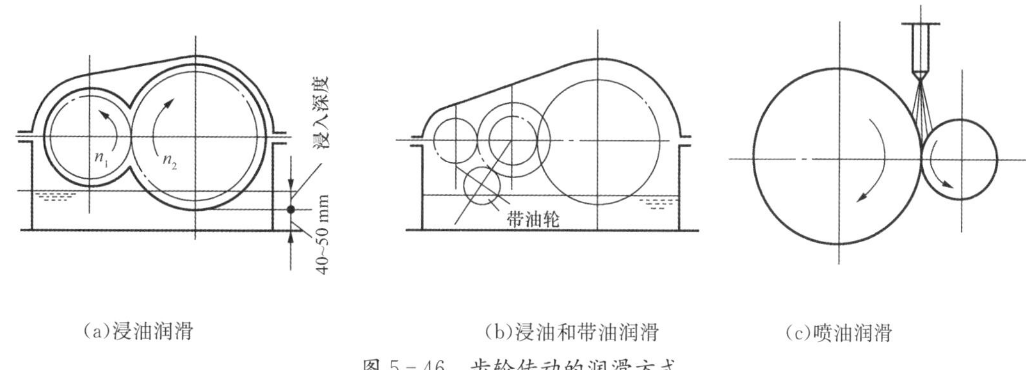

(a)浸油润滑　　(b)浸油和带油润滑　　(c)喷油润滑

图 5－46 齿轮传动的润滑方式

(2)喷油润滑。当齿轮的圆周速度 $v > 12$ m/s 时，圆周速度大，齿轮搅油剧烈，且黏附在齿廓面上的油易被甩掉，因此不宜采用浸油润滑，而采用喷油润滑。用油泵将具有一定压力的润滑油经喷嘴喷到啮合的齿面上，如图 5－46(c)所示。

对于开式齿轮传动，其传动速度较低，常采用人工定期加油润滑的方式进行润滑。

5.11.2.2 润滑剂的选择

选择润滑油时，先根据齿轮的工作条件及圆周速度从表 5－13 中查得运动黏度值，再根据选定的黏度确定润滑油的牌号。

表 5－13 齿轮传动润滑油黏度荐用值

齿轮材料	强度极限 σ_B/MPa	圆周速度 v/(m·s^{-1})						
		<0.5	0.5～1	1～2.5	2.5～5	5～12.5	12.5～25	>25
		运动黏度 $\nu_{50°}$($\nu_{100°}$)/(mm^2·s^{-1})						
塑料、青铜、铸铁	—	180(23)	120(15)	85	60	45	34	—
钢	450～1 000	270(34)	180(23)	120(15)	85	60	45	34
	1 000～1 250	270(34)	270(34)	180(23)	120(15)	85	60	45
渗碳或表面淬火钢	1 250～1 580	450(53)	270(34)	270(34)	180(23)	120(15)	85	60

注：1. 多级齿轮传动按各级所选润滑油黏度的平均值来确定润滑油。

2. 对于 $\sigma_B > 800$ MPa 的镍铬钢制齿轮(不渗碳)，润滑油黏度取高一档的数值。

必须经常检查齿轮传动工作时润滑系统的状况(如润滑油的油面高度等)。油面过低导致润滑不良，油面过高会增加搅油功率的损失。对于压力喷油润滑系统，还需检查油压状况，油压过低会造成供油不足，油压过高(可能是因为油路不畅通所致)也会造成不良后果，需及时调整。

5.12 蜗杆传动

5.12.1 主要类型和传动特点

蜗杆传动传递空间两交错轴之间的运动和动力，如图 5-47 所示，通常两轴交错角为 90°，蜗杆为主动件。蜗杆传动广泛应用于各种机器和仪器设备之中，常用作减速传动。

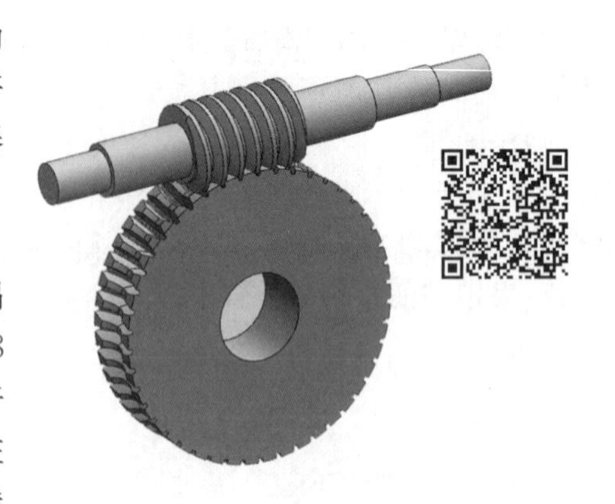

图 5-47 蜗杆传动

5.12.1.1 主要类型

按蜗杆形状的不同，蜗杆传动可分为圆柱蜗杆传动、环面蜗杆传动和锥蜗杆传动，如图5-48所示。按加工刀刃形状的不同，圆柱蜗杆又有普通圆柱蜗杆和圆弧圆柱蜗杆之分，其中，普通圆柱蜗杆又有多种，如阿基米德蜗杆（ZA 型）、渐开线蜗杆（ZI 型）等。

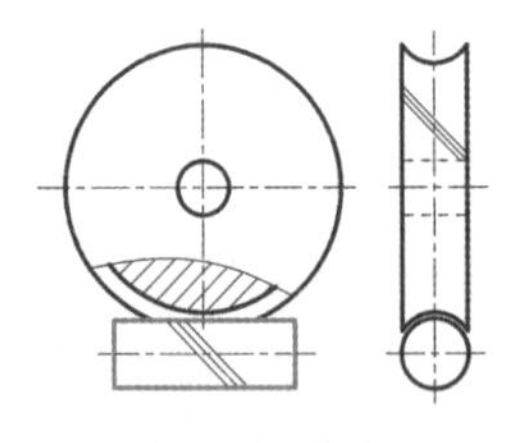

(a)圆柱蜗杆传动

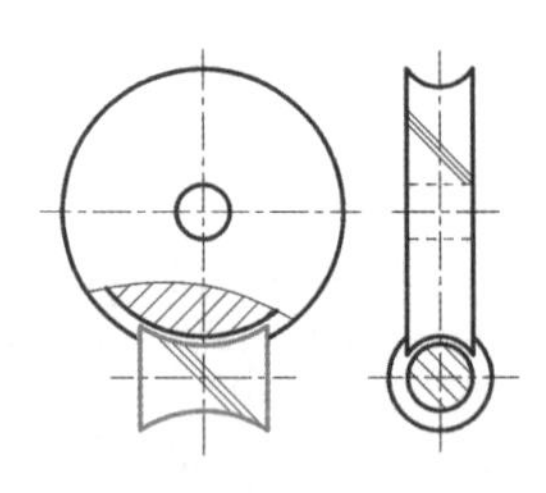

(b)环面蜗杆传动

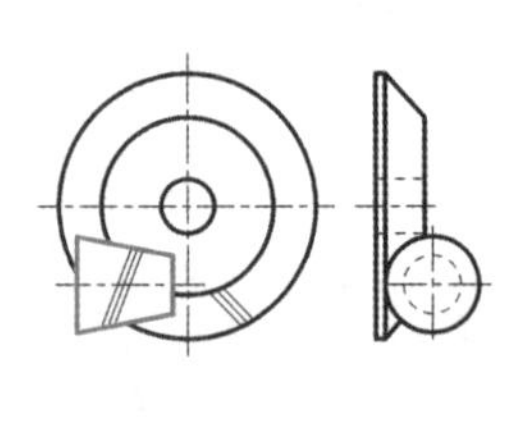

(c)锥蜗杆传动

图 5-48 蜗杆传动的类型

图 5-49 所示为阿基米德蜗杆，其端面齿廓为阿基米德螺旋线，轴向齿廓为直线，加工方法与普通梯形螺纹相似，刀刃顶平面通过蜗杆轴线。阿基米德蜗杆车削较容易，但磨削困难，精度不高。

图 5-50 所示为渐开线蜗杆，其端面齿廓为渐开线，加工时刀具的切削刃与基圆相切，两把刀具分别切出左、右侧螺旋面。渐开线蜗杆也可用滚刀加工，并可在专用机床上磨削，制造精度较高，利于成批生产，适用于功率较大的高速传动。

蜗杆有左、右旋之分，常用的是右旋蜗杆，下面仅讨论应用最广的阿基米德蜗杆传动。

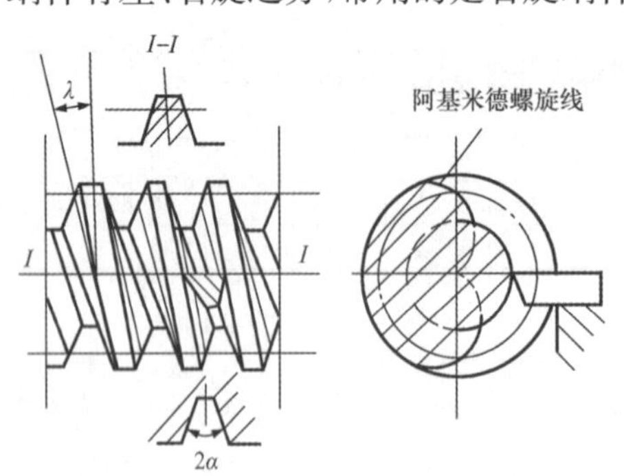

图 5-49 阿基米德蜗杆

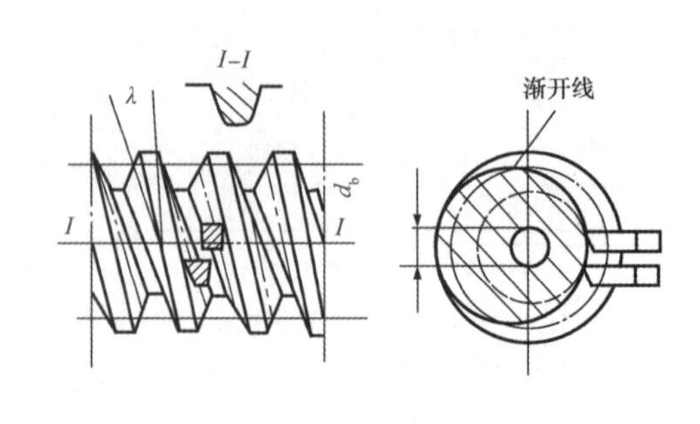

图 5-50 渐开线蜗杆

5.12.1.2　传动特点

与其他传动形式比，蜗杆传动有以下特点：

(1)结构紧凑、传动比大。一般传动比 $i=10\sim40$，最大可达 80。若只传递运动(如分度运动)，其传动比可达 1 000。例如用于精密分度，在我国研制的 2.16 m 口径大型天文望远镜上，蜗轮蜗杆传动的累积误差只有 5.6 分(分度)，短周期误差不超过 1 分。

(2)传动平稳、噪声小。由于蜗杆上的齿是连续不断的螺旋齿，蜗轮轮齿和蜗杆是逐渐进入啮合并逐渐退出啮合的，同时啮合的齿数较多，所以传动平稳、噪声小。

(3)可以实现自锁。当蜗杆的螺旋线升角小于啮合面的当量摩擦角时，蜗杆传动具有自锁性。

(4)效率较低。蜗轮和蜗杆在啮合处有较大的相对滑动，因而发热量大，效率较低。传动效率一般为 0.7～0.8，当蜗杆传动具有自锁性时，效率小于 0.5。

(5)蜗轮的造价较高。为减轻齿面的磨损及防止胶合，蜗轮一般多用青铜制造。

(6)不能实现互换。由于蜗轮是用与其匹配的蜗轮滚刀加工的，因此，仅模数和压力角相同的蜗杆与蜗轮是不能任意互换的。

5.12.2　蜗杆传动的主要参数和几何尺寸

5.12.2.1　主要参数

(1)模数 m 和压力角 α。如图 5-51 所示，通过蜗杆轴线并垂直于蜗轮轴线的平面，称为中间平面。由于蜗轮是用与蜗杆形状相仿的滚刀(为了保证轮齿啮合时的径向间隙，滚刀外径稍大于蜗杆顶圆直径)按范成原理切制轮齿的，所以在中间平面内，蜗轮与蜗杆的啮合就相当于渐开线齿轮与齿条的啮合。蜗杆传动的设计计算都以中间平面的参数和几何关系为准。它们正确啮合的条件是：蜗杆轴向模数 m_{a1} 和轴向压力角 α_{a1} 应分别等于蜗轮端面模数 m_{t2} 和端面压力角 α_{t2}，即

$$m_{a1}=m_{t2}=m$$

$$\alpha_{a1}=\alpha_{t2}=\alpha$$

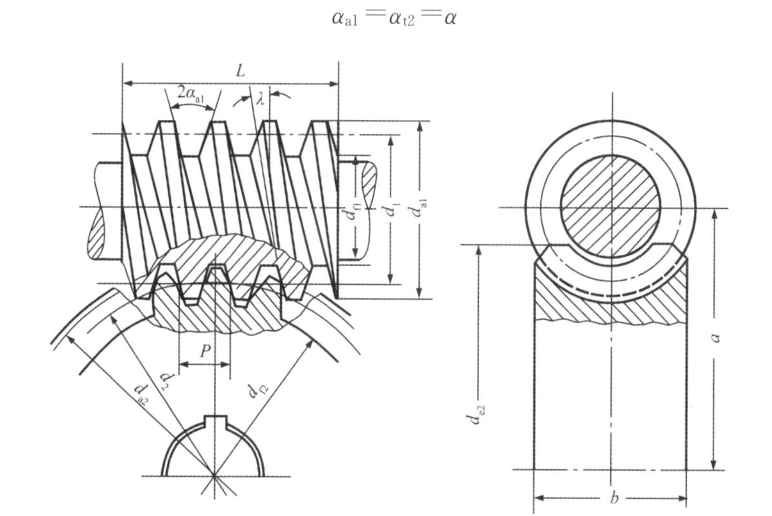

图 5-51　蜗杆传动几何参数

模数 m 的标准值见表 5-14，压力角 α 规定为 20°。

第5章　齿轮传动机构

表 5-14　蜗杆蜗轮的标准模数 m(GB/T 10085—2018)　　mm

第一系列	1	1.25	1.6	2	2.5	3.15	4	5	6.3
	8	10	12.5	16	20	25			
第二系列	1.5	1.75	3	3.5	4.5	5.5	6	7	12
	14	18	22	30	36				

注:优先采用第一系列。

如图 5-51 所示,齿厚与齿槽宽相等的圆柱称为蜗杆分度圆柱。蜗杆分度圆直径以 d_1 表示,蜗轮分度圆直径以 d_2 表示。蜗杆螺旋面与分度圆柱的交线是螺旋线,在两轴交错角为 90°的蜗杆传动中,螺旋线导程角 λ 应等于蜗轮分度圆柱上的螺旋角 β,且两者的旋向必须相同,即

$$\lambda=\beta$$

(2)传动比 i、蜗杆头数 z_1 和蜗轮齿数 z_2。设蜗杆头数(即螺旋线数目)为 z_1,蜗轮齿数为 z_2,当蜗杆转一周时,蜗轮将转过 z_1 个齿(或$\frac{z_1}{z_2}$周)。因此,其传动比为

$$i=\frac{n_1}{n_2}=\frac{z_2}{z_1}$$

式中:n_1,n_2——蜗杆和蜗轮的转速,r/min。

蜗杆头数通常为 $z_1=1,2,4$。若要得到大传动比,可取 $z_1=1$,但传动效率较低。传递功率较大时,为提高效率,可采用多头蜗杆,取 $z_1=2$ 或 4。

蜗轮齿数 $z_2=iz_1$。z_1 和 z_2 的推荐值见表 5-15。为了避免蜗轮齿发生根切,z_2 不应小于 26,但也不宜大于 80。z_2 过多,会使结构尺寸过大,蜗杆长度也随之增加,致使蜗杆刚度下降,影响啮合精度。

表 5-15　蜗杆头数 z_1 与蜗轮齿数 z_2 的荐用值

传动比 i	蜗杆头数 z_1	蜗轮齿数 z_2
7~13	4	28~52
14~27	2	28~54
28~40	2,1	28~80
>40	1	>40

(3)蜗杆直径系数 q 和导程角 λ。

由图 5-52 得

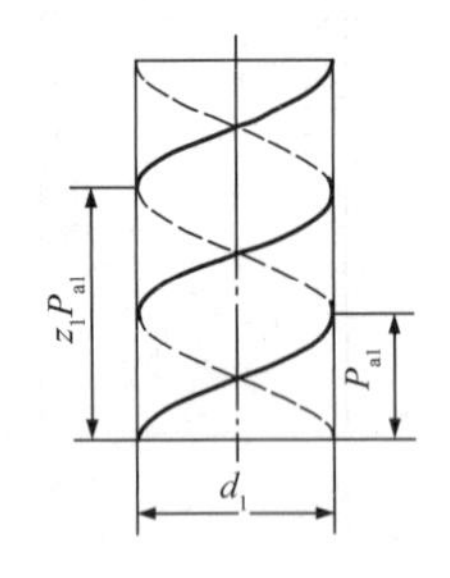

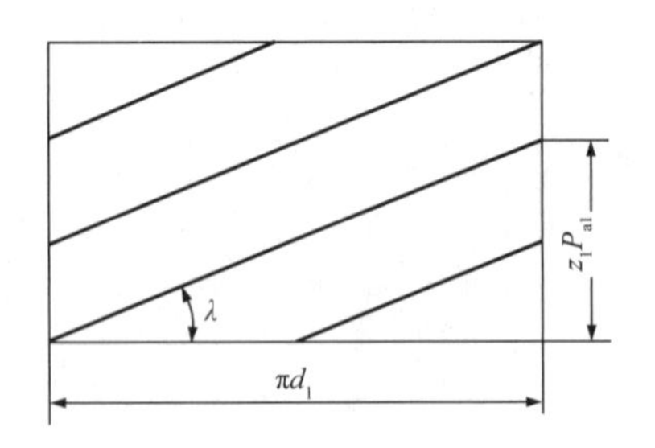

图 5-52　蜗杆直径系数 q 和导程角 λ

$$\tan\lambda=\frac{z_1 p_{a1}}{\pi d_1}=\frac{z_1 m}{d_1}=\frac{z_1}{q} \tag{5-45}$$

式中:p_{a1}——蜗杆轴向齿距,$q=\frac{d_1}{m}$——蜗杆分度圆直径与模数的比值,称为蜗杆直径系数。

由式(5－45)可知，q 越小(或 d_1 越小)，则导程角 λ 越大，传动效率也越高，但蜗杆的刚度和强度将减小。所以，当蜗杆头数较多、要求效率较高时，可取较小的 q 值；当蜗轮齿数较多、直径较大时，可取较大的 q 值。

切制蜗轮的滚刀，其直径及齿形参数(如模数 m，蜗杆螺旋线数 z_1 和导程角 λ 等)必须与相应的蜗杆相同。如果不作必要的限制，刀具品种的数量势必太多。为了减少刀具数量并便于标准化，制定了蜗杆分度圆直径的标准系列(见表5－16)[《圆柱蜗杆传动基本参数》(GB/T 10085—2018)]。

表5－16　蜗杆分度圆直径 d_1 值(第一系列)　mm

18	20	22.4	25	28	35.5	40	45	50	56	63
71	80	90	100	112	140	160	180	200	224	250
280	315	400								

(4)中心距 a。当蜗杆节圆与分度圆重合时称为标准传动，其中心距计算式为

$$a=0.5(d_1+d_2)=0.5m(q+z_2) \tag{5-46}$$

(5)齿面间滑动速度 v_s。蜗杆传动即使在节点 C 处啮合，齿廓之间也有较大的相对滑动，滑动速度 v_s 沿蜗杆螺旋线方向。设蜗杆圆周速度为 v_1，蜗轮圆周速度为 v_2，由图5－53可得

$$v_s=\sqrt{v_1^2+v_2^2}=\frac{v_1}{\cos\lambda}$$

齿廓间较大的相对滑动产生热量，使润滑油温度升高而变稀，而润滑条件变差，可能导致齿面过早失效，传动效率降低。

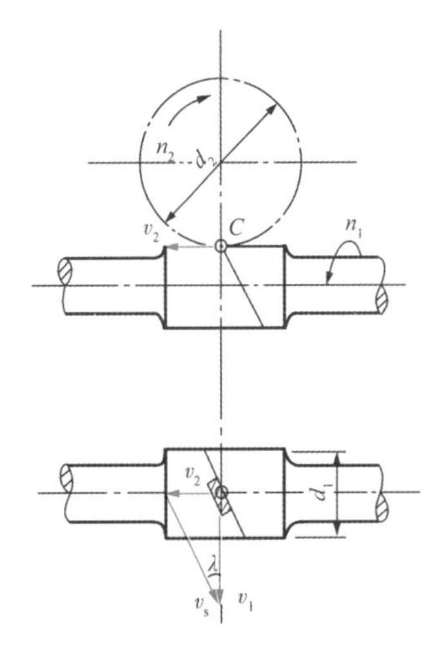

图5－53　齿面间滑动速度

5.12.2.2　几何尺寸计算

设计蜗杆传动时，一般是先根据传动的功用和传动比的要求，选择蜗杆头数 z_1 和蜗轮齿数 z_2，再按强度计算确定模数 m、蜗杆直径系数 q、中心距 a。当上述主要参数确定后，可根据表5－17计算出蜗杆、蜗轮的几何尺寸(两轴交错角为90°的标准传动)，参见图5－51。

表5－17　普通圆柱蜗杆传动的几何尺寸计算

名称	计算公式	
	蜗杆	蜗轮
蜗杆分度圆直径、蜗轮分度圆直径	$d_1=mq$	$d_2=mz_2$
齿顶高	$h_a=m$	$h_a=m$
齿根高	$h_f=1.2m$	$h_f=1.2m$
顶圆直径	$d_{a1}=m(q+2)$	$d_{a2}=m(z_2+2)$
根圆直径	$d_{f1}=m(q-2.4)$	$d_{f2}=m(z_2-2.4)$
蜗杆轴向齿距、蜗轮端面齿距	$p_{a1}=p_{t2}=p=\pi m$	
径向间隙	$c=0.2m$	
中心距	$a=0.5(d_1+d_2)=0.5m(q+z_2)$	

5.12.3　蜗杆传动的失效形式和设计准则

5.12.3.1　失效形式

在蜗杆传动中，由于材料及结构的不同，蜗杆轮齿的强度高于蜗轮轮齿的强度，所以失

效常常发生在蜗轮的轮齿上。而蜗杆、蜗轮齿廓间的相对滑动速度较大，故摩擦大、发热量大、效率低，因此传动的主要失效形式为齿面胶合、磨损和齿面点蚀等。当润滑条件差及散热不良时，闭式传动极易出现胶合。开式传动及润滑油不清洁的闭式传动中，轮齿磨损的速度很快。

5.12.3.2 设计准则

目前对于胶合和磨损的计算还缺乏成熟的方法，因此通常只是参照圆柱齿轮传动的计算方法，进行齿面接触疲劳强度和齿根弯曲疲劳强度的条件性计算，在选取材料的许用应力时适当考虑胶合和磨损的影响。

对于闭式蜗杆传动，通常按齿面接触疲劳强度来设计。只有蜗轮齿数 z_2 大于 90 或蜗轮负变位时，才进行蜗轮齿根弯曲疲劳强度校核。如果载荷平稳、无冲击，可以只按齿面接触疲劳强度设计，不必校核齿根弯曲疲劳强度。实践证明，蜗轮轮齿因弯曲疲劳不足而引起失效的情况较少。

对于开式传动，或传动时载荷变动较大，或蜗轮齿数 z_2 大于 90 时，通常只需按齿根弯曲疲劳强度进行设计。

此外，由于蜗杆传动时摩擦大、发热量大、效率低，对于闭式蜗杆传动，还必须做热平衡计算，以免发生胶合。

蜗杆常为细长轴，过大的弯曲变形导致啮合不良。蜗杆轴跨距较大时，应校核其刚度。

5.12.4 蜗杆和蜗轮的材料与结构

5.12.4.1 蜗杆和蜗轮的材料

根据蜗杆传动的失效特点，蜗杆、蜗轮的材料不仅要具有足够的强度，而且要有良好的跑合性、减磨性和抗胶合能力。

蜗杆常用材料为碳钢或合金钢，常用材料为 45 钢或 40Cr 并经淬火。高速重载蜗杆常用 15Cr 或 20Cr，并经渗碳淬火和磨削。对于速度不高、载荷不大的蜗杆，可采用 40 钢、45 钢调质处理。

蜗轮常用材料为青铜和铸铁。锡青铜耐磨性能及抗胶合性能较好，但价格较贵，常用的有 ZCuSn10P1（铸锡磷青铜）、ZCuSn5Pb5Zn5（铸锡锌铅青铜）等，用于滑动速度 $v_s \geqslant 3$ m/s 的重要传动。铝铁青铜的强度高，并耐冲击，但抗胶合性略差，价格便宜，常用的有 ZCuAl9Fe4Ni4Mn2（铸铝铁镍青铜）等，用于滑动速度较低的场合。灰铸铁只用于滑动速度 $v_s \leqslant 2$ m/s 的不重要传动中。

常用蜗杆蜗轮的配对材料见表 5－18。

表 5－18 蜗杆蜗轮配对材料

相对滑动速度 $v_s/(m \cdot s^{-1})$	蜗轮材料	蜗杆材料
≤25	ZCuSn10P1	20CrMnTi 渗碳淬火，HRC 56～62 20Cr
≤12	ZCuSn5Pb5Zn5	45 高频淬火，HRC 40～50 40Cr HRC 50～55
≤10	ZCuAl9Fe4Ni4Mn2 ZCuAl9Mn2	45 高频淬火，HRC 40～50 40Cr HRC 50～55
≤2	HT150 HT200	45 调质 HBW 220～250

5.12.4.2　蜗杆和蜗轮的结构

蜗杆的直径较小,常和轴制成一个整体(如图5-54)。螺旋部分用车削或铣削加工。车削加工时需有退刀槽,因此刚性较差。

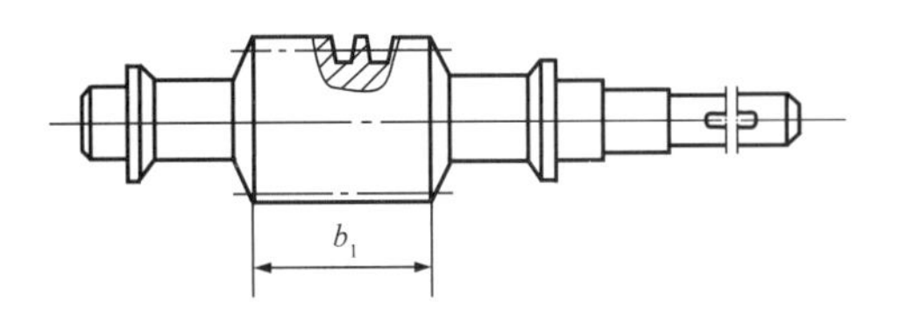

图5-54　蜗杆的结构

按材料和尺寸的不同,蜗轮的结构有多种形式,如图5-55所示。

(1)整体式蜗轮。常用于直径较小的青铜蜗轮和铸铁蜗轮。

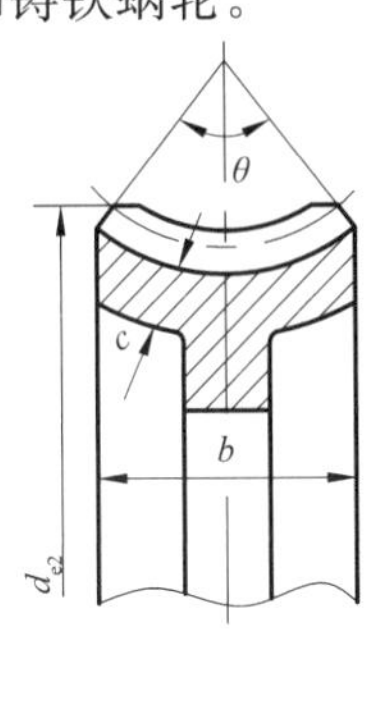

(a)整体式

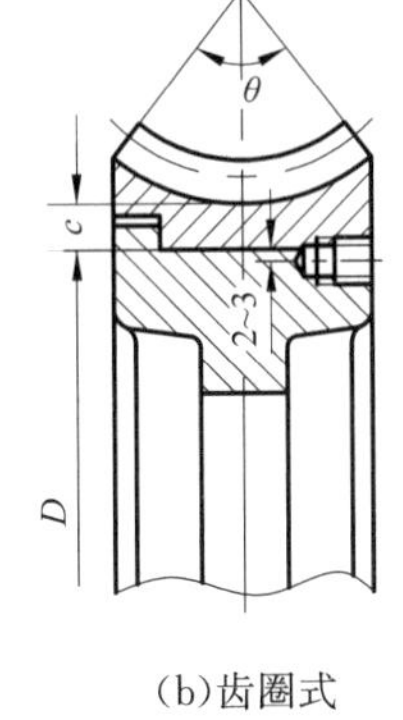

(b)齿圈式

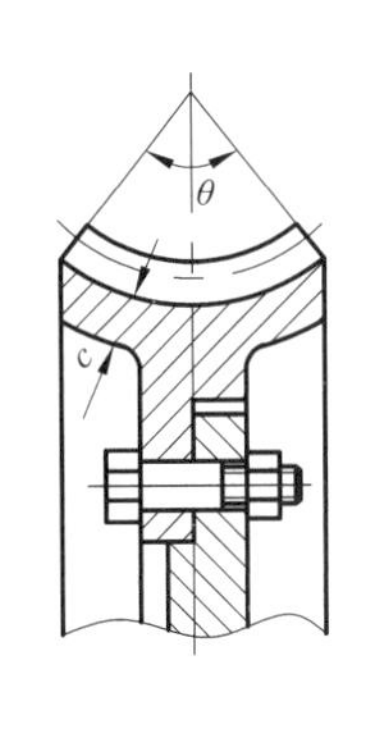

(c)螺栓连接式

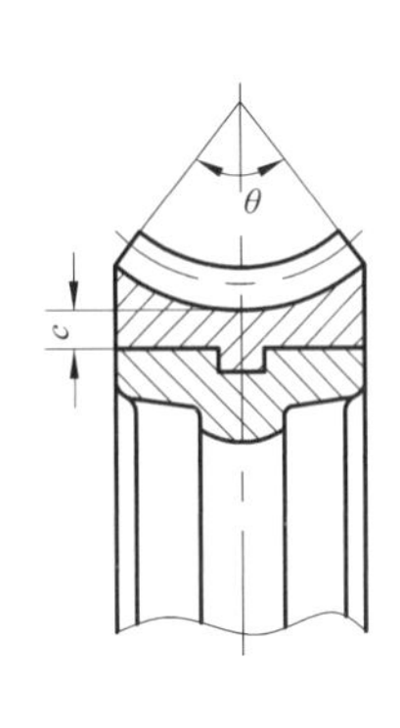

(d)镶铸式

图5-55　蜗轮的结构

(2)齿圈式蜗轮。为了节约贵重金属,直径较大的蜗轮常采用组合结构,齿圈用青铜材料,轮芯用铸铁或铸钢制造。两者采用H7/r6配合,并用4~6个直径为(1.2~1.5)m的螺钉加固,m为蜗轮模数。为便于钻孔,应将螺孔中心线向材料较硬的轮芯部分偏移2~3 mm。为避免热胀冷缩影响过盈配合的质量,这种结构用于尺寸不太大而且工作温度变化较小的场合。

(3)螺栓连接式蜗轮。这种结构的齿圈与轮芯用普通螺栓或铰制孔用螺栓连接,其工作可靠,但成本较高。由于拆装方便,常用于尺寸较大或磨损后需更换蜗轮齿圈的场合。

(4)镶铸式蜗轮。将青铜轮缘铸在铸铁轮芯上,轮芯上制出榫槽,以防轴向滑动。常用于成批制造的蜗轮。

5.12.5　蜗杆传动的受力分析

蜗杆传动的受力分析与斜齿圆柱齿轮相似。图5-56所示为下置式蜗杆传动,蜗杆为主动件,旋向为右旋,按图示方向转动。假定:①蜗轮轮齿和蜗杆螺旋面之间的相互作用力集中于节点C,并按单齿对啮合考虑;②不考虑啮合齿面的摩擦力。

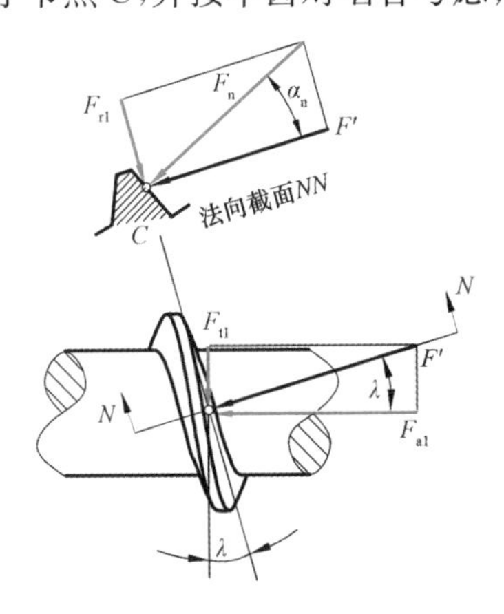

(a)啮合处受力及其分解

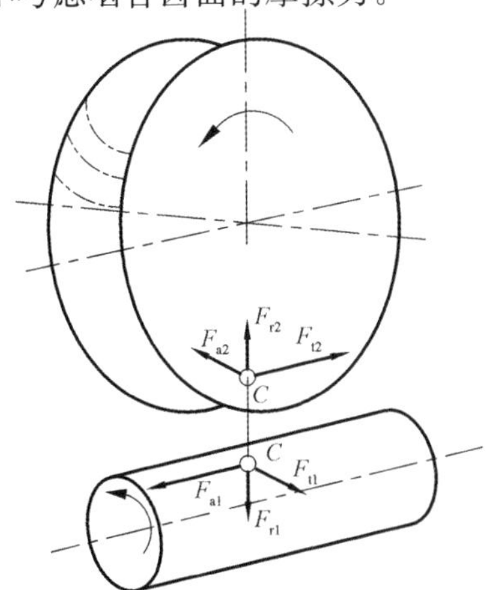

(b)两轮上各分力

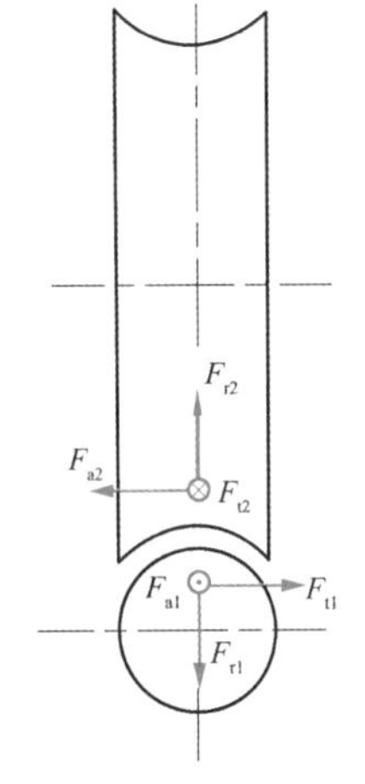

(c)各分力方向的表达

图5-56　蜗杆传动的受力分析

第5章　齿轮传动机构

如图 5－56 所示，作用在蜗杆齿面上的法向力 F_n 可分解为 3 个互相垂直的分力：圆周力 F_{t1}，径向力 F_{r1} 和轴向力 F_{a1}。由于蜗杆与蜗轮轴交错成 90°，根据作用力与反作用力的原理，蜗杆的圆周力 F_{t1} 与蜗轮的轴向力 F_{a2}、蜗杆的轴向力 F_{a1} 与蜗轮的圆周力 F_{t2}、蜗杆的径向力 F_{r1} 与蜗轮的径向力 F_{r2} 分别存在着大小相等、方向相反的关系，即

$$\left.\begin{aligned}&F_{t1}=\frac{2T_1}{d_1}=-F_{a2}\\&F_{a1}=-F_{t2}\\&\left(F_{t2}=\frac{2T_2}{d_2}\right)\\&F_{r1}=-F_{r2}\\&F_{r2}=F_{t2}\tan\alpha_{t2}\end{aligned}\right\}\tag{5-47}$$

式中：T_1，T_2——分别为作用在蜗杆和蜗轮上的转矩，单位为 N·mm，$T_2=T_1 i\eta$，η 为蜗杆传动的效率；

d_1，d_2——分别为蜗杆和蜗轮的分度圆直径，单位为 mm；

α_{t2}——蜗轮端面压力角，$\alpha_{t2}=20°$。

蜗杆蜗轮受力方向的判别方法与斜齿轮相同。当蜗杆为主动件时，圆周力 F_{t1} 与其转向相反；径向力 F_{r1} 的方向由啮合点指向蜗杆中心；轴向力 F_{a1} 的方向决定于螺旋线的旋向和蜗杆的转向，按“主动轮左右手法则”判定：右旋蜗杆用右手（左旋蜗杆用左手），四指向蜗杆转动方向弯曲，大拇指指向即为蜗杆轴向力 F_{a1} 的方向。作用于蜗轮上的力可根据作用力与反作用力原理来确定。在二维平面中表示受力分析的方法如图 5－56(c)所示。

5.12.6 蜗杆传动的效率、润滑及热平衡计算

5.12.6.1 传动效率

蜗杆传动的功率损耗一般包括三部分：轮齿啮合时的摩擦损耗、轴承摩擦损耗及搅动箱体内的润滑油的油阻损耗。因此，其总效率为

$$\eta=\eta_1\cdot\eta_2\cdot\eta_3\tag{5-48}$$

式中：η_1——蜗杆传动的啮合效率；

η_2——轴承效率；

η_3——搅油效率。

当蜗杆为主动件时，啮合效率可按螺旋传动的效率公式求得

$$\eta_1=\frac{\tan\lambda}{\tan(\lambda+\rho_v)}$$

通常取 $\eta_2\cdot\eta_3=0.95\sim0.97$，则蜗杆传动的总效率为

$$\eta=(0.95\sim0.97)\frac{\tan\lambda}{\tan(\lambda+\rho_v)}\tag{5-49}$$

式中：λ——蜗杆的导程角；

ρ_v——当量摩擦角，$\rho_v=\arctan f_v$，见表 5－19。

表 5-19　当量摩擦因数和当量摩擦角 ρ_v

蜗轮材料	锡青铜				无锡青铜		灰铸铁			
蜗杆齿面硬度/HRC	≥45		<45		≥45		≥45		<45	
滑动速度 $v_s/(m\cdot s^{-1})$	f_v	ρ_v	f_v	ρ_v	f_v	ρ_v	f_v	ρ_v	f_v	ρ_v
0.01	0.11	6°17′	0.12	6°51′	0.18	10°12′	0.18	10°12′	0.19	10°45′
0.10	0.08	4°34′	0.09	5°09′	0.13	7°24′	0.13	7°24′	0.14	7°58′
0.25	0.065	3°43′	0.075	4°17′	0.10	5°43′	0.10	5°43′	0.12	6°51′
0.50	0.055	3°09′	0.065	3°43′	0.09	5°09′	0.09	5°09′	0.10	5°43′
1.00	0.045	2°35′	0.055	3°09′	0.07	4°00′	0.07	4°00′	0.09	5°09′
1.50	0.04	2°17′	0.05	2°52′	0.065	3°43′	0.065	3°43′	0.08	4°34′
2.00	0.035	2°00′	0.045	2°35′	0.055	3°09′	0.055	3°09′	0.07	4°00′
2.50	0.03	1°43′	0.04	2°17′	0.05	2°52′				
3.00	0.028	1°36′	0.035	2°00′	0.045	2°35′				
4.00	0.024	1°22′	0.031	1°47′	0.04	2°17′				
5.00	0.022	1°16′	0.029	1°40′	0.035	2°00′				
8.00	0.018	1°02′	0.026	1°29′	0.03	1°43′				
10.0	0.016	0°55′	0.024	1°22′						
15.0	0.014	0°48′	0.020	1°09′						
24.0	0.013	0°45′								

注：硬度≥HRC 45 时的 ρ_v 值系蜗杆齿面经磨削、蜗杆传动经跑合、有充分润滑的情况。

由式(5-49)可知，在 λ 值的取值范围内，η 随 λ 的增大而增大，即增大 λ 可提高传动效率。但 λ 过大，蜗杆加工较困难，且当 $\lambda>28°$ 时效率提高很小，因此一般取 $\lambda\leqslant 28°$。当 $\lambda\leqslant\rho_v$ 时，蜗杆传动具有自锁性，但此时，蜗杆传动的效率很低。

估计蜗杆传动的总效率时，可取下列数值：

闭式传动：

$$z_1=1,\qquad \eta=0.70\sim0.75$$

$$z_1=2,\qquad \eta=0.75\sim0.82$$

$$z_1=4,\qquad \eta=0.87\sim0.92$$

开式传动：

$$z_1=1,2,\qquad \eta=0.60\sim0.7$$

5.12.6.2　润滑方式

蜗杆传动的相对滑动较大，摩擦发热量大、效率低，易胶合或磨损，因此润滑对蜗杆传动十分重要。

润滑油的黏度和供油方式，主要根据相对滑动速度和载荷类型进行选择。对于闭式传动，按表 5-20 选取。对于开式传动，当齿面压强大、圆周速度低时，就选用黏度较高的润滑油或润滑脂。对闭式蜗杆传动采用油池润滑时，下置式蜗杆传动的浸油深度为蜗杆的一个齿高，上置式蜗杆传动的浸油深度约为蜗轮外径的 1/3。

表 5－20 蜗杆传动的润滑油黏度及供油方式

滑动速度 v_s/(m·s^{-1})	<1	<2.5	<5	>5～10	>10～15	>15～25	>25
工作条件	重载	重载	中载	—	—	—	—
40℃时黏度 v/(mm^2·s^{-1})	900	500	350	220	150	100	80
供油方式	油池润滑			油池润滑或喷油润滑	压力喷油润滑及其压力/MPa		
					0.07	0.2	0.3

5.12.6.3 热平衡计算

热平衡是指蜗杆传动单位时间内因摩擦产生的热量应小于或等于同时间内由箱体表面散发的热量，从而控制箱体内油温在规定的范围内。

若润滑油工作温度超过许可温度，可采取下列措施：

(1)增加散热面积，在箱体上铸出或焊上散热片。

(2)提高散热系数，在蜗杆轴端装风扇强迫通风。

(3)加冷却装置，在箱体油池内装蛇形循环冷却水管(图 5－57)，或采用压力喷油循环冷却。

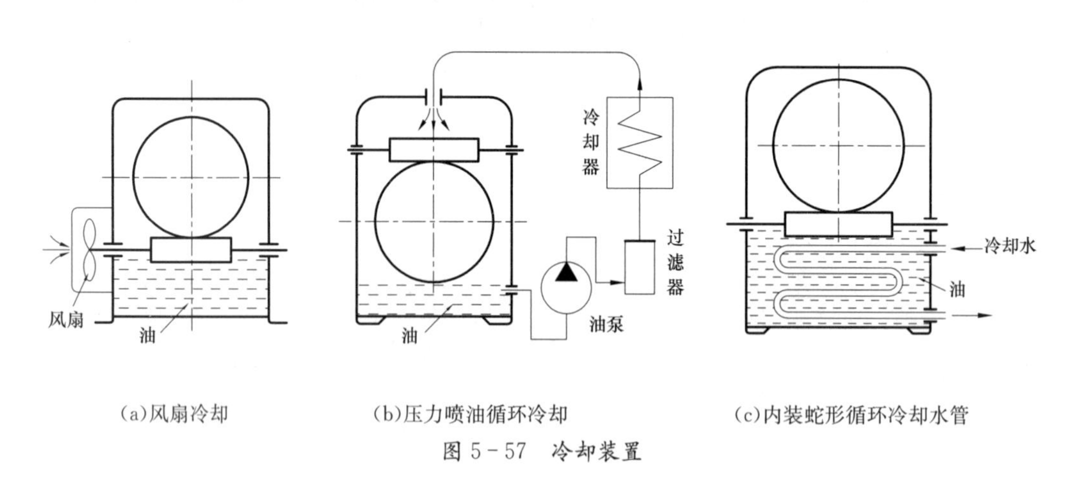

(a)风扇冷却　(b)压力喷油循环冷却　(c)内装蛇形循环冷却水管

图 5－57 冷却装置

本章知识图谱

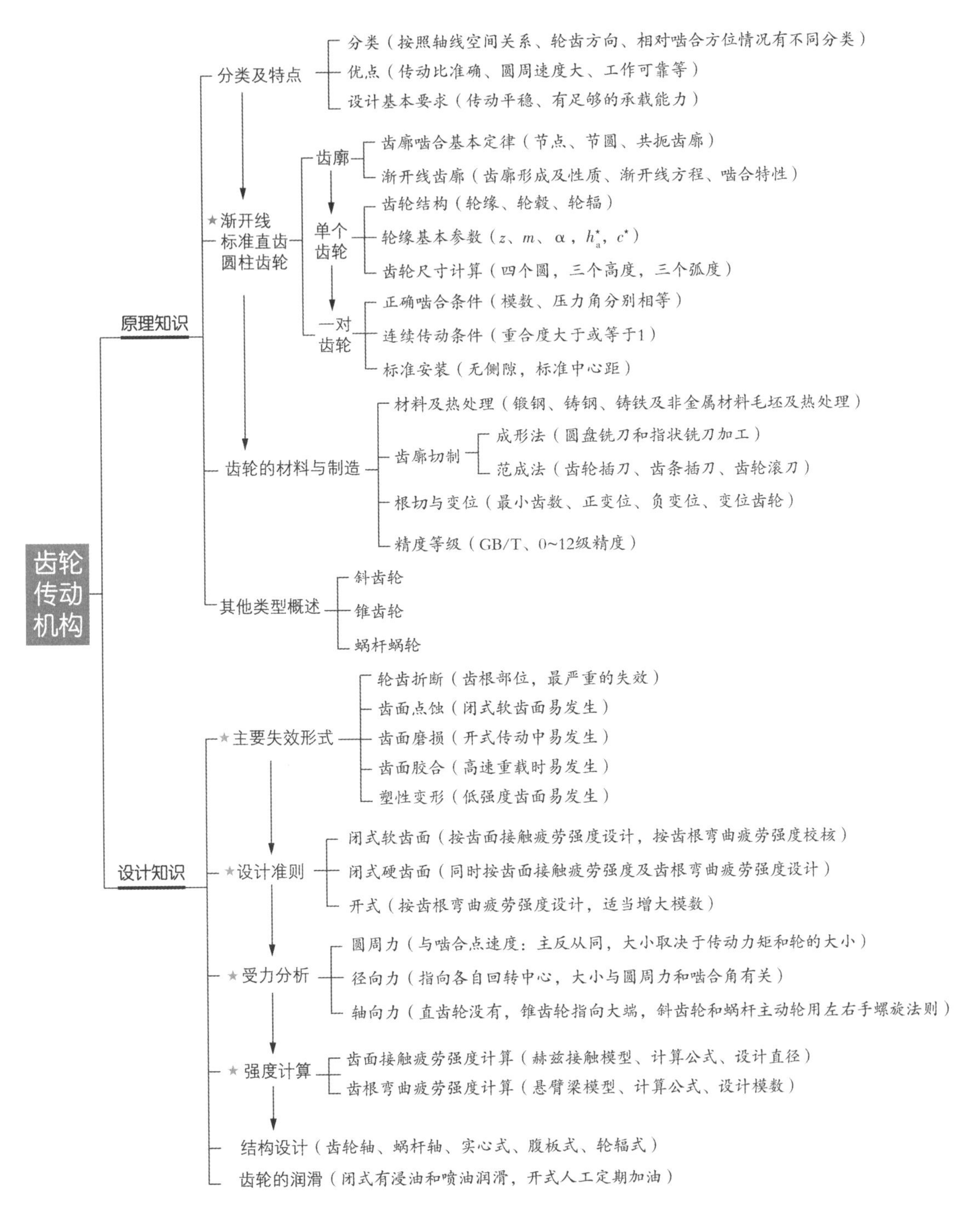

习 题

5-1 什么是电子齿轮？其与机械齿轮有何不同？

5-2 渐开线有哪些性质？渐开线齿廓为何能满足齿轮齿廓啮合基本定律？

5－3　直齿圆柱齿轮有哪些基本参数？

5－4　分度圆与节圆、压力角和啮合角各有何异同？什么情况下分度圆与节圆重合、压力角和啮合角相等？

5－5　为何要规定齿轮的最少齿数？压力角 $\alpha=20°$ 的正常齿制直齿圆柱齿轮和斜齿圆柱齿轮的 $z_{\min}$ 各等于多少？

5－6　已知一对外啮合标准直齿圆柱齿轮传动，中心距 $a=180$ mm，传动比 $i=2$，压力角 $20°$，齿顶高系数 $h_a^*=1$，顶隙系数 $c_a^*=0.25$，模数 $m=5$ mm，试计算两轮的几何尺寸。

5－7　已知一个标准直齿圆柱齿轮的模数 $m=2$ mm，齿顶高系数 $h_a^*=1$，顶隙系数 $c_a^*=0.25$，齿数 $z=25$，求该齿轮在分度圆、基圆及齿顶圆处渐开线上的压力角。

5－8　一个标准渐开线直齿轮，当齿根圆和基圆重合时，齿数为多少？若大于这个齿数，齿根圆和基圆哪个大？

5－9　如图所示为两对渐开线齿轮，轮 1 为主动轮，试分别在图上画出节圆，并标明：理论啮合线、开始啮合点、终止啮合点、实际啮合线、啮合角、节点与节圆。

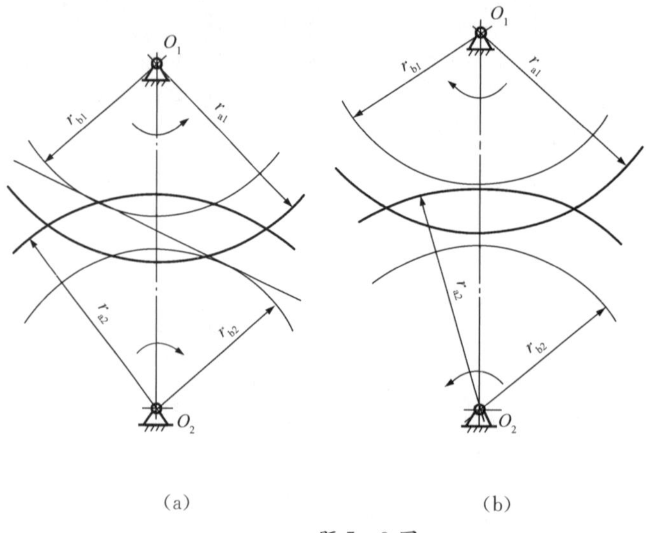

题 5－9 图

5－10　一对标准渐开线直齿圆柱齿轮，$m=5$ mm，$\alpha=20°$，$i_{12}=2$，标准中心距 $a=195$ mm，求两齿轮的齿数 z_1 和 z_2，实际啮合线长 B_1B_2，重合度 ε，并用图标出单齿及双齿啮合区。

5－11　若将题 5－10 中的中心距 a 加大，直至刚好连续传动，求啮合角 α'，两齿轮的节圆半径 r_1'、r_2' 和分度圆之间的距离。

5－12　斜齿圆柱齿轮传动因具有降低高速重载工况下的冲击和噪声、提高传动平稳性等特点，常应用到高铁齿轮箱中，在推进共建“一带一路”高质量发展的高铁建设中发挥了重要作用。已知一对正常齿渐开线标准斜齿圆柱齿轮的 $a=225$ mm，$z_1=20$，$z_2=90$，$m_n=4$ mm，试计算其螺旋角、端面模数、端面压力角、当量齿数、分度圆直径、齿顶圆直径和齿根圆直径。

5－13　已知一对正常齿渐开线标准直齿圆锥齿轮的 $\Sigma=90°$，$z_1=15$，$z_2=40$，$m=3$ mm，试求分度圆锥角、分度圆直径、齿顶圆直径、齿根圆直径、锥矩、齿顶角、齿根角、顶锥角、根锥角和当量齿数。

5－14　试分析图示齿轮传动中各齿轮的受力情况，并用受力图表示出各分力的作用位置和方向。

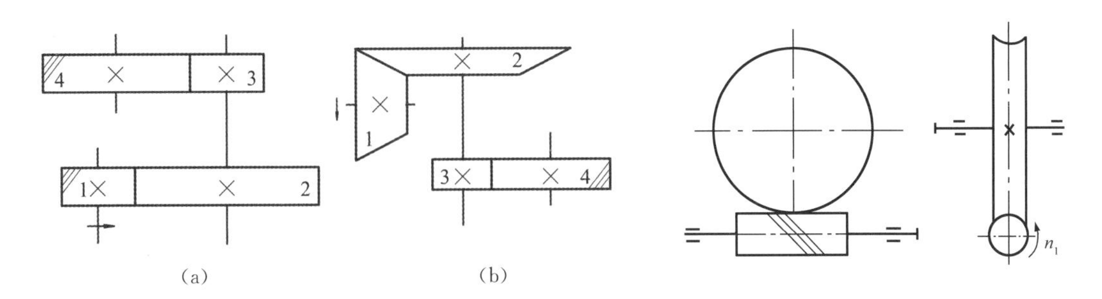

题 5-14 图

题 5-15 图

5-15　图示蜗杆传动，已知蜗杆转向，蜗杆主动，试画出蜗轮转向及作用在蜗轮上各力的方向。

5-16　设计某小型球磨机的一对开式直齿圆柱齿轮传动，已知小齿轮转速 $n_1=150$ r/min，大齿轮转速 $n_2=20$ r/min，传递功率 $P=50$ kW，电机驱动，载荷有中等冲击。

5-17　试设计某带式运输机的闭式直齿圆柱齿轮传动，已知传动比 $i=3$，$P=5$ kW，$n_1=176$ r/min，电动机驱动，单向运转，载荷平稳，齿轮相对于轴承为悬臂安装，$z_1=19$，小齿轮为 45 钢调质，大齿轮为 45 钢正火。

5-18　已知单级斜齿圆柱齿轮传动的 $P=22$ kW，$n_1=1\ 500$ r/min，双向传动，电动机驱动，载荷平稳，$z_1=20$，$z_2=100$，$m_n=3$ mm，$\beta=16°15'$，小齿轮宽 $b_1=85$ mm，大齿轮宽 $b_2=80$ mm，小齿轮材料为 40MnB 调质，大齿轮材料为 35SiMn 调质，试校核此闭式齿轮传动的强度。

5-19　设计某单级斜齿圆柱齿轮减速器。已知小齿轮传递功率为 15 kW，$z_1=21$，转速 $n_1=1\ 500$ r/min，传动比 $i=3$，载荷平稳，单向传动，小齿轮材料为 40MnB 调质，大齿轮材料为 45 钢调质。

5-20　已知闭式直齿圆锥齿轮传动 $i=2.5$，$z_1=16$，$P=7$ kW，$n_1=1\ 000$ r/min，电动机驱动，长期双向运转，载荷有中等冲击。要求结构紧凑，大小齿轮均采用 40Cr 表面淬火。试设计此直齿圆锥齿轮传动。

第6章　轮　系

本章概要：在机械系统中，为了满足工作要求，有时仅用一对齿轮传动往往不够，需要采用轮系来实现其运动和动力的传递。本章介绍轮系基本类型，讨论各类轮系的传动比计算方法及应用情况。

6.1　轮系的类型

由一对齿轮及机架组成的传动机构结构简单，但在工程实际中，经常需要由多对齿轮构成齿轮传动系统，以满足各种不同的工作要求。例如日常生活中所用的机械手表，汽车、机床中的变速箱，航空发动机上所用的传动装置，等等。这种由互相啮合的一系列齿轮及其支撑件所组成的传动系统称为轮系。

根据轮系传动时各轮轴线的相对位置是否固定，可将其分为定轴轮系和周转轮系两大类。图 6－1(a)和图 6－1(b)分别为平面定轴轮系和空间定轴轮系，图 6－1(c)为周转轮系。按轮系中自由度的数目不同，周转轮系分为两类：具有一个自由度的周转轮系称为行星轮系，如图 6－2(a)所示；具有两个自由度的周转轮系称为差动轮系，如图 6－2(b)所示。若轮系中既包含定轴轮系又包含周转轮系，或包含几个周转轮系，则称为复合轮系。

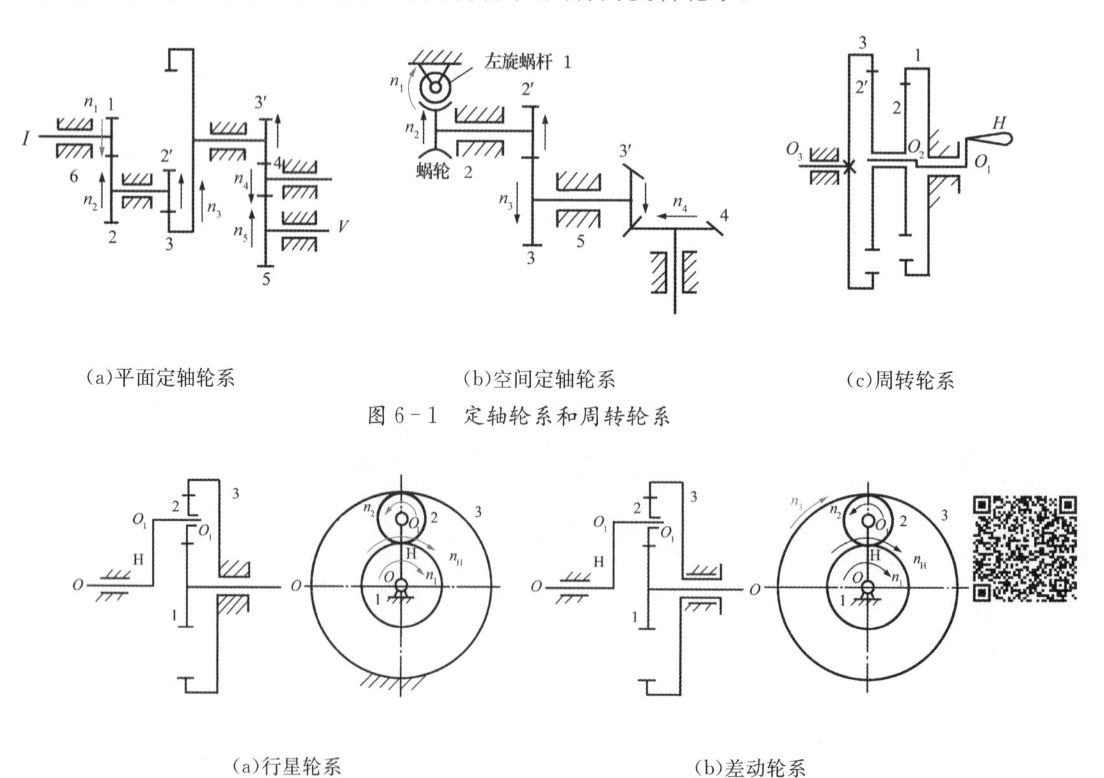

(a)平面定轴轮系　(b)空间定轴轮系　(c)周转轮系

图 6－1　定轴轮系和周转轮系

(a)行星轮系　(b)差动轮系

图 6－2　周转轮系的组成与分类

图 6-2 所示的轮系中，齿轮 1、齿轮 3 和构件 H 均绕固定的互相重合的几何轴线转动，齿轮 2 空套在构件 H 上，与齿轮 1 和齿轮 3 相啮合。齿轮 2 一方面绕其自身轴线 O_1-O_1 转动（自转），同时又随构件 H 绕轴线 $O-O$ 转动（公转），故称为行星轮，齿轮 1 和齿轮 3 称为太阳轮（中心轮），构件 H 称为系杆或转臂。

6.2 定轴轮系传动比的计算

轮系传动比是始端主动轮与末端从动轮的转速之比或者角速度之比，如图 6-1(a)所示的轮系，始端的主动轮是齿轮 1，末端的从动轮是齿轮 5，则轮系的传动比为

$$i_{15}=\frac{n_1}{n_5}=\frac{\omega_1}{\omega_5}$$

设主动轮 1 的转速和齿数分别为 n_1 和 z_1，从动轮 2 的转速和齿数分别为 n_2 和 z_2，则齿轮 1 和齿轮 2 的传动比为

$$i_{12}=\frac{n_1}{n_2}=\pm\frac{z_2}{z_1}$$

外啮合时两齿轮的转向相反，取负号；内啮合时两齿轮的转向相同，取正号。同理，可得出图 6-1(a)所示轮系的传动比 i_{15}的计算公式。设轮系中各轮齿数分别为 $z_1, z_2, z_{2'}, z_3, z_{3'}, z_4$ 及 z_5；各轮的转速分别为 $n_1, n_2, n_{2'}, n_3, n_{3'}, n_4$ 及n_5。轮系中各对齿轮传动比为

$$i_{12}=\frac{n_1}{n_2}=-\frac{z_2}{z_1}$$

$$i_{23'}=\frac{n_{2'}}{n_3}=\frac{z_3}{z_{2'}}$$

$$i_{34'}=\frac{n_{3'}}{n_4}=-\frac{z_4}{z_{3'}}$$

$$i_{45}=\frac{n_4}{n_5}=-\frac{z_5}{z_4}$$

其中 $n_2=n_{2'}$，$n_3=n_{3'}$。将以上各式两边连乘可得，

$$i_{12}\cdot i_{23'}\cdot i_{34'}\cdot i_{45}=\frac{n_1 n_{2'} n_{3'} n_4}{n_2 n_3 n_4 n_5}=(-1)^3\ \frac{z_2 z_3 z_4 z_5}{z_1 z_{2'} z_{3'} z_4}$$

所以，$i_{15}=\frac{n_1}{n_5}=i_{12}\cdot i_{23'}\cdot i_{34'}\cdot i_{45}=(-1)^3\ \frac{z_2 z_3 z_5}{z_1 z_{2'} z_{3'}}$。

此式表明，定轴轮系传动比等于组成轮系各对齿轮传动比的连乘积，也等于从动轮齿数的乘积与主动轮齿数的乘积之比；而在平面定轴轮系中，首末两轮转向相同或者相反取决于轮系中外啮合齿轮的对数。

该轮系中齿轮 4 同时与齿轮 3 和齿轮 5 相啮合，其齿数在上述计算中消去，即齿轮 4 不影响轮系传动比的大小，只起到改变转向的作用，该齿轮称为惰轮或过轮。

将上述计算推广到一般情况，设 1 表示首齿轮，N 表示末齿轮，k 表示外啮合齿轮的对数，则平面定轴轮系传动比的计算公式为

$$i_{1N}=\frac{n_1}{n_N}=(-1)^k\ \frac{\text{所有从动轮齿数的乘积}}{\text{所有主动轮齿数的乘积}} \tag{6-1}$$

首末两轮转向用$(-1)^k$ 来判别。i_{1N}为正号时，则表示转向相同；i_{1N}为负号时，则表示转

向相反。若轮系为空间定轴轮系，转向不再是相同或相反的关系，只能用画箭头的方法来表示。两齿轮为外啮合时箭头方向相反，两齿轮为内啮合时箭头方向相同。若为圆锥齿轮，则箭头方向同时指向啮合点或同时背离啮合点，如图 6-1(b)所示。蜗轮的转向取决于蜗轮所受的圆周力方向，啮合点处速度方向与圆周力方向相同。

例 6-1 图6-3所示的轮系中，已知 $z_1=z_2=z_{3'}=z_4=20$，各轮均为标准齿轮。若已知轮 1 的转速为$n_1=1\ 440$ r/min，求轮 5 的转速及转向。

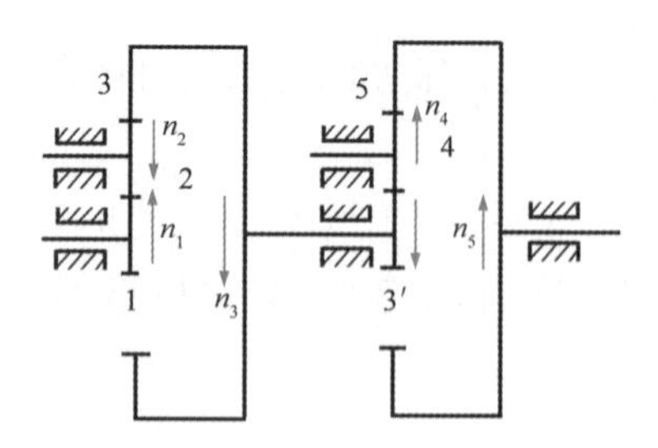

图 6-3 定轴轮系传动比计算

解 该轮系中所有轮的轴线位置均固定且相交平行，故为平面定轴轮系，轮 2 和轮 4 为惰轮，轮系中有两对外啮合齿轮，所以

$$i_{15}=\frac{n_1}{n_5}=(-1)^2\ \frac{z_3z_5}{z_1z_{3'}}=\frac{z_3z_5}{z_1z_{3'}}$$

因齿轮 1、齿轮 2、齿轮 3 的模数 m 相等，故它们之间的中心距关系为

$$\frac{m}{2}(z_1+z_2)=\frac{m}{2}(z_3-z_2)$$

由此可得

$$z_3=z_1+2z_2=20+2\times20=60$$

同理

$$z_5=z_{3'}+2z_4=20+2\times20=60$$

故

$$n_5=n_1(-1)^2\ \frac{z_1z_{3'}}{z_3z_5}=1\ 440\times\frac{20\times20}{60\times60}=160(\text{r/min})$$

n_5 为正值，说明齿轮 5 与齿轮 1 转向相同。

6.3 周转轮系传动比的计算

周转轮系中行星轮的运动不是绕固定轴线的简单转动，所以其传动比不能直接用齿数比来计算。根据相对运动原理，若给整个机构加上一个公共角速度 ω 或转速 n，机构内部各构件之间的相对运动不会发生变化。设想将周转轮系加上一个绕系杆 H 轴线的转动，转速与系杆转速 n_H 大小相等、方向相反，即施加的公共转速为 $-n_H$，各构件之间的相对运动关系不会变化。此时，相当于站在系杆上观察此轮系（使机构变换机架称为机构倒置），系杆固定不动，周转轮系成了一个假想的定轴轮系，称为该周转轮系的转化轮系。这种转换方法称为“反转法”。图 6-4 所示即为采用反转法的转化过程。

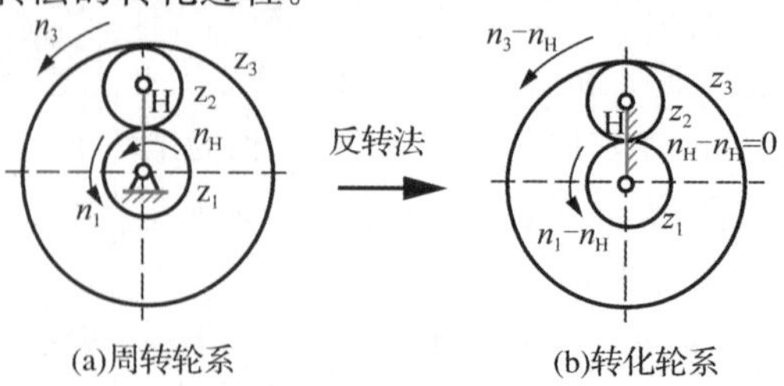

图 6-4 将周转轮系转化为定轴轮系

运用反转法的目的，是利用定轴轮系的传动比公式计算周转轮系的传动比。在转化轮系中，各构件的转速分别为 n_1-n_H，n_2-n_H，n_3-n_H，n_H-n_H，分别用 n_1^H，n_2^H，n_3^H，n_H^H 表示，如表 6-1所示。

表 6-1 反转法中转速对应关系

构件	周转轮系中的转速	转化轮系中的转速
太阳轮 1	n_1	$n_1^H=n_1-n_H$
行星轮 2	n_2	$n_2^H=n_2-n_H$
太阳轮 3	n_3	$n_3^H=n_3-n_H$
系杆 H	n_H	$n_H^H=n_H-n_H=0$

因此，转化轮系的传动比为：$i_{13}^H=\dfrac{n_1^H}{n_3^H}=\dfrac{n_1-n_H}{n_3-n_H}=-\dfrac{z_3}{z_1}$。经过计算，可求解周转轮系的传动比。

将以上分析推广到一般情形，可得

$$i_{1N}^H=\frac{n_1-n_H}{n_N-n_H}=\pm\frac{\text{各对齿轮的从动轮齿数乘积}}{\text{各对齿轮的主动轮齿数乘积}} \tag{6-2}$$

式中：i_{1N}^H——转化轮系中始端主动轮 1 至末端从动轮 N 的传动比；

$\pm$——当转化轮系为平面定轴轮系时，正负号由$(-1)^k$ 决定，k 为转化轮系中外啮合齿轮的对数；当转化轮系为空间定轴轮系时，正负号通过在转化轮系中标箭头的方法确定。

在使用式(6-2)时应注意：①$i_{1N}^H\neq i_{1N}$。i_{1N}^H是转化轮系的传动比，而 $i_{1N}=\dfrac{n_1}{n_N}$是周转轮系的传动比；②各太阳轮和系杆的轴线应重合；③将 n_1，n_N，n_H 代入式(6-2)时，必须带正号或负号。若为差动轮系，因有 2 个自由度，必须有两个原动件机构才具有确定的运动，当两个原动件转向相反时，一个构件用正值代入，另一个构件以负值代入，待求构件转速的方向通过求得的正负号来判别。

例 6-2 在图6-5所示的轮系中各轮均为标准齿轮，齿数 $z_1=27$，$z_2=17$，轮 1 转速 $n_1=6\ 000$ r/min，转向如图所示，求轮 3 的齿数 z_3，传动比 i_{1H}，系杆 H 的转速 n_H 及其转向。

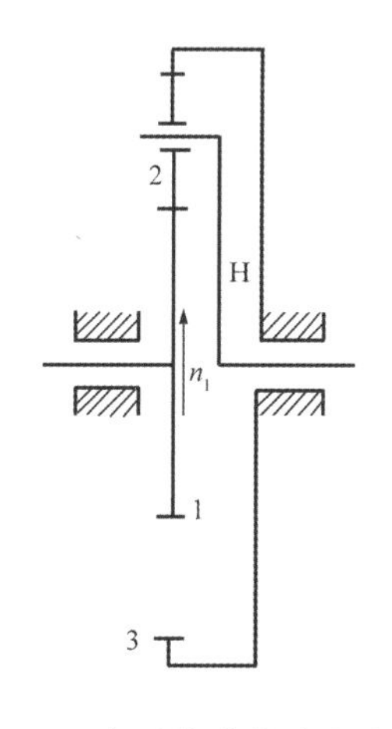

图 6-5 行星轮系传动比计算

解 根据正确啮合的条件得知各轮模数 m 相同。由轮 1、轮 3 和系杆的轴线重合，有

$$\frac{1}{2}mz_3=mz_2+\frac{1}{2}mz_1$$

得

$$z_3=2z_2+z_1=61$$

又因轮 3 为固定轮$(n_3=0)$，轮系自由度为 1，故该轮系为行星轮系。其转化轮系为平面定轴轮系，只有一对外啮合齿轮，其传动比计算的正负号为(−1)，即传动比

$$i_{13}^H=\frac{n_1-n_H}{n_3-n_H}=\frac{n_1-n_H}{0-n_H}=\frac{i_{1H}-1}{-1}=-\frac{z_3}{z_1}$$

得 $i_{1H}=1+\dfrac{z_3}{z_1}$。

将 $z_1=27$，$z_3=61$，代入得：

$$i_{1H}=\frac{n_1}{n_H}=3.26$$

根据 $n_1=6\ 000$ r/min 得：$n_H=1\ 840$ r/min

由于传动比 i_{1H} 为正，所以系杆转向与齿轮 1 的转向相同。

例 6-3 图6-6所示轮系，已知各齿轮齿数为 $z_1=100$，$z_2=101$，$z_{2'}=100$，$z_3=99$，求传动比 i_{H1}。

解 图 6-6 中轮 1、轮 3 的轴线位置固定，轮 2 和轮 2′的轴线绕轮 1 轴线转动(为行星轮)，且轮 3 固定，故轮系为行星轮系，其转化轮系为平面定轴轮系，有 2 对外啮合齿轮，其传动比计算的正负号为 $(-1)^2$，即传动比 $i_{13}^H=\frac{n_1-n_H}{n_3-n_H}=(-1)^2\cdot\frac{z_2z_3}{z_1z_{2'}}=\frac{101\times99}{100\times100}=\frac{n_1-n_H}{0-n_H}=1-\frac{n_1}{n_H}=1-i_{1H}$，

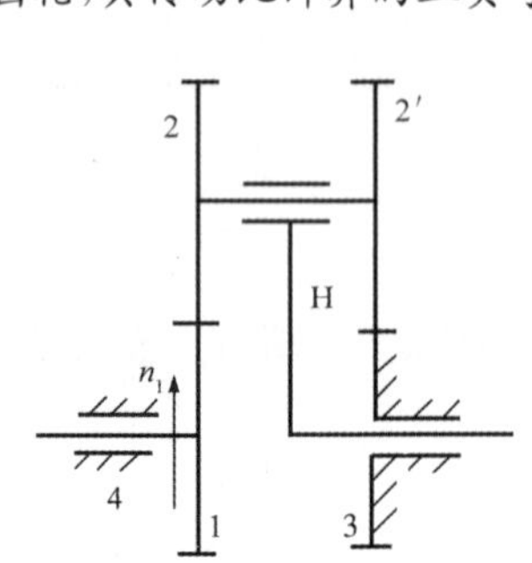

图 6-6 行星减速器中的轮系

故 $$i_{1H}=1-i_{13}^H=1-\frac{101\times99}{100\times100}=\frac{1}{10\ 000}$$

所以 $$i_{H1}=\frac{1}{i_{1H}}=10\ 000$$

即当系杆 H 转 10 000 圈时，齿轮 1 才转 1 圈且转向相同。

若将 z_3 改为 100，其余齿数不变，则

$$i_{H1}=\frac{n_H}{n_1}=-100$$

若将 z_2 改为 100，其余齿数不变，则

$$i_{H1}=\frac{n_H}{n_1}=100$$

此例也说明，周转轮系用少数几个齿轮就能获得很大的传动比。

由此可见，对于同一结构形式的周转轮系，只要稍微改变其中的某个齿数，其传动比会发生很大的变化，同时转向也会改变。

例 6-4 图6-7所示圆锥齿轮组成的轮系中，各轮的齿数为 $z_1=20$，$z_2=30$，$z_{2'}=50$，$z_3=80$，已知 $n_1=50$ r/min，求系杆 H 的转速 n_H。

解 类似于上两例的分析可知图示轮系为行星轮系。

$$i_{13}^H=\frac{n_1-n_H}{n_3-n_H}=-\frac{z_2z_3}{z_1z_{2'}}$$

等式右边的负号，是由于其转化轮系为空间定轴轮系，在转化轮系中画上箭头后，轮 1 和轮 3 的箭头方向相反。

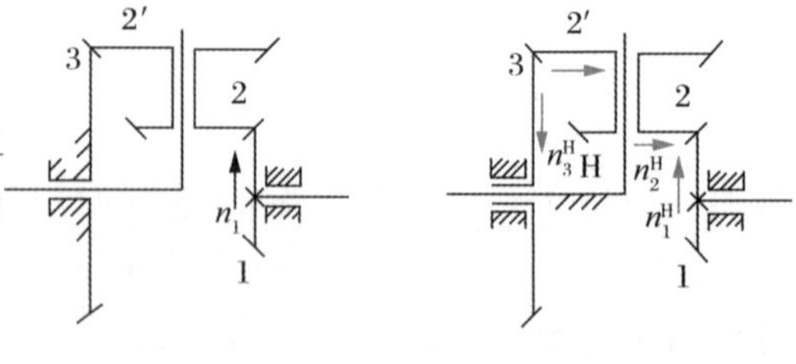

(a)行星轮系 (b)转化轮系

图 6-7 锥齿轮组成的轮系

设 n_1 的转向为正，则

$$\frac{50-n_H}{0-n_H}=-\frac{30\times80}{20\times50}$$

解得 $n_H\approx14.7$ r/min。

正号表示 n_H 转向和 n_1 的转向相同。

注意，本例中行星齿轮 2 与 2′的轴线和齿轮 1(或齿轮 3)及系杆 H 的轴线不平行，所以不能利用公式(6-2)来计算 i_{12}^H 或 i_{32}^H。

6.4 复合轮系传动比的计算

计算复合轮系传动比时，由于整个复合轮系不可能转化成一个定轴轮系，所以不能只用一个公式来解决，而应将复合轮系中的定轴轮系和周转轮系区别开来，然后分别列出它们的传动比的计算公式，最后联立求解。

正确区分复合轮系的关键是先找出各个单一的周转轮系。找单一周转轮系的方法是先找出行星轮与系杆（注意：系杆的形状有时不一定是简单的杆状），再找出与行星轮相啮合的太阳轮。行星轮、太阳轮、系杆构成一个单一的周转轮系，找出所有的单一周转轮系后，余下的就是定轴轮系。

例 6－5 图 6－8 所示轮系中，已知 $z_1=20, z_2=40, z_{2'}=20, z_3=30, z_4=80$，求传动比 i_{1H}。

解 该轮系由定轴轮系和周转轮系组成，齿轮 1 和 2 组成定轴轮系，齿轮 2′，3，4 和系杆 H 组成周转轮系，故为复合轮系。齿轮 2 和 2′为双联齿轮。

$$i_{12}=\frac{n_1}{n_2}=-\frac{z_2}{z_1}=-\frac{40}{20}=-2$$

$$i_{2'4}^{H}=\frac{n_2'-n_H}{n_4-n_H}=-\frac{z_4}{z_2'}=-\frac{80}{20}=-4$$

其中 $n_2=n_{2'}$，联立求解得

$$i_{1H}=\frac{n_1}{n_H}=-10$$

传动比 i_{1H} 为负号，说明齿轮 1 与系杆 H 转向相反。

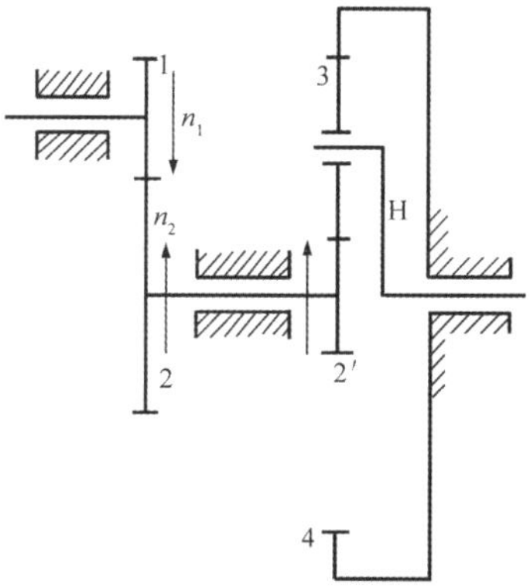

图 6－8 复合轮系

例 6－6 图 6－9 所示电动卷扬机减速器中，各齿轮齿数分别为 $z_1=24, z_2=48, z_{2'}=30, z_3=90, z_{3'}=20, z_4=30, z_5=80$，求 i_{1H}。

解 在该轮系中，齿轮 1，2，2′，3 和系杆 H 组成周转轮系，齿轮 3′，4，5 组成定轴轮系，故为复合轮系，其中齿轮 2 和 2′为双联齿轮，齿轮 3 和 3′为双联齿轮，即 $n_2=n_{2'}$，$n_3=n_{3'}$，同时 $n_5=n_H$。

在定轴轮系中， $$i_{3'5}=\frac{n_{3'}}{n_5}=-\frac{z_5}{z_{3'}}=-\frac{80}{20}=-4 \quad ①$$

在周转轮系中， $$i_{13}^{H}=\frac{n_1-n_H}{n_3-n_H}=-\frac{z_2 z_3}{z_1 z_{2'}}=-\frac{48\times 90}{24\times 30}=-6 \quad ②$$

联立方程①②和 $n_3=n_{3'}$，$n_5=n_H$ 得

$$i_{1H}=\frac{n_1}{n_H}=31$$

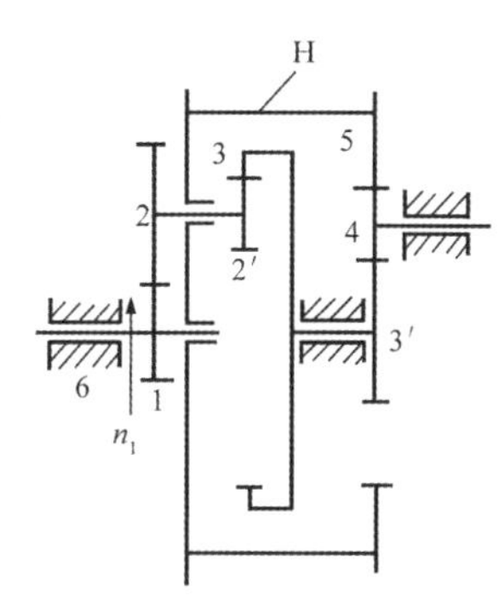

图 6－9 电动卷扬机的减速器

i_{1H} 为正值，说明齿轮 1 与构件 H 转向相同。

例 6－7 图 6－10 所示的变速机构中，齿轮齿数分别为 $z_1=z_5=35, z_2=z_4=31, z_3=z_{3'}=97$，A、B 处分别为制动器，求当 A 和 B 分别制动时的传动比 i_{1H_2}。

解 （1）当制动器 A 制动时，构件 H_1 固定不动，该轮系可拆分为：由行星齿轮 4、太阳轮 3′和 5、系杆 H_2 构成的差动轮系；由齿轮 1、2、3 构成的定轴轮系。其中齿轮 3 和 3′为双联齿轮。

两轮系间的联系为 $n_3=n_{3'}$。

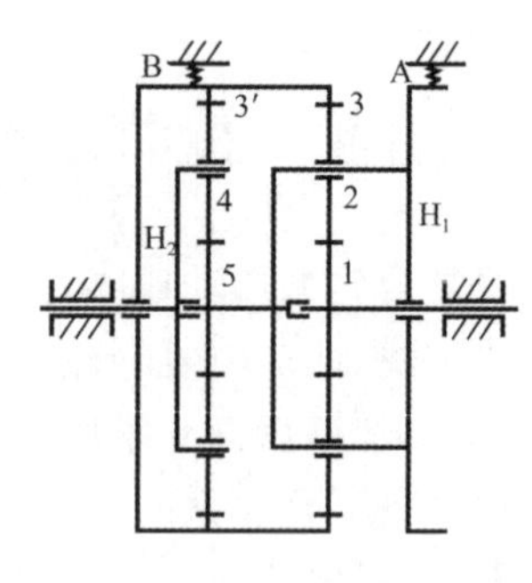

图 6-10　某变速机构运动简图

在定轴轮系中

$$i_{13}=\frac{n_1}{n_3}=-\frac{z_2}{z_1}\cdot\frac{z_3}{z_2}=-\frac{97}{35}$$

在周转轮系中

$$i_{3'5}^{H_2}=\frac{n_{3'}-n_{H_2}}{n_5-n_{H_2}}=\frac{n_{3'}-n_{H_2}}{0-n_{H_2}}=-\frac{z_4}{z_3}\cdot\frac{z_5}{z_4}=-\frac{35}{97}$$

联立求解得

$$i_{1H_2}=\frac{n_1}{n_{H_2}}=-\frac{z_3}{z_1}\left(1+\frac{z_5}{z_{3'}}\right)=-3.77$$

(2)当制动器B制动时，齿轮3和3′固定不动，该轮系可进行拆分：由行星齿轮2、太阳轮1和3，以及系杆 H_1 构成的行星轮系1；由行星齿轮4、太阳轮3′和5，以及系杆 H_2 构成的行星轮系2。两轮系间的联系为 $n_{H_1}=n_5$。

在行星轮系1中

$$i_{13}^{H_1}=\frac{n_1-n_{H_1}}{n_3-n_{H_1}}=\frac{n_1-n_{H_1}}{0-n_{H_1}}=-\frac{z_2}{z_1}\ \frac{z_3}{z_2}=-\frac{97}{35}$$

在行星轮系2中

$$i_{3'5}^{H_2}=\frac{n_{3'}-n_{H_2}}{n_5-n_{H_2}}=\frac{0-n_{H_2}}{n_5-n_{H_2}}=-\frac{z_4}{z_{3'}}\ \frac{z_5}{z_4}=-\frac{35}{97}$$

联立求解得

$$i_{1H_2}=\frac{n_1}{n_{H_2}}=\left(1+\frac{z_3}{z_1}\right)\left(1+\frac{z_{3'}}{z_5}\right)=14.22$$

由此可见，当A和B处分别制动时，系杆 H_2 的速度不仅大小发生变化，方向也发生变化。

6.5　轮系的功用

轮系广泛应用于各种机械当中，其主要功用如下。

(1)实现相距较远的两轴之间的传动。当主动轴和从动轴距离较远时，如果仅用一对齿轮来传动，如图6-11所示，齿轮的尺寸太大，导致机器结构庞大，若改用轮系来传动，便可克服上述缺点。

(2)实现变速传动。在主动轴转速不变的情况下，利用轮系可使从动轴获得多种工作转速。汽车、机床等都需要这种变速传动。图6-12所示为汽车的变速箱，轴Ⅰ为动力输入轴，轴Ⅱ为动力输出轴，4和6为滑移齿轮，A-B为牙嵌离合器。

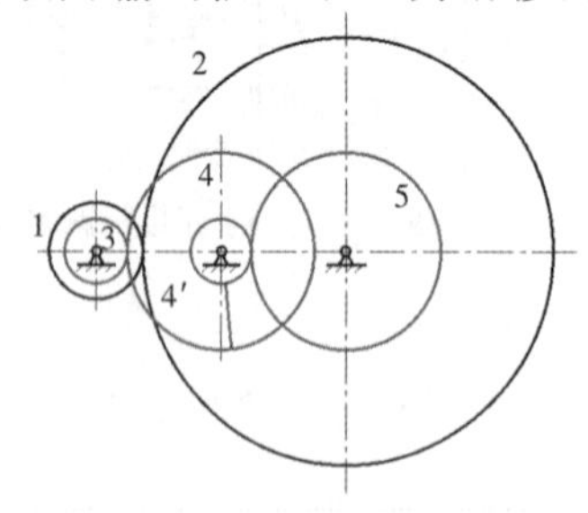

图6-11　实现远距离传动轮系

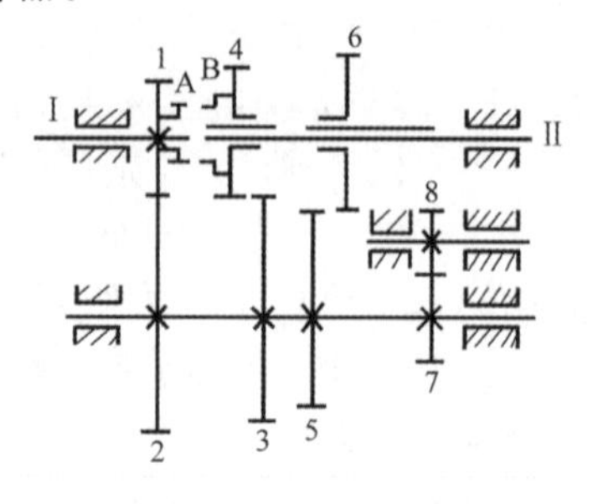

图6-12　变速器中的轮系

该变速箱可使输出轴得到四种转速：

第一挡：齿轮5,6相啮合而3,4和离合器A,B均脱离；

第二挡：齿轮3,4相啮合而5,6和离合器A,B均脱离；

第三挡：离合器A,B相嵌合而齿轮5,6和3,4均脱离；

倒退挡：齿轮6,8相啮合而3,4和5,6以及离合器A,B均脱离。此时，由于惰轮8的作用，输出轴Ⅱ反转。

(3)获得大的传动比。若想用一对齿轮获得较大的传动比，则势必一个齿轮要做得很大，而另一个齿轮做得很小，这样不仅使机构体积庞大，也使小齿轮容易磨损。若采用多对齿轮组成的轮系，则可以较好地解决这个问题。如采用周转轮系，只要适当选择轮系中各对啮合齿轮的齿数，即可得到很大的传动比，如例6-3中的轮系。

(4)实现换向传动。在主动轴转向不变的情况下，利用惰轮可以改变从动轴的转向。如图6-13所示的机构，扳动手柄a可实现图6-13(a)、图6-13(b)两种传动方案。由于两方案中仅相差一次外啮合，故从动轮4相对于主动轮1有两种输出转向。

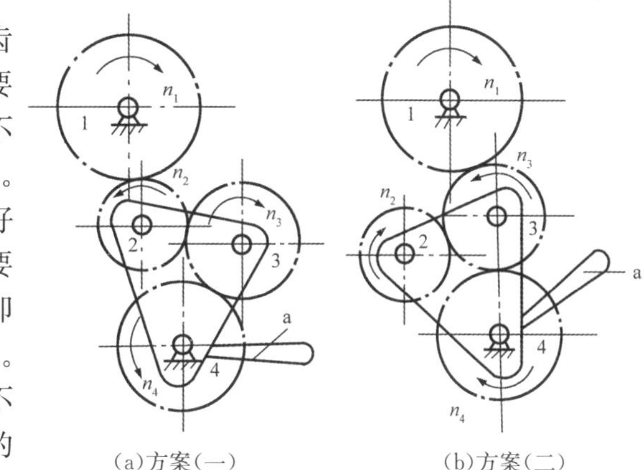

(a)方案(一)　(b)方案(二)

图6-13　可变向的轮系

(5)实现运动的合成与分解。最简单的用作合成运动的轮系如图6-14所示，其中$z_1=z_3$。因为

$$\frac{n_1-n_H}{n_3-n_H}=-\frac{z_3}{z_1}=-1,$$

解得$2n_H=n_1+n_3$。

这种轮系可用作加(减)法机构。当由齿轮1及齿轮3的轴分别输入被加数和加数的相应转角时，系杆H的转角之两倍就是它们的和。这种合成作用在机床、计算机构和补偿装置等结构中得到广泛应用。

图6-15所示汽车后桥差速器，可作为差动轮系分解运动的实例。当汽车拐弯时，它能将发动机传到齿轮5的运动，以不同转速分别传递给左右两车轮，以保证车轮与地面之间的纯滚动，避免车轮与地面之间的滑动摩擦，导致车轮过度磨损。

当汽车在平坦道路上直线行驶时，左右两车轮所滚过的距离相等，所以转速相同。这时齿轮1,2,3和4如同一个固联的整体，一起转动。

当汽车绕图6-15所示P点向左拐弯时，两轮行驶的距离不相等，为使车轮和地面间不发生滑动以减少轮胎的磨损，就要求右轮比左轮转得快些。这时齿轮1和齿轮3之间便发生相对转动，齿轮2除随齿轮4绕后车轮轴线公转外，还绕自己的轴线自转，由齿轮1,2,3和4(即系杆H)组成的差动轮系便发挥作用。此时，有

$$2n_4=n_1+n_3 \tag{6-3}$$

又由图6-15可见，当车身绕瞬时回转中心P转动时，左右两轮走过的弧长与它们至P点的距离成正比，即

$$\frac{n_1}{n_3}=\frac{r-L}{r+L} \tag{6-4}$$

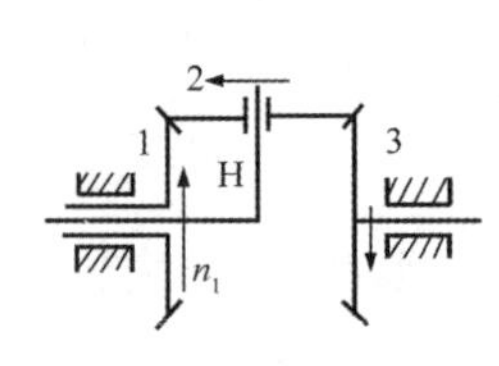

图 6-14　锥齿轮轮系

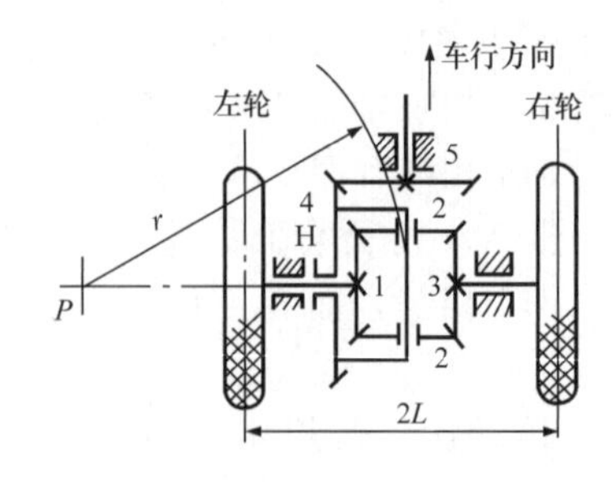

图 6-15　汽车后桥差速器

当发动机传递的转速 n_4，两轮距离 $2L$ 和转弯半径 r 为已知时，即可由式(6-3)和式(6-4)算出左右两轮的转速 n_1 和 n_3。

$$n_1=\frac{r-L}{r}n_4$$

$$n_3=\frac{r+L}{r}n_4$$

(6)实现执行端特定的运动。当执行端的运动既需要有公转又需要有自转时，可采用周转轮系或复合轮系，将执行端安装在行星轮上，如图 6-16 所示的搅拌机构和图 6-17 所示的盾构机刀盘运动机构。

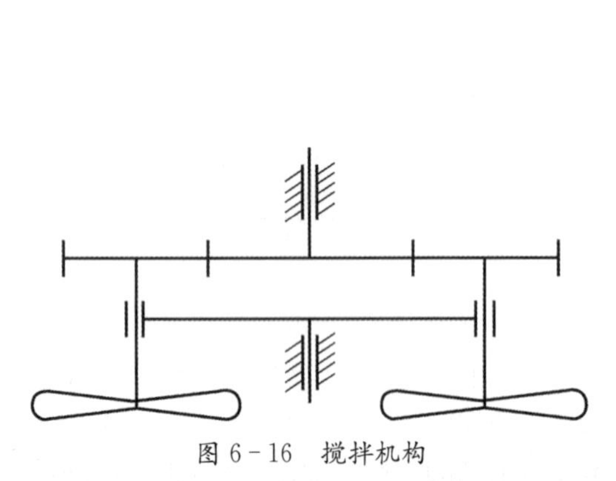

图 6-16　搅拌机构

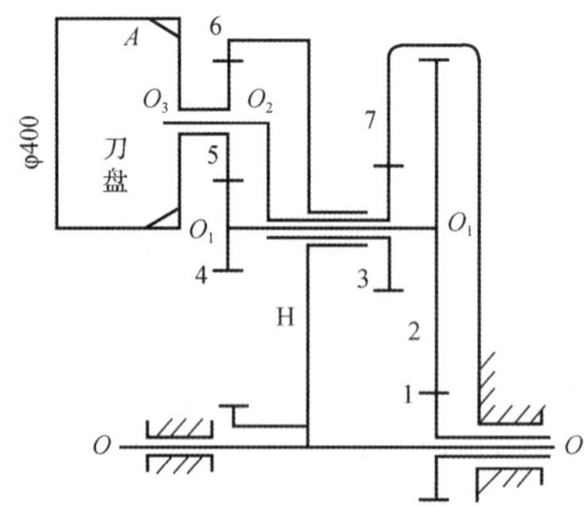

图 6-17　盾构机刀盘运动机构

指南车是中国古代的一种特种车辆。无论向何方行进，指南车上的木人永远手指南方。据《西京杂记》卷六记载，西汉时期就有指南车，后在三国、五胡十六国、南朝、隋、唐、宋、金时期均制造过指南车。指南车带有能够自动调节转向的机构，大多数学者认为指南车巧妙地采用了轮系等机构，实现指南车运动过程中，木人所在的构件转速近似于 0。

在如图 6-18 所示的周转轮系中，太阳轮 5 与行星轮 2 的齿数比为 $z_5/z_2=3$ 时，行星轮 2 节圆上点 B 的轨迹为三段近似圆弧的内摆线。当构件 3 的杆长与圆弧半径相等时，滑块 4 具有近似的停歇运动。

行星齿轮机构形式多样，有渐开线少齿差行星齿轮机构、摆线针轮机构、谐波齿轮机构等，在航空航天、智能车辆、机器人等许多领域中得到广泛应用。当今，轮系正向着大功率、大传动比、高机械效率、长寿命及小体积的目标发展，在传动原理和传动结构上仍有待深入探讨和创新。

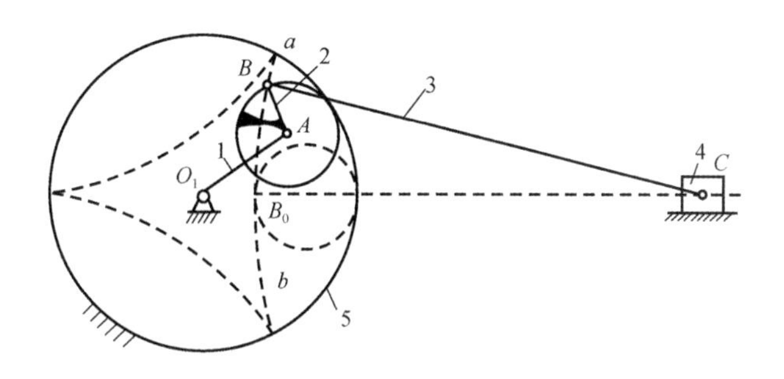

图 6-18　具有近似停歇运动的组合机构

6.6　精密减速器简介

随着空间技术和精密加工技术的发展，精密减速器从 20 世纪中叶逐渐发展起来。精密减速器具有传动精度高、结构紧凑、可靠性高等优点，已成为工业机器人的核心部件，并广泛应用于先进制造、航空航天等领域。工业机器人领域应用的精密减速器主要有两种，分别为 RV 减速器与谐波减速器。

6.6.1　RV 减速器

RV 减速器由前级渐开线行星齿轮减速机和后级摆线针轮行星减速机组成，如图 6-19 所示。其核心零部件主要有太阳轮 1、行星齿轮 2-2′、摆线轮 3-3′、曲轴 4、针齿壳 5、系杆 6 等。使用 RV 减速器时，常将系杆或针齿壳(如图 6-19 所示)固定为机架。

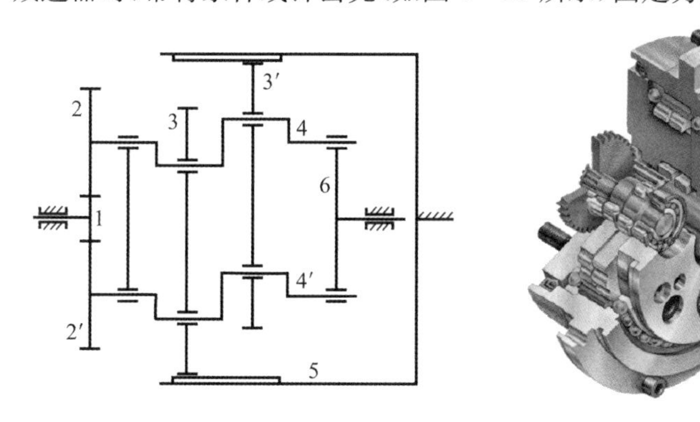

(a) 机构运动简图　　(b)结构示意图

图 6-19　典型 RV 减速器

1)针齿壳为机架，系杆为输出构件

图 6-19 所示的 RV 减速器中针齿壳 5 固定不动，太阳轮 1 为输入构件，系杆 6 为输出构件。前级渐开线行星轮系中，太阳轮 1 为输入构件，行星轮 2 为输出构件，则转化轮系传动比为

$$i_{12}^{6}=\frac{n_1-n_6}{n_2-n_6}=-\frac{z_2}{z_1}$$

后级摆线行星轮系中，摆线轮 3 为输入构件，针轮壳 5 为输出构件，则转化轮系传动比为

$$i_{35}^{4}=\frac{n_3-n_4}{n_5-n_4}=\frac{z_5}{z_3}$$

由于齿轮 2 与曲柄轴 4 固接为同一构件，即 $n_2=n_4$。另外摆线轮的自转转速与系杆的转速相同，即 $n_3=n_6$。又因为摆线轮与针齿罩的齿数间关系为 $z_5=z_3+1$。

联立以上方程，可求得 RV 减速器的传动比为

$$i_{16}=\frac{n_1}{n_6}=1+\frac{z_2}{z_1}z_5$$

2)固定系杆,针齿壳为输出构件

将 $n_6=0$ 代入以上公式,联立求解得 RV 减速器的传动比为

$$i_{15}=\frac{n_1}{n_5}=-\frac{z_2}{z_1}z_5$$

RV 减速器具有体积小、质量轻、传动比范围大、传动平稳、整体刚度好、精度保持性好、使用寿命长、传动效率高、扭矩大等优点,多用于机器人需承担重载的关节处。

6.6.2 谐波减速器

谐波减速器是一种采用少齿差行星齿轮传动原理的新型减速器,主要构件为波发生器、柔轮和刚轮,其中波发生器由椭圆凸轮结构外套柔性薄壁滚动轴承组成,如图 6-20(a)所示,柔性薄壁滚动轴承和柔轮的基本截面均为圆形,安装到椭圆凸轮结构外后都发生弹性变形成为椭圆。

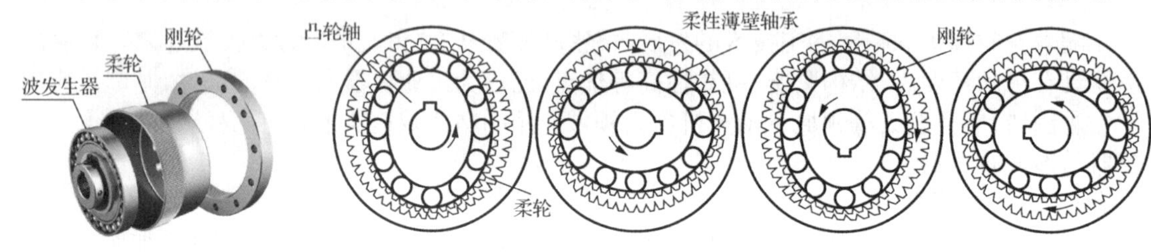

(a) 结构示意图　　(b)传动原理图

图 6-20　谐波减速器

在谐波减速器的三个主要构件中,通常取一个构件为机架,另外两个构件则分别为输入构件和输出构件。其工作原理如图 6-20(b)所示,取刚轮为机架,当输入轴驱动波发生器转动时,由于只在长轴处的柔轮轮齿和刚轮轮齿完全啮合,而短轴处的柔轮轮齿和刚轮轮齿则完全分离,故柔轮上的每一点都会经历长轴→短轴→长轴的交替过程。这导致柔轮轮齿依次与刚轮上的轮齿进行啮合,通过柔轮与刚轮啮合部位的改变来传递扭矩。将柔轮上任意一点的运动曲线展开,得到的是正弦曲线,所以这种传动过程被称为谐波传动。

由于在谐波齿轮传动过程中,柔轮与刚轮的啮合过程与行星齿轮传动类似,故其传动比可按周转轮系的计算方法求得。

当刚轮 1 为机架、波发生器 H 为输入构件、柔轮 2 为输出构件时,其转化轮系传动比为

$$i_{12}^{\mathrm{H}}=\frac{n_1-n_{\mathrm{H}}}{n_2-n_{\mathrm{H}}}=\frac{0-n_{\mathrm{H}}}{n_2-n_{\mathrm{H}}}=\frac{z_2}{z_1}$$

计算得谐波减速器的传动比为

$$i_{\mathrm{H}2}=\frac{n_{\mathrm{H}}}{n_2}=-\frac{z_2}{z_1-z_2}$$

当柔轮 2 为机架、波发生器 H 为输入构件、刚轮 1 为输出构件时,其传动比为

$$i_{\mathrm{H}1}=\frac{n_{\mathrm{H}}}{n_1}=\frac{z_1}{z_1-z_2}$$

谐波减速器的柔轮与刚轮的齿距相同,齿数不等,波数通常等于柔轮与刚轮齿数之差。谐波齿轮传动可采用单波、双波、三波、四波传动方式。波数越少,越易获得较高的传动比,但是在单波传动时,柔轮变形不对称使得柔轮齿形和波发生器凸轮设计加工十分困难,受力不对称,应用较少。波数越多,柔轮变形大,表面应力越大。所以常用的是双波和三波传动。

谐波减速器具有精度高、传动比大、体积小、重量轻、传动平稳、传动效率高等特性,多用于机器人的执行末端关节处。

本章知识图谱

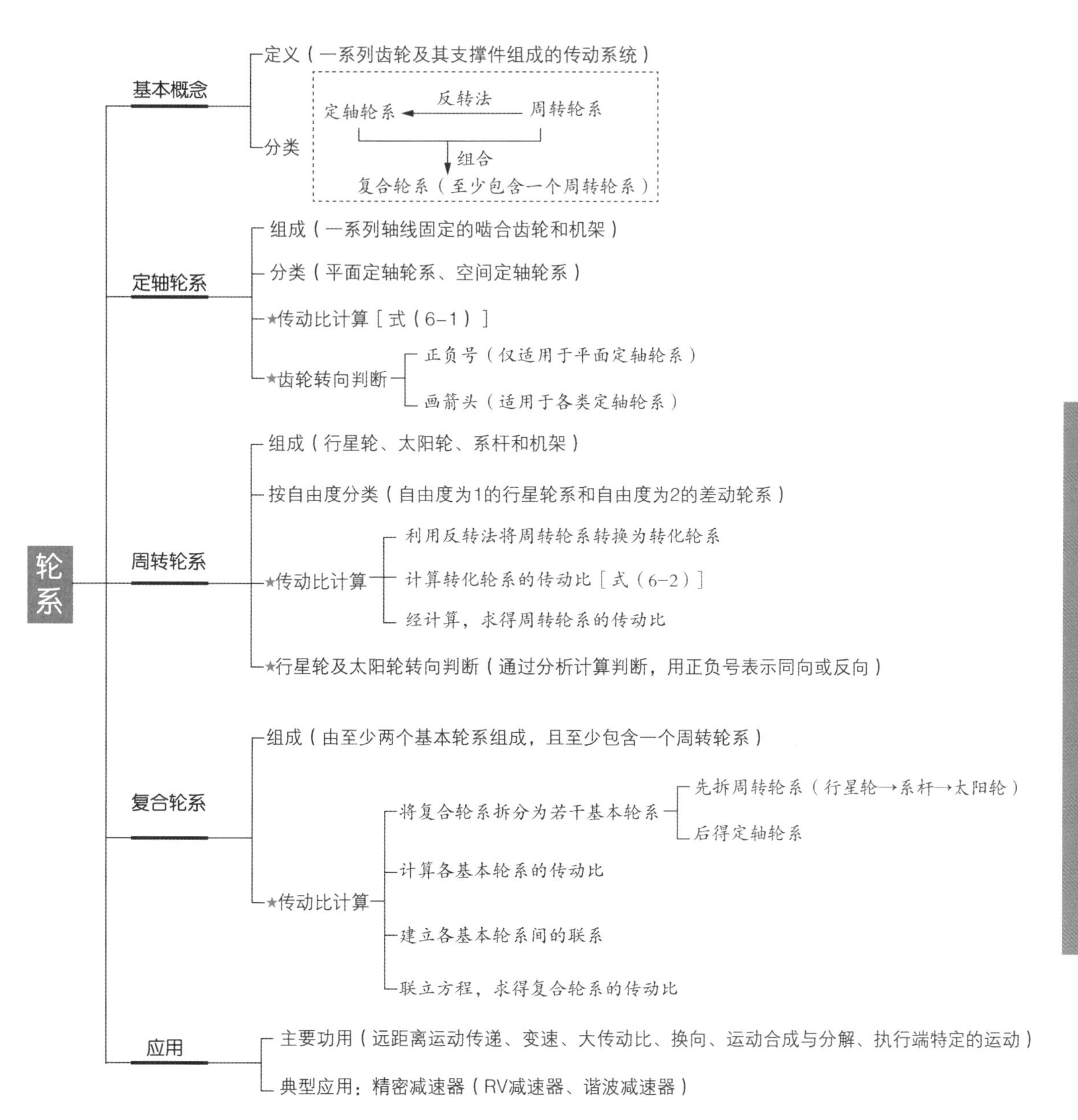

轮系
基本概念
定义（一系列齿轮及其支撑件组成的传动系统）
分类
定轴轮系
反转法
周转轮系
组合
复合轮系（至少包含一个周转轮系）
定轴轮系
组成（一系列轴线固定的啮合齿轮和机架）
分类（平面定轴轮系、空间定轴轮系）
★传动比计算［式（6-1）］
★齿轮转向判断
正负号（仅适用于平面定轴轮系）
画箭头（适用于各类定轴轮系）
周转轮系
组成（行星轮、太阳轮、系杆和机架）
按自由度分类（自由度为1的行星轮系和自由度为2的差动轮系）
★传动比计算
利用反转法将周转轮系转换为转化轮系
计算转化轮系的传动比［式（6-2）］
经计算，求得周转轮系的传动比
★行星轮及太阳轮转向判断（通过分析计算判断，用正负号表示同向或反向）
复合轮系
组成（由至少两个基本轮系组成，且至少包含一个周转轮系）
★传动比计算
将复合轮系拆分为若干基本轮系
先拆周转轮系（行星轮→系杆→太阳轮）
后得定轴轮系
计算各基本轮系的传动比
建立各基本轮系间的联系
联立方程，求得复合轮系的传动比
应用
主要功用（远距离运动传递、变速、大传动比、换向、运动合成与分解、执行端特定的运动）
典型应用：精密减速器（RV减速器、谐波减速器）

习　题

6－1　如图所示的滚齿机工作台传动机构，已知各轮齿数为 $z_1=15$，$z_2=28$，$z_3=15$，$z_4=35$，$z_9=40$ 及被切蜗轮 B 的齿数为 64，试确定滚刀的旋向并计算齿数比 z_5/z_7。

6－2　如图所示轮系中，已知各轮齿数为 $z_1=20$，$z_2=25$，$z_{2'}=20$，$z_3=40$，$z_{3'}=35$，$z_4=40$，$z_{4'}=2$（右旋），$z_5=60$，$z_{5'}=20$（模数 $m=4$ mm）。若 $n_1=500$ r/min，求齿条 6 的线速度 v 的大小和方向。

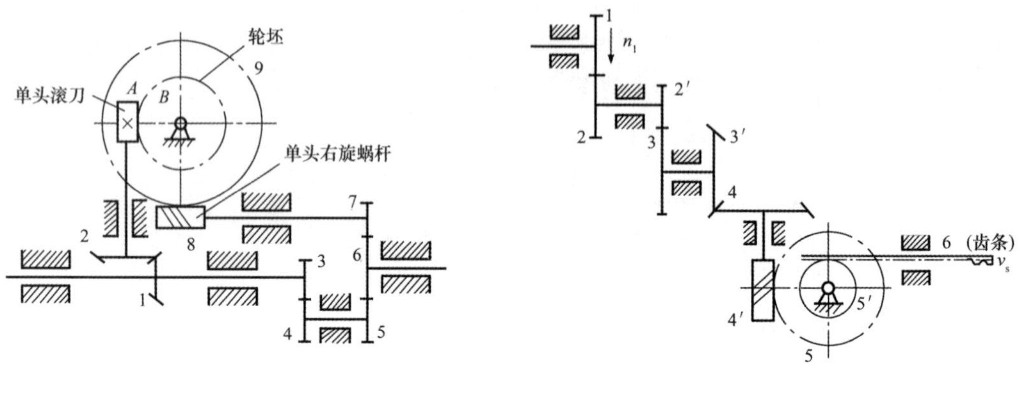

题 6－1 图　　　　题 6－2 图

6－3　如图所示轮系中，已知 $z_1=z_{3'}=20$，$z_3=z_5=60$，试求：(1)齿轮 2 和齿轮 4 的齿数 z_2 和 z_4；(2)传动比 i_{15}。

6－4　如图所示钟表传动机构，N 为发条盘，E 为擒纵轮，S，M 与 H 分别为秒针、分针和时针。已知 $z_1=72$，$z_2=12$，$z_3=64$，$z_4=8$，$z_5=60$，$z_6=8$，$z_7=60$，$z_8=6$，$z_9=8$，$z_{10}=24$，$z_{11}=6$，$z_{12}=24$。求秒针与分针的传动比 i_{SM} 及分针与时针的传动比 i_{MH}。

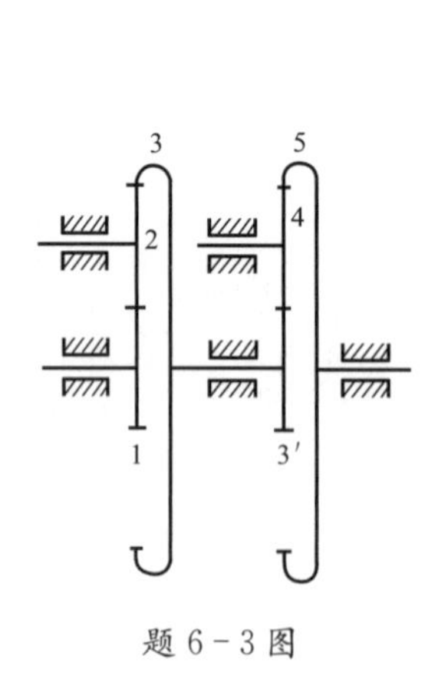

题 6－3 图

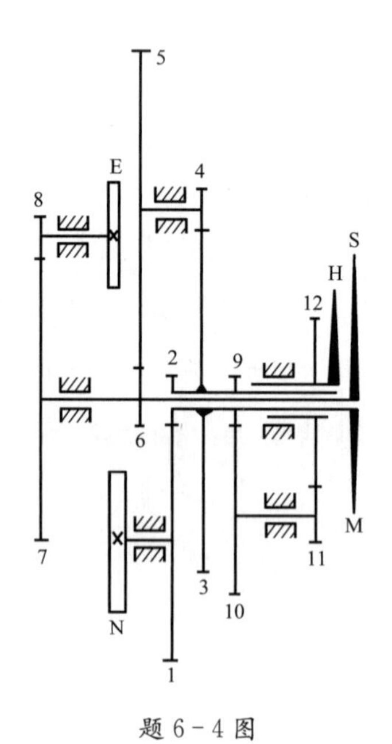

题 6－4 图

6-5　如图所示轮系，已知各轮齿数 $z_1=60$，$z_2=20$，$z_{2'}=30$，$z_3=15$。在图(a)中，若已知 $n_3=150$ r/min，$n_1=50$ r/min，n_3 和 n_1 转向如图所示，求 n_H 的大小和转向。在图(b)中，若已知 $n_3=150$ r/min，$n_1=50$ r/min，转向如图所示，求 n_H 的大小和转向。

6-6　如图所示的手动起重葫芦，各齿轮齿数分别为 $z_1=30$，$z_2=15$，$z_{2'}=18$，$z_3=54$，求手动链轮 S 和起重链轮 H 的传动比 i_{SH}。

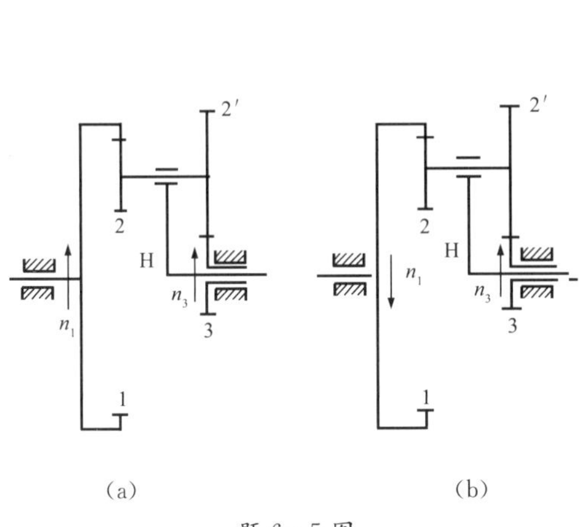

题 6-5 图

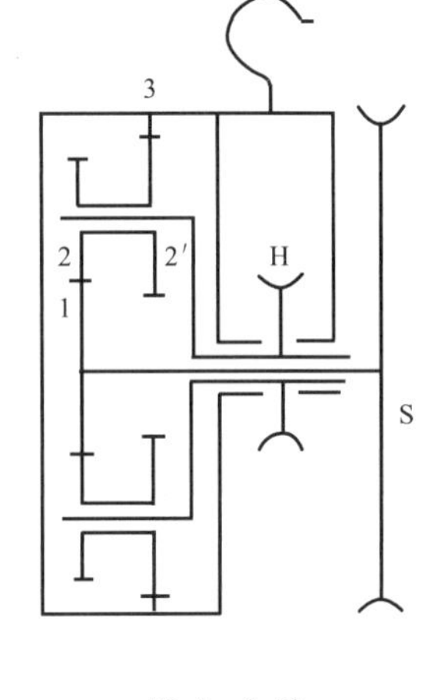

题 6-6 图

6-7　如图所示的液压回转台传动机构，已知 $z_2=15$，马达 M 的转速(指马达转子相对其壳体的转速) $n_M=12$ r/min，回转台 H 的转速(与马达转速 n_M 相反) $n_H=-1.5$ r/min，求齿轮 1 的齿数。

6-8　如图所示的手动齿轮机构，已知各轮齿数 $z_1=z_{2'}=40$，$z_2=z_3=38$，求手柄转速 n_H 与齿轮 1 转速 n_1 的传动比 i_{H1}。

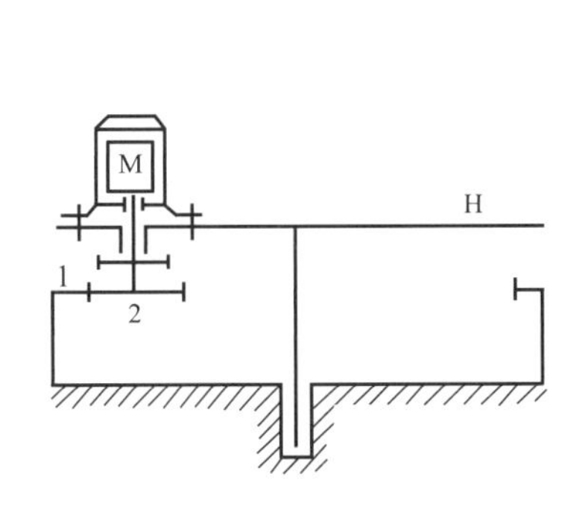

题 6-7 图

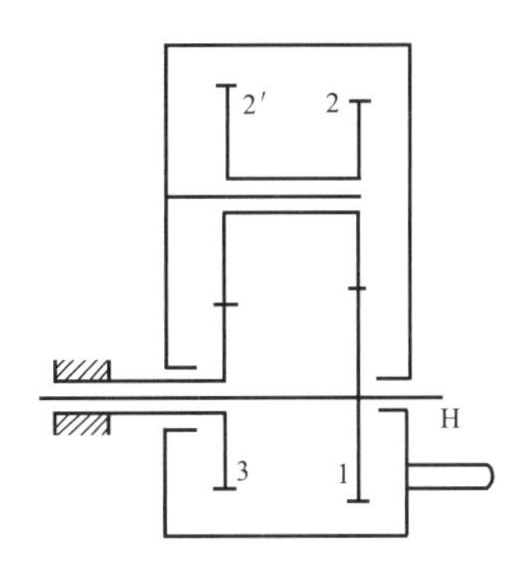

题 6-8 图

6-9　如图所示轮系(括号中数字为齿数)。

(1)若轴 C 固定，齿轮 2 以转速 $n_2=700$ r/min 顺时针回转，求轴 B 的转速和转向；

(2)若轴 B 固定，轴 C 以转速 C=400 r/min 逆时针回转，求轴 A 的转速和转向；

(3)若轴 A 和 B 都以转速 $n_A=n_B=400$ r/min 逆时针回转，求轴 C 的转速和转向；

(4)若轴 A 以转速 $n_A=400$ r/min 顺时针回转，轴 B 以转速 400 r/min 逆时针回转，求轴 C 的转速和转向。

6-10　如图所示为行星搅拌机机构简图，已知 $z_1=40$，$z_2=z_{2'}=20$，当轴 H 以 $n_H=35$ r/min 转速回转时，求搅拌器 F 的转速。

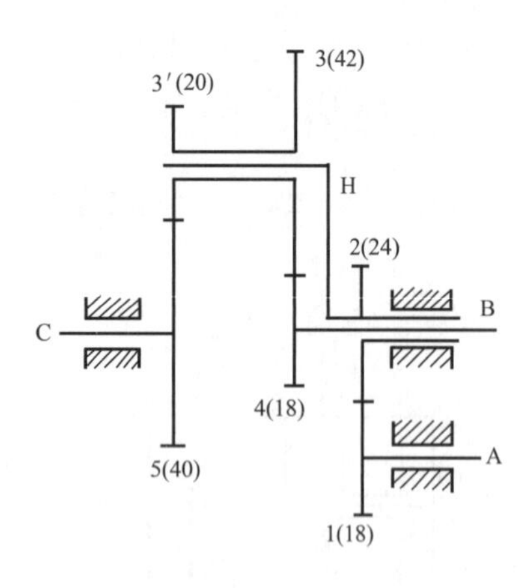

题 6-9 图

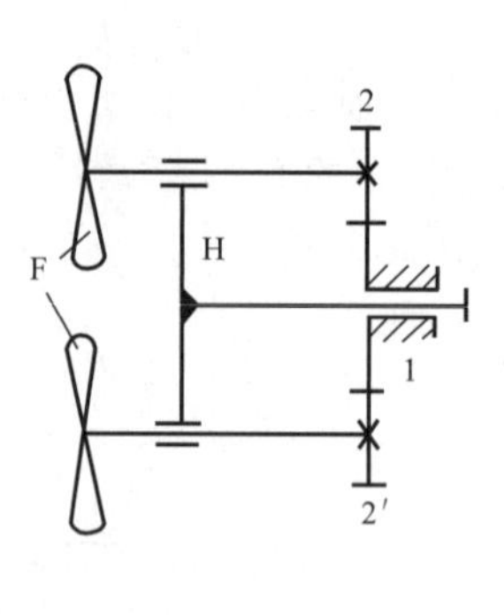

题 6-10 图

6-11 如图所示轮系，已知 $z_1=z_{2'}=z_{4'}=20$，$z_2=40$，$z_3=z_6=60$，试求该轮系的传动比 i_{1H_2}。

6-12 如图所示轮系，已知 $z_1=22$，$z_3=88$，$z_{3'}=z_5$，求传动比 i_{15}。

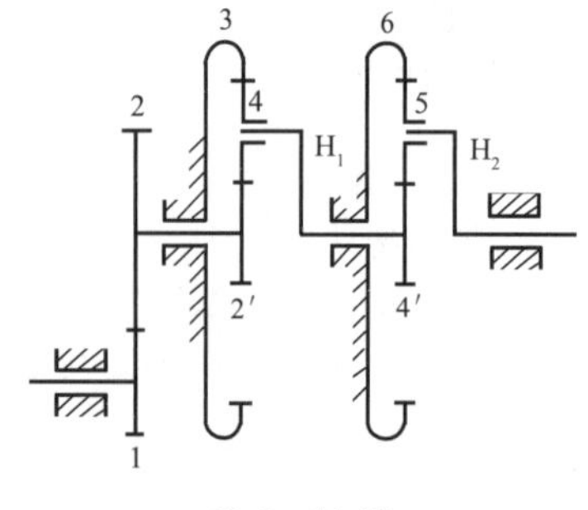

题 6-11 图

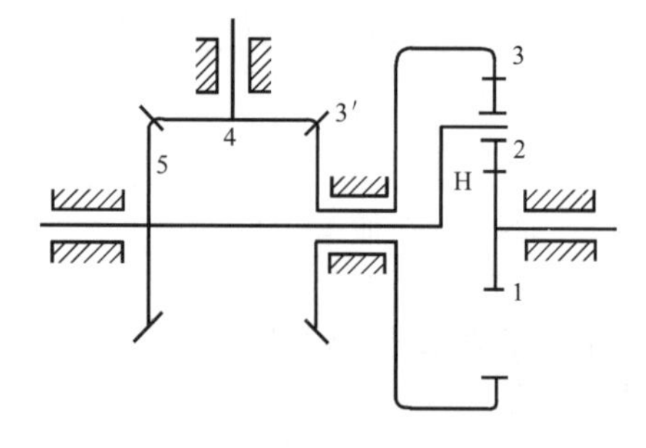

题 6-12 图

第7章　带传动与链传动机构

本章概要：带传动和链传动都是通过中间挠性件（带和链）将主动轴的运动和动力传送到从动轴的常用传动机构。与应用广泛的齿轮传动相比，它们具有结构简单、成本低廉、传动中心距较大等优点。本章主要介绍带传动、链传动的工作原理、结构与规格、受力及应力分析、运动特点、主要失效形式、传动装置的设计计算等内容。

7.1　带传动的类型、特点及应用

带传动通常由主动带轮、从动带轮和张紧在两带轮上的封闭环形带组成。当原动机驱动主动带轮回转时，由带和带轮间的摩擦（或啮合），拖动从动带轮一起回转，从而将主动带轮的运动和动力传递到从动带轮。

根据传动原理不同，带传动可分为摩擦型和啮合型两类，其中最常用的是摩擦型带传动，如图7-1所示。

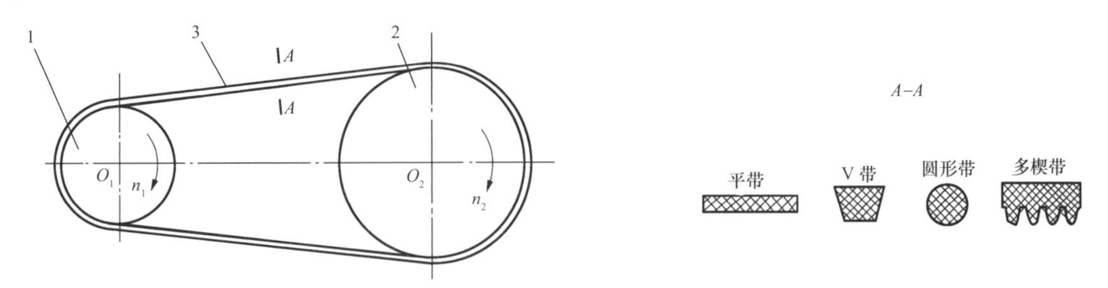

1：主动带轮　2：从动带轮　3：封闭环形带

图7-1　带传动

摩擦带传动根据带的截面形状分为平带、V带、圆形带和多楔带等。平带的截面形状为长方形，与带轮接触的内表面为工作面。V带的截面形状为等腰梯形，如图7-2所示，两侧面为工作表面，V带与轮槽槽底并不接触。V带传动利用楔形摩擦原理工作，在张紧力相同时，V带产生的摩擦力比平带大，故具有较大的牵引能力。多楔带相当于在平带基体上并列制作多根V带，其工作面是各楔形的侧面。它兼有平带的弯曲应力小和V带的摩擦力大等优点，常用于结构紧凑、传递功率较大及速度较高的场合。圆形带的截面为圆形，主要用于小功率传动，常用于仪器和家用器械中（如家用缝纫机）。

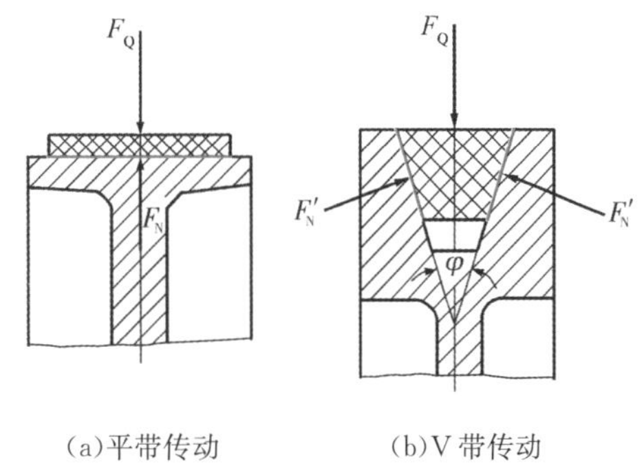

(a)平带传动　(b)V带传动

图7-2　带与带轮的接触

啮合带传动仅有同步带一种，将在7.4节中介绍。

带传动中的传动带并不是完全的弹性体，工作一段时间后，会因伸长变形而产生松弛现象，张紧力减小，会导致摩擦力减小，从而使带的传动能力随之下降。因此，为保证持续具有足够的张紧力，带传动必须具有将带再度张紧的装置。常用的张紧方法是调节中心距。如把装有带轮的电动机安装在滑道上并用螺钉 1 调整中心距，如图 7－3(a)，或采用调节螺杆及调节螺母 2 使电动机绕销轴 3 摆动，如图 7－3(b)，即可达到张紧的目的。如果带传动的中心距不可调整时，可采用具有张紧轮的装置，见图 7－3(c)，它靠重锤 4 利用杠杆原理将张紧轮 5 压在带上，以保持带的张紧。

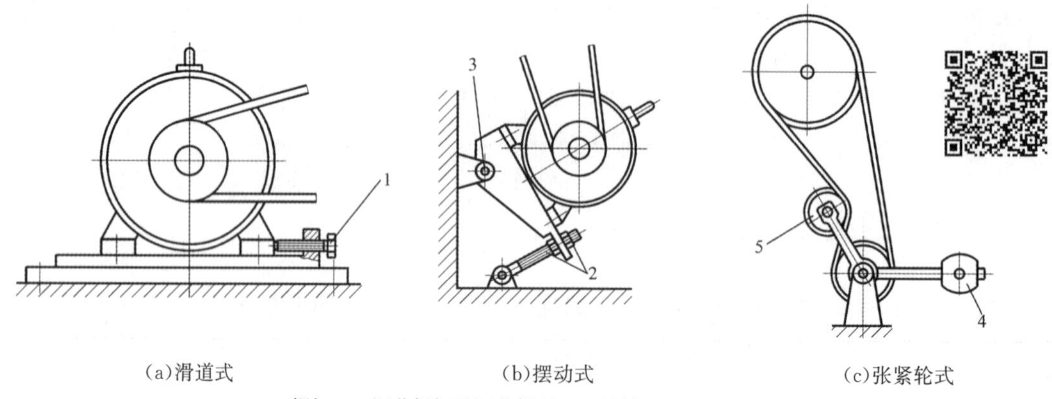

(a)滑道式　　(b)摆动式　　(c)张紧轮式

1：螺钉　2：调节螺杆及调节螺母　3：销轴　4：重锤　5：张紧轮

图 7－3　带传动的张紧装置

带传动的优点：①因带是挠性体，具有弹性，能缓和冲击和吸振，使运转平稳，噪声小；②适用于中心距较大的传动；③过载时将引起带和带轮间的打滑，可防止其他零件的损坏，实现对机械装置的“过载保护”；④结构简单，成本低廉，制造、安装及维护较方便。

带传动的缺点：①传动的外廓尺寸较大；②工作时存在“弹性滑动”现象，不能保证准确的传动比；③带的寿命较短，一般为 2 000～3 000 h。

带传动应用较广，适用于要求传动平稳、对传动比无严格要求、中小功率的较远距离传动。一般 V 带传动带速 $v=5\sim25$ m/s，传动比 $i\leqslant7$，传动功率 $P\leqslant75$ kW。平带传动效率约为 0.96，V 带传动效率约为 0.95 左右，带传动不用于高温、有油污、易燃易爆的场合。

7.2　摩擦型带传动的受力分析和运动特性

7.2.1　带传动的受力分析

为使带与带轮接触面上产生足够的摩擦力，安装时带必须以一定的张紧力套在两带轮上。此时，带在带轮两边的拉力均为初拉力 F_0，如图 7－4(a)所示。传动时，如图 7－4(b)所示，带与带轮之间产生摩擦力 F_f，带两边的拉力不再相等。绕入主动轮的一边被进一步拉紧，称为紧边，拉力由 F_0 增加到 F_1；而另一边带上的拉力则由 F_0 下降到 F_2，称为松边(但带仍受拉力)。若带的总长度不变，则紧边拉力的增加量 F_1-F_0 应等于松边拉力的减小量 F_0-F_2。即

$$F_1-F_0=F_0-F_2$$

所以

$$F_1+F_2=2F_0 \tag{7-1}$$

紧边拉力 F_1 与松边拉力 F_2 之差称为带传动的有效拉力 F_e，也就是带所传递的圆周力，此力也应等于带和带轮在整个接触面上各点摩擦力的总和 F_f，即

$$F_1-F_2=F_e=F_f \tag{7-2}$$

圆周力 F_e(N)、带速 v(m/s)和传动的功率 P(kW)之间的关系为

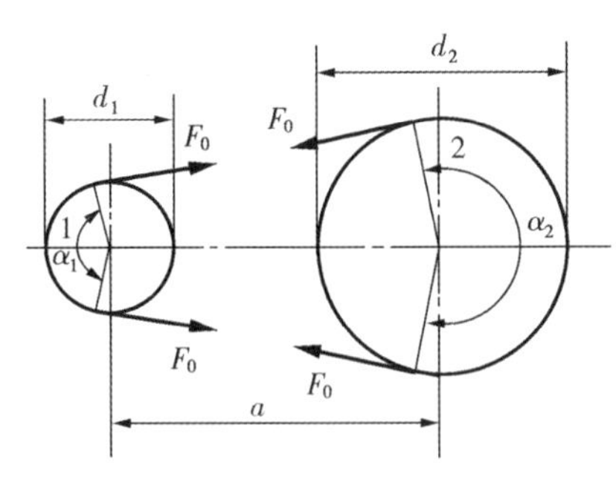

(a)安装状态

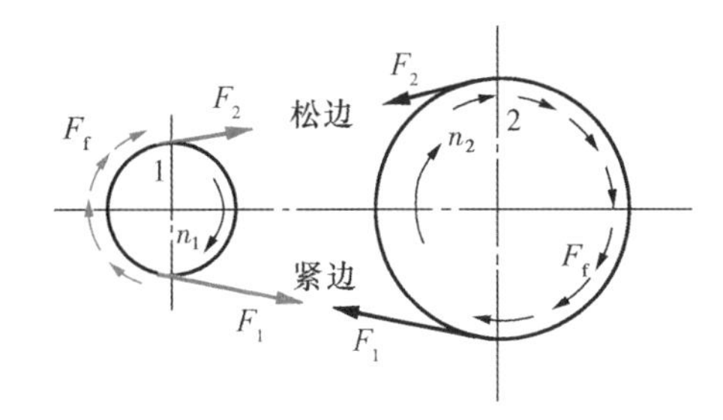

(b)工作状态

图 7-4　带传动的工作原理

$$P=\frac{F_e v}{1\,000} \tag{7-3}$$

由式(7-3)可知，当传动的功率 P 增大时，有效拉力 F_e 也相应增大，即要求带和带轮接触面上有更大的摩擦力来维持传动。但是，在一定的初拉力 F_0 下，带和带轮接触面上所能产生的摩擦力有一极限值，称为临界摩擦力 F_{fc} 或临界有效拉力 F_{ec}。当传递的圆周力超过该极限值时，带就在带轮上打滑，即打滑现象。经常出现打滑将使带的磨损加剧，从动轮转速急剧降低，以致传动失效。

带在出现打滑趋势而尚未打滑的临界状态时，若忽略离心力的影响，可以证明，带的紧边拉力 F_1 与松边拉力 F_2 之间的关系满足柔韧体摩擦的欧拉公式：

$$\frac{F_1}{F_2}=e^{f\alpha} \tag{7-4}$$

式中：f——带与带轮间的摩擦因数；

α——带轮上的包角，即带与带轮接触弧所对的圆心角(单位为弧度)，见图 7-4(a)；

e——自然对数的底，e≈2.718。

联解式(7-1)、式(7-2)和式(7-4)得临界状态时，

$$F_{ec}=2F_0\frac{1-\frac{1}{e^{f\alpha}}}{1+\frac{1}{e^{f\alpha}}} \tag{7-5}$$

可见，临界有效拉力 F_{ec} 与初拉力 F_0、包角 α、摩擦因数 f 等有关。增大包角或增大摩擦因数，都可以提高带传动所能传递的圆周力，因小带轮包角 α_1 小于大带轮包角 α_2，故带在小轮上的工作能力极限小于在大轮上的工作能力极限。

V 带传动与平带传动的张紧力相等时，即带对带轮的压紧力均为 F_Q 时(见图 7-2)，它们的法向反力 N 是不相同的，对平带传动，临界有效拉力为 $F_{ec}=Nf=F_Q f$；而对 V 带，临界有效拉力为

$$F_{ec}=\frac{F_Q f}{\sin\frac{\varphi}{2}}=F_Q f_v$$

式中：φ——V 带轮轮槽角；

f_v——当量摩擦因数，$f_v=\dfrac{f}{\sin\frac{\varphi}{2}}$。

显然，因 $f_v>f$，故 V 带传动功率的能力比平带传动大得多。在传动相同功率时，V 带传动的结构更紧凑。

引用当量摩擦因数的概念，以 f_v 代替 f，即可将式(7－4)和式(7－5)应用于V带传动。

7.2.2 带传动的应力分析

带传动工作时，会产生拉应力、离心拉应力和弯曲应力。

(1)拉应力。带传动工作时紧边和松边均存在拉应力。

紧边拉应力：$\sigma_1=\dfrac{F_1}{A}$；

松边拉应力：$\sigma_2=\dfrac{F_2}{A}$。

式中：A——带的横截面积，mm^2。

因 $F_1>F_2$，所以 $\sigma_1>\sigma_2$。

(2)离心拉应力 σ_c。带在绕过带轮时做圆周运动，从而产生离心力，该离心力使带受到离心拉力 F_c 作用，并在带中引起离心拉应力：

$$\sigma_c=\frac{F_c}{A}=\frac{qv^2}{A}$$

式中：q——带每米长的质量，kg/m；

v——带速，m/s。

离心力虽然只产生在带做圆周运动的部分，但由此产生的离心拉应力 σ_c 却作用于带的全长，且各处大小相等。

(3)弯曲应力 σ_b。带绕过带轮时，因弯曲而产生弯曲应力 σ_b，因此 σ_b 只存在于带与带轮相接触的圆弧部分。由材料力学公式可知，带的弯曲应力为

$$\sigma_b=2YE/d$$

式中：Y——带截面的节面(张紧后带既不伸长也未缩短的那一层)到最外层的距离，mm；

E——带的弹性模量，MPa；

d——带轮直径，mm，对于V带轮，d 为基准直径。

由上式可知，带愈厚，带轮直径愈小，则带的弯曲应力愈大。因此，带绕在小带轮上的弯曲应力 σ_{b1} 大于绕在大带轮上的弯曲应力 σ_{b2}。

图7－5所示为带的应力分布情况，各截面应力的大小用自该处引出的径向线(或垂直线)的长短来表示。带中最大应力发生在紧边绕入小带轮的 A 点处，其值为

$$\sigma_{max}=\sigma_1+\sigma_{b1}+\sigma_c$$

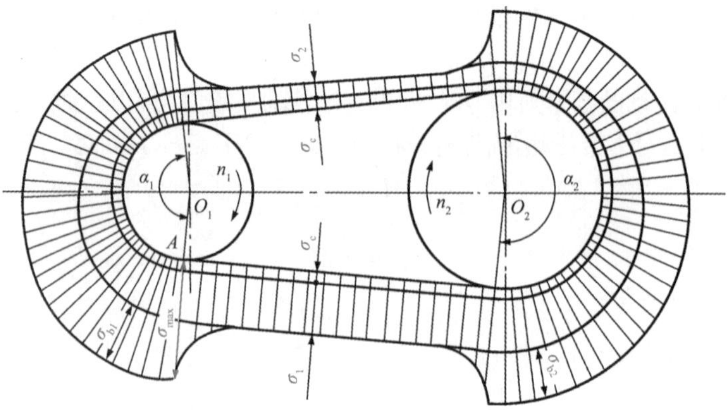

图7－5 带的应力分析

由图 7-5 可见，带运行时，作用在带上某点的应力随它运行的位置变化而变化，所以带是在变应力下工作的，当应力循环次数达到一定值后，带可能产生疲劳破坏。

7.2.3 带传动的弹性滑动和传动比

传动带是弹性体，受力后会产生弹性伸长，带传动工作时，紧边和松边的拉力不等，因而弹性伸长也不同。带在绕过主动轮时，作用在带上的拉力由 F_1 逐渐减小到 F_2，弹性伸长量也相应减小。因而带在随主动轮前进的同时，沿着主动轮渐渐向后“收缩”滑动，而在带动从动轮旋转一侧，情况正好相反，即一边带动从动轮旋转，一边沿其表面慢慢向前“拉伸”滑动。这种由于带的弹性和拉力差引起的带在带轮上的滑动，称为带的弹性滑动。带前进一圈的平均速度 v 小于主动轮的圆周速度 v_1 而大于从动轮的圆周速度 v_2。

带的弹性滑动和打滑是两个完全不同的概念。弹性滑动是带传动工作时的固有特性，只要主动轮一驱动，紧边和松边就产生拉力差，弹性滑动就不可避免。而打滑是因为过载引起的全面滑动，是可以采取措施避免的。

带的弹性滑动使从动轮的圆周速度 v_2 低于主动轮的圆周速度 v_1，其速度下降率可用滑动率 ε 来表示，即

$$\varepsilon=\frac{v_1-v_2}{v_1}=\frac{d_1n_1-d_2n_2}{d_1n_1}$$

因此，带传动的传动比

$$i=\frac{n_1}{n_2}=\frac{d_2}{d_1(1-\varepsilon)} \tag{7-6}$$

式中：n_1，n_2——主、从动轮的转速；

d_1，d_2——主、从动轮的直径，对 V 带传动，则为对应带轮的基准直径。

一般 $\varepsilon=0.01\sim0.02$，其值甚小，对带传动速度的影响不大，在一般传动计算中可不予考虑。

7.3 普通 V 带传动的设计

V 带有普通 V 带、窄 V 带、宽 V 带、大楔角 V 带、齿形 V 带等多种类型，其中普通 V 带应用最广。本节将着重讨论普通 V 带的设计计算。

7.3.1 V 带的结构和规格

V 带的截面结构如图 7-6 所示，由顶胶 1、抗拉体 2、底胶 3 和包布 4 四部分组成。抗拉体用来承受基本拉力。按抗拉体的结构不同，V 带的截面结构分为制造较为方便的帘布芯结构和柔韧性较好、抗弯强度高的绳芯结构，其上下的顶胶和底胶分别承受弯曲时拉伸和压缩，外表用橡胶或帆布包围。

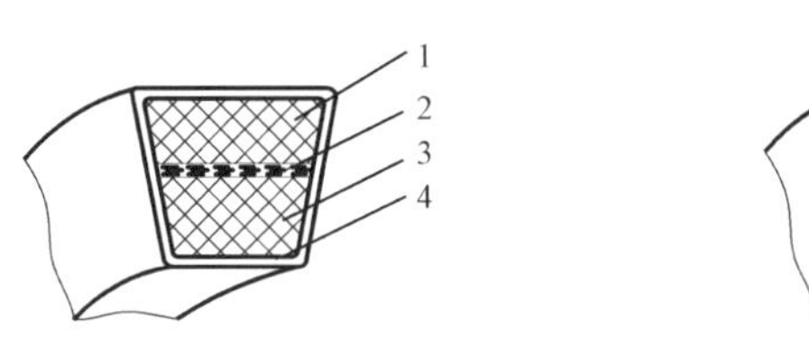

(a)帘布芯结构　　(b)绳芯结构

1:顶胶　2:抗拉体　3:底胶　4:包布

图 7-6　普通 V 带的截面结构

通常 V 带制成无接头的环形，在弯曲时，带中长度和宽度均不变的中性层称为节面，带的节

面宽度称为节宽 b_p。V 带截面高度 h 和节宽 b_d 的比值约为 0.7，楔角 φ 为 40°的 V 带被称为普通 V 带。普通 V 带已标准化，其型号分为 Y，Z，A，B，C，D，E 等七种，其截面尺寸见表7－1。

表 7－1　普通 V 带截面尺寸(GB/T 11544—2012)

型号	Y	Z	A	B	C	D	E
节宽 b_p/mm	5.3	8.5	11	14	19	27	32
顶宽 b/mm	6	10	13	17	22	32	38
高度 h/mm	4	6	8	11	14	19	23
楔角 φ/(°)	40						
截面面积 A/mm^2	18	47	81	138	230	476	692
每米长质量 q/(kg·m^{-1})	0.04	0.06	0.10	0.17	0.30	0.60	0.87

在 V 带轮上与所配用的 V 带的节宽 b_p 相对应的带轮直径称为基准直径 d，已标准化，其标准系列值见表 7－2。

表 7－2　V 带轮最小基准直径及基准直径系列(摘自 GB/T 13575.1—2022)　mm

V 带轮槽型	Y	Z	A	B	C	D	E
最小基准直径 d_{min}	20	50	75	125	200	355	500
基准直径系列	25　28　31.5　35.5　40　45　50　56　63　71　75　80　85　90　95　100　106　112　118　125　132　140　150　160　170　180　200　212　224　236　250　265　280　300　315　335　355　375　400　425　450　475　500　530　560　600　630　670						

V 带在规定的张紧力下，位于带轮基准直径上的周长称为基准长度 L_d，V 带基准长度已经标准化，基准长度(Y 型除外)从 GB/T 321—2005 优先数系 R20 常用值选取，当 R20 优先数系不能满足需要时，Z，A，B，C，D，E 型普通 V 带的基准长度数值见表 7－3。

表 7－3　普通 V 带的基准长度系列 L_d 及长度系数 K_L

基准长度	K_L					基准长度	K_L				
L_d/mm	Y	Z	A	B	C	L_d/mm	Y	Z	A	B	C
200	0.81					2 000		0.98	1.03	0.98	0.88
224	0.82					2 240		1.00	1.06	1.00	0.91
250	0.84					2 500		1.03	1.09	1.03	0.93
280	0.87					2 800		1.11	1.05	0.95	
315	0.89					3 150		1.13	1.07	0.97	
355	0.92					3 550		1.17	1.09	0.99	
400	0.96	0.87				4 000		1.19	1.13	1.02	
450	1.00	0.89				4 500			1.15	1.04	
500	1.02	0.91				5 000			1.18	1.07	
560		0.94				5 600				1.09	
630		0.96	0.81			6 300				1.12	
710		0.99	0.83			7 100				1.15	
800		1.00	0.85			8 000				1.18	
900		1.03	0.87	0.82		9 000				1.21	
1 000		1.06	0.89	0.84		10 000				1.23	
1 120		1.08	0.91	0.86		11 200					
1 250		1.11	0.93	0.88		12 500					
1 400		1.14	0.96	0.90		14 000					
1 600		1.16	0.99	0.92	0.83	16 000					
1 800		1.18	1.01	0.95	0.86						

7.3.2　单根普通 V 带的许用功率

带传动的主要失效形式为带在带轮上打滑和带的疲劳破坏，因此带传动的设计准则是：在保证带不打滑的条件下,具有一定的疲劳寿命。

为保证带传动不出现打滑,由式(7－3)及式(7－5),并以 f_v 代替 f,可得单根普通 V 带能传动的功率

$$P_0 = F_1\left(1-\frac{1}{e^{f_v\alpha}}\right)\frac{v}{1\ 000}$$

$$= \sigma_1 A\left(1-\frac{1}{e^{f_v\alpha}}\right)\frac{v}{1\ 000} \tag{7-7}$$

为使带具有一定的疲劳寿命,应满足强度条件

$$\sigma_{max} = \sigma_1 + \sigma_c + \sigma_{b1} \leqslant [\sigma] \tag{7-8}$$

式中:$[\sigma]$——带的许用拉应力。

将式(7－8)代入式(7－7)可得带既不打滑又具有一定的疲劳寿命时所能传递的功率为

$$P_0 = ([\sigma]-\sigma_c-\sigma_{b1})\left(1-\frac{1}{e^{f_v\alpha}}\right)\frac{Av}{1\ 000} \tag{7-9}$$

式中:P_0——$\alpha_1=\alpha_2=\pi$(即 $i=1$)、特定带长、载荷平稳条件下,单根 V 带所能传递的功率,称为基本额定功率(kW),见表 7－4。实际工作条件若与这些条件不符,应对查得的 P_0 值做修正。

表 7－4 单根普通 V 带的额定功率 P_0(GB/T 1171—2017) kW

型号	小带轮基准直径 d_1/mm	小带轮转速 n_1/(r·min^{-1})												
		200	400	800	950	1 200	1 450	1 600	1 800	2 000	2 400	2 800	3 200	3 600
Z	50	0.04	0.06	0.10	0.12	0.14	0.16	0.17	—	0.20	0.22	0.26	0.28	0.30
	56	0.04	0.06	0.12	0.14	0.17	0.19	0.20	—	0.25	0.30	0.33	0.35	0.37
	63	0.05	0.08	0.15	0.18	0.22	0.25	0.27	—	0.32	0.37	0.41	0.45	0.47
	71	0.06	0.09	0.20	0.23	0.27	0.30	0.33	—	0.39	0.46	0.50	0.54	0.58
	80	0.10	0.14	0.22	0.26	0.30	0.35	0.39	—	0.44	0.50	0.56	0.61	0.64
	90	0.10	0.14	0.24	0.28	0.33	0.36	0.40	—	0.48	0.54	0.60	0.64	0.68
A	75	0.15	0.26	0.45	0.51	0.60	0.68	0.73	—	0.84	0.92	1.00	1.04	1.08
	90	0.22	0.39	0.68	0.77	0.93	1.07	1.15	—	1.34	1.50	1.64	1.75	1.83
	100	0.26	0.47	0.83	0.95	1.14	1.32	1.42	—	1.66	1.87	2.05	2.19	2.28
	112	0.31	0.56	1.00	1.15	1.39	1.61	1.74	—	2.04	2.30	2.51	2.68	2.78
	125	0.37	0.67	1.19	1.37	1.66	1.92	2.07	—	2.44	2.74	2.98	3.15	3.26
	140	0.43	0.78	1.41	1.62	1.96	2.28	2.45	—	2.87	3.22	3.48	3.65	3.72
	160	0.51	0.94	1.69	1.95	2.36	2.54	2.73	—	3.42	3.80	4.06	4.19	4.17
B	125	0.48	0.84	1.44	1.64	1.93	2.19	2.33	2.50	2.64	2.85	2.96	2.94	2.80
	140	0.59	1.05	1.82	2.08	2.47	2.82	3.00	3.23	3.42	3.70	3.85	3.83	3.63
	160	0.74	1.32	2.32	2.66	3.17	3.62	3.86	4.15	4.40	4.75	4.89	4.80	4.46
	180	0.88	1.59	2.81	3.22	3.85	4.39	4.68	5.02	5.30	5.67	5.76	5.52	4.92
	200	1.02	1.85	3.30	3.77	4.50	5.13	5.46	5.83	6.13	6.47	6.43	5.95	4.98
	224	1.19	2.17	3.86	4.42	5.26	5.97	6.33	6.73	7.02	7.25	6.95	6.05	4.47
	250	1.37	2.50	4.46	5.10	6.04	6.82	7.20	7.63	7.87	7.89	7.14	5.60	5.12
C	200	1.39	2.41	4.07	4.58	5.29	5.84	6.07	6.28	6.34	6.02	5.01	3.23	
	224	1.70	2.99	5.12	5.78	6.71	7.45	7.75	8.00	8.06	7.57	6.08	3.57	
	250	2.03	3.62	6.23	7.04	8.21	9.04	9.38	9.63	9.62	8.75	6.56	2.93	
	280	2.42	4.32	7.52	8.49	9.81	10.72	11.06	11.22	11.04	9.50	6.13	—	
	315	2.84	5.14	8.92	10.05	11.53	12.46	12.72	12.67	12.14	9.43	4.16	—	
	355	3.36	6.05	10.46	11.73	13.31	14.12	14.19	13.73	12.59	7.98	—	—	
	400	3.91	7.06	12.10	13.48	15.04	15.53	15.24	14.08	11.95	4.34	—	—	

7.3.3 设计计算步骤和参数

设计 V 带传动，通常应已知传动用途、工作条件、传递的功率、带轮转速(或传动比)及对传动外廓尺寸的要求等。其设计的主要内容有：V 带的型号、长度和根数、中心距、带轮的基准直径及结构尺寸、作用在轴上的压力等。

设计计算的一般步骤如下：

(1)选择 V 带型号。一般是根据计算功率 P_c 和小带轮转速 n_1 由图 7-7 选择 V 带型号，计算功率 P_c 由式(7-10)确定：

$$P_c = K_A P \tag{7-10}$$

式中：P——V 带传递的额定功率，kW；

K_A——工作情况系数，见表 7-5。

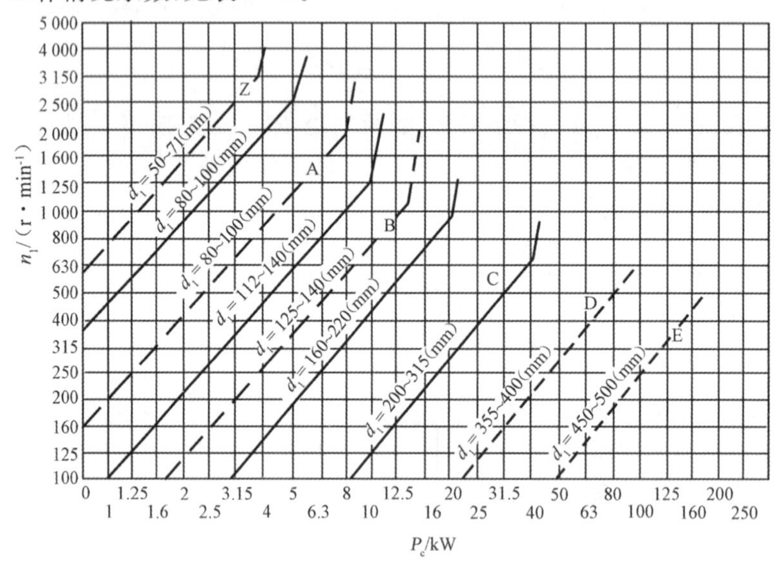

图 7-7 普通 V 带选择图

表 7-5 工作情况系数 K_A

载荷性质	工作机	原动机					
		电动机(交流启动、三角启动、直流并励)、四缸以上的内燃机			电动机(联机交流启动、直流复励或串励)、四缸以下的内燃机		
		每天工作时间/h					
		<10	10～16	>16	<10	10～16	>16
载荷变动很小	液体搅拌机；通风机和鼓风机(≤7.5 kW)；离心式水泵和压缩机；轻负荷输送机	1.0	1.1	1.2	1.1	1.2	1.3
载荷变动小	带式输送机(不均匀负荷)；通风机(>7.5 kW)；旋转式水泵和压缩机(非离心式)；发电机；金属切削机床；印刷机；旋转筛；锯木机和木工机械	1.1	1.2	1.3	1.2	1.3	1.4
载荷变动较大	制砖机；斗式提升机；往复式水泵和压缩机；起重机；磨粉机；冲剪机床；橡胶机械；振动筛；纺织机械；重载输送机	1.2	1.3	1.4	1.4	1.5	1.6
载荷变动很大	破碎机(旋转式、颚式等)；磨碎机(球磨、棒磨、管磨)	1.3	1.4	1.5	1.5	1.6	1.8

在选择 V 带型号时，计算功率 P_c 和小带轮转速 n_1 的交点落在哪个实线分隔区时，则可选择该区对应的带型；若交点落在两种型号的交线附近，可对两种型号同时计算并比较，最后

选择较好的一种。

(2)确定带轮的基准直径 d_1 和 d_2。带轮直径小,则带的弯曲应力大而使带的寿命降低;反之,虽能延长带的寿命,但带传动的外廓尺寸却增大。设计时,小带轮的基准直径 d_1 不应小于表 7-2 所示的 d_{min},并应取基准直径系列中的值。

由式(7-6)得大带轮的基准直径

$$d_2=\frac{n_1 d_1(1-\varepsilon)}{n_2}=i d_1(1-\varepsilon) \tag{7-11}$$

d_1 和 d_2 均应按带轮基准直径系列圆整。

(3)验算带速。

$$v=\frac{n_1 d_1 \pi}{1\,000\times 60} \tag{7-12}$$

由式(7-3)可知,传递功率相同时,带速愈高,所需圆周力愈小,故可减少 V 带的根数;但带速过高,使带在单位时间内绕过带轮的次数增加,应力变化频繁,带的疲劳寿命降低,同时带的离心力过大,减小了带与带轮间的压力和摩擦力,也会降低带传动的工作能力。因此,一般应使带速 $v=5\sim25$ m/s。

(4)确定中心距 a 和带的基准长度 L_d。中心距小则结构紧凑,但使小带轮上的包角减小,降低了带传动的工作能力,同时中心距小,带长较短,带的工作频率增加而导致工作寿命降低;反之,中心距过大,除相反的利弊外,还有速度高时易引起带的松动。

设计时,一般按照式(7-13)初定中心距:

$$0.7(d_1+d_2)\leqslant a_0\leqslant 2(d_1+d_2) \tag{7-13}$$

初选 a_0 后,可根据带传动的几何关系,按式(7-14)近似计算带的基准长度 L_0:

$$L_0=2a_0+\frac{\pi}{2}(d_1+d_2)+\frac{(d_2-d_1)^2}{4a_0} \tag{7-14}$$

由计算的 L_0 查表 7-3 选取相近的基准长度 L_d,再按式(7-15)近似计算所需的实际中心距:

$$a\approx a_0+(L_d-L_0)/2 \tag{7-15}$$

考虑到安装、调整和张紧的需要,中心距的变动范围为

$$(a-0.015L_d)\sim(a+0.03L_d)$$

(5)验算小带轮包角 α_1。

$$\alpha_1=180^\circ-\frac{d_2-d_1}{a}\times 57.3^\circ \tag{7-16}$$

一般应使 $\alpha_1\geqslant 120^\circ$,若不满足此条件,可加大中心距或设置张紧轮。

(6)确定带的根数 z。当传动比 $i\neq1$ 时,由于从动轮直径大于主动轮直径,带在绕过从动轮时的弯曲应力较小,在同等寿命下,P_0 应有所提高,即单根普通 V 带有一定的功率增量 ΔP_0(见表 7-6)。这时单根 V 带所能传递的功率为($P_0+\Delta P_0$)。在实际的工况中,一般包角 $\alpha\neq\pi$,胶带长度与特定带长不同,故引入包角修正系数 K_α(见表 7-7)和长度修正系数 K_L(见表 7-3),这时单根 V 带所能传递的实际额定功率 $[P_0]=(P_0+\Delta P_0)K_L K_\alpha$。于是,带的根数 z 的计算公式为

$$z=\frac{P_c}{(P_0+\Delta P_0)K_L K_\alpha} \tag{7-17}$$

带的根数应圆整为整数,为使各带受力比较均匀,带的根数不宜太多,通常 $z\leqslant10$。否则

应改选 V 带型号，重新设计。

表 7-6　单根普通 V 带的额定功率增量 ΔP_0（GB/T 1171—2017）　kW

带型	小带轮转速 $n_1/(\mathrm{r \cdot min^{-1}})$	传动比									
		1.00～1.01	1.02～1.04	1.05～1.08	1.09～1.12	1.13～1.18	1.19～1.24	1.25～1.34	1.35～1.51	1.52～1.99	≥2.0
Z 型	400	0.00	0.00	0.00	0.00	0.00	0.00	0.00	0.00	0.01	0.01
	700	0.00	0.00	0.00	0.00	0.00	0.00	0.01	0.01	0.01	0.02
	800	0.00	0.00	0.00	0.00	0.01	0.01	0.01	0.01	0.02	0.02
	960	0.00	0.00	0.00	0.01	0.01	0.01	0.01	0.02	0.02	0.02
	1 200	0.00	0.00	0.01	0.01	0.01	0.01	0.02	0.02	0.02	0.03
	1 450	0.00	0.00	0.01	0.01	0.01	0.02	0.02	0.02	0.02	0.03
	2 800	0.00	0.01	0.02	0.02	0.03	0.03	0.03	0.04	0.04	0.04
A 型	400	0.00	0.01	0.01	0.02	0.02	0.03	0.03	0.04	0.04	0.05
	700	0.00	0.01	0.02	0.03	0.04	0.05	0.06	0.07	0.08	0.09
	800	0.00	0.01	0.02	0.03	0.04	0.05	0.06	0.08	0.09	0.10
	950	0.00	0.01	0.03	0.04	0.05	0.06	0.07	0.08	0.10	0.11
	1 200	0.00	0.02	0.03	0.05	0.07	0.08	0.10	0.11	0.13	0.15
	1 450	0.00	0.02	0.04	0.06	0.08	0.09	0.11	0.13	0.15	0.17
	2 800	0.00	0.04	0.08	0.11	0.15	0.19	0.23	0.26	0.30	0.34
B 型	400	0.00	0.01	0.03	0.04	0.06	0.07	0.08	0.10	0.11	0.13
	700	0.00	0.02	0.05	0.07	0.10	0.12	0.15	0.17	0.20	0.22
	800	0.00	0.03	0.06	0.08	0.11	0.14	0.17	0.20	0.23	0.25
	950	0.00	0.03	0.07	0.10	0.13	0.17	0.20	0.23	0.26	0.30
	1 200	0.00	0.04	0.08	0.13	0.17	0.21	0.25	0.30	0.34	0.38
	1 450	0.00	0.05	0.10	0.15	0.20	0.25	0.31	0.36	0.40	0.46
	2 800	0.00	0.10	0.20	0.29	0.39	0.49	0.59	0.69	0.79	0.89
C 型	400	0.00	0.04	0.08	0.12	0.16	0.20	0.23	0.27	0.31	0.35
	700	0.00	0.07	0.14	0.21	0.27	0.34	0.41	0.48	0.55	0.62
	800	0.00	0.08	0.16	0.23	0.31	0.39	0.47	0.55	0.63	0.71
	950	0.00	0.09	0.19	0.27	0.37	0.47	0.56	0.65	0.74	0.83
	1 200	0.00	0.12	0.24	0.35	0.47	0.59	0.70	0.82	0.94	1.06
	1 450	0.00	0.14	0.28	0.42	0.58	0.71	0.85	0.99	1.14	1.27
	2 800	0.00	0.27	0.55	0.82	1.10	1.37	1.64	1.92	2.19	2.47

表 7-7　包角修正系数 K_α

带轮包角 $\alpha_1/(°)$	180	170	160	150	140	130	120	110	100	90
K_α	1.00	0.98	0.95	0.92	0.89	0.86	0.82	0.78	0.74	0.69

（7）确定初拉力 F_0 和作用在轴上的压力 F_Q。初拉力的大小是保证带传动正常工作的重要因素之一。初拉力过小，摩擦力小，容易发生打滑；初拉力过大，则带的寿命降低，轴和轴承受力大。初拉力可由式（7-18）计算：

$$F_0=\frac{500P_c}{zv}\left(\frac{2.5}{K_\alpha}-1\right)+qv^2 \tag{7-18}$$

作用在轴上的压力（称压轴力）可按式（7-19）计算：

$$F_Q=2zF_0\sin\frac{\alpha_1}{2} \tag{7-19}$$

7.3.4　V 带轮的结构

带轮的结构形式主要有实心式、腹板式（有环形均布孔的称为孔板式）、轮辐式（图 7-8）。带轮直径较小时可采用实心式，直径大于350 mm时可采用轮辐式，中等直径的带轮可采用腹板式。带轮其他结构尺寸可参照图 7-8 所列经验公式确定，或查阅机械设计手册。

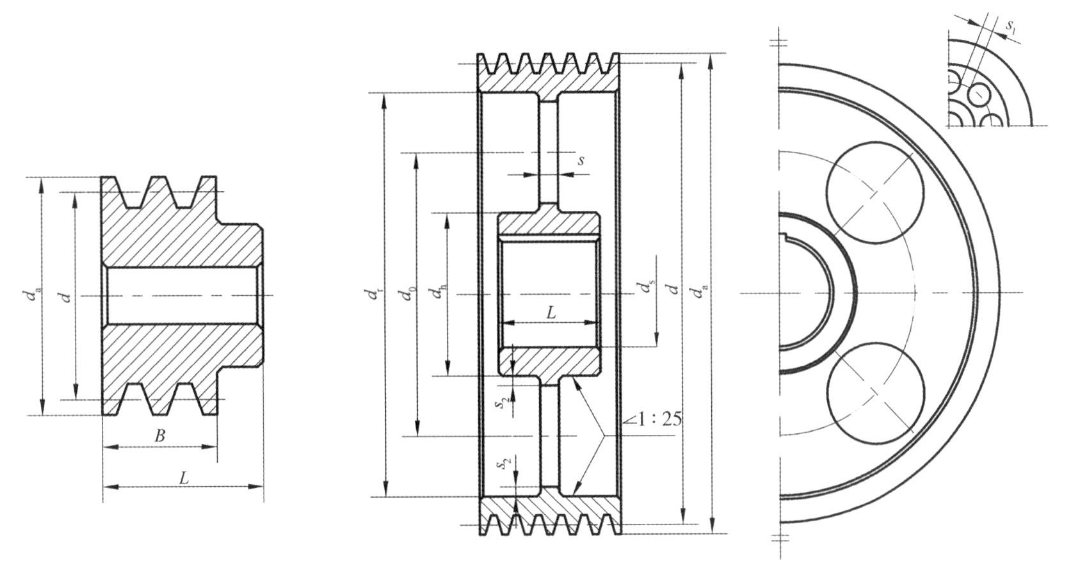

$d_h=(1.8\sim2)d_s, d_0=(d_h+d_r)/2, d_r=d_a-2(H+\delta), s=(0.2\sim0.3)B, s_1\geqslant1.5s, s_2\geqslant0.5s, L=(1.5\sim2)d_s$

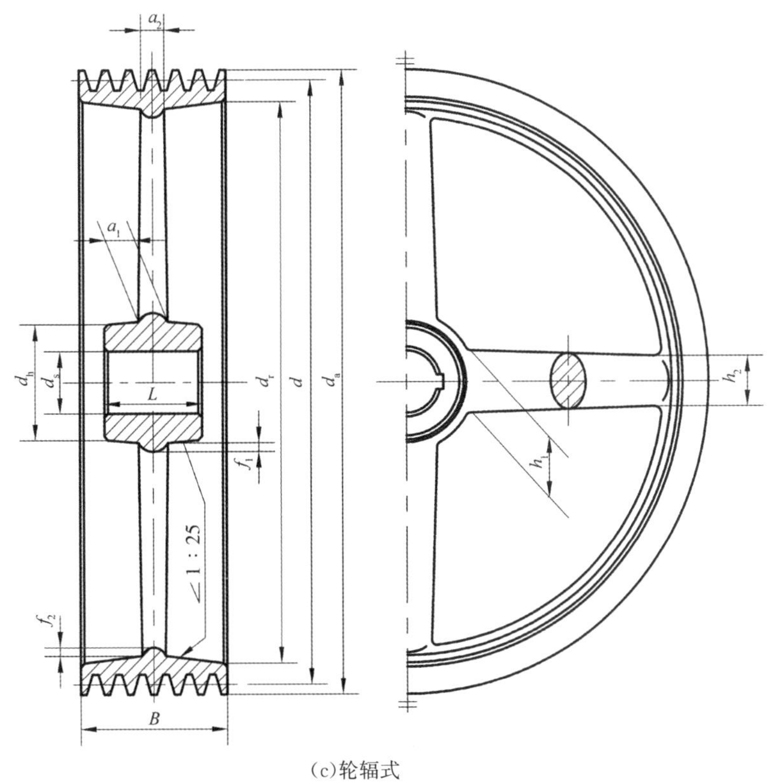

$h_1=\sqrt[3]{\frac{P}{nA}}$，$P$ 为传递功率，kW；n 为带轮转速，r/min；A 为轮辐数。$h_2=0.8h_1, a_1=0.4h_1, a_2=0.8a_1, f_1=0.2h_1, f_2=0.2h$

图 7-8　V 带轮结构

普通 V 带轮缘部分的轮槽尺寸按 V 带型号查表 7-8。

表 7－8 普通 V 带轮的轮槽尺寸 mm

轮缘参数			槽型 Y	槽型 Z	槽型 A	槽型 B	槽型 C	轮缘结构
b_p			5.3	8.5	11	14	19	
h_{amin}			1.6	2.0	2.75	3.5	4.8	
e			8±0.3	12±0.3	15±0.3	19±0.4	25.5±0.5	
f_{min}			6	7	9	11.5	16	
h_{fmin}			4.7	7.0	8.7	10.8	14.3	
最小轮缘厚度 δ_{min}			5	5.5	6	7.5	10	
φ/(°)	32	对应的 d	≤60	—	—	—	—	
	34		—	≤80	≤118	≤190	≤315	
	36		>60	—	—	—	—	
	38		—	>80	>118	>190	>315	

对于带速 v 不大于 25 m/s 的带传动，带轮一般用铸铁(HT150、HT200)制造。带速更高或特别重要的场合可采用铸钢；小功率的可采用铸铝或塑料。

例 7－1 V 带传动因传动平稳、传动比无严格要求，在带式输送机、鼓风机等农用机械装备上应用广泛，有助于强化农业科技和装备支撑，全面推进乡村振兴。试设计某带式输送机传动系统的 V 带传动，已知三相异步电动机的额定功率 $P=15$ kW，转速 $n_{\mathrm{I}}=970$ r/min，传动比 $i=2.1$，两班制工作。

解 1)求计算功率 P_c

由式(7－10)得 $P_c=K_AP$，查表 7－5 工况系数知 $K_A=1.2$，得 $P_c=1.2\times15=18$(kW)。

2)选择普通 V 带型号

根据 $P_c=18$ kW 和 $n_1=970$ r/min 查图 7－7 知应选 B 型 V 带。

3)确定带轮基准直径 d_1、d_2

查表 7－2 知 B 型 V 带轮的最小基准直径为 125 mm，又从图 7－7 中查出 d_1 建议值为 160～220 mm，故按表 7－2 暂取 $d_1=200$ mm。

则由式(7－6)得大带轮的基准直径

$$d_2=i\times d_1(1-\varepsilon)=2.1\times200\times(1-0.02)=411.6(\text{mm})$$

按表 7－2 取 $d_2=425$ mm。

此时实际传动比将发生改变，$i'=\dfrac{n_1}{n_2}=\dfrac{d_2}{d_1(1-\varepsilon)}\approx\dfrac{d_2}{d_1}=\dfrac{425}{200}=2.125$，

传动比改变量为 $\dfrac{i'-i}{i}\times100\%=\dfrac{2.125-2.1}{2.1}\times100\%=1.19\%$。

若仅考虑带传动本身，误差在±5%以内是允许的，若考虑到整个传动系统，详见第 16 章示例。

4)验算带速 v

由式(7－12)得 $v=\dfrac{\pi d_1n_1}{60\times1\,000}=\dfrac{\pi\times200\times970}{60\times1\,000}=10.16$ m/s，

介于 5～25 m/s 范围之内，合适。

5)确定基准长度 L_d 和实际中心距 a

由式(7-13)得　$0.7(d_1+d_2)\leqslant a_0\leqslant 2(d_1+d_2)$，

即 $0.7\times(200+425)\leqslant a_0\leqslant 2\times(200+425)$，

所以有 $437.5\leqslant a_0\leqslant 1\ 250$，

初定中心距 $a_0=800$ mm，

由式(7-14)得带长为

$$L_0=2a_0+\frac{\pi}{2}(d_1+d_2)+\frac{(d_2-d_1)^2}{4a_0}$$

$$=2\times 800+\frac{\pi}{2}(200+425)+\frac{(425-200)^2}{4\times 800}$$

$$\approx 2597.6\ \text{mm}$$

由表 7-3 选用基准长度 $L_d=2\ 500$ mm，

由式(7-15)得实际中心距

$$a\approx a_0+\frac{L_d-L_0}{2}=800+\frac{2\ 500-2597.6}{2}=751.2(\text{mm})$$

中心距的变动范围为

$$a_{\min}=a-0.015L_d=751.2-0.015\times 2\ 500=713.7(\text{mm})$$

$$a_{\max}=a+0.03L_d=751.2+0.03\times 2\ 500=826.2(\text{mm})$$

6)验算小带轮包角 α_1

由式(7-16)得 $\alpha_1\approx 180°-\dfrac{d_2-d_1}{a}\times 57.3°=180°-\dfrac{425-200}{751.2}\times 57.3°\approx 162.84°>120°$，合适。

7)确定 V 带根数 z

由式(7-17)得

$$z=\frac{P_c}{(P_0+\Delta P_0)K_\alpha K_L}$$

由表 7-4 查得 $P_0=3.77$ kW；由表 7-6 查得 $\Delta P_0=0.3$ kW；由表 7-7 查得 $K_\alpha=0.96$；由表 7-3 查得 $K_L=1.03$；

则

$$z=\frac{18}{(3.77+0.3)\times 0.96\times 1.03}=4.47,$$

取　$z=5$ 根。

8)求初拉力 F_0 及带轮轴上的压力 F_Q

由式(7-18)得 $F_0=\dfrac{500P_c}{zv}\left(\dfrac{2.5}{K_\alpha}-1\right)+qv^2$，查表 7-1 知 $q=0.17$ kg/m，故

$$F_0=\frac{500\times 18}{5\times 10.16}\times\left(\frac{2.5}{0.96}-1\right)+0.17\times 10.16^2=301.75(\text{N})$$

由式(7-19)得 $F_Q=2zF_0\sin\dfrac{\alpha_1}{2}=2\times 5\times 301.75\times\sin\dfrac{162.84°}{2}=2\ 983.73(\text{N})$，

结果：选用 5 根 B-2500 GB/T 11544—2012 的 V 带，$a=751.2$ mm，$d_1=200$ mm，$d_2=425$ mm。

9)带轮结构设计及绘制零件图(略)

注意：设计过程中(特别是靠前面的步骤)参数的选择范围较大，如小带轮的最小基准直径 d_1 可为(160～220)mm，选择余地大，不同取值会使设计结果产生较大的差异，比如可能导致 V 带的根数较多。所以，在对参数取值时，应对结果的趋势有所预见，如结果不合理，可适当调整所取参数值重新设计。

7.3.5 用软件进行 V 带传动的辅助设计

目前可有多种方法编制程序以实现 V 带传动的计算机辅助设计，下面要介绍的是利用电子表格软件 Excel 实现对 V 带传动设计过程各步骤的自动计算。该方法简单，操作方便，若能掌握其思路和技巧，举一反三，则后面要学习的各类计算工作均可以在 Excel 上实现一定程度的自动计算，以加快设计速度，减少计算误差，便于参数调整。

以例 7-1 的计算过程为例，采用 Excel 工作表进行自动计算（辅助设计）的步骤如下：

（1）打开 Excel 软件（本例采用 Excel 2003 版本），在其工作表中按照图 7-9 填写好各单元格，做好准备（E 列和 H 列是提示用的，如果看明白了本例的思路，这两列可以不填写，但请留出位置以免后面的步骤出现混乱；作为一个“软件”的界面，需要有这样的一些提示以便看清程序的执行过程）。

	A	B	C	D	E	F	G	H
1	输入参数	代号	填写或查图、表取值	单位	计算公式	计算结果	圆整结果	备注
2								
3	电机额定功率	P	15	kW				人工填入已知值
4	小带轮转速	n_1	970	r/min	$n_1=i*n_2$			人工填入已知值
5	大带轮转速	n_2		r/min	$n_2=n_1/i$			根据计算结果圆整
6	传动比	i	2.1		$i=n_1/n_2$			根据计算结果圆整
7	工况系数	K_A	1.2					查表7-5
8	计算功率	P_C		kW	$P_c=K_A*P$			根据计算结果圆整
9	V带型号		B					查图7-7
10	小带轮基准直径	d_1	200	mm				查表7-2和图7-7
11	大带轮基准直径	d_2		mm	$d_2=i*d_1*(1-0.02)$			查表7-2圆整为标准值
12	带轮速度	v		m/s	$v=\pi*n_1*d_1/(60*1000)$			根据计算结果圆整
13	初定中心距最小值	A_{0min}		mm	$0.7*(d_1+d_2)$			不需圆整
14	初定中心距最大值	A_{0max}		mm	$2*(d_1+d_2)$			不需圆整
15	选择中心距	A_0		mm				在上两行值之间选择一数
16	带长计算值	L_0		mm	$L_0=2*A_0+\pi*(d_1+d_2)/2+(d_2-d_1)^2/(4*A_0)$			不需要圆整
17	带长圆整值	L_d		mm				查表7-3圆整为标准值
18	实际中心距	A		mm	$A=A_0+(L_d-L_0)/2$			根据计算结果圆整
19	最大中心距	A_{max}		mm	$A_{max}=A-0.015*L_d$			根据计算结果圆整
20	最小中心距	A_{min}		mm	$A_{min}=A+0.03*L_d$			根据计算结果圆整
21	小轮包角	α		°	$\alpha=180-(d_2-d_1)*57.3/A$			根据计算结果圆整
22	单根V带额定功率	P_0	3.77	kW				查表7-4
23	额定功率增量	ΔP_0	0.3	kW				查表7-6
24	长度修正系数	K_L	1.03					查表7-3
25	包角修正系数	K_a	0.96					查表7-7
26	每米长质量	q	0.17	kg/m				查表7-1
27	带的根数	z			$z=P_C/((P_0+\Delta P_0)*K_L*K_a)$			根据计算结果向上取整数
28	初拉力	F_0		N	$500*P_C*(2.5/K_a-1)(/z*v)+q*v^2$			根据计算结果圆整
29	作用在轴上的压力	F_Q		N	$F_Q=2*z*F_0*\sin(\alpha_1/2)$			根据计算结果圆整
30								

图 7-9 Excel 工作表填写内容

（2）C 列、F 列和 G 列需要填入相应的内容：

C 列为已知的值和必须查表或查图得到的值，按照项目和提示，根据例 7-1 的条件，从上至下顺序填入表中各单元格内。

F 列最为关键，必须采用 Excel 中规定的方法填入计算公式，之后只要相关值全部给定，即可自动显示出计算结果（定义了的公式不会正常情况下显示出来，双击单元格才会显示；或按 Ctrl+～键可切换显示计算结果和定义的公式）。

按图 7-10 所示填写各单元格中的内容，并领悟一下原因，以后就能举一反三了。

G 列各单元格填入左侧计算结果的圆整值，这需要人工处理，因计算结果很可能为多位的小数，使用者可根据具体情况圆整为整数或 1～2 位的小数，有些单元格可让其自动照搬 C 列中填入的值（见图 7-10 中标出内容的 G 列单元格）。请参考一下 H 列备注栏的提示理解。

行号	F 列填写内容	G 列填写内容
1	计算结果	圆整结果
2		
3		=C3
4		=C4
5	=C4/C6	
6	=G4/G5	
7		
8		
9		=C9
10		=C10
11	=C6 * C10 * (1−0.02)	
12	=PI() * C4 * C10/(60 * 1 000)	
13	=0.7 * (G10+G11)	
14	=2 * (G10+G11)	
15		
16	=2 * G15+PI() * (G10+G11)/2+(G11−G10)^2/(4 * G15)	
17		
18	=G15+(G17−F16)/2	
19	=G18−0.015 * G17	
20	=G18+0.03 * G17	
21	=180−(G11−G10) * 57.3/G18	
22		=C22
23		=C23
24		=C24
25		=C25
26		=C26
27	=G8/((G22+G23) * G24 * G25)	
28	=500 * G8 * (2.5/G25−1)/(G27 * G12)+G26 * G12^2	
29	=2 * G27 * G28 * SIN(G21 * PI()/(2 * 180))	

——说　明——

①双击某单元格，该单元格边框会粗线显示，可直接在框中填写内容，也可在工作表上方 fx 一栏中填写要填的内容，填完后要点栏左侧的“√”号以确认该单元格的输入内容，才可再双击其他单元格，并按上面的方法继续填写内容。

②G 列左表中填写的是表示照抄 C 列同行号的单元格的内容，未按左表中填写内容的空白格，请按各单元格左侧 F 列中对应单元格中的计算结果(可能有多位小数)进行圆整，酌情取整数或 1～2 位小数。

③式中 C3、G5 等指的是单元格，可手动输入其字符和数字，也可在需要输入某单元格时，用鼠标点击该单元格，则单元格的编号会自动插入式中。

④乘、除、平方运算的符号分别为 *、/、^，F29 单元格中 SIN()函数括号中的值要求以弧度为单位，故要将角度转换为弧度，π 的值采用函数 PI()。

⑤ F 列中的内容为计算结果，虽作了定义，但在已知条件不充分、有些数据没有查出或确定之前，单元格中并不会出现正确结果，也不是显示定义的公式，而是提示字符。

图 7-10　Excel 工作表 F 列和 G 列填写内容

图 7-11 显示的是采用例 7-1 给出的条件用 Excel 工作表自动计算的结果，读者可与例 7-1 进行比较。该工作表建立后，只要是和例 7-1 类似的 V 带传动设计，更改 C 列的已知条件和查表、查图结果，即可立即得出所需的各项计算结果。

如果对 Excel 的建立过程比较熟悉，也弄清了本例的建立和运行过程，即可融会贯通，完成各种类型的计算(比如齿轮传动计算等)。

Microsoft Excel - 9-12.xls

	A	B	C	D	E	F	G	H
1	输入参数	代号	填写或查图、表取值	单位	计算公式	计算结果	圆整结果	备注
2								
3	电机额定功率	P	15	kW			15	人工填入已知值
4	小带轮转速	n_1	970	r/min	$n_1=i*n_2$		970	人工填入已知值
5	大带轮转速	n_2		r/min	$n_2=n_1/i$	461.9048	461.9	根据计算结果圆整
6	传动比	i	2.1		$i=n_1/n_2$	2.100022	2.1	根据计算结果圆整
7	工况系数	K_A	1.2				1.2	查表7-5
8	计算功率	P_C		kW	$P_c=K_A*P$	18	18	根据计算结果圆整
9	V带型号		B				B	查图7-7
10	小带轮基准直径	d_1	200	mm			200	查表7-2和图7-7
11	大带轮基准直径	d_2		mm	$d_2=i*d_1*(1-0.02)$	411.6	425	查表7-2圆整为标准值
12	带轮速度	v		m/s	$v=\pi*n_1*d_1/(60*1000)$	10.15782	10.16	根据计算结果圆整
13	初定中心距最小值	A_{0min}		mm	$0.7*(d_1+d_2)$	437.5	437.5	不需圆整
14	初定中心距最大值	A_{0max}		mm	$2*(d_1+d_2)$	1250	1250	不需圆整
15	选择中心距	A_0		mm			800	在上两行值之间选择一数
16	带长计算值	L_0		mm	$L_0=2*A_0+\pi*(d_1+d_2)/2+(d_2-d_1)^2/(4*A_0)$	2597.568		不需要圆整
17	带长圆整值	L_d		mm			2500	查表7-3圆整为标准值
18	实际中心距	A		mm	$A=A_0+(L_d-L_0)/2$	751.216	751.2	根据计算结果圆整
19	最大中心距	A_{max}		mm	$A_{max}=A-0.015*L_d$	713.7	713.7	根据计算结果圆整
20	最小中心距	A_{min}		mm	$A_{min}=A+0.03*L_d$	826.2	826.2	根据计算结果圆整
21	小轮包角	α		°	$\alpha=180-(d_2-d_1)*57.3/A$	162.8375	162.84	根据计算结果圆整
22	单根V带额定功率	P_0	3.77	kW			3.77	查表7-4
23	额定功率增量	ΔP_0	0.3	kW			0.3	查表7-6
24	长度修正系数	K_L	1.03				1.03	查表7-3
25	包角修正系数	K_a	0.96				0.96	查表7-7
26	每米长质量	q	0.17	kg/m			0.17	查表7-1
27	带的根数	z			$z=P_C/((P_0+\Delta P_0)*K_L*K_a)$	4.472699	5	根据计算结果向上取整数
28	初拉力	F_0		N	$500*P_C*(2.5/K_a-1)/z*v+q*v^2$	301.7511	301.75	根据计算结果圆整
29	作用在轴上的压力	F_Q		N	$F_Q=2*z*F_0*\sin(\alpha_1/2)$	2983.73	2983.73	根据计算结果圆整
30								

图 7-11　采用 Excel 工作表进行 V 带传动设计计算结果

7.4　同步带传动简介

同步带的结构以细钢丝或玻璃纤维绳等作为抗拉体，外面以聚氨酯、橡胶等材料包覆，并制出齿形，带轮的轮面也制成相应的齿形。所以同步带传动是靠带内侧的齿与轮面上的齿相啮合进行传动的，兼有挠性带传动和啮合传动的优点。由于带与带轮面间无滑动，主、从动轮线速度同步，故称为同步带传动，如图 7-12 所示。

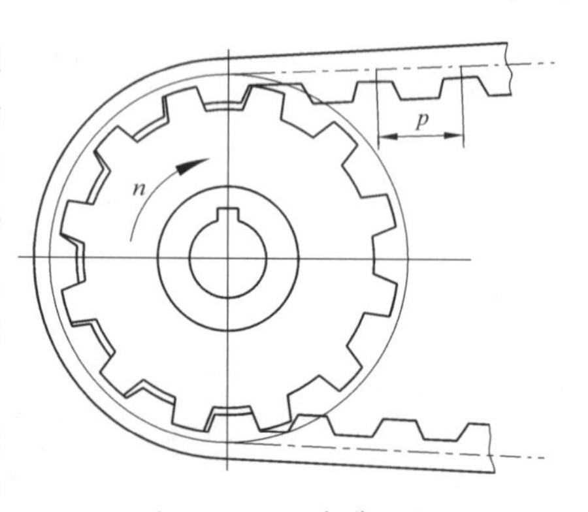

图 7-12　同步带传动

同步带传动的优点：能保证准确的传动比；带的柔性较好，带轮的直径可以较小，因而结构紧凑；由于带薄，单位长度的质量小，抗拉体强度高，故带速可达 40 m/s，属高速传动，传动比可达 10 以上，传递功率可达100 kW以上；张紧力小，所以轴上受的压力也小；传动效率较高（可近 0.98）。其缺点是对制造和安装的精度要求较高，成本也较高。

同步带传动的设计计算以及同步带的规格等可参阅有关资料。

7.5　链传动的组成、特点及应用

链传动由主动链轮 1、从动链轮 2 和绕在两链轮上的封闭链条 3 所组成，如图 7-13 所示。它靠链节和链轮轮齿之间的啮合来传递运动和动力。

与带传动相比较，其主要优点：能获得准确的平均传动比；所需张紧力小，因而作用在轴上的压力小，结构更为紧凑，传动效率较高，可在高温、油污、潮湿等恶劣环境下工作；与齿轮传动相比较，中心距较大而结构较简单，制造与安装精度要求较低。链传动的主要缺点是瞬时传动比不恒定，导致传动平稳性差，工作时有一定的冲击和噪声。

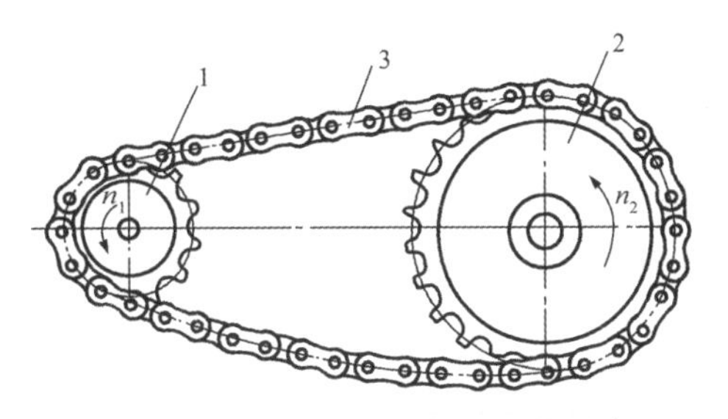

1：主动链轮　2：从动链轮　3：封闭链条

图 7-13　链传动

通常链传动的传动比 $i \leqslant 8$，传动功率 $P \leqslant 100$ kW，链速 $v \leqslant 15$ m/s，传动效率为 0.95～0.98，中心距≤5～6 m。链传动已广泛应用于农业机械、矿山机械、起重运输机械、机床及摩托车中。

7.6　滚子链和链轮

7.6.1　滚子链

按结构的不同，机械中传递运动和动力的链条主要有滚子链和齿形链。齿形链运转较平稳、噪声小，但重量大、成本高，多用于高速传动。滚子链应用最为广泛，故本节主要讨论滚子链。如图 7-14 所示，滚子链由内链板 1、外链板 2、销轴 3、套筒 4 及滚子 5 所组成。内链板与套筒、外链板与销轴均为过盈配合；滚子与套筒、套筒与销轴均为间隙配合。工作时，内、外链节间可以相对挠曲，套筒可绕销轴自由转动，滚子套在套筒上减少链条与链轮间的磨损。为减轻重量和使链板各截面强度相等，内、外链板常制成“8”字形。

链条上相邻两销轴的中心距称为链节距，以 p 表示，它是链条最主要的参数。当节距增大时，链条中各零件的尺寸相应也增大，可传递的功率也随之增大。滚子链可制成单排链和多排链。如图 7-15 所示为双排链，多排链用于功率较大的传动。

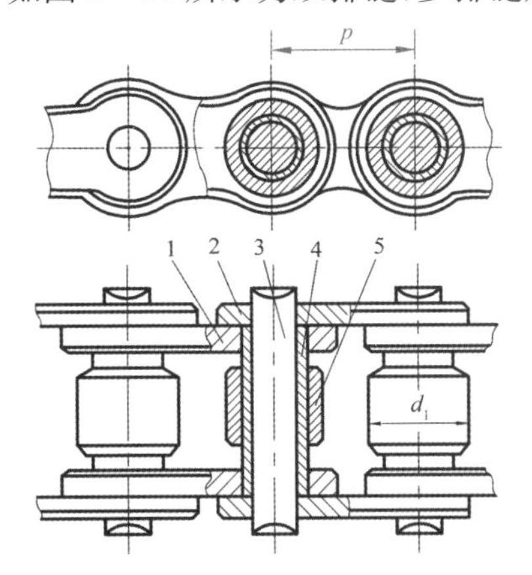

1：内链板　2：外链板　3：销轴　4：套筒　5：滚子

图 7-14　滚子链

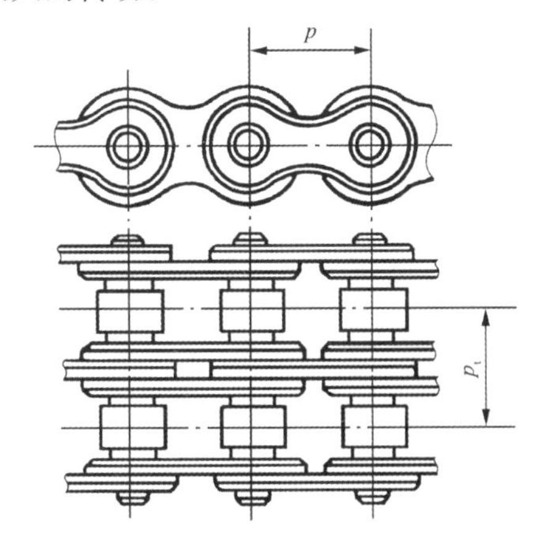

图 7-15　双排链

滚子链使用时为封闭环形，链条长度以链节数来表示。当链节数为偶数时，链条连接成环形时正好是外链板与内链板相接，接头处可用弹簧卡和开口销来锁住活动的销轴，见图 7-16(a)、(b)。当链节数为奇数时，采用过渡链节才能连接首部和尾部的内、外链板，见图 7-16

(c)。链条受力后，过渡链节的链节除受拉力外，还承受附加的弯矩。因此，应避免采用奇数链节。

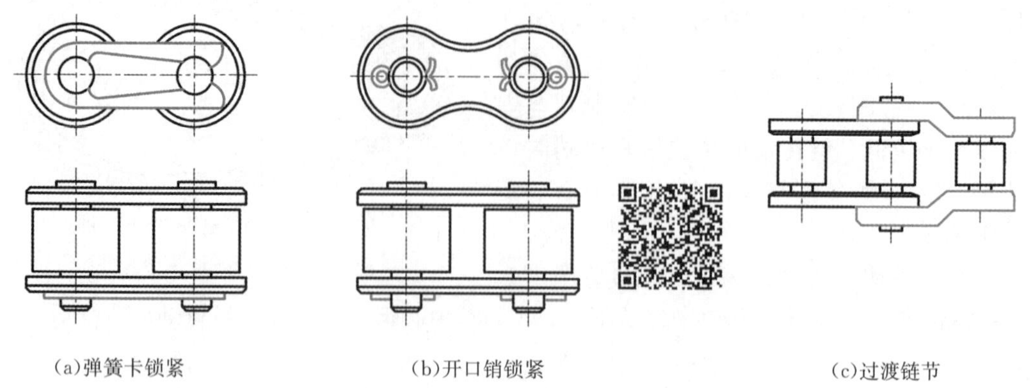

(a)弹簧卡锁紧　　(b)开口销锁紧　　(c)过渡链节

图 7-16　滚子链的接头类型

滚子链已标准化，分为 A 和 B 两个系列。常用的是 A 系列，其主要参数和规格见表 7-9。按 GB/T 1243—2006 规定，滚子链标记方法如下：

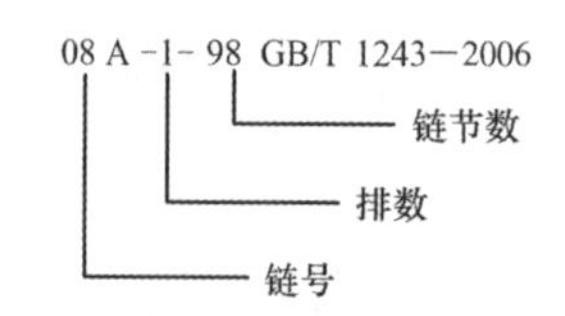

表 7-9　滚子链部分规格和主要参数

链号	节距 p/mm	滚子外径 d_1/mm	排距 p_t/mm	抗拉强度 F_p (单排 min)/kN	动载强度 F_d (单排 min)/N	每米长质量 q (单排)/($kg \cdot m^{-1}$)
08A	12.70	7.92	14.38	13.9	2480	0.60
10A	15.875	10.16	18.11	21.8	3850	1.00
12A	19.05	11.91	22.78	31.3	5490	1.50
16A	25.40	15.88	29.29	55.6	9550	2.60
20A	31.75	19.05	35.76	87.0	14600	3.80
24A	38.10	22.23	45.44	125.0	20500	5.60
28A	44.45	25.40	48.87	170.0	27300	7.50
32A	50.80	28.58	58.55	223.0	34800	10.10
36A	57.15	35.71	65.84	281.0	44500	
40A	63.50	39.68	71.55	347.0	53600	16.10
48A	76.20	47.63	87.83	500.0	73100	22.60

链条各零件由碳素钢或合金钢制造。通常经过热处理以达到一定强度和硬度。

7.6.2　链轮

链轮的齿形应保证链节自由地进入和退出啮合，并便于加工。图 7-17 所示为国家标准(GB/T 1243—2006)规定的端面齿形，由三段圆弧和一段直线组成，简称“三圆弧一直线”齿形。链轮上被链条节距等分的圆为分度圆，分度圆直径

$$d=\frac{p}{\sin\frac{180^\circ}{z}} \tag{7-20}$$

链轮的轴向齿形呈圆弧状(图 7-18)，以便于链节的进入和退出。在链轮工作图上不必

绘制端面齿形,但需画出其轴面齿形,以便车削链轮毛坯。

链轮端面齿形的其他尺寸和轴向齿形的具体尺寸见国家标准及有关设计手册。

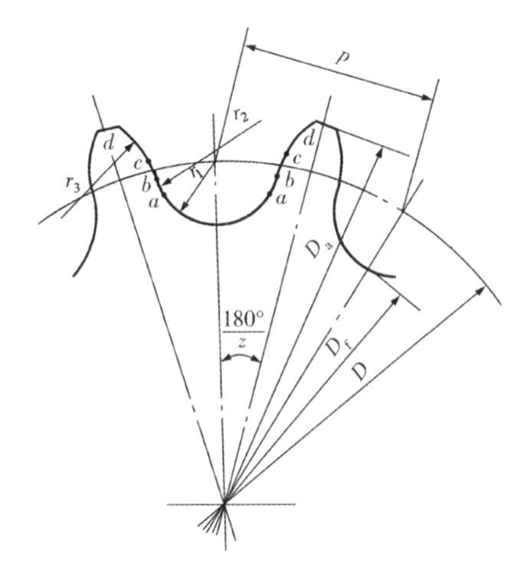

图 7-17 链轮的端面齿形

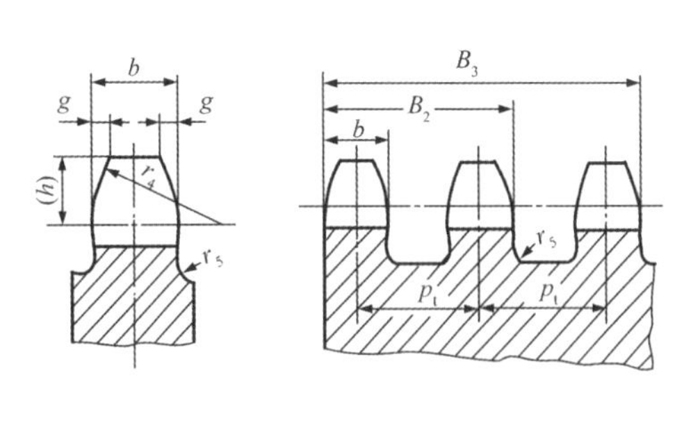

图 7-18 链轮的轴向齿形

图 7-19 表示了几种不同形式的链轮结构。小直径的链轮可制成实心式,中等直径的链轮可制成孔板式,对于大直径链轮可设计成组合式,其特点是将齿圈和齿芯用不同材料制造,若轮齿因磨损而失效,可只更换齿圈。

链轮材料应满足强度和耐磨性要求,故齿面多经热处理。由于小链轮的啮合次数比大链轮的多,对材料的要求比大链轮要高,链轮常用的材料有碳素钢(Q235,Q275,20,35,45)、铸铁(HT200)和铸钢(ZG310-570)。重要场合可采用合金钢(20Gr,35SiMn 等)。

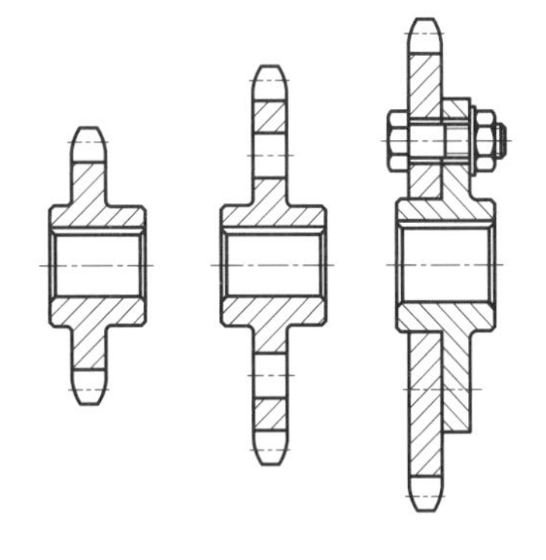

(a)实心式 (b)孔板式 (c)组合式

图 7-19 链轮结构

7.7 链传动运动特性和受力分析

7.7.1 链传动的运动特性

滚子链的结构特点是刚性链节通过销轴铰接而成。当链条与链轮啮合时,链传动相当于两个多边形轮之间的传动。设 z_1、z_2、n_1、n_2 分别为小、大链轮的齿数和转速,则链的平均速度为

$$v=\frac{z_1 p n_1}{60\times 1\,000}=\frac{z_2 p n_2}{60\times 1\,000} \quad (7-21)$$

故平均传动比 $i=n_1/n_2=z_2/z_1$。

实际上链传动中存在“多边形效应”,其瞬时速度和瞬时传动比都不是定值,为了便于分析,假设链传动的主动边总是处于水平位置(见图 7-20)。当主动轮以角速度 ω_1 回转时,主动链轮分度圆上 A 点的圆周速度 $v_1=d_1\omega_1/2$,则链条的水平方向速度

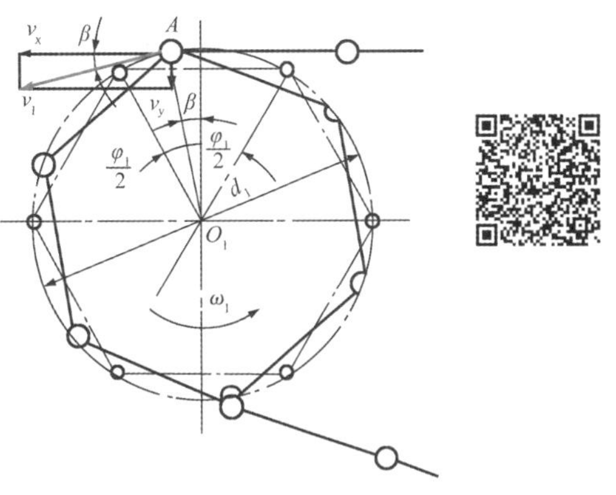

图 7-20 链传动的速度分析

$$v_x = v_1 \cos\beta = \frac{d_1\omega_1\cos\beta}{2}$$

式中:β——O_1A 与过 O_1 点垂线间的夹角,变化范围为$-180°/z \sim +180°/z$ 。

当 $\beta=0$ 时,v_x 达到最大值,$v_{max}=d_1\omega_1/2$;当 $\beta=\pm180°/z$ 时,v_x 达到最小值,$v_{min}=d_1\omega_1\cos(180°/z_1)/2$,因此链轮每转过一齿,链轮就时快时慢变化一次。即使 ω_1 为常数,传动时瞬时链速和瞬时传动比随链轮传动(β 变化)而不断变化,每转过一齿,则"慢—快—慢"变化一次。链条在水平方向的分速度 v_x 做周期性变化的同时,同理,链条在垂直方向的分速度 v_y 也在做周期性变化。

$$v_y = v_1 \sin\beta = \frac{1}{2}d_1\omega_1\sin\beta$$

链节这种忽快忽慢、忽上忽下的变化,使链条上下抖动,给链传动带来了振动及附加动载荷,此即链传动的"多边形效应"。

7.7.2 链传动的受力分析

如果不考虑动载荷,作用在链上的力有:圆周力 F、离心拉力 F_c 和悬垂拉力 F_y。

链传动圆周力(即有效拉力)F 的计算公式

$$F=\frac{1\,000P}{v}$$

式中:P——传递的功率,kW;

v——链速,m/s。

离心拉力由链的每米长质量 q(kg/m)和链速 v(m/s)来确定:

$$F_c = qv^2$$

悬垂拉力则取决于传动的布置方式和工作时允许的链的垂度:

$$F_y = K_y qga$$

式中:g——重力加速度 $g=9.8\ m/s^2$;

a——中心距,m;

K_y——垂度系数,对于水平布置,$K_y=6$,垂直布置,$K_y=1$;倾斜布置时,倾斜角(两链轮中心连线与水平面所成的角)小于 40°,$K_y=4$,倾斜角大于 40°时,$K_y=2$。

因此得链的紧边拉力为

$$F_1 = F + F_y + F_c$$

松边拉力为

$$F_2 = F_y + F_c$$

7.8 滚子链传动的设计

7.8.1 主要失效形式

(1)链条疲劳破坏。链条各零件都是在变应力下工作的。经过一定循环次数后,链板将可能出现疲劳断裂,套筒、滚子表面将可能出现疲劳点蚀。在正常的润滑条件下,链板的疲劳强度是限定链传动承载能力的主要因素。

(2)冲击疲劳破坏。链节与链轮啮合时,滚子与链轮间产生冲击,这种冲击首先由滚子和套筒承受,在高速传动时,冲击载荷可能造成滚子、套筒的冲击疲劳破坏。

(3)铰链的磨损。铰链磨损会使节距增大而产生跳齿或脱链现象,开式传动或润滑不良时，极易引起磨损失效。

(4)铰链的胶合。润滑不良或速度过高时，销轴和套筒的工作表面可能发生胶合，胶合在一定程度上影响了链传动的极限转速。

(5)过载拉断。在低速重载或载荷过大时，链可能被拉断。

7.8.2 滚子链传动的功率曲线

图 7-21 是实验测得的具有代表性的链传动功率曲线图，其实验条件是：两链轮共面且两轴安装在同一水平面内，减速传动比 $i=3$，主动轮齿数 $z_1=25$，无过渡链节的单排滚子链，120 链节，链条工作寿命预期为 15 000 h，载荷平稳无冲击，工作环境温度 −5 ℃～+70 ℃，清洁，以及合适的润滑。

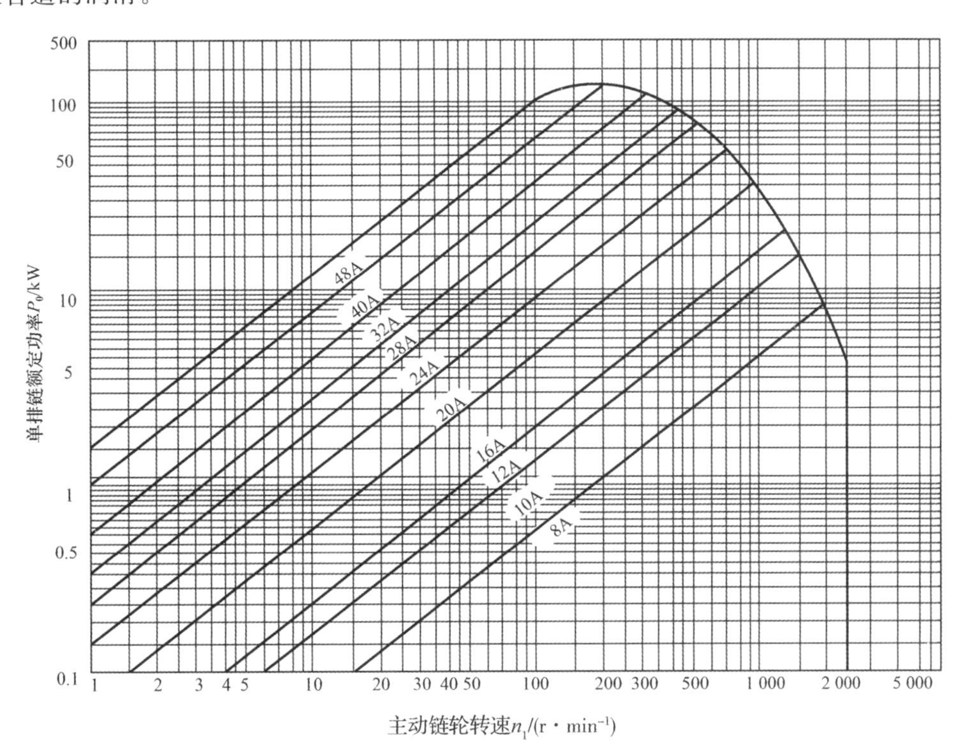

图 7-21 A 系列滚子链的额定功率曲线

注：①对双排链，可用图中查得值 P_0 乘以 1.75；②对三排链，可用图中查得值 P_0 乘以 2.5。

实际情况一般不会符合该特定条件，应考虑工作情况、主动链轮齿数、链传动排数对图 7-21 中查得的值进行修正。

7.8.3 滚子链传动的设计计算

滚子链是标准件，因此链传动的设计任务主要是根据传动要求选择链的类型、确定链的型号、合理选择有关参数、设计链轮、确定润滑方式等。

链传动主要参数的选择：

1)链轮的齿数

小链轮的齿数 z_1 越少，则外廓尺寸越小，但传动平稳性越差，故链轮的齿数不宜少。可按照链速参照表 7-10 选取 z_1，然后按传动比确定大链轮的齿数 $z_2=iz_1$(应圆整为整数)。为避免跳齿和脱链现象，大链轮齿数不宜太多，一般应使 $z_2\leqslant 114$。由于链节数一般为偶数，为使磨损均匀，链轮齿数最好选为奇数，且两链轮齿数与链节数三者之间尽可能互质。

表 7-10　小链轮齿数

链速 $v/(\mathrm{m \cdot s^{-1}})$	0.6～3	3～8	>8
z_1	≥17	≥21	≥25

2)链条节距和排数

节距愈大,承载能力愈强,但传动平稳性降低,引起的动载荷也愈大,因此设计时应尽可能选用小节距的单排链,高速重载时可选用小节距的多排链。

链的节距可根据所需传递的功率 P 和小链轮转速 n_1 参照图 7-21 选取,但考虑到链传动的实际条件与特定实验条件不完全一致,需引入若干相关的系数将 P 修正为计算功率 P_c。

$$P_c = \frac{K_A K_Z}{K_P} P \qquad (7-22)$$

式中:P——需传递的功率(输入功率),kW;

K_A——工况系数,查表 7-11;

K_Z——小链轮齿数系数,查图 7-22;

K_P——多排链系数,单排链时 $K_P=1$,双排链时 $K_P=1.75$,三排链时 $K_P=2.5$。

表 7-11　工作情况系数 K_A(GB/T 18150—2006)

从动机机械特征		主动机机械特性		
		运转平稳	轻略冲击	中等冲击
		电动机、汽轮机和燃气轮机、带有液力耦合器的内燃机	六缸或六缸以上带机械式联轴器的内燃机、经常启动的电动机(一日两次以上)	少于六缸的带机械式联轴器的内燃机
运转平稳	离心式的泵和压缩机、印刷机、平稳载荷的皮带输送机、纸张压光机、自动扶梯、液体搅拌机和混料机、回转干燥炉、风机	1.0	1.1	1.3
中等冲击	三缸或三缸以上的往复式泵和压缩机、混凝土搅拌机、载荷不均匀的输送机、固定搅拌机和混合机刨床	1.4	1.5	1.7
严重冲击	刨煤机、电铲、轧机、球磨机、橡胶加工机械、压床和剪床,单缸或双缸泵和压缩机、石油钻采设备	1.8	1.9	2.1

根据计算功率 P_c 和小链轮的转速 n_1,查图 7-21即可选择链号,从而确定链节距。

3)传动比 i、包角 α 及链速 v

传动比过大,大小链轮径向尺寸差距大,链条在小链轮上的包角小,导致参与啮合的齿数少,每个轮齿承受的载荷大,将加剧轮齿磨损、影响链传动寿命,且易出现跳齿和脱链现象。一般建议传动比 $i \leqslant 6$,常取 $i=2\sim3.5$,链条在小链轮上的包角不应小于 120°。

小链轮包角的计算公式:

$$\alpha_1 = 180° - \frac{(z_2 - z_1)p}{\pi a} \times 57.3° \qquad (7-23)$$

链速的计算公式:

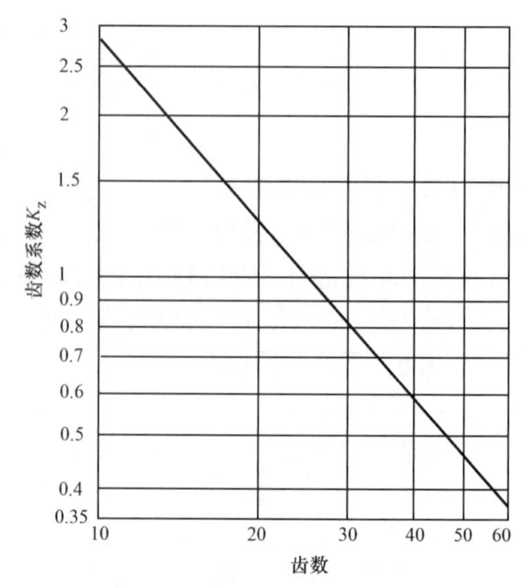

图 7-22　小链轮齿数系数 K_Z

$$v = \frac{z_1 p n_1}{60 \times 1\,000} \tag{7-24}$$

$v \leqslant 0.6$ m/s 属于低速传动，$0.6 < v \leqslant 8$ m/s 属于中速传动，$v > 8$ m/s 属于高速传动。一般情况下 $v \leqslant 15$ m/s。

4）中心距 a 和链节数 L_p

中心距过小，则链在小链轮上的包角小，同时啮合的链轮齿数也减少，使得链的循环频率增加，链的寿命将降低；而中心距过大，除结构不紧凑外，还会使链条抖动。一般选取中心距 $a = (30 \sim 50)p$，最大可为 $a_{max} = 80p$。按国家标准（GB/T 18150—2006）推荐，最小中心距建议为：

当传动比 $i < 4$ 时，　　　$a_{min} = 0.2 \times z_1 \times (i+1)p$，

当传动比 $i \geqslant 4$ 时，　　　$a_{min} = 0.33 \times z_1 \times (i-1)p$，

这样可保证小链轮的包角不小于 120°，且大小链轮不会相碰。

链条的长度可用链节数 L_P 表示。根据带长的计算公式可导出链节数 L_P 的计算公式为

$$L_P = \frac{2a}{p} + \frac{z_1 + z_2}{2} + \frac{p}{a}\left(\frac{z_1 - z_2}{2\pi}\right)^2 \tag{7-25}$$

初算出的链节数 L_P 必须圆整为整数，最好取为偶数。

根据式（7-25）就能解得理论中心距（亦为最大中心距）为

$$a = \frac{p}{4}\left[\left(L_P - \frac{z_1 + z_2}{2}\right) + \sqrt{\left(L_P - \frac{z_1 + z_2}{2}\right)^2 - 8\left(\frac{z_2 - z_1}{2\pi}\right)^2}\right] \tag{7-26}$$

为了便于链条的安装和调整，中心距一般设计成可调。若中心距为固定的，则实际中心距应比计算中心距少 2～5 mm，以便链条的安装和保证合理下垂量。

5）有效圆周力 F 和作用于轴上的载荷 F_Q

有效圆周力的计算公式为

$$F = 1\,000 \times \frac{P_c}{v} \tag{7-27}$$

式中：F——链传动所能传递的圆周力，N；

P_c——计算功率，kW；

v——链传动的速度，m/s。

作用于轴上的载荷 F_Q 的计算公式为：

对于水平传动和倾斜传动：

$$F_Q = (1.15 \sim 1.2)F \tag{7-28}$$

对于接近垂直布置的链传动：

$$F_Q = 1.05F \tag{7-29}$$

7.8.4 链传动的使用维护

链传动的两轴应平行，最好为水平布置，若要倾斜，与水平方向的倾斜角不宜超过 45°，一般情况下宜紧边在上、松边在下，以防止绞链。

润滑是影响链传动工作能力及寿命的重要因素之一，良好的润滑能减少摩擦和磨损、缓和冲击。应按图 7-23 推荐的方法实施润滑。常用的润滑油有 L-AN22～L-AN46 全损耗系统用油。温度较高时，选黏度高的；反之，黏度宜低。

例 7-2 设计一输送装置用的链传动，已知电动机的功率 $P = 7.5$ kW，转速 $n_1 = 700$ r/min，从动链轮转速 $n_2 = 250$ r/min，传动中心距建议 $a \leqslant 650$ mm，可以调节，需承受中等冲击。

解 1)确定链轮齿数 z_1、z_2

初设链速为 v=3～8 m/s，查表 7-10，选小链轮齿数 $z_1=21$，

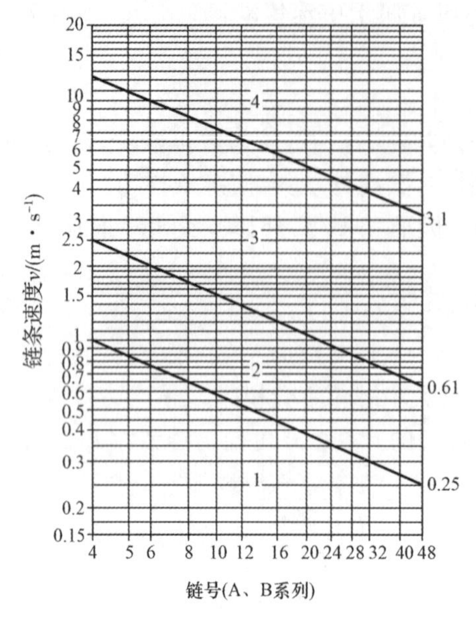

图 7-23 推荐的润滑范围选择图(GB/T 18150—2006)

则大链轮齿数为 $z_2=iz_1=\dfrac{n_1}{n_2}z_1=\dfrac{700}{250}\times21=58.8$，取为 59。

实际传动比变为 $i=\dfrac{59}{21}=2.81$，从动链轮实际转速为 $n_2{}'=\dfrac{n_1}{i}=\dfrac{700}{2.81}=249.1$，

由此造成的从动轮转速误差为 $\dfrac{n_2{}'-n_2}{n_2}\times100\%=\dfrac{249.1-250}{250}\times100\%=-0.36\%$，

在±5%以内，故允许。

2)确定计算功率 P_c

由式(7-22)得 $P_c=\dfrac{K_AK_Z}{K_P}P$。

已知电机功率 $P=7.5$ kW，查表 7-11 得工况系数 $K_A=1.4$，查图 7-22 得小链轮齿数系数 $K_Z=1.25$，选用单排链，故 $K_P=1$，所以

$$\begin{aligned}P_c&=\frac{K_AK_Z}{K_P}P\\&=\frac{1.4\times1.25}{1}\times7.5\\&=13.125(\text{kW})\end{aligned}$$

3)确定链条节距 p

根据计算功率 P_c 和小链轮的转速 n_1，查图 7-21，选择链号为 16A，其链节距为 25.4 mm。

4)确定链条节数 L_P

验证该结构要求是否超出最大和最小中心距限制。因 $i=2.81<4$，按标准有

$$\begin{aligned}a_{\min}&=0.2\times z_1\times(i+1)p\\&=0.2\times21\times(2.81+1)\times25.4\\&=406.45(\text{mm})\\a_{\max}&=80p=80\times25.4\\&=2\,032(\text{mm})\end{aligned}$$

可见结构要求的中心距未超出极限值，故允许。

初取中心距 $a_0=650$ mm，由式(7－25)得链条节数为

$$L_P=\frac{2a_0}{p}+\frac{z_1+z_2}{2}+\frac{p}{a_0}\left(\frac{z_2-z_1}{2\pi}\right)^2$$
$$=\frac{2\times 650}{25.4}+\frac{21+59}{2}+\frac{25.4}{650}\left(\frac{59-21}{2\pi}\right)^2$$
$$=92.6$$

因最好取为偶数，故取 $L_P=92$ 节。

5)求实际中心距 a

根据链节数 L_P 由式(7－26)得实际中心距为

$$a=\frac{p}{4}\left[\left(L_P-\frac{z_1+z_2}{2}\right)+\sqrt{\left(L_P-\frac{z_1+z_2}{2}\right)^2-8\left(\frac{z_2-z_1}{2\pi}\right)^2}\right]$$
$$=\frac{25.4}{4}\times\left[\left(92-\frac{21+59}{2}\right)+\sqrt{\left(92-\frac{21+59}{2}\right)^2-8\left(\frac{59-21}{2\pi}\right)^2}\right]$$
$$=642\text{ mm}$$

该中心距亦即结构设计的最大中心距，结构设计条件中允许中心距可调，则中心距的边界值不予计算。

6)验算链速 v

$$v=\frac{z_1pn_1}{60\times 1\,000}=\frac{21\times 25.4\times 700}{60\times 1\,000}$$
$$=6.223(\text{m/s})<15(\text{m/s})$$

且符合初始假设，故可行。

7)验算小链轮包角 α_1

$$\alpha_1=180^\circ-\frac{(z_2-z_1)p}{\pi a}\times 57.3^\circ$$
$$=180^\circ-\frac{(59-21)\times 25.4}{\pi\times 642}\times 57.3^\circ$$
$$=152.56^\circ>120^\circ$$

合适。

8)确定润滑方式

按链号16A，$v=6.223$ m/s，查图7－23，选择压力供油润滑方式。

9)计算作用在轴上的力 F_Q

由式(7－28)知 F_Q 的推荐值为：$F_Q=(1.15\sim1.2)F$，

由式(7－27)知有效圆周力 $F=1\,000\times\frac{P_c}{v}=1\,000\times\frac{13.125}{6.223}=2\,109(\text{N})$，

故：$F_Q=1.2F=1.2\times 2\,109=2\,530.8$ N。

设计结果：选用链条16A－1－92 GB/T 1243—2006，$a=642$ mm 且可调，$z_1=21$，$z_2=59$。

10)链轮的结构设计

(略)

本章知识图谱

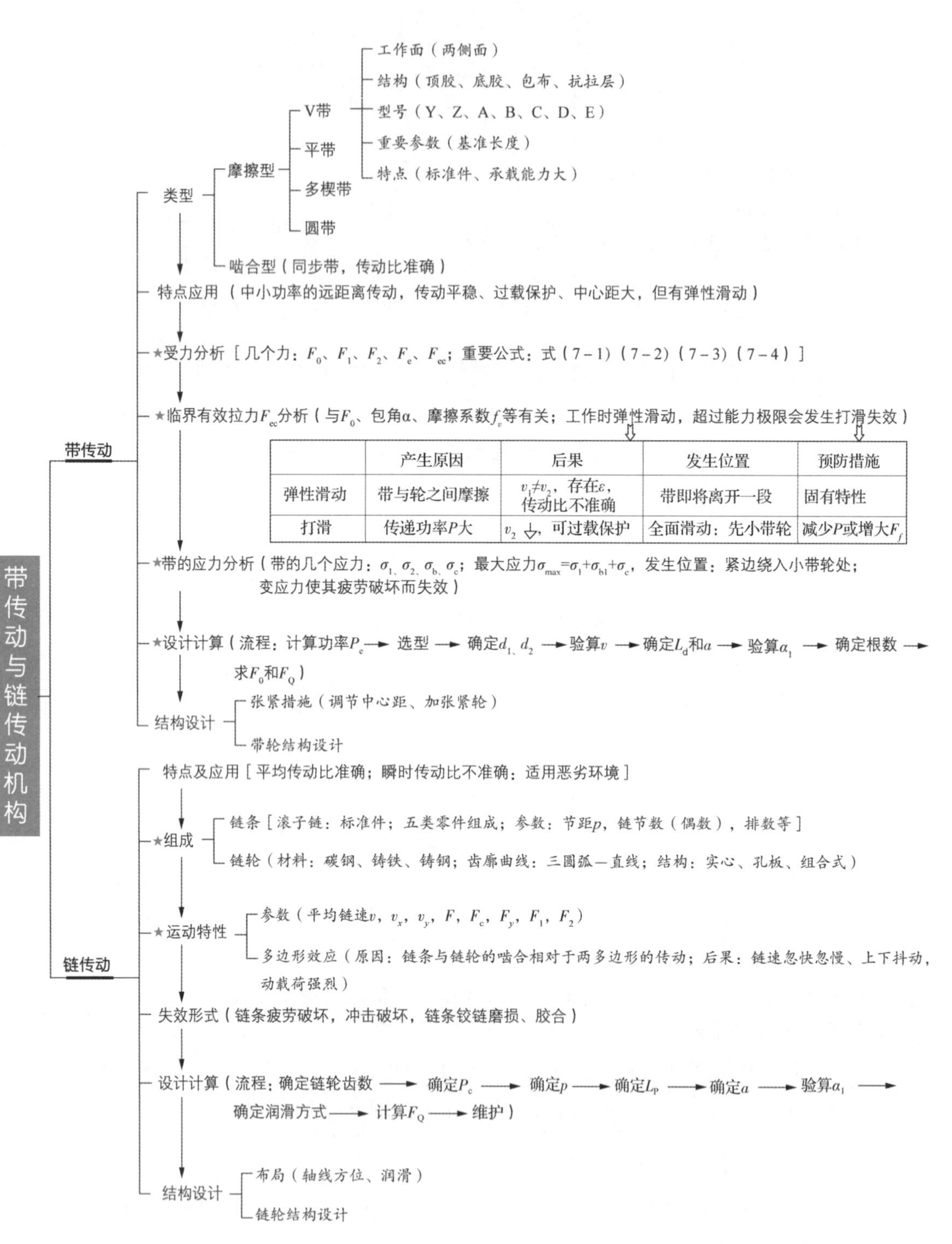

	产生原因	后果	发生位置	预防措施
弹性滑动	带与轮之间摩擦	$v_1 \neq v_2$，存在ε，传动比不准确	带即将离开一段	固有特性
打滑	传递功率P大	v_2↓，可过载保护	全面滑动：先小带轮	减少P或增大F_f

习 题

7-1 带传动的弹性滑动与打滑是怎样产生的？有何区别？

7-2 一平带传动，传递功率 $P=10$ kW，带速 $v=10$ m/s，带在小带轮上的包角 $\alpha_1=170°$，张紧力 $F_0=$ 1 200 N，带与带轮面间的摩擦因数 $f=0.3$，试求传递的圆周力、紧边和松边拉力。

7-3 一带式运输机采用三根 B 型普通 V 带传动，已知主动轮转速 $n_1=1\ 450$ r/min，从动轮转速 $n_2=$ 600 r/min，主动轮直径 $d_1=180$ mm，中心距 $a_0=900$ mm，求带能传递的最大功率。

7-4 试设计某鼓风机的普通 V 带传动。已知：异步电动机的额定功率 $P=7.5$ kW，转速 $n_1=$ 1 450 r/min，从动轮转速 $n_2=565$ r/min，两班制工作。

7-5 链节数 L_P 为什么宜取偶数？链轮齿数为什么常取奇数？

7-6 试设计一单排滚子链传动。已知：链轮齿数 $z_1=17$，$z_2=25$，采用 08 A 链条，中心距 $a=40p$，水平布置；传递功率 $P=1.5$ kW，小轮主动，其转速 $n_1=150$ r/min。求离心拉力 F_c 和悬垂拉力 F_y，链的紧边和松边拉力。

7-7 试设计一升降机的滚子链传动。已知：链传动输入功率 $P=4$ kW，输入转速 $n_1=200$ r/min，传动比 $i=2.1$，运转平稳。

第8章 其他常用机构

本章概要:本章主要介绍螺旋传动机构、凸轮机构、棘轮机构、槽轮机构和不完全齿轮机构等常用机构,以及柔顺机构、变胞机构等新型机构。螺旋传动机构主要用来把回转运动变为直线运动,广泛应用于各种移动平台和现代装备中。凸轮机构是机械中常用的一种高副机构,广泛应用于自动化和半自动化机械中。棘轮机构、槽轮机构和不完全齿轮机构的主动件做连续转动、往复摆动或往复移动,而从动件随之出现周期性停歇状态,被称为间歇运动机构或步进机构,广泛应用于包装、印刷、食品等轻工行业和各种自动化机械装置之中。柔顺机构和变胞机构有别于常用机构的刚性和定自由度特点,也常应用于工程和生活实际中。

8.1 螺旋传动机构

8.1.1 螺旋传动的主要类型

螺旋传动主要用于将回转运动转变为直线运动,可传递运动和动力。如图 8-1 所示,螺旋传动由螺杆 1、螺母 2 和螺杆支架 3 等构件组成,A 为转动副,B 为螺旋副,C 为移动副。当螺杆支架固定时,输入螺杆的回转运动,可输出螺母的直线移动;当螺母固定时,输入螺杆的回转运动,可输出支架的直线移动(螺杆跟随其直线移动);当螺杆固定时,输入螺母(或螺杆支架)的回转运动,可输出螺杆支架的转动(或螺母的直线移动)。

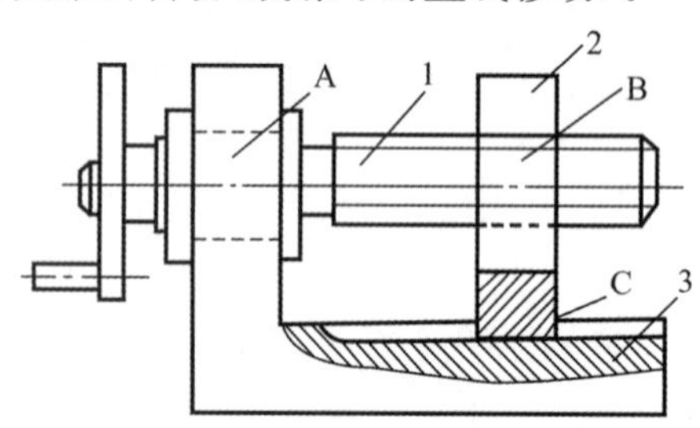

图 8-1 螺旋传动

按照螺旋副内部结构及其摩擦性质的不同,螺旋传动可分为滑动螺旋、滚动螺旋和流体润滑静压螺旋。其中,滚动螺旋是目前机械传动常用的传动形式。

按其用途不同,螺旋传动可分为以下三类:

(1)传力螺旋。以传递动力为主,要求用较小的力矩转动螺杆(或螺母)而使螺母(或螺杆)产生轴向移动和较大的轴向力,这个轴向力可以用来做起重和加压等工作。例如图 8-2(a)的压力机(用于加压或装拆)。

(2)传导螺旋。以传递运动为主,要求具有很高的运动精度,如图 8-2(b)所示,常用作机床刀架或工作台的进给机构。

(3)调整螺旋。用于调整并固定零部件之间的相对位置,还可利用螺杆与两个螺母形成双螺旋副的差动螺旋或复式螺旋传动,可分别用于机床和仪器中的微调机构、拉紧装置中两个螺母零件快速拉近和远离的运动机构,如图 8-2(c)所示的微调镗刀中的差动螺旋。

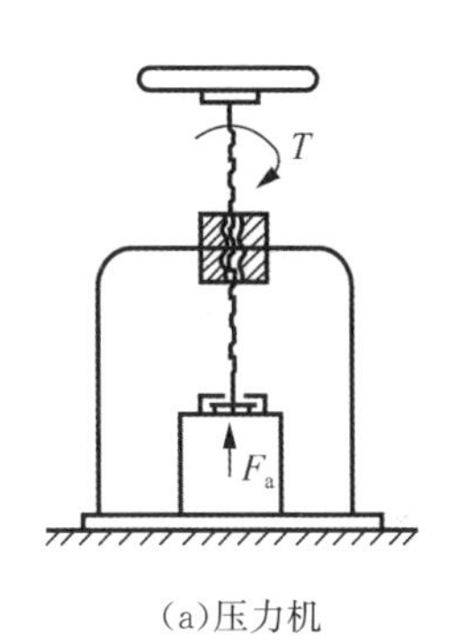

(a)压力机

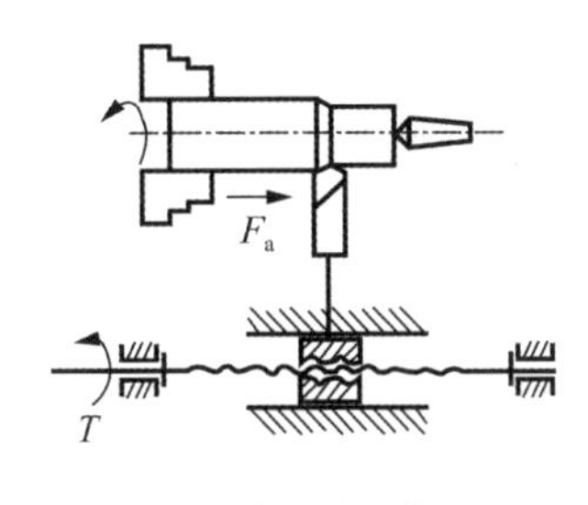

(b)机床进给机构

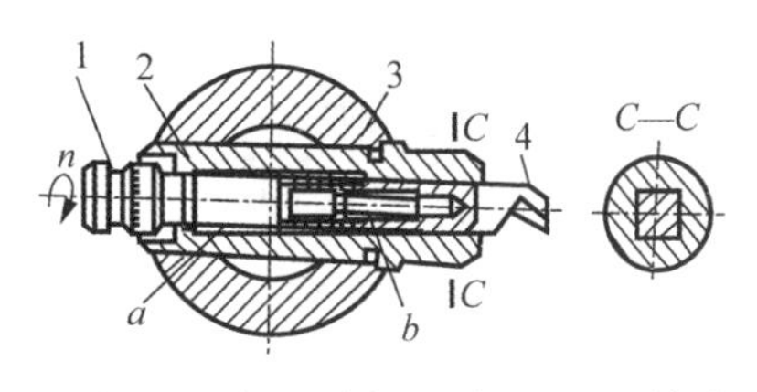

1: 螺杆 2: 刀套 3: 镗杆 4: 镗刀 a,b: 螺旋副

(c)微调镗刀

图 8-2 螺旋传动的用途举例

8.1.2 滚珠丝杠传动及其主要参数

工程上，将实现滚动螺旋传动的部件称为滚珠丝杠。因其具有摩擦磨损小、螺旋副不会自锁、变换旋转与直线运动的传动效率高、方便各类原动机直接驱动、可调整和消除间隙并产生一定预变形、增大刚度、传动精度高等诸多优点，成为最常使用的传动部件，广泛应用于机械制造、航空航天、机器人、计算机、电子通信、汽车、建筑和医疗等行业的高端装备、控制系统和精密仪器之中。

如图 8-3(a)所示的直线模组，是一种伺服电机直驱的高精密滑移平台，由滚珠丝杆和 U 形直线滑台导轨组成，其滑座同时是滚珠丝杆驱动的螺母和直线滑轨的导向滑块。如图 8-3(b)(c)所示的电动推杆和伺服电动缸，能够快速响应，保证稳定和准确的操作。如图 8-3(d)所示的螺旋升降机，能按一定的程序和步骤精确地进行升降定位，准确地完成顶升、降落、推进、翻转等多功能组合动作。特定场合使用时，直径可达数米，顶升力可达上百吨，提升高度最大几千米，提升速度可达每秒数百米。

(a)直线模组

(b)电动推杆

(c)伺服电动缸

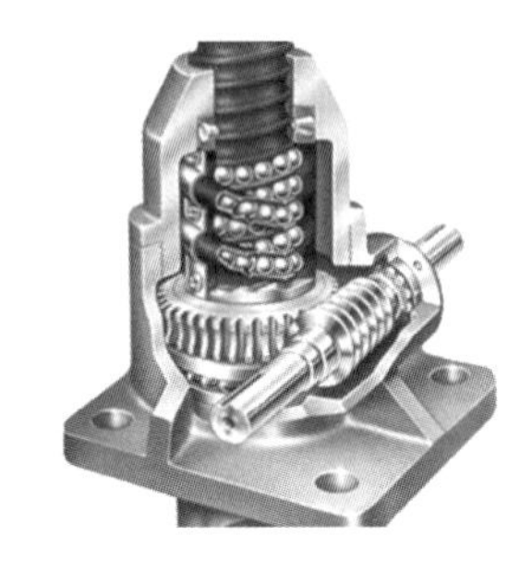

(d)螺旋升降机

图 8-3 滚珠丝杠传动的应用

滚珠丝杠通常由螺杆、螺母、钢球和循环返回装置等零部件组成。在螺杆和螺母之间设有封闭循环的滚道，滚道间充以钢珠。按滚道回路类型的不同，丝杠分为如图 8-4(a)所示的滚珠离开螺旋表面的外循环和图 8-4(b)所示的不脱离螺旋表面的内循环两种。滚珠使螺旋面的摩擦成为滚动摩擦，具有高精度、可逆性和高效率等特点，但滚珠与螺杆之间为高副接触，承载能力和功重比相对较低。图 8-4(c)所示的行星滚柱丝杠，将滚动螺旋中的滚动体变为滚柱，兼顾了滑动螺旋和滚动螺旋的优点，具有高速、高承载、高功重比、高精度、耐冲击、长寿命、低噪声等优点，是当前国内外螺旋传动发展的重点方向，在航空航天、数控机床、机器人、武器装备、石油工业等领域有着广泛的应用前景。

滚珠丝杠的主要结构参数有公称直径 d、导程 s 和长度等，还有性能参数如精度等级、轴向间隙、额定载荷、容许转速、寿命等。公称直径是指滚珠与螺纹滚道在理论接触角状态时包

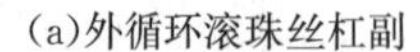

(a)外循环滚珠丝杠副

(b)内循环滚珠丝杠副

(c)行星滚柱丝杠副

图 8-4 丝杠的类型

络滚珠球心的圆柱直径。丝杠的导程是指螺母在螺杆上每转一圈所移动的距离，对于单线螺纹的螺杆，导程等于其螺距 t。滚珠丝杠输入输出的运动参数转动角度 φ（弧度）与直线位移 l 的关系式为

$$l=\frac{s}{2\pi}\varphi \tag{8-1}$$

滚珠丝杆的设计选型，除了需要确定主要参数公称直径和导程，还要根据所属装备的工作要求确定其长度、螺母形式、滚珠圈数、精度等级、滚珠直径、制造方式、预压等级等内容。滚珠丝杠的直径、导程和安装预紧力大小，对丝杠螺旋副的工作特性如刚度、运动精度、驱动转矩、工作寿命等有重大影响。在选择这些主要参数的数值时，应以满足装备工作要求为原则。当某方面的工作特性要求得不到满足时，需重新选择参数值，直到完全满足为止。

1）公称直径

滚珠丝杠公称直径的大小，决定其动额定负荷与静额定负荷的大小。丝杠的直径越大，刚度和承载能力就越大，但会增加其转动惯量。常见规格有 12 mm、14 mm、16 mm、20 mm、25 mm、32 mm、40 mm、50 mm、63 mm、80 mm、100 mm、120 mm 等，设计时应根据所承受的载荷同时兼顾刚度的要求来选取，一般常用 16～63 mm。对于机床的进给机构，可参考取值：小型加工中心选择 32 mm、40 mm，中型加工中心选择 40 mm、50 mm，大型加工中心选择 50 mm、63 mm。为了满足传动刚度和稳定性的要求，通常公称直径应大于丝杠长度的 1/35～1/30。

2）导程

滚珠丝杠的导程小，则滚珠和整体尺寸小，轴向力和摩擦力矩较小，承载能力较弱。导程的大小，还对直线移动速度有很大影响。在确定了公称直径之后，根据负载大小和运动速度等参数要求，选取其导程值。常见导程值有 1 mm、2 mm、4 mm、5 mm、6 mm、8 mm、10 mm、12 mm、16 mm、20 mm、25 mm、32 mm、40 mm、50 mm 等，选择中小导程时一般推荐尽量选 5 mm和 10 mm。

3）长度

滚珠丝杠的长度有两个，一个是全长，另一个是螺纹长度。螺纹长度中也有两个部分：螺纹全长和有效行程（螺母直线移动的理论最大长度），螺纹长度＝有效行程＋螺母长度＋设计裕量（如果需要安装防护罩，还要考虑防护罩压缩后的长度，一般按防护罩最大长度的 1/8 计算）。设计时，丝杠的全长大致可按以下参数累加：丝杠全长＝有效行程＋螺母长度＋设计余量＋两端支撑长度（轴承宽度＋锁紧螺母宽度＋裕量）＋动力输入连接长度（如果使用联轴器则大致是联轴器长度的一半＋裕量）。

4）螺母形式

在滚珠丝杠的型号中，一般前几个字母即表示其螺母形式。按法兰形式分，有圆法兰、单切边法兰、双切边法兰和无法兰几种。按螺母个数分，有单螺母和双螺母。选用时，在安装尺

寸和性能允许的情况下，应尽量选择常规形式。双螺母方便调整预压，需频繁动作、高精度保持的场合可选双螺母，但其价格和长度大致均是单螺母的两倍。

5)滚珠有效圈数

滚珠丝杠的工作能力与螺母内承载滚珠的有效圈数直接相关，有效圈数越多，螺母长度越长，承载能力越大。如有效圈数由 3 圈变为 5 圈，则滚珠丝杠副的刚度和承载能力提高 1.4～1.6 倍，在耐磨性和精度同时提高的情况下，滚珠丝杠副的寿命可提高 4～6 倍。

6)精度等级

滚珠丝杠的精度包括组合精度和保质精度，螺杆的导程误差不能说明整套丝杠的误差，出厂精度合格不能说明额定使用寿命内都保持这个精度，这是个可靠性的问题。滚珠丝杠按 GB 分类有 P 类和 T 类，即传动类和定位类，精度等级有 1、2、3、4、5、7、10 等几种，数值越小精度越高。日本、韩国和中国台湾地区不分传动还是定位，采用 JIS 等级以 C0～C10 或具体数值表示；欧洲国家采用的是 IT0、IT1、IT2、IT3、IT4、IT5、IT7、IT10。一般来说，通用机械或普通数控机械选 7 级(任意 300 行程内定位误差±0.05)或以下，高精度数控机械选 5 级(±0.018)以上 3 级(±0.008)以下，光学或检测机械选 3 级以上。

7)滚珠直径

滚珠的直径一般在丝杠的型号中不会体现，但在各厂家产品样本的技术参数表中有标识，通常与公称直径和导程有关。如需设计选择，可按丝杠导程的 60%倍左右从中选择，尺寸一般精确到 0.001 mm。

8)制造方式

滚珠丝杠的螺杆制造方式主要有两种：滚轧和研磨，分别用 F 和 G 表示。滚轧的精度比较低，目前最高 C5 级，而研磨的精度高，但成本也较高。

9)预压等级

滚珠丝杠的预压也叫预紧，其预紧力和预紧方式由生产厂家确定，设计时按其产品样本选择预压等级。预压等级越高，螺母与螺杆配合越紧；反之，等级越低配合越松。预压等级的选择，一般遵循以下原则：大直径、双螺母、高精度、驱动力矩较大的情况下预压等级可选高一些，反之选低一点。

值得注意的是，滚珠丝杠传动存在以下缺点：结构复杂、制造成本高；抗冲击性能差；不能自锁，为避免受载后螺旋副逆转，须设置防逆转机构。丝杠精度中的导程误差对机床设备的定位精度影响最为明显，运转温升引起的丝杠伸长，也将直接影响机床的定位精度。为满足高精度、高刚度进给系统的需要，设计时还需要高度重视滚珠丝杠的支承设计。

8.2 凸轮机构

8.2.1 凸轮机构的应用和分类

凸轮机构是机械中一种常用的高副机构，在自动化和半自动化机械中得到广泛应用。它由凸轮、从动件和机架组成。其中凸轮是一个具有曲线轮廓或凹槽的构件，它运动时，通过高副接触可以使从动件获得任意预期往复运动。

凸轮机构的类型繁多，从不同角度出发可做如下分类：

1)按凸轮的形状分类

①盘形凸轮。这种凸轮是一个绕固定轴线转动并且具有变化向径的盘形零件，如图 8-5

所示，这是凸轮最基本的形式。当具有一定曲线轮廓的凸轮 1 以等角速度转动时，其轮廓迫使从动件 2(气阀)按预期运动规律往复移动，适时地开启或关闭进、排气阀门。

②移动凸轮。这种凸轮相对于机架作往复直线移动，如图 8-6 所示。它可看成是轴心在无穷远处的盘形凸轮。

③圆柱凸轮。在圆柱表面上加工出曲线工作表面或在圆柱端面上作出曲线轮廓的凸轮，也可认为是将移动凸轮卷成圆柱体而构成的，如图 8-7 所示。

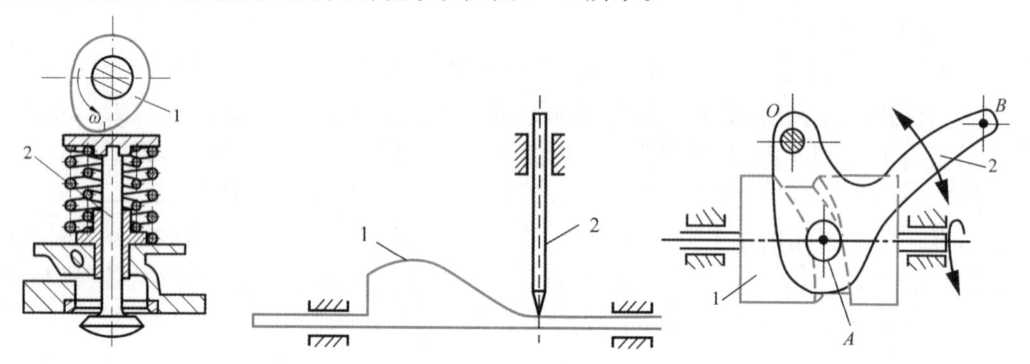

1:凸轮　2:从动件

图 8-5　内燃机配气凸轮机构　　图 8-6　移动凸轮机构　　图 8-7　圆柱凸轮机构

盘形凸轮和移动凸轮与其从动件的相对运动为平面运动，故属于平面凸轮机构；圆柱凸轮与其从动件的相对运动为空间运动，故属于空间凸轮机构。

2)按从动件的结构形式分类

①尖顶从动件。如图 8-6 所示，尖顶能与复杂的凸轮轮廓保持接触，因而能实现任意预期的运动规律。但尖顶与凸轮是点接触，易磨损，故只宜用于传力不大的低速凸轮机构中。

②滚子从动件。如图 8-7 所示，从动件上带有可自由转动的滚子，由于滚子和凸轮轮廓之间为滚动摩擦，功耗和磨损小，可以承受较大的载荷，在工程中应用最为广泛。

③平底从动件。如图 8-5 所示，从动件与凸轮轮廓表面接触的端面为一平面，这种凸轮机构的传力性能好，且速度较高时，接触面间易于形成油膜，有利于润滑，常用于高速凸轮机构中。但这种从动件不能与内凹的凸轮轮廓相接触。

3)按从动件的运动形式分类

①直动从动件。从动件相对于机架做往复直线移动，如图 8-5 和图 8-6 所示。

②摆动从动件。从动件相对于机架做往复摆动，如图 8-7 所示。

4)按凸轮与从动件维持高副接触(锁合)的方式分类

①力锁合。利用从动件的重力、弹簧力或其他外力使从动件和凸轮保持接触，如图 8-5 和图 8-6 所示。

②形锁合。依靠凸轮与从动件的特殊几何形状而始终保持接触，如图 8-7 所示。

凸轮机构的优点：只需设计出合适的凸轮轮廓，就可使从动件获得所需的运动规律，并且结构简单、紧凑，设计方便，故广泛用于各种机器、仪表和控制装置中。它的缺点：凸轮与从动件间为点或线接触，易磨损，只宜用于传力不大的场合。此外，凸轮轮廓的加工比较困难。

8.2.2　从动件的运动规律

凸轮的轮廓形状取决于从动件的运动规律，因此在设计凸轮轮廓曲线之前，应首先根据工作要求确定从动件的运动规律，然后按照这一运动规律设计凸轮轮廓曲线。

8.2.2.1 基本名词术语

下面以偏置尖顶直动从动件盘形凸轮机构(图 8-8)为例。

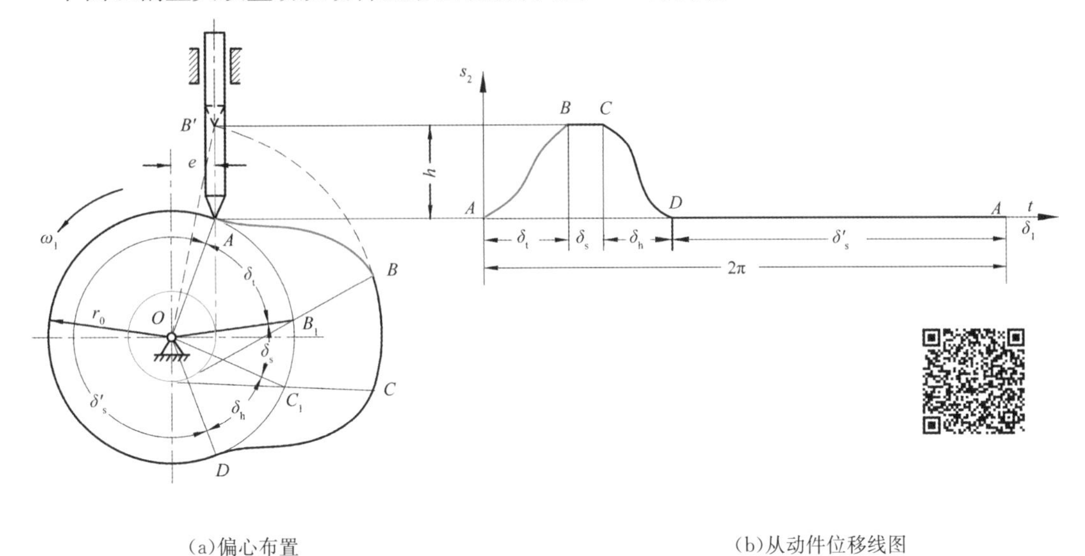

(a)偏心布置　　　(b)从动件位移线图

图 8-8　凸轮轮廓与从动件位移线图

基圆:以凸轮轮廓曲线的最小向径 r_0 为半径所作的圆称为凸轮的基圆。其半径 r_0 为基圆半径。基圆是设计凸轮轮廓曲线的基准。

推程:当从动件尖顶与凸轮轮廓上的 A 点(基圆与轮廓 AB 的连接点)相接触时,从动件处于上升的起始位置。当凸轮以 ω_1 等角速度逆时针方向回转时,向径渐增的凸轮轮廓 AB 与尖顶接触,从动件按一定运动规律被凸轮从离回转中心最近位置 A 推向最远位置 B,这个过程称为推程。

推程运动角:凸轮在推程中所转过的角度 δ_t。

远休止角:当以 O 点为中心的圆弧 BC 与尖顶接触时,从动件在最远位置停留不动,此时凸轮转过的角度 δ_s 称为远休止角。

回程:当向径渐减的凸轮轮廓 CD 与尖顶接触时,从动件以一定运动规律回到起始位置,这个过程称为回程。

回程运动角:凸轮在回程中所转过的角度 δ_h。

近休止角:当以 O 点为中心的圆弧 DA 与尖顶接触时,从动件在最近位置停留不动,此时凸轮转过的角度 δ_s'称为近休止角。

行程:从动件在推程或回程中移动的距离,用 h 来表示。

偏距:从动件导路偏离凸轮回转中心的距离 e。若 $e=0$,即从动件导路通过凸轮回转中心,则该凸轮机构称为对心尖顶直动从动件盘形凸轮机构。

偏距圆:以凸轮回转中心 O 为圆心、e 为半径所作的圆。

从动件位移线图:在直角坐标系中,以横坐标代表凸轮转角 δ_1(因大多数凸轮做等速运动,其转角与时间成正比,故该线图的横坐标也代表时间 t),以纵坐标代表从动件位移 s_2,所得的从动件位移 s_2 和凸轮转角 δ_1(或时间 t)之间的关系曲线称为从动件位移线图,如图 8-8(b)所示。

通过对从动件位移函数求微分,可以作出从动件速度线图和加速度线图,它们统称为从动件运动线图。

8.2.2.2 从动件的典型运动规律

1)等速运动规律

设凸轮以等角速度 ω_1 回转,当凸轮转过推程运动角 δ_t 时,从动件等速上升 h。

其推程的运动方程为

$$\left.\begin{aligned} s_2&=\frac{h}{\delta_t}\delta_1 \\ v_2&=\frac{h}{\delta_t}\omega_1 \\ a_2&=0 \end{aligned}\right\} \tag{8-2}$$

等速运动规律推程的运动线图如图 8-9 所示。由图可见,其速度曲线不连续,从动件在运动开始和终了的瞬时速度有突变,这时从动件的加速度以及由此产生的惯性力在理论上将达到无穷大。实际上由于材料具有弹性,加速度和惯性力不可能达到无穷大,但仍很大,从而会产生强烈的冲击。这种由于加速度发生无穷大突变而产生的冲击称为刚性冲击。等速运动规律只适用于低速、轻载的场合。

2)等加速(等减速)运动规律

等加速(等减速)运动规律通常取前半行程作等加速运动,后半行程作等减速运动,从动件做等加速运动和等减速运动的位移各为 $h/2$,对应的凸轮转角各为 $\delta_t/2$。

推程时,等加速段运动方程为

$$\left.\begin{aligned} s_2&=\frac{2h}{\delta_t^2}\delta_1^2 \\ v_2&=\frac{4h\omega_1}{\delta_t^2}\delta_1 \\ a_2&=\frac{4h\omega_1^2}{\delta_t^2} \end{aligned}\right\} \tag{8-3}$$

推程时,等减速段运动方程为

$$\left.\begin{aligned} s_2&=h-\frac{2h}{\delta_t^2}(\delta_t-\delta_1)^2 \\ v_2&=\frac{4h\omega_1}{\delta_t^2}(\delta_t-\delta_1) \\ a_2&=-\frac{4h\omega_1^2}{\delta_t^2} \end{aligned}\right\} \tag{8-4}$$

等加速(等减速)的位移与时间的平方成正比递增(递减),作推程时的运动线图如图8-10所示。由图可见,其速度曲线连续,而加速度曲线不连续,在行程的起点 A、中点 B 及终点 C 处加速度有突变,因而从动件的惯性力也将有突变,也会引起冲击,但较刚性冲击要小得多。这种由于加速度的有限值突变产生的冲击称为柔性冲击。因此这种运动规律只适用于中、低速的场合。

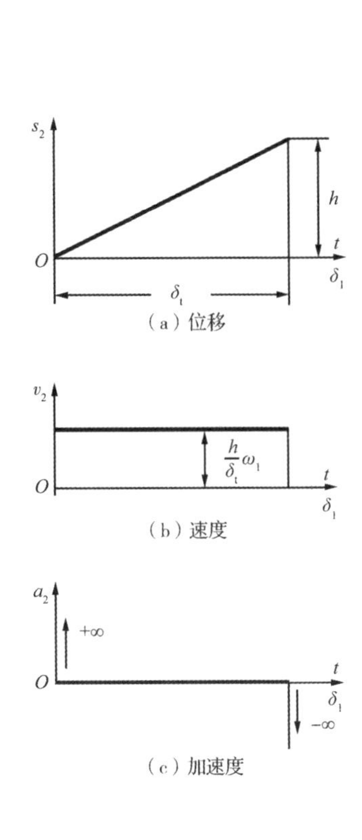

图 8-9 等速运动规律

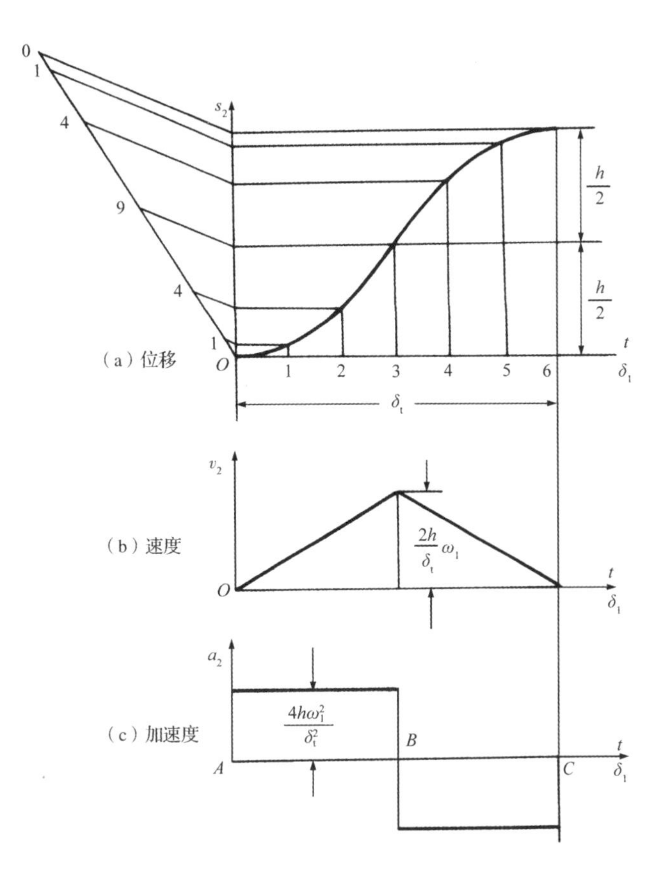

图 8-10 等加速(等减速)运动规律

3)简谐运动规律(余弦加速度运动规律)

点在圆周上做匀速运动时,它在这个圆的直径上的投影所构成的运动称为简谐运动。从动件做简谐运动时,其加速度按余弦规律变化,故又称余弦加速度运动规律。

从动件在推程做简谐运动的运动方程为

$$\left.\begin{aligned} s_2 &= \frac{h}{2}\left[1-\cos\left(\frac{\pi}{\delta_t}\delta_1\right)\right] \\ v_2 &= \frac{\pi h\omega_1}{2\delta_t}\sin\left(\frac{\pi}{\delta_t}\delta_1\right) \\ a_2 &= \frac{\pi^2 h\omega_1^2}{2\delta_t^2}\cos\left(\frac{\pi}{\delta_t}\delta_1\right) \end{aligned}\right\} \tag{8-5}$$

从动件推程时的运动线图如图 8-11 所示。由图可见,其加速度曲线也是不连续的,从动件在行程开始和终止位置,加速度发生有限值突变,也会引起柔性冲击,一般只适用于中速的场合。

4)摆线运动规律(正弦加速度运动规律)

当滚圆沿纵轴匀速滚动时,圆周上一点的轨迹为一条摆线,此时该点在纵轴上的投影即为摆线运动规律。从动件做摆线运动时,其加速度按正弦规律变化,故又称正弦加速度运动规律。

从动件在推程做摆线运动的运动方程为

$$
\left.\begin{aligned}
s_2 &= h\left[\frac{\delta_1}{\delta_t} - \frac{1}{2\pi}\sin\left(\frac{2\pi}{\delta_t}\delta_1\right)\right] \\
v_2 &= \frac{h\omega_1}{\delta_t}\left[1 - \cos\left(\frac{2\pi}{\delta_t}\delta_1\right)\right] \\
a_2 &= \frac{2\pi^2 h\omega_1^2}{\delta_t^2}\sin\left(\frac{2\pi}{\delta_t}\delta_1\right)
\end{aligned}\right\} \tag{8-6}
$$

推程时,从动件的运动线图如图 8-12 所示。由图可见,其加速度曲线连续,理论上不存在冲击,故适用于高速传动。

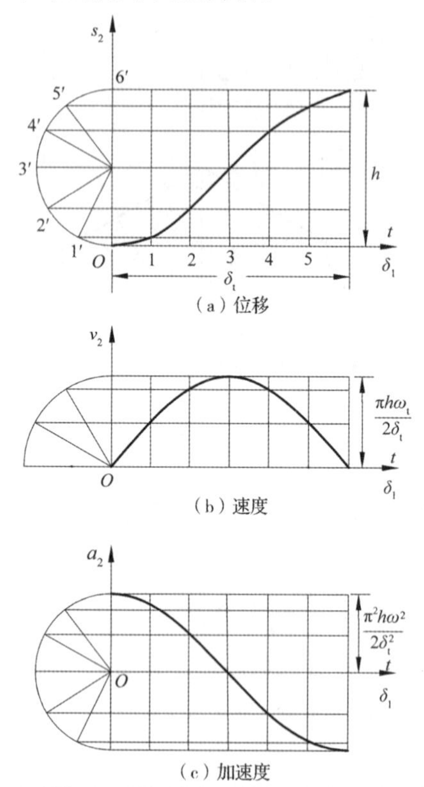

图 8-11 简谐运动规律

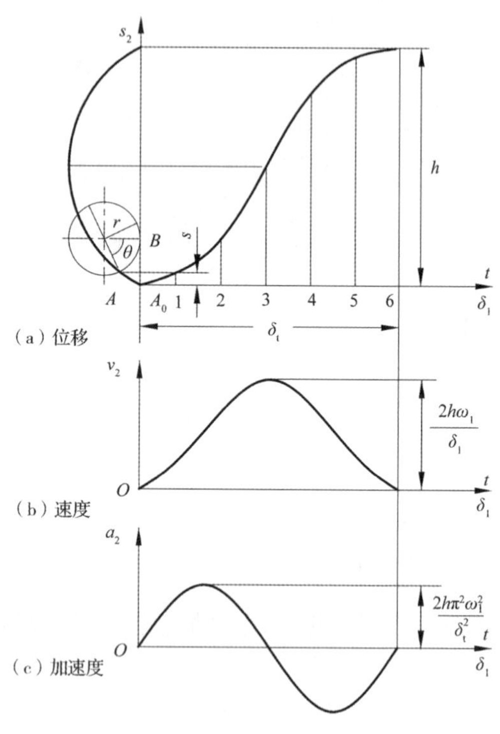

图 8-12 摆线运动规律

5)组合运动规律

在工程实际中,为使凸轮机构获得更好的运动性能,经常采用组合运动规律,以改善其运动特性,从而避免在运动始、末位置产生冲击。例如,图 8-13 所示的组合运动规律为用正弦加速度与等速运动规律组合而成,它既满足工作中等速运动的要求,又克服了其始末两点存在的刚性冲击。

注意:当采用不同的运动规律构成组合运动规律时,它们在连接点处的位移、速度和加速度应分别相等。

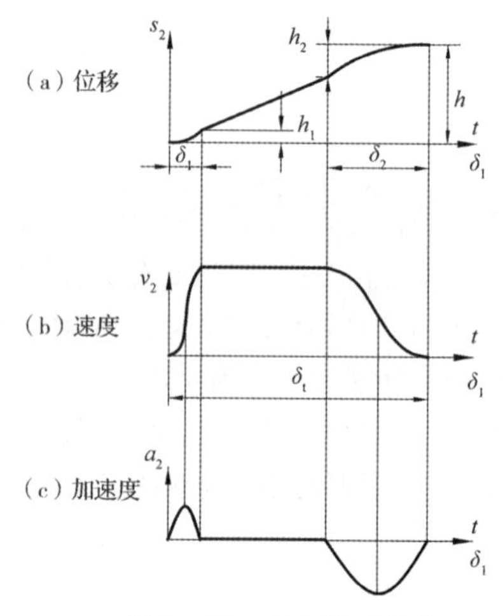

图 8-13 组合运动规律

8.2.3 凸轮轮廓曲线设计和基本尺寸确定

设计凸轮轮廓曲线时，首先根据工作要求合理地选择从动件的运动规律，按照结构所允许的空间和具体要求初步确定凸轮的基圆半径 r_0，然后通过图解法手工或在 AutoCAD、CAXA 等软件中绘制凸轮的轮廓曲线或通过解析法求解轮廓曲线。

8.2.3.1 凸轮轮廓曲线设计的基本原理

凸轮机构工作时，凸轮是转动的，而在绘制凸轮轮廓曲线时，需要使凸轮与图纸平面保持相对静止，因此设计凸轮轮廓曲线时常采用“反转法”原理。

图 8-14 所示为对心尖顶直动从动件盘形凸轮机构，当凸轮以等角速度 ω_1 逆时针方向转动时，从动件将在导路内按预期的运动规律运动。根据相对运动原理，若给整个机构加上一个绕凸轮回转中心 O 的公共角速度 $-\omega_1$ 后，则机构各构件间的相对运动不变。这样一来，凸轮相对静止不动，而从动件一方面随机架和导路以角速度 $-\omega_1$ 绕 O 点转动，另一方面又在导路中按原来的运动规律往复运动。由于尖顶始终与凸轮轮廓相接触，所以反转后尖顶的运动轨迹就是凸轮的轮廓曲线。下面分别介绍直动从动件和摆动从动件盘形凸轮轮廓曲线的绘制方法。

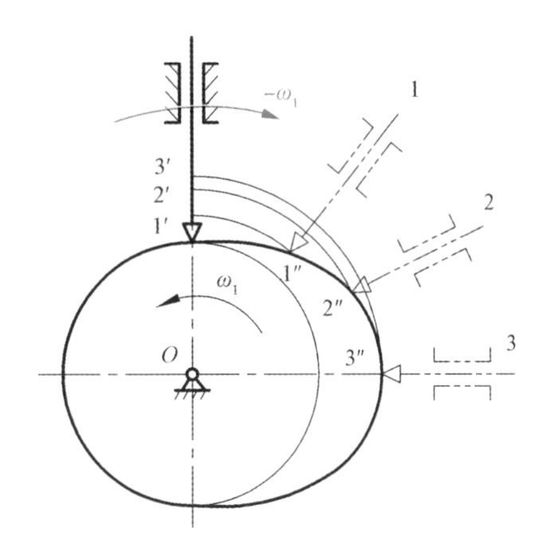

图 8-14 凸轮轮廓曲线设计的基本原理

8.2.3.2 用图解法设计凸轮廓曲线

1)尖顶直动从动件盘形凸轮

已知从动件位移线图如图 8-15 所示，凸轮的基圆半径 r_0，偏距 $e=0$，凸轮以等角速 ω_1 顺时针方向回转。

根据“反转法”原理，可按下述步骤绘制凸轮轮廓曲线：

①任取一点作为凸轮的回转中心 O，以 O 为圆心，r_0 为半径作基圆，此基圆与导路的交点 A_0 便是从动件尖顶的起始位置；

②将从动件位移线图的 δ_t 和 δ_h 各分成若干等份(图中均为 4 等份)；

③自 A_0 开始沿 $-\omega_1$ 方向将基圆分成与从动件位移线图对应的若干等份，在基圆上得到点 A_1'，A_2'，A_3'，…，连接 OA_1'，OA_2'，OA_3'，…，它们便是反转后从动件导路的各个位置；

④自基圆圆周沿以上导路截取对应位移量，即取 $A_1A_1'=11'$，$A_2A_2'=22'$，$A_3A_3'=33'$，…，得反转后尖顶的一系列位置 A_1，A_2，A_3，…；

⑤将 A_0，A_1，A_2，A_3，…连成光滑的曲线，便得到所要求的凸轮轮廓。

对于偏置尖顶直动从动件盘形凸轮，如图 8-16 所示，由于这种凸轮机构从动件的导路与凸轮回转中心之间存在偏距 e，在绘制凸轮轮廓曲线时，应以 O 点为圆心，画出偏距圆和基圆，以导路与基圆的交点作为从动件的起始位置，沿 $-\omega_1$ 方向将基圆分成与位移线图相应的等分点，再过这些等分点分别作偏距圆的切线，这就是反转后导路的一系列位置，其余的步骤均可参照对心直动从动件盘形凸轮轮廓曲线的绘制方法进行。

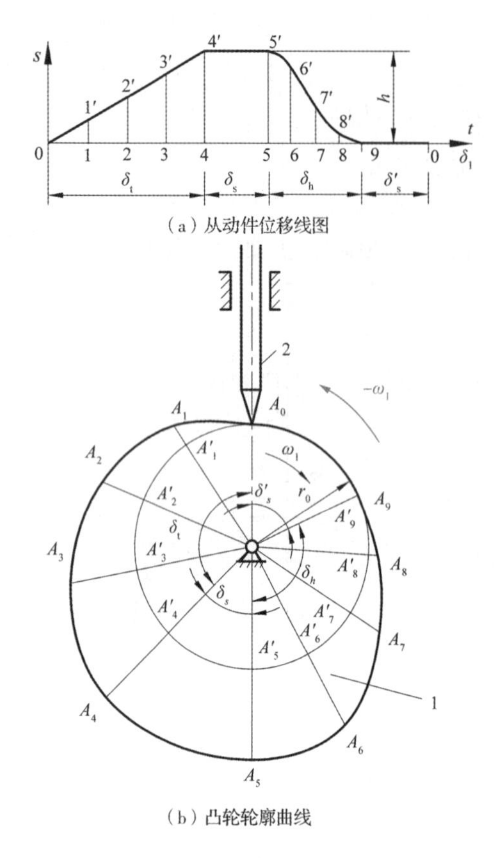

（a）从动件位移线图

（b）凸轮轮廓曲线

图 8-15　对心尖顶直动从动件盘形凸轮轮廓曲线绘制

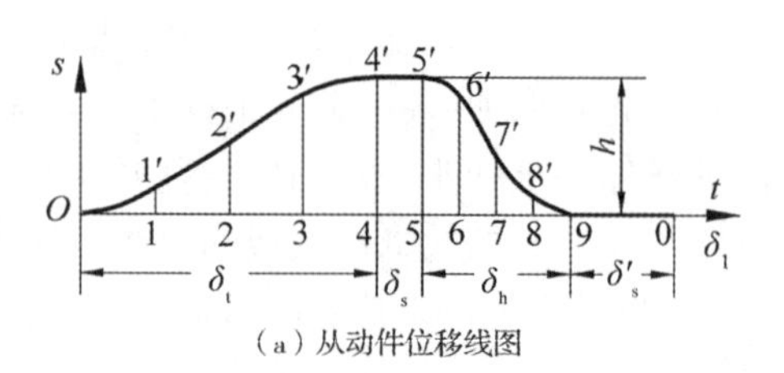

（a）从动件位移线图

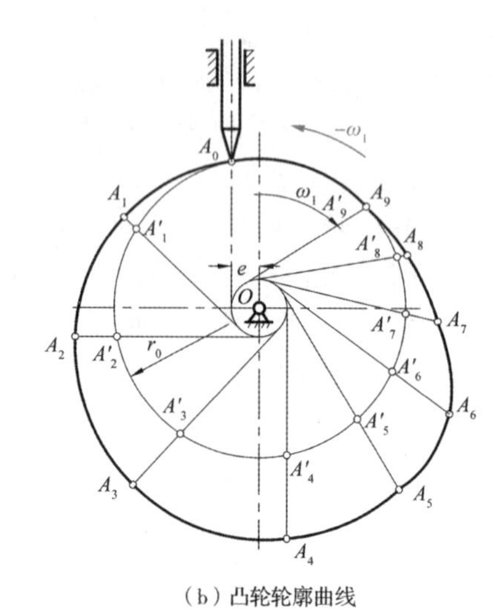

（b）凸轮轮廓曲线

图 8-16　偏置尖顶直动从动件盘形凸轮轮廓曲线绘制

2)滚子直动从动件盘形凸轮

滚子直动从动件盘形凸轮轮廓曲线的设计方法如图 8-17 所示。首先，把滚子中心看成尖顶从动件的尖顶，按上述方法先求得一条理论轮廓曲线 β_0，再以理论轮廓曲线上各点为圆心，以滚子半径为半径作一系列圆，最后作这些圆的内包络线 β(对于凹槽凸轮还应作外包络线 β')，它便是滚子从动件盘形凸轮的实际轮廓曲线。由作图过程可知，滚子从动件盘形凸轮的基圆半径 r_0 应当在理论轮廓曲线上度量。

3)平底直动从动件盘形凸轮

平底直动从动件盘形凸轮轮廓曲线的绘制方法如图 8-18 所示。首先，在平底上选一固定点 A_0 看作尖顶从动件的尖顶，按照尖顶从动件凸轮轮廓曲线的绘制方法，求出理论轮廓上一系列点 $A_1, A_2, A_3, \cdots$；其次，过这些点作出一系列平底 $A_1B_1, A_2B_2, A_3B_3, \cdots$；最后作这些平底的包络线，便得到凸轮的实际轮廓曲线。图中位置 1 和 7 是平底分别与凸轮轮廓相切的最左位置和最右位置。为了保证平底始终与凸轮轮廓相接触，平底左右两侧的宽度必须分别大于导路至左右最远切点的距离 a 和 b。此外，为了使平底从动件始终保持与凸轮实际轮廓相切，应要求凸轮实际轮廓曲线全部为外凸曲线。

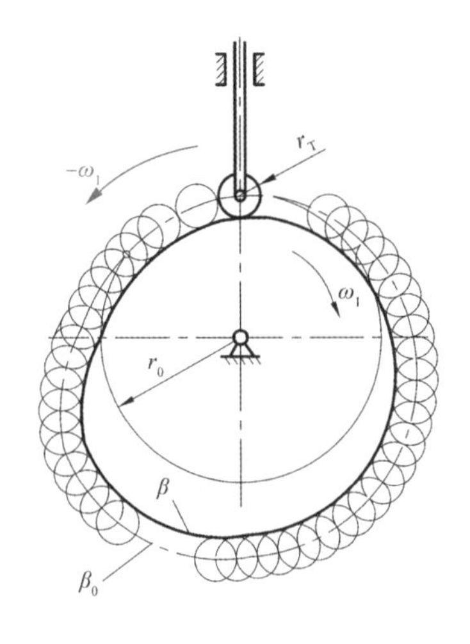

图 8-17　滚子直动从动件盘形凸轮轮廓曲线绘制

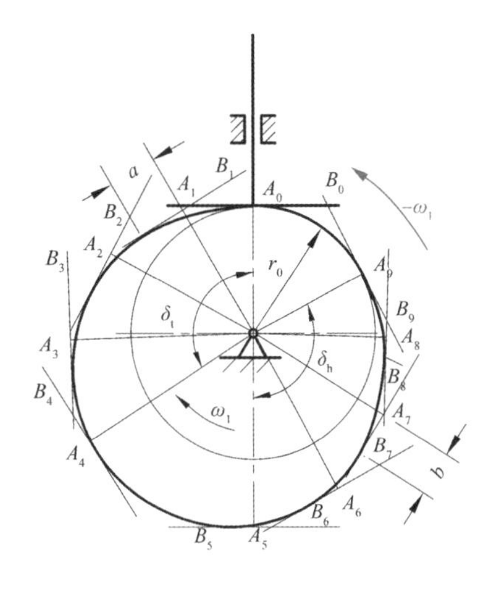

图 8-18　平底直动从动件盘形凸轮轮廓曲线绘制

8.2.3.3　用解析法设计凸轮轮廓曲线

利用软件工具采取解析法设计凸轮轮廓曲线可实现精确设计。

以图 8-19 所示的偏置直动滚子从动件盘形凸轮机构为例，设凸轮以等角速度 ω_1 逆时针方向回转，已知从动件的运动规律、偏距 e 及基圆半径 r_0。

以凸轮回转中心为原点建立直角坐标系，点 B_0 为凸轮轮廓曲线的起始点。当凸轮转过 δ 角时，从动件沿导路按预定运动规律上升位移 s。由反转法作图可以看出，这时滚子中心在点 B，其直角坐标为

$$\left.\begin{aligned} x &= (s_0+s)\sin\delta + e\cos\delta \\ y &= (s_0+s)\cos\delta - e\sin\delta \end{aligned}\right\} \tag{8-7}$$

式中，$s_0=\sqrt{r_0^2-e^2}$。式(8-7)即为凸轮的理论轮廓曲线方程。

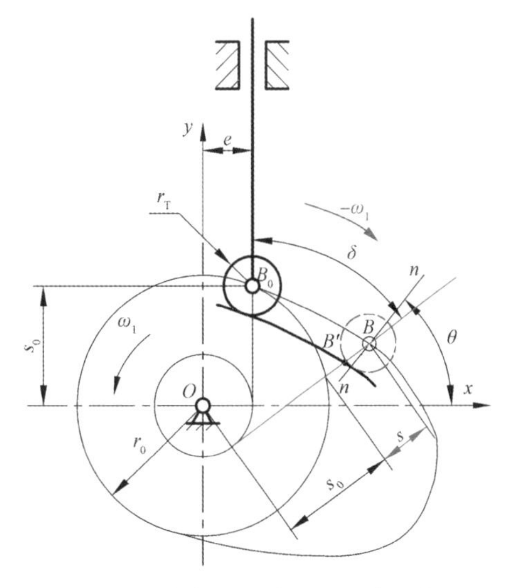

图 8-19　解析法设计凸轮轮廓曲线

对于滚子从动件盘形凸轮机构，其理论轮廓曲线与实际轮廓曲线为一等距曲线。两者之间的法向距离等于滚子半径 r_T，故当已知理论轮廓曲线上任意一点 $B(x,y)$ 时，只要沿理论轮廓曲线在该点的法线方向 $n-n$ 取距离为 r_T，即得实际轮廓曲线上的相应点 $B'(X,Y)$。理论轮廓曲线点 B 处法线与其切线斜率互为负倒数，即

$$\tan\theta = \frac{\mathrm{d}x}{-\mathrm{d}y} = \frac{\mathrm{d}x}{\mathrm{d}\delta} \Big/ \left(-\frac{\mathrm{d}y}{\mathrm{d}\delta}\right) \tag{8-8}$$

将式(8-7)对 δ 求导得

$$\left.\begin{aligned} \mathrm{d}x/\mathrm{d}\delta &= (\mathrm{d}s/\mathrm{d}\delta - e)\sin\delta + (s_0+s)\cos\delta \\ \mathrm{d}y/\mathrm{d}\delta &= (\mathrm{d}s/\mathrm{d}\delta - e)\cos\delta - (s_0+s)\sin\delta \end{aligned}\right\} \tag{8-9}$$

将式(8-9)代入式(8-8)可求出 θ。

求出 θ 角后，实际轮廓曲线上的相应点 $B'(X,Y)$ 的坐标可由式(8-10)求出

$$\left.\begin{aligned}X&=x\mp r_T\cos\theta\\Y&=y\mp r_T\sin\theta\end{aligned}\right\}\tag{8-10}$$

式(8－10)即为凸轮的实际轮廓曲线方程。式中“－”用于内等距曲线,“＋”用于外等距曲线。

当在数控铣床上铣削凸轮或在凸轮磨床上磨削凸轮时,需要求出刀具中心的轨迹方程。若刀具的半径 r_c 和从动件滚子的半径 r_T 相同,则凸轮的理论轮廓曲线方程即为刀具中心的轨迹方程。

解析法设计凸轮轮廓曲线可以利用软件编程实现。以下是运用 MATLAB 语言编程设计凸轮轮廓曲线的实例。

例 8－1 已知偏置直动滚子从动件凸轮以等角速度顺时针方向回转,凸轮回转中心偏于从动件右侧。偏距 $e=10$ mm,基圆半径 $r_0=40$ mm,滚子半径 $r_T=10$ mm,从动件的行程 $h=20$ mm。从动件的运动规律如下:$\delta_t=150°$,$\delta_s=30°$,$\delta_h=120°$,$\delta_s'=60°$。从动件在推程段以简谐运动规律上升,在回程以等加速等减速运动规律返回原处。试用 MATLAB 语言编程绘出从动件位移线图、凸轮轮廓线图。

解 MATLAB 文件如下:

```
%e为偏距,r0为基圆半径,h为从动件的行程,jds为升程角,jdy为远休止角,jdh为回程角,jdj为近休止角
function f=tulun(e,r0,rt,h,jds,jdy,jdh,jdj)
JZ=0:1:360;
jd=1:1:jds;                                   %计算推程段位移
s=h/2*(1-cos(pi*jd/jds));                     %推程段位移
J(1,jd)=s;
ds=1/2*h*sin(pi*jd/jds)*pi/jds;
JZ(1,jd)=ds;
jd=jds:1:jds+jdy;                             %计算远休止角段位移
s=h;
J(1,jd)=s;
ds=0;
JZ(1,jd)=ds;
jd=jdy+jds:1:jdy+jds+jdh/2;                   %计算回程减速段位移
s=h-2*h*(jd-jds-jdy).*(jd-jds-jdy)/jdh/jdh;
J(1,jd)=s;
ds=-4*h*(jd-jds-jdy)/jdh^2 ;
JZ(1,jd)=ds;
jd=jdy+jds+jdh/2:1:jdy+jds+jdh;               %计算回程加速段位移
s=2*h*(jds+jdy+jdh-jd).*(jds+jdy+jdh-jd)/jdh/jdh;
J(1,jd)=s;
ds=-4*h*(jds+jdy+jdh-jd)/jdh^2;
```

```
    JZ(1,jd)=ds;
    jd=jdy+jds+jdh:1:jdy+jds+jdh+jdj;                    %计算近休止角段
位移
    s=0;
    J(1,jd)=s;
    ds=0;
    JZ(1,jd)=ds;
    jd=1:1:360;                                          % 计算理论轮廓线
各点坐标
    ds=JZ(1,jd);
    s=J(1,jd);
    x=(sqrt(r0^2-e^2)+s).*sin(jd*pi/180)+e*cos(jd*pi/180);
    y=(sqrt(r0^2-e^2)+s).*cos(jd*pi/180)-e*sin(jd*pi/180);
    A=(ds-e).*sin(jd*pi/180)+(sqrt(r0^2-e^2)+s).*cos(jd*pi/180);   % 计算实际轮廓
线各点坐标
    B=(ds-e).*cos(jd*pi/180)-(sqrt(r0^2-e^2)+s).*sin(jd*pi/180);
    X=x+rt*B/sqrt(A.*A+B.*B);
    Y=y-rt*A/sqrt(A.*A+B.*B);
    plot(jd,s)                                           %绘制从动件位移
线图
    plot(X,Y)                                            %绘制凸轮实际轮
廓线图
```

运行该 MATLAB 文件，绘制出从动件位移线图如图 8-20(a)所示，绘制凸轮实际轮廓线图如图 8-20(b)所示。

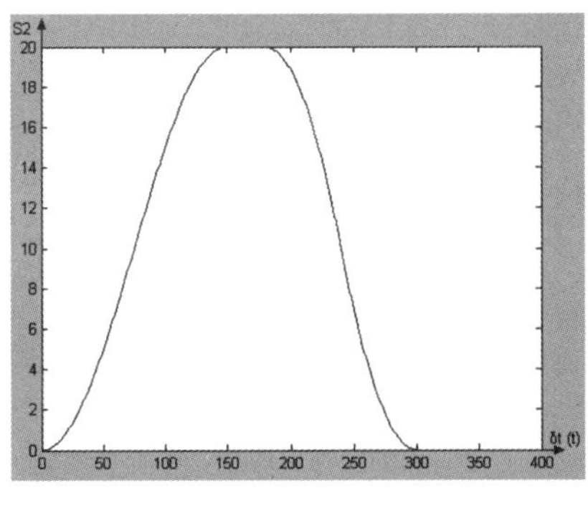

(a)从动件位移线图

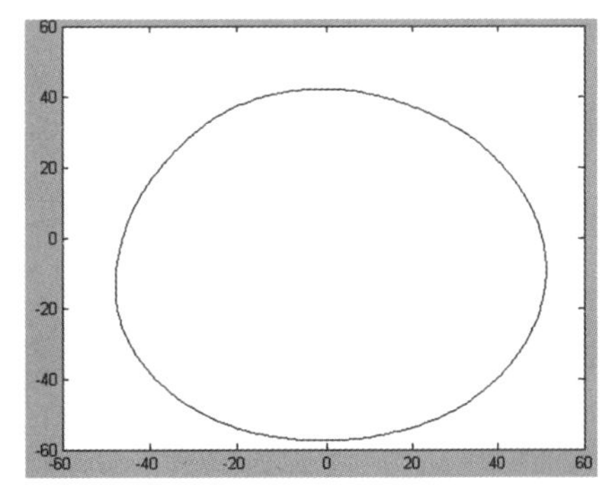

(b)凸轮实际轮廓曲线图

图 8-20 解析法设计结果输出

8.2.3.4 凸轮机构基本尺寸的确定

如前所述，在设计凸轮轮廓曲线时，除了需要根据工作要求确定从动件的运动规律外，还需要确定凸轮机构的基圆半径 r_0、偏距 e、滚子半径 r_T 等。下面将从凸轮机构受力是否良好、结构是否紧凑、运动是否失真等方面对上述参数加以讨论。

1)压力角与作用力的关系

图 8-21 所示为尖顶直动从动件盘形凸轮机构在推程的一个位置，当不计凸轮与从动件

之间的摩擦时，凸轮给予从动件的力 F 沿法线方向，从动件运动方向与力 F 之间所夹的锐角 α 即为压力角。由图可以看出，力 F 可分解为沿从动件运动方向的有用分力 F_y 和使从动件紧压导路的有害分力 F_x。即

$$\left.\begin{aligned}F_y=F\cos\alpha\\F_x=F\sin\alpha\end{aligned}\right\}\tag{8-11}$$

上式表明，在驱动力 F 一定的条件下，压力角 α 越大，有害分力 F_x 越大，机构的效率就越低。当 α 增大到某一数值时，有害分力 F_x 在导路中所引起的摩擦阻力将大于有效分力 F_y，这时无论凸轮给从动件的作用力有多大，从动件都不能运动，这种现象称为自锁。为了保证凸轮机构正常工作并具有一定的传动效率，必须对压力角加以限制。由于凸轮轮廓曲线上各点的压力角一般是变化的，因此设计时应使最大压力角 α_{max} 不超过许用值[α]。许用压力角[α]的推荐值为：推程时，对于直动从动件凸轮机构，建议取许用压力角[α]=30°；对于摆动从动件凸轮机构，建议取许用压力角[α]=45°。对于常用的力锁合式凸轮机构，其从动件的回程不是靠凸轮推动的，所以不会出现自锁现象。故力锁合式凸轮机构的回程许用压力角可取[α']=70°～80°。对于这类凸轮机构，通常只需校核推程压力角。

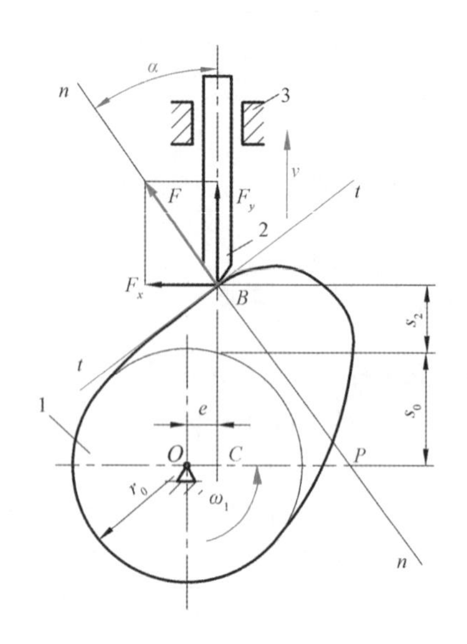

1:凸轮　2:从动件　3:机架

图 8-21　凸轮机构的压力角

2)压力角与凸轮机构尺寸的关系

设计凸轮机构时，除了应使机构具有良好的传动性能外，还希望结构紧凑。由图 8-21 可以看出，在其他条件都不变的情况下，若基圆增大，则凸轮的尺寸也将随之增大，因此，欲使机构紧凑，就应当采用较小的基圆半径。但是，基圆半径减小会引起压力角增大，下面以图 8-21 为例来讨论这种关系。

由瞬心知识可知，P 点为凸轮与从动件在此位置时的相对速度瞬心，且 $\overline{OP}=\dfrac{v_2}{\omega_1}=\dfrac{ds_2}{d\delta_1}$。由图可得到直动从动件盘形凸轮机构的压力角计算公式为

$$\tan\alpha=\frac{\dfrac{ds_2}{d\delta_1}\mp e}{s_2+\sqrt{r_0^2-e^2}}\tag{8-12}$$

式(8-12)说明，在其他条件不变的情况下，基圆半径 r_0 越小，压力角 α 越大。基圆半径过小，压力角就会超过许用值。因此，实际设计时，只能在保证凸轮轮廓的最大压力角不超过许用压力角的情况下，才能合理确定凸轮的基圆半径。

另外，由式(8-12)可知，导路的偏置将会影响压力角的大小。当导路和瞬心 P 在凸轮回转中心 O 的同侧时，式中取“－”号，压力角将减小；当导路和瞬心在凸轮回转中心 O 的异侧时，式中取“＋”号，压力角将增大。因此，为了减小推程压力角，应将从动件导路向推程相对速度瞬心的同侧偏置。用导路偏置法虽然可使推程压力角减小，但却使回程压力角增大，故偏置从动件多用于回程不会产生自锁的力锁合式凸轮机构。

3)滚子半径的选择

当采用滚子从动件时，应注意滚子半径的选择，如果滚子半径选择不当，从动件有可能实现不了预期的运动规律，如图 8 - 22 所示。设理论轮廓曲线外凸部分的最小曲率半径为 ρ_{min}，滚子半径为 r_T，则相应位置实际轮廓曲线的曲率半径 ρ' 为

$$\rho' = \rho_{min} - r_T \qquad (8-13)$$

当 $\rho_{min} > r_T$ 时，$\rho' > 0$，实际轮廓曲线为一平滑曲线，见图 8 - 22(a)，从动件的运动不会出现失真。当 $\rho_{min} = r_T$ 时，$\rho' = 0$，实际轮廓曲线出现尖点，见图 8 - 22(b)，尖点极易磨损，磨损后，会使从动件的运动出现失真。当 $\rho_{min} < r_T$ 时，$\rho' < 0$，实际轮廓曲线出现相交，见图 8 - 22(c)，图中交点以上的轮廓曲线在实际加工时会被切去，使从动件的运动出现严重的失真，这在实际生产中是不允许的。

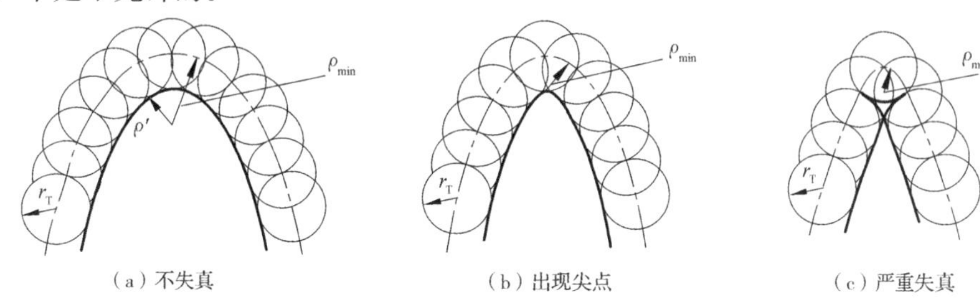

(a) 不失真　　(b) 出现尖点　　(c) 严重失真

图 8 - 22　滚子半径对理轮轮廓曲线的影响严重失真

为了使凸轮轮廓在任何位置既不变尖更不相交，滚子半径 r_T 必须小于理论轮廓外凸部分的最小曲率半径 ρ_{min}（理论轮廓的内凹部分对滚子半径的选择没有要求）。通常取 $r_T \leqslant 0.8\rho_{min}$。若 ρ_{min} 过小，则允许选择的滚子半径太小而不能满足安装和强度要求，此时应当把凸轮基圆半径加大，重新设计凸轮轮廓曲线。

8.3　棘轮机构

根据运动传递方式的不同，棘轮机构分为齿啮式棘轮机构和摩擦式棘轮机构，如图 8 - 23 所示。

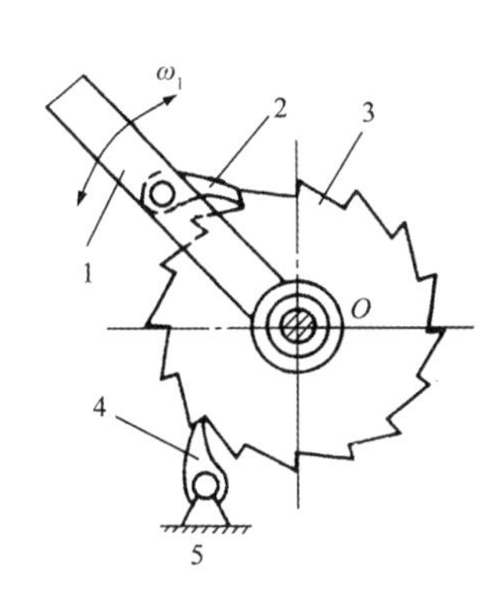

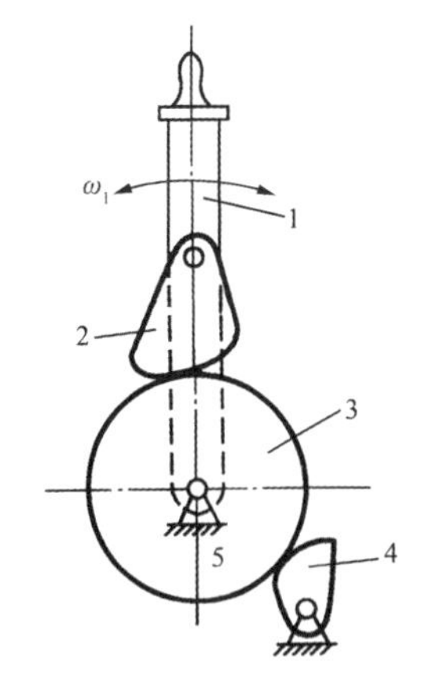

(a)齿啮式外棘轮机构　　(b)摩擦式棘轮机构

1:摇杆　2:棘爪　3:棘轮　4:止动爪　5:机架

图 8 - 23　棘轮机构种类

齿啮式棘轮机构的组成构件为摇杆 1、棘爪 2、棘轮 3、止动爪 4 和机架 5，为保持棘爪、止动爪与棘轮始终接触，可增设弹簧。根据棘轮上齿的位置不同，棘轮机构又分外棘轮机构和内棘轮机构，如图 8-23(a)和图 8-24(a)所示。其中，摇杆为主动件，输入连续往复摆动；棘轮为输出构件，一般输出单向间歇转动。若要求换向输出，则可将轮齿做成矩形并翻转或提转棘爪，见图 8-24(b)。为满足工作中调节棘轮输出角度的要求，还可在棘轮外加装一个棘轮罩 1，见图 8-24(c)，遮盖摇杆摆角范围内的棘轮上一部分齿，从而减小输出转动角度。当棘轮直径无穷大时，棘轮机构变成棘齿条机构，见图 8-24(d)，输出单向间歇直线运动。

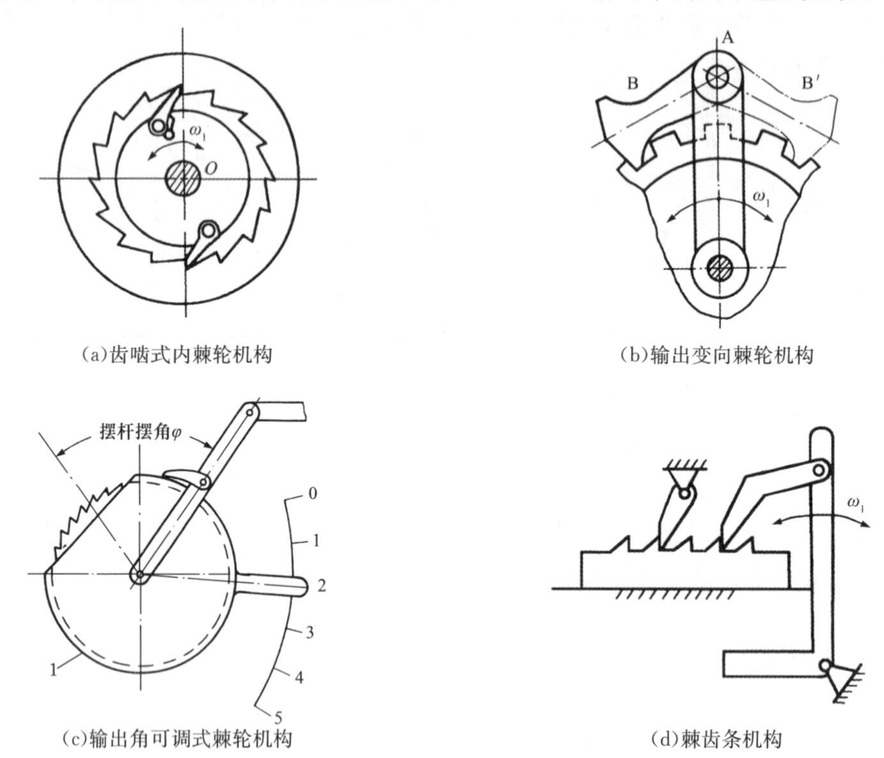

(a)齿啮式内棘轮机构　(b)输出变向棘轮机构

(c)输出角可调式棘轮机构　(d)棘齿条机构

图 8-24　棘轮机构的结构变化

齿啮式棘轮机构的结构简单，制造方便，运行可靠，输出角度可大范围调节，但其运动精度低，工作时冲击和噪声较大，所以一般用于速度较低、载荷不大的场合，例如各种机床中的进给、转位或分度。图 8-25 所示的传统牛头刨床工作台采用棘轮机构实现横向进给，齿轮 1 带动齿轮 2 连续回转，通过连杆 3 使摇杆 4 往复摆动，从而使棘爪 7 推动固定于进给丝杠 6 上一端的棘轮 5 做单向间歇转动，进而带动工作台做横向进给运动。当需要改变进给量(即改变棘轮每次转过的角度)时，可调节$\overline{O_2A}$的长度。若需换向进给，则提转棘爪 7。

自行车后轴中的“飞轮”，即为采用内棘轮机构的单向离合器，如图 8-26 所示。正常前进时，主动链轮 1 上内棘轮驱动棘爪 2 推动后车轮 3 转动；但当后车轮 3 的转速超过了链轮 1 的转速时，两者自动脱开，各自自由旋转，此时的单向离合器又被称为超越离合器。

摩擦式棘轮机构能克服齿啮式棘轮机构冲击和噪声大、棘轮转动角度不能无级调节的缺点，但其运动准确性较差。图 8-27 所示的单向离合器即为内摩擦式棘轮机构。当主动件棘轮 1 逆时针旋转时，滚柱 3 靠摩擦力而滚向楔形空间的小端，将从动件套筒 4 楔紧并使其随星轮一起转动。当星轮顺时针回转时，滚柱滚向大端，使套筒 4 松开。这种机构也可用作超越离合器。

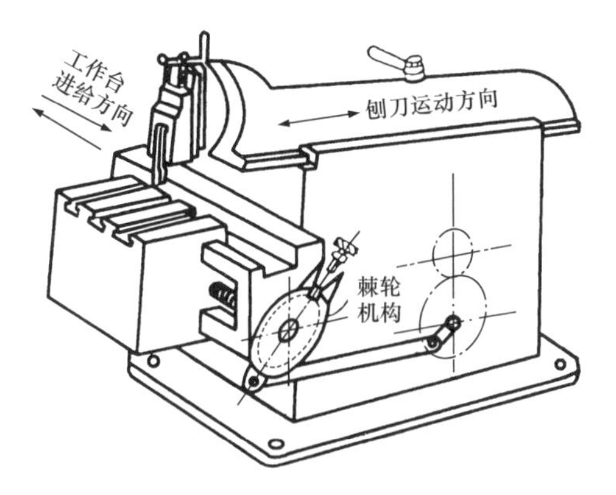

(a)传统牛头刨床立体图

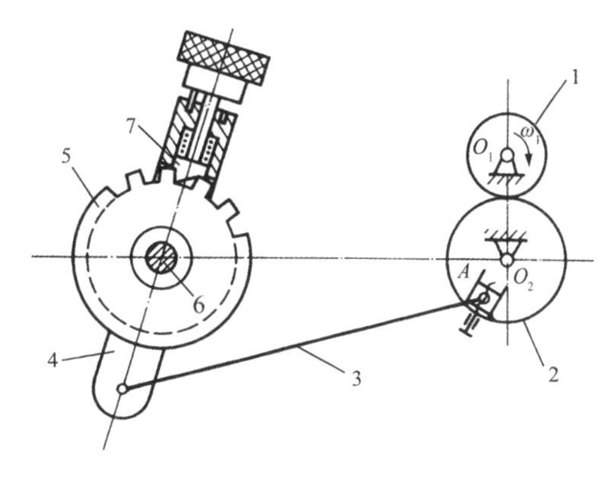

(b)传统牛头刨床进给机构

1,2:齿轮　3:连杆　4:摇杆　5:棘轮　6:丝杠　7:棘爪

图 8-25　传统牛头刨床工作台的进给传动

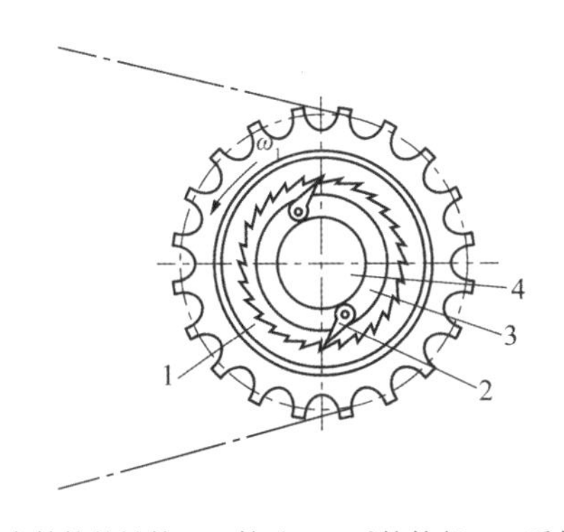

1:带内棘轮的链轮　2:棘爪　3:后轮轮毂　4:后轮轴

图 8-26　齿式单向离合器

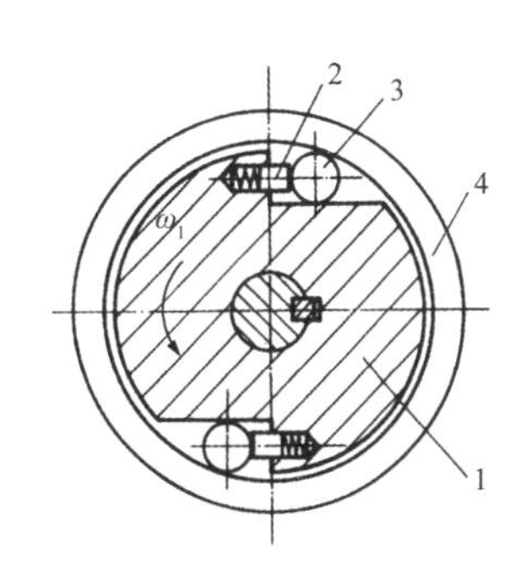

1:主动棘轮　2:弹簧　3:滚柱　4:套筒

图 8-27　摩擦式单向离合器

8.4　槽轮机构

槽轮机构可用于平行轴之间的步进传动,称为平面槽轮机构,如图 8-28(a)所示;也可用于相交轴甚至空间轴之间的步进传动,即空间槽轮机构,如图 8-28(b)所示。槽轮机构由带拨销的主动拨盘 1、带槽的从动槽轮 2 和机架组成。

根据槽的位置不同,平面槽轮有外槽轮和内槽轮之分,如图 8-28(c)和图 8-28(d)所示。对于外槽轮机构,若带圆销的主动拨盘 1 连续回转,当圆销尚未进入槽轮 2 的槽(为避免轴向力,常开在径向)内时,由于槽轮上的内凹锁止弧$\widehat{nn}$被拨盘的外凸圆弧锁止弧$\widehat{mm}$卡住,故槽轮不动。圆销入槽时,正好锁止弧被松开,拨盘带动槽轮转动。当圆销从另一边离开径向槽时,锁止弧又被卡住,槽轮停止转动直到下次圆销入槽。如此循环,输出单向间歇的旋转运动。

为了避免刚性冲击,圆销出入槽口时的线速度方向应沿径向槽的中心线方向。在图 8-28(c)中,$2\alpha_1=\pi-2\alpha_2$。设槽轮上均布 z 个径向槽,则有

$$2\alpha_2=\frac{2\pi}{z} \tag{8-14}$$

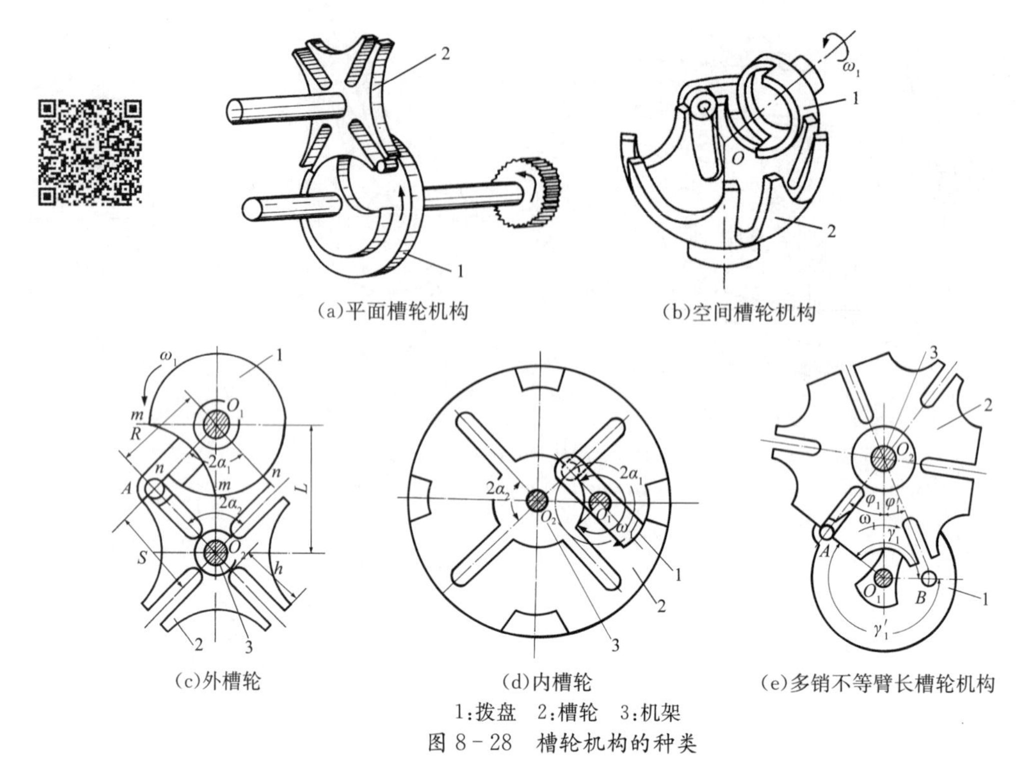

1:拨盘　2:槽轮　3:机架

图 8-28　槽轮机构的种类

当主动拨盘回转一周时,槽轮的运动时间 t_d 与拨盘转一周的总时间 T 之比,称为该槽轮机构的运动系数,以 τ 表示

$$\tau=\frac{t_d}{T} \tag{8-15}$$

若拨盘匀速旋转,则运动系数 τ 可用对应于 t_d 和 T 时间内拨盘所转过的角度比值$(2\alpha_1)/(2\pi)$来表示,于是

$$\tau=\frac{t_d}{T}=\frac{2\alpha_1}{2\pi}=\frac{\pi-2\alpha_2}{2\pi}=\frac{1}{2}-\frac{1}{z} \tag{8-16}$$

因为运动系数 τ 应大于零,故 $z\geqslant3$。又由式(8-16)知 $\tau<0.5$(因 $z>0$),即槽轮运动时间少于静止时间。

若拨盘上有多个圆销,如图 8-28(e)所示,则

$$\tau=n\left(\frac{1}{2}-\frac{1}{z}\right) \tag{8-17}$$

因运动系数不可能大于 1,即

$$\tau=n\left(\frac{1}{2}-\frac{1}{z}\right)\leqslant1 \tag{8-18}$$

由此得槽数 z 与圆销数 n 的关系

$$n\leqslant\frac{2z}{z-2} \tag{8-19}$$

其对应取值见表 8-1。

表 8-1　外槽轮机构槽数 z 与圆销数 n 的对应取值

槽数 z	圆销数 n
3	1～6
4	1～4
5,6	1～3
≥7	1～2

外槽轮机构的槽数越少，动力性能越差。内槽轮机构比外槽轮机构的动力性能要好。槽轮机构结构简单，外形尺寸小，效率高，传动时存在柔性冲击，常用于速度不太高的场合。图 8-29所示的单轴六角自动车床的转塔刀架转位功能就是采用槽轮机构来实现的。

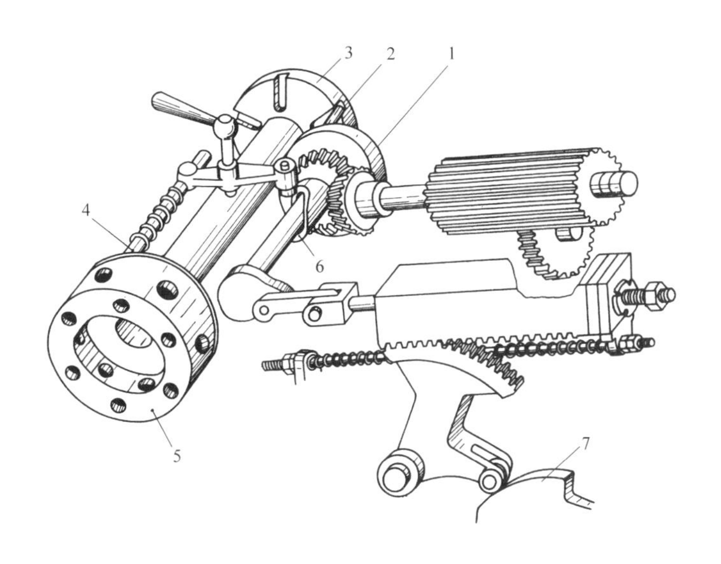

1:拨盘　2:销　3:槽轮　4:定位销　5:转塔刀架　6:圆柱凸轮　7:进刀凸轮

图 8-29　单轴六角自动车床

8.5　不完全齿轮机构

不完全齿轮机构是由齿轮机构演变而来的一种步进传动机构，与齿轮机构类似，也有内啮合和外啮合之分，如图 8-30 所示。根据工作要求的运动时间与停歇时间的长短，在主动轮上只加工一部分齿，相应地在从动轮上加工出若干组与之相啮合的轮齿，各组之间是一个齿顶做成锁止凹弧的厚齿。当主动轮连续回转时，从动轮做间歇回转运动。在从动轮停歇期内，两轮轮缘的锁止弧 S_1 和 S_2 起定位作用，以防止从动轮游动。在图 8-30(a)中，主动轮 1 上有 4 个齿，从动轮 2 上分别有四个运动段和四个停歇段与其对应啮合。主动轮每转一圈，从动轮间歇地转 1/4 圈。为了保证离开啮合时从动轮停在原位和防止两轮进入啮合时齿顶发生干涉，必须对首末齿齿高进行修正。

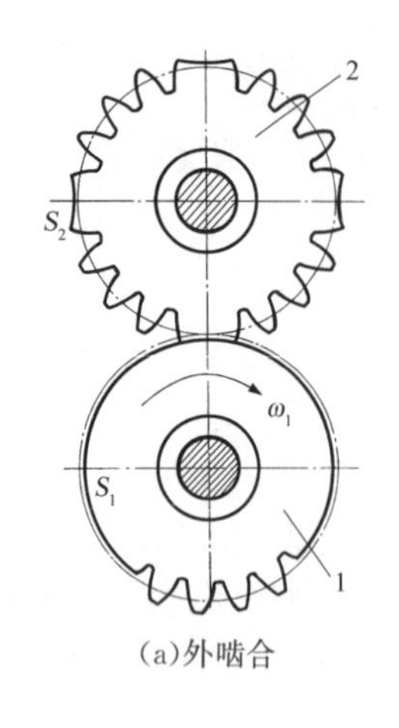

(a)外啮合

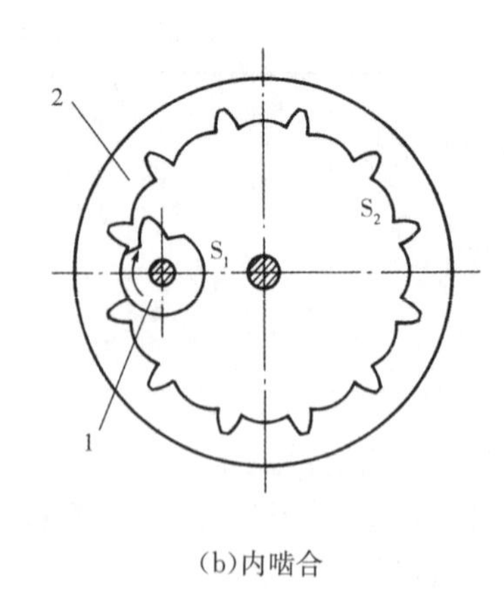

(b)内啮合

1:主动轮　2:从动轮

图 8－30　不完全齿轮机构

不完全齿轮机构结构简单,制造容易,工作可靠,输出运动的适应间歇范围大。但进入和脱离啮合时刚性冲击较大,尤其是进入啮合时,常需采取措施(如设瞬心线附加件)加以控制。故不完全齿轮机构一般只宜用于低速、轻载场合。图 8－31 所示的乒乓球拍周缘铣削专用靠模铣床就是采用不完全齿轮机构来实现工件轴正反转功能的。

不完全齿轮机构也可由针轮组成,图 8－32 即为具有四个等运动时间和四个等静止时间的复式针轮机构,通常称为星轮机构。它既具有槽轮机构的启动性能,又具有齿轮机构的等速转位优点,但加工较困难。

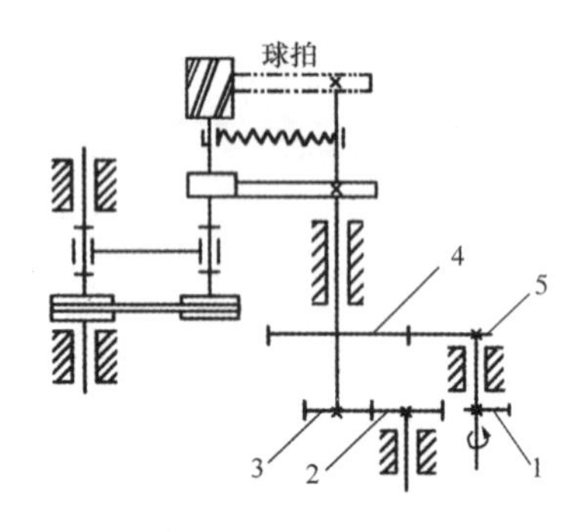

1,5:不完全齿轮　2,3,4:齿轮

图 8－31　专用靠模铣床中的不完全齿轮机构

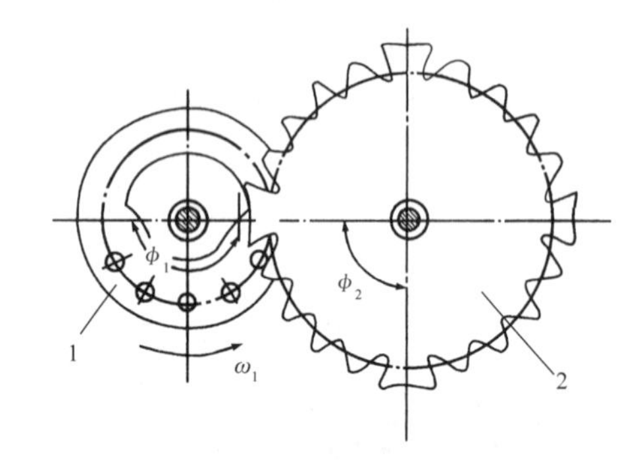

图 8－32　星轮机构

8.6　其他新型机构

随着机械系统经历蒸汽化时代和电气化时代后向信息化机械系统的时代发展,现代机构学也在不断向新型机构的研究方向发展。与传统机构相比,新型机构有的具有变化的自由度、可重构等特点,有的从刚体机构向柔体与柔顺机构拓展。下面略举两类。

8.6.1　变胞机构

在机构运动过程中,有效构件数目发生变化,或运动副类型及其几何关系发生变化,从而引起机构的拓扑变化并导致机构自由度变化,这样的机构称为变胞机构。变胞机构在连续运行中至少有一次自由度的变化,并在变化后保持正常运行。

变胞机构具有可变拓扑结构的特点，能根据实际的要求及工况变化进行构态变换，自我重组和重构，具有多个工作阶段的多功能和灵巧操作能力。①灵巧操作。通过变化其结构改变其自由度，灵活地实现每一个操作。②适应多种工作环境。由于其可变性，面对不同环境调整其结构以适应各种不同工作环境。③一机多用，节省成本，一个机构满足多种机构的功能。

变胞机构在航天领域有广泛的应用，如外星探测器、外星移动着陆器、空间站的骨架、机械臂、太阳能帆板等。变胞机构在现代制造业也有一席之地，如变胞夹具、机械手、压碎机等；在医学领域也有应用，比如用于康复训练仪器、病人坐的轮腿式助力座椅等。未来在机器人领域，基于变胞结构简单、灵活、承载能力强、稳定性好等特点，在抢险救灾、探险、娱乐、军事等方面有广阔的应用前景。图 8-33 为基于变胞机构而设计的变胞机器人。

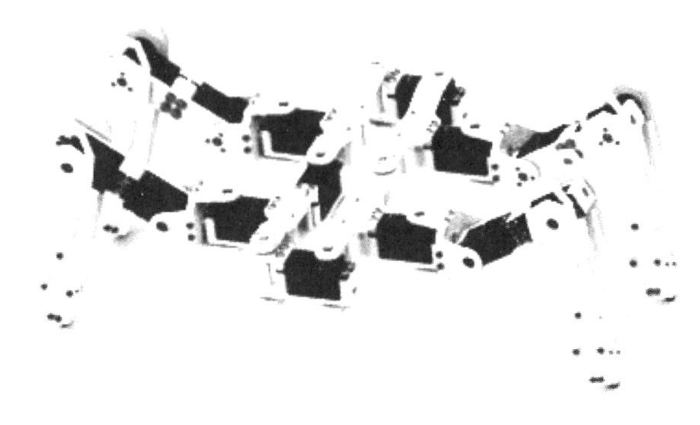

图 8-33　变胞机器人

8.6.2　柔顺机构

若物体能够按照预定的方式弯曲，则可认为它是柔顺的。如果该物体所具有的弯曲柔性可以帮助我们完成某项任务，即可称其为柔顺机构(亦称柔性机构)。

与传统刚性机构相比，柔顺机构具有如下优点：①成本低廉。采用整体化设计，零件少、装配少(甚至无须装配)，制造过程简单(如单次制造即可完成整个机构的加工)，因此柔顺机构可显著降低成本。②性能卓越。由于无摩擦磨损甚至无间隙，可实现高精度运动，重量轻，便于运输，因此适合对重量敏感的应用场合(如航天器)。柔顺机构不像刚性铰链那样需要润滑，免润滑对许多应用场合和环境非常有利。③易于小型化。柔顺机构是构建微纳米尺度机械的关键，例如多层柔顺微机电系统(MEMS)。

随着社会发展和技术进步，新的需求不断产生，柔顺机构可以很好地满足一些特殊的需求，如微小尺度、复杂运动但制造成本极低的装置、小巧医用植入装置以及高精度等。如图 8-34 所示的柔顺微创外科手术仪器。随着精密工程、机器人、智能结构等学科的迅猛发展，柔顺机构的作用越来越突出，应用也越来越广泛。在精密工程领域，柔顺机构可以设计作为精密运动平台、超精密加工机床、精密传动装置、执行器、传感器等。在机器人领域，不断涌现各种形态的柔顺或软体机器人，如多足机器人、蛇形臂、微小型飞行器、机器鱼、机器跳蚤等。新型柔性关节及柔性驱动器的开发大大提高了机器人的灵活性、机动性及效率。在智能结构领域，柔性机构的作用日益凸显，如用柔性智能结构制作的一种变形机翼，可在各种飞行速度下始终自动保持最佳翼型，大幅度提高了飞行效率。

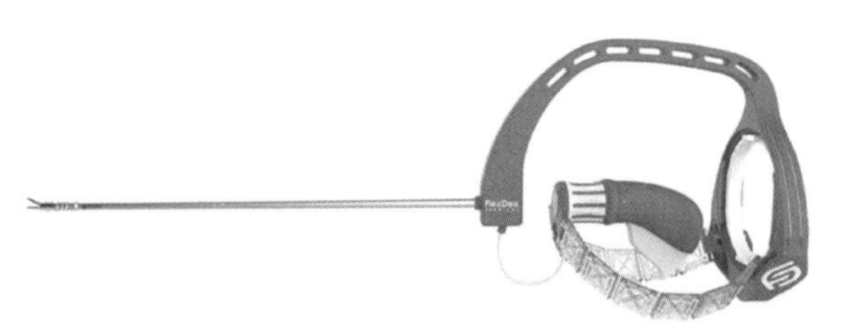

图 8-34　柔顺微创外科手术仪器

本章知识图谱

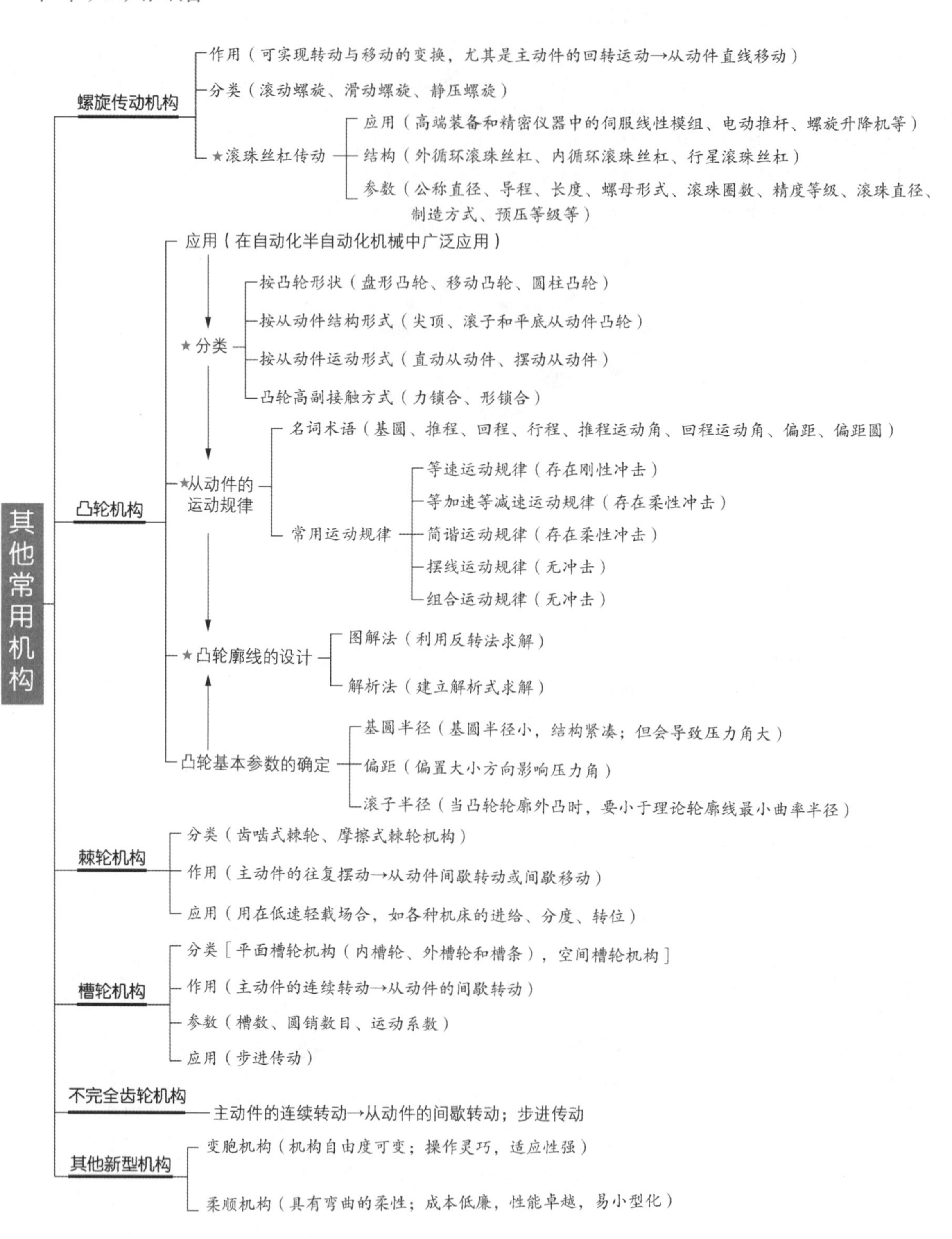
其他常用机构
螺旋传动机构
作用（可实现转动与移动的变换，尤其是主动件的回转运动→从动件直线移动）
分类（滚动螺旋、滑动螺旋、静压螺旋）
★滚珠丝杠传动
应用（高端装备和精密仪器中的伺服线性模组、电动推杆、螺旋升降机等）
结构（外循环滚珠丝杠、内循环滚珠丝杠、行星滚珠丝杠）
参数（公称直径、导程、长度、螺母形式、滚珠圈数、精度等级、滚珠直径、制造方式、预压等级等）
凸轮机构
应用（在自动化半自动化机械中广泛应用）
★分类
按凸轮形状（盘形凸轮、移动凸轮、圆柱凸轮）
按从动件结构形式（尖顶、滚子和平底从动件凸轮）
按从动件运动形式（直动从动件、摆动从动件）
凸轮高副接触方式（力锁合、形锁合）
★从动件的运动规律
名词术语（基圆、推程、回程、行程、推程运动角、回程运动角、偏距、偏距圆）
常用运动规律
等速运动规律（存在刚性冲击）
等加速等减速运动规律（存在柔性冲击）
简谐运动规律（存在柔性冲击）
摆线运动规律（无冲击）
组合运动规律（无冲击）
★凸轮廓线的设计
图解法（利用反转法求解）
解析法（建立解析式求解）
凸轮基本参数的确定
基圆半径（基圆半径小，结构紧凑；但会导致压力角大）
偏距（偏置大小方向影响压力角）
滚子半径（当凸轮轮廓外凸时，要小于理论轮廓线最小曲率半径）
棘轮机构
分类（齿啮式棘轮、摩擦式棘轮机构）
作用（主动件的往复摆动→从动件间歇转动或间歇移动）
应用（用在低速轻载场合，如各种机床的进给、分度、转位）
槽轮机构
分类［平面槽轮机构（内槽轮、外槽轮和槽条），空间槽轮机构］
作用（主动件的连续转动→从动件的间歇转动）
参数（槽数、圆销数目、运动系数）
应用（步进传动）
不完全齿轮机构
主动件的连续转动→从动件的间歇转动；步进传动
其他新型机构
变胞机构（机构自由度可变；操作灵巧，适应性强）
柔顺机构（具有弯曲的柔性；成本低廉，性能卓越，易小型化）

习 题

8-1 车床上某单线螺旋传动，螺距为 6 mm，试计算：(1)此传动中欲使螺母移动 0.20 mm，丝杠应转多少圈？(2)设螺母移动 0.05 mm，刻度盘转过 1 格，此刻度盘圆周应均匀刻线多少条？(3)设丝杠转速为 50 r/min，求螺母的移动速度。

8-2 普通螺旋传动机构中，双线螺杆驱动螺母做直线运动，螺距为 6 mm。求：(1)螺杆转两周时，螺母的移动距离为多少？(2)螺杆转速为 25 r/min 时，螺母的移动速度为多少？

8-3 什么是电子凸轮？与机械凸轮有何不同？

8-4 凸轮机构从动件的常用运动规律有哪几种？它们各有什么特点？各适用于什么场合？

8-5 在滚子直动从动件盘形凸轮机构中，若凸轮实际轮廓曲线保持不变，而增大或减小滚子半径，从动件运动规律是否发生变化？

8-6 何谓凸轮机构的压力角？当凸轮轮廓曲线设计完成后，如何检查凸轮转角为 δ 时机构的压力角 α？若发现压力角超过许用值，可采用什么措施减小推程压力角？

8-7 从动件的运动规律如下：$\delta_t=90°$，$\delta_s=30°$，$\delta_h=180°$，$\delta_s'=60°$，行程 $h=20$ mm，推程以等速运动规律上升；回程以等加速等减速运动规律返回原处。试用图解法绘制从动件运动线图，并分析凸轮机构运动中的冲击特性。

8-8 试在如图所示三个凸轮机构中，画出凸轮的基圆以及按规定转向 ω_1 转过 45°时机构的压力角。

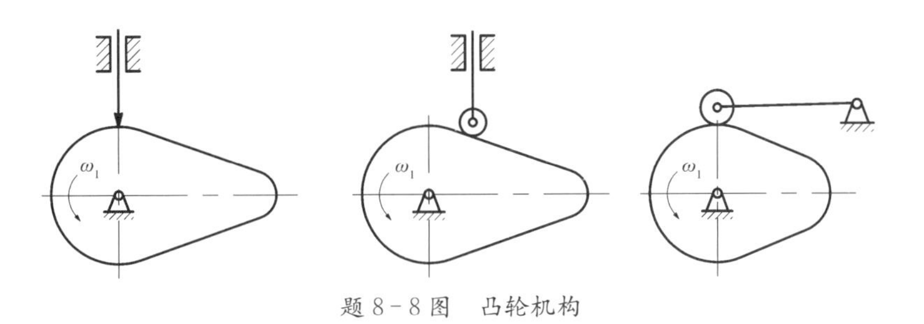

题 8-8 图 凸轮机构

8-9 利用题 8-7 中的从动件运动规律和行程，用图解法设计凸轮实际轮廓曲线。已知偏置直动滚子从动件凸轮以等角速度逆时针方向回转，凸轮回转中心偏于从动件左侧，偏距 $e=10$ mm，基圆半径 $r_0=35$ mm，滚子半径 $r_T=10$ mm。

8-10 已知偏置直动滚子从动件凸轮以等角速度顺时针方向回转，凸轮回转中心偏于从动件右侧。偏距 $e=12$ mm，基圆半径 $r_0=30$ mm，滚子半径 $r_T=10$ mm，从动件的行程 $h=25$ mm，从动件的运动规律如下：$\delta_t=160°$，$\delta_s=40°$，$\delta_h=120°$，$\delta_s'=40°$，从动件在推程段以摆线运动规律上升，在回程以等加速等减速运动规律返回原处。试用 MATLAB 语言编程绘出从动件位移线图、凸轮实际轮廓线图。

8-11 举例说明间歇运动机构有哪些用途。

8-12 本章介绍的棘轮机构、槽轮机构、不完全齿轮机构在运动性能、加工难易程度等方面各具有哪些特点？

8-13 在六角车床的六角头外槽轮机构中，已知槽轮的槽数 $z=6$，槽轮静止时间 $t_j=2/3$ s，运动时间是静止时间的 2 倍。求：(1)槽轮机构的运动系数 τ；(2)所需圆销数 n。

8-14 内槽轮机构的圆销数 n 和轮槽数 z 的取值范围分别是多少？

8-15 什么是电子槽轮？电子槽轮与机械槽轮有何不同？

8-16 试设计一间歇运动机构带动某工作台实现转位。已知工作台重 500 kg，台上有 8 个工位，各工位上的停留时间最长不超过 1 s，要求工作台每分钟转 40 个工位。

第9章　机械平衡及周期性速度波动调节

本章概要：机械不平衡和周期性速度波动会产生附加动力，引起机械振动，降低机械工作精度和效率，因此机械平衡和周期性速度波动调节是机械特别是高速精密机械面临的重要问题。本章主要介绍刚性转子的静平衡计算、动平衡计算；机械在稳定运转下周期性速度波动的调节，即飞轮转动惯量的计算。

9.1　机械平衡

9.1.1　机械平衡的目的与内容

机器运动时，构件所产生的不平衡惯性力（力偶）将在运动副中引起附加的动压力。这不仅会增大运动副中的摩擦和构件内力，降低机械效率和缩短使用寿命，而且由于这些惯性力的大小和方向一般呈周期性变化，必定引起机械及基础的振动，导致机械加工精度下降，甚至可能产生共振，危及附近的工作机械及厂房建筑物的安全。

机械平衡的目的就是将机器的不平衡惯性力加以平衡，以消除或降低其不良影响。机械平衡是现代机械的一个重要课题，尤其在高速及精密机械中更具有特别重要的意义。

根据各构件的结构及运动形式的不同，机械平衡可分为转子的平衡和机构的平衡。

绕固定轴回转的构件，常统称为转子。如汽轮机、发电机、电动机等机器，都以转子作为工作主体。转子平衡又分为刚性转子平衡和柔性转子平衡。刚性转子平衡包括刚性转子的静平衡和动平衡。

本章只讨论刚性转子平衡计算，柔性转子平衡和机构平衡请参阅有关书籍。

9.1.2　刚性转子的平衡计算

9.1.2.1　刚性转子的静平衡计算

对于轴向尺寸较小的盘形转子（转子轴向宽度 b 与其直径 D 之比 $b/D<0.2$），如齿轮、盘形凸轮、叶轮、砂轮等，其质量可以近似认为分布在同一回转面内。若其质心不在回转轴线上，当其转动时，偏心质量就会产生惯性力。因这种不平衡现象在转子静态时即可表现出来，故称其为静不平衡。对于这类转子，可在转子上增加或除去一部分质量，使其质心和回转轴心重合，即可使转子的惯性力得以平衡，这种平衡称为静平衡。图9-1所示为盘形转子，已知其具有偏心质量 m_1, m_2，各自回转半径 r_1, r_2，方向如图中所示。当转子以角速度 ω 旋转时，各偏心质量产生的惯性力 $\boldsymbol{F}_{Ii}$ 为

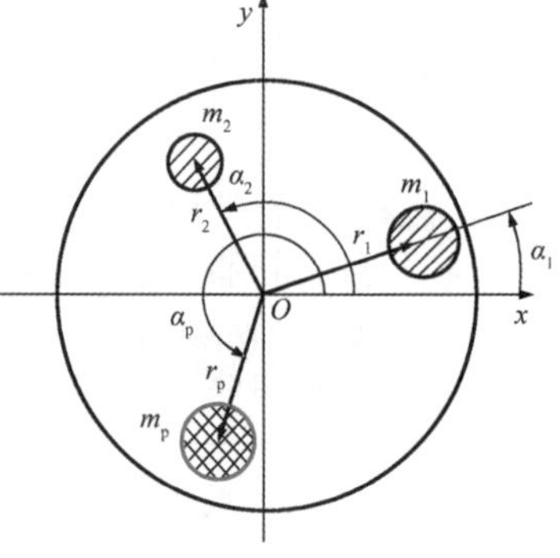

图9-1　转子静平衡计算

$$\boldsymbol{F}_{Ii}=m_i\omega^2\boldsymbol{r}_i, i=1,2 \tag{9-1}$$

若在转子上加一平衡质量 m_p，使其产生的惯性力和各偏心质量的惯性力相平衡，因此，静平衡条件为

$$\sum\boldsymbol{F}_{Ii}+\boldsymbol{F}_p=\boldsymbol{0} \tag{9-2}$$

设平衡质量 m_p 的矢径为 $\boldsymbol{r}_p$，式(9－2)可简化为

$$m_1\boldsymbol{r}_1+m_2\boldsymbol{r}_2+m_p\boldsymbol{r}_p=\boldsymbol{0} \tag{9-3}$$

式中：$m_i\boldsymbol{r}_i$——质径积，为矢量。

m_p 和 $\boldsymbol{r}_p$ 为待求量，根据转子结构特点选定 $\boldsymbol{r}_p$，再根据式(9－3)即可求出 m_p 和方向角 α_p。通常应选取较大的 $\boldsymbol{r}_p$ 值，以便使平衡质量 m_p 小些。

根据以上分析得知，对于静不平衡转子，不论它有多少个偏心质量，只需在偏心质量同一个平面内增加或除去一个平衡质量即可获得平衡，故又称单面平衡。

9.1.2.2　刚性转子的动平衡计算

对于轴向尺寸较大($b/D\geqslant0.2$)的刚性转子，如内燃机的曲轴、机床主轴等，其质量不能再视为分布在同一平面内了，而应看作分布在垂直于轴线的许多相互平行的回转面内，如图9－2所示的曲轴。这类转子转动时所产生的离心力系可能不再是平面力系，而是如图9－3所示的空间力系。这时，即使转子的质心在回转轴线上，但由于偏心质量所产生的离心惯性力不在同一回转平面内，形成了惯性力偶，所以仍然是不平衡的。而且该力偶的作用方向是周期性变化的，它不但会引起支承中心附加动压力，也会引起机械设备的振动。这种不平衡现象只有在转子转动时才显示出来，故称其为动不平衡。这类转子平衡时，要求转子回转时其偏心质量产生的惯性力合力和惯性力偶合力偶同时得以平衡，这种平衡称为动平衡。

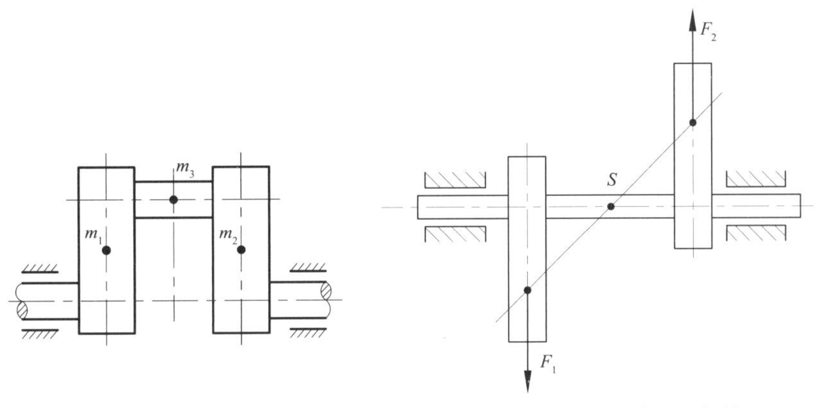

图 9－2　曲轴　　　　图 9－3　静平衡但动不平衡转子

图 9－4(a)所示为一个长转子系统，根据其结构，设已知其偏心质量 m_1，m_2 及 m_3 分别位于回转平面 1,2 及 3 内，它们的回转半径分别为 r_1，r_2 及 r_3，方向如图 9－4(a)所示。当此转子以角速度 ω 回转时，它们产生的惯性力 F_{I1}，F_{I2} 及 F_{I3} 将形成一空间力系，转子动平衡的条件

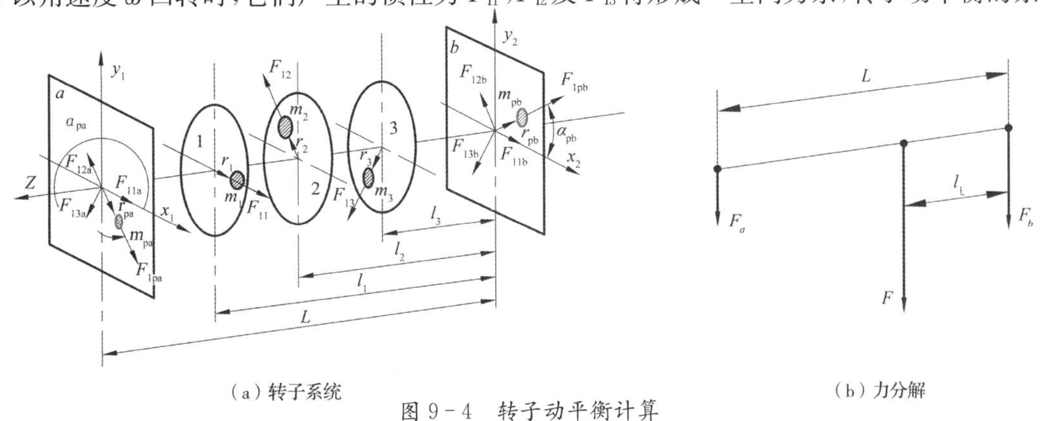

图 9－4　转子动平衡计算

是：各偏心质量（包括平衡质量）产生的惯性力的矢量和为零，以及这些惯性力所构成的力矩矢量和也为零，即

$$\begin{cases}\sum \boldsymbol{F}=\boldsymbol{0}\\ \sum \boldsymbol{M}=\boldsymbol{0}\end{cases} \tag{9-4}$$

下面我们讨论其平衡计算。

由理论力学可知，一个力可以分解为与其相平行的两个分力。如图 9-4(b)所示，可将力 F 分解成与其平行的 F_a 和 F_b 两个分力，其大小分别为

$$\begin{aligned}F_a&=Fl_1/L\\ F_b&=F(L-l_1)/L\end{aligned} \tag{9-5}$$

为了使转子获得动平衡，首先选定两个回转平面 a 及 b 作为平衡基面（在这两个面上增加或除去平衡质量）。再将各离心惯性力按上述方法分别分解到平衡基面 a 及 b 内，即将 F_{I1}，F_{I2}，F_{I3} 分解为 F_{I1a}，F_{I2a}，F_{I3a}（在平衡基面 a 内）和 F_{I1b}，F_{I2b}，F_{I3b}（在平衡基面 b 内）。这样就把空间力系的平衡问题转化为两个平面汇交力系的平衡问题了。只要在平衡基面 a 及 b 内适当地各加一平衡质量，使两平衡基面内的惯性力之和分别为零，这个转子便可达到动平衡。两个平衡基面 a 及 b 内的平衡质量的大小和方位的确定，则与前述静平衡计算的方法完全相同。

由以上分析可知，对于动不平衡的刚性转子，无论它具有多少个偏心质量，以及分布于多少个回转平面内，都只要在选定的两个平衡基面内分别加上或除去一个适当的平衡质量，即可得到完全平衡，故动平衡又称双面平衡。

平衡基面的选取需要考虑转子的结构和安装空间，以便于安装或除去平衡质量。此外，还要考虑力矩平衡的效果，两平衡基面间的距离应适当大一些。同时在条件允许的情况下，将平衡质量的矢径 $\boldsymbol{r}_{\mathrm{p}}$ 也取大一些，以减小平衡质量 m_{p}。

在设计时经过上述平衡计算，理论上已经平衡的转子，由于制造和装配的误差、材质不均匀等原因，仍会产生新的不平衡。这时已无法用理论计算来解决，只能通过平衡试验的办法对其平衡。转子的平衡试验方法请参阅有关书籍。

9.2 机械运转速度波动的调节

9.2.1 机械运转速度波动调节的目的和方法

机械在驱动力作用下克服阻力运转，驱动力的功为机械的输入功，阻力的功是机械的输出功。在某段时间内，若输入功等于输出功，则机械的动能没有变化，主轴保持匀速转动。但是有许多机械在某段工作时间内，输入功与输出功不相等。当输入功大于输出功时，出现盈功。此时机械动能增加，即主轴转速升高。当输入功小于输出功时，出现亏功。机械动能减少，即主轴转速下降。盈亏功交替出现，导致机械速度波动。这种波动也会使运动副中产生附加的动力，降低机械效率，引起机械振动，降低机械的精度和工艺性能，使生产出来的产品质量下降。所以，必须对机械运转速度波动进行调节，将上述不良影响限制在容许的范围之内。

当某段时间内盈亏功平衡，且这种平衡呈周期性规律时，机械主轴的角速度做周期性变化，这种有规律的周期性的速度变化称为周期性速度波动。周期性速度波动调节的常用方法是在机械上安装一个转动惯量很大的构件，即飞轮。飞轮的动能变化为 $\Delta E=\dfrac{1}{2}J(\omega^2-\omega_0^2)$。对于相同的动能变化($\Delta E$)，飞轮转动惯量 J 越大，角速度 ω 的变化越小。由于飞轮能利用储

蓄的动能克服短时过载，在确定原动机额定功率时只需考虑平均功率，不需要考虑高峰负荷时瞬时最大功率，所以，安装飞轮既可避免速度过大波动，又可选择较小功率的原动机，达到节能效果。

若输入功在较长时间内一直大于输出功，即机械做盈功，则机械速度不断升高，直至超过机械强度所容许的极限转速而导致机械破坏；若输入功一直小于输出功，即机械做亏功，则机械速度不断降低，直至停机。这种机械速度的变化称为非周期性波动。机械非周期性速度波动通常采用调速器进行调节，相关内容请参阅有关资料。

9.2.2 机械运转速度不均匀系数

描述周期性变化运动状态需要三个参数：其一是运动变化的周期 T；其二是描述稳定运转角速度的平均值 ω_m；其三是描述速度不均匀程度的不均匀系数 δ。如图 9-5 所示。周期性速度波动的平均角速度为

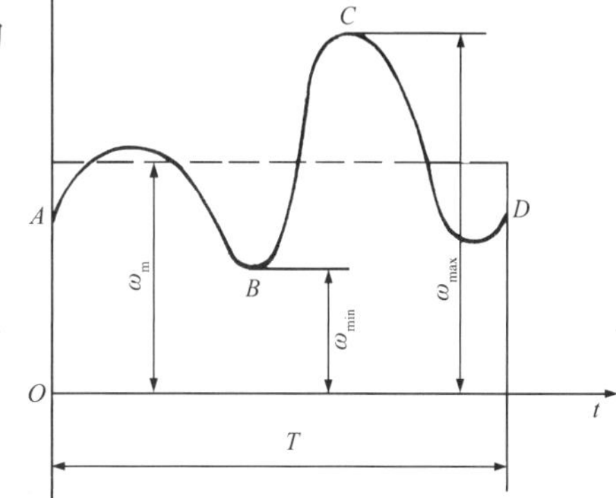

图 9-5 周期性速度波动

$$\omega_m = \frac{1}{T}\int_0^T \omega \mathrm{d}t$$

其偏差可以由速度不均匀系数

$$\delta = \frac{\omega_{max} - \omega_{min}}{\omega_m} \tag{9-6}$$

来表示。近似地取平均角速度为

$$\omega_m = \frac{1}{2}(\omega_{max} + \omega_{min}) \tag{9-7}$$

由式(9-6)和式(9-7)解得

$$\omega_{max} = \omega_m\left(1 + \frac{\delta}{2}\right) \tag{9-8}$$

$$\omega_{min} = \omega_m\left(1 - \frac{\delta}{2}\right) \tag{9-9}$$

由以上两式可得

$$\omega_{max}^2 - \omega_{min}^2 = 2\delta\omega_m^2 \tag{9-10}$$

由式(9-6)可知，当 ω_m 一定时，δ 愈小，则 ω_{max} 与 ω_{min} 之差亦愈小，即机构运转愈平稳。各种机械的工作性质不同，因而对其速度波动的限制也不一样。例如发电机的速度波动会直接导致输出电压和电流的变化，若变化太大，会使灯光忽明忽暗，闪烁不定；金属切削机床的速度波动也会影响被加工工件的表面质量，对于这种机械，其运转不均匀系数应当取得小一些；相反，如破碎机和冲床等机械的速度波动对其正常工作影响较小，其运转不均匀系数可取得大一些。

表 9-1 列出了常用机械的许用运转不均匀系数。

表 9-1 许用运转不均匀系数

机械名称	[δ]	机械名称	[δ]
破碎机	1/20～1/5	造纸机、织布机	1/50～1/40
冲、剪、锻床	1/20～1/7	内燃机、压缩机	1/150～1/80
泵	1/30～1/5	直流发电机	1/200～1/100
轧钢机	1/25～1/10	交流发电机	1/300～1/200
农业机械	1/50～1/5	航空发动机	<1/200
金属切削机床	1/40～1/20	汽轮发电机	<1/200

9.2.3 飞轮调节周期性速度波动的原理

图 9-6(a)所示为某机械系统处于稳定运转过程中的驱动力矩 M_d(如图中实线所示)和阻力矩 M_r(如图中虚线所示)变化图。图中标有正号的阴影部分表示 $M_d > M_r$(做盈功),标有负号的阴影部分表示 $M_d < M_r$(做亏功)。在某个运动循环的某一区间$[\varphi_0, \varphi]$内,驱动力矩所做的功为

$$W_d = \int_{\varphi_0}^{\varphi} M_d \mathrm{d}\varphi$$

阻力矩所做的功为

$$W_r = \int_{\varphi_0}^{\varphi} M_r \mathrm{d}\varphi$$

W_d 与 W_r 的差值盈亏功为

$$W = W_d - W_r = \int_{\varphi_0}^{\varphi} (M_d - M_r) \mathrm{d}\varphi \tag{9-11}$$

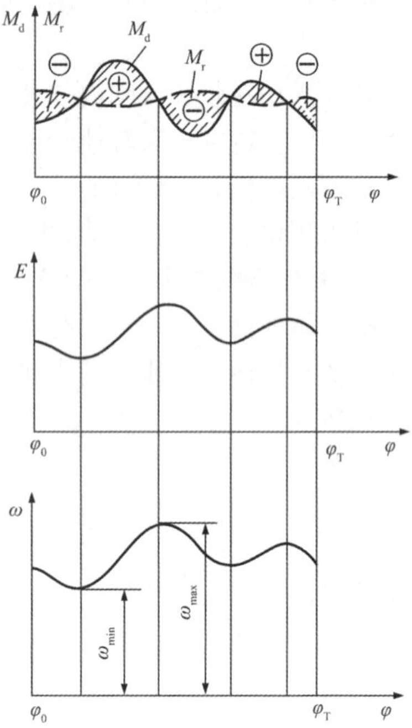

由式(9-11)可以看出,盈亏功就是在区间$[\varphi_0, \varphi]$内的驱动力矩曲线和阻力矩曲线间所夹的面积的代数和。若盈亏功$W \neq 0$,根据功能原理,盈亏功 W 等于动能的改变量 ΔE,如图 9-6(b)所示。

图 9-6 周期性速度波动分析

$$W = E_{\varphi} - E_{\varphi_0} = \Delta E = \frac{1}{2} J \omega^2 - \frac{1}{2} J_0 \omega_0^2$$

周期性运转有如下特点:角速度周期性变化,即 $\omega_{\varphi_T} = \omega_{\varphi_0}$,$E_{\varphi_T} = E_{\varphi_0}$,必然有 $W=0$,即驱动力做功等于等效阻力做功。但是,在一个周期内的任一时间间隔,驱动力做的功不等于阻力做的功,有时做盈功,有时做亏功,导致系统动能的波动。当 J 不发生变化或其变化可以忽略时,系统在一个周期内具有最大的角速度 ω_{max}处,其动能为 E_{max};具有最小角速度 ω_{min}处,其动能为 E_{min},如图 9-6(b)、(c)所示。系统在这两个位置之间的动能之差为最大,即 $\Delta E_{max} = E_{max} - E_{min}$,其间的盈亏功必然为最大。即最大的盈亏功为

$$W_{max} = E_{max} - E_{min} = J(\omega_{max}{}^2 - \omega_{min}{}^2)/2$$

将式(9-10)代入上式可得

$$W_{max} = J \omega_m^2 \delta \tag{9-12}$$

因此,当系统的最大盈亏功 W_{max}及系统平均角速度 ω_m 一定时,欲减小系统的运转不均匀程度,则应当增加系统的转动惯量 J。一般的做法是,在系统中安装一个飞轮。

由此可知,安装飞轮的实质就是增加机械系统的转动惯量。飞轮在系统中的作用相当于一个容量很大的储能器。当系统出现盈功时,它将多余的能量以动能的形式储存起来并使系统转速升高的幅度减小;反之,当系统出现亏功时,储存的动能释放出来以弥补能量的不足,并使系统运转速度下降的幅度减小。飞轮就是这样通过减小系统运转速度波动的程度,获得了调速的效果。不过,应当强调的是,安装飞轮不能使机械运转速度绝对不变,也不能解决非周期性速度波动的问题。因为若在一段时间内,驱动力所做的功一直小于阻力所做的功,则飞轮的能量将没有补充的来源,也就起不了调节速度的作用。

9.2.4 飞轮转动惯量的计算

所谓飞轮设计，主要是根据给定的机械系统的等效力矩及平均角速度 ω_m 和允许的不均匀系数 δ 来确定飞轮的转动惯量。

式(9-12)中的转动惯量 J 为机械中各构件的等效转动惯量和飞轮等效转动惯量之和。当系统中安装飞轮以后，由于机械系统各构件的等效转动惯量中的变量部分相对于飞轮等效转动惯量来说是很小的，因而可略去不计，而仅计算等效转动惯量中的常量部分。设原系统各构件的等效转动惯量的常量部分为 J_c，而飞轮的等效转动惯量为 J_f，则作上述近似处理以后，应有 $J=J_c+J_f$。

因此，若将式(9-12)中的 δ 取许用值$[\delta]$，则可得飞轮的等效转动惯量为

$$J_f \geqslant \frac{W_{max}}{\omega_m^2[\delta]}-J_c \tag{9-13}$$

当原系统中的等效转动惯量中的常量部分 J_c 与飞轮的等效转动惯量 J_f 相比小得多时，则 J_c 也可略去不计。若将 ω_m 用平均转速 n_m 来表示，则

$$J_f \geqslant \frac{900W_{max}}{\pi^2 n_m^2[\delta]} \tag{9-14}$$

由式(9-13)或式(9-14)求得的转动惯量 J_f 为飞轮的等效转动惯量。当飞轮安装在等效构件的轴上时，则求得的 J_f 就是飞轮的实际转动惯量。若飞轮装在其他轴上，则按此两式求得 J_f 以后，还需将其换算到安装飞轮的轴上，求出飞轮的实际转动惯量。

当 W_{max} 和 ω_m 一定时，由式(9-13)或式(9-14)可知，所选的$[\delta]$值越小，需要安装的飞轮转动惯量越大，使机械过于笨重，因此$[\delta]$应按实际要求选取，不可过小。

当 W_{max} 和$[\delta]$一定时，若角速度较高，则求得的 J_f 较小。因此，为了减少飞轮的转动惯量，应尽可能将飞轮安装在高速轴上。

计算飞轮转动惯量的关键是求最大盈亏功 W_{max}。

例 9-1 图9-7所示为蒸汽机驱动发电机的等效力矩图，其中发电机的等效阻力矩为常数，其值等于等效力矩的平均力矩 8 750 N·m。各块面积表示的做功数值如表 9-2 所示(表中功的单位为焦耳，用 J 表示)。设等效构件的平均转速为 3 000 r/min，运转不均匀系数$[\delta]=1/1\ 000$。试计算飞轮的转动惯量 J_f。

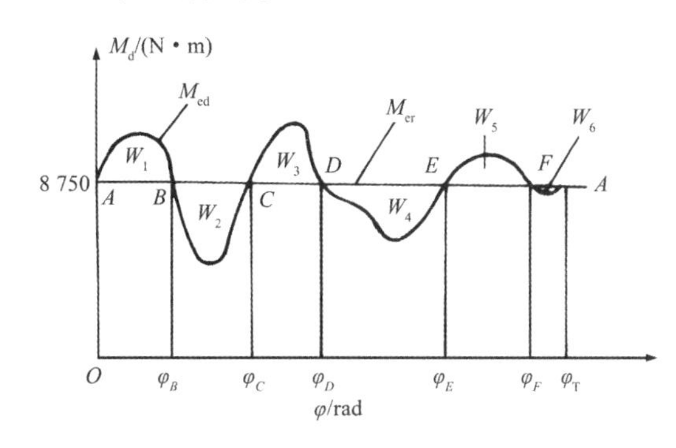

图 9-7 蒸汽发电机等效力矩

表 9-2 做功数值表

面积	W_1	W_2	W_3	W_4	W_5	W_6
功/J	1 500	2 000	1 500	1 900	950	50

解 如图 9－7，在位置 A 时，盈亏为零；位置 B 时，有盈功 $\Delta W=W=1\ 500$ J；到位置 C 时，有亏功 $\Delta W=W_1-W_2=-500$ J；到位置 D 时，有盈功 $\Delta W=W_1-W_2+W_3=1\ 000$ J；到位置 E 时，有亏功 $\Delta W=W_1-W_2+W_3-W_4=-900$ J；到位置 F 时，有盈功 $\Delta W=W_1-W_2+W_3-W_4+W_5=50$ J；一个周期的末位置 A 处的盈亏功 $\Delta W=0$。在以上计算结果中，正值为盈功；负值为亏功，见表 9－3。

表 9－3 位置点盈亏功表

位置	A	B	C	D	E	F	A
ΔW/J	0	1 500	－500	＋1 000	－900	50	0

对应的能量指示图，如图 9－8。

如前所述，最大盈亏功就等于 ω_{max} 和 ω_{min} 之间的等效驱动力矩和等效阻力矩曲线所夹的各块面积的代数和。从表中数值可以看出，在位置 B 时，系统的等效构件运动的角速度为最大；而在位置 E 时，其角速度为最小。故在区间 B 与 E 之间（同样可以说在 E 与 B 之间）有最大盈亏功（取绝对值），即

$$\begin{aligned}W_{max}&=|-W_2+W_3-W_4|\\&=|-2\ 000+1\ 500-1\ 900|\\&=2\ 400\ \text{J}\end{aligned}$$

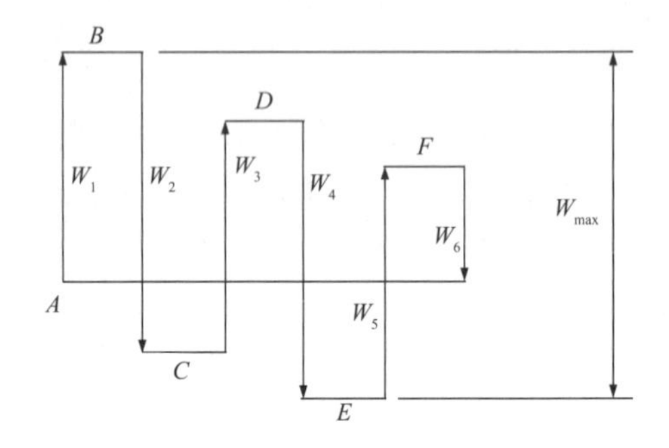

图 9－8 能量指示图

故

$$\begin{aligned}J_f&=\frac{900W_{max}}{\pi^2 n_m^2[\delta]}\\&=\frac{900\times 2\ 400}{(3.14)^2\times(3\ 000)^2/1\ 000}\\&=24.3\ \text{kg}\cdot\text{m}^2\end{aligned}$$

一般飞轮计算不需要很精确，工程中应用上述简化计算已能满足要求。

本章知识图谱

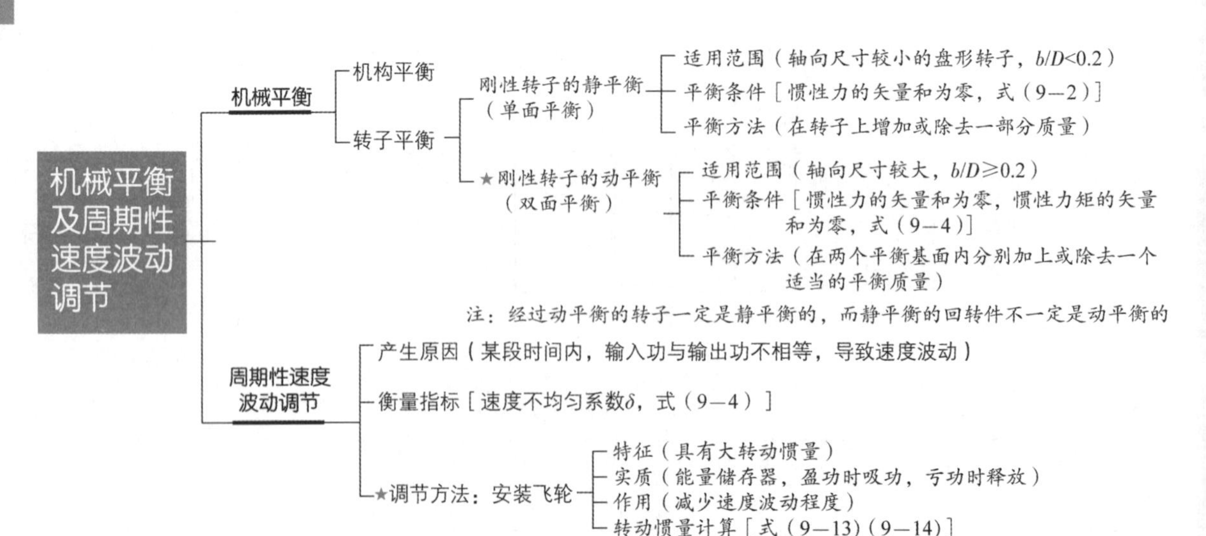

习 题

9-1 何谓转子静平衡、动平衡？经过动平衡计算的转子还要进行静平衡计算吗？

9-2 机械速度的波动有哪两种形式，应如何调节？

9-3 飞轮为什么可以调速？

9-4 图示一钢制圆盘，厚 b=50 mm。位置Ⅰ处有一质量 m_1=0.5 kg 的重块，位置Ⅱ处有一质量 m_2=1 kg的重块，为了使圆盘平衡，须在r=200 mm处制一通孔，试求此孔的直径与位置。

9-5 图示盘形圆盘上有三个偏心质量 m_1=10 kg，m_2=14 kg，m_3=16 kg，r_1=50 mm，r_2=100 mm，r_3=75 mm。试求平衡质量的大小和方位。

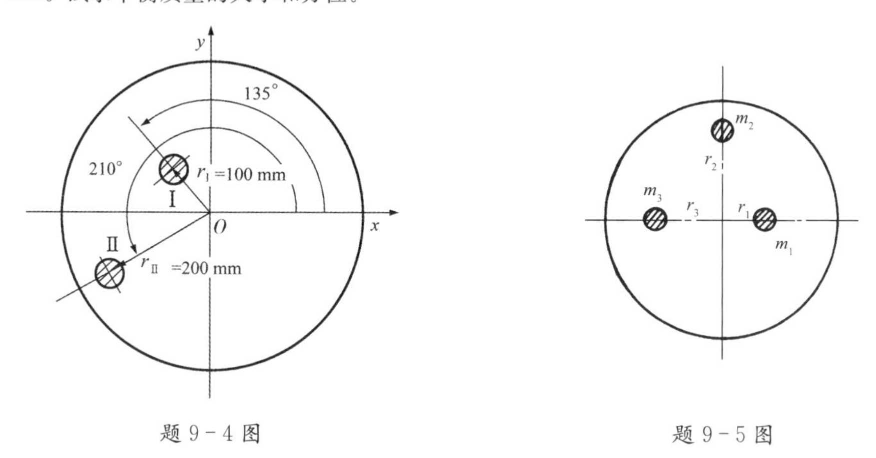

题 9-4 图　　题 9-5 图

9-6 在图示转子中，已知各偏心质量 m_1=10 kg，m_2=15 kg，m_3=20 kg，m_4=10 kg，各自的回转半径 r_1=40 cm，r_2=r_4=30 cm，r_3=20 cm，方位如图所示。Ⅰ和Ⅱ为平衡基面，平衡质量 m_{p1} 和 m_{p2} 的回转半径均为 50 cm，试算 m_{p1} 和 m_{p2} 的大小和方位。（l_{12}=l_{23}=l_{34}）

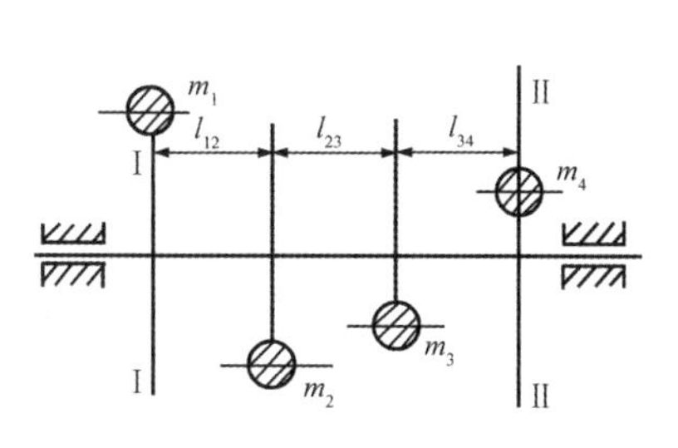

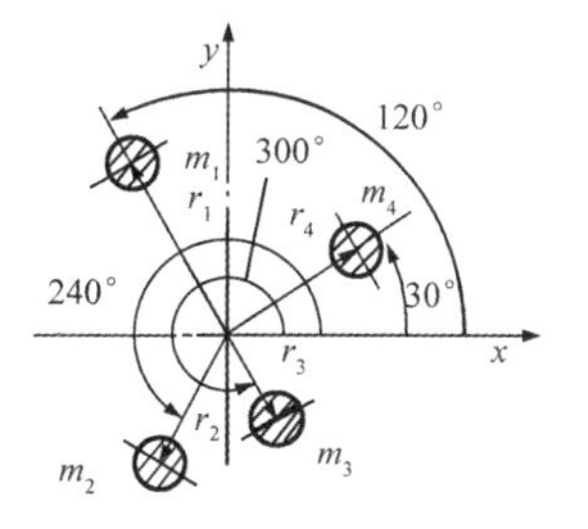

题 9-6 图

9-7 某内燃机的曲柄输出力矩 $M_{\rm d}$ 如图所示，其运动周期 $T=\pi$，曲柄平均转速$n_{\rm m}$=620 r/min。设当该内燃机驱动某阻抗力为常数的机械时，要求其运转不均匀系数δ=0.01，求装在曲轴上飞轮的转动惯量。

9-8 设一发动机的输出力矩 $M_{\rm d}$ 如图所示，且阻力矩 $M_{\rm r}$ 为常数，$n_{\rm m}$=1 000 r/min，δ=0.02，问：

（1）阻力矩 $M_{\rm r}$ 为多少？

（2）曲柄角速度在何处最大，何处最小？

（3）飞轮的转动惯量 J 是多少？

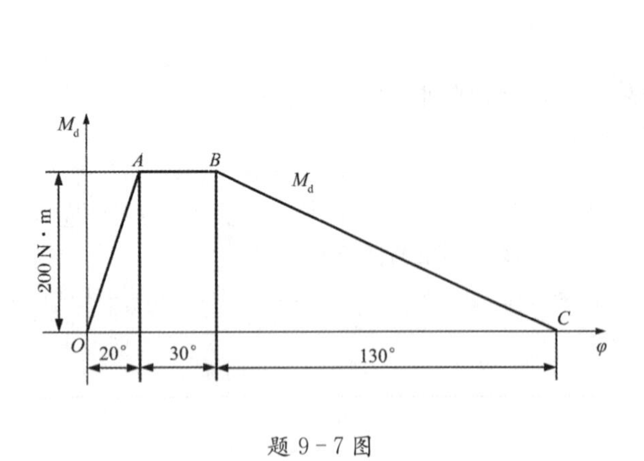
M_d
A
B
M_d
200 N·m
O
C
φ
20°
30°
130°

题 9－7 图

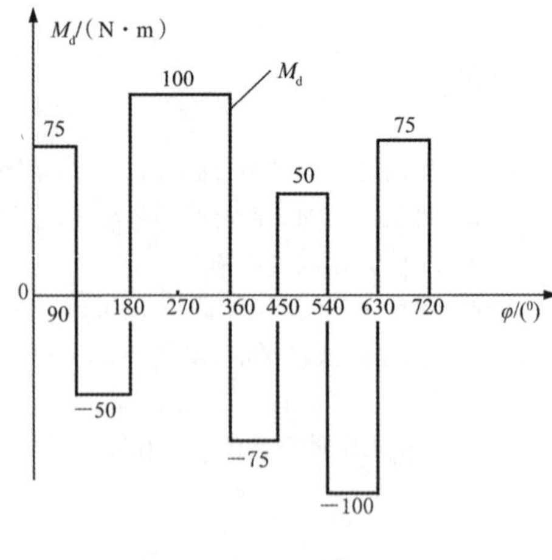
M_d/(N·m)
100
M_d
75
50
75
0
90
180
270
360
450
540
630
720
φ/(°)
−50
−75
−100

题 9－8 图

第四篇

机械连接、轴系及其他零件设计

第10章　机械连接的设计

本章概要：在机械系统中，连接是指被连接件与连接件的组合。就零件而言，被连接件有轴与轴上零件（如齿轮、飞轮），轮圈与轮心，箱体与箱盖，焊接零件中的钢板，型钢，等等。连接件是将多个被连接件连接起来的零件，又称紧固件，如螺栓、螺母、销、铆钉等。有些连接并没有专门的紧固件，如靠被连接件本身变形而组成的过盈连接、利用分子结合力而组成的焊接和黏接等。机械连接分为可拆卸的连接和不可拆卸的连接。允许多次装拆而不损坏组成零件使用性能的连接称为可拆卸连接，如螺纹连接、键连接和销连接。不损坏组成零件就不能拆开的连接，称为不可拆卸的连接，如焊接、黏接和铆接。本章主要介绍可拆卸的机械连接相关设计。

10.1　螺纹连接

10.1.1　螺纹的类型与参数

将一个直角三角形的底边与某圆柱体的底面圆周复合，三角形绕在圆柱体表面上，则其斜边在圆柱体上形成一条螺旋线，如图10-1(a)所示。取一个平面图形，如图10-1(b)所示，使其沿螺旋线运动，运动时保持此图形平面通过圆柱体的轴线，所得到的螺旋体即为螺纹。按照平面图形形状的不同，螺纹分为三角形螺纹、梯形螺纹、矩形螺纹和锯齿形螺纹等。按照螺旋线旋向的不同，螺纹分为左旋螺纹和右旋螺纹。机械装置中一般采用右旋螺纹，有特殊要求时才采用左旋螺纹。按照螺旋线的数目的不同，螺纹还分为单线螺纹和等距排列的多线螺纹。为了制造方便，螺纹的线数一般不超过4。

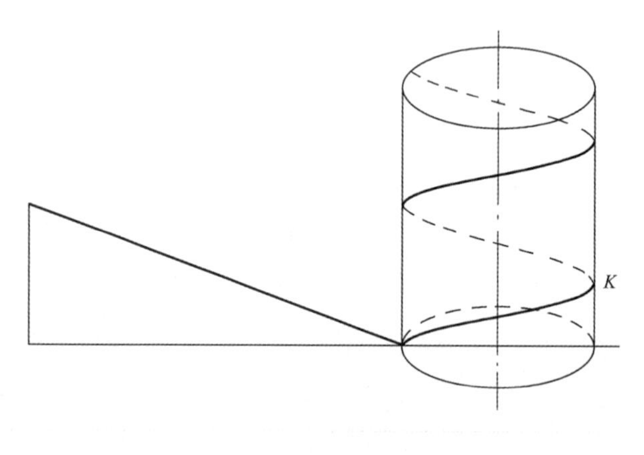

(a)形成螺纹的螺旋线

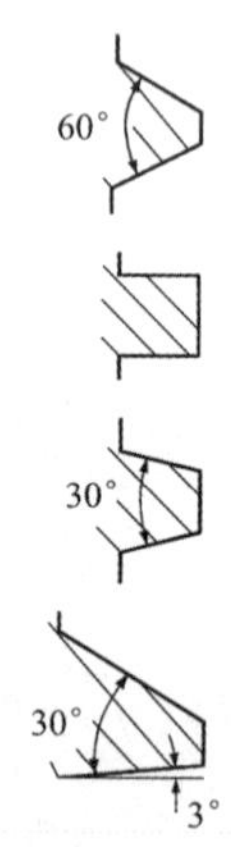

(b)螺纹牙的平面图形

图10-1　螺纹的形成

按螺纹分布表面的不同，分布在圆柱体内表面的称为内螺纹，在圆柱体外表面的称为外螺纹。按工作性质的不同，用于连接的螺纹称为连接螺纹，用于传动的螺纹称为传动螺纹，相应的传动称为螺旋传动。由于螺旋传动也是利用螺纹零件工作的，其受力情况和几何参数与螺纹连接相似，所以也列入本章论述。

按照母体形状的不同，螺纹还可分为圆柱螺纹和圆锥螺纹。现以圆柱螺纹为例，说明螺纹的主要几何参数(图 10-2)。

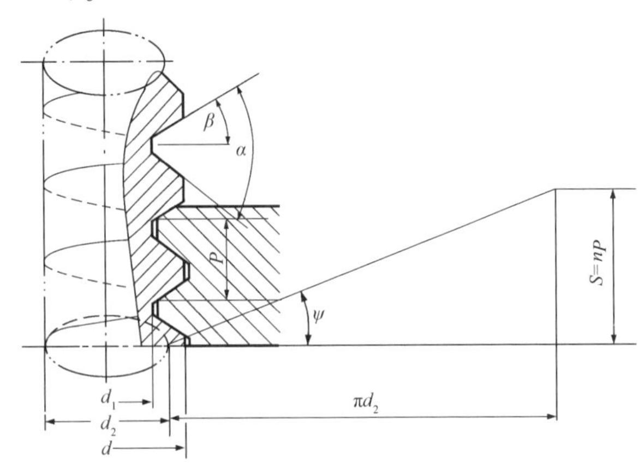

图 10-2　螺纹参数

(1)大径 d。与外螺纹牙顶(或内螺纹牙底)相重合的假想圆柱体的直径。

(2)小径 d_1。与外螺纹牙底(或内螺纹牙顶)相重合的假想圆柱体的直径。

(3)中径 d_2。螺纹牙厚与牙间宽相等处的假想圆柱体的直径。

(4)螺距 P。螺纹相邻两牙型上对应两点间的轴向距离。

(5)导程 S。螺纹上任一点沿同一条螺旋线转一周所移动的轴向距离。设螺旋线数为 n，则 $S=nP$。

(6)螺纹升角 ψ。中径圆柱上，螺旋线的切线与垂直于螺纹轴线的平面的夹角(图 10-2)。

$$\tan\psi=\frac{nP}{\pi d_2} \tag{10-1}$$

(7)牙型角 α。轴向剖面内，螺纹牙型相邻两侧边间的夹角称为牙型角。牙型侧边与螺纹轴线的垂线间的夹角称为牙侧角 β。

(8)线数 n。螺纹螺旋线数目。为便于制造，一般 $n\leqslant 4$。

(9)接触高度 h。内、外螺纹旋合后接触面的径向高度。

表 10-1 列出了常用螺纹的类型、牙型、特点和应用。表 10-2 列出了 GB/T 197—2018 推荐的一般用途普通螺纹中等精度且公差带为 6g 的外螺纹的部分基本参数。

表 10-1　常用螺纹(GB/T 192—2003)

类别		牙型图	特点和应用
连接用螺纹	普通螺纹	α, h, d, d_2, d_1, P, β	牙型角 $\alpha=60°$，牙根较厚，牙根强度较高。当量摩擦因数较大，主要用于连接。同一公称直径按螺距 P 的大小分粗牙和细牙。一般情况下用粗牙，薄壁零件或受动载荷的连接常用细牙
	圆柱管螺纹	P, d, d_2, d_1, α	牙型角 $\alpha=55°$，牙顶呈圆弧形。旋合螺纹间无径向间隙，紧密性好。公称直径近似为管子孔径，以英寸为单位。多用于压力在 1.57 MPa 以下的管子连接

续表

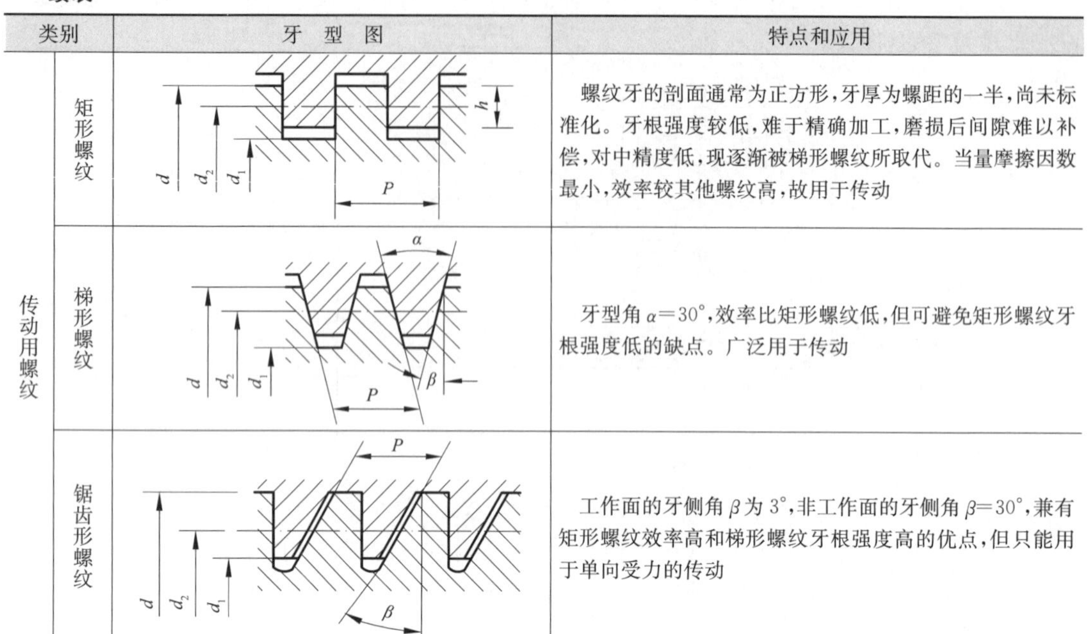

类别		牙型图	特点和应用
传动用螺纹	矩形螺纹		螺纹牙的剖面通常为正方形，牙厚为螺距的一半，尚未标准化。牙根强度较低，难于精确加工，磨损后间隙难以补偿，对中精度低，现逐渐被梯形螺纹所取代。当量摩擦因数最小，效率较其他螺纹高，故用于传动
	梯形螺纹		牙型角 $\alpha=30°$，效率比矩形螺纹低，但可避免矩形螺纹牙根强度低的缺点。广泛用于传动
	锯齿形螺纹		工作面的牙侧角 β 为 3°，非工作面的牙侧角 $\beta=30°$，兼有矩形螺纹效率高和梯形螺纹牙根强度高的优点，但只能用于单向受力的传动

表 10－2　普通粗牙螺纹部分参数(摘自 GB/T 15756—2008)　　mm

公称直径 d	螺距 P	大径 d	中径 d_2	小径(参考)$d_1$max
6	1	6	5.350	4.747
8	1.25	8	7.188	6.438
10	1.5	10	9.026	8.128
12	1.75	12	10.863	9.819
16	2	16	14.701	13.508
20	2.5	20	18.376	16.891
24	3	24	22.051	20.271
30	3.5	30	27.727	25.653
36	4	36	33.402	31.033

10.1.2　螺旋副的力分析与自锁

10.1.2.1　矩形螺纹

外螺纹与内螺纹旋合而组成螺旋副。螺旋副在力矩和轴向载荷作用下的相对运动，可看成作用在中径上的水平力推动滑块(重物)沿螺纹运动，如图 10－3(a)所示。将矩形螺纹沿中径 d_2 展开可得一斜面，见图 10－3(b)，图中 ψ 为螺纹升角，F_a 为轴向载荷，F 为作用于中径处的水平力，F_n 为法向反力，fF_n 为摩擦力，f 为摩擦因数，ρ 为摩擦角。

当匀速往上拧紧螺母时，相当于水平推动滑块沿斜面等速上升，F_a 为阻力，F 为驱动力。由于摩擦力与运动方向相反，故总反力 F_R 与 F_a 的夹角为 $\psi+\rho$。由力的平衡条件可知，F_R，F 和 F_a 三力组成力多边形，见图 10－3(b)，由图可得

$$F=F_a\tan(\psi+\rho) \tag{10-2}$$

作用在螺旋副上的相应驱动力矩为

$$T=F\cdot\frac{d_2}{2}=F_a\cdot\frac{d_2}{2}\tan(\psi+\rho) \tag{10-3}$$

当匀速旋松螺母时，相当于滑块沿斜面等速下滑，轴向载荷 F_a 变为驱动力，而 F'变为维

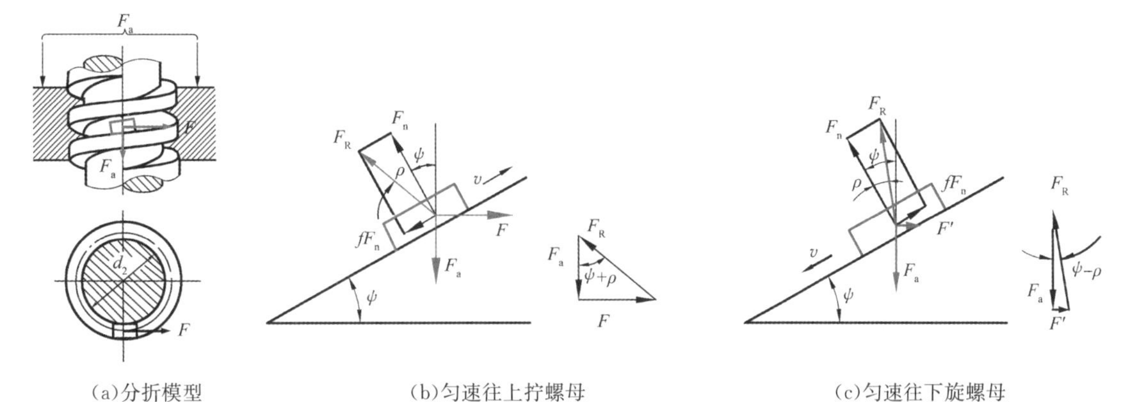

(a)分析模型　　(b)匀速往上拧螺母　　(c)匀速往下旋螺母

图 10－3　矩形螺旋副受力分析

持滑块等速运动所需的平衡力，见图 10－3(c)。由力多边形可得

$$F'=F_a\tan(\psi-\rho) \tag{10-4}$$

作用在螺旋副上的相应力矩

$$T=F'\frac{d_2}{2}=F_a\frac{d_2}{2}\tan(\psi-\rho) \tag{10-5}$$

式(10－4)求出的 F' 值可为正，也可为负。当斜面倾角 ψ 大于摩擦角 ρ 时，滑块在 F_a 作用下有向下加速的趋势。这时由式(10－4)求出的平衡力 F' 为正，方向如图 10－3(c)所示。它阻止滑块加速以便保持等速下滑，故 F' 是阻力。当斜面倾角 ψ 小于摩擦角 ρ 时，平衡力 F' 为负值，这表明要使滑块沿斜面等速下滑，必须加一反向的水平力 F'，若不加水平力 F'，则不论多大的载荷 F_a，滑块也不会在其作用下自行下滑，即不论有多大的轴向载荷，螺母都不会在其作用下自行松脱，这就是螺纹的自锁现象。螺旋副的自锁条件为

$$\psi\leqslant\rho$$

10.1.2.2　非矩形螺纹

非矩形螺纹是指牙侧角 $\beta\neq0°$ 的三角形螺纹、梯形螺纹和锯齿形螺纹。

对比图 10－4(a)和图 10－4(b)可知，若略去螺纹升角的影响，在轴向载荷 F_a 的作用下，非矩形螺纹的法向力比矩形螺纹的大。若把法向力的增加看作摩擦因数的增加，则非矩形螺纹的摩擦阻力可写为

$$\frac{F_a}{\cos\beta}f=\frac{f}{\cos\beta}F_a=f_vF_a$$

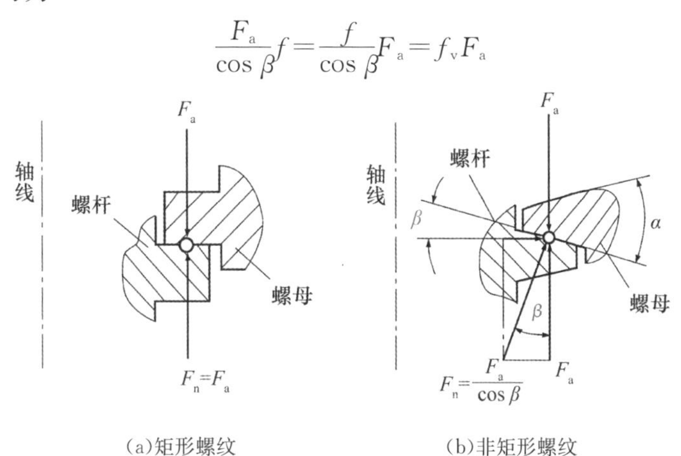

(a)矩形螺纹　　(b)非矩形螺纹

图 10－4　矩形螺纹与非矩形螺纹的法向力

式中：f_v——当量摩擦因数，即 $f_v=\dfrac{f}{\cos\beta}=\tan\rho_v$，其中 ρ_v 为螺旋副当量摩擦角，β 为牙侧角。

因此，将图 10－3 的 f 改为 f_v，ρ 改为 ρ_v，就可像对矩形螺纹那样对非矩形螺纹进行力的分析。

拧紧螺母时，即滑决沿非矩形螺纹等速上升时，可得水平推力

$$F=F_a\tan(\psi+\rho_v) \tag{10-6}$$

相应的拧紧力矩

$$T=F\cdot\frac{d_2}{2}=F_a\cdot\frac{d_2}{2}\tan(\psi+\rho_v) \tag{10-7}$$

旋松螺母时，即滑块沿非矩形螺纹等速下滑时可得

$$F'=F_a\tan(\psi-\rho_v) \tag{10-8}$$

相应的旋松力矩为

$$T=F'\cdot\frac{d_2}{2}=F_a\frac{d_2}{2}\tan(\psi-\rho_v) \tag{10-9}$$

与矩形螺纹分析相同，若螺纹升角小于当量摩擦角，则螺纹具有自锁特性，如不施加驱动力矩，无论轴向驱动力 F_a 多大，都不能使螺旋副相对运动。非矩形螺纹的自锁条件为

$$\psi\leqslant\rho_v$$

对于连接用的螺纹，为了防止螺母在轴向力作用下自动松脱，必须满足自锁条件。

10.1.3 螺纹连接的基本类型及螺纹紧固件

10.1.3.1 螺纹连接的基本类型

螺纹连接有以下四种基本类型。

(1)螺栓连接。螺栓连接的结构特点是被连接件的孔中不加工螺纹(图 10－5)，装拆方便。

螺栓连接有两种类型：普通螺栓连接和铰制孔用螺栓连接。普通螺栓连接，见图 10－5(a)，螺栓与孔之间有间隙。这种连接的优点是加工简便，成本低，故应用最广。铰制孔用螺栓连接，见图 10－5(b)，其螺杆外径与螺栓孔(由高精度铰刀加工而成)的内径具有同一基本尺寸，它适用于承受垂直于螺栓轴线的横向载荷。

(2)螺钉连接。螺钉直接旋入被连接件的螺纹孔中，省去了螺母，见图 10－6(a)，因此结构上比较简单，多用于被连接件之一较厚，不便加工通孔的场合。但这种连接不宜经常装拆，以免被连接件的螺纹孔因磨损而修复困难。

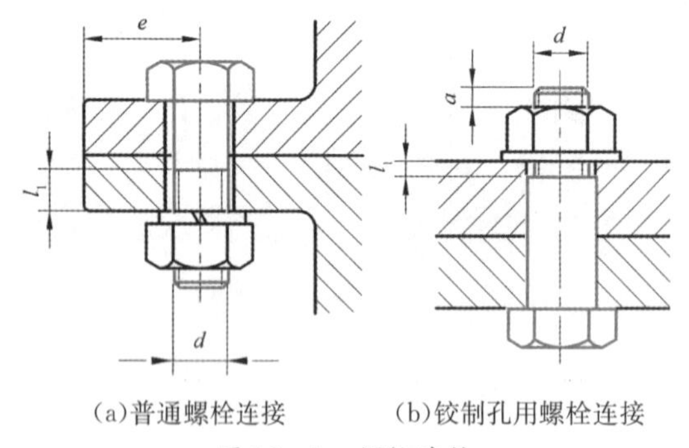

(a)普通螺栓连接　(b)铰制孔用螺栓连接

图 10－5　螺栓连接

注：螺栓余留长度 l_1；

静载荷：$l_1\geqslant(0.3\sim0.5)d$；

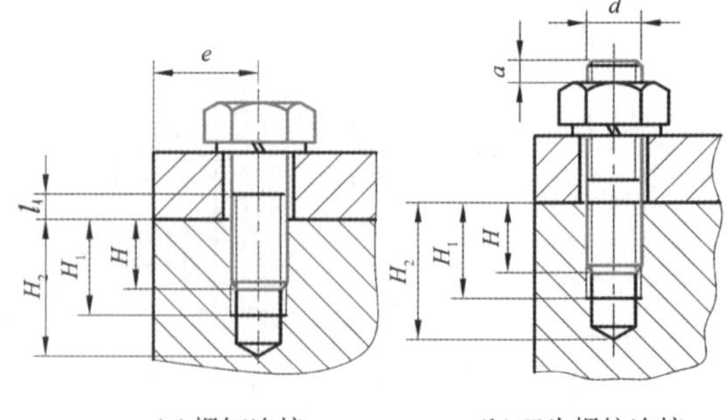

(a)螺钉连接　(b)双头螺柱连接

图 10－6　螺钉与双头螺柱连接

注：座端拧入深度 H，当螺孔材料为

钢或青铜：$H\approx d$；

变载荷：$l_1 \geqslant 0.75d$；

冲击载荷或弯曲载荷：$l_1 \geqslant d$；

铰制孔用螺栓 $l_1 \approx 0$；

螺纹伸出长度 $a=(0.2 \sim 0.3)d$；

螺栓轴线到边缘的距离 $e=d+(3 \sim 6)\text{mm}$

铸铁：$H=(1.25 \sim 1.5)d$；

铝合金：$H=(1.5 \sim 2.5)d$。

螺纹孔深度：$H_1=H+(2 \sim 2.5)P$；

钻孔深度：$H_2=H_1+(0.5 \sim 1)d$

l_1，a，e 值同图 10－5

(3)双头螺柱连接。双头螺柱多用于较厚的被连接件或为了结构紧凑而采用盲孔的连接，见图 10－6(b)。装配时将双头螺柱的一端拧入被连接件的螺纹孔中，另一端穿过另一被连接件的通孔，再拧上螺母。双头螺柱连接允许多次装拆而不损坏被连接零件。

(4)紧定螺钉连接。紧定螺钉连接(图 10－7)常用来固定两零件的相对位置，并可传送不大的力或转矩。螺钉的末端顶住被连接件之一的表面或者顶入该零件的凹坑中将零件固定。

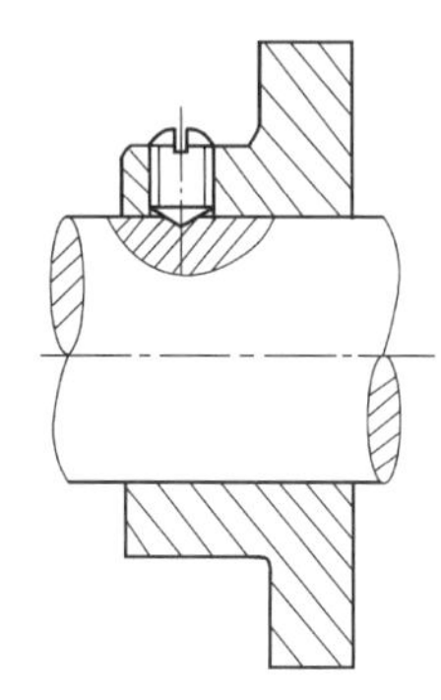

图 10－7　紧定螺钉连接

除上述基本的螺纹连接类型外，还有一些特殊结构的连接，如地脚螺栓连接、膨胀螺栓连接、吊环螺钉连接和 T 型槽螺栓连接等。

10.1.3.2　螺纹紧固件

螺纹紧固件的品种很多，大都已标准化。图 10－8 所示为最常用的几种。

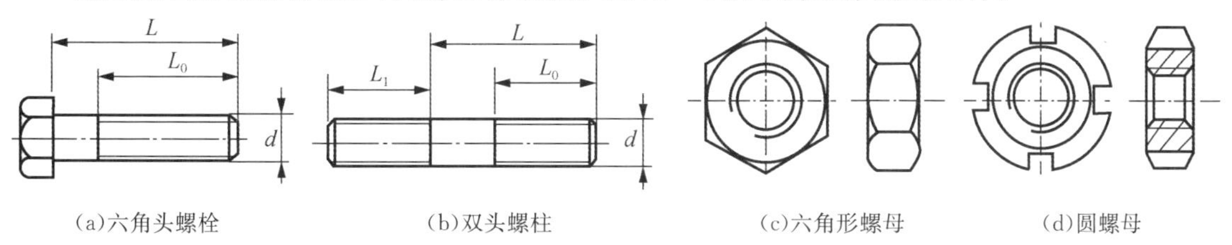

(a)六角头螺栓　(b)双头螺柱　(c)六角形螺母　(d)圆螺母

图 10－8　常用紧固件

(1)螺栓。螺栓的头部形状有六角头、小六角头、方头、小方头、沉头、半圆头、大半圆头等多种形式。螺栓也可应用于螺钉连接中。

(2)双头螺柱。双头螺柱旋入被连接件螺纹孔的一端称为座端，另一端为螺母端，其公称长度为 L。螺栓可带退刀槽或制成腰杆，也可制成全螺纹的螺栓。

(3)螺钉、紧定螺钉、自攻螺钉。螺钉、紧定螺钉的头部有内六角头、十字槽头等多种形式(参看螺钉国家标准或有关手册)，以适应不同的拧紧程度和机械结构上的需求。紧定螺钉末端有平端、锥端、圆尖端等各种形状。自攻螺钉在安装时可直接对被连接件攻出内螺纹，多用于金属薄板轻合金或者塑料零件。

(4)螺母。螺母按形状分为六角形、圆形等，最常用的为六角形；按厚度又可分为厚型和薄型。薄螺母用于尺寸受到限制的地方，厚螺母用于经常装拆易于磨损之处。圆螺母常与止动垫圈配合使用,用于轴上零件的轴向固定。

(5)垫圈。垫圈常放在螺母与被连接件之间,其作用是增加被连接件的支承面积以减小接触处的压强(尤其当被连接件材料强度较差时)和避免拧紧螺母时擦伤被连接件的表面,以及防松。

普通用的螺纹紧固件按制造精度分为粗制、精制两类。粗制的螺纹紧固件多用于建筑、木结构及其他次要的场合,精制的广泛应用于机器设备中。上述各螺纹连接件均为标准件,在使用时可按相关标准选用。

10.1.4 螺纹连接的预紧及防松

在一般的螺纹连接中,螺纹装配时都应拧紧,这时螺纹连接受到预紧力的作用。预紧的目的是增强连接的可靠性和紧密性,以防止受载后被连接件出现缝隙或发生相对滑移。对于重要的螺纹连接,为了保证连接所需要的预紧力,又不使螺纹连接件过载,装配时应控制预紧力的大小。

10.1.4.1 拧紧力矩

螺纹连接的拧紧力矩 T(图 10-9)等于克服螺旋副相对转动的阻力矩 T_1 和螺母环形端面与被连接件支承面的摩擦阻力矩 T_2 之和,即

$$T=T_1+T_2=\frac{F_a d_2}{2}\tan(\psi+\rho_v)+f_c F_a r_f \quad (10-10)$$

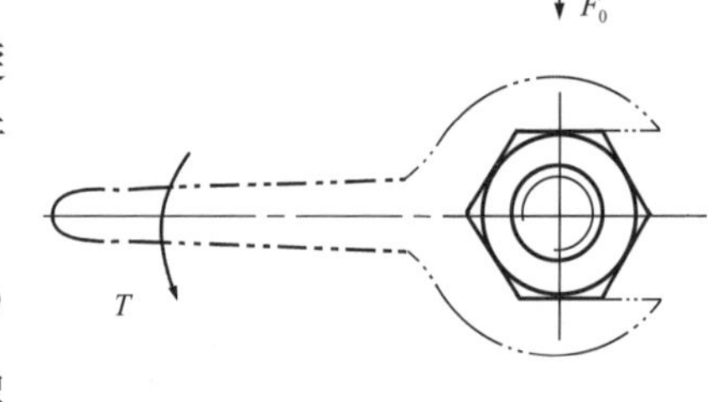

图 10-9 拧紧力矩

式中:F_a——轴向力,对于不承受轴向工作载荷的螺纹,F_a 即预紧力 F_0;

d_2——螺纹中径;

f_c——螺母与被连接件支承面之间的摩擦因数,无润滑时可取 $f_c=0.15$;

r_f——支承面摩擦圆半径,对于 M10~M68 的粗牙螺纹,若取 $f_v=\tan\rho_v=0.15$ 及 $f_c=0.15$,则由式(10-10)计算的预紧力矩可简化为

$$T\approx 0.2F_0 d \quad (10-11)$$

式中:d——螺纹公称直径,mm;

F_0——预紧力,N。

为了充分发挥螺栓的工作能力和保证预紧可靠,螺栓的预紧应力一般可达材料屈服极限的 50%~70%。通常规定,螺纹连接件的预紧应力不得超过其材料屈服极限的 80%。

小直径的螺栓装配时应施加小的拧紧力矩,否则就容易将螺栓杆拉断。对重要的有强度要求的螺栓连接,如无控制拧紧力矩的措施,不宜采用小于 M12 的螺栓。如必须使用,则需严格控制其拧紧力矩。

10.1.4.2 螺纹连接的防松

(1)螺纹连接防松的意义。在静载荷和工作温度变化不大的情况下,拧紧的螺纹连接件因满足自锁条件一般不会自动松脱。但是在冲击、振动和变载的作用下,预紧力可能在某一瞬间消失,连接仍有可能自行松脱而影响正常工作,甚至发生严重事故。当温度变化较大或在高温条件下工作时,连接件与被连接件的温度变形或材料的蠕变,也可能引起松脱。为保证安全可靠,设计螺纹连接时要采取必要的防松措施。螺纹连接防松的目的在于防止螺旋副的相对转动。

(2)防松的措施。具体的防松措施很多,按工作原理可将常用的防松措施分为三类:

①摩擦防松。这类防松措施是使拧紧的螺纹间不因外载荷变化而失去压力，始终有摩擦阻力防止连接松脱。这种方法不十分可靠，故多用于冲击和振动不剧烈的场合。常用的有以下几种：

a. 弹簧垫圈。如图 10－10(a)所示，弹簧垫圈材料为弹簧钢，螺母拧紧后，因垫圈的弹性反力，使螺母与螺栓之间产生一定的附加弹性压力，使摩擦力始终存在，能防止螺母松脱。

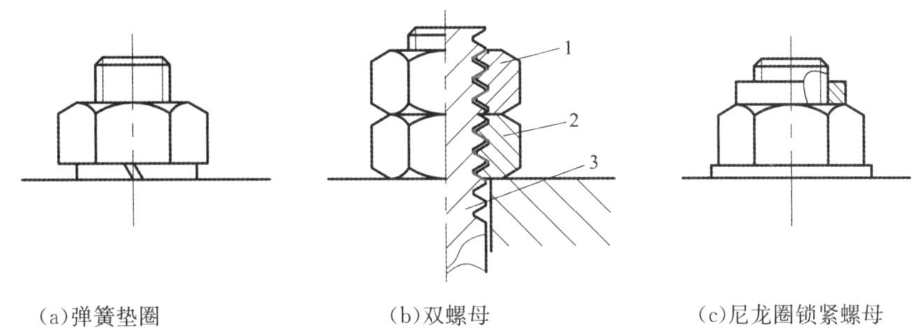

(a)弹簧垫圈　(b)双螺母　(c)尼龙圈锁紧螺母

图 10－10　摩擦防松措施

b. 双螺母。如图 10－10(b)所示，在主螺母 2 上拧紧副螺母 1，两螺母间产生对顶压力，使主副螺母的螺纹分别与螺栓 3 的螺纹互相压紧，防止连接松脱。其结构简单，用于低速重载。

c. 尼龙圈锁紧螺母。如图 10－10(c)所示，利用螺母末端嵌有的尼龙圈锁紧。当拧在螺栓上时，尼龙圈内孔被胀大，从横向压紧螺纹而箍紧螺栓，防松作用很好，目前得到广泛采用。

②机械防松。机械防松措施是利用各种止动零件，以阻止拧紧的螺纹零件相对转动。这类方法相当可靠，应用很广。下面介绍常用的三种：

a. 开口销与槽形螺母。如图 10－11(a)所示，开口销穿过螺母上的槽和螺栓末端上的孔后，尾端分开，使螺母与螺栓不能相对转动，从而达到防松的目的。这种防松措施常用于有振动的高速机械中。

b. 止动垫圈与圆螺母。如图 10－11(b)所示，将止动垫圈内翅嵌入外螺纹零件端部的轴向槽内，拧紧圆螺母后，将垫圈的一个外翅弯入螺母的一个槽内锁住螺母。常用于滚动轴承的轴向定位。

c. 串联钢丝。用低碳钢丝穿入各螺钉头部的孔内，将各螺钉串联起来，使其相互止动。使用时必须注意钢丝的穿入方向。适用于螺钉组连接，防松可靠，但装拆不便。

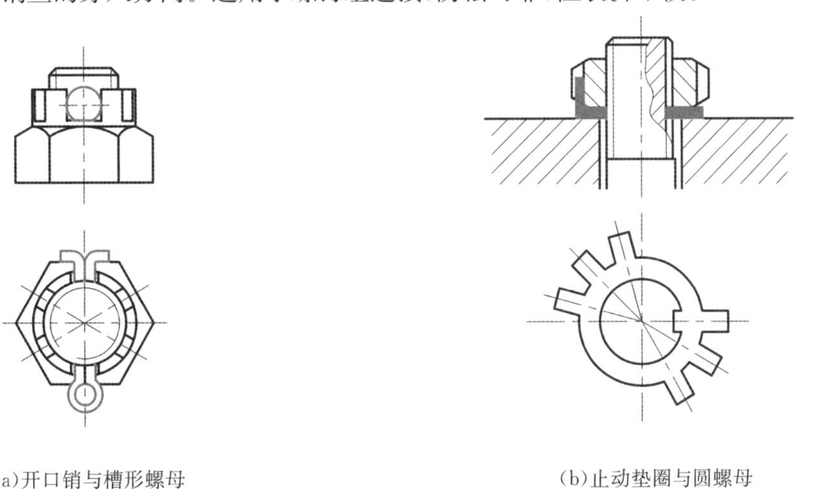

(a)开口销与槽形螺母　(b)止动垫圈与圆螺母

图 10－11　机械防松措施

③永久防松。永久防松是指利用不可拆卸连接的防松方式，主要有以下三种：

a. 焊接防松。将螺栓与螺母焊接起来，防止松动。

b. 铆冲防松。用冲头在螺栓杆末端与螺母的旋合缝处打冲，破坏其螺旋副以防止连接松动。

c. 黏合防松。在旋合的螺纹之间涂以黏合剂，待黏合剂干后使连接件和被连接件成为一体而不能相对转动，以达到防松的目的。其效果良好，但使螺纹连接成为不可拆卸的连接。

10.1.5 螺栓组的设计

工程中螺栓皆成组使用，极少单个使用。螺栓组设计的目标是合理确定连接面的几何形状、螺栓的数目及布置形式，力求各螺栓和接合面间受力均匀、合理、便于装配。它是单个螺栓计算的基础和前提条件。

螺栓组连接设计的顺序：布局设计（含数目确定）、受力分析、设计尺寸。

螺栓组连接的结构设计原则如下：

（1）螺栓要尽量对称分布，螺栓组中心与连接结合面几何中心重合（有利于分度、画线、钻孔），以使受力均匀（如图 10－12 所示）。

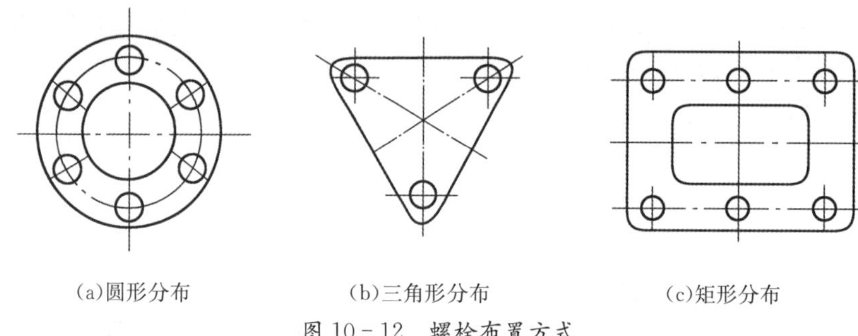

图 10－12　螺栓布置方式

（2）对于铰制孔螺栓连接的受剪螺栓，在平行于工作载荷方向上成排布置的螺栓数目不应超过 8 个，以免载荷分布不均。

（3）对于受弯矩或转矩的螺栓连接，应使螺栓尽量布置在靠近连接接合面的边缘上，以减少螺栓的受力。

（4）螺栓的布置应有合理的间距和边距，以保证连接的紧密性和装拆时扳手所需要的活动空间。

（5）螺栓的数目及布置应便于螺栓孔的加工。分布在同一圆周上的螺栓数目应取 4、6、8 等偶数，以便于在圆周上钻孔时的分度和画线。

（6）为了减小普通螺栓连接所受的横向载荷，可采用如图 10－13 所示的减载装置。

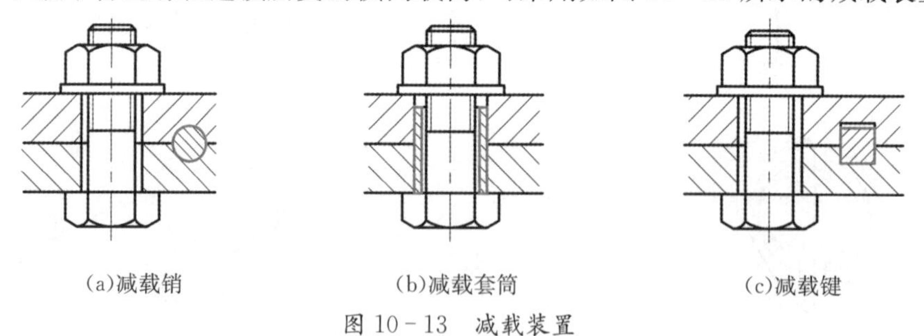

图 10－13　减载装置

10.1.6 螺栓组连接的载荷等效分解

螺栓组连接的载荷主要来自被连接件所受的外载荷和安装螺栓时的预紧力，而外载荷的作用位置一般不在螺栓处。为了对各螺栓处进行受力分析和强度计算，需要先将被连接件上的外载荷等效分解到螺栓组的各个螺栓处。

通常，等效分解的第一步是采用静力学方法将外载荷等效转移到接合面上螺栓组的对称中心 O 处，如图 10－14 所示。转移到此处的载荷有四种类型：轴向载荷 F_z（与螺栓轴线平行），横向载荷 F_x 和 F_y（与螺栓轴线垂直），转矩 T（矢量方向与螺栓轴线平行），倾覆力矩 M（矢量方向与螺栓轴线垂直）。

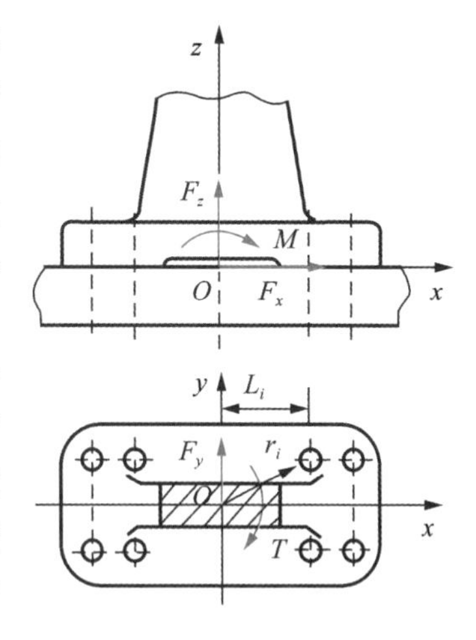

图 10－14　等效到接合面上对称中心的载荷类型

第二步，将螺栓组对称中心处的四种载荷分别分解到各个螺栓所在处。为了简化同一组螺栓各处的差异性而导致的计算复杂性，工程中通常假设：同一组螺栓的材料、直径、长度和预紧力均相同；螺栓处于弹性变形范围内；被连接件之间接合面的形心与螺栓组的对称中心重合；受载后接合面保持为平面。下面分别介绍这四种载荷的等效分解方法。

(1)轴向载荷 F_z。轴向载荷使被连接件产生轴向移动趋势，各螺栓处有同样微小的轴向位移，导致预紧螺栓及其周边被连接件的轴向弹性变形发生变化。轴向载荷分解时，各螺栓处同等分担，即平均分配到每个螺栓处，其大小为

$$F_{zi}=F_z/z \tag{10-12}$$

式中：F_{zi}——第 i 个螺栓处的等效轴向载荷，N；

z——同组螺栓的总个数。

(2)横向载荷 F_x 和 F_y。横向载荷使被连接件产生横向移动趋势，各螺栓处有同样微小的横向位移。对于普通螺栓连接，螺栓与被连接件存在间隙，依靠此处接合面的摩擦力来抵抗横向力，由于每个螺栓处的预紧力 F_0 相同，所以其抵抗横向力的能力大小一样，极限值为最大静摩擦力。对于铰制孔用螺栓连接，各螺栓直接接触被连接件，受到同等的剪切和挤压，由此产生相同的弹性变形来抵抗横向力。所以横向载荷分解时，各螺栓处平均分配，其大小计算与式(10－12)类似。

(3)转矩 T。转矩使被连接件产生绕 O 点的转动趋势，各螺栓处沿其运动趋势方向产生微小的横向位移而引发横向反作用力。转矩分解到各螺栓处成为一个沿转动切线方向的横向力，力乘以其力臂形成力矩，各螺栓处的力矩叠加即等于转矩 T。在转矩分解时，需要分析螺栓连接的类型及其产生反作用力的方式，以判断分解到各螺栓处的横向力是否应该相等。

对于普通螺栓连接，各螺栓处依靠接合面的摩擦力抵抗被连接件的转动，且各处抵抗能力极限值均为最大静摩擦力。于是转矩分解时应有

$$\sum_{i=1}^{z}(fF_0r_i)\geqslant K_sT \tag{10-13}$$

式中：f——接合面的摩擦因数；

F_0——预紧力，N；

r_i——第 i 个螺栓的轴线到转动中心的距离，mm；

K_s——接合面的防滑系数，一般 $K_s=1.1\sim1.3$。

据此，可计算普通螺栓连接抵抗该横向分解力所需的预紧力大小。

对于铰制孔用螺栓连接，各螺栓处依靠剪切和挤压的弹性恢复力抵抗被连接件的转动。转动引起的各螺栓弹性变形量大小与螺栓轴线离转动中心的距离成正比，距离越远，螺栓的变

形量及其产生的抵抗力越大。据此分解转矩 T，于是有

$$\sum_{i=1}^{z}(F_i r_i)=T \tag{10-14}$$

式中：F_i——第 i 个螺栓处的等效横向载荷，N。

离转动中心最远的螺栓处受最大横向力

$$F_{\max}=\frac{T r_{\max}}{\sum_{i=1}^{z} r_i^2} \tag{10-15}$$

（4）倾覆力矩 M。倾覆力矩使接合面（保持平面）绕 y 轴产生倾覆趋势，各螺栓处产生微小的轴向位移，使其轴向弹性变形发生变化而引发轴向反作用力。所以倾覆力矩等效到各个螺栓处成为一个轴向力 F_z，力乘以其力臂形成力矩，各螺栓处力矩叠加即等于倾覆力矩 M。各螺栓处弹性变形量，与螺栓轴线到倾覆中心的距离成正比。据此分解倾覆力矩，于是有

$$\sum_{i=1}^{z}(F_{zi} L_i)=M \tag{10-16}$$

式中：F_{zi}——第 i 个螺栓处的等效轴向载荷，N；

L_i——第 i 个螺栓的轴线到倾覆中心的距离，mm。

离倾覆中心最远的螺栓处受最大轴向力

$$F_{z\max}=\frac{M L_{\max}}{\sum_{i=1}^{z} L_i^2} \tag{10-17}$$

例 10-1　某钢结构导轨托架由两块边板和一块承重板焊接而成，如图 10-15(a)所示，两块边板各用四个螺栓与立柱相连接。托架所受载荷 F 波动较大，最大载荷 20 kN。试选择合适的螺栓连接类型，并分析哪个螺栓处的等效载荷最大。

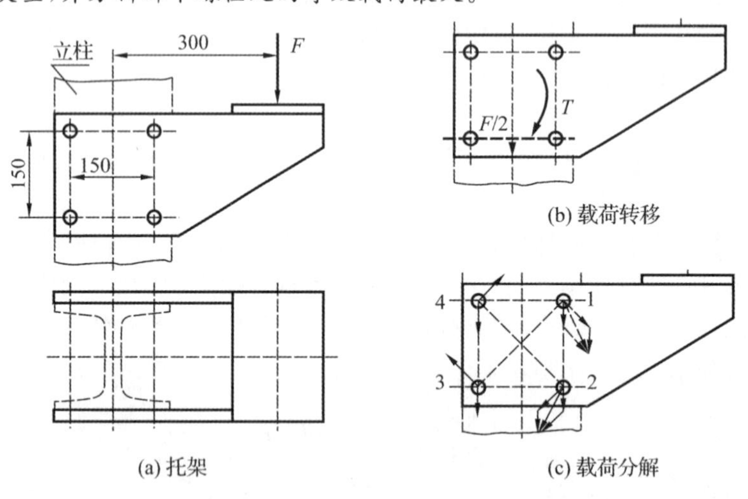

图 10-15　螺栓连接类型选择及载荷分解

解　（1）工作载荷等效转移。从图示可知，托架所受外载荷远离螺栓组，方向向下。按照静力学方法将其等效转移到两个螺栓组的对称中心，分别成为一个向下的力 $F/2$ 和一个力矩 T，如图 10-15(b)所示。

（2）螺栓连接类型选择。对于螺栓组连接而言，等效转移过来的力和力矩使得被连接件边板在与立柱的接合面上产生横向滑动（垂直于螺栓轴线向下）和绕对称中心转动的运动趋势。

如果选择普通螺栓连接(设计时通常优先考虑),需要依靠接合面的摩擦力来抵抗这种运动。尤其在载荷波动的环境中,为了保证稳定和足够的摩擦力,必须施加相当大的预紧力或采用较大的连接结构。此外,导轨要保证平直,普通螺栓与被连接件之间的间隙将增加装配调整的麻烦。因此,此处宜选择铰制孔用螺栓连接,虽比普通螺栓连接要稍微提高制造精度,但可以充分利用螺栓抗挤压和剪切的能力来承受工作载荷。

(3)螺栓处等效载荷分析。将螺栓组对称中心的横向力和力矩分别等效分解到每个螺栓处,如图 10-15(c)所示。横向力平均分配到各个螺栓处,大小均为 $F/8$,方向均向下。力矩 T 分配到各螺栓处成为 4 个横向力,其大小与其螺栓轴线离螺栓组对称中心的距离成正比。由于每个螺栓组的 4 个螺栓距离相同,故力矩分解的 4 个横向力大小也相等,但是其方向各不相同。结合图示易知,将分解到每个螺栓处的两个横向力进行合成,显然编号 1 和编号 2 的螺栓处合力最大。经计算可得其最大等效载荷为 9.016 kN。

10.1.7 螺栓连接的强度计算

螺栓的主要失效形式有:①螺栓杆拉断;②螺纹的压溃和剪断;③经常装拆时会因磨损而发生滑扣现象。螺栓连接的计算通常是先根据连接的装配情况、外载荷大小和方向等来确定螺栓的受力,再按强度条件确定(或校核)螺栓危险剖面尺寸。所以,螺栓连接的计算主要是确定螺纹小径 d_1,然后按照标准选定螺纹公称直径(大径)d 及螺距 P 等。

10.1.7.1 松螺栓连接

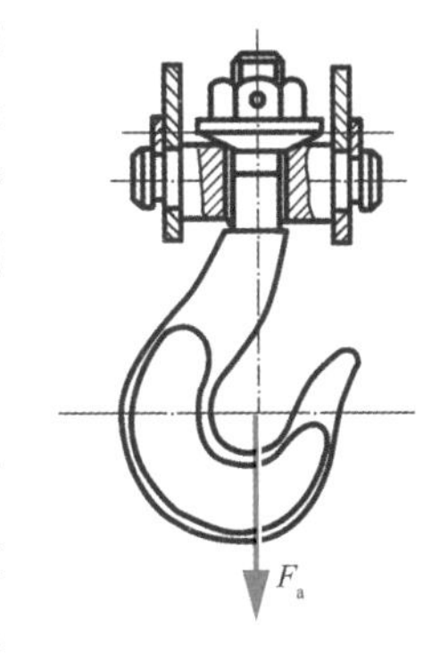

图 10-16 松螺栓连接

松螺栓连接装配时不需要把螺母拧紧,在承受工作载荷前,除有关零件的自重(自重一般很小,强度计算时可略去)外,连接并不受力。图 10-16 所示吊钩尾部的连接是其应用实例。当承受轴向工作载荷 F_a 时,其强度条件为

$$\sigma=\frac{4\times F_a}{\pi d_1^2}\leqslant[\sigma] \tag{10-18}$$

式中:d_1——螺杆危险截面直径,mm;

$[\sigma]$——许用拉应力,MPa,$[\sigma]=\sigma_s/S$;

σ_s——材料屈服极限,MPa,见表 10-3;

S——安全系数,一般取 1.2~1.7。

表 10-3 螺栓、螺钉和螺柱的性能等级

性能等级(标记)	4.6	4.8	5.6	5.8	6.8	8.8	9.8	10.9	12.9
抗拉强度极限 σ_B/MPa	400		500		600	800	900	1 000	1 200
屈服极限 σ_s(或 $\sigma_{0.2}$)/MPa	240	320	300	400	480	640	720	900	1 080
硬度 HBW_{min}	114	124	147	152	181	245	286	316	380
推荐材料	低碳钢或中碳钢					低碳合金钢,中碳钢,淬火并回火		中碳钢,低、中碳合金钢,合金钢,淬火并回火	合金钢,淬火并回火

注:1. GB/T 3098.1—2010 和 GB/T 3098.2—2015 规定螺纹连接件按材料的力学性能分出等级。螺栓、螺柱、螺钉的性能等级自 4.6 至 12.9 分为九级,螺母的性能等级从 5 到 12 分为六级。

2. 选用时,螺母的性能等级应不低于与其相配螺栓的性能等级。

10.1.7.2 紧螺栓连接

紧螺栓连接装配时需要拧紧,在工作状态下可能还需要补充拧紧,加上外载荷前螺栓已受预紧力作用。设拧紧螺栓时螺杆承受的轴向拉力为 F_a(不承受轴向工作载荷的螺栓,F_a 即预

紧力)。这时螺栓危险截面(即螺纹小径 d_1 处)除受拉应力外,还受到螺纹力矩 T_1 所引起的扭切应力,螺栓处于复合应力状态,故螺栓螺纹部分的强度条件为

$$\frac{4\times1.3F_a}{\pi d_1^2}\leqslant[\sigma] \tag{10-19}$$

式中:$[\sigma]$——螺栓的许用拉应力,$[\sigma]=\sigma_s/S$;

σ_s——材料屈服极限,MPa,见表 10-3;

S——安全系数,见表 10-4。

表 10-4 紧螺栓连接的安全系数 S(不严格控制预紧力时)

材 料	静 载 荷			变 载 荷		
	M6～M16	M16～M30	M30～M60	M6～M16	M16～M30	M30～M60
碳素钢	4～3	3～2	2～1.3	10～6.5	6.5	6.5～10
合金钢	5～4	4～2.5	2.5	7.6～5	5	6～7.5

(1)受横向工作载荷的螺栓强度。图 10-17 所示的普通螺栓连接,承受垂直于螺栓轴线的横向工作载荷 F,图中螺栓与孔之间留有间隙。工作时,若接合面之间的摩擦力足够大,则被连接件之间不会发生相对滑动。因此螺栓所受的轴向力(即预紧力)应为

$$F_a=F_0\geqslant\frac{K_sF}{if} \tag{10-20}$$

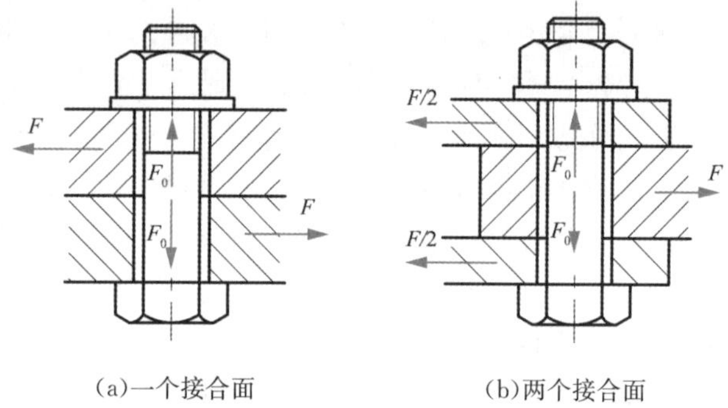

图 10-17 受横向载荷的普通螺栓连接

式中:F_0——预紧力;

K_s——接合面的防滑系数,通常取 $K_s=1.1\sim1.3$;

i——接合面数目;

f——接合面摩擦因数,对于钢或铸铁被连接件,可取 $f=0.15$。

求出 F_a 值后,按式(10-19)计算螺栓强度。

从式(10-20)来看,当 $f=0.15$,$K_s=1.2$,$i=1$ 时,$F_0\geqslant8F$,即预紧力应为横向工作载荷的 8 倍,所以当螺栓连接靠摩擦力来承担横向载荷时,其尺寸比较大。

为了克服上述缺点,可用键、套筒或销承担横向工作载荷,而螺栓仅起连接作用(图 10-15)。也可以采用螺杆与孔之间没有间隙的铰制孔用螺栓来承受横向载荷。

(2)受轴向工作载荷的螺栓强度。这种受力形式在紧螺栓连接中比较常见,如图 10-18 所示的压力容器缸体和缸盖的凸缘螺栓连接就属于这一类。设流体压强为 p,螺栓个数为 z,则缸体周围每个螺栓处平均承受的工作载荷为

$$F_E=\frac{p\pi D^2}{4z}$$

在受轴向工作载荷的螺栓连接中,螺栓实际承受的总拉伸载荷 F_a 并不等于预紧力 F_0 与 F_E 之和。现说明如下:

图 10-19(a)所示为螺母刚好与缸盖接触,但尚未拧紧。图 10-19(b)所示为已拧紧,但尚未施加外载荷,此时,被连接件受预紧力 F 而缩短了 δ_m。螺母拧紧后,螺栓受到拉力 F 而伸长了 δ_b,在连接承受轴向工作载荷 F_E 时,螺栓的伸长量增加 $\Delta\delta_b$ 而成为 $\delta_b+\Delta\delta_b$,相应的拉力就是螺栓的总拉伸载荷 F_a,如图 10-19(c)所示。与此同时,被连接件则随着螺栓的伸长而弹

回，其压缩量减少了 $\Delta\delta_m$ 而成为 $\delta_m-\Delta\delta_m$，与此相应的接合面压力就是残余预紧力 F_R。$\Delta\delta_b$ 和 $\Delta\delta_m$ 均等于工作载荷 F_E 作用时螺母的轴向移动量 $\Delta\delta$，即 $\Delta\delta_b=\Delta\delta_m=\Delta\delta$。

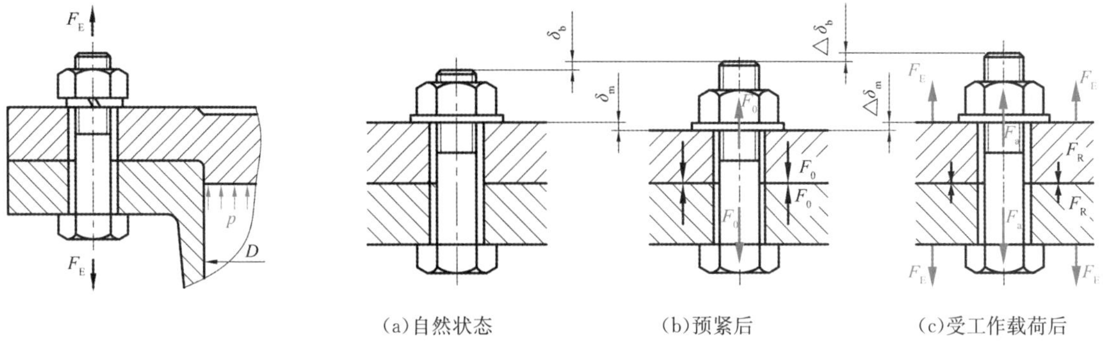

(a)自然状态　(b)预紧后　(c)受工作载荷后

图 10－18　压力容器螺栓　　图 10－19　螺栓和被连接件的受力和变形

工作载荷 F_E 和残余预紧力 F_R 一起作用在螺栓上，所以螺栓的总拉伸载荷为

$$F_a=F_E+F_R \tag{10-21}$$

为了保证连接的可靠性和紧密性(如压力容器及管道的螺栓连接要求不漏气)，受轴向载荷的紧螺栓连接应保证被连接件的接合面不出现缝隙。因此残余预紧力 F_R 应大于零，其大小可按连接的工作条件根据经验选定。对于一般连接，外载荷稳定时，可取 $F_R=(0.2\sim0.6)F_E$，当外载荷有变动时，$F_R=(0.6\sim1.0)F_E$；对于有紧密性要求的连接(如压力容器的螺栓连接)，$F_R=(1.5\sim1.8)F_E$。

当相关零件受力变形满足胡克定律时，其受力与变形的关系见图 10－20。

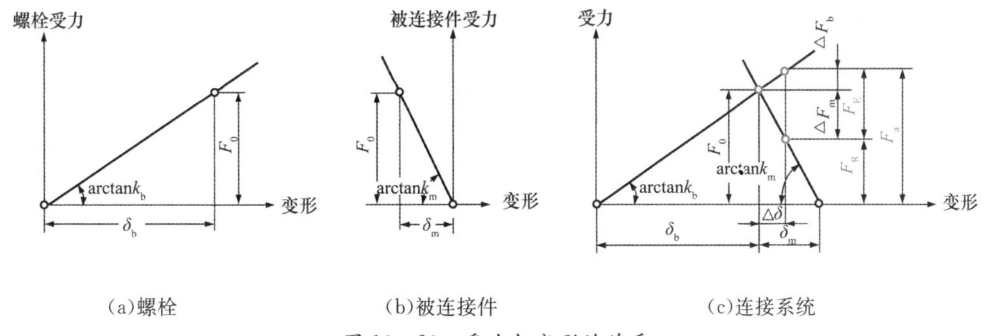

(a)螺栓　(b)被连接件　(c)连接系统

图 10－20　受力与变形的关系

在一般计算中，可先根据连接的工作要求规定残余预紧力 F_R，然后由式(10－21)求出总拉伸载荷 F_a，最后按式(10－19)计算螺栓强度。

例 10－2　一钢制液压油缸，油缸壁厚为 10 mm，油压 $p=1.6$ MPa，$D=160$ mm，试计算其上盖的螺栓连接和螺栓分布直径 D_0(图 10－18)。

解　(1)决定螺栓工作载荷 F_E

暂取螺栓数 $z=8$，则每个螺栓承受的平均轴向载荷 F_E 为

$$F_E=\frac{p\cdot\pi D^2}{4z}=1.6\times\frac{\pi\times160^2}{4\times8}=4.02(\text{kN})$$

(2)决定螺栓总拉伸载荷 F_a

根据前面所述，对于压力容器取残余预紧力 $F_R=1.8F_E$，则由式(10－21)可得

$$F_a=F_E+1.8F_E=2.8\times4.02=11.3(\text{kN})$$

(3)求螺栓直径

选取螺栓性能等级 4.8,材料 45 钢,中等精度,公差等级 6 g。查表 10－3,$\sigma_s=320$ MPa,装配时不要求严格控制预紧力,取安全系数 $S=3$,螺栓许用应力为

$$[\sigma]=\frac{\sigma_s}{S}=\frac{320}{3}=106.7(\text{MPa})$$

由式(10－19)得螺纹的小径为

$$d_1\geqslant\sqrt{\frac{4\times1.3F_a}{\pi[\sigma]}}=\sqrt{\frac{4\times1.3\times11.3\times10^3}{\pi\times106.7}}=13.24(\text{mm})$$

查表 10－2 取 M16 螺栓(小径 $d_1=13.5$ mm)。

(4)决定螺栓分布圆直径

螺栓置于凸缘中部。从图 10－18 可以决定螺栓分布圆直径 D_0 为

$D_0=D+2e+2\times10=160+2[16+(3\sim6)]+2\times10=218\sim224$(mm)($e$ 为螺栓中心到缸体外壁的距离)

取 $D_0=220$ mm,8 个螺栓沿圆周均匀分布。

10.2 键连接、花键连接、销连接

10.2.1 键连接

10.2.1.1 键连接的类型

键主要用来实现轴和轴上零件之间的周向固定以传递转矩。有些类型的键还可实现轴上零件的轴向固定或轴向移动。

键是标准件,分为平键、半圆键、楔键和切向键等。设计时应根据各类键的结构和应用特点进行选择。

(1)平键连接。平键的两侧面是工作面,上表面与轮毂槽底之间留有间隙(图 10－21)。这种键定心性较好,装拆方便。常用的平键有普通平键和导向平键两种。

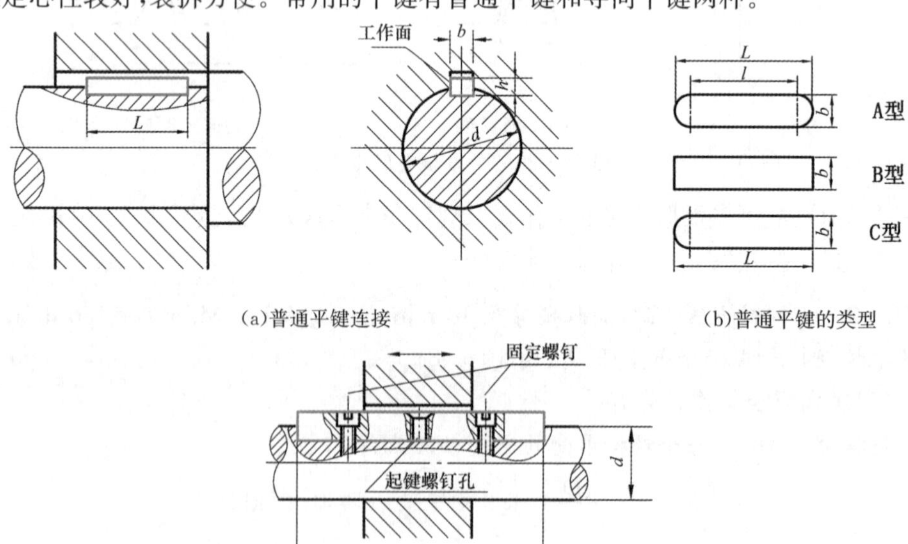

(a)普通平键连接　(b)普通平键的类型

(c)导向平键连接

图 10－21　平键连接

普通平键的端部形状可制成圆头(A型)、方头(B型)或单圆头(C型)。圆头键的轴端用指形铣刀加工,键在槽中固定良好,但轴上键槽端部的应力集中较大。方头键用盘形铣刀加工,轴的应力集中较小。单圆头键常用于轴端。普通平键应用最广。普通平键和键槽的尺寸见表10-5。

表10-5　普通平键和键槽的尺寸(摘自GB/T 1095—2003,GB/T 1096—2003)　　mm

轴的尺寸	键的尺寸				键槽		
	b	h	C或r	L	t	t_1	半径r
6~8	2	2		6~20	1.2	1	
>8~10	3	3	0.16~0.25	6~36	1.8	1.4	0.08~0.16
>10~12	4	4		8~45	2.5	1.8	
>12~17	5	5		10~56	3.0	2.3	
>17~22	6	6	0.25~0.4	14~70	3.5	2.8	0.16~0.25
>22~30	8	7		18~90	4.0	3.3	
>30~38	10	8		22~110	5.0	3.3	
>38~44	12	8	0.4~0.6	28~140	5.0	3.3	0.25~0.4
>44~50	14	9		36~160	5.5	3.8	
>50~58	16	10	0.4~0.6	45~180	6.0	4.3	0.25~0.4
>58~65	18	11		50~200	7.0	4.4	
>65~75	20	12	0.6~0.8	56~220	7.5	4.9	0.4~0.6
>75~85	22	14		63~250	9.0	5.4	

注:1. 在工作图中,轴槽深度用$d-t$或t标注,毂槽深度用$d+t_1$标注。

2. 系列为:6,8,10,12,14,18,20,22,25,28,32,36,40,45,50,56,63,70,80,90,100,110, 125,140,160,180,200,250,……

标记示例:

圆头普通平键(A型),$b=16,h=10,L=100$的标记为:键 A16×100 GB/T 1096—2003;

方头普通平键(B型),$b=16,h=10,L=100$的标记为:键 B16×100 GB/T 1096—2003;

单圆头普通平键(C型),$b=16,h=10,L=100$的标记为:键 C16×100 GB/T 1096—2003。

导向平键较长,需用螺钉固定在轴槽中。为了便于装拆,在键上制出起键螺纹孔,见图10-21(c)。这种键能实现轴上零件的轴向移动,构成动连接,如变速箱的滑移齿轮即可采用导向平键。

(2)半圆键连接。半圆键的两侧面为工作面(图10-22),它与平键一样具有定心较好的优点。半圆键能在槽中摆动以适应毂槽底面,装配方便。它的缺点是键槽对轴的削弱较大,只适用于轻载连接。

锥形轴端采用半圆键连接在工艺上较为方便。

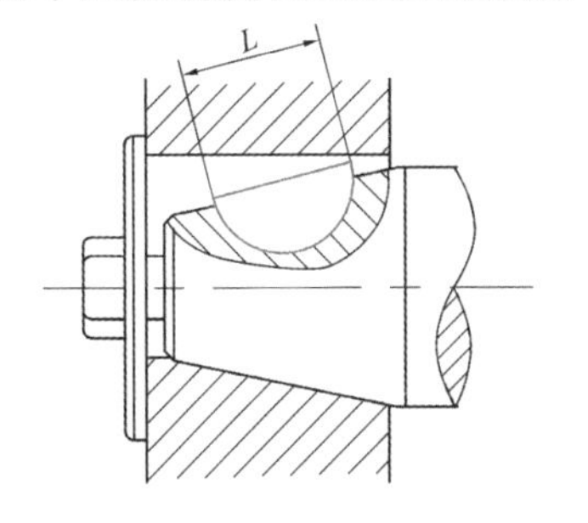

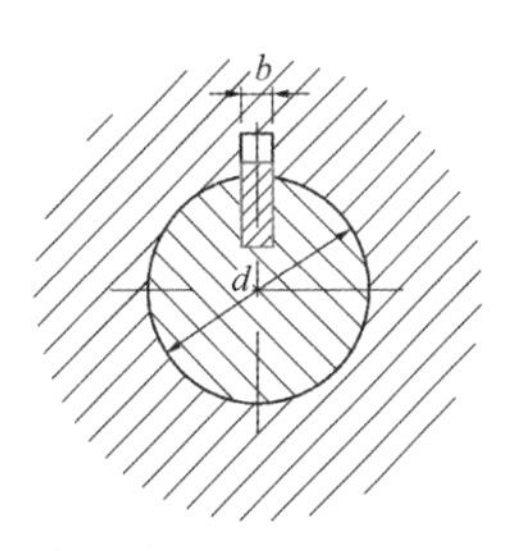

图10-22　半圆键连接

(3)楔键连接和切向键连接。楔键的上下面是工作面[图10-23(a)],键的上表面有1∶100的斜度,轮毂键槽的底面也有1∶100的斜度,把楔键打入轴和毂槽内时,其工作面上产生

很大的预紧力 F_N。工作时，主要靠摩擦力 fF_n（f 为接触面间的摩擦因数）传递转矩 T，并能承受单方向的轴向力。但楔键连接使轴和轮毂产生偏心和偏斜，所以仅适用于定心精度要求不高、载荷平稳和低速的连接。

楔键分为普通楔键和钩头楔键两种，后者便于拆卸，见图 10-23(b)。

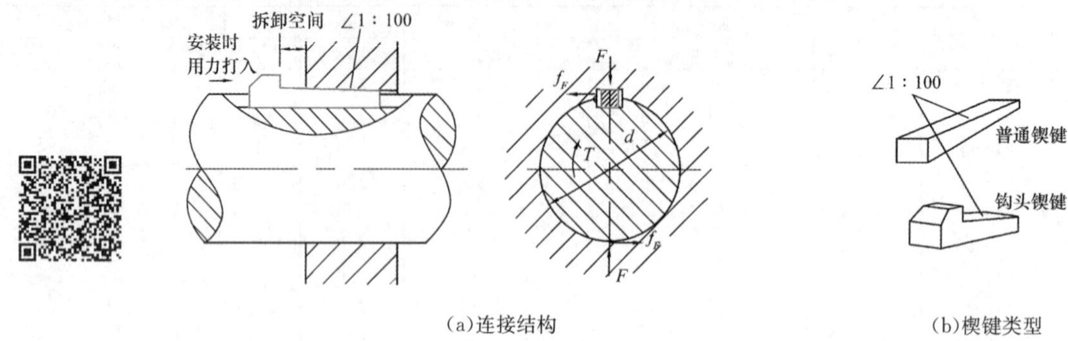

(a)连接结构　　(b)楔键类型

图 10-23　楔键连接

此外，在重型机械中还采用切向键连接(图 10-24)。切向键由一对楔键组成，见图 10-24(a)，键的窄面是工作面，工作面上的压力沿轴的切线方向作用，能传递很大的转矩。当双向传递转矩时，需用两对切向键并分布成 120°～130°，见图 10-24(b)。

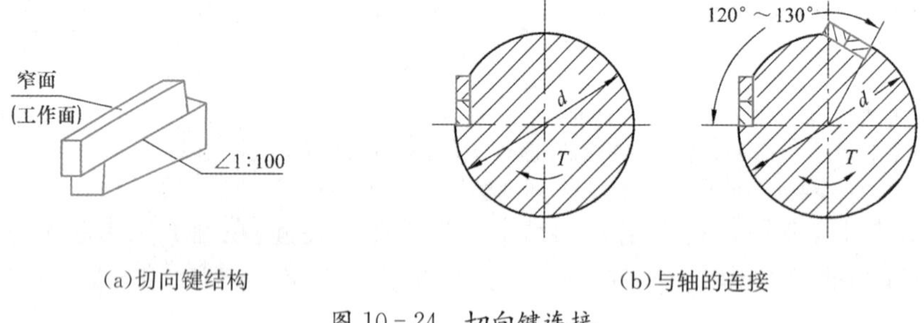

(a)切向键结构　　(b)与轴的连接

图 10-24　切向键连接

10.2.1.2　平键连接的强度校核

键的截面尺寸应按轴径 d 从键的标准中查取。必要时应进行强度校核。

平键连接的主要失效形式是工作面的压溃和磨损(对于动连接)。除非有严重过载，一般不会出现键的剪断。

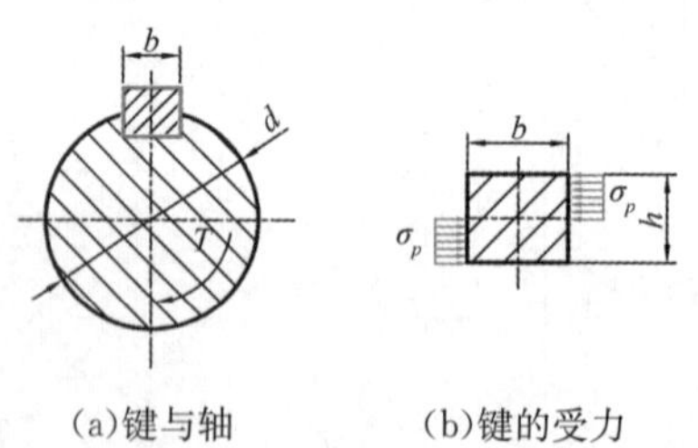

(a)键与轴　　(b)键的受力

图 10-25　平键连接受力情况

设载荷为均匀分布，平键连接的挤压强度条件

$$\sigma_p=\frac{4T}{dhl}\leqslant[\sigma_p] \tag{10-22}$$

对于导向平键连接(动连接)，计算依据是磨损，应限制压强。即

$$p=\frac{4T}{dhl}\leqslant[p] \tag{10-23}$$

式中：T——转矩，N·mm；

d——轴径，mm；

h——键的高度，mm；

l——键的工作长度，mm；A 型：$l=L-b$；B 型：$l=L$；C 型：$l=L-b/2$；

$[\sigma_p]$——许用挤压应力，MPa(见表 10-6)；

$[p]$——许用压强，MPa(见表 10-6)。

表 10-6 键连接的许用挤压应力和许用压强 MPa

许用值	轮毂材料	载荷性质		
		静载荷	轻微冲击	冲击
$[\sigma_p]$	钢	125~150	100~120	60~90
	铸铁	70~80	50~60	30~45
$[p]$	钢	50	40	30

注：在键连接的组成零件(轴、键、轮毂)中，轮毂材料较弱。

键的材料采用强度极限 σ_B 不小于 600 MPa 的碳素钢，通常用 45 钢。当轮毂用非铁金属或非金属材料时，键可用 20 或 Q235 钢。

例 10-3 某齿轮轮毂与轴采用普通平键连接如图 10-21(a)所示。已知轴径 $d=70$ mm，初定轮毂长度等于齿宽 55 mm，传递转矩 $T=969\times10^3$ N·mm，有轻微冲击，轮毂材料为 40Cr，轴的材料 45 钢。试确定平键的连接尺寸，并校核连接强度。若连接强度不足，可采取什么措施？

解 1) 选取平键尺寸

选取 A 型普通平键，根据轴的直径 $d=70$ mm，查表 10-5 知平键的截面尺寸：宽度 $b=20$ mm，高 $h=12$ mm，当轮毂长度为 55 mm 时，取键长 $L=50$ mm。

2) 校核键的连接强度

查表 10-6，得 $[\sigma_p]=100\sim120$ MPa。由式(10-22)得

$$\sigma_p=\frac{4T}{dhl}=\frac{4T}{dh(L-b)}=\frac{4\times969\times10^3}{70\times12\times(50-20)}=153.8(\text{MPa})>[\sigma_p]$$

3) 改进措施

由于校核后平键的强度不够，需采取改进措施。方法之一是增大轮毂长度，根据计算，取轮毂长 80 mm、键长 63 mm 是合适的。此外，也可采用双键。两个平键最好布置在沿周向 180°，考虑到载荷分配的不均匀性，在强度校核中按 1.5 个单键计算。

10.2.2 花键连接

轮毂与轴通过轴上周向均布的多个键齿构成的连接称为花键连接。花键齿的侧面是工作面。由于是多齿传递载荷，所以花键连接与平键连接相比，具有承载能力高、对轴削弱程度小(齿浅、应力集中小)、定心好和导向性能好等优点。它适用于定心精度要求高、载荷大或经常滑移的连接。花键连接按其齿形不同，可分为一般常用的矩形花键[见图 10-26(a)]和强度较高的渐开线花键[见图 10-26(b)(c)]。

花键连接可以做成静连接，也可以做成动连接。

花键连接的零件多用强度极限不低于 600 MPa 的钢料制造，多数需热处理，特别是在载荷下频繁移动的花键齿，应通过热处理获得足够的硬度以抗磨损。按齿形不同，花键可分为以下两类：

(1)矩形花键。矩形花键的齿侧面互相平行，易于加工。根据《矩形花键尺寸、公差和检验》(GB/T 1144—2001)的规定，其规格用 $N\times d\times D\times B$ 表示键数、小径、大径和键宽。按传递载荷

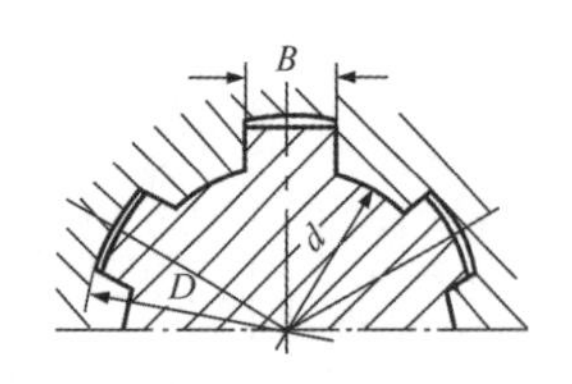

(a)矩形花键

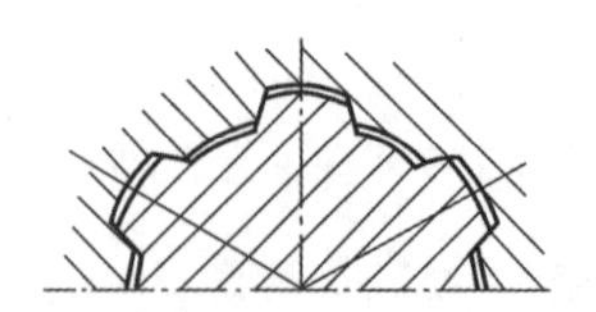
(b)渐开线花键

(c)内花键轴

图 10-26　花键连接

的大小,其尺寸分为轻系列和中系列,矩形花键齿为偶数,并采用小径定心的方式。小径定心方式的定心精度较高,轴与孔的花键齿均可进行磨削,加工方便。

(2)渐开线花键。花键齿形为渐开线,故其齿形加工方法与齿轮完全相同,但其压力角与齿轮不同,分别为 30°,37.5°和 45°。根据《圆柱直齿渐开线花键(米制模数 齿侧配合)第 1 部分:总论》(GB/T 3478.1—2008)的规定,渐开线花键按其基准齿形分为 30°平齿根、30°圆齿根、37.5°圆齿根和 45°圆齿根四种,其模数共有 15 种,分成两个系列。渐开线花键具有自动定心的特点是由于渐开线花键键齿受力后会产生径向分力,使键齿沿齿面滑动,当相对键齿产生的径向分力相等时,内、外花键的分度圆就会自动重合,具有自动定心的作用,故未规定定心方式。由于渐开线花键压力角大,齿根宽,齿根部分应力集中小,强度高,且可获得较高精度,故其适宜于载荷较大、对中性要求较高及轴径较大的场合。

10.2.3　销连接

销的主要用途是固定零件之间的相互位置,并可传递不大的载荷,亦可用于过载保护。

销的基本形式为圆柱销和圆锥销,均已标准化,见图 10-27(a)、图 10-27(b)。圆柱销经过多次装拆,其定位精度会降低。圆锥销有 1∶50 的锥度,安装比圆柱销方便,多次装拆对定位精度的影响也较小。

销还有许多特殊形式。图 10-28(a)是带槽的圆柱销,销上有三条压制的纵向沟槽,打入后销变形,这使销与孔壁压紧,不易松脱,能承受振动和变载荷。使用这种销连接时,销孔不需铰制,且可多次装拆。如图 10-28(b)是大端具有外螺纹的圆锥销,便于拆装,可用于盲孔;图 10-28(c)是小端带外螺纹的圆锥销,小端用螺母锁紧,适用于有冲击的场合。此外还有开口销、销轴等。

销的常用材料为 35 钢,45 钢。

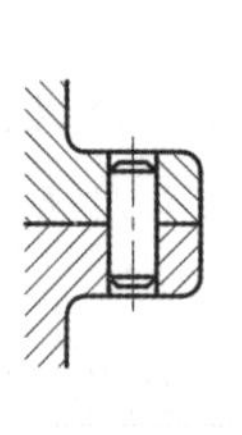
(a)圆柱销

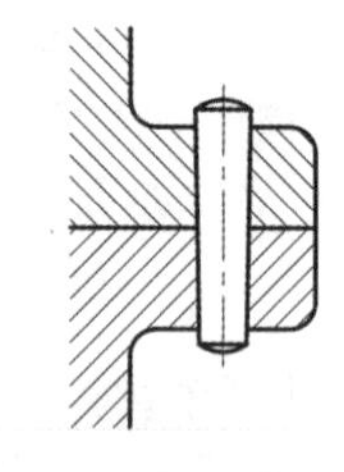
(b)圆锥销

图 10-27　普通圆柱销、圆锥销

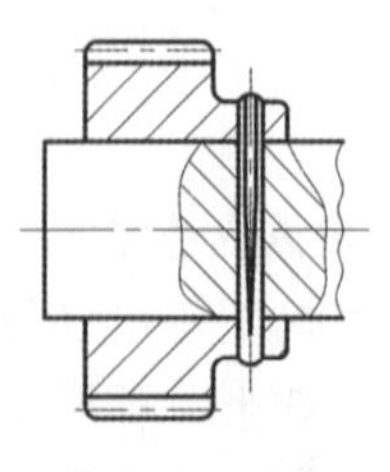
(a)带槽圆柱销

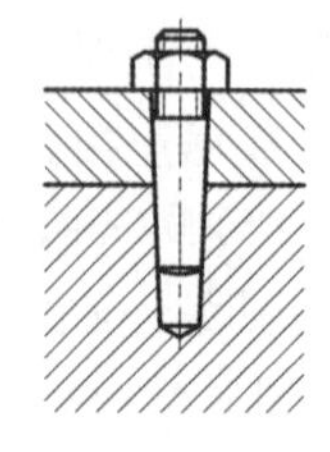
(b)大端带外螺纹的圆锥销

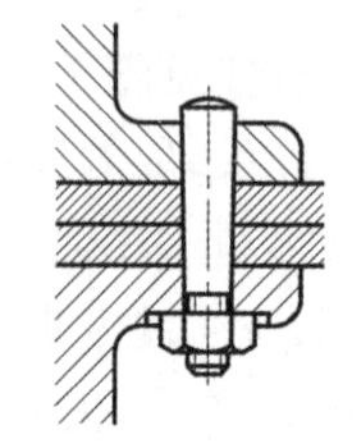
(c)小端带外螺纹的圆锥销

图 10-28　特殊圆柱销、圆锥销

10.3 其他连接

10.3.1 过盈连接

过盈配合连接是利用相互配合的零件间的装配过盈达到连接的目的(见图10－29)。装配后配合面上产生很大的径向压力,工作时靠此压力产生的摩擦力传递转矩和轴向力。过盈连接结构简单,对中性好,被连接零件无键槽削弱,连接强度高,在冲击、振动载荷下也能较可靠地工作,加工方便,但要求配合表面加工精度较高,且配合面边缘处应力集中较大。圆柱过盈配合连接主要用于中等尺寸和大尺寸。

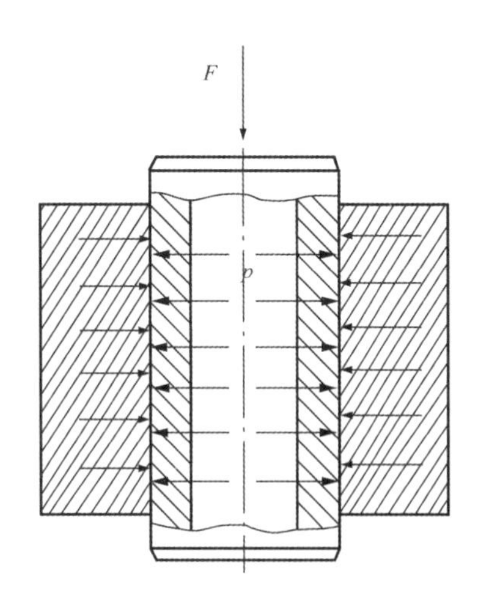

图10－29 过盈连接

过盈配合连接可采用压入法或温差法。压入法可利用压力机将被包容件压入包容件中,使之连为一体。因为两者存在着过盈量,所以在强力压入时,装配表面不可避免地要产生擦伤,这就降低了连接的紧固性。为了预防过大的擦伤和减小压入时的压入力,可对配合表面加以润滑,并将被包容件与包容件的端部加工出导向锥面,以期获得更好的装配质量。一般在过盈量或配合尺寸较小时采用压入法。

温差法是利用金属热胀冷缩的性质以实现连接。装配时,可加热包容件使其膨胀,或冷却被包容件使其收缩,也可以同时加热包容件和冷却被包容件,以形成装配间隙。此种连接的承载能力比压入法高。

圆锥过盈配合连接是利用包容件与被包容件的相对轴向位移压紧来获得过盈配合的。可用螺纹连接件使配合面间产生相对的轴向位移和压紧。这种结构多用于轴端连接。

10.3.2 型面连接

型面连接是利用非圆截面的轴与相应轮廓的毂孔配合而构成的连接,如图10－30所示。型面连接和过盈连接都不存在键或花键,故均属于无键连接。

轴和毂孔的型面可以是非圆形截面的柱体,也可以是非圆形截面的锥体。截面可采用方形、六边形、梅花形等形状。

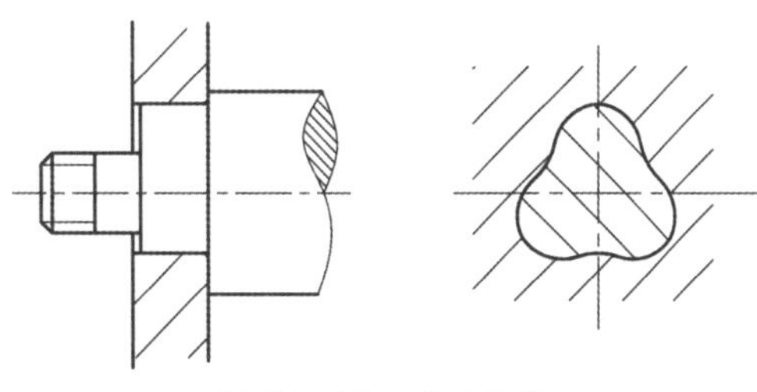
图10－30 型面连接

型面连接对中性良好,又没有键槽及尖角引起的应力集中,故可传递较大的转矩,装拆也很方便,但加工比较复杂,应用不普遍。

10.3.3 铆接

铆接是利用具有钉杆和预制头的铆钉,穿过被连接件的预制孔经铆合而成的连接方法,如图10－31所示。铆合时,先将铆钉插入被连接件的预制孔中,把铆钉的预制头用一托垫支承着,再把铆型放在钉杆伸出的一端,用锤击或在铆型上加压而制成铆头。铆合时用冷铆或热铆。铆钉直径小于10 mm时采用冷铆,铆钉直径较大时采用热铆。热铆时,须将铆钉加热至1 000 ℃～1 100 ℃,然后进行铆合。铆钉冷却后就把被连接件紧密地连接起来。铆接是一种不可拆卸的连接。

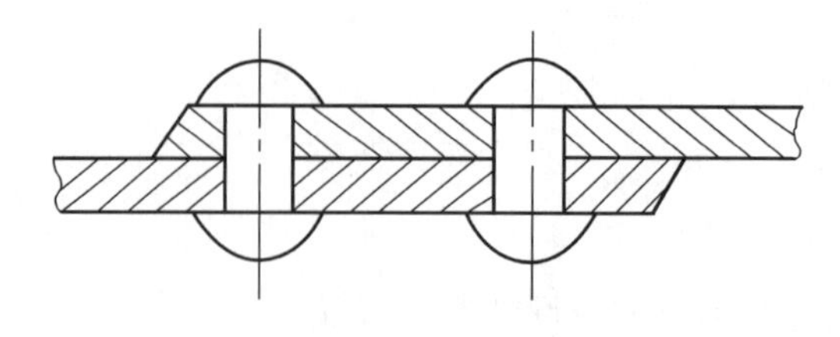

图 10-31 铆接

按照铆接的用途可将铆接缝分为三类：

(1)强固接缝。这种铆接缝具有足够的强度，如房架、桥梁等金属结构上的铆接缝(图 10-32)。

(2)强密接缝。这种铆接缝除必须有足够的强度外，还要保证在有一定压力的液体或气体作用下不渗漏，如锅炉、压缩空气罐等的铆接缝。

(3)紧密接缝。这种铆接缝受力不大，但要求紧密性好，如水箱、油罐等的铆接缝。

按照被连接件的相互位置又可将铆接缝分为搭接缝(图 10-31)、单盖板对接缝(图 10-32)和双盖板对接缝(图 10-33)。按照铆钉的排数还可将铆接缝分为单排铆接缝、双排铆接缝和多排铆接缝。

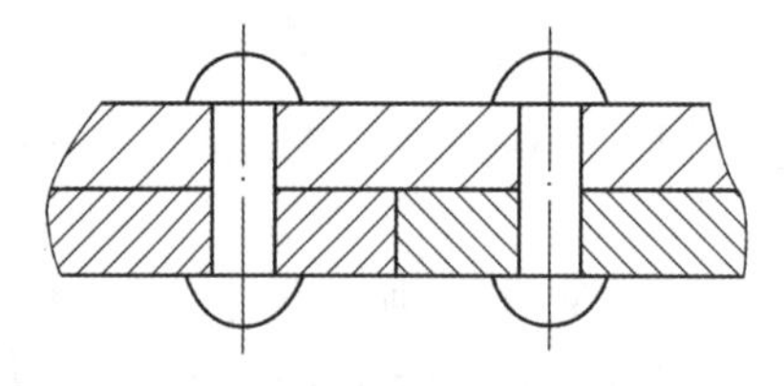

图 10-32 单盖板对接缝

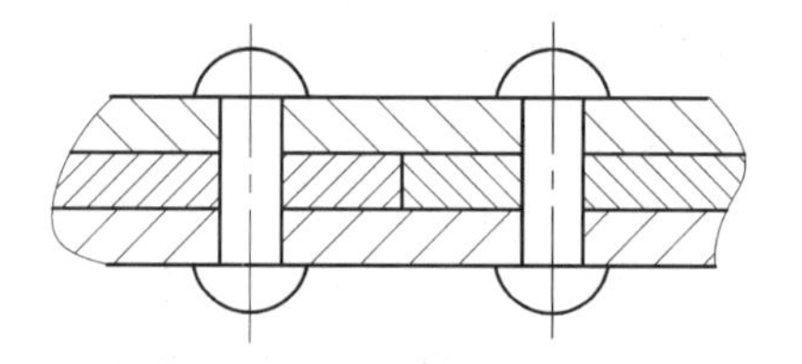

图 10-33 双盖板对接缝

铆接构件主要采用各种型钢(角钢、槽钢、工字钢等)和钢板。大部分型钢都是用 Q195、Q215 和 Q235 等普通的低碳钢热轧而成的。

铆钉的材料必须具有良好的塑性，以保证铆合时钉头容易发生塑性变形。钢制铆钉通常用 Q215、Q235、10 钢、15 钢等冲制而成，也可用铜、铝等合金冲制。通常，铆钉与被连接件的材料应尽可能相同或相近。这样，在温度变化时，热膨胀系数相近，不致影响铆接缝的质量；同时，当接缝与腐蚀性液体或潮湿空气接触时，不致形成局部电流而造成电化腐蚀。

机械结构多用钢制实心铆钉，如图 10-34 所示，其中以半圆头铆钉应用最广，沉头铆钉只有在要求接缝平面平滑时才用，如轮船甲板处；平锥头铆钉的钉头较大，可用于容易受腐蚀的地方，如船体或锅炉的火箱处。铆钉已经标准化。

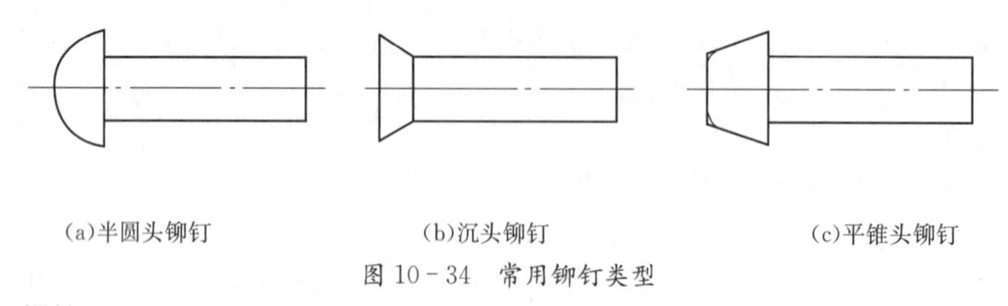

(a)半圆头铆钉 (b)沉头铆钉 (c)平锥头铆钉

图 10-34 常用铆钉类型

10.3.4 焊接

焊接是利用局部加热的方法将被连接件连接成为一个整体的连接方法。它是一种不可拆的连接。通常被焊接结构采用型钢、钢板或管件等型材，其材料主要有 Q195～Q275、15～50 钢，

50Mn、50Mn2、50SiMn2 等合金钢。在锅炉制造中则广泛应用 10、20、20Mo、20CrMo 钢等。

目前很多铆接的应用已被焊接所代替，有时焊接结构可以代替锻件和铸件，这是由于焊接具有以下优点：①节约金属材料，结构质量轻，焊接不需要在被连接件上钻孔，材料可以充分利用，如采用焊接代替铆接时，一般可节省 15%～20%的金属；②施工简便，生产率高，焊接不需要制孔及铆合，画线简易，施工时没有强烈噪声；③连接紧密性好，不易渗漏；④加工成本较低。但是，从外表面上很难发现焊缝的缺陷，对于重要的焊件（如高压锅炉等），必须使用专门设备来检验焊缝质量。此外，零件在焊接后常存在残余应力和变形，因此，其目前在受严重冲击和振动载荷的重要结构中（如铁路桥梁）的应用受到限制。

按照加工方法的不同，焊接主要分为三大类：①压力焊，如锻焊、接触焊等；②熔融焊，如气焊、电弧焊及电渣焊等；③钎焊，如烙铁钎焊等。目前在各种加工生产中以电弧焊应用最广。

下面简单介绍电弧焊。

电弧焊是利用电焊机的低压电流，通过电焊条（为一个电极）与被焊件（为另一个电极）间形成的电路，在两极间引起电弧以熔融被焊接部分金属和焊条，使熔融后的金属混合并填充接缝（图 10－35）。

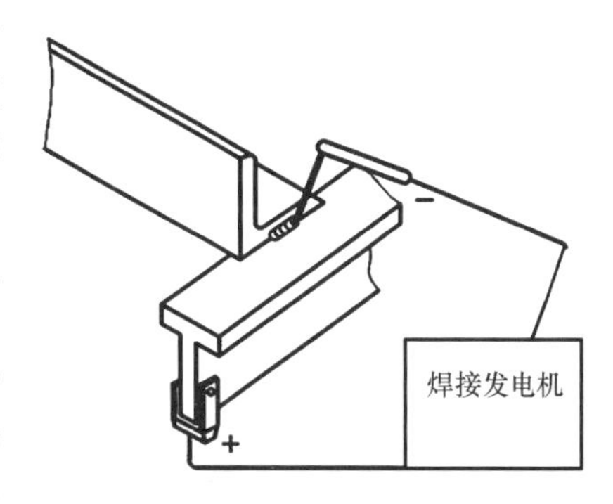

图 10－35　电弧焊加工示意图

被连接件经焊接后形成的结合部分叫作焊缝。电弧焊缝主要有对接焊缝与填角焊缝两类。

（1）对接焊缝。对接焊缝用来连接同一平面内的被连接件（图 10－36），是一种常见而且经济的焊接结构。这种焊缝传力均匀，可用于承受振动载荷的被连接件，适用的被连接件厚度 δ 范围为 3～50 mm，甚至更厚。较厚的被连接件常需要开设坡口，其结构及其焊缝的主要形式如图 10－37 所示。对接焊缝主要承受平面内的拉（压）力或弯矩。

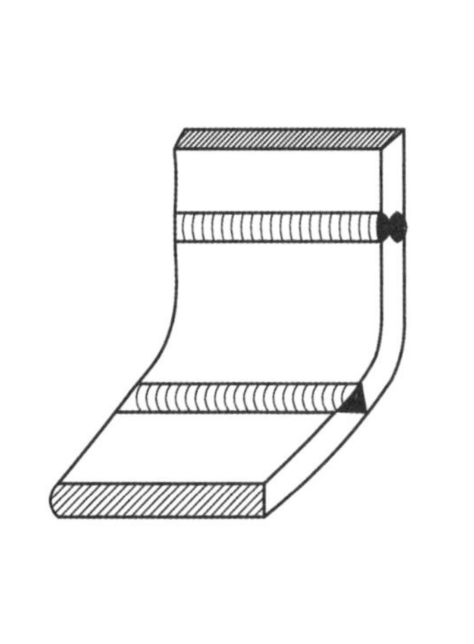
图 10－36　对接焊缝

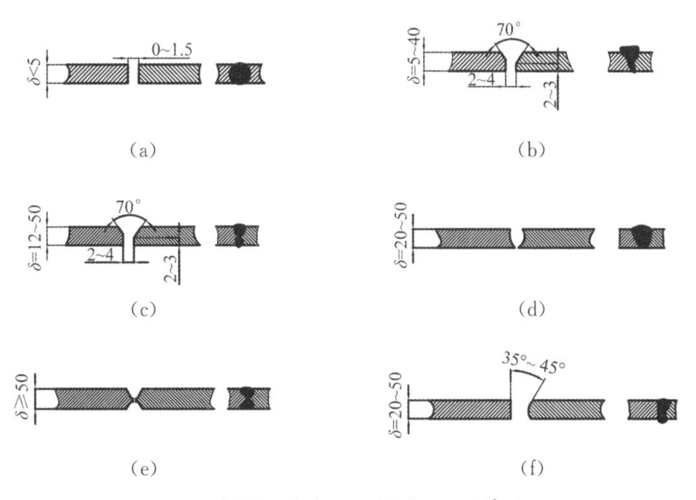

图 10－37　对接焊缝坡口及焊缝形状（单位：mm）

（2）填角焊缝。填角焊缝主要用来连接不同平面之间的被连接件。其焊缝剖面通常为等腰直角三角形，一般取其腰长 k 等于板厚 δ（图 10－38）。填角焊缝主要有搭接角焊缝（图 10－38）和正接角焊缝（图 10－39）两种形式。填角焊缝除了承受拉力和压力之外，还可能承受剪切力或者弯矩。焊缝上的应力分布比较复杂，很难进行精确计算，通常只进行条件性的简化计算。

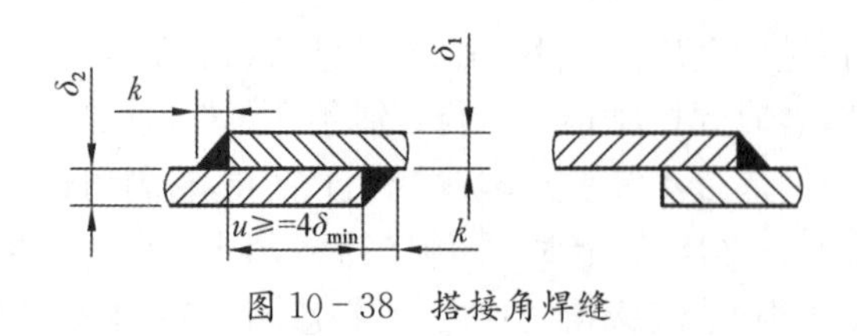

图 10－38　搭接角焊缝

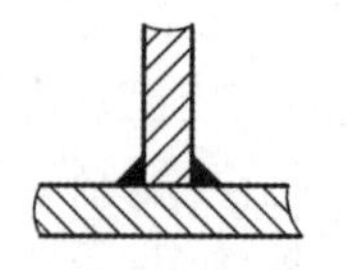

图 10－39　正接角焊缝

10.3.5　黏接

黏接是通过在被连接件表面涂上黏合剂，由其黏合力与黏接后的自强度（内聚力）来实现连接的方法。与铆接、焊接相比，黏接有以下优点：①被黏接的材料可得到充分利用，没有因高温引起的组织变化。②便于不同金属和金属薄片的黏合。③黏胶层可缓冲减振，疲劳强度高。④黏胶层将不同金属隔开，可防止电化腐蚀，对电热有绝缘性。⑤外观整洁。因此黏接得到广泛应用。图 10－40 为黏接的实例，其中图 10－40(a)为蜗轮齿圈与轮芯的黏接，图 10－40(b)为型材与皮带的胶合。

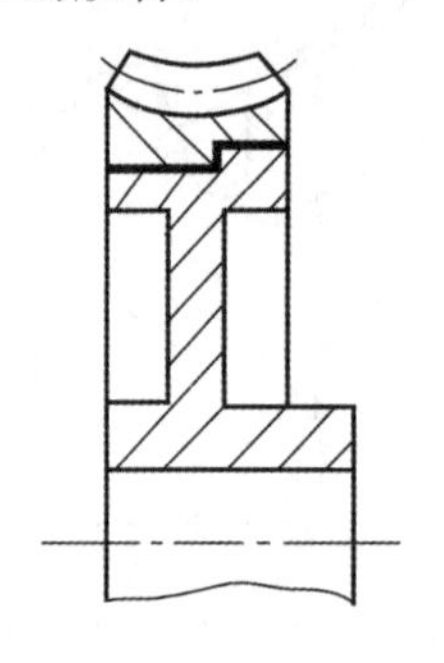

(a)蜗轮齿圈与轮芯的黏接

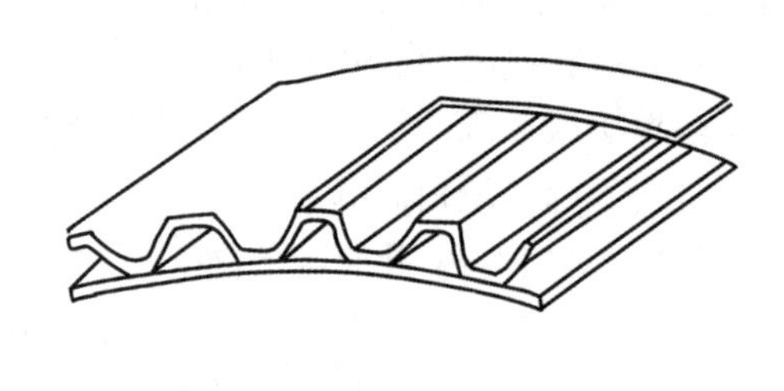

(b)型材与皮带的黏接

图 10－40　黏接

黏接用的黏合剂分无机黏合剂和有机黏合剂两类。无机黏合剂的主要成分是磷酸盐、硅酸盐。有机黏合剂是以高分子材料为主体的结合物，如环氧树脂、酚醛-缩醛、酚醛-丁腈等。选用时要慎重考虑黏接材料、连接的工作环境和载荷情况。黏接的工作温度要低于 180 ℃。受力形式最好是受拉、受剪，尽量避免剥落和扯开。

本章知识图谱

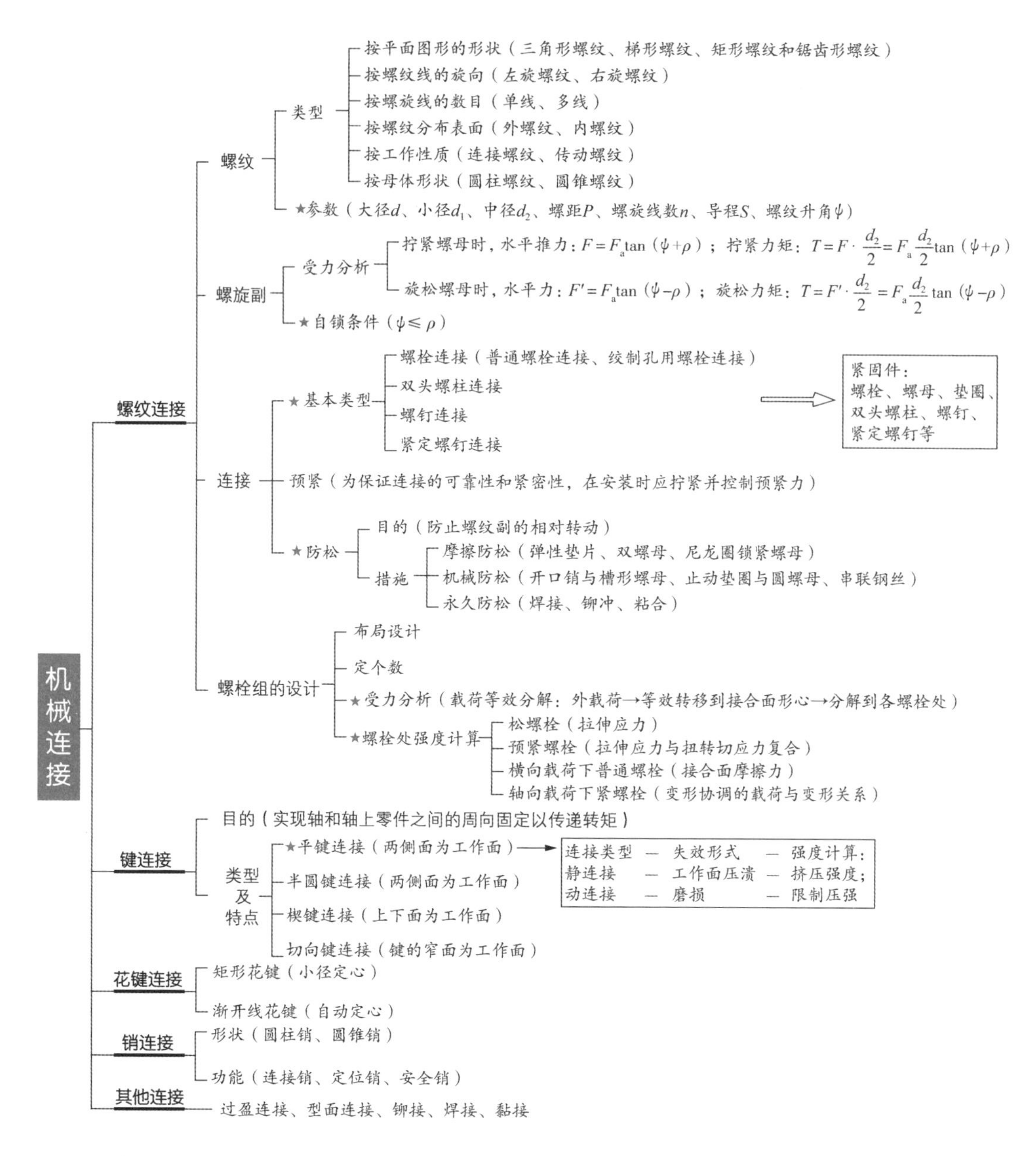

习　题

10－1　螺纹的主要类型有哪几种？说明它们的特点和用途。

10－2　在螺纹连接中，为什么要采用防松装置？试列举几种最典型的防松装置，绘出其结构简图，说明其工作原理和结构特点。

10－3　半圆键连接与普通平键连接相比较，有什么优缺点？适用于什么场合？

10－4　焊缝有哪些类型？各适用于什么场合？

10－5　铆接、焊接和黏接各有什么特点？分别适用于什么情况？

10-6　如图所示为一拉杆螺纹连接。已知拉杆受的载荷 $F=50$ kN,载荷稳定,拉杆材料为 Q235,拉杆螺栓性能等级选 4.6 级。试计算此拉杆螺栓的直径。

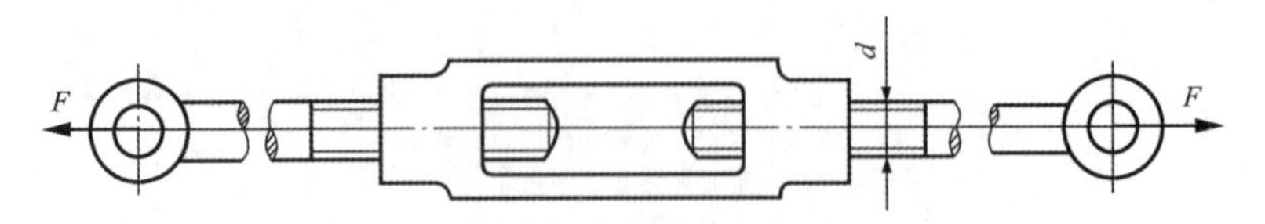

题 10-7 图

10-7　如图所示的凸缘联轴器用分布在直径为 $D_0=250$ mm 的圆上的 6 个性能等级为 5.6 级的普通螺栓将两半联轴器紧固在一起,需传递的转矩 $T=1\ 000$ N·m。试计算螺栓的直径。

10-8　如图所示的螺栓连接中,横向载荷 $F_s=2\ 500$ N,螺栓 M24 的性能等级为 4.8,两被连接件间摩擦因数 $f_1=0.2$,试计算连接所需的预紧力 F,并验算螺栓的强度。若装配时用标准扳手(扳手长度 $L=15d$,d 为螺栓的公称直径)拧紧,螺栓和螺母螺纹的当量摩擦因数 $f_v=0.15$,螺母支承端面和被连接件间的摩擦因数 $f_2=0.15$,则施加在扳手上的作用力为多少?

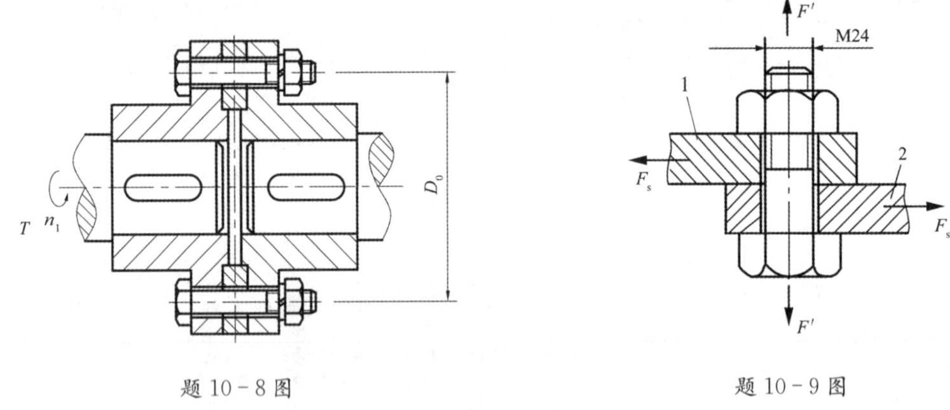

题 10-8 图　　　　题 10-9 图

10-9　在一直径 $d=80$ mm 的轴端,安装一钢制直齿圆柱齿轮(如图所示),轮毂宽度 $B=1.5d$,试选择键的尺寸,并计算其能传递的最大转矩。

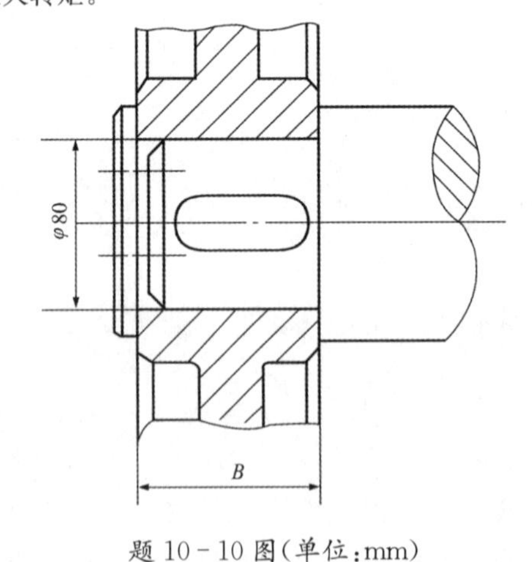

题 10-10 图(单位:mm)

第 11 章　滚动轴承的选择

本章概要：轴承用于支撑轴，承受轴及轴上零件的载荷，保证轴的旋转精度，减轻旋转产生的摩擦和磨损。根据轴承中摩擦性质的不同，轴承可分为滑动轴承和滚动轴承两大类。滚动轴承是机器中广泛应用的部件之一。常用的滚动轴承绝大多数已经标准化，并由专业轴承厂家组织生产，设计、使用、润滑和维护都很方便。设计人员的主要任务是正确选择滚动轴承，并完成滚动轴承部件的组合设计。本章主要介绍：滚动轴承的类型、特点和代号；滚动轴承的类型选择和尺寸选择。

11.1　滚动轴承的类型、特点和代号

滚动摩擦的阻力远小于滑动摩擦的阻力。在远古时期，人类就已经开始利用"滚动优于滑动"的基本原理劳作。滚动轴承摩擦系数低，启动阻力小。中国是世界上最早发明滚动轴承的国家之一，山西省永济市薛家崖村的考古文物已具备现代滚动轴承的雏形。元朝时在天文仪器上就使用了圆柱滚动支撑。

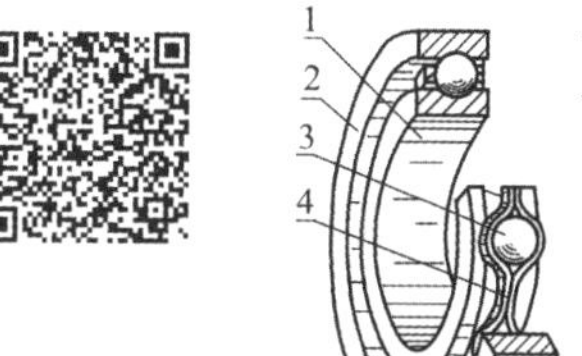

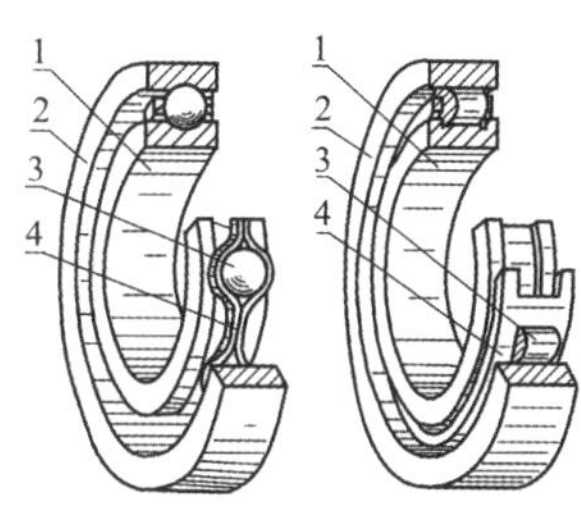

1:内圈　2:外圈
3:滚动体　4:保持架
图 11-1　滚动轴承的基本结构

滚动轴承一般由内圈 1、外圈 2、滚动体 3 和保持架 4 组成(图 11-1)。内圈装在轴颈上，外圈装在轴承座(或机座)中。通常是内圈随轴颈回转，外圈固定，但也可用于外圈回转而内圈不动，或是内、外圈分别按不同转速回转的场合。当内、外圈之间相对旋转时，滚动体即在内、外圈的滚道间滚动。保持架的主要作用是把滚动体均匀地隔开。

在工作过程中，滚动体与内、外圈是点或线接触，它们表面接触应力很大，要求其材料具有良好的接触疲劳强度和冲击韧性。一般轴承用铬钢制造，如 GCr15、GCr15SiMn 等，经热处理后硬度一般不低于 HRC 60，工作表面须磨削抛光。保持架一般用低碳钢板冲压制成，也可使用铜合金、铝合金或塑料。

11.1.1　滚动轴承的类型

滚动轴承结构分类有多种，根据《滚动轴承分类》(GB/T 271—2017)，通常按滚动体的形状和其承受载荷的方向(或接触角)分类。

按滚动体的种类，滚动轴承分为球轴承和滚子轴承。常用滚动体如图 11-2 所示。

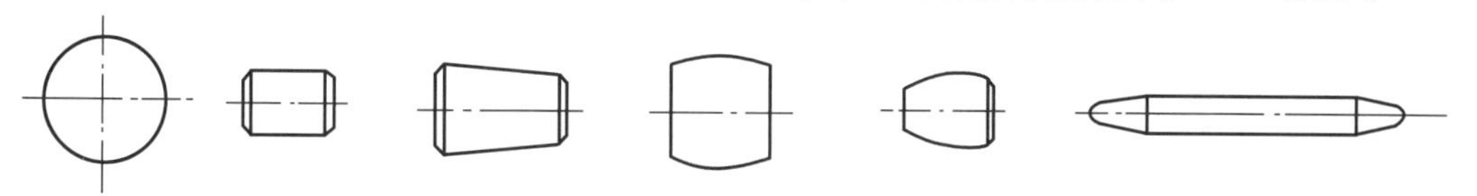

(a)球　(b)圆柱滚子　(c)圆锥滚子　(d)球面滚子　(e)非对称球面滚子　(f)滚针

图 11-2　常用滚动体

按承受载荷的方向或公称接触角的不同，滚动轴承可分为向心轴承和推力轴承两大类。如图11-3所示，垂直于轴承轴线的平面与经轴承套圈传递给滚动体的合力作用线之间的夹角 α 称为轴承的公称接触角[摘自《滚动轴承 词汇》(GB/T 6930—2002)]。不考虑摩擦时，合力

作用线即为滚动体与外圈滚道接触点(线)处的法线 $N-N$。公称接触角是滚动轴承的一个主要参数,它反映了轴承承受径向和轴向载荷的相对能力。公称接触角越大,轴承承受轴向载荷的能力也越强。向心轴承主要用于承受径向载荷,其公称接触角 $0°\leqslant\alpha\leqslant45°$。推力轴承主要用于承受轴向载荷,其公称接触角 $45°<\alpha\leqslant90°$。

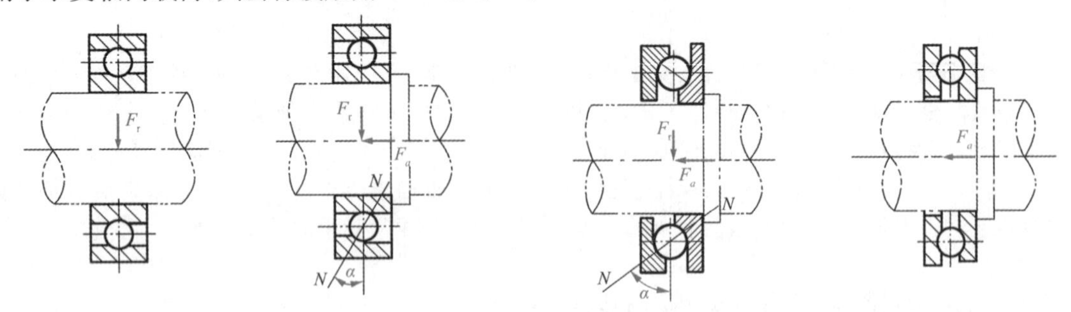

(a)径向接触向心轴承 $\alpha=0°$　(b)角接触向心轴承 $0°<\alpha\leqslant45°$　(c)角接触推力轴承 $45°<\alpha<90°$　(d)轴向接触推力轴承 $\alpha=90°$

图 11-3　不同类型轴承的承载情况

滚动轴承的类型很多,常用的各类滚动轴承的性能和特点简要介绍于表 11-1 中。

表 11-1　常用滚动轴承的类型和特性

轴承名称、类型及代号	结构简图　承载方向	基本额定动载荷比①	极限转速比②	主要特性及应用
调心球轴承 10000		0.6～0.9	中	因外圈滚道表面是以轴承中点为中心的球面,故能自动调心,允许角偏差≤2°～3°。主要承受径向载荷,同时也能承受少量的轴向载荷
调心滚子轴承 20000		1.8～4	低	能承受很大的径向载荷和少量轴向载荷。具有调心性能,允许角偏差≤1.5°～2.5°。适用于多支点轴、弯曲刚度小的轴及难于精确对中的支承
圆锥滚子轴承 30000	α	1.1～2.5	中	能同时承受较大的径向、轴向联合载荷。因系线接触,承载能力大于 7 类轴承。内外圈可分离,装拆方便,一般成对使用
推力球轴承 50000	(a)单向 (b)双向	1	低	$\alpha=90°$,只能承受轴向载荷,而且载荷作用线必须与轴线重合,以保证钢球载荷的均匀分布,不允许有角偏差。高速时离心力大,钢球与保持架磨损大,发热严重,寿命较短。可用于轴向载荷大、转速不高的场合

续表

轴承名称、类型及代号	结构简图 承载方向	基本额定动载荷比①	极限转速比②	主要特性及应用
深沟球轴承 60000		1	高	主要承受径向载荷，也可承受径向和轴向联合载荷。在转速很高不宜采用推力轴承时，可用来承受纯轴向载荷。允许角偏差≤16′，可大量生产，价格最低。当承受纯径向载荷时，$\alpha=0°$
角接触球轴承 70000C($\alpha=15°$) 70000AC($\alpha=25°$) 70000B($\alpha=40°$)	α	1.0～1.4 1.0～1.3 1.0～1.2	高	可以承受径向与轴向联合载荷，也可以单独承受轴向载荷。α越大，承受轴向载荷的能力越强。有三种规格。一般成对使用。适用于转速较高、同时承受径向和轴向载荷的场合
推力圆柱滚子轴承 80000		1.7～1.9	低	能承受较大的单向轴向载荷，但不能承受径向载荷，它比推力球轴承的承载能力要强。因其极限转速低，故适用于低速重载荷的场合
圆柱滚子轴承 N0000 (外圈无挡边) NU0000 (内圈无挡边)		1.5～3	高	外圈(或内圈)可以分离，故不能承受轴向载荷。能承受较大的径向载荷，但允许角偏差很少(2′～4′)。主要用于刚性大和对中性好的轴
滚针轴承 NA0000		—	低	只能承受径向载荷。承载能力强，径向尺寸特小。一般无保持架。摩擦因数大。这类轴承不允许有角偏差，内外圈可分离。常用于转速较低而径向尺寸受限制的场合

注：①基本额定动载荷比：指同一尺寸系列(直径及宽度)各种类型和结构形式的轴承的基本额定动载荷与单列深沟球轴承(推力轴承则与单向推力球轴承)的基本额定动载荷之比。

②极限转速比：指同一尺寸系列0级公差的各类轴承脂润滑时的极限转速与单列深沟球轴承脂润滑时极限转速之比。高、中、低的意义为：高为单列深沟球轴承极限转速的90%～100%；中为单列深沟球轴承极限转速的60%～90%；低为单列深沟球轴承极限转速60%以下。

11.1.2 滚动轴承的特点

与滑动轴承相比，滚动轴承的主要优点是：①摩擦阻力小、启动灵活、效率高($\eta=0.98\sim0.99$)；②轴承单位宽度的承载能力较强；③极大地减少了有色金属的消耗；④易于互换，润滑和维护方便。它的缺点是：①接触应力高，抗冲击能力较差，高速重载荷下寿命较低，不适用于有冲击和瞬间过载的高转速场合；②减振能力低，运转时有噪声；③径向外廓尺寸大；④小批量生产特殊的滚动轴承时成本较高。

我国长征五号新型重型运载火箭的研发，为了满足其氢涡轮泵发动机高转速、大载荷、超低温工作环境等工况要求，采用自主研发的自润滑混合式陶瓷轴承(轴承钢套圈、陶瓷滚动体、自润滑复合材料保持架)，突破了以往全钢轴承的极限转速限制，降低了摩擦生热和离心力，提高了疲劳寿命。

11.1.3 滚动轴承的代号

在常用的各类滚动轴承中,每种类型又可做成几种不同的结构、尺寸和公差等级,以便适应不同的技术要求。为便于组织生产和选用,GB/T 272—2017 规定了轴承代号的表示方法。滚动轴承代号由基本代号、前置代号和后置代号组成,用字母和数字等表示。其排列顺序见表 11-2。

(1)基本代号。基本代号表示轴承的类型、结构和尺寸,是轴承代号的基础。滚动轴承基本代号由类型代号、尺寸系列代号和内径代号三部分组成,见表 11-2。

内径代号:轴承公称内径尺寸用基本代号右起第一、第二位数字表示,按表 11-3 的规定标注。

表 11-2 滚动轴承代号的排列顺序

前置代号	基本代号				后置代号(组)							
▭	× (▭)	×	×	× ×	▭或×							
成套轴承分部件代号	类型代号	尺寸系列代号		内径代号	内部结构代号	密封与防尘结构代号	保持架及其材料代号	特殊轴承材料代号	公差等级代号	游隙代号	多轴承配置代号	其他代号
		宽(高)度系列代号	直径系列代号									

注:①▭——字母;×——数字。
②游隙分径向游隙和轴向游隙。径向游隙(能承受纯径向载荷的轴承,非预紧状态):在不同角度方向,不承受任何外载荷,一套圈相对于另一套圈从一个径向偏心极限位置移到相反的极限位置的径向距离的算术平均值。轴向游隙(两个方向上均能承受轴向载荷的轴承,非预紧状态):不承受任何外载荷,一套圈相对于另一套圈从一个轴向极限位置移到相反的极限位置的轴向距离的算术平均值。

表 11-3 轴承的内径代号

内径代号	00	01	02	03	04～99
轴承内径尺寸/mm	10	12	15	17	数字×5

注:内径小于 10 mm 和等于 22 mm、28 mm、32 mm 及大于 495 mm 的轴承内径代号另有规定。

直径系列代号:基本代号右起第三位数字表示直径系列代号。直径系列是指结构和内径相同的轴承在外径和宽度方面的变化系列。其代号有 7,8,9,0,1,2,3,4 和 5,对应于相同内径的轴承,其外径尺寸依次递增。图 11-4 所示为内径相同而直径系列不同的四种轴承的对比。

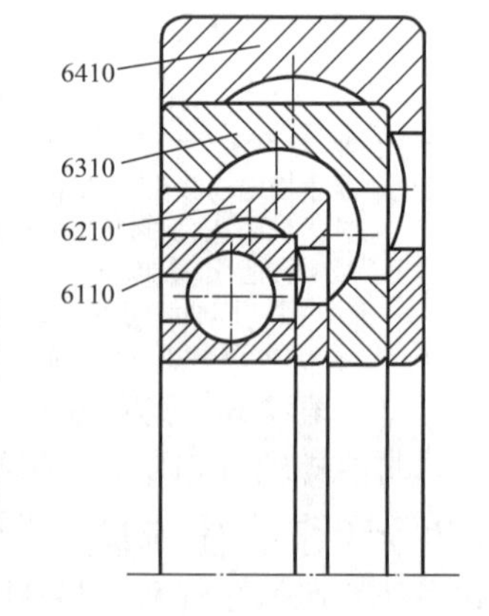

图 11-4 直径系列的对比

宽(高)度系列代号:基本代号右起第四位数字表示宽(高)度系列代号。宽(高)度系列是指结构、内径和直径系列都相同的轴承,在宽(高)度方面的变化系列。用 0～9 的数字表示。当宽度系列为 0 系列时,对多数轴承在代号中不标出宽度系列代号 0,但对于调心滚子轴承和圆锥滚子轴承,宽度系列代号 0 应标出。

直径系列代号和宽(高)度系列代号统称为尺寸系列代号。

类型代号:用数字或字母表示不同类型的轴承,常用滚动轴承的类型代号见表 11-1。

(2)前置代号。前置代号用于表示轴承的分部件,用字母表示。如用 L 表示可分离轴承的可分离内圈或外圈;K 表示轴承的滚动体与保持架组件;R 表示轴承不带可分离内、外圈等。

(3) 后置代号。后置代号是用字母和数字等表示轴承的结构、公差及材料的特殊要求等,置于基本代号右边，并与基本代号空半个汉字距离或用符号“－”“/”分隔。后置代号共分8组，其排列顺序及含义见表11－2。

内部结构代号表示同一类型轴承的不同内部结构，用字母表示。如B，AC和C分别表示角接触球轴承的公称接触角α为40°，25°和15°；E表示内部结构改进，增大轴承承载能力的加强型。

轴承的公差等级有N级（普通级，在轴承代号中不标出），6级，6X级，5级，4级，2级，SP，UP等，依次由低级到高级，其代号分别为（空缺），/P6，/P6X，/P5，/P4，/P2，/SP，/UP。公差等级中，6X级仅适用于圆锥滚子轴承。

游隙代号有/C2，/CN，/C3，/C4，/C5等，分别对应标准规定的游隙2，N，3，4，5组，还有/CA，/CM，/C9，游隙量依次由小到大。N组游隙是常用的游隙组别，在轴承代号中不标出。

例11－1 试说明滚动轴承代号61208和72311AC/P5的含义。

解

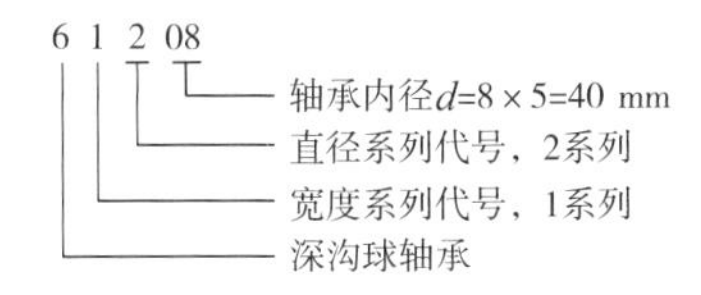

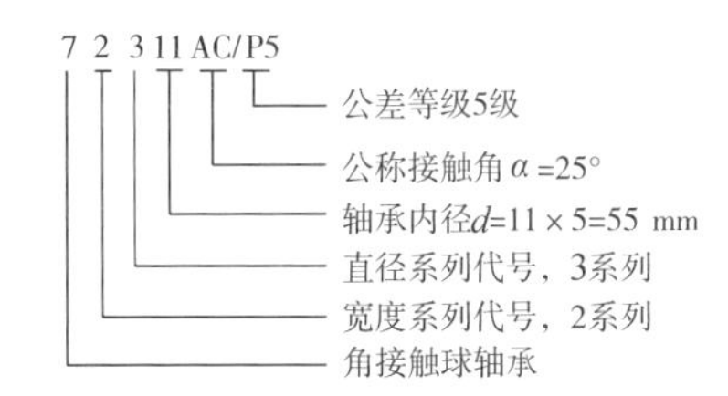

11.2 滚动轴承的类型选择

选用滚动轴承时，首先应选择滚动轴承的类型。而轴承类型的选择应在对各类轴承的工作特性充分了解的基础上，综合考虑轴承的工作条件、使用要求、价格等因素。一般来讲，选择滚动轴承类型时所应考虑的主要因素有：

(1)承载能力。轴承所受载荷的大小、方向和性质，是选择轴承类型的主要因素。

若载荷较小或中等，应选用点接触的球轴承；若载荷较大或有冲击载荷，应选用线接触的滚子轴承。当承受纯径向载荷时，一般选用深沟球轴承、圆柱滚子轴承或滚针轴承；当承受纯轴向载荷时，一般选用推力轴承。当轴承同时承受径向载荷和轴向载荷时，若轴向载荷较小，则可选用深沟球轴承或接触角较小的角接触球轴承、圆锥滚子轴承；若轴向载荷较大，则可选用接触角较大的角接触球轴承、圆锥滚子轴承；若轴向载荷很大而径向载荷较小，则宜选用角接触推力轴承或者选用向心轴承和推力轴承的组合结构。

(2)速度特性。在一定载荷和润滑条件下，滚动轴承所允许的最高转速称为极限转速。其具体数值见有关手册。滚动轴承转速过高会使摩擦面间产生高温，润滑失效，从而导致滚动体回火或轴承元件的胶合失效。

一般来说，深沟和角接触球轴承、圆柱滚子轴承具有较高的极限转速。在内径相同的条件下，外径越小，则滚动体越小，其极限转速越大。故在高速时，宜选用同一直径系列中外径较小的轴承。各类轴承极限转速的比较见表11－1。

(3)调心性能。由于外壳孔和轴的加工与安装误差，以及受载后轴的挠曲变形，轴与内外圈中心线在工作中不可能保持重合，会产生一定的偏斜。其偏斜角θ称为角偏差，见图11－5。角偏差应控制在允许范围内。当角偏差较大时，会影响轴承正常运转，降低轴承寿命，这时应采用调心轴承。调心轴承（图11－5）的外圈滚道表面是球面，能自动补偿两滚道轴心线的角偏差，从而保证轴承正常工作。滚针轴承对轴线偏斜最为敏感，应尽可能避免在有轴线偏斜的条件下使用。

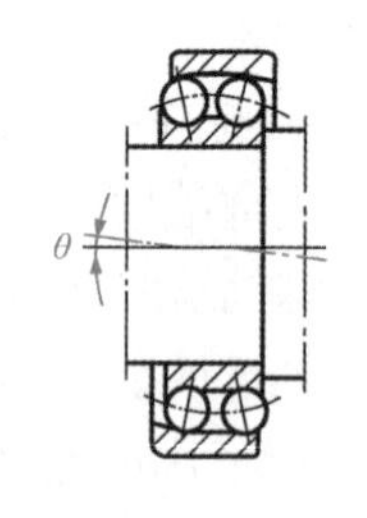

图 11-5　调心轴承

(4)经济性。在满足使用要求的情况下优先选用价格低廉的轴承。球轴承的价格低于滚子轴承。轴承的精度越高，价格越高，故选择高精度轴承须慎重。

滚动轴承的类型选择，需要综合考虑以上因素。例如，风电轴承是风力发电机组的核心零部件，如图 11-6 所示，每台机组使用的轴承有五类。其中，风电主轴轴承吸收叶轮气动载荷，主要承受其径向载荷、轴向载荷和冲击载荷，每台机组使用 1～2 套圆锥滚子轴承(大兆瓦、双列圆锥的 2 套)；增速器轴承支撑齿轮箱的低速轴、中间轴和输出轴，所受的扭矩、转速波动大，有多种结构形式，平均每台风机配置二三十套不同类型的轴承；发电机轴承常用的是深沟球轴承与圆柱滚子轴承组配形式，用 2 套圆柱滚子轴承承受较大的径向载荷，深沟球轴承承受一定的轴向载荷。

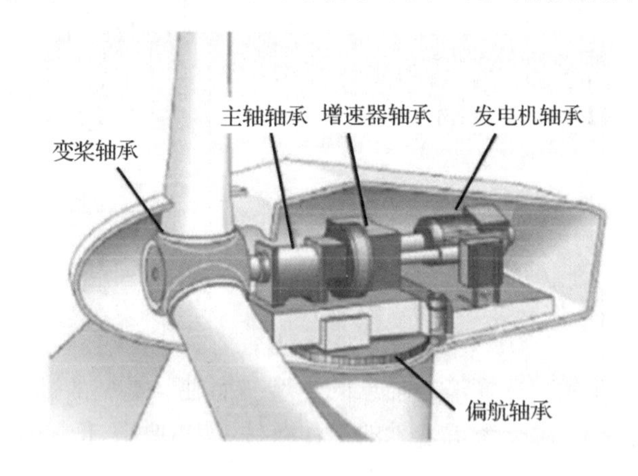

图 11-6　风电发动机组中的轴承

由于风电设备的恶劣工况和长寿命、高可靠性的使用要求，风电轴承具有较高的技术复杂度，是风机国产化难度最大的两大关键部件(轴承和控制系统)之一。目前，我国的风电轴承中偏航轴承、变桨轴承已实现了自主化，且占有一定的国际市场，但增速器轴承、发电机轴承和 2 MW以上的主轴轴承仍是我国风电制造业发展的软肋。

11.3　滚动轴承的尺寸选择

合理选择轴承型号后，还应确定轴承的尺寸。载荷越大，轴承的尺寸应越大。

11.3.1　轴承工作时轴承元件上的载荷分布及失效形式

当滚动轴承受通过轴心线的轴向载荷 F_a 作用时，认为各滚动体受载相等；当受纯径向载荷 F_r 作用时，各滚动体受载不相等。假设在 F_r 作用下，内外圈不变形，那么内圈将随轴一起沿 F_r 方向下沉 δ，上半圈各滚动体不承载，而下半圈各滚动体受载情况如图 11-7 所示。在 F_r 作用线上的滚动体所受的载荷最大(为 F_{max})，而远离作用线的各滚动体，其承载值就逐渐减小。

滚动轴承工作时内、外圈有相对运动，滚动体既有自转又围绕轴承中心公转，滚动体和套圈分别受到不同的脉动接触变应力。根据不同工作情况，滚动轴承的失效形式主要有：

(1)疲劳点蚀。滚动轴承工作过程中，由于接触应力的反复作用，首先在滚动体或滚道的表面下一定深度处产生疲劳裂纹，继而扩展到接触表面，形成疲劳点蚀。它是轴承的常见失效形式。轴承点蚀破坏后，在运转时通常会产生剧烈振动、噪声和发热现象。疲劳点蚀决定了轴承的工作寿命，故轴承的寿命一般是指疲劳寿命。

(2)塑性变形。在过大的静载荷或冲击载荷作用下，滚动体或滚道上出现过大的塑性变形，以致轴承不能正常工作。这种情况多发生在转速极低或间歇往复摆动场合下的轴承。

(3)其他。使用、维护和保养不当或密封润滑不良等因素，也能引起轴承早期磨损、胶合、内外圈和保持架破损等非正常失效。

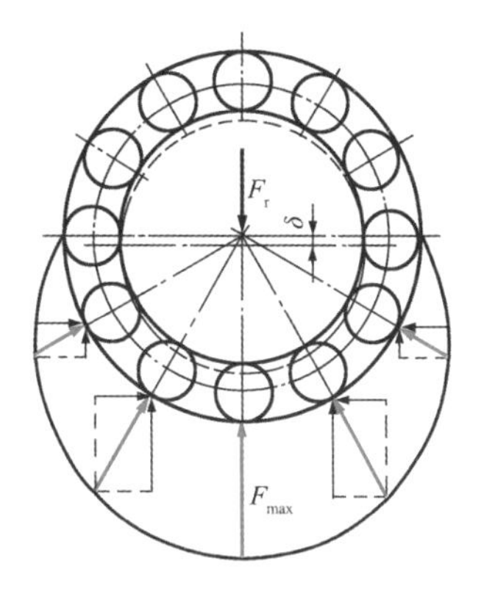

图 11-7　径向载荷的分布

11.3.2　基本额定寿命和基本额定动载荷

所谓轴承的寿命，对于单个轴承来说，是指轴承的一个套圈(或垫圈)或滚动体材料上出现第一个疲劳点蚀扩展迹象之前，轴承的一个套圈(或垫圈)相对另一个套圈(或垫圈)旋转的转数。

由于制造精度、材料的均质程度等的差异，即使是同样材料、同样尺寸以及同一批生产出来的轴承，在完全相同的条件下运转，它们的实际寿命也极不相同，最高的和最低的可能相差数十倍。图 11-8 为一典型的轴承寿命分布曲线图。一组在相同条件下运转、型号相同的滚动轴承期望达到或超过规定寿命的百分率，称为轴承寿命的可靠度。单个滚动轴承的可靠度为该轴承达到或超过规定寿命的概率。对于单个滚动轴承或一组在相同条件下运转的型号相同的轴承，其可靠度为 90%时的寿命称为基本额定寿命，以 L_{10} 表示(单位为百万转，即 10^6 r)。对单个轴承来讲，它能顺利地在基本额定寿命期内正常工作的概率为 90%，而在基本额定寿命期未达到之前即发生点蚀破坏的概率仅为 10%。对于一组轴承来讲，在按基本额定寿命计算而选择出的轴承中，可能有 10%的轴承发生提前破坏，也就是有 90%的轴承超过基本额定寿命后还能继续工作。

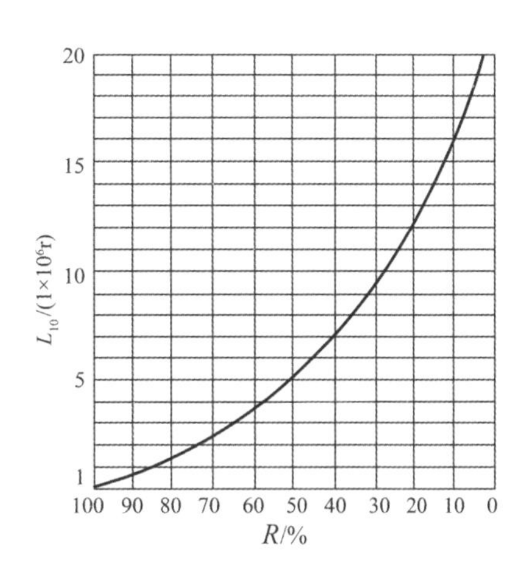

图 11-8　轴承寿命曲线

轴承的寿命与所受载荷的大小有关，工作载荷越大，轴承的寿命越短。滚动轴承的基本额定动载荷，就是使轴承的基本额定寿命为 1×10^6 r 时，轴承所能承受的载荷值，用 C 表示。对于向心轴承，由于它是在纯径向载荷下进行寿命试验的，故其基本额定动载荷通常称为径向基本额定动载荷，记作 C_r；对于推力轴承，它是在纯轴向载荷下进行试验的，故其基本额定动载荷称为轴向基本额定动载荷，记作 C_a；对于角接触球轴承或圆锥滚子轴承，其基本额定动载荷指的是使套圈间产生纯径向位移的载荷的径向分量。不同型号的轴承有不同的基本额定动载荷值，它表征了不同型号轴承承受载荷能力的大小。C_r，C_a 可在滚动轴承产品样本或手册中查得。表 11-4 中列出了部分数据。

表 11－4　滚动轴承基本参数

轴承代号 60000 型	内圈直径 d (mm)	外圈直径 D (mm)	轴承宽度 B (mm)	C_r (kN)	C_{0r} (kN)
6004	20	42	12	9.38	5.02
6204		47	14	12.8	6.65
6304		52	15	15.8	7.88
6404		72	19	31.0	15.2
6005	25	47	12	10.0	5.85
6205		52	15	14.0	7.88
6305		62	17	22.2	11.5
6405		80	21	38.2	19.2
6006	30	55	13	13.2	8.30
6206		62	16	19.5	11.5
6306		72	19	27.0	15.2
6406		90	23	47.5	24.5
6007	35	62	14	16.2	10.5
6207		72	17	25.5	15.2
6307		80	21	33.4	19.2
6407		100	25	56.8	29.5
6008	40	68	15	17.0	11.8
6208		80	18	29.5	18.0
6308		90	23	40.8	24.0
6408		110	27	65.6	37.5
6009	45	75	16	21.0	14.8
6209		85	19	31.5	20.5
6309		100	25	52.8	31.8
6409		120	29	77.5	45.5
6010	50	80	16	22.0	16.2
6210		90	20	35.0	23.2
6310		110	27	61.8	38.0
6410		130	31	92.2	55.2
6011	55	90	18	30.2	21.8
6211		100	21	43.2	29.2
6311		120	29	71.5	44.8
6411		140	33	100	62.5
6012	60	95	18	31.5	24.2
6212		110	22	47.8	32.8
6312		130	31	81.8	51.8
6412		150	35	109	70.0
6013	65	100	18	32.0	24.8
6213		120	23	57.2	40.0
6313		140	33	93.8	60.5
6413		160	37	118	78.5
6014	70	110	20	38.5	30.5
6214		125	24	60.8	45.0
6314		150	35	105	68.0
6414		180	42	140	99.5
6015	75	115	20	40.2	33.2
6215		130	25	66.0	49.5
6315		160	37	113	76.8
6415		190	45	154	115
6016	80	125	22	47.5	39.8
6216		140	26	71.5	54.2
6316		170	39	123	86.5
6416		200	48	163	125

轴承代号 30000 型	内圈直径 d (mm)	外圈直径 D (mm)	轴承宽度 B (mm)	C_r (kN)	C_{0r} (kN)
32004	20	42	15	25.0	28.2
30204		47	14	28.2	30.5
30304		52	15	33.0	33.2
32304		52	21	42.8	46.2
32005	25	47	15	28.0	34.0
33005		47	17	32.5	42.5
30205		52	15	32.2	37.0
33205		52	22	47.0	55.8
30305		62	17	46.8	48.0
31305		62	17	40.5	46.0
32305		62	24	61.5	68.8
33006	30	55	20	43.2	58.8
30206		62	16	43.2	50.5
32206		62	20	51.8	63.8
33206		62	25	63.8	75.5
30306		72	19	59.0	63.0
31306		72	19	52.5	60.5
32306		72	27	81.5	96.5
30207	35	72	17	54.2	63.5
30307		80	21	75.2	82.5
31307		80	21	65.8	76.8
30208	40	80	18	63.0	74.0
30308		90	23	90.8	108
31308		90	23	81.5	96.5
30209	45	85	19	67.8	83.5
30309		100	25	109	130
31309		100	25	95.5	115
32010	50	80	20	61.0	89.0
30210		90	20	73.2	92.0
30310		110	27	130	158
31310		110	27	108	128
30211	55	100	21	90.8	115
30311		120	29	152	188
31311		120	29	130	158
30212	60	110	22	102	130
30312		130	31	170	210
31312		130	31	145	178
32013	65	100	23	82.8	128
30213		120	23	120	152
32213		120	31	160	222
30313		140	33	195	242
31313		140	33	165	202
32313		140	48	260	350
32014	70	110	25	105	160
30214		125	24	132	175
32214		125	31	168	238
30314		150	35	218	272
31314		150	35	188	230
32314		150	51	298	408

轴承代号 70000C (AC,B) 型	内圈直径 d (mm)	外圈直径 D (mm)	轴承宽度 B (mm)	C_r (kN)	C_{0r} (kN)
7005 C	25	47	12	11.5	7.45
7005 AC		47	12	11.2	7.08
7205 C		52	15	16.5	10.5
7205 AC		52	15	15.8	9.88
7205 B		52	15	15.8	9.45
7305 B		62	17	26.2	15.2
7006 C	30	55	13	15.2	10.2
7006 AC		55	13	14.5	9.85
7206 C		62	16	23.0	15.0
7206 AC		62	16	22.0	14.2
7206 B		62	16	20.5	13.8
7306 B		72	19	31.0	19.2
7007 C	35	62	14	19.5	14.2
7007 AC		62	14	18.5	13.5
7207 C		72	17	30.5	20.0
7207 AC		72	17	29.0	19.2
7207 B		72	17	27.0	18.8
7307 B		80	21	38.2	24.5
7008 AC	40	68	15	10.0	14.5
7208 C		80	18	36.8	25.8
7208 AC		80	18	35.2	24.5
7208 B		80	18	32.5	23.5
7308 B		90	23	46.2	30.5
7408 B		110	27	67.0	47.5
7009 C	45	75	16	25.8	20.5
7009 AC		75	16	25.8	19.5
7209 C		85	19	38.5	28.5
7209 AC		85	19	36.8	27.2
7209 B		85	19	36.0	26.2
7309 B		100	25	59.5	39.8
7010 C	50	80	16	26.56	22.0
7010 AC		80	16	25.2	21.0
7210 C		90	20	42.8	32.0
7210 AC		90	20	40.8	30.5
7210 B		90	20	37.5	29.0
7310 B		110	27	68.2	48.0
7410 B		130	31	95.2	64.2
7011 C	55	90	18	37.2	30.5
7011 AC		90	18	35.2	29.2
7211 C		100	21	52.8	40.5
7211 AC		100	21	50.5	38.5
7211 B		100	21	46.2	36.0
7311B		120	29	78.8	56.5
7012 C	60	95	18	38.2	32.8
7012 AC		95	18	36.2	31.5
7212 C		110	22	61.0	48.5
7212 AC		110	22	58.5	46.2
7212 B		110	22	56.0	44.5
7312 B		130	31	90.0	66.3
7412 B		150	35	118	85.5
7013 C	65	100	18	40.0	35.5
7013 AC		100	18	38.0	33.8
7213 C		120	23	69.8	55.2
7213 AC		120	23	66.5	52.5
7213 B		120	23	62.5	53.2

11.3.3 滚动轴承寿命计算

大量试验表明，轴承的基本额定寿命 L_{10}（10^6 r）与基本额定动载荷 C(N)、当量动载荷 P(N)间的关系为

$$L_{10}=\left(\frac{C}{P}\right)^{\varepsilon} \tag{11-1}$$

式中：ε ——寿命指数，对于球轴承，ε =3；对于滚子轴承，ε =10/3。

实际计算时，用小时表示轴承寿命比较方便，令 n 代表轴的转速(r/min)，则以小时数表示的轴承寿命 L_h 为

$$L_h=\frac{10^6}{60n}\left(\frac{C}{P}\right)^{\varepsilon} \tag{11-2}$$

考虑温度对基本额定动载荷的影响，应引入温度系数 f_t。对于普通轴承钢和常用热处理工艺制造的轴承，f_t 值可查表 11-5。考虑机器工作时的冲击对轴承寿命的影响，应引入冲击载荷系数 f_d。f_d 值可查表 11-6。

表 11-5 温度系数 f_t

轴承工作温度/℃	≤120	125	150	175
温度系数 f_t	1	0.95	0.90	0.85

表 11-6 冲击载荷系数 f_d

载荷性质	无冲击或轻微冲击	中等冲击	强大冲击
载荷系数 f_d	1.0～1.2	1.2～1.8	1.8～3.0
举　例	电机、汽轮机、通风机、水泵	机床、内燃机、起重机械、减速器	破碎机、剪床、轧钢机

作了上述修正后，寿命计算式可写为

$$L_h=\frac{10^6}{60n}\left(\frac{f_t C}{f_d P}\right)^{\varepsilon} \tag{11-3}$$

在作轴承的寿命计算时，必须先根据机器的类型、使用条件及对可靠度的要求，确定一个恰当的预期寿命 L_h'。表 11-7 所列可供参考。如果当量动载荷 P 和转速 n 已知，预期寿命 L_h'也已被选定，则可从公式(11-3)中计算出轴承应具有的基本额定动载荷 C'值，参考机械设计手册或标准选定基本额定动载荷 $C \geqslant C'$的轴承型号。

$$C'=\frac{f_d P}{f_t}\left(\frac{60n}{10^6}L_h'\right)^{1/\varepsilon} \tag{11-4}$$

表 11-7 推荐的轴承预期寿命 L_h'

使 用 场 合	预期使用寿命 L_h'/h
不经常使用的仪器或设备，如闸门开闭装置等	300～3 000
短时间或间断使用的机械，中断时不致引起严重后果，如手动机械、农业机械、自动送料装置等	3 000～8 000
不间断使用的机械，中断会引起严重后果，如发动机辅助设备、流水作业线自动传送装置等	8 000～12 000
每天 8 h 工作的机械，但经常不是满载荷使用，如一般的齿轮传动、破碎机、起重机、一般机械等	12 000～20 000
每天 8 h 工作的机械，满载荷使用，如机床、工程机械、印刷机械、离心机等	20 000～30 000
24 h 连续工作的机械，如压缩机、泵、电动机、纺织机械、矿井提升机等	40 000～60 000

11.3.4 当量动载荷计算

滚动轴承的基本额定动载荷是在向心轴承只承受径向载荷、推力轴承只承受中心轴向载荷的特定条件下确定的。若作用在轴上的实际载荷既有径向载荷又有轴向载荷，则必须将实际载荷换算成与额定动载荷的载荷条件相一致的载荷，称当量动载荷。在当量动载荷的作用

下，滚动轴承的寿命与在实际载荷下的寿命相等。当量动载荷的计算公式为

$$P=XF_r+YF_a \tag{11-5}$$

式中：F_r，F_a——轴承的径向载荷及轴向载荷，N；

X，Y——径向动载荷系数及轴向动载荷系数，其值见表 11－8。

表 11－8　轴承当量动载荷的 X 值和 Y 值

轴承类型		相对轴向载荷①		$F_a/F_r>e$		$F_a/F_r\leqslant e$		e
		f_0F_a/C_{0r}	F_a/C_{0r}	X	Y	X	Y	
深沟球轴承		0.172 0.345 0.689 1.03 1.38 2.07 3.45 5.17 6.89	—	0.56	2.3 1.99 1.71 1.55 1.45 1.31 1.15 1.04 1	1	0	0.19 0.22 0.26 0.28 0.3 0.34 0.38 0.42 0.44
角接触球轴承（单列）	$\alpha=15°$	—	0.015 0.029 0.058 0.087 0.12 0.17 0.29 0.44 0.58	0.44	1.47 1.4 1.3 1.23 1.19 1.12 1.02 1 1	1	0	0.38 0.4 0.43 0.46 0.47 0.5 0.55 0.56 0.56
	$\alpha=25°$	—	—	0.41	0.87	1	0	0.68
	$\alpha=40°$	—	—	0.35	0.57	1	0	1.14
圆锥滚子轴承（单列）		—	—	0.4	0.4cot α②	1	0	1.5tan α
调心球轴承（双列）		—	—	0.65	0.65cot α	1	0.42cot α	1.5tan α

注：①对于相对轴向载荷或接触角的中间值，其 e，Y 值可由线性内插法求得。C_{0r} 为轴承的径向基本额定静载荷。f_0 为与轴承零件几何形状及应力水平有关的系数。为了便于教学，本书在计算中，对深沟球轴承取常用轴承的近似平均值 $f_0=14.7$。具体计算时，f_0 值可查 GB/T 4662—2012。C_0 为轴承的基本额定静载荷。

②由接触角 α 确定的各项 e 和 Y 值也可根据型号在手册中直接查取。

对只能承受纯径向载荷的向心轴承（如 N，NA 类轴承）：

$$P=F_r \tag{11-6}$$

对只能承受纯轴向载荷的推力轴承（如 5 类轴承）：

$$P=F_a \tag{11-7}$$

11.3.5　角接触球轴承和圆锥滚子轴承轴向载荷计算

在计算角接触球轴承和圆锥滚子轴承的轴向载荷 F_a 时，要考虑外圈对滚动体的支反力（其径向分力与径向载荷 F_r 相平衡）而派生的轴向分力。如图 11－9 所示，当轴承受径向载荷 F_r 时，由于结构上存在接触角 α，作用在承载区内第 i 个滚动体上的法向力 F_i 可分解为轴向分力 F_i' 和径向分力 F_i''。所有滚动体轴向分力的和即为轴承的派生轴向力，用 F' 表示。其方向指向外圈的开口方向，其大小见表 11－9。为了防止轴产生轴向窜动，保证轴承正常工作，通常这类轴承都要成对使用、对称安装，使角接触球轴承和

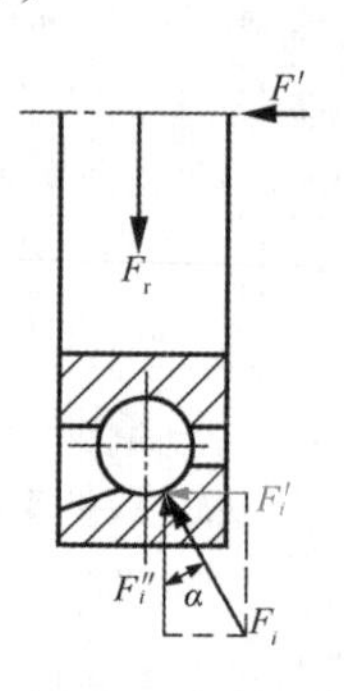

图 11－9　角接触球轴承的受力

圆锥滚子轴承的派生轴向力相互反向。安装方式有反装(两轴承外圈宽边相对)和正装两种方式(两轴承外圈窄边相对),如图 11－10(a)、图 11－10(b)所示,图中 F_A 为外加轴向载荷。

表 11－9　角接触球轴承和圆锥滚子轴承派生轴向力

轴承类型	角　接　触　球　轴　承			圆锥滚子轴承
	$\alpha=15°$	$\alpha=25°$	$\alpha=40°$	
F'	eF_r①	$0.68F_r$	$1.14F_r$	$F_r/(2Y)$②

注:①e 值由表 11－8 查出。

②Y 是对应表 11－8 中 $F_a/F_r>e$ 的值。

一般的轴系设置 2 个支承点,每个支点上采用一个或一组轴承。如图 11－10 所示,将派生轴向力的方向与外加轴向载荷的方向一致的轴承标为 2,另一端标为 1。取轴和与其相配合的轴承内圈为分离体,如达到轴向平衡时,应满足

$$F_A+F_2'=F_1'$$

此时,$F_{a1}=F_1'$,$F_{a2}=F_2'$。

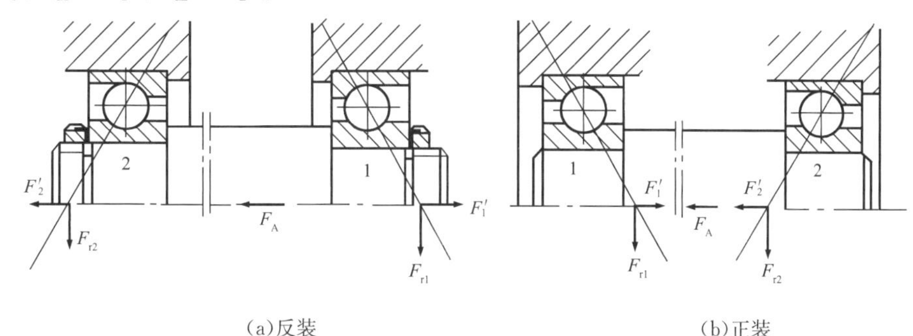

(a)反装　　(b)正装

图 11－10　角接触球轴承轴向载荷的分析

当按表 11－9 中的公式求得的 F_1'和 F_2'不满足上述关系时,将出现下面两种情况:

当 $F_A+F_2'>F_1'$时,则轴有向左窜动的趋势,由于轴承 1 的左端已固定,轴不能向左移动,即轴承 1 被"压紧",轴承 2 被"放松"。由力的平衡条件得轴承 1(压紧端)和轴承 2(放松端)所产生的轴向支反力分别为

$$\left.\begin{aligned}F_{a1}&=F_A+F_2'\\F_{a2}&=F_2'\end{aligned}\right\}\tag{11-8}$$

同理,当 $F_A+F_2'<F_1'$,即 $F_1'-F_A>F_2'$时,则轴有向右窜动的趋势,轴承 2 被"压紧",轴承 1 被"放松",由力的平衡条件得轴承 1(放松端)和轴承 2(压紧端)所产生的轴向支反力分别为

$$\left.\begin{aligned}F_{a1}&=F_1'\\F_{a2}&=F_1'-F_A\end{aligned}\right\}\tag{11-9}$$

综上可知,计算角接触球轴承和圆锥滚子轴承轴向支反力的方法可归结为:

①确定轴承派生轴向力 F_1'和 F_2'的方向和大小;②确定作用于轴上的轴向外载荷的合力 F_A 的方向和大小;③通过派生轴向力及轴向外载荷的计算与分析,判定被"压紧"的轴承及被"放松"的轴承;④被"放松"轴承的轴向支反力等于轴承本身的派生轴向力,被"压紧"轴承的轴向支反力等于除本身派生轴向力以外的其他所有轴向载荷的代数和。

11.3.6　滚动轴承的静强度计算

滚动轴承的静载荷是指轴承套圈彼此相对转速为零时,作用在轴承上的载荷。对于那些在工作载荷下基本上不旋转的轴承(如起重机吊钩上用的推力轴承),或者慢慢地摆动以及转

速极低的轴承，应按静强度计算，以免产生过大的塑性变形。具体计算可参阅有关机械设计手册或标准。

例 11－2 已知一齿轮轴的转速=2 900 r/min，根据工作条件决定选用深沟球轴承。轴承所受径向载荷 F_r=4 500 N，轴向载荷 F_a=1 250 N，装轴承处的轴颈直径可在 50～60 mm 范围内选择，运转时有轻微冲击，工作温度 t<100 ℃，轴承预期寿命 L_h'=5 000 h。试选择轴承型号。

解 1)初步计算当量动载荷 P

因该向心轴承同时受 F_r 和 F_a 的作用，必须求出当量动载荷 P。

按照表 11－8，X=0.56，轴向动载荷系数 Y 要根据 F_a/C_{0r}值查取，而 C_{0r}是轴承的径向额定静载荷，在轴承型号未选出前暂不知道，故用试算法。根据设计经验暂取 f_0F_a/C_{0r}=0.689，则 e=0.26。因 F_a/F_r=1 250/4 500=0.278>e，查得 X=0.56，Y=1.71。则根据式(11－5)，

$$P=XF_r+YF_a=0.56\times 4\,500+1.71\times 1\,250\approx 4\,658(\mathrm{N})$$

即轴承在 F_r=4 500 N 和 F_a=1 250 N 作用下的寿命，相当于在纯径向载荷为 4 658 N 作用下的寿命。

2)求轴承应有的径向基本额定动载荷值

根据式(11－4)

$$C'=\frac{f_d P}{f_t}\left(\frac{60n}{10^6}L_h'\right)^{1/\varepsilon}$$

计算。上式中 f_t=1(查表 11－5)，f_d=1.05(查表 11－6)。所以

$$C'=\frac{1.05\times 4\,658}{1}\times\left(\frac{60\times 2\,900}{10^6}\times 5\,000\right)^{1/3}\approx 46\,700\ \mathrm{N}$$

3)选择轴承型号

查表 11－4，选 6212 轴承，其 C_r=47 800 N>46 700 N；C_{0r}=32 800 N，故 6212 轴承的 f_0F_a/C_{0r}=14.7×1 250/32 800≈0.56，与原估计接近，适用。

例 11－3 某工程机械传动装置中轴承的配置形式如图 11－11 所示，暂定轴承型号为 7213AC。已知轴承处径向载荷 F_{rA}=4 665.5 N，F_{rB}= 5 986.2 N，轴向力 F_a=2 468 N，转速n=136.3 r/min，运转中受冲击较小，常温下工作，预期寿命 3 年，试问所选轴承型号是否恰当？

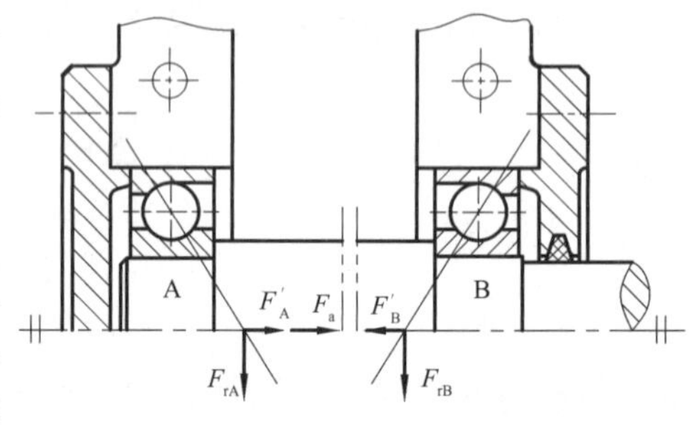

图 11－11 例 11－3 的轴承装置

解 1)先计算轴承 A、B 的轴向力 F_{rA}、F_{rB}

由表 11－9 查得轴承的派生轴向力为：

$$F_A'=0.68F_{rA}=0.68\times 4\,665.5=3\,172.5(\mathrm{N})(方向见图所示)$$

$$F_B'=0.68F_{rB}=0.68\times 5\,986.2=4\,070.6(\mathrm{N})(方向见图所示)$$

因为 $F_A'+F_a$=3 172.5+2 468=5 640.5 N>F_B'，

所以轴承 B 为压紧端　　$F_{aB}=F_A'+F_a$=3 172.5+2 468=5 640.5(N)

而轴承 A 为放松端　　$F_{aA}=F_A'$=3 172.5 N

2)计算轴承 A、B 的当量动载荷

由表 11－8 查得 $e=0.68$，而

$$\frac{F_{aA}}{F_{rA}}=\frac{3\ 172.5}{4\ 665.5}=0.68=e;\frac{F_{aB}}{F_{rB}}=\frac{5\ 640.5}{5\ 986.2}=0.942>e$$

由表 11－8 可得 $X_A=1$、$Y_A=0$；$X_B=0.41$、$Y_B=0.87$。故当量动载荷为

$$P_A=X_AF_{rA}+Y_AF_{aA}=1\times 4\ 665.5+0\times 3\ 172.5=4\ 665.5(\text{N})$$

$$P_B=X_BF_{rB}+Y_BF_{aB}=0.41\times 5\ 986.2+0.87\times 5\ 640.5=7\ 361.6(\text{N})$$

3)计算所需的径向基本额定动载荷 C_r'

因轴的结构要求两端选择同样尺寸的轴承，因为 $P_B>P_A$，故应以轴承 B 的径向当量动载荷 P_B 为计算依据。

两班制工作，一年按 300 个工作日计算，则 $L_h=16\times 300\times 3=14\ 400(\text{h})$，

因常温下工作，查表 11－5 得 $f_t=1$；受冲击载荷较小，查表 11－6 得 $f_d=1.1$，所以

$$C_{rB}'=\frac{f_dF_B}{f_t}\left(\frac{60n}{10^6}L_h\right)^{1/3}=\frac{1.1\times 7\ 361.6}{1}\left(\frac{60\times 136.3}{10^6}\times 14\ 400\right)^{1/3}=39\ 691.7(\text{N})$$

4)查表 11－4 得 7213AC 轴承的径向基本额定动载荷 $C_r=66\ 500$ N。因为 $C_{rB}'<C_r$，故所选 7213AC 轴承安全。

本章知识图谱

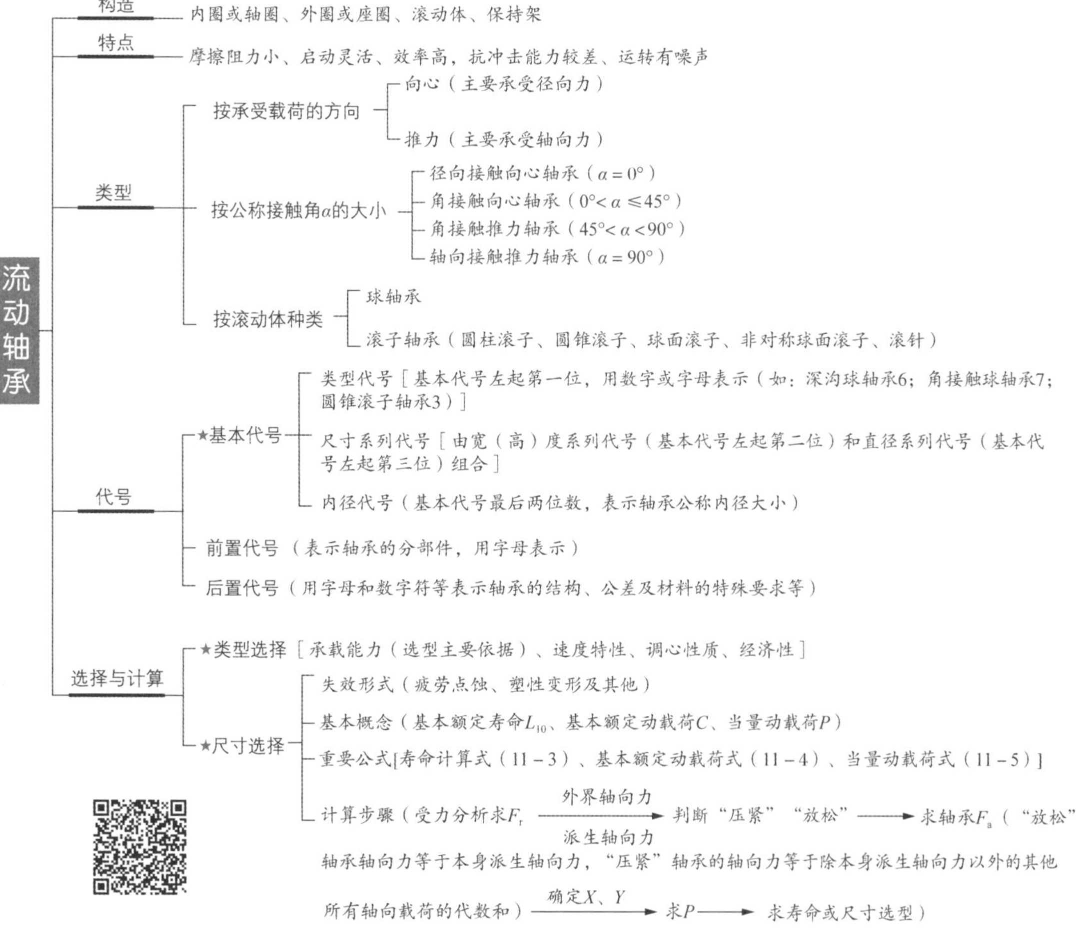

习　题

11-1　说明下列型号轴承的类型、尺寸系列、结构特点、公差等级及其适用场合：62203，6406/P2，N209/P4，7312AC/P6，33221B/P5。

11-2　滚动轴承的寿命和基本额定寿命是什么含义？何谓基本额定动载荷？何谓当量动载荷？

11-3　某深沟球轴承 6304 仅承受径向力 $F_r=4$ kN，转速 $n=960$ r/min，载荷平稳，室温下工作，试求该轴承的基本额定寿命，并说明达到此寿命的概率。若载荷改为 $F_r=2$ kN，轴承的基本额定寿命是多少？

11-4　试求 6207 深沟球轴承允许的最大径向载荷。已知工作转速 $n=200$ r/min，载荷平稳，预期寿命 $L_h'=10\ 000$ h，工作温度 $t<100$ ℃。

11-5　角接触轴承的安装方式如图所示，两轴承型号为 7000AC。已知作用于轴上径向载荷 $F_r=3\ 000$ N，轴向载荷 $F_A=300$ N，试求轴承Ⅰ和Ⅱ的轴向载荷 F_{a1} 和 F_{a2}。

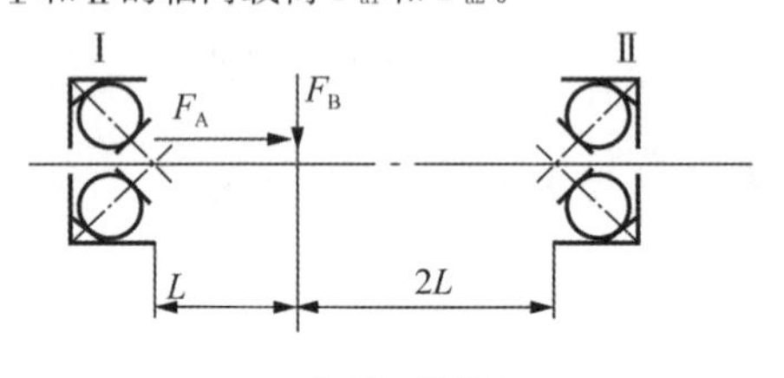

题 11-5 图

11-6　一水泵轴选用深沟球轴承支承。已知轴承所受径向载荷 $F_r=2\ 300$ N，轴向载荷 $F_a=540$ N，工作温度 $t<100$ ℃，载荷平稳，轴颈 $d=35$ mm，转速 $n=2\ 900$ r/min，要求使用寿命 $L_h'=5\ 000$ h。试选择轴承型号。

11-7　设根据工作条件决定在轴的两端各采用一个 70000AC 型轴承，见图 11-10(b)。已知两个轴承的载荷分别为 $F_{r1}=2\ 060$ N，$F_{r2}=1\ 000$ N，外加轴向力 $F_A=880$ N，轴的转速 $n=3\ 000$ r/min，轴颈 $d=45$ mm，常温下运转，所受载荷平稳。要求轴承预期寿命 $L_h'=3\ 000$ h，试确定其具体型号。

11-8　根据工作条件，决定在某传动轴上反装一对角接触球轴承，如图所示。已知两个轴承的载荷分别为 $F_{r1}=1\ 470$ N，$F_{r2}=2\ 650$ N，外加轴向力 $F_A=1\ 000$ N，常温下运转，有中等冲击，轴颈 $d=50$ mm，转速 $n=5\ 000$ r/min，预期寿命 $L_h'=2\ 000$ h，试选择轴承型号。

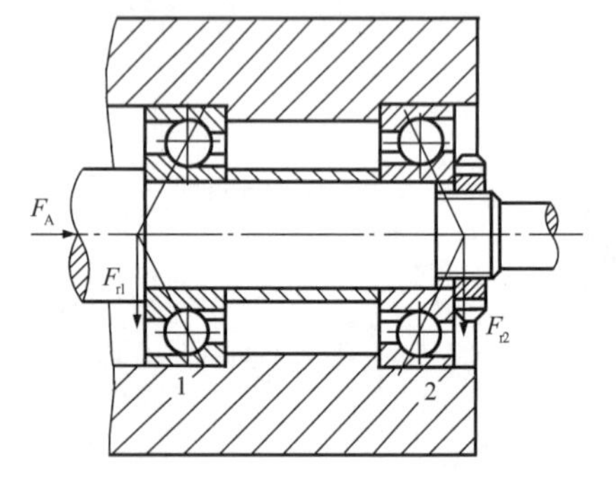

题 11-8 图

11-9　某轴由一对 30206 轴承支承，见图 14-2(a)，已知轴承 $C_r=43.2$ kN，$C_{0r}=50.5$ kN，锥齿轮所受的轴向力 $F_A=865$ N，轴的转速 $n=384$ r/min，左、右两个轴承的载荷分别为 $F_{r1}=1\ 600$ N，$F_{r2}=1\ 530$ N，轴承常温下运转，所受载荷平稳。试求轴承的基本额定寿命。

第 12 章　滑动轴承的设计

本章概要：相对于标准化的滚动轴承，滑动轴承因自身独特的优势，用于不能或不便使用滚动轴承或使用滚动轴承没有优势的特定工况，或有特殊要求的场合，无法被滚动轴承所取代。本章主要介绍滑动轴承的特点、类型及应用，滑动轴承的材料与润滑，不完全液体润滑滑动轴承的设计计算，液体动压滑动轴承工作原理，其他形式滑动轴承简介。

12.1　滑动轴承的特点、类型及应用

滑动轴承具有悠久的历史，早在约 7 000 年前，车轴和车轮轮毂中就应用有滑动轴承，比滚动轴承早很多。我国新安江水电站水轮机组第 1 台机组于 1960 年 4 月发电，采用滑动轴承，至今已安全运行 60 多年。虽然比不上滚动轴承摩擦小、启动阻力小、使用和维护方便等优点，但滑动轴承也具有滚动轴承不能替代的一些特点。

12.1.1　滑动轴承的特点

滑动轴承的主要优点：①普通滑动轴承结构简单，制造、装拆方便；②具有良好的耐冲击性和吸振性；③运转平稳，旋转精度高；④高速时比滚动轴承的寿命长；⑤可做成剖分式。它的主要缺点：①维护复杂；②对润滑条件要求高；③边界润滑时轴承的摩擦损耗较大。

12.1.2　滑动轴承的类型

滑动轴承的类型很多，按其所受载荷方向的不同，主要分为径向滑动轴承（主要承受径向载荷）和止推滑动轴承（承受轴向载荷）；按其滑动表面间润滑状态的不同，可分为流体润滑滑动轴承、不完全液体润滑滑动轴承（指滑动表面间处于边界润滑或混合润滑状态）和自润滑滑动轴承。流体润滑的特点是轴颈和轴承两相对运动表面间完全被一层液压或气压膜所分开。

12.1.2.1　整体式径向滑动轴承

整体式径向滑动轴承的结构形式见图 12－1。它由轴承座 1 和减磨材料制成的整体轴套（轴瓦）2 等组成。对于油润滑的轴承，在轴套上开有油孔 3，并在轴套的内表面上开有油槽。轴承座应用螺栓与机座连接，顶部设有安装注油杯的螺纹孔 4。这种轴承结构简单、成本低。但轴瓦磨损后，轴承间隙过大时无法调整，且只能从轴颈端部装拆。这种轴承多用在低速、轻载或间歇工作而不要经常拆装的轴承中，如手动机械、某些农业机械等。

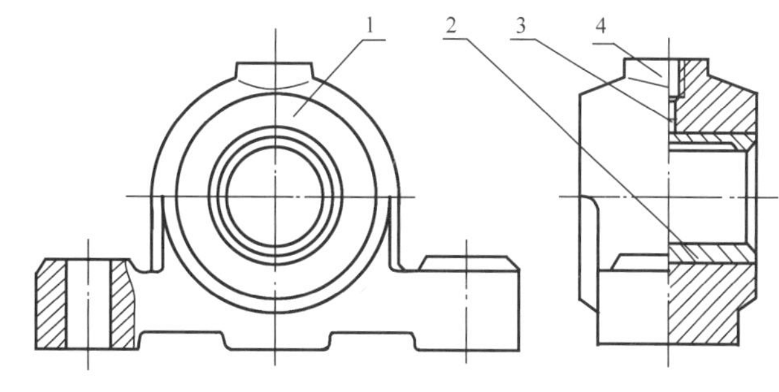

1：轴承座　2：轴套　3：油孔　4：螺纹孔

图 12－1　整体式径向滑动轴承

12.1.2.2　剖分式径向滑动轴承

图 12－2 所示为剖分式径向滑动轴承结构，它由轴承座 1、轴承盖 2、双头螺柱 3 和剖分轴瓦 4 等组成。采用油润滑的轴承，轴承盖上部开有螺纹孔，用以安装油杯或油管。为防止轴承

盖和轴承座横向错位并便于装配时对中，轴承盖和轴承座的剖分面常做成阶梯形。轴承剖分面最好与载荷方向近于垂直，多数轴承的剖分面是水平的。

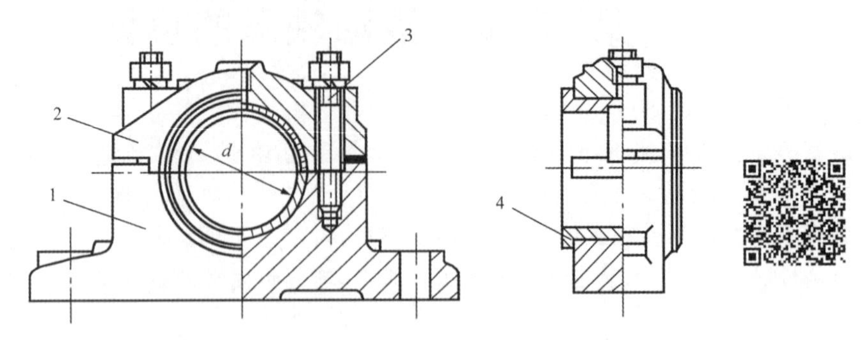

1:轴承座　2:轴承盖　3:双头螺柱　4:轴瓦

图 12－2　剖分式径向滑动轴承

轴瓦是直接与轴颈相接触的重要零件。为了节省贵重金属或其他需要，常在轴瓦内表面上黏附一层轴承衬。剖分式轴瓦由上、下两半组成，通常是下轴瓦承受载荷，上轴瓦不承受载荷。在轴瓦内壁不承受载荷的表面上开设油槽，润滑油通过轴承盖上的油孔和轴瓦上的油槽流进轴承间隙润滑摩擦面。常见油槽形状见图 12－3。一般油槽与轴瓦端面保持一定距离，以防止漏油。

剖分式径向滑动轴承在拆装轴时，轴颈不需要轴向移动，拆装方便。适当增减轴瓦剖分面间的调整垫片，可调节轴颈与轴承间的间隙。

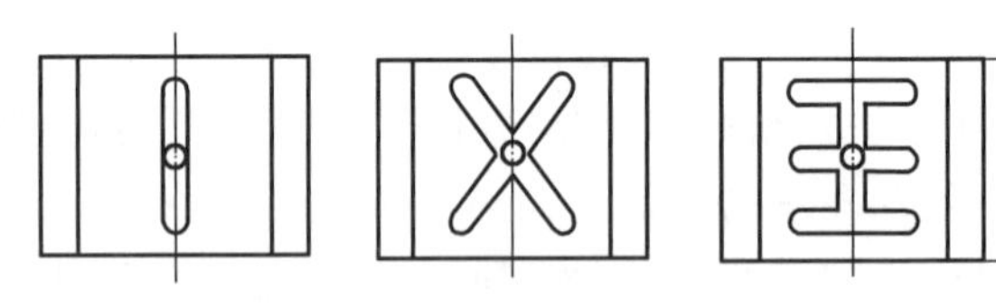

图 12－3　油槽形状

轴瓦宽度与轴颈直径之比 B/d 称为宽径比，它是径向滑动轴承中的重要参数之一。对于不完全液体润滑滑动轴承，常取 $B/d=0.8\sim1.5$，有时可以更大些；对于自润滑滑动轴承，常取 $B/d=0.5\sim1$。

12.1.2.3　止推滑动轴承

止推滑动轴承用来承受轴向载荷，与径向轴承联合使用可同时承受轴向和径向载荷。其常用的结构形式及结构尺寸见表 12－1。

表 12－1　止推滑动轴承的结构形式及结构尺寸

形式	简图	基本特点及应用	结构尺寸
空心式		支承面上压强分布均匀，润滑不方便	d 由轴的结构确定；$d_0=(0.4\sim0.6)d$

续表

形式	简图	基本特点及应用	结构尺寸
单环式	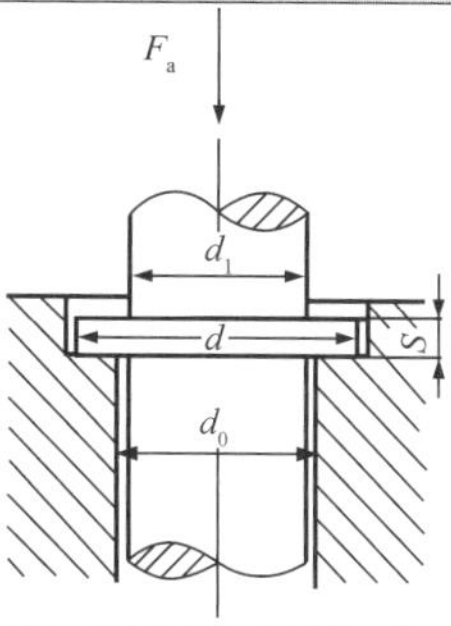 F_a, d_1, d, S, d_0	利用轴环的端面止推，结构简单，润滑方便，广泛用于低速、轻载的场合	d_1 由轴的结构确定；$d=(1.2\sim1.6)d_1$；$d_0=1.1d_1$；$S=(0.12\sim0.15)d_1$；$S_1=(2\sim3)S$
多环式	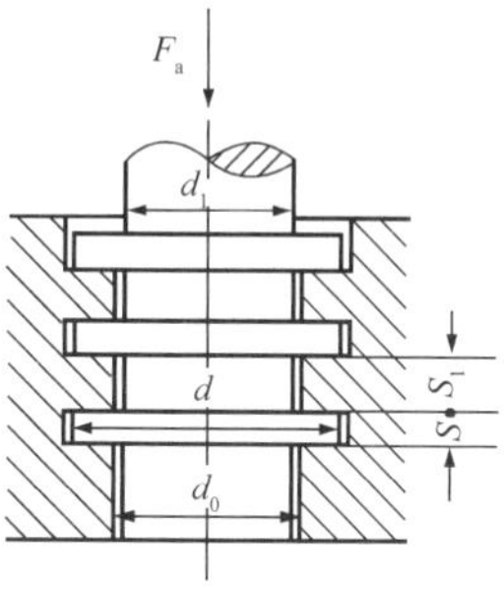 F_a, d_1, d, S_1, S, d_0	特点同单环式，可承受较单环式更大的载荷，也可承受双向载荷	

12.1.3 滑动轴承的应用

滑动轴承广泛应用于不能、不便或不必使用滚动轴承的场合：①要求高速、高精度、重载或结构上要求剖分的场合，如航空发电机附件、仪表、雷达、轧钢机、内燃机等。②要求低速、低精度、轻载、有冲击或环境恶劣的场合，如转动座椅、盾构机、水泥搅拌机、破碎机等。

12.2 滑动轴承的轴瓦材料与润滑剂选用

12.2.1 滑动轴承的轴瓦材料

滑动轴承中最关键的零件是轴瓦。轴瓦承受载荷，并与轴有相对滑动，产生摩擦、磨损，并引起发热和升温。因此，要求轴瓦材料具备下述性能：①摩擦因数小，有良好的耐磨性、耐腐蚀性、抗胶合能力强；②热膨胀系数小，有良好的导热性；③有足够的机械强度和可塑性。

实际上任何一种材料都不可能同时满足上述所有要求。设计时，应根据具体情况进行选择。工程上常用浇铸或压合的方法，将薄层材料黏附在轴瓦基体的内表面上。黏附上去的薄层材料通常称为轴承衬。轴瓦和轴承衬的材料统称为轴承材料。常用的轴承材料有以下几种：

(1)轴承合金。又称白金或巴氏合金，是锡、铅、锑、铜等金属的合金，以锡或铅为基体。它的摩擦因数小，抗胶合性能好，对油的吸附性强，耐腐蚀性好，容易跑合，是优良的轴承材料，常用于高速、重载的轴承。但它的价格贵且机械强度较差，因此只能作为轴承衬材料浇铸在钢、铸铁或青铜轴瓦上。

(2)青铜。有锡青铜、铅青铜和铝青铜三种。青铜的强度高、承载能力强、耐磨性和导热性好，工作温度可高达 250 ℃。但它的跑合性略差，与之相配的轴颈必须淬硬。

青铜可以单独制成轴瓦，也可以作为轴承衬浇铸在钢或铸铁轴瓦内壁上。它适用于中速重载、低速重载的场合。

(3)其他材料。用粉末冶金法制成的轴承，具有多孔性组织，孔隙内可以贮存润滑油，故又称为含油轴承。运转时，轴瓦温度升高，因油的膨胀系数比金属大，故油自动进入摩擦表面润滑轴承。停车时，因毛细作用，润滑油又被吸回孔隙中。含油轴承加一次油，可使用较长时间。常用于加油不方便的场合。

在不重要或低速轻载的轴承中，也可采用铸铁作为轴瓦材料。

塑料轴承具有摩擦因数小，可塑性好，耐磨、耐蚀，可以用水、油及化学溶液润滑等优点。但它的导热性差，膨胀系数较大，容易变形。为克服此缺陷，可将薄层塑料作为轴承衬材料黏附在金属轴瓦上使用。

橡胶轴承弹性大，能减轻振动，使运转平稳，可以用水润滑。常用于离心水泵、水轮机等。

常用的轴承材料及性能见表 12-2。

表 12-2 常用轴承材料的性能及用途

材料及其代号	[p]/MPa		[pv]/(MPa·m/s)	HBW		最高工作温度/℃	轴颈硬度/HBW	应用举例
				金属型	砂型			
锡基轴承合金 ZSnSb11Cu6	平稳	25	20	27		150	150	用作轴承衬。用于重载、高速、温度低于 100 ℃的重要轴承，如汽轮机，大于 750 kW 的电动机、内燃机，高转速的机床主轴的轴承，等等
	冲击	20	15					
铅基轴承合金 ZPbSb16Sn16Cu2	15		10	30		150	150	用于不剧变的重载、高速、温度低于 120 ℃的轴承，如车床、发电机、压缩机、轧钢机等的轴承
锡青铜 ZCuSn10P1	15		15	90	80	280	300～400	用于重载、中速、高温及冲击条件下工作的轴承
铅青铜 ZCuPb30	25		30	25	—	280	300	用于高速、重载轴承，能承受变载和冲击
铝青铜 ZCuAl10Fe3	15		12	110	100	280	300	最宜用于润滑充分的低速重载轴承
耐磨铸铁 HT300	0.1～6		0.3～4.5	180～229		150	<150	宜用于低速、轻载的不重要轴承，价廉

注：[pv]值为不完全液体润滑下的许用值。

12.2.2 滑动轴承的润滑剂选择

在相对运动的表面加入润滑剂，可避免(或减少)摩擦表面的直接接触，有利于减小摩擦和磨损，提高效率，延长机体寿命，同时还有缓冲吸振、防腐、密封等作用。轴承能否正常工作，和选用润滑剂正确与否有很大关系。

第 3 章已介绍了润滑的基本知识。本节介绍润滑油的黏度及润滑油和润滑脂的选用。

12.2.2.1 润滑油

润滑油是滑动轴承中应用最广的润滑剂。润滑油的主要性能是黏性，其衡量指标是黏度，这也是选择润滑油的主要依据。黏度可定性地定义为润滑油的流动阻力。如图 12-4 所示，在两块平行的平板间充满具有一定黏度的润滑油，若平板 A 以速度 v 移动，另一板 B 静止不动，则由于油分子与平板表面的吸附作用，粘在板 A 的油层以同样的速度($u=v$)随板移动，而粘在板 B 的油层静止不动($u=0$)。根据牛顿在 1687 年提出的黏性液的摩擦定律(简称黏性定律)，在相对运动的两板之间，液体的速度分布如图 12-4(a)所示，也可以看作两板间的液体逐层发生了相对滑移。在各层的界面上存在有相应的摩擦切应力 τ。任意点处的切应力均与该处液体的速度梯度成正比，即

$$\tau=\eta\frac{\mathrm{d}u}{\mathrm{d}y} \tag{12-1}$$

式中：u——液体中任一点的速度；

$\frac{\mathrm{d}u}{\mathrm{d}y}$——液体中该点沿垂直于运动方向的速度梯度；

η——比例系数，即液体的动力黏度，常简称为黏度。

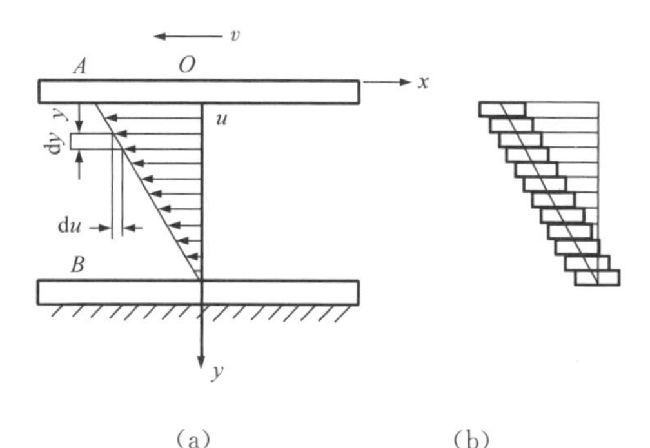

图 12-4 平行平板间油的流动

根据式(12-1)可知动力黏度的量纲是力·时间/长度^2。在国际单位制(SI)中，它的单位是 N·s/m^2(即 Pa·s)。在绝对单位制(CGS)中，把动力黏度的单位定为 1 dyn·s /cm^2，叫 1 P(泊)，百分之一泊称为 cP(厘泊)，即 1 P=100 cP。P 和 cP 与 Pa·s 的换算关系为：1 P=0.1 Pa·s，1 cP=0.001 Pa·s。

此外，工程中将动力黏度 η 与同温度下该液体密度 ρ 的比值表示的黏度称为运动黏度 ν，即

$$\nu=\frac{\eta}{\rho} \tag{12-2}$$

在国际单位制中，ν 的单位是 m^2/s。实用上这个单位过大，故常采用它的绝对单位制单位 St(斯)，或 cSt(厘斯)，1 St=1 cm^2/s=100 cSt。我国石油产品是用运动黏度(单位 cSt 或 mm^2/s)标定的，见表 3-5。

选用润滑油时，要考虑速度、载荷和工作情况。原则上讲，对于载荷大、温度高的轴承，宜选用黏度较大的油；反之，对于载荷小、转速高的轴承，宜选用黏度较小的油。

润滑油黏度随温度的升高而降低。故在较高温度(例如 t>60 ℃)下工作的轴承，所用油的黏度应比通常的高一些。

不完全液体润滑滑动轴承润滑油的选择参考表 12-3。

表 12-3 滑动轴承润滑油的选择(不完全液体润滑，工作温度 t<60 ℃)

轴颈圆周速度 $v/(\mathrm{m\cdot s^{-1}})$	平均压强 p<3 MPa	轴颈圆周速度 $v/(\mathrm{m\cdot s^{-1}})$	平均压强 p=(3~7.5) MPa
<0.1	L-AN68，100，150	<0.1	L-AN150
0.1~0.3	L-AN68，100	0.1~0.3	L-AN100，150
0.3~2.5	L-AN46，68	0.3~0.6	L-AN100
2.5~5	L-AN32，46	0.6~1.2	L-AN68，100
5~9	L-AN15，22，32	1.2~2	L-AN68

注：表中润滑油是以 40 ℃时运动黏度为基础的牌号。

12.2.2.2 润滑脂

使用润滑脂也可以形成将滑动表面完全分开的一层薄膜。润滑脂密封简单、不易流失，常用在那些要求不高、难以经常供油、低速重载或带有冲击的机器中。

选择润滑脂品种的一般原则为：

(1)所用润滑脂的滴点，一般应较轴承的工作温度高 20 ℃~30 ℃，以免工作时润滑脂过多地流失。

(2)当压力高和滑动速度高时,选针入度大一些的品种;反之,选针入度小一些的品种。

(3)在温度较高处,应选用钠基或复合钙基润滑脂。在有水淋或潮湿的环境下,应选择防水性强的钙基或铝基润滑脂。

除选用合适的润滑剂外,选用适当的润滑方式和润滑装置,也是保证滑动轴承支承获得良好润滑的重要条件。

12.3 不完全液体润滑滑动轴承的设计计算

不完全液体润滑滑动轴承工作时,因其接触表面不能被润滑油完全隔开而处于混合润滑状态,轴承工作表面的磨损和因边界油膜的破裂导致轴承的工作表面胶合或烧瓦是其主要失效形式。这类轴承的设计要求是:边界油膜不遭破裂。但促使边界油膜破裂的因素较复杂,因此目前仍采用简化的条件性计算。实践证明,若能限制压强 $p\leqslant[p]$ 和压强与轴颈线速度的乘积 $pv\leqslant[pv]$,则轴承是能够很好地工作的。

12.3.1 限制轴承的平均压强

限制轴承的平均压强,以保证润滑油不被过大的压力挤出,从而避免工作表面的过度磨损。即

$$p\leqslant[p] \tag{12-3}$$

(1)径向轴承。应满足

$$p=\frac{F_r}{Bd}\leqslant[p] \tag{12-4}$$

式中:F_r——径向载荷,N;

B——轴承宽度,mm;

d——轴颈直径,mm;

$[p]$——轴承材料的许用压强,MPa(表 12-2)。

(2)止推轴承。由表 12-1 可知,其应满足

$$p=\frac{F_a}{\frac{\pi}{4}(d^2-d_0{}^2)k}\leqslant[p] \tag{12-5}$$

式中:k——推力环数目。

12.3.2 限制轴承的 pv 值

由于 pv 值与摩擦功率损耗成正比,它简略地表征轴承的发热因素,因此限制 pv 值,可防止轴承温升过高,出现胶合破坏,即

$$pv\leqslant[pv] \tag{12-6}$$

(1)径向轴承。应满足

$$pv=\frac{F_r}{Bd}\cdot\frac{\pi dn}{60\times 1\ 000}\leqslant[pv] \tag{12-7}$$

式中:v——轴颈圆周速度,即滑动速度,m/s;

n——轴的转速,r/min;

$[pv]$——轴承材料的许用值(表 12-2)。

(2)止推轴承。式(12-6)中 v 应取平均线速度,即

$$v_m = \frac{\pi d_m n}{60 \times 1\,000}, \qquad d_m = \frac{d + d_0}{2}$$

止推轴承的$[p]$和$[pv]$值由表 12－2 查取。对于多环止推轴承,由于制造和装配误差使各支承面上所受的承载不相等,$[p]$和$[pv]$值应减少 20%～40%。

例 12－1 试按不完全液体润滑状态设计电动绞车中卷筒两端的滑动轴承钢丝绳拉力为 30 kN,卷筒转速为 15 r/min,结构尺寸如图 12－5 所示,其中轴颈直径 d＝80 mm。

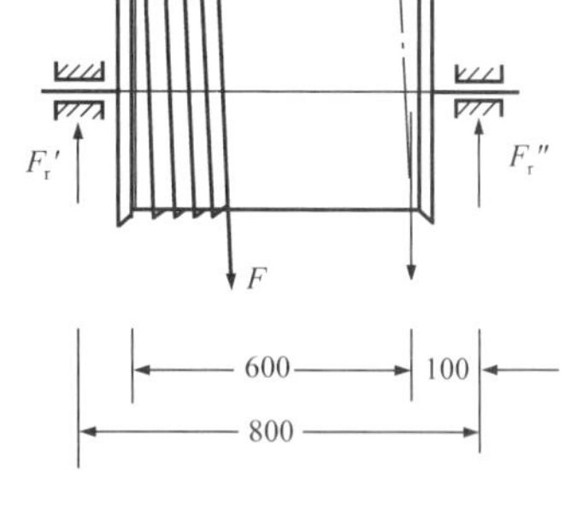

图 12－5 绞车卷筒的轴承

解 1) 求滑动轴承上的径向载荷 F_r。

两端滑动轴承所受径向载荷的大小随钢丝绳在卷筒上的位置不同而不同,当钢丝绳绕在卷筒的边缘时,一侧滑动轴承受力达最大值,为

$$F_r = F_r'' = W \times \frac{700}{800} = 30\,000 \times \frac{7}{8} = 26\,250(\text{N})$$

2) 取宽径比 B/d＝1.3,则

$$B = 1.3 \times 80 = 104(\text{mm})$$

3) 选择轴承结构及材料,并验算其工作能力。

两轴承采用整体式滑动轴承,润滑方式采用脂润滑,轴瓦选用锡青铜 ZCuSn10P1,查表 12－2,其$[p]$＝15 MPa,$[pv]$＝15 MPa・m/s 。

验算压强 p,由式(12－4)得

$$p = \frac{F_r}{Bd} = \frac{26\,250}{104 \times 80} = 3.16\ (\text{MPa}) < [p]$$

验算 pv 值,由式(12－7)得

$$pv = \frac{26\,250}{104 \times 80} \cdot \frac{3.14 \times 80 \times 15}{60 \times 1\,000} = 0.2(\text{MPa} \cdot \text{m/s}) < [pv]$$

因此所选材料足够。

12.4 液体动压滑动轴承工作原理

12.4.1 形成动压油膜的必要条件

如果在轴颈和轴瓦工作表面间注入液体,采用一定方式使间隙内的液体产生很大的压力,此压力可以将两摩擦表面完全分开,即存在一层足够厚度的油膜,即使在相当大的载荷作用下,两表面也能维持液体润滑状态。液体润滑滑动轴承根据油膜形成原理的不同,又可分为液体动压润滑滑动轴承(液体动压滑动轴承)和液体静压润滑滑动轴承(液体静压轴承)。

下面分析液体动压滑动轴承的工作原理。首先分析两平行板的情况。如图 12－6(a)所示,两平行板 A,B 之间充满润滑油,板 B 静止,板 A 以速度 v 向左运动。如前所述,当板上无载荷时,两平行板间润滑油的速度呈三角形分布,板 A,B 之间流入的油量与流出的油量相等,润滑油形成层流维持连续流动,板 A 不会下沉。但若板 A 上承受外载荷 F,油向两边挤出[图 12－6(b)],于是板 A 逐渐下沉,直到与板 B 接触。这就说明两平行板之间是不能形成压力油膜的。

如果两板不平行,板间的间隙沿运动方向由大到小呈收敛楔形分布,且板 A 上承受外载荷 F,如图 12－6(c)所示。当板 A 运动时,两端的速度若按照虚线所示的三角形分布,则必然进油

多而出油少。由于液体不可压缩，必将在板内挤压而形成压力流，迫使进口端润滑油的速度曲线向内凹，而出口端油的速度曲线向外凸，油层速度不再是三角形分布，而呈图中实线所示的曲线分布，使流入的油量等于流出的油量而保持稳定状态。此时液体内不仅有层流，还有如图 12－6(d)所示压力流形成的压力存在。液体压力与外载荷 F 平衡，板 A 不会下沉。这就说明在间隙内形成了压力油膜。这种借助相对运动而产生的压力油膜称为动压油膜。图 12－6(c)还表明从截面 $a—a$ 到$c—c$之间，各截面的速度图形各不相同，中间有一截面 $b—b$ 呈三角形分布。

由上述分析可知，形成动压油膜的必要条件是：

(1) 两工作表面间必须构成楔形间隙；

(2) 两工作表面间应连续充满润滑油或其他黏性液体；

(3) 两工作表面间必须有相对滑动速度，其运动方向必须保证润滑油从大截面流进，从小截面流出。

除此之外，对于一定的外载荷 F，必须使黏度 η、速度 v 及间隙等与之匹配。

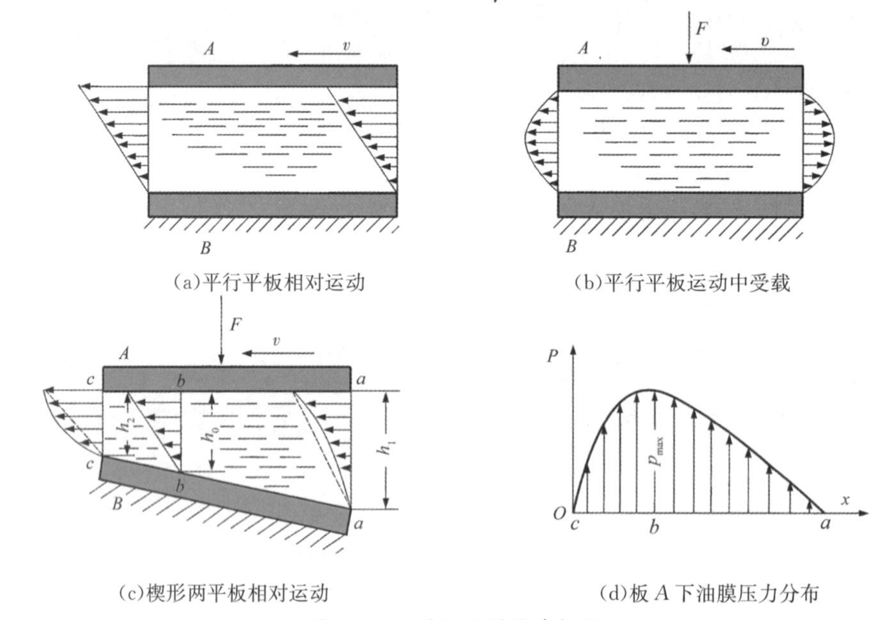

(a)平行平板相对运动　(b)平行平板运动中受载

(c)楔形两平板相对运动　(d)板 A 下油膜压力分布

图 12－6　动压油膜承载机理

12.4.2　向心滑动轴承形成动后油膜的过程

进一步观察向心滑动轴承形成动压油膜的过程，如图 12－7 所示。O_1 为轴颈中心，O 为轴承中心，O_1O 的连线为偏心距。当轴颈静止时，在外载荷 F 的作用下，轴颈处于轴承孔最下

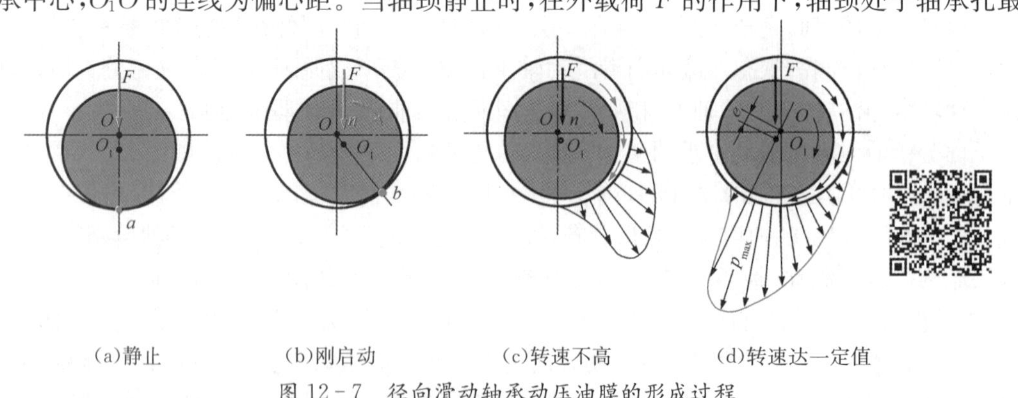

(a)静止　(b)刚启动　(c)转速不高　(d)转速达一定值

图 12－7　径向滑动轴承动压油膜的形成过程

方的稳定位置，两表面间自然形成一弯曲的楔形间隙[图 12-7(a)]，这就满足了形成动压油膜的首要条件。润滑油进入轴承间隙，并因油的黏性作用而吸附于轴颈和轴承表面上。轴颈开始转动时，速度极低，这时轴颈和轴承直接接触，其摩擦为金属间的直接摩擦。作用于轴颈上的摩擦力的方向与其表面上的圆周速度方向相反，迫使轴颈沿轴承孔内壁向上爬[图 12-7(b)]。随着轴颈转速的升高，润滑油顺着旋转方向被不断带入楔形间隙，间隙越来越小。根据流体通过管道时流量不变的原理，当楔形间隙减小时，润滑油的流速将逐渐增大，使润滑油被挤压从而产生油膜压力。在间隙最小处，流速最大，润滑油被挤压厉害，这些油膜压力的合力足以将轴颈推离，使轴颈和轴承的金属接触面积不断减少，以致在轴颈和轴承间形成一层较薄的油膜[图 12-7(c)]。但由于油膜压力尚不足以完全平衡外载荷 F，油膜厚度还没有大于两表面粗糙度之和，此时轴承仍处于不完全液体润滑状态。随着轴颈转速迅速提升，油膜压力不断增大，直到将轴颈托起，两表面被油膜完全隔开，轴承按液体润滑状态工作[图 12-7(d)]。此时轴颈上各点处油膜形成压力，当其合力与外载荷 F 相平衡时，轴颈就在此平衡位置上稳定转动。

12.5 其他滑动轴承简介

12.5.1 液体静压轴承

液体静压轴承是利用专门的供油装置，把具有一定压力的润滑油送入轴承静压油腔，形成具有压力的油膜，利用静压油腔间的压力差，平衡外载荷，保证轴承在完全液体润滑状态下工作。

图 12-8 是液体静压轴承的示意图。压力为 p_b 的高压油经节流器降压后流入各静压油腔，然后一部分经过径向封油面流入回油槽，并沿槽流出轴承，一部分经轴向封油面流出轴承。当轴承载荷为零时，各油腔压力彼此相等，轴颈与轴孔同心。此时，4 个油腔的封油面与轴颈间的间隙相等，均为 h_0。因此，流经 4 个油腔的油流量相等，在 4 个节流器中产生的压力降也相同。

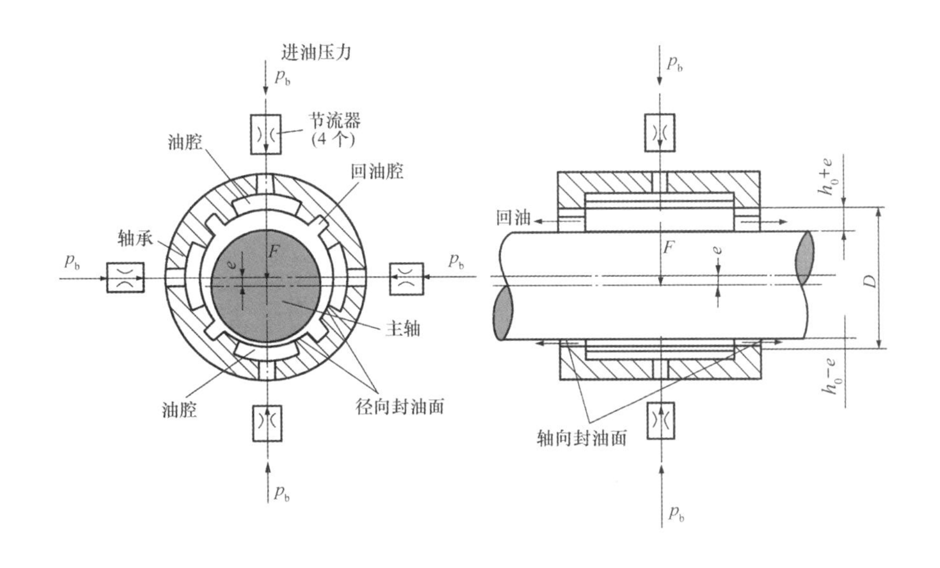

图 12-8 液体静压轴承示意图

当轴承受载荷时，轴颈下移 e，各静压油腔附近间隙发生变化。上油腔的封油面间隙增加，油的流量亦随之增加，上油腔节流器中的压力降也随之增加。但是，因供油压力 p_b 保持不变，所以上油腔中压力减小；同理，下油腔的间隙减少，油腔中压力增大。这样，形成上下油腔压力差平衡外载荷 F。

12.5.2 自润滑轴承

自润滑轴承是在不加润滑剂的状态下运转的，轴承材料本身就是固体润滑剂，或轴瓦内含有润滑剂。为降低磨损，一般常用各种工程塑料和碳-石墨作为轴承材料。为防止锈蚀或降低摩擦系数，轴径材料常用不锈钢、碳钢镀硬铬，使轴承和轴径两者表面硬度差加大。

自润滑轴承的失效形式主要是磨损。设计条件是 $p \leqslant [p]$ 以及 $pv \leqslant [pv]$。

目前应用渐多的自润滑轴承是镶嵌自润滑轴承，它是在普通滑动轴承的整体轴套或轴瓦上，通过合理设计与钻孔或拉槽后，将适当形状、尺寸与强度的固体润滑剂嵌入孔(槽)中而组成的，可在无油(也可外部供油)的条件下工作，主要用于油膜不能或不易形成的工况下，能承受大的稳定或变载荷，摩擦系数 $f=0.04 \sim 0.09$，使用温度范围 -190 ℃～700 ℃，并可在高真空、强辐射、粉尘、潮湿或液体介质中正常运转。由于有专业工厂生产，选用方便而经济，具体选用时可参考有关文献。

12.5.3 气压轴承

气压轴承是用气体作润滑剂的滑动轴承，因空气黏度仅为机械油的 1/4 000，其摩擦力小到可忽略不计，且受温度变化的影响小，被首先采用。气体轴承可在高速下工作，轴颈转速可达每分钟几十万转，目前有的甚至已超过每分钟百万转。气体轴承也分为动压轴承、静压轴承及混合轴承，其工作原理与液体滑动轴承相同。动压气体轴承形成的气膜很薄，最大不超过 20 μm，故要求气体轴承的制造十分精确。气体轴承不存在油类污染，密封简单，回运精度高，运行噪声低，主要缺点是承载量不大。常用于高速磨头、陀螺仪、原子反应堆、医疗设备等方面。

12.5.4 磁悬浮轴承

磁悬浮轴承(电磁轴承)是利用电磁力的作用使转子悬浮起来且具有主动控制功能的新型高性能轴承，主要由转子、传感器、控制器和执行器等部分构成，其中执行器包括电磁铁和功率放大器两部分。磁悬浮轴承的基本工作原理如图 12－9所示，电磁铁绕组具有电流 I_0，它对转子产生的吸力和转子的重力以及转子负载相平衡，转子处于悬浮的平衡位置。如在平衡位置上，转子受到一个向下的扰动，就会偏离其平衡位置向下运动，此时传感器在线拾取转子偏离其平衡位置的位移信号，控制器对位移信号进行相应处理并生成控制信号，功率放大器再将这一控制信号转换成控制电流。相对于原平衡位置，此时的控制电流由 I_0 增加到 I_0+i，因此电磁铁的磁力变大了，从而驱动转子返回到原来的平衡位置。

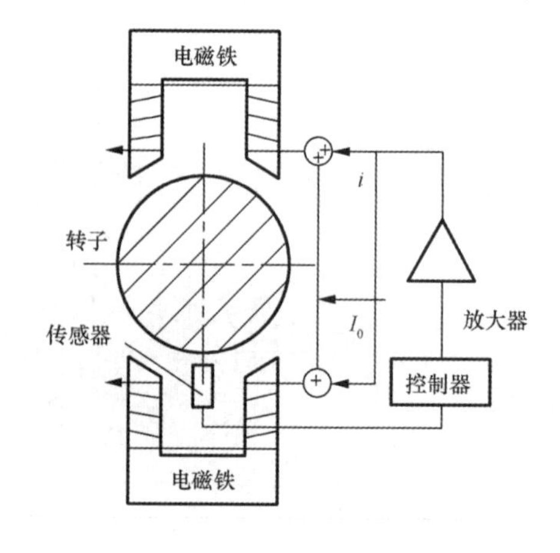

图 12－9 磁悬浮轴承的工作原理

磁悬浮轴承由于转子与定子之间没有机械接触，故具有无磨损、能耗低、允许转速高、噪声小、寿命长、无润滑介质等优点。目前，磁悬浮轴承广泛应用于各个领域，从航天、国防等高科技领域逐渐普及到一般的工业、民用设施。磁悬浮轴承是继油润滑、气润滑之后轴承行业又一次革命性变化。

本章知识图谱

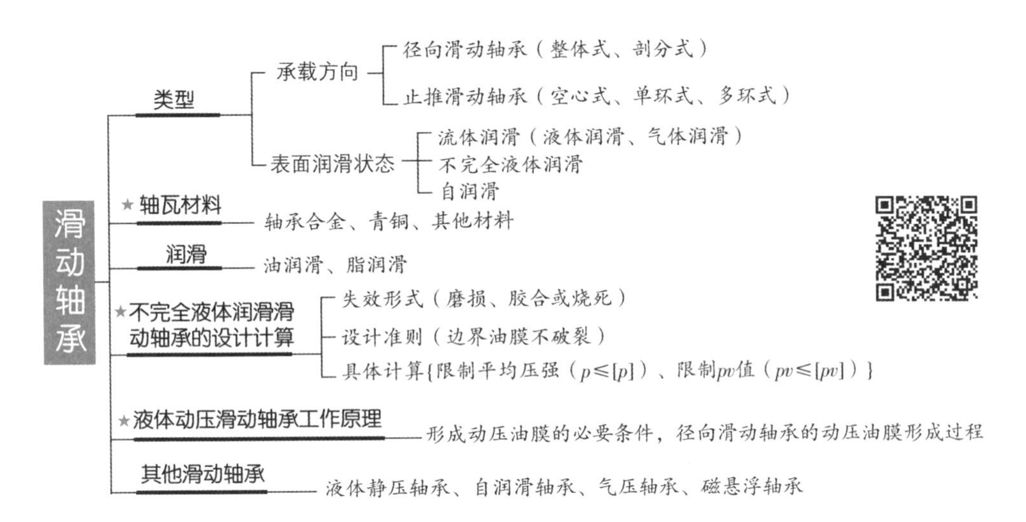

习　题

12－1　滑动轴承的轴瓦材料应具有什么性能？试举几种常用的轴瓦材料。

12－2　滑动轴承为什么常开设油孔及油槽？油孔及油槽应设在什么位置？为什么？油槽一般有哪些结构？设计时应注意什么问题？

12－3　校核铸件清理滚筒上的一对滑动轴承。已知装载量加自重＝28 000 N，转速＝40 r/min，两端轴颈的直径 $d=80$ mm，轴瓦宽径比 $B/d=1.4$，材料为锡青铜 ZCuSn10P1，润滑脂润滑。

12－4　有一不完全液体润滑向心滑动轴承，$B/d=1.5$，轴承材料的 $[p]=5$ MPa，$[pv]=10$ MPa·m/s，轴颈直径 $d=100$ mm，轴的转速 $n=1\ 000$ r/min，试问它允许承受多大的径向载荷？

12－5　试设计一起重机卷筒上的不完全液体润滑向心滑动轴承。已知轴颈直径 $d=90$ mm，轴的转速 $n=9$ r/min，轴颈的径向载荷 $F_r=100\ 000$ N，轴承材料采用锡青铜。

12－6　一向心滑动轴承，轴颈角速度为 ω，直径为 d，相对间隙为 Ψ（$\Psi=\dfrac{\Delta}{d}$，Δ 为直径间隙）。假定工作时轴颈与轴承同心，间隙内充满油，油的黏度为 η，轴瓦宽度为 B。试证明油作用在轴颈上的阻力矩 $T_f=\dfrac{\pi d^2 B}{2}\cdot\dfrac{\eta\omega}{\Psi}$。

第 13 章　联轴器、离合器及制动器的选择

本章概要：联轴器、离合器和制动器是传动机械中重要的通用部件。联轴器和离合器主要用于连接两轴，使其一同回转并传递转矩。制动器主要用于机器减速或停止运转，保证设备安全。它们在航天、船舶、车辆、冶金等机械中得到了广泛的应用，种类繁多，多数已标准化。本章主要介绍有代表性的几种联轴器、离合器和制动器的工作原理、结构特点及选用方法。

13.1　联轴器

13.1.1　联轴器的功用与分类

联轴器只能在机器停车时将两轴连上或分开，有时兼有过载保护作用。由于存在制造及安装误差、受载变形等，联轴器所连接的两轴的轴线会产生轴向偏移、径向偏移、角度偏移及综合偏移，见图 13－1。偏移会引起附加动载荷，使机器工况恶化。因此，要求联轴器具有一定的偏移补偿能力，同时具有缓冲和减振的作用。

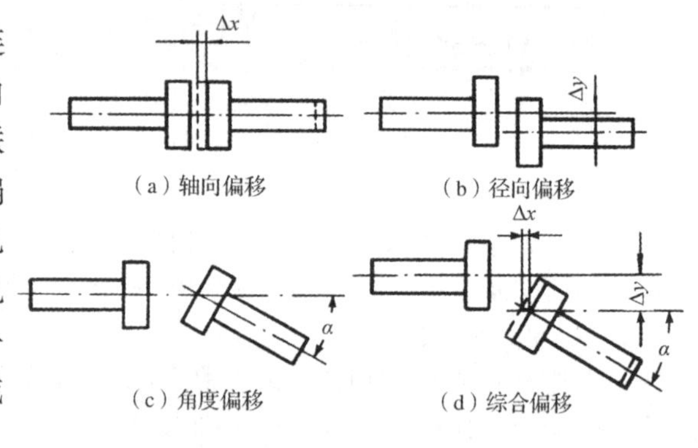

（a）轴向偏移　（b）径向偏移　（c）角度偏移　（d）综合偏移

图 13－1　两轴线相对偏移

联轴器种类、形式较多，且大多已标准化。

机械式联轴器大致分为：

- 联轴器
  - 刚性联轴器：凸缘、套筒联轴器等
  - 挠性联轴器
    - 无弹性元件：齿式、滑块、万向联轴器等
    - 金属弹性元件：膜片、蛇形弹簧、簧片联轴器等
    - 非金属弹性元件：弹性套柱销、弹性柱销联轴器等
  - 安全联轴器

刚性联轴器适用于载荷平稳、转速较低、两轴能严格对中的场合。挠性联轴器适用于载荷与转速有变化和两轴有偏移的场合。

13.1.2　刚性联轴器

这类联轴器常见的有凸缘式、套筒式、夹壳式等，这里只介绍刚性联轴器中应用较广的凸缘式联轴器。

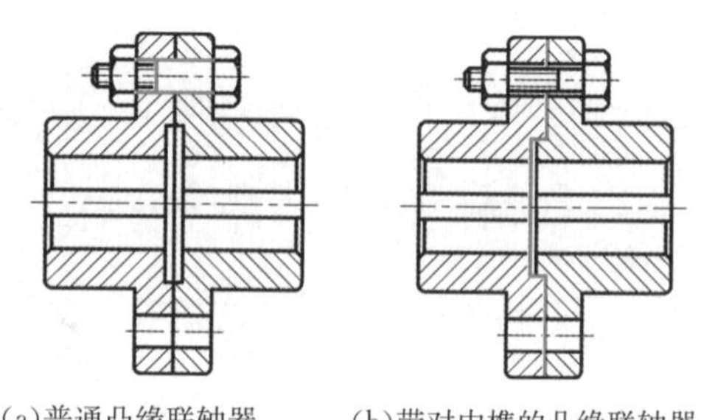
(a)普通凸缘联轴器　(b)带对中榫的凸缘联轴器

图 13－2　凸缘联轴器

凸缘联轴器是把两个带有凸缘的半联轴器用键分别与两轴连接，然后用螺栓把两个半联轴器联成一体，以传递运动和转矩，如图 13－2 所示。这种联轴器主要有两种形式：图 13－2(a)为利用铰制孔用螺栓实现两轴对中的凸缘联

轴器;图 13-2(b)为由普通螺栓连接的有对中榫的凸缘联轴器,一个半联轴器上的凸肩与另一个半联轴器上的凹槽配合对中。

凸缘联轴器的材料可用灰铸铁或碳钢,重载或圆周速度 $v \geqslant 30$ m/s 的情况下,应用铸钢或锻钢。凸缘联轴器对所连两轴间的相对偏移不具备补偿能力,但由于结构简单、成本较低、工作可靠、传递转矩较大,因此常用于载荷较平稳、对中性好的两轴传动。

13.1.3 挠性联轴器

(1)无弹性元件挠性联轴器。这类联轴器具有挠性,可以补偿两轴的相对偏移,但没有弹性元件,故不能缓冲减振,适用于低速、重载、转速平稳的场合。常见的有齿式、滑块、万向联轴器等。下面着重介绍允许综合偏移的无弹性元件挠性联轴器中具有代表性的两种——齿式联轴器与万向联轴器。

①齿式联轴器。如图 13-3 所示,齿式联轴器由两个带有内齿及凸缘的外壳 1 和两个带有外齿的套筒 3 组成。套筒与轴用键连接,两个外壳用螺栓 4 连成一体,外壳与套筒之间装有密封圈 2,以防止润滑油泄漏。工作时靠内外齿啮合传递转矩。内外轮齿齿数相等,通常采用压力角为 20°的渐开线齿廓。由于外齿的齿顶制成椭球形,且要求满足与内齿啮合后齿间留有适当的顶隙与侧隙,故能补偿两轴间的径向与轴向偏移及角度偏移。

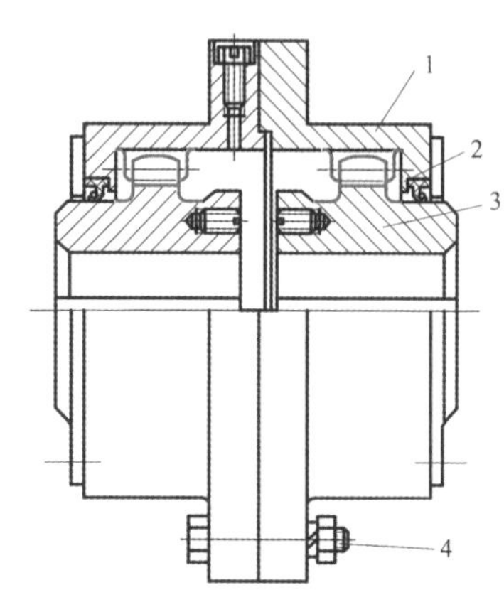

1:外壳　2:密封圈　3:套筒　4:螺栓

图 13-3　齿式联轴器

齿式联轴器工作时通常是多对齿同时啮合,所以能传递很大的转矩,并允许有较大的偏移量,工作安全可靠,安装精度要求不高,但结构较复杂,重量较大,成本较高,广泛应用于重型机械中。

②万向联轴器。单个的十字轴式万向联轴器如图 13-4(a)所示,它由两个叉形接头 1、3 与一个中间连接件 2 铰接而成。当一根轴位置固定后,另一根轴可以在任意方向偏斜 α 角,该偏角最大可达 35°～45°。机器运转时,该偏角发生改变不会影响正常工作,但 α 过大,会使传动效率显著降低。

这种联轴器的主要缺点:即使主动轴的输入角速度 ω_1 为常数,从动轴的输出角速度 ω_2 也是不断变化的,在传动中,这种速度波动往往会引起附加动载荷。为了改善这种情况,常将十字轴式万向联轴器成对使用,如图 13-4(b)、图 13-4(c)所示。安装时应注意中间轴上两端的叉形接头在同一平面内,且应使中间轴与主、从动轴的夹角相等。这样可使主、从动轴的角速度保持一致,即 $\omega_1=\omega_2$。

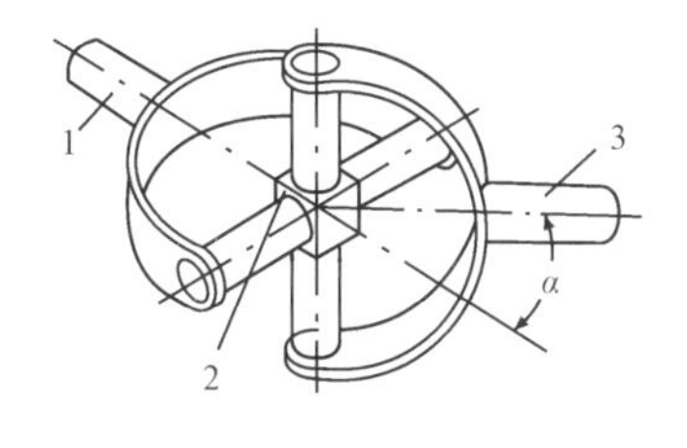

(a)单十字轴式

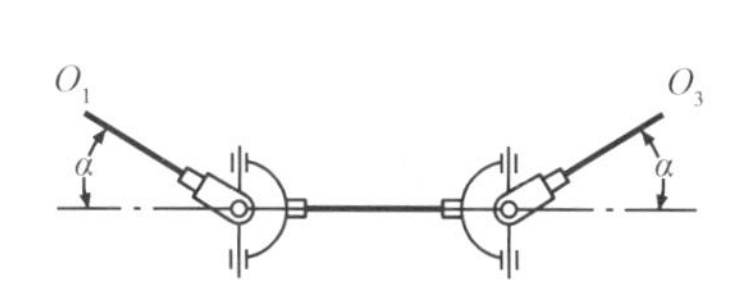

(b)双十字轴同侧等夹角布置

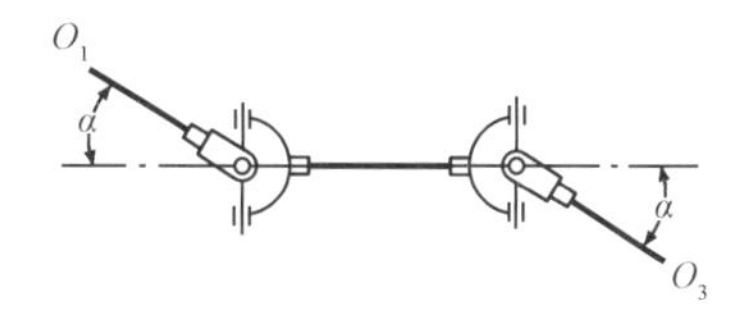

(c)双十字轴平行布置

图 13-4　万向联轴器

(2)弹性元件挠性联轴器。这种联轴器装有弹性元件,可以补偿两轴间的相对偏移,并具有缓冲吸振能力。弹性元件所能储存的能量越多,则联轴器的缓冲能力越强;弹性元件的弹性滞后性能越强,弹性变形时零件间的摩擦功越大,则联轴器的吸振能力越好。它适用于载荷多变、启动频繁、经常正反转及两轴不便于严格对中的场合。这类联轴器目前应用很广,品种很多,按弹性元件的材料不同分为非金属和金属两大类型。

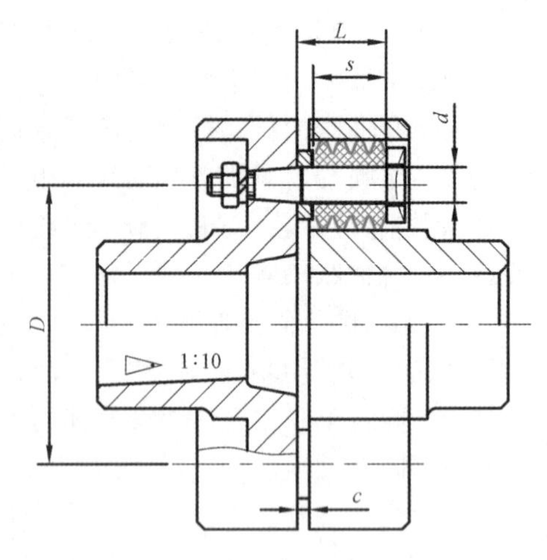

图 13-5 弹性套柱销联轴器

①非金属弹性元件的挠性联轴器。非金属材料有橡胶、塑料等,其特点为重量轻,价格便宜,有良好的弹性滞后性能,吸振能力强。但非金属弹性元件强度较低,寿命较短,承载能力较小,且不耐高温和低温,故适用于高速、轻载和常温的场合。这类联轴器常见的有弹性套柱销、弹性柱销和弹性滑块联轴器等。下面简要介绍弹性套柱销联轴器和弹性柱销联轴器。

如图 13-5 所示,弹性套柱销联轴器结构上与凸缘联轴器相似,区别在于不是用螺栓连接两个半联轴器,而是用套有非金属弹性套的柱销。它靠弹性套的弹性变形来缓冲吸振和补偿两轴的相对偏移。为了补偿轴向偏移,安装时应注意在两个半联轴器之间留出适当的间隙 c。这种联轴器装拆方便,成本较低,但弹性套易磨损,寿命较短。适用于安装底座刚性较好,对中精度较高,冲击载荷不大,对减振要求不高的中小功率传动。

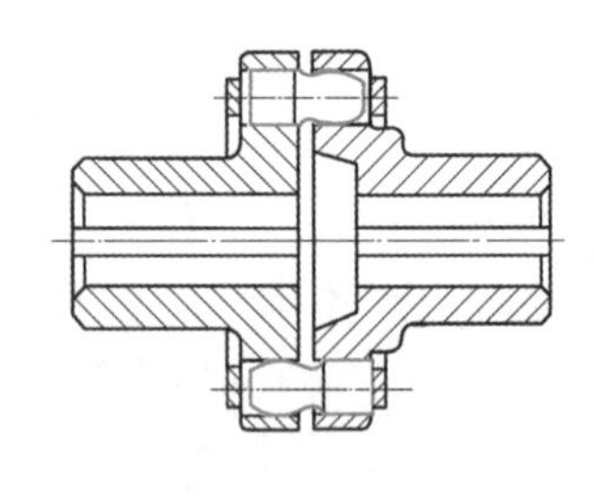
图 13-6 弹性柱销联轴器

弹性柱销联轴器如图 13-6 所示,一般是利用非金属材料制成的柱销置于两个半联轴器凸缘的孔中,以实现两轴的连接。柱销通常用尼龙制成,具有较好的弹性。弹性柱销联轴器的结构和工作原理与弹性套柱销联轴器类似,但其传递转矩的能力较大,结构更为简单,加工和安装方便,耐用性好,具有一定的缓冲和吸振能力,适用于轴向窜动较大、正反转和启动较频繁的场合。

②金属弹性元件的挠性联轴器。金属材料制成的弹性元件主要为各种弹簧,其特点是强度高、尺寸小且寿命较长。适用于速度和载荷变化较大及高温或低温工况。这类联轴器常见的有膜片、蛇形弹簧、簧片联轴器等。下面简要介绍膜片联轴器,见图 13-7。

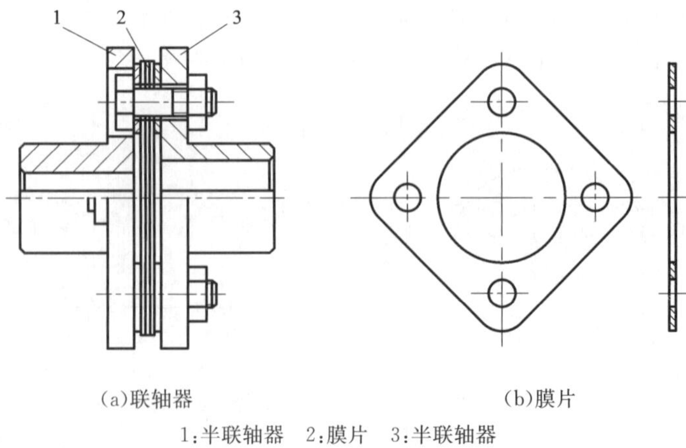

(a)联轴器　(b)膜片

1:半联轴器　2:膜片　3:半联轴器

图 13-7 膜片联轴器

膜片联轴器的弹性元件为一定数量的环形金属薄片叠合而成的膜片组,膜片上沿圆周分布若干个螺栓孔,采用铰制孔用螺栓交错间隔与半联轴器相连接，靠膜片组的弹性变形来补偿两轴的相对偏移。这种联轴器结构紧凑，重量轻，不需润滑，对环境适应性强，但刚度较大，缓冲吸振性能较差，适用于载荷比较平稳的高速传动。

13.1.4 安全联轴器

安全联轴器是在工作转矩超过机器允许的极限转矩时，连接件自动断开、分离或打滑使传动中断或限制转矩的传递，以保护机器中的重要零件不致损坏，从而起到安全保护作用。安全联轴器的种类很多，常见的有剪销式、钢珠式、摩擦式、液压式安全联轴器等。下面介绍最常用的剪销式安全联轴器。

这种联轴器的结构类似凸缘联轴器，连接用钢制安全销而不用螺栓。图 13-8(a)是剪销横向布置的单剪式安全联轴器，每个安全销只有一个剪切面；图 13-8(b)是剪销径向布置的双剪式安全联轴器，每个安全销有两个剪切面，安全销装在保护性的淬硬钢套中，防止销剪断时损伤轴或联轴器。这种联轴器用的安全销材料力学性能不稳定及制造精度有误差，致使工作精度不高，而且安全销剪断后需停机更换，不宜用于要求精确控制转矩的场合。但由于其结构简单，所以常用于较少发生过载的机器中。

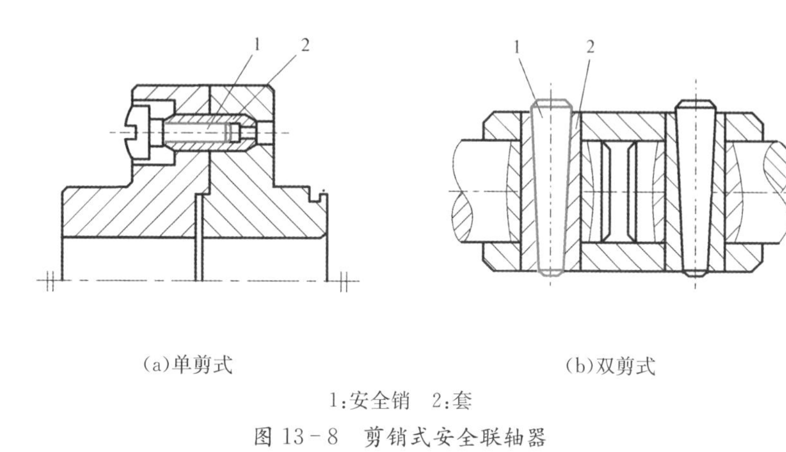

图 13-8 剪销式安全联轴器

13.1.5 联轴器的选用

首先根据工况选择合适的类型，然后按照计算转矩、轴的转速、轴径及可能的轴线偏移量选定所需的型号和尺寸。必要时需对其中某些关键零件进行校核计算。

13.1.5.1 联轴器的类型选择

一般说来，对于载荷平稳、低速、刚性大、同轴度好、无相对偏移的传动轴，宜选用刚性联轴器；对于刚性小、有相对偏移的两轴，宜选用挠性联轴器，以补偿其安装误差。同时要考虑联轴器的可靠性与工作环境，通常由金属元件制成的不需润滑的联轴器比较可靠，含有非金属元件的联轴器对温度、腐蚀性介质等比较敏感，且容易老化。在满足使用性能的前提下，还应选用装拆方便、维护简单、成本较低的联轴器；刚性联轴器结构简单，装拆方便，可用于低速、刚性大的传动轴；一般的非金属挠性联轴器由于具有良好的综合性能，广泛应用于一般的中小功率传动中。联轴器所连接的两轴轴径可以不等，但所选用联轴器的孔径范围、长度等应能分别与连接轴相匹配。在特殊场合，若无适当的标准联轴器可供选用，则可根据实际工况自行设计。

13.1.5.2 联轴器的型号确定

(1) 计算联轴器的计算转矩 T_c 并选择型号。由于机器起动时的动载荷和运转中的过载现象，应按轴上的最大转矩作为计算转矩。按式(13-1)确定

$$T_c=K_A T \tag{13-1}$$

式中：T——公称转矩，N·m；

K_A——工况系数，见表 13－1。

表 13－1 工况系数 K_A

原动机	工作机	K_A
电动机	胶带运输机、鼓风机、连续运转的金属切削机床	1.25～1.5
	链式运输机、刮板运输机、螺旋运输机、离心式泵、木工机床	1.5～2.0
	往复运动的金属切削机床	1.5～2.5
	往复式泵、往复式压缩机、球磨机、破碎机、冲剪机、锤	2.0～3.0
	起重机、升降机、轧钢机、压延机	3.0～4.0
涡轮机	发动机、离心泵、鼓风机	1.2～1.5
往复式发动机	发动机	1.5～2.0
	离心泵	3.0～4.0
	往复式工作机，如压缩机、泵	4.0～5.0

注：固定式、刚性可移式联轴器选用较大的工况系数 K_A 值；弹性联轴器选用较小的 K_A 值。

根据计算转矩及所选的联轴器类型，按照 $T_c \leqslant [T_{max}]$ 的条件参考联轴器标准选定该联轴器型号。式中的 $[T_{max}]$ 为该型号联轴器的许用转矩。

(2) 校核最大转速。被连接轴的转速 n 不应超过所选联轴器允许的最高转速 n_{max}，即 $n \leqslant n_{max}$。

(3)协调轴孔直径与长度。多数情况下，每一型号联轴器适用于一定范围内的轴。标准中或者给出轴直径的最大值和最小值，或给出适用直径的尺寸系列，被连接两轴的直径应当在此范围之内。一般被连接两轴的直径是不同的，两轴孔的形状也可能不同，如主动轴端为长圆柱形(Y 型)或短圆柱形(J 型)，所连接的从动轴端为圆锥形(Z 型)。一些联轴器的轴孔长度根据半联轴器是否双向定位在该轴上来确定，同步确定该轴段的长度。一般情况下，联轴器的轴孔长度按标准系列选用。

(4) 如有必要，应对联轴器的主要传动零件进行强度校核。

例 13－1 某带式输送机传动系统中，已知减速器低速轴的输出功率 $P_2 = 13.69$ kW，转速 $n_2 = 136.4$ r/min。试选择低速轴与滚筒相连接的联轴器。

解 1)类型选择

由于机组功率不大，运转平稳，且结构简单，便于提高其制造和安装精度，使其轴线偏移量较小，故选用弹性柱销联轴器。

2)载荷计算

$$T_{ca} = K_A T = K_A \frac{9.55 \times 10^6 P_2}{n_2} = 1.4 \times \frac{9.55 \times 10^6 \times 13.69}{136.4} = 1.342 \times 10^6 (\text{N} \cdot \text{mm})$$

其中 K_A 为工况系数，查表 13－1 取 $K_A = 1.4$。查标准 GB/T 5014—2017，选用 LX4 型弹性柱销联轴器，半联轴器长度为 $l_1 = 84$ mm，轴段长 $L_1 = 80$ mm。

13.2 离合器

13.2.1 离合器的功用与分类

离合器可在机器工作时接合或分离两轴，有时兼有过载保护作用。其离合作用可以靠摩擦、啮合等方式来实现，操纵方式可以是机械式、电磁式、液压式、气动式等。离合器用以实现机械的启动、停车，齿轮箱的变速、传动轴间运动的同步和超越、机器的过载保护，等等。

离合器的种类很多，按离合方法分为：

离合器
- 操纵离合器：机械式、电磁式、液压式、气动式操纵离合器
- 自动离合器：安全离合器、超越离合器、离心离合器

13.2.2 操纵离合器

离合器的接合与分离由外界操纵的称为操纵离合器。下面着重介绍应用非常广泛的牙嵌式离合器和圆盘摩擦离合器。

13.2.2.1 牙嵌式离合器

牙嵌式离合器主要由两个端面上带牙的半离合器组成，如图 13－9 所示。其中半离合器 1 固定在主轴上；半离合器 2 则用导向平键 3(或花键)与从动轴连接，并可由操纵机构移动滑环 4，从而使其做轴向移动，以实现离合器的分离与接合。牙嵌式离合器是靠牙的相互嵌合来传递运动和转矩的。为便于两轴对中，在主动端的半离合器 1 上固定一个对中环 5，从动轴可在对中环内自由转动。离合器的常用牙形有三角形、梯形和锯齿形。三角形牙用于传递中小转矩的低速离合器；梯形牙的强度高，能传递较大的转矩，且能自动补偿牙的磨损与间隙，应用较广；锯齿形牙强度高，但只能传递单向转矩，常用于特殊的场合。

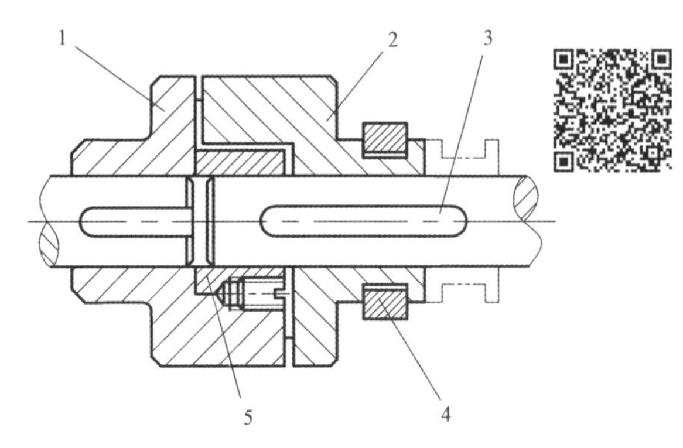

1,2:半离合器　3:导向平键　4:滑环　5:对中环

图 13－9　牙嵌式离合器

牙嵌式离合器外廓尺寸小，结构简单，能传递较大的转矩，且连接后不会发生相对滑动。但要求在两轴不回转或转速差较小时进行接合，否则牙可能会因受撞击而折断。

13.2.2.2 圆盘摩擦离合器

圆盘摩擦离合器是在主动摩擦盘转动时，由主、从动盘的接触面间产生的摩擦力矩来传递转矩的，分单盘式和多盘式。其中多盘式传递的转矩较大，应用较广。

单圆盘式摩擦离合器如图 13－10 所示。摩擦盘 1 固定在主动轴上，另一摩擦盘 3 用导向平键与从动轴连接，可沿轴向滑动。可由操纵机构移动滑环 4，使两摩擦盘接合或分离。为了增大摩擦因数，在一个摩擦盘面装上摩擦片 2。接合时以力 F 将盘 3 压在盘 1 上，主动轴上的转矩即由两盘接触面间产生的摩擦力矩传到从动轴上。这种离合器结构简单、散热性好、易于分离，但传递的转矩较小，多用于转矩小于 2 000 N・m 的轻型机械。

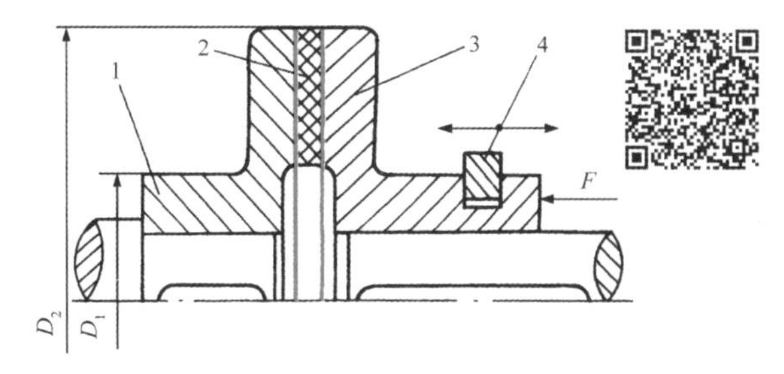

1,3:摩擦盘　2:摩擦片　4:滑环

图 13－10　单圆盘式摩擦离合器

多圆盘式摩擦离合器如图 13－11(a)所示。主动轴 1 与外鼓轮 2 相连，从动轴 3 用键与内

套筒 4 相连。外鼓轮内装有一组外摩擦片 5,如图 13 - 11(b)所示,其外圆与外鼓轮之间通过花键连接,而内孔不与任何零件接触。套筒 4 上装有一组内摩擦片 6,如图 13 - 11(c)所示。杠杆内圆与套筒 4 通过花键连接,而外圆不与任何零件接触。工作时操纵滑环 7 左右移动,通过杠杆 8、压板 10,使两组摩擦片压紧或松开,以实现离合器的接合或分离。增加摩擦片数,可以增大所传递的转矩。但片数过多,将使各层间压力分布不均,影响分离动作的灵敏性,故一般不超过 12～15 片。

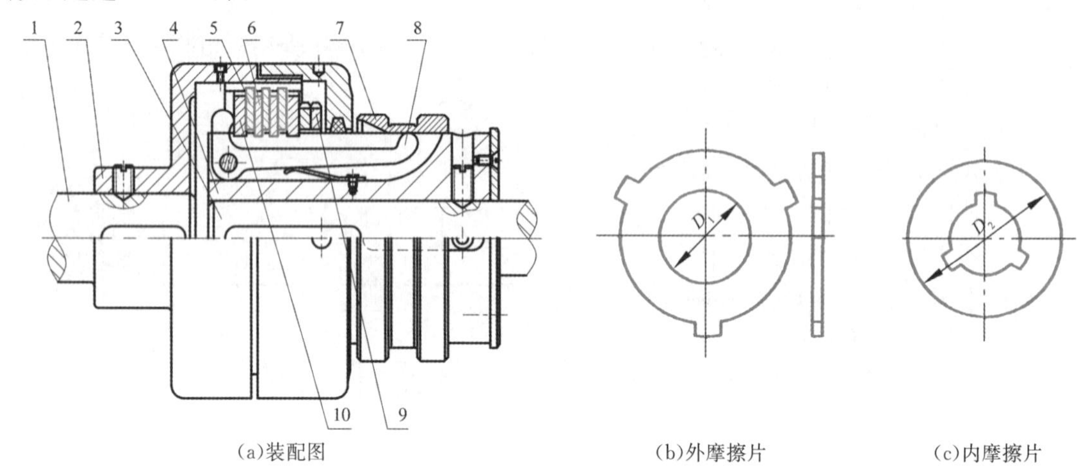

(a)装配图　　(b)外摩擦片　　(c)内摩擦片

1:主动轴　2:外鼓轮　3:从动轴　4:内套筒　5:外摩擦片　6:内摩擦片　7:滑环　8:杠杆　9:圆螺母　10:压板

图 13 - 11　多圆盘式摩擦离合器

与牙嵌式离合器相比,摩擦离合器的优点是:两轴可在有较大转速差的情况下接合和分离;接合过程平稳,冲击、振动较小;改变摩擦面间的压力,从动轴的加速时间可调;过载时将发生打滑,以保护重要零件不致损坏。其缺点是外廓尺寸较大,在接合与分离过程中产生滑动摩擦,故发热量较大,磨损也较快。为了散热和减轻磨损,可以把摩擦离合器浸入油中工作。摩擦离合器适用于经常启动、制动或经常改变转速和转动方向的场合。

13.2.3 自动离合器

能根据机器运转参数的改变而自动完成接合与分离动作的离合器,称为自动离合器。其中,当工作转矩达到设计规定值时即能自动分离而起到保护作用的离合器,称为安全离合器;根据主、从动轴间的相对速度差的不同以实现接合或分离的离合器,称为超越离合器;当轴的转速达到某转速时靠离心力能自行接合或超过某一转速时靠离心力能自动分离的离合器,称为离心离合器。下面着重介绍安全离合器。

安全离合器的基本要求是工作可靠、反应灵敏和动作准确。其主要分为嵌合式和摩擦式两种。图 13 - 12(a)、图 13 - 12(b)分别为牙嵌式和滚珠式安全离合器,属于嵌合式离合器。它们都靠调节弹簧弹力来限定所传递的最大载荷,过载时牙面或钢珠接触处产生的轴向分力将大于弹簧弹力,从而迫使两半离合器分离,中断传动。其优点是结构简单,加工容易,可以调节和自动恢复工作能力。牙嵌安全离合器过载时牙面会因打滑而产生冲击,故宜用于低速、轻载、从动部分惯性较小和过载不频繁的传动系统。滚珠安全离合器为滚动接触,动作灵敏度较高,但接触面积小,容易磨损,一般可用于转速较高、载荷较大和过载频率较高的场合。

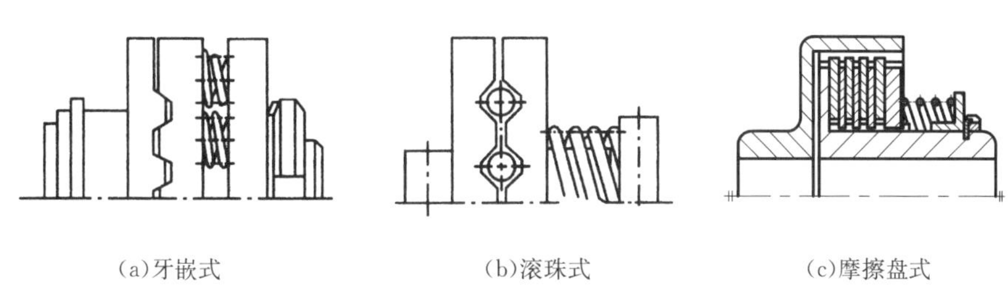

(a)牙嵌式　　(b)滚珠式　　(c)摩擦盘式

图 13-12　安全离合器

摩擦盘式安全离合器如图 13-12(c)所示。它也是靠调节弹簧弹力来限定所传递的转矩的,过载时摩擦盘将打滑,离合器空转而中断传动。其优点是工作平稳,能自动恢复工作;由于采用多圆盘,故传动能力大而外形尺寸小。缺点是结构较复杂,摩擦因数不太稳定致使动作精度不够高。此外,频繁过载易使摩擦盘发热,影响摩擦性能和强度。摩擦盘安全离合器适用于有冲击载荷的传动系统。

13.2.4　离合器的设计与选用

离合器设计的基本要求:接合平稳,分离迅速而彻底;调节和维护方便;外廓尺寸小,质量小;耐磨性好,有足够的散热能力;操纵灵活。由于大多数的离合器已标准化或规格化,在设计中,参考有关手册对离合器进行类比设计或选用即可。

设计或选用时,首先根据机器的工作特性和使用工况,结合各种离合器的性能特点,确定离合器的类型。然后从基本要求出发,解决结构参数、材料、离合元件强度和耐磨性验算及操纵机构选择等问题。具体设计方法可参考有关设计手册。

13.3　制动器

13.3.1　制动器的功用与分类

制动器是用来降低机械运转速度或迫使机械停止运转的装置,是保证机器安全正常工作的重要部件。对制动器的基本要求是体积小、散热好、制动可靠、操纵方便等。制动器在车辆、起重机等机械中有着广泛的应用。

制动器按制动部件结构特征分为块式、带式、蹄式、盘式制动器等。下面对几种常用的制动器做简要介绍。

13.3.2　常用制动器

(1)块式制动器。块式制动器如图 13-13 所示,它靠瓦块与制动轮间的摩擦力来制动。通电时,励磁线圈 1 吸住衔铁 2,再通过一套杠杆使瓦块 5 松开,机器便能自由运转。当需要制动时,则切断电源,励磁线圈 1 释放衔铁 2,靠弹簧力并通过杠杆使瓦块 5 抱紧制动轮 6。制动器也可以安排为通电时起制动作用,但为安全起见,安排在断电时起制动作用更好。

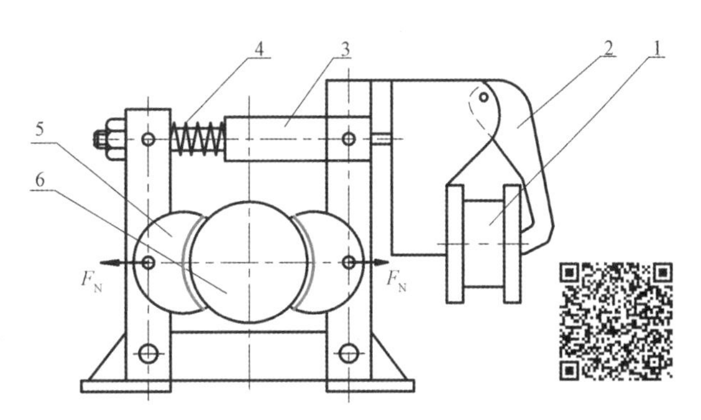

1:励磁线圈　2:衔铁　3:调节杆
4:制动弹簧　5:瓦块　6:制动轮

图 13-13　块式制动器

这种制动器结构简单,工作可靠,

间隙调整方便且散热良好。但接触面有限,制动力矩较小,且外形尺寸较大,一般用于工作频繁且空间较大的场合。

(2)带式制动器。带式制动器如图13-14所示,它主要由制动轮、制动钢带和操纵系统组成。当杠杆上作用外力 F 后,闸带收紧且抱住制动轮,靠带与轮间的摩擦力实现制动。这种制动器结构简单、紧凑,但制动时有附加径向力的作用,常用于中、小型起重运输机械和手动操纵的制动场合。

(3)内胀蹄式制动器。内胀蹄式制动器如图 13-15 所示。两个制动蹄 1 分别与机架的制动底板铰接,制动轮 3 与被制动轴连接。制动轮内圆柱面装有耐磨材料制的摩擦瓦 6。当压力油进入液压缸 4 后,推动左右两个活塞,两制动蹄在活塞的推动力 F 作用下,压紧制动轮内圆柱面,从而实现制动。松闸时,将油路卸压,弹簧 5 收缩,使制动蹄离开制动轮,实现松闸。这种制动器结构紧凑,尺寸小,且具有自动增力的效果,故广泛应用于结构尺寸受限制的机械设备和运输车辆上。

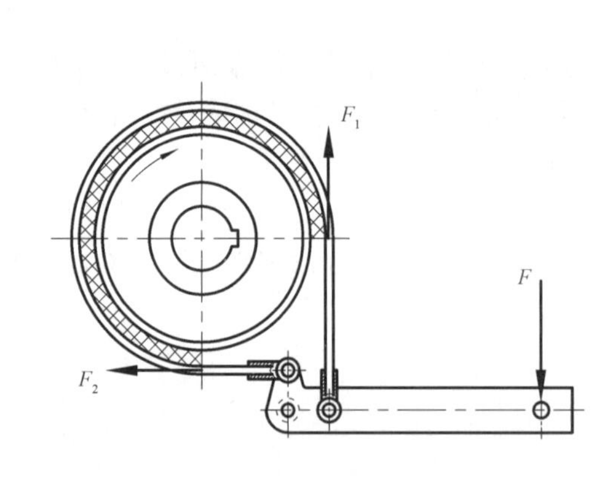

图 13-14 带式制动器

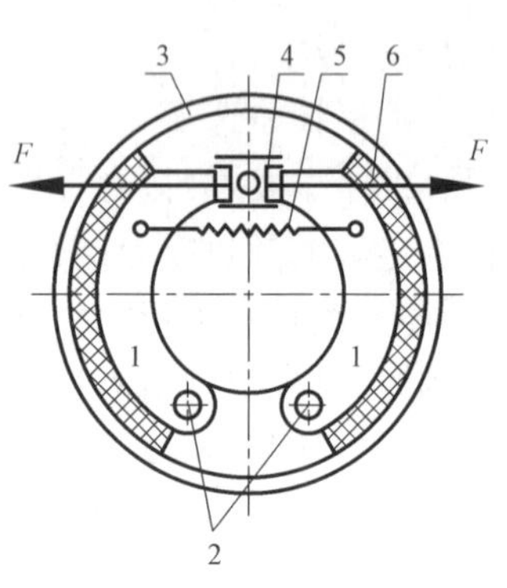

1:制动蹄 2:销轴 3:制动轮
4:液压缸 5:弹簧 6:摩擦瓦

图 13-15 内胀蹄式制动器

13.3.3 制动器的选用

制动器的选择原则如下:

(1)机械设备的性能与结构。如:起重机的起升和变幅机构、矿山机械的提升机、卷扬机应选用闭式制动器,以保证工作安全可靠;起重机的行走和回转机构以及车辆等,为制动方便,常选用常开式制动器。

(2)机械设备的使用环境、工作条件。如:当主机要求干净并有直流电源时,可选用直流短程电磁铁制动器;当主机上有液压站时,则选用带液压的制动器;对于固定不移动和要求不渗漏液体的设备,当就近有气源时,则选用气动制动器。

(3)考虑安装条件。如:当制动器安装有足够的空间时,可选用块式制动器;当安装空间受限制时,则选用带式或内胀蹄式制动器。

(4)制动器的安装位置与容量。制动器通常安装在传动系统的高速轴上,需要的制动力矩小,制动器体积小、质量小,但安装可靠性较差;若安装在低速轴上,比较安全,但转动惯量大,所需的制动力矩大,制动器体积和质量较大。故安全制动器通常安装在低速轴上。

类型确定后,可先从手册中查出适当型号,然后根据机器运转情况计算制动轴上的负载力矩,求出计算制动力矩,并以转矩为依据,选出标准型号,再进行必要的发热、制动时间(或距离、转角)等的验算。必要时,需对其中的薄弱零件进行强度校核。

本章知识图谱

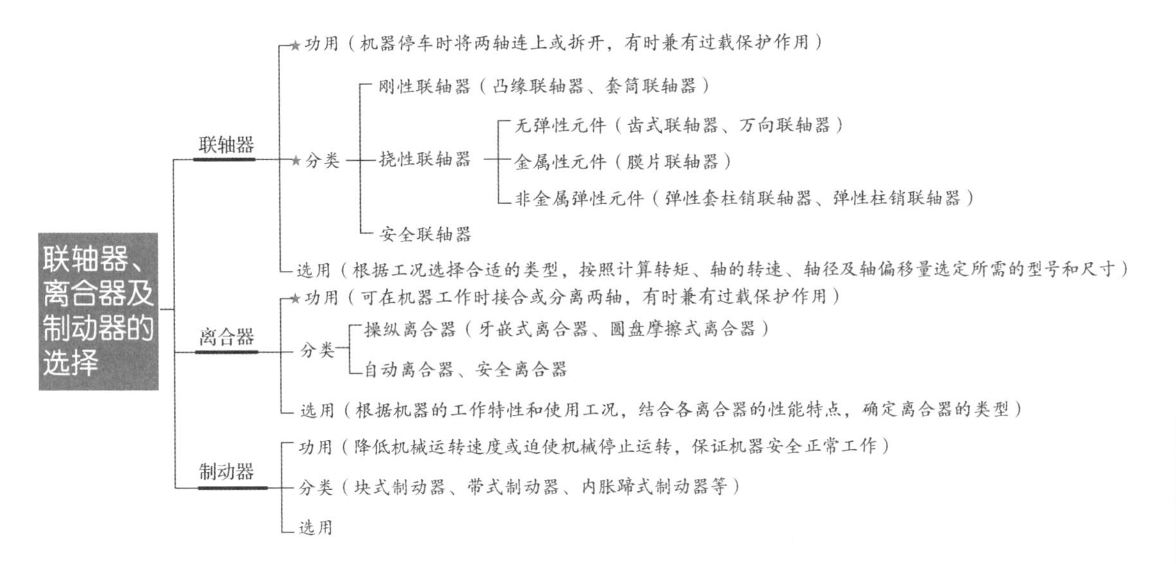

习　题

13-1　简述联轴器、离合器和制动器的作用。

13-2　齿式联轴器能补偿综合位移的原因是什么？

13-3　离合器的操纵环必须安装在与轴相连的半离合器上，这是为什么？

13-4　制动器什么情况下安装在高速轴端，什么情况下安装在低速轴端？

13-5　某车间起重机根据工作要求选用一电动机，其功率 $P=10$ kW，转速 $n=960$ r/min，电动机轴伸端的直径 $d=42$ mm，试选择所需的联轴器（与电动机轴伸连接的半联轴器满足直径要求即可）。

第 14 章　轴系布局与轴的设计

本章概要:一个轴系是指运动机构中某个转动副所对应的实际结构系统,通过轴这个非标零件将一系列零部件连接和协调起来,共同组成一个有序的可相对转动的系统,亦称转子系统。轴系实现支撑传动件、传递运动和动力的功能,是机械产品中非常重要的结构组成部分。轴系中的零部件有着紧密的联系,其性能相互影响,共同决定了轴系及其传动件的工作特性。轴系布局方案设计是机械设计中的重点和难点。轴的结构服从于轴上其他零部件的结构及布局的需要。其主要设计内容包括结构设计和工作能力计算两部分。本章主要讲述轴系的布局方案设计、轴的分类、常用材料及选用原则、阶梯轴的结构设计、轴的强度和刚度计算方法,并简单介绍轴的临界转速等基本概念。

14.1　轴系布局方案设计

轴系为传动件提供支承、传递运动和动力,其所受的各种外载荷(工作载荷、重力、温度变化等引起的变形载荷,以及外来干扰载荷),除工作扭矩可通过传动件输出做功之外,其余的轴向力、径向力、弯矩等均要通过轴上支点传递到机座。轴系布局设计是在整机系统总体方案设计之后进行的详细结构设计,此时已明确了轴上传动件、支撑方式及其相对位置关系,需要对轴系其他功能零部件及其相对位置进行规划;拟定这些零部件的装配方案;配置轴系各支点协同约束轴向移动的方式;确定零部件的定位方式以及安装与配合、预紧及调整、润滑与密封等相关的结构。

14.1.1　轴系的基本组成及常见类型

轴系是实现两个以上构件绕某一条轴线做相对转动的结构系统,通常由轴、做回转运动的传动件(如齿轮、带轮、曲柄、联轴器等)、支承零部件(如滚动轴承、滑动轴承、轴承座等)等主要零部件,以及定位、调整、预紧、润滑、密封等辅助功能零件组成。其中,轴的主要作用是支撑旋转的传动零件,并与之构成一个转动构件,传递运动和动力。

根据复杂程度的不同,轴系可分为简单轴系、一般轴系和复杂轴系。简单轴系是指只有轴和少量主要零件、很少有辅助功能零件的轴系,如图 14 - 1(a)所示的绳轮轴系。一般轴系由轴、传动件、轴上两个支点的支承结构和其他功能零件组成,每个支点的支承结构有一个或一组轴承,与轴之间形成转动副,如图 14 - 1(b)所示的斜齿轮轴系。复杂轴系有的对应于机构中的复合铰链、由多个共轴线的轴系形成多层结构,如图 6 - 19 所示的 RV 减速器中的太阳轮-系杆-针齿壳轴系、行星轮-摆线轮-曲轴轴系;有的对应于机构中的虚约束,由轴、传动件和三个以上支点的支撑结构及其他功能零件所组成。本章主要探讨工程中最为常见的一般轴系。

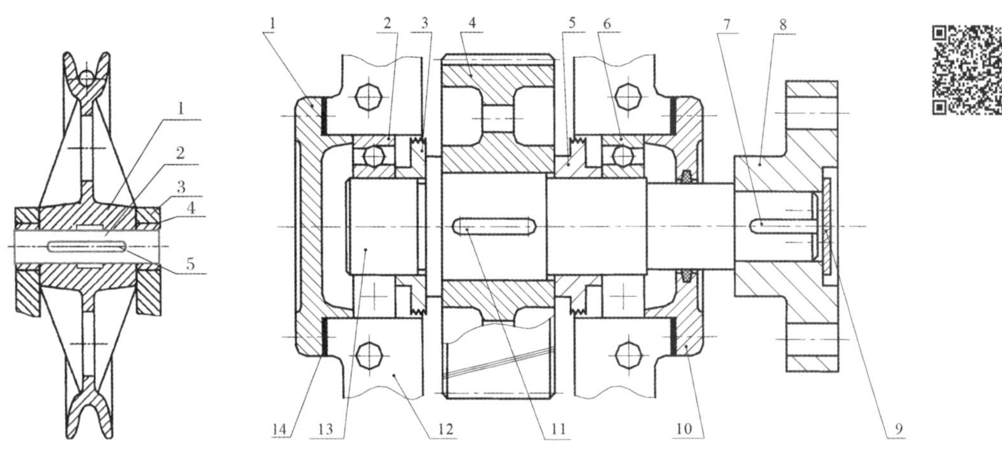

1:绳轮　2:轴　3:轮架
4:轴套　5:键
(a)简单轴系示例

1,10:轴承端盖　2,6:轴承　3,5:挡油环　4:齿轮
7,11:键　8:半联轴器　9:轴端挡圈　12:箱体　13:轴　14:调整垫片
(b)一般轴系示例

图 14-1　轴系的基本组成

14.1.2　轴系零部件规划及装配方案拟定

轴系的布局设计,首先需要明确轴上传动件与两支点及支点上轴承的相对位置关系。例如图 2-15 所示的某带式输送机传动系统设计方案中的减速器低速轴,传动件有斜齿轮和半联轴器,在齿轮传动设计时已确定齿轮润滑方式为浸油润滑,需位于箱体之内;联轴器与另一个轴连接,需置于箱体之外;轴的两个支点分别利用箱体壁来支撑,位于齿轮两侧;根据工况要求,选择一对角接触球轴承正装布置。

在明确了轴上的传动件、轴承及支座等主要零部件之后,需要综合规划和协调轴系上的定位、调整、润滑、密封等辅助功能零件的配置和支点的配置方案。轴系定位功能的零件,需结合支点配置轴向力的传递路径,选择定位和固定方式来确定;调整功能的零件,需结合轴承内部松紧、轴承预紧以及整个轴系位置的调整进行规划;润滑功能的零件,需根据传动件润滑和轴承润滑的方式是否相同或干涉、润滑剂供给方式如何等进行规划;密封功能的零件,需根据工况和结构要求进行规划。而这些零件所占据的空间,又影响支点的跨距大小,进而影响支点配置方案的选择。所以,这是一个不断交叉协调、迭代优化的过程。

装配方案是指轴上零部件的装配方向、顺序和相互关系。由于零件在装配时所经过的路径中不得有轴段及其他零部件的障碍,装配方案的拟定就决定了轴的大致粗细走向。例如图 14-1(b)所示的轴系是图 2-15 所示低速轴的一个布局方案。该布局方案是基于如下的装配方案而得出的:将挡油环 3、轴承 2 及端盖 1 依次从轴的左端向右安装,而齿轮 4、挡油环 5、右端轴承 6、轴承端盖 10、半联轴器 8 依次从轴的右端向左安装,这样就决定了轴的直径从齿轮左侧开始往左右两端依次缩小的趋势。一个轴系可以有不同的装配方案,装配方案不同,系统结构有较大的差异。例如齿轮如果从左侧安装,轴和轴上零件的设计将直接发生变化。

14.1.3　一般轴系的支点配置

一般轴系有两个支点,工作时轴和轴承相对其支承座不得有径向移动,轴向移动也需控制在一定限度之内。支点配置，就是确定两个方向的轴向力分别由哪个支点传递给机座。设计时，应考虑保证轴系在机器中有正确的工作位置、在传递轴向力时不产生轴向窜动、保证足够的支承刚度和同轴度、受热膨胀后不致将轴承卡死等因素。支点配置方案决定了轴向力的传递路径，也明确了对路径上零部件的定位和固定要求。支点的合理配置，是提高轴系回转精度、传动效率和动力学性能的关键一环。常用的支点配置方式有以下两种。

14.1.3.1 两支点各单向固定(双固式)

对于短轴或发热很小的中长轴系，采用双固式配置，两个支点各限制沿轴线一个方向的移动，合起来限制其双向移动。如图 14-2，分别采用一对圆锥滚子轴承正装或反装的支承结构。对于轴向力不大的轴系，可采用一对深沟球轴承配轴向间隙的结构，如图 14-3 所示，安装时通过调整端盖与轴承座之间垫片的厚度，使端盖与轴承外圈之间有很小的轴向间隙 c，以补偿轴的受热伸长。这种支点配置结构简单，调整方便。

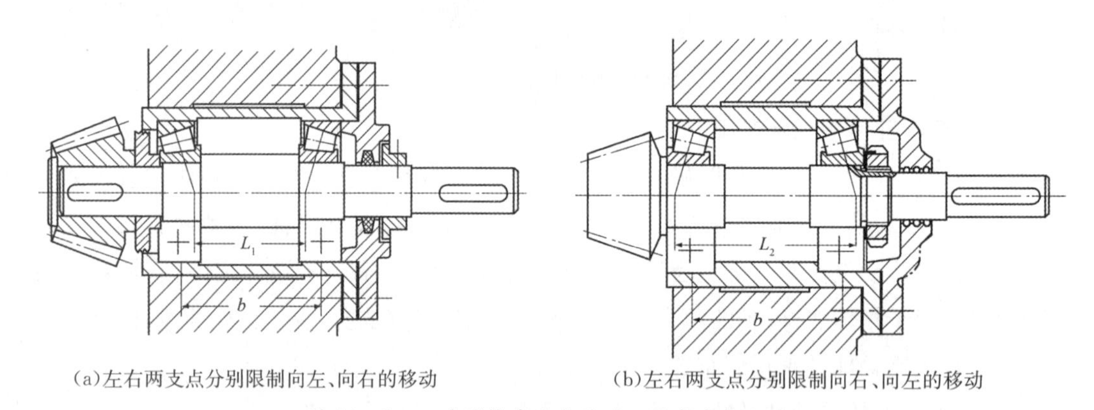

(a)左右两支点分别限制向左、向右的移动　　(b)左右两支点分别限制向右、向左的移动

图 14-2 一对圆锥滚子轴承的双固式支点配置

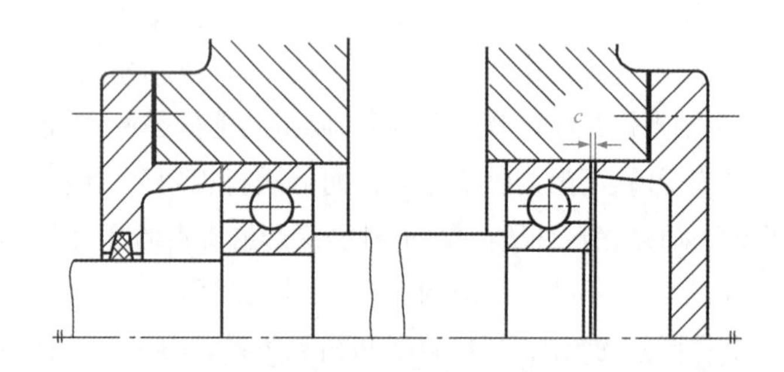

图 14-3 一对深沟球轴承的双固式支点配置

14.1.3.2 一个支点双向固定、另一个支点游动(固游式)

对于长轴或发热较大的中长轴系，采用固游式配置，一个支点双向固定承受轴向力，另一个支点可轴向游动以补偿轴的热胀冷缩。游动支点若使用内外圈不可分离式轴承，如深沟球轴承，只需固定内圈，如图 14-4(a)所示，外圈在座孔内应可轴向游动；若使用可分离式的圆柱滚子或滚针轴承(其内外圈之间可轴向游动)，则内外圈双侧都要固定，如图 14-4(b)所示，以免游动而导致错位。

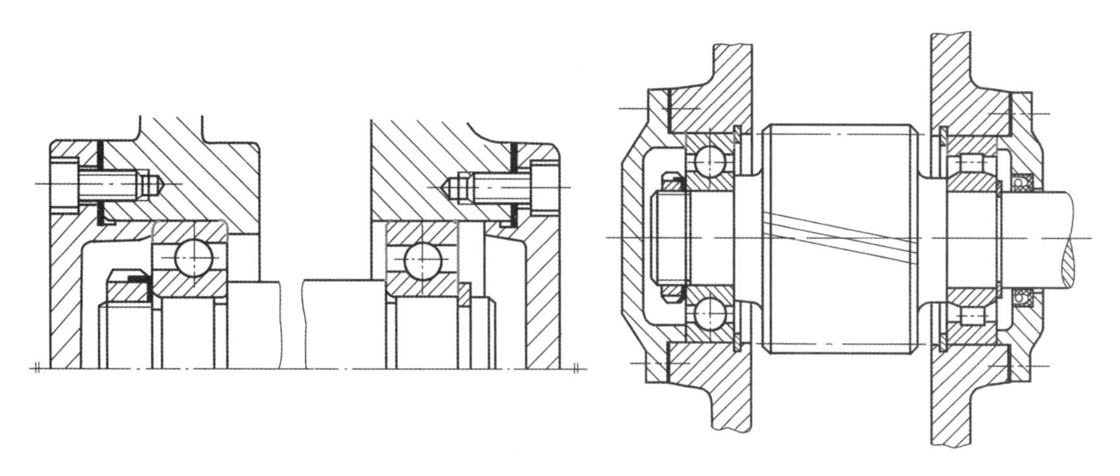

(a)游动支点采用不可分离式轴承　　(b)游动支点采用可分离式轴承

图 14-4　固游式的支点配置

14.1.4　轴系辅助功能结构设计

14.1.4.1　轴系零部件的定位和固定

在外载荷的传递路径上，为了防止轴系零部件发生轴向或周向的相对运动，必须进行定位和固定，以保证零部件的工作位置。

1)轴上零件的轴向定位与固定

轴上零件的轴向定位与固定常用轴肩、套筒、轴端挡圈、止动垫圈和圆螺母等来实现。

轴肩(图 14-5)。这种方法结构简单，定位可靠，能承受较大的轴向载荷，广泛用于齿轮类零件和滚动轴承的轴向定位，缺点是轴径变化处会产生应力集中。设计时应保证定位准确，轴的过渡圆角半径 r 应小于相配零件毂孔倒角 C 或圆角 R，滚动轴承的定位轴肩高度应根据轴承标准查取相关的安装尺寸，轴肩高度 $h=(0.07d+3)\sim(0.1d+5)$。对于定位轴肩，h 应大于 C 或 R，通常取 $h=(2\sim3)C$ 或 $(2\sim3)R$；对于非定位轴肩，其主要作用是便于轴上零件的装拆，其轴肩高度可取 $h=0.5\sim2$ mm；一般轴肩的宽度 $b\approx1.4h$(与滚动轴承相配处的 h 和 b 值，查轴承标准)。

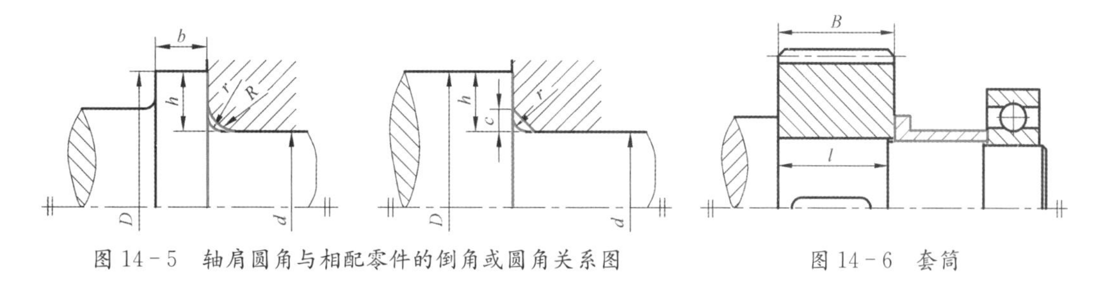

图 14-5　轴肩圆角与相配零件的倒角或圆角关系图　　图 14-6　套筒

套筒(图 14-6)。套筒常用于两个距离较近的零件之间，起轴向定位和固定的作用。但由于套筒与轴的配合较松，故不宜用于转速很高的轴上。图中套筒对齿轮起固定作用，同时对轴承起定位作用。为保证对齿轮固定牢靠，与齿轮轮毂相配的轴段应小于轮毂宽度，一般取 $l\approx B-(2\sim3)$ mm。

圆螺母(图 14-7)。圆螺母常与止动垫圈配合使用，可以承受较大的轴向力，固定可靠，但轴上需切制螺纹、内翅安装槽和退刀槽，对轴的强度有所削弱。圆螺母还可以两个一起使用，即双圆螺母定位，如图 13－11 中的圆螺母 9。

弹性挡圈(图 14－7)。弹性挡圈结构简单，一般用于轴向固定受轴向力不大的零件，但装配时轴上需切槽，会引起应力集中。

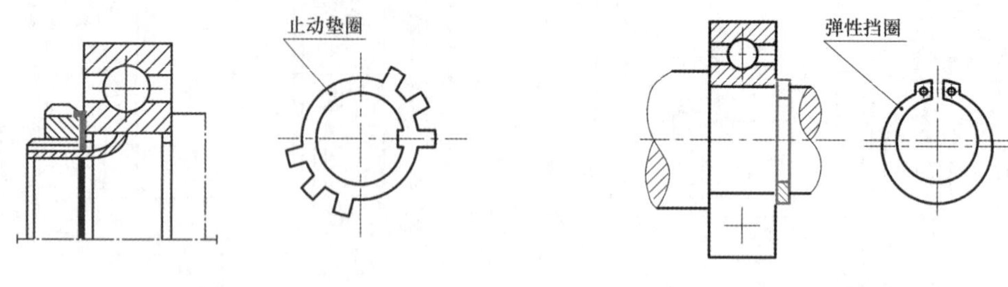

(a)止动垫圈和圆螺母　　(b)弹性挡圈

图 14－7　圆螺母和弹性挡圈

紧定螺钉(图 14－8)。紧定螺钉用于固定轴上轮毂类零件，结构简单，但受力能力较小，不适合高速重载场合。

轴端挡圈(图 14－9)和圆锥面(图 14－10)。用螺钉将一个挡圈固定在轴的端面，常与轴肩或锥面配合固定轴端零件，能承受较大的轴向力，且固定可靠。圆锥面的定位，装拆方便，可用于高速、冲击载荷及零件对中性要求高的场合。

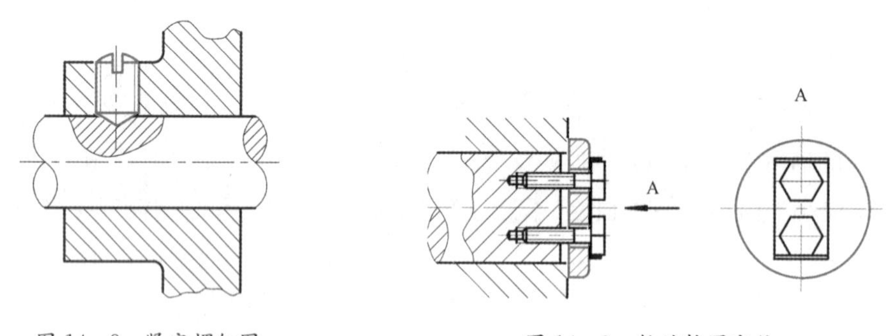

图 14－8　紧定螺钉图　　图 14－9　轴端挡圈定位

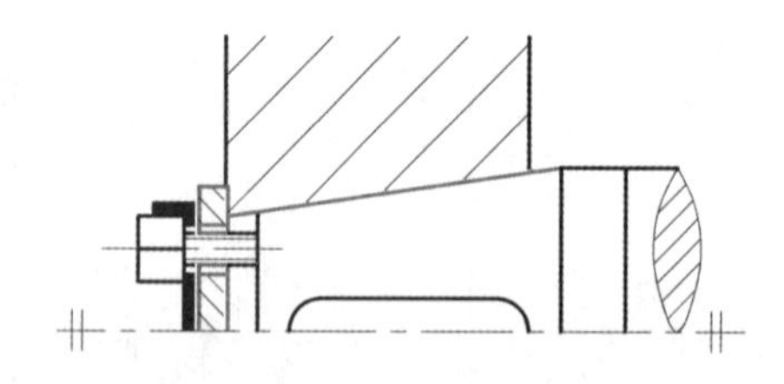
图 14－10　轴端挡圈与圆锥面

2)轴和轴承外圈的定位

轴的定位是指轴相对于机架的定位，一般通过轴承外圈的轴向定位和固定来实现。如图 14－11 所示，外圈定位和固定的常用方法有：①座孔凸肩，结构最为简单，装拆方便，可承受较大轴向力；②孔用弹性挡圈，结构简单，装拆方便，用于轴向力很小的向心类轴承；③止动环，用于带有止动槽的深沟球轴承，轴承座不便设凸肩且可剖分的场合；④轴承端盖，结构简单，定位可靠，调节方便，应用广泛。

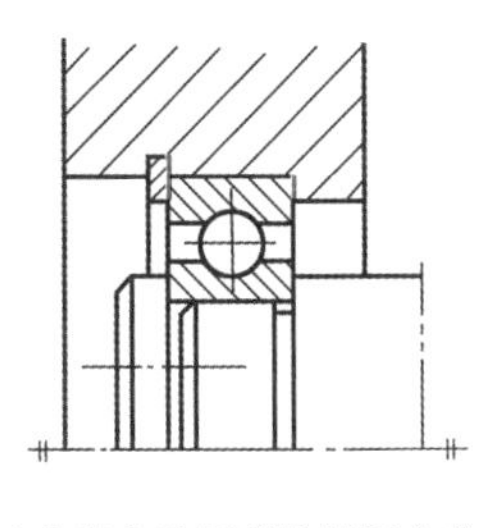

(a)凸肩和孔用弹性挡圈定位

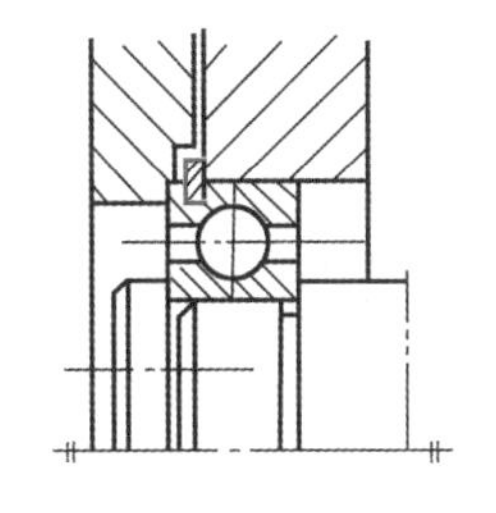

(b)止动环定位　　(c)轴承端盖定位

图 14－11　轴承外圈定位方式

3)轴系零件的周向定位和固定

周向定位的目的是限制轴上零件与轴、轴承外圈与套杯、轴承外圈及套杯与轴承座之间发生相对转动。常用的周向定位方式有键连接、花键连接、销连接、紧定螺钉连接、过盈配合等，还有端面的螺钉组连接(如图 14－2 中套杯和端盖与机座的连接)。

14.1.4.2　轴系位置的调整

一个轴系有时需要在机器中做整轴位置的调整。例如，蜗杆传动要求蜗轮中间平面通过蜗杆的轴线;又如锥齿轮传动,要求两个节锥顶点相重合,方能保证正确啮合,等等。为了便于整轴调整,可采用轴承座内的套杯结构(如图 14－2 所示),通过增减套杯与机座间垫片的厚度,调整整个轴系的轴向位置。也可通过分别加减如图 14－1(b)中左右两端垫片的厚度来调整。

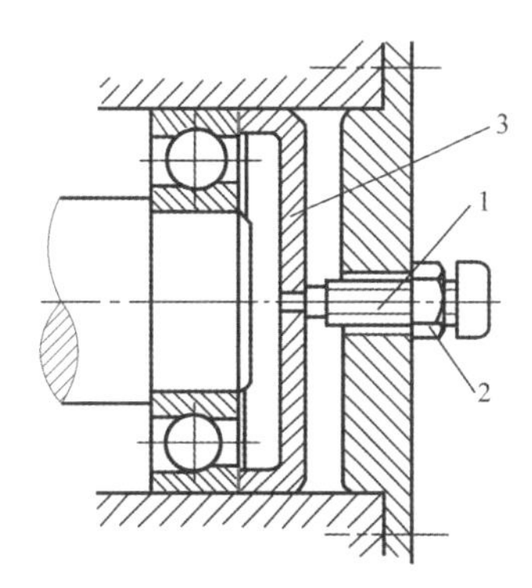

1:螺钉　2:螺母　3:压盖

图 14－12　轴承游隙及预紧程度的螺钉调整方法

14.1.4.3　轴承预紧程度和游隙的调整

在安装时,给轴承施加一定的轴向压紧力,使其内外圈消除游隙,并在套圈和滚动体接触处产生弹性变形,借此提高轴的旋转精度和刚度,这种做法称为轴承的预紧。

调整轴承游隙和预紧程度的方法有:①靠加减轴承端盖下的垫片厚度进行调整,见图 14－2(a)、图 14－3;②利用螺钉通过轴承外圈压盖改变外圈位置进行调整(图 14－12);③用圆螺母调整,见图 14－2(b)。同一支点上组合轴承的预紧方法如图 14－13 所示,可在轴承间装入长度不等的套筒,或者磨窄套圈。

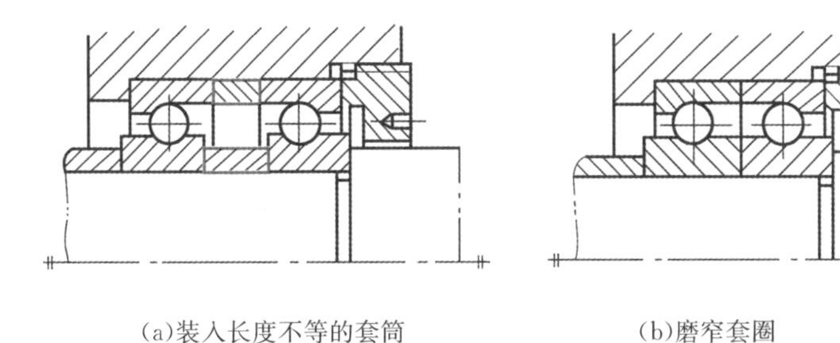

(a)装入长度不等的套筒　　(b)磨窄套圈

图 14－13　组合轴承的预紧

14.1.4.4　滚动轴承的润滑与密封

为了减小摩擦与磨损,滚动轴承必须维持良好的润滑性。同时,润滑还可以起散热、减小接触应力、吸收振动、降低噪声及防止锈蚀等作用。为防止灰尘、水、酸气和其他杂物进入轴承,并阻止润滑剂的流失,滚动轴承必须采用适当的密封装置。

1)滚动轴承的润滑

滚动轴承常用的润滑方式有脂润滑和油润滑两种。采用脂润滑还是油润滑，与轴承的速度有关。一般由滚动轴承的速度因数 dn 值来决定。d 代表轴承内径(mm)；n 代表轴承转速(r/min)。dn 值间接地反映了轴颈的圆周速度，当 $dn<(1.5\sim2)\times10^5$ mm·r/min 时，一般可采用脂润滑，超过这一范围宜采用油润滑。

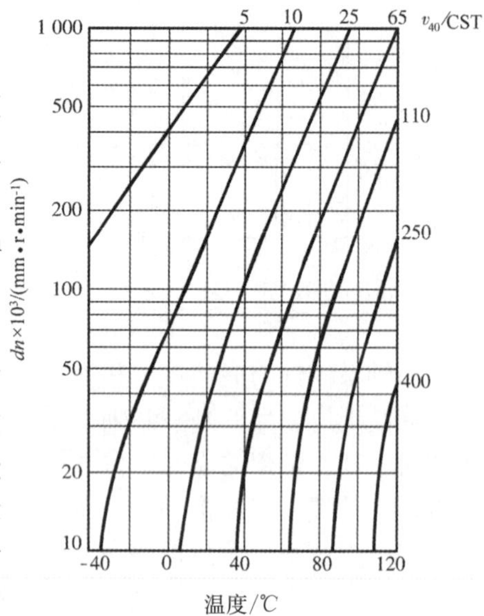

图 14-14　润滑油黏度的选择

脂润滑因润滑脂不易流失，容易密封，一次充填可以维持相当长的一段时间，适用于不便经常添加润滑剂的场合。滚动轴承的装脂量一般为轴承内部空间容积的1/3～2/3。油润滑的优点是比脂润滑摩擦阻力小，并能散热，主要用于高速或工作温度较高的轴承。根据工作温度及 dn 值，参考图 14-14，可选出润滑油应具有的黏度值，然后按黏度值从润滑油产品目录中选出相应的润滑油牌号。如果采用油浴或飞溅润滑，则油面高度不应高于最下方滚动体的中心，以免产生过大的搅油损耗和热量。一般闭式齿轮传动装置中的轴承常采用飞溅润滑，即利用齿轮的传动把润滑齿轮的油甩到箱体四周壁面上，然后通过箱体剖分面上的油沟把油引入轴承中。高速轴承通常采用喷油或油雾润滑。

2)滚动轴承的密封

密封装置按密封原理可分为接触式和非接触式两大类。

(1)接触式密封。接触式密封常用的结构形式有毛毡圈密封和密封圈密封。图 14-15 所示为毛毡圈密封，即在轴承盖上开出梯形槽，将矩形断面的毛毡圈放置在梯形槽中，以便与轴紧密接触；或者在轴承盖上开缺口放置毡圈密封，然后用另外一个零件压在毡圈上，以调整毛毡圈与轴的密合程度。这种密封主要用于脂润滑的场合，其结构简单，但摩擦力较大，要求环境清洁，用于轴颈圆周速度 v 不大于 4～5 m/s 的场合。图 14-16 所示为唇形密封圈密封，即在轴承盖中，放置一个用皮革、塑料或耐油橡胶制成的密封圈，靠弯折了的橡胶的弹力和附加的环形螺旋弹簧的扣紧作用而紧套在轴上，以便起密封作用。密封唇朝内，主要目的是防漏油；密封唇朝外，主要目的是防灰尘等杂质进入。这种装置可用于脂或油润滑、轴颈圆周速度 $v<7$ m/s 的场合。

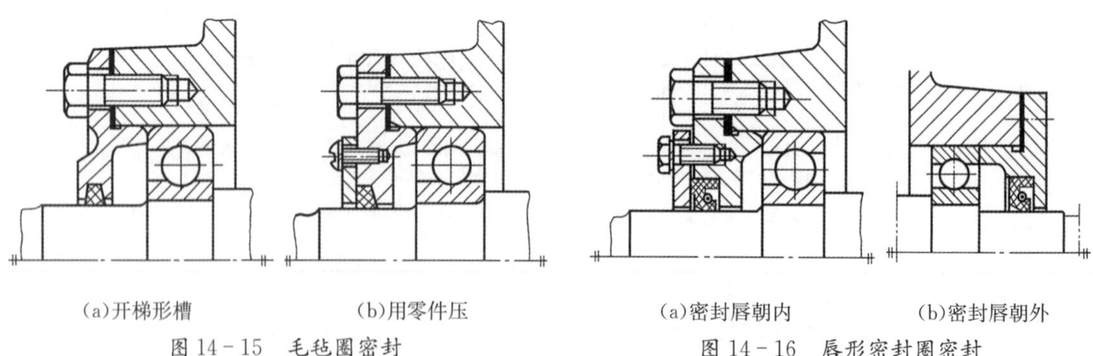

(a)开梯形槽　　(b)用零件压

图 14-15　毛毡圈密封

(a)密封唇朝内　　(b)密封唇朝外

图 14-16　唇形密封圈密封

(2)非接触式密封。使用接触式密封,总会在接触处产生滑动摩擦。使用非接触式密封,就能避免此缺点。常用的非接触式密封有隙缝密封和曲路密封。图14-17所示为隙缝密封,即靠轴与轴承盖间的细小环形间隙密封。间隙愈小愈长,效果愈好。半径间隙常取0.1~0.3 mm。如果在轴承盖上开出环槽,并在槽中填以润滑脂,可提高密封效果。曲路密封是将旋转件与静止件之间的间隙做成曲路(迷宫)形式,并在间隙中充填润滑油或润滑脂以加强密封效果,如图14-18所示。

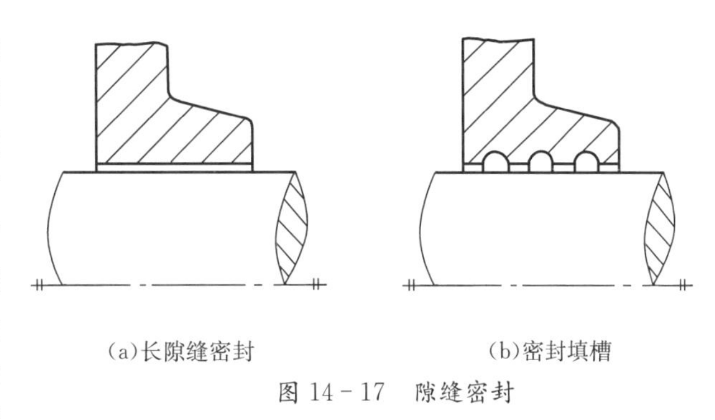
(a)长隙缝密封　(b)密封填槽

图14-17　隙缝密封

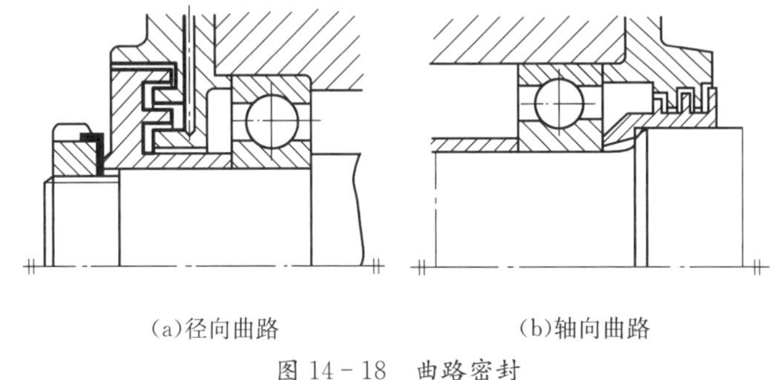
(a)径向曲路　(b)轴向曲路

图14-18　曲路密封

14.1.4.5　滚动轴承的配合与装拆

滚动轴承是标准件,为使轴承便于互换及大量生产,轴承内孔与轴的配合采用基孔制,轴承外径与轴承座孔的配合则采用基轴制。轴承配合种类的选择应根据载荷的方向、大小和性质,转速,以及轴承类型和使用条件等因素来决定。一般来说,转速高、载荷大、温度变化大的轴承应选紧一些的配合;经常拆卸的轴承应选较松的配合;转动套圈应比固定套圈的配合紧一些,游动支点的外圈配合应松一些。内圈常采取过盈或过渡配合,如r6,n6,m6,k5,k6,j5;外圈常取较松的配合,如G7,H7,J7,K7,M7等。

轴承的安装主要有冷压法和热套法等。轴承的拆卸要使用专门的拆卸工具(图14-19)。为便于拆卸,轴上定位轴肩的高度应小于轴承内圈的高度。与轴承配合的轴或套筒都有规定的安装尺寸,这些尺寸都要按轴承标准查取。

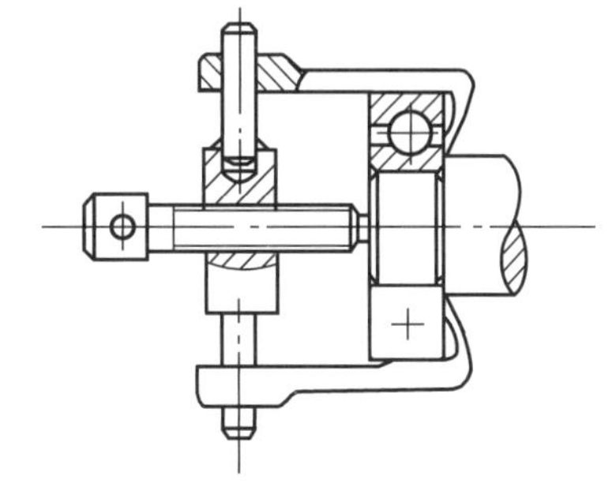
图14-19　用钩爪器拆卸轴承

14.2　轴的设计

轴是轴系中的重要零件,它将轴系所有零件连接和协调起来形成一个整体,才得以实现支撑传动件并传递运动和动力的功能。轴的结构设计首先要服从于轴上其他零件的需要。其主要设计内容包括结构设计和工作能力计算两部分。

14.2.1　轴的常见形式及其分类

按照轴线的形状,轴的形式有:直轴[图14-20(a)]、曲轴[图14-20(b)]和钢丝软轴

[图 14-20(c)]。直轴最常见，有光轴和阶梯轴两种，还有实心和空心之分。

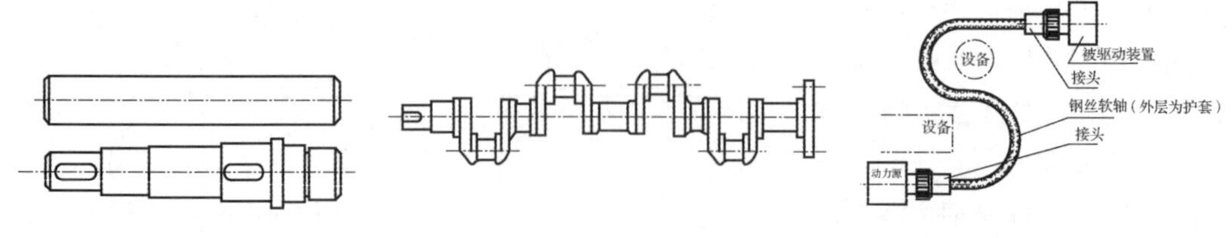

(a)直轴（光轴或阶梯轴、实心或空心）　(b)曲轴　(c)钢丝软轴

图 14-20　轴的常见形式

根据承载情况不同，轴可以分为以下三类：

(1)心轴：只承受弯矩而不传递转矩的轴。心轴又分固定心轴（工作时轴不转动，如图 14-21 所示）和转动心轴[工作时轴转动，如图 14-1(a)]两种。

(2)传动轴：主要传递动力(转矩)，不承受或承受很小弯矩的轴。如图 14-22 所示的汽车底盘的传动轴，该轴主要将发动机的转矩传至汽车后桥。

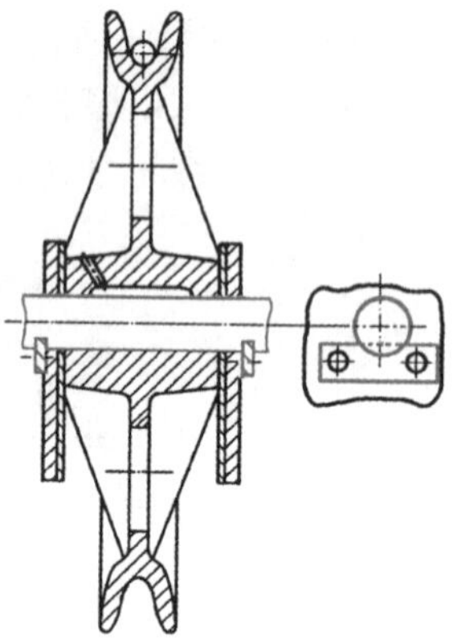

图 14-21 固定心轴

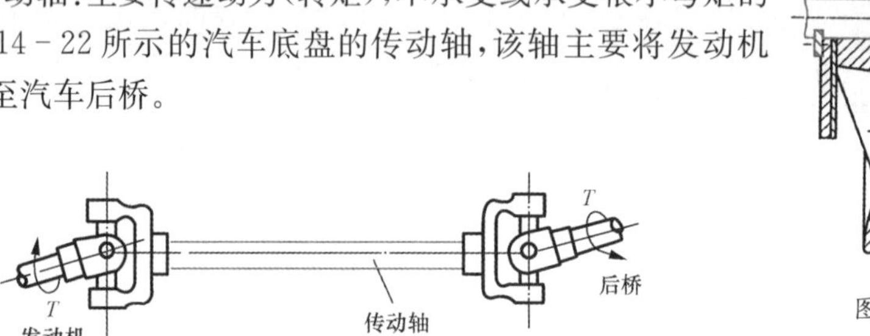

图 14-22　传动轴

(3)转轴：用于支撑传动件和传递动力，既承受弯矩又传递转矩的轴。如图 14-1(b)所示的齿轮轴，其不仅要传递齿轮上的转矩，也要承受轮齿作用力对轴产生的弯矩。

14.2.2　轴的材料选择

轴的常用材料有很多种类，主要有碳钢、合金钢和铸铁等。选择时主要考虑的因素是轴的强度、刚度、耐磨性、热处理方法、加工工艺要求、材料来源和价格等。

因碳钢比合金钢价廉，对应力集中的敏感性较低，同时也可以采用热处理或化学热处理的方法提高其耐磨性和抗疲劳强度，因此，轴经常采用碳钢制造，其中最常用的是 45 钢。对于不重要或受力较小的轴，可用 Q235 等普通碳素钢。

合金钢比碳钢具有更高的力学性能和较好的淬火性能。因此，在高速重载，要求减小轴的尺寸与质量，提高轴的耐磨性，以及处于高温或低温条件下工作的轴，一般采用合金钢。但合金钢对应力集中比较敏感，而且价格较贵。常用的如 20Cr，20CrMnTi 等低碳合金钢，其表面经渗碳淬火热处理后可提高耐磨性；38CrMoAlA 等合金钢具有良好的高温机械性能，常用于高温、高速和重载条件下工作的轴。但有一点值得注意：几乎所有钢材的弹性模量相差不大，因此，在其他条件相同时，采用合金钢并不能提高轴的刚度。当轴的承载能力以刚度为主时，通常选用碳素钢。

球墨铸铁和高强度铸铁具有良好的制造工艺性、吸振性和耐磨性，价格低廉，以及对应力集中的敏感性较低等优点，近年来被广泛用于制造结构形状复杂的轴（如曲轴等）。

轴的常用材料及其主要力学性能见表 14-1。

表 14-1　轴的常用材料及其主要力学性能

材料牌号	热处理	毛坯直径/mm	硬度/HBW	弯曲疲劳极限 σ_{-1}/MPa	剪切疲劳极限 τ_{-1}/MPa	许用弯曲应力 $[\sigma_{-1}]$/MPa	备　注
Q235A	热轧或锻后空冷	≤100	≥100～200	170	105	40	用于不重要或载荷不大的轴
45	正火 回火 调质	≤100 >100～300 ≤200	>170～217 162～217	255 245 275	140 135 155	55 60	应用最广泛
40Cr	调质	≤100 >100～300	241～255	355 355	200 185	70	用于载荷较大而无很大冲击的轴
40CrNi	调质	≤100 >100～300	270～300 240～270	430 370	260 210	75	用于很重要的轴
38CrMoAlA	调质	≤60 >60～300 >100～300	293～321 277～302 241～277	440 410 375	280 270 220	75	用于要求高耐磨性、高强度且热处理变形小的轴
20Cr	渗碳 淬火 回火	≤60	渗碳 HRC 56～62	305	160	60	用于要求强度及韧性均较高的轴
3Cr13	调质	≤100	≥241	395	230	75	用于腐蚀条件下的轴
QT600-3		190～270	215	185			用于制造复杂外形的轴
QT800-2		245～335	290	250			

注：表中所列疲劳极限 σ_{-1} 值是按下列关系式计算的，供设计时参考。碳钢：$\sigma_{-1} \approx 0.43\sigma_B$；合金钢：$\sigma_{-1} \approx 0.2(\sigma_B+\sigma_S)+100$；不锈钢：$\sigma_{-1} \approx 0.27(\sigma_B+\sigma_S)$，$\tau_{-1} \approx 0.156(\sigma_B+\sigma_S)$；球墨铸铁：$\sigma_{-1} \approx 0.36\sigma_B$，$\tau_{-1} \approx 0.31\sigma_B$。

14.2.3　轴的结构设计

轴的结构设计主要是根据轴上零件的装配、加工、定位和固定等要求，确定轴的合理外形和结构尺寸。因为影响轴结构设计的因素很多，所以轴没有标准的结构形式，其设计方案具有较大的灵活性。根据轴的结构要求以及强度设计准则，轴一般设计成阶梯轴。在设计时，应考虑以下因素：

①轴上零件要便于装拆和调整；

②轴上零件要有准确的定位且固定可靠；

③轴要具有良好的加工工艺性；

④轴的受力要合理，应力集中小，承载能力强，节约材料和减轻重量。

阶梯轴的结构尺寸设计，就是确定各轴段的直径和长度。

轴的直径是决定其强度的主要参数。在轴段长度尚未确定时，两支点间的跨距无法计算，轴的弯矩大小及分布不能确定，即无法根据弯曲强度确定轴的直径。工程上，通常利用扭转强度估算一个最小轴径值，并结合最小轴段上的零件要求协调确定该轴段的直径。然后，在此基础上，按照定位轴肩和非定位轴肩的设置，根据所需的轴肩高度、各轴段上其他零件的孔径尺寸、配合和标准要求（如滚动轴承的内径为标准值）等，逐级确定各轴段的直径大小。

轴的长度为各轴段长度之和。轴段的长度主要根据轴系在机器中的总体结构尺寸要求、零件配合长度所需的轴向尺寸要求、零件装配或调整必要的空间等来确定，并尽可能结构紧凑。值得注意的是，如果轴段上有配合关系的零件且其轮毂两侧都有定位和固定要求时，该配合轴段的长度应比轮毂宽度略短。如图 14－1(b)的齿轮轴，为保证传动件齿轮和半联轴器的轴向定位可靠(即套筒、轴端挡圈应分别与齿轮和半联轴器右端面接触，而避免分别与齿轮轴段的非定位轴肩和轴的右端面接触)，其轴段的长度应比轮毂宽度短 1～2 mm(具体数值与直径大小和轮毂长度有关)。

在设计轴的结构时，还需要考虑结构工艺性，即应便于加工和装配轴上的零件、高效率低成本生产。一般而言，轴的结构越简单，则工艺性越好。因此，在满足使用要求的前提下，轴的结构形式应尽量简化。如图 14－23 所示，需要磨削加工的轴段，应留有砂轮越程槽；需要切制螺纹的轴段，应留有退刀槽，其尺寸需查阅标准或手册。为了减少加工时装夹工件的时间，同一轴上不同轴段的键槽尽量布置在轴的同一母线上。为便于装配零件，应去掉毛刺，轴端应倒角。对于阶梯轴，一般设计成两端细中间粗的形状，以便于零件从两端装拆。轴肩的高度不能妨碍零件装拆。为了减少加工刀具种类和提高劳动生产率，轴上直径相近处的圆角、倒角、键槽宽度、砂轮越程槽和退刀槽宽度等应尽可能采用相同的尺寸。

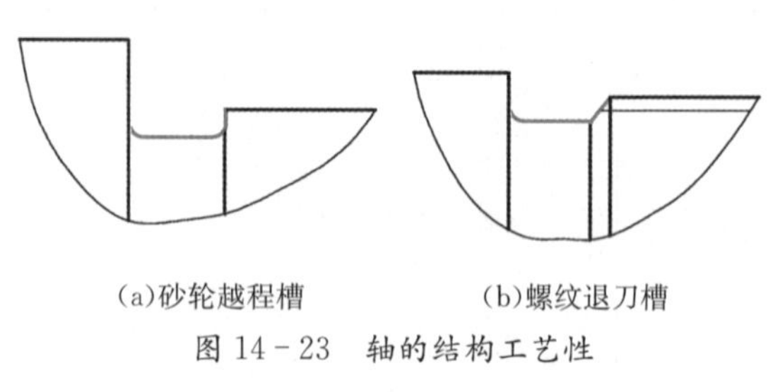
(a)砂轮越程槽　　(b)螺纹退刀槽

图 14－23　轴的结构工艺性

轴和轴上零件的结构、工艺以及轴上零件的安装布置等对轴的强度有很大影响。在设计时，常采取以下措施来提高轴的强度。

1)合理布置轴上零件

为了减少轴所受的弯矩，传动件应尽量靠近轴承，并尽可能不采用悬臂的支承形式，力求缩短支承跨距及悬臂长度等。

当转矩由一个传动件输入、几个传动件输出时，为了减小轴上的转矩，应将输入件放在中间。如图 14－24(a)所示，轴所受的最大转矩为 $T_2+T_3+T_4$，而图 14－24(b)中最大转矩为 T_3+T_4。

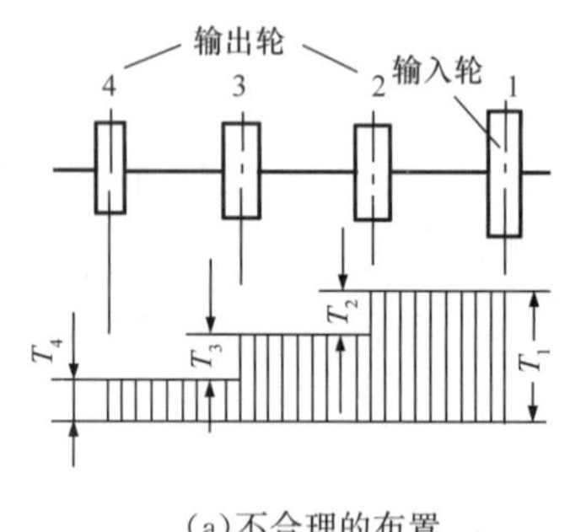

(a)不合理的布置

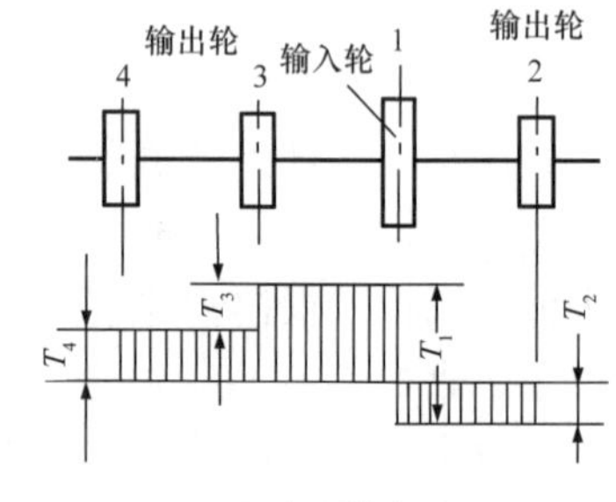

(b)合理的布置

图 14－24　轴上零件的布置

2)改进轴上零件的结构

通过改进轴上零件的结构也可以减小轴上的载荷。在如图 14－25 所示的起重机卷筒的两种不同方案中，图 14－25(a)的结构是大齿轮和卷筒连成一体，这样的卷筒轴只承受弯矩而不传递转矩，在起重同样载荷时，轴的直径可小于图 14－25(b)的结构。

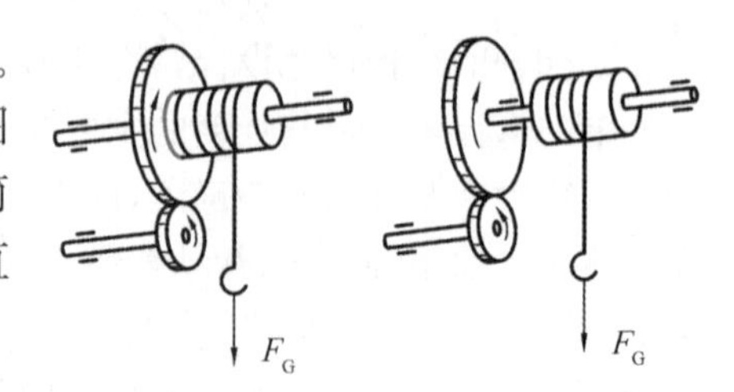

(a)由传动件连接传力矩　　(b)经轴传力矩

图 14－25　起重机卷筒的两种安装方案

3)减小轴的应力集中

轴上的应力集中会严重削弱轴的疲劳强度，因此为减小和避免应力集中，轴的截面尺寸变化不要太大，并适当增大过渡圆角半径；若圆角半径受限制，可采用凹切圆角、过渡肩环等结构，如图 14－26 所示；对于过盈配合的轴段，可在轴上或轮毂上开减载槽；要尽量避免在轴上应力大的部位开横孔、切口等。

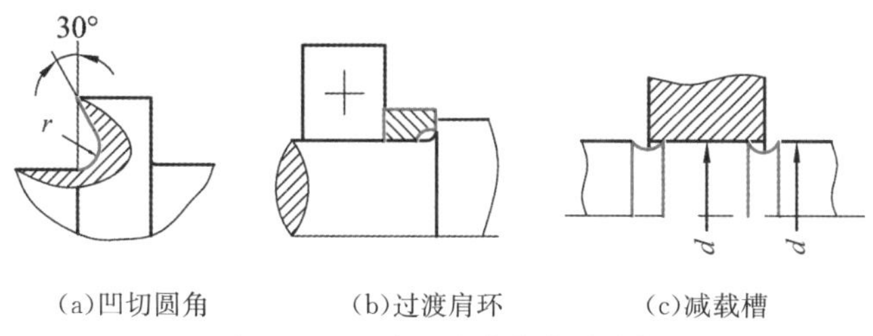

图 14－26 减小应力集中的结构

14.2.4 轴的工作能力计算

为满足功能要求，设计轴时必须保证足够的强度，以防止疲劳断裂；对于刚度要求高的轴，还必须进行刚度计算，以防止过大的弹性变形；对于高速回转的轴，则需进行临界转速验算，以防止轴因共振而失稳。一般而言，在普通机械中使用的轴，只需保证有足够的强度和刚度就可以了。

14.2.4.1 按扭转强度计算

对于只传递转矩或以传递转矩为主的传动轴，应按扭转强度条件计算轴的直径。

扭转强度条件为

$$\tau=\frac{T}{W_T}=\frac{9\ 550\ 000}{0.2d^3}\frac{P}{n}\leqslant[\tau] \tag{14-1}$$

式中：τ——轴的扭转切应力，MPa；

T——轴所传递的转矩，N·mm；

W_T——轴的抗扭截面模量，mm^3；

P——轴所传递的功率，kW；

n——轴的转速，r/min；

$[\tau]$——轴的许用切应力，MPa。

对于实心轴，$W_T=0.2d^3$，代入式(14－1)，可得轴的所需直径为

$$d\geqslant\sqrt[3]{\frac{9\ 550\ 000P}{0.2[\tau]n}}=\sqrt[3]{\frac{9\ 550\ 000}{0.2[\tau]}}\sqrt[3]{\frac{P}{n}}=C\sqrt[3]{\frac{P}{n}} \tag{14-2}$$

式中：C——与轴的材料有关的系数，其值可查表 14－2。对于确定的材料，当弯矩相对于转矩的影响较大或对轴的刚度要求较高时，C 取较大值；反之，C 取较小值。

表 14－2 轴常用材料的$[\tau]$及 C 值

轴的材料	Q235A，20	Q275 35(1Cr18Ni9Ti)	45	40Cr，35SiMn， 38SiMnMo，3Cr13
$[\tau]$/MPa	15～25	20～35	25～45	35～55
C	149～126	135～112	126～103	112～97

应用式(14－2)求出的 d 值，可用于设计初期估算轴端最小直径。若该轴段有键槽，则应适当加大并将其圆整到标准值。当该轴段同一剖面有一个键槽时，d 值增大 5%；当有双键槽时，d 值增大 10%；也可以采用经验公式来估算轴的直径。如在一般减速器中，输入轴的轴端直径可根据与之相联的电机轴的直径 D 来估算，$d=(0.8～1.2)D$。

第14章 轴系布局与轴的设计

14.2.4.2　按弯扭合成强度计算

对于既承受弯矩 M 又传递转矩 T 的转轴，可根据弯矩和转矩的合成强度来计算。在计算时，先根据结构设计所确定的结构尺寸和轴上零件的位置，画出轴的空间和平面受力简图，然后画出弯矩图、转矩图，求出弯曲应力 σ 和扭转切应力 τ，按第三强度理论建立轴的弯扭合成强度条件：

$$\sigma_e = \sqrt{\sigma^2 + 4\tau^2} \leqslant [\sigma_e]$$

$$\sigma = \frac{M}{W} \approx \frac{M}{0.1d^3}, \tau = \frac{T}{2W} \approx \frac{T}{0.2d^3}$$

所以有

$$\sigma_e = \sqrt{\left(\frac{M}{W}\right)^2 + 4\left(\frac{T}{2W}\right)^2} = \frac{1}{W}\sqrt{M^2 + T^2} \tag{14-3}$$

式中：W——轴的抗弯截面模量，mm^3。

弯矩 M 所产生的弯曲应力 σ 和转矩 T 所产生的扭转切应力 τ 的循环特性可能不同。对于转轴和转动心轴，弯曲应力通常是对称循环变应力，而转矩 T 所产生的扭转切应力往往不是对称循环变应力，因此需将式(14-3)中的转矩 T 乘以折合系数 α，将 T 转化为当量弯矩，则强度条件为

$$\sigma_e = \frac{M_e}{W} = \frac{1}{0.1d^3}\sqrt{M^2 + (\alpha T)^2} \tag{14-4}$$

式中：M_e——当量弯矩。

折合系数 α 根据转矩性质来确定。当转矩不变时，$\alpha=0.3$；当转矩按脉动循环变化（单向运转且有振动冲击或启动停车比较频繁）时，$\alpha=0.6$；当转矩按对称循环变化（轴频繁地双向回转）时，$\alpha=1$。

对于一般用途的轴，按上述方法设计计算即可。对于重要的轴，还做作进一步的精确疲劳强度校核计算，其计算方法可查有关参考资料。

例 14-1　如图 2-15 所示的单级齿轮减速器，已知高速轴的输入功率 $P_1=14.4$ kW，转速 $n_1=456.5$ r/min；齿轮传动主要参数：传动比 $i=3.35$，中心矩 $a=135$ mm，大齿轮分度圆直径 $d_2=208$ mm，螺旋角 $\beta=14°50'6''$，齿宽 $b_1=60$ mm，$b_2=55$ mm。要求设计低速轴。

解　1）拟定轴上零件的装配方案

见 14.1.2 节。

2）确定轴上零件的定位和固定方式

见图 14-1(b)。

3）按扭转强度估算轴的直径

选 45 钢，低速轴的输入功率 $P_2=P_1 \cdot \eta_1 \cdot \eta_2=14.4\times0.99\times0.97=13.83$(kW)（$\eta_1$ 为高速轴滚动轴承的效率，η_2 为齿轮啮合效率）；输出功率 $P_2'=P_2 \cdot \eta_3=13.83\times0.99=13.69$(kW)（$\eta_3$ 为低速轴滚动轴承的效率）；低速轴的转速 $n_2=n_1/i=456.5/3.35=136.3$(r/min)。

可得　$$d_{min} = C\sqrt[3]{\frac{P_2'}{n}} = (103 \sim 126)\sqrt[3]{\frac{13.69}{136.3}} = 47.88 \sim 58.57\text{(mm)}$$

4)根据轴向定位的要求确定轴的各段长度和直径

①从右端联轴器处取第一段,由于该处有一个键槽,轴径应增加5%,取ϕ55 mm,根据计算转矩

$$T_c = K_A T = K_A \frac{9.55 \times 10^6 P_2'}{n_2} = 1.4 \times \frac{9.55 \times 10^6 \times 13.69}{136.3} = 1.343 \times 10^6 (\mathrm{N \cdot mm})$$

查标准GB/T 5014—2017,选用LX4型弹性柱销联轴器,半联轴器长度为$l_1=84$ mm,轴段长$L_1=80$ mm。

②右起第二段,考虑联轴器的轴向定位要求,取该轴段直径为标准系列值的63 mm,轴段长度$L_2\approx$轴承端盖长度+端盖端面与联轴器端面间距。轴承端盖尺寸按轴承外径大小、连接螺栓尺寸来确定,根据便于轴承端盖的装拆及对轴承添加润滑脂的要求,再结合箱体设计时轴承座结构尺寸要求,取该轴段长$L_2=50$ mm。

③右起第三段,该段装滚动轴承和挡油环,取该轴段直径为65 mm,轴段长度$L_3\approx$轴承宽+轴承端面与箱体内壁间距+箱体内壁与齿轮端面间距。因为轴承有轴向力和径向力,暂选用角接触球轴承7213C,其尺寸为$d\times D\times B=65$ mm×120 mm×23 mm,支反力作用点距轴承外端面24.2 mm。根据系统结构设计中齿轮端面离箱体内壁应大于箱体壁厚、轴承端面距箱体内壁为3～15 mm(脂润滑取大值)等要求,取该轴段长$L_3=52$ mm。

④右起第四段,该段装有齿轮,直径取70 mm,根据键连接强度计算(见例题10-3),齿轮轮毂长80 mm、键长63 mm。为了保证定位的可靠性,取轴的长度为$L_4=78$ mm。

⑤右起第五段,考虑齿轮的轴向定位,需有定位轴肩,取轴肩直径$\phi=80$ mm,长度$L_5=8$ mm。

⑥右起第六段,该段为挡油环和滚动轴承安装处,其直径按滚动轴承内径,取$\phi=65$ mm,其长度考虑轴承宽度及右端面与箱体内壁间距15 mm等因素,取$L_6=42$ mm。

5)求齿轮上作用力的大小、方向

作用在齿轮上的转矩:$T_2=9.55\times10^6 P_2/n_2=9.55\times10^6\times13.83/136.3=969\times10^3$(N·mm),

圆周力:$F_{t2} = \frac{2T_2}{d_2} = \frac{2\times969\times10^3}{208} = 9\,317.3$ (N),

径向力:$F_{r2} = \frac{F_{t2}\tan\alpha}{\cos\beta} = \frac{9\,317.3\times\tan 20°}{\cos 14°50'6''} = 3\,508.2$ (N),

轴向力:$F_{a2} = F_{t2}\cdot\tan\beta = 9\,317.3\times\tan 14°50'6'' = 2\,468$ (N)。

6)轴承的径向支反力

根据轴承支反力的作用点以及轴承和齿轮在轴上的安装位置,建立如图14-27所示的力学模型,计算A、B两支点的支反力。

水平面的径向支反力:$F_{HA}=F_{HB}=F_{t2}/2=4\,658.7$N;

垂直面的径向支反力:$F_{VA}=(-F_{a2}\times d_2/2+F_{r2}\times64)/128=(-2\,468\times208/2+3\,508.2\times64)/128=-251.2$(N),

$F_{VB}=(F_{a2}\times d_2/2+F_{r2}\times64)/128=(2\,468\times208/2+3\,508.2\times64)/128=3\,759.4$(N)。

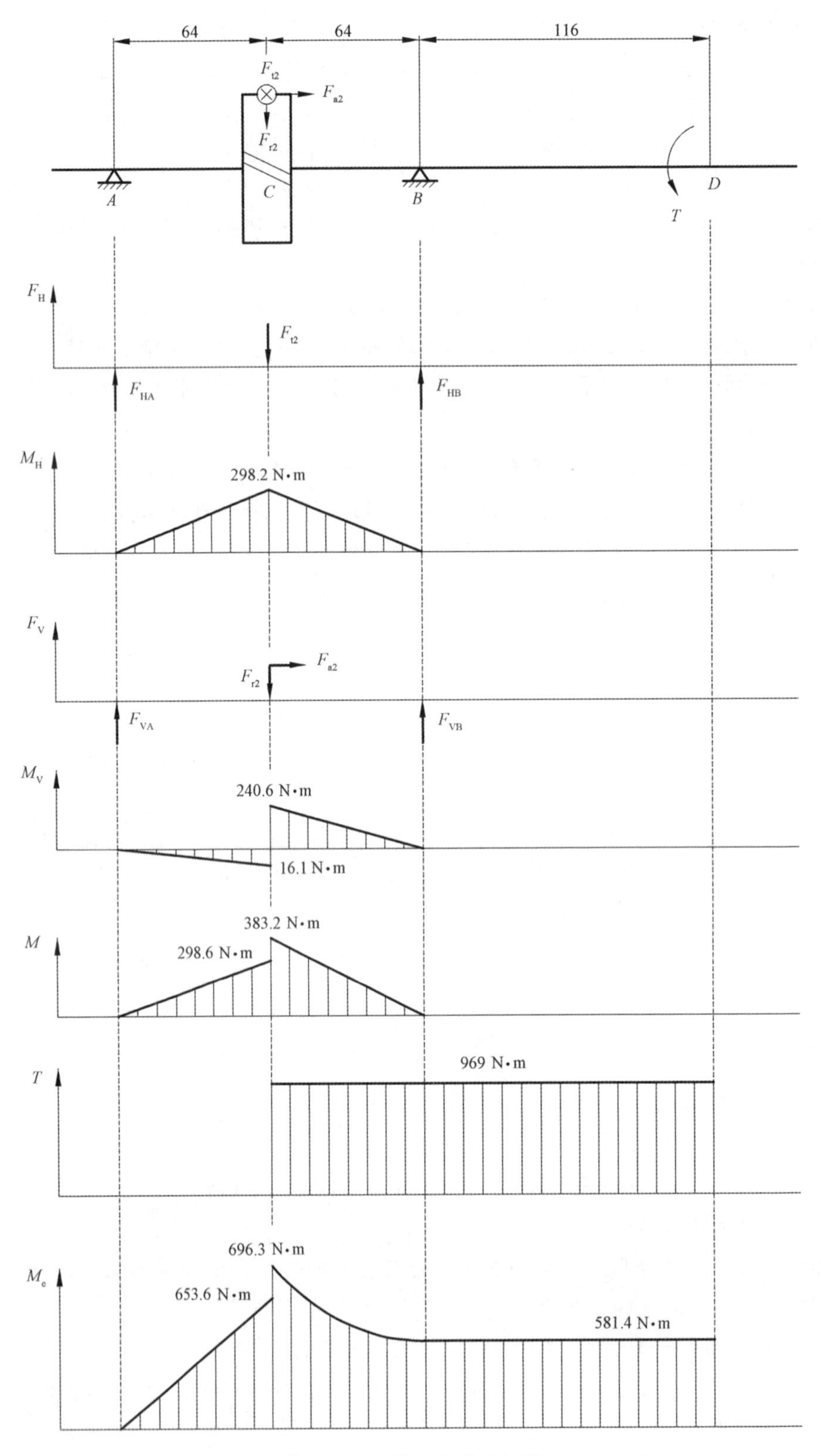

图 14－27　轴的当量弯矩图

7)画弯矩图

截面 C 处的弯矩：

水平面的弯矩：$M_{HC}=F_{HA}\times 64=298.2\times 10^3$(N·mm)；

垂直面的弯矩：$M_{VC1}=F_{VA}\times 64=-16.1\times 10^3$(N·mm)，

$M_{VC2}=F_{VA}\times 64+F_{a2}\times d_2/2=240.6\times 10^3$(N·mm)

合成弯矩：

$$M_{c1}=\sqrt{M_{HC}^2+M_{VC1}^2}=\sqrt{298.2^2+16.1^2}=298.6(\mathrm{N\cdot m})$$

$$M_{c2}=\sqrt{M_{HC}^2+M_{VC2}^2}=\sqrt{298.2^2+240.6^2}=383.2(\mathrm{N\cdot m})$$

8)画转矩图

$T=F_{t2}\times d_2/2=969$ N·m。

9)画当量弯矩图

因轴是单向回转，转矩为脉动循环，$\alpha=0.6$，

截面 C 处的当量弯矩：

$$M_{eC2}=\sqrt{M_{C2}^2+(\alpha T)^2}=\sqrt{383.2^2+(0.6\times 969)^2}=696.3(\mathrm{N\cdot m})。$$

10)判断危险截面并验算强度

① 截面 C 右侧当量弯矩最大，而其直径与相邻段相差不大，所以截面 C 为危险截面。轴的材料为 45 钢，调质处理，由表 14-1 查得许用弯曲应力$[\sigma_{-1}]=60$ MPa。

$$\sigma_e=M_e/W=M_{eC2}/(0.1d^3)=696.3\times 10^3/(0.1\times 70^3)=20.3(\mathrm{MPa})<[\sigma_{-1}]$$

② 剖面 D 处虽只传递转矩但其直径较小，故该处也可能是危险截面。

$$M_D=\sqrt{(\alpha T)^2}=\alpha T=0.6\times 969=581.4(\mathrm{N\cdot m})$$

$$\sigma_e=M_e/W=M_D/(0.1d^3)=581.4\times 10^3/(0.1\times 55^3)=34.95(\mathrm{MPa})<[\sigma_{-1}]$$

故确定的尺寸是安全的。

11)设计结果的表达

轴的结构设计通常采用二维工程图表达，也可通过三维模型表达以便在软件中进行运动学和动力学分析，甚至可以通过软件实现三维模型与二维工程图的转换。图 14-28 即为用软件建立的例 14-1 中轴的三维模型，图 14-29 为用软件对该轴进行有限元分析所得的应力云图，图 14-30 为该轴的二维工程图。

图 14-28　轴的三维模型

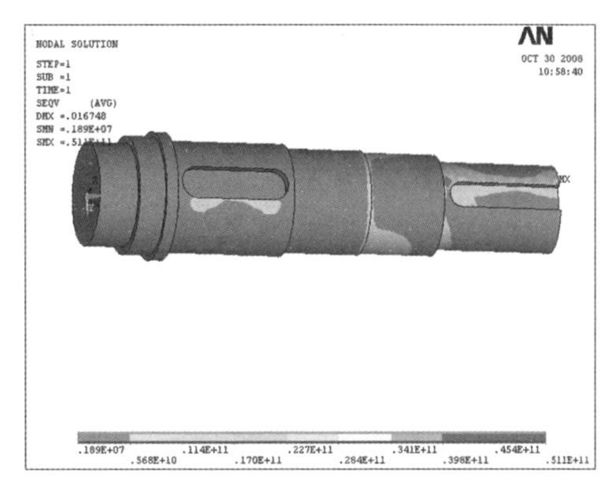

图 14-29　轴的应力云图

第14章　轴系布局与轴的设计

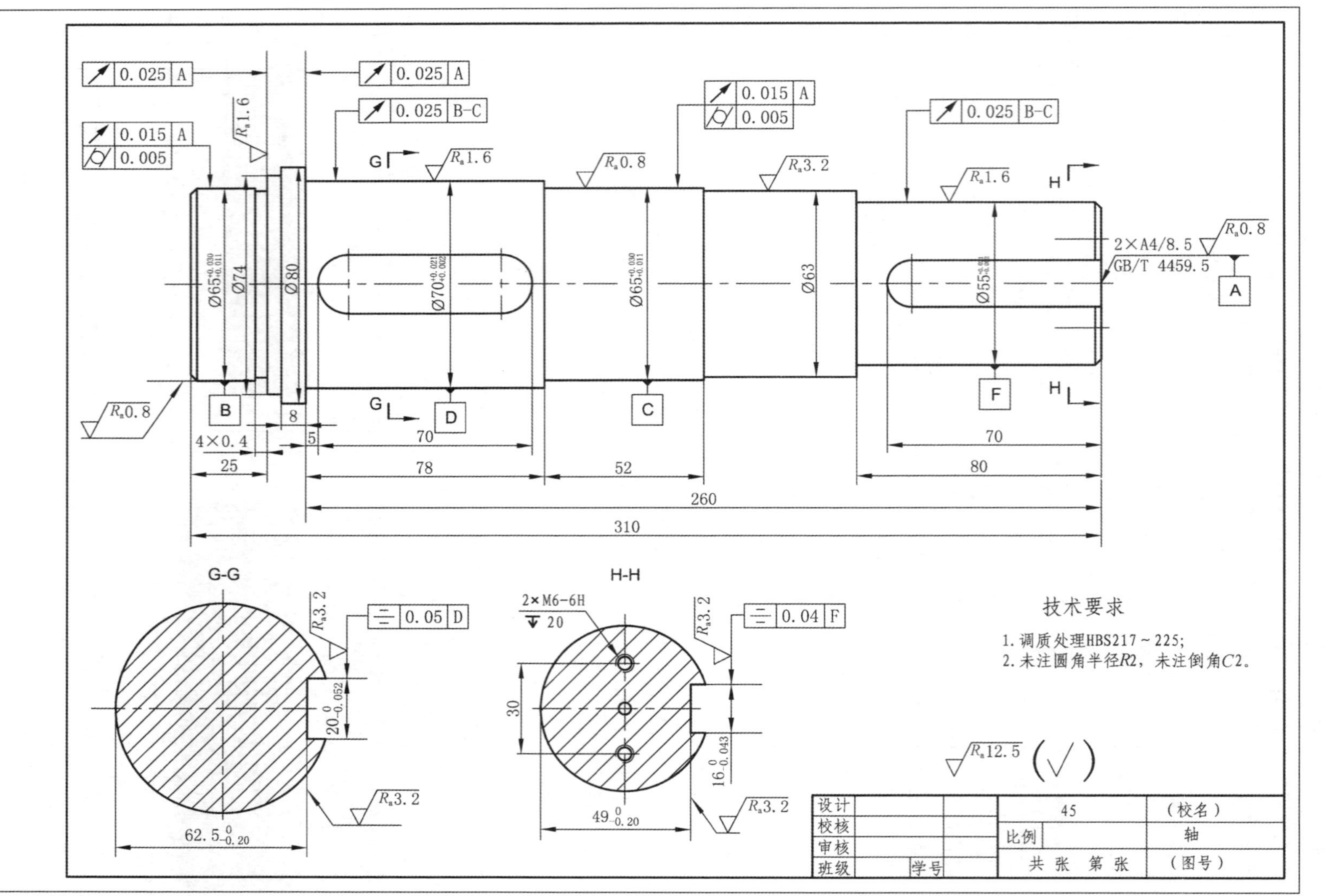

图14-30 轴的二维工程图

14.2.4.3　轴的刚度计算

轴受弯矩作用会产生弯曲变形，受转矩作用会产生扭转变形，如图 14－31 和图 14－32 所示。若轴的刚度不够，就会影响轴的正常工作；若安装齿轮的轴弯曲变形过大，轮齿上的载荷沿齿宽分布不均，则会引起偏载；若机床主轴变形过大，会降低被加工零件的精度；若电机主轴变形过大，则会改变定子和转子间的间隙，从而影响电机的性能等。因此，对于那些刚度要求较高的轴，为防止其在工作中出现过大的弹性变形，需要对其进行刚度计算，使其满足下列刚度条件

$$y \leqslant [y],\theta \leqslant [\theta],\varphi \leqslant [\varphi] \tag{14-5}$$

式中：y，$[y]$——轴的挠度和许用挠度，mm；

θ，$[\theta]$——轴的偏转角和许用偏转角，rad；

φ，$[\varphi]$——轴每米长的扭转角和许用扭转角，rad(°)/m。

$[y]$，$[\theta]$和$[\varphi]$可从表 14－3 查得。

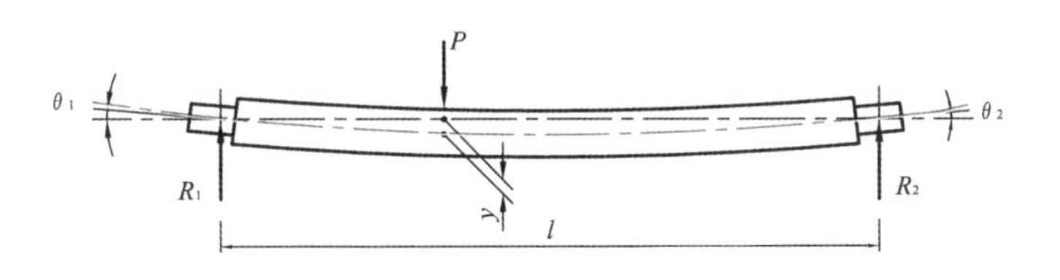

图 14－31　轴的挠度和偏转角

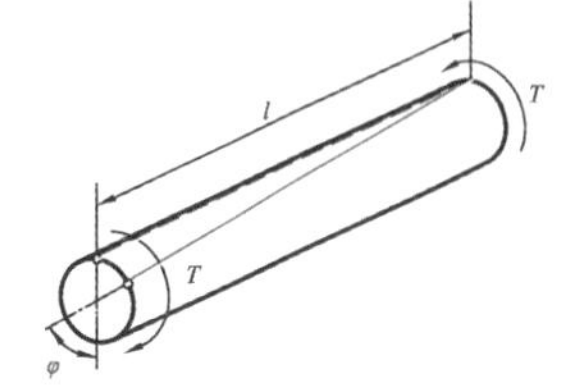

图 14－32　轴的扭转角

表 14－3　轴的许用挠度、偏转角和扭转角

应用场合	$[y]$/ mm	应用场合	$[\theta]$/rad	应用场合	$[\varphi]$/[rad(°)·m^{-1}]
一般用途	(0.000 3～0.05)l	滑动轴承	≤0.001	一般传动	0.5～1
刚度要求较高	≤0.002l	向心球轴承	≤0.005	较精密的传动	0.25～0.5
安装齿轮的轴	(0.01～0.05)m_n	调心轴承	≤0.05	重要传动	0.25
安装蜗轮的轴	(0.02～0.05)m_t	圆柱滚子轴承	≤0.002 5	l——支承间跨距； Δ——电机定子与转子的间距； m_n——齿轮法面模数； m_t——蜗轮端面模数	
蜗杆轴	(0.01～0.02)m_t	圆锥滚子轴承	≤0.001 6		
电机轴	≤0.1Δ	安装齿轮处	≤0.001～0.002		

14.2.4.4　轴的临界转速概念

如前面所述，由于回转件的结构不对称、材质不均匀、加工有误差等，要使回转件的重心精确地位于几何轴线上，几乎是不可能的。实际上，重心与几何轴线间一般有一微小的偏心距，因而回转时会产生离心力，使轴受到周期性载荷的干扰，引起轴的弯曲振动(或称横向振动)。当这种强迫振动的频率与轴的弯曲自振频率相同时，就会出现弯曲共振现象。当轴由于传递的功率有周期性变化而产生周期性扭转变形时，将会引起扭转振动。当其强迫振动频率与轴的扭转自振频率相同时，也将引起对轴产生破坏作用的扭转共振。当轴受有周期性的轴向干扰力时，自然也会产生纵向振动及其相应条件下的纵向共振。

轴在引起共振时的转速称为临界转速。如果轴的转速停滞在临界转速附近，轴的变形将迅速增大，以致达到使轴甚至整个机器破坏的程度。因此，对于高速轴，必须计算其临界转速，使其工作转速 n 避开其临界转速 n_c。临界转速可以有多个，最低的一个称为一阶临界转速，其余为二阶、三阶等。在一阶临界转速下，振动激烈，最为危险，所以通常主要计算一阶临界转速。但是，在某些情况下还需要计算高阶的临界转速。

14.2.5　轴的制造工艺过程简介

结合图 14－30 对轴的制造工艺过程简单介绍如下：

①下毛坯；车两端外圆，打两个中心孔；

②中心孔定位；粗车至 ϕ70 mm(留精加工余量)，长 260 mm，粗车 ϕ55 mm(留精加工余量)，长80 mm(见轴工作图右端)；

③车 ϕ65 mm，长 52 mm(留精加工余量)，车 ϕ63 mm，长 50 mm；

④倒角；

⑤掉头，车 ϕ80 mm，长 50 mm；

⑥车 ϕ74 mm(留精加工余量)，长 42 mm；

⑦车 ϕ65 mm(留精加工余量)，长 25 mm；

⑧切槽，倒角；

⑨调质热处理；

⑩精车；

⑪铣键槽；

⑫淬火后磨外圆 ϕ65 mm；

⑬掉头，磨外圆 ϕ70 mm，ϕ65 mm，ϕ55 mm。

本章知识图谱

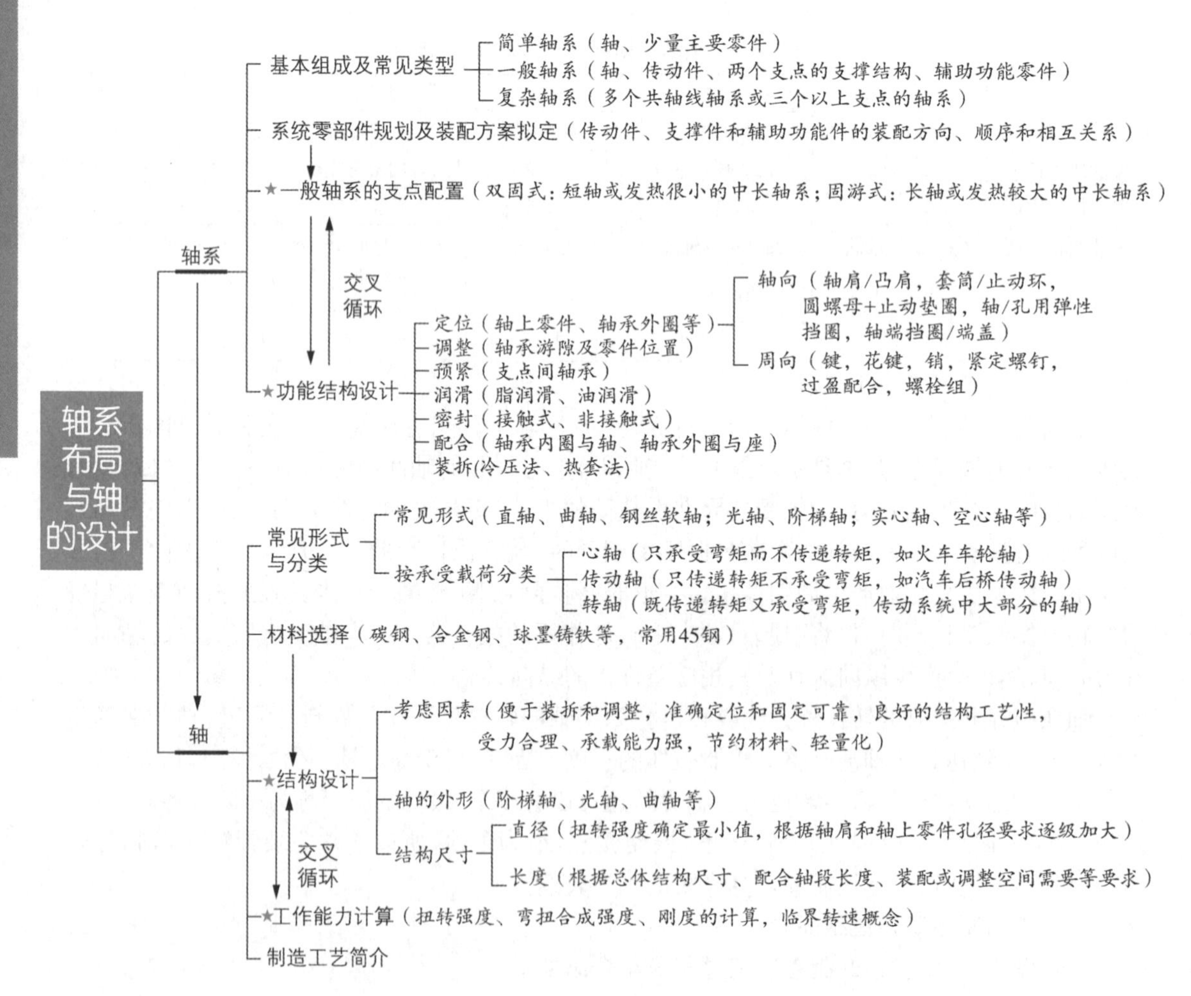

习 题

14-1 根据载荷性质不同，轴可分为哪几类？试举例说明。

14-2 轴的结构设计的目的和主要要求是什么？

14-3 轴上零件的周向固定和轴向固定方式有哪几种？各适用于什么场合？

14-4 有一齿轮轴，单向转动，它的弯曲应力和扭转剪切应力循环特性有何异同？

14-5 轴的强度计算有几种方法？各适用于什么场合？

14-6 已知一传动轴直径 $d=32$ mm，转速 $n=900$ r/min，如果轴上的剪切应力不超过 70 $\mathrm{N/mm^2}$，问能传递多大的功率？

14-7 设计图示二级斜齿轮圆柱减速器中的低速轴。已知低速轴传递的功率为 $P=5$ kW，转速 $n=42$ r/min，低速轴上的齿轮参数为：$m_n=3$ mm，$z=110$，齿宽 $b=80$ mm，$\beta=12°2'$右旋，两轴承间距为 206 mm。轴承型号为 30212，不计摩擦。要求：

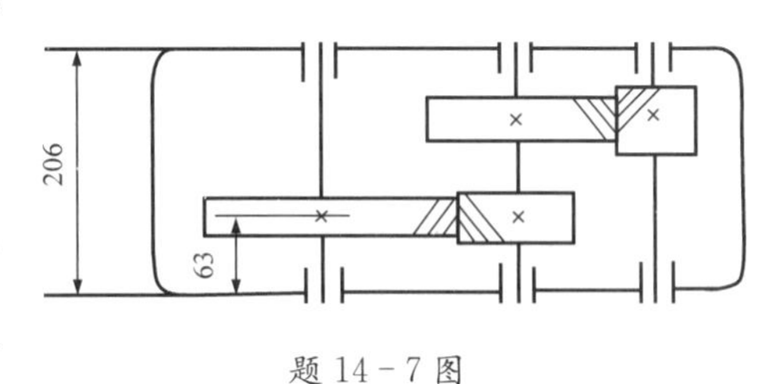

题 14-7 图

(1)设计轴系结构；

(2)按弯扭合成法验算轴的强度。

14-8 指出下图中结构的不合理之处，并画出改进后的轴系结构图。

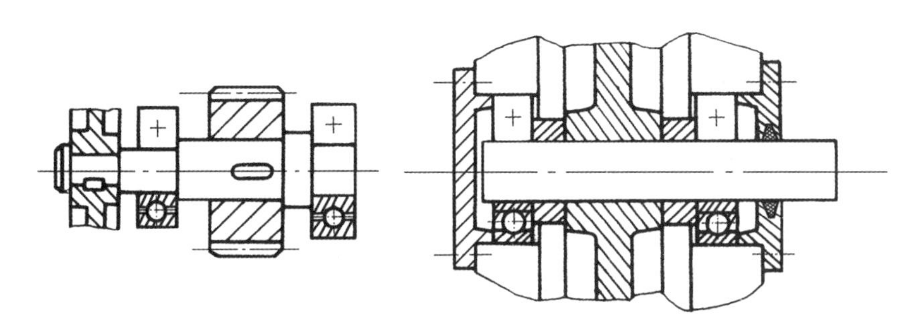

题 14-8 图

第14章 轴系布局与轴的设计

第 15 章　其他通用零件的设计

本章概要：弹簧是一种弹性元件，在载荷作用下产生较大的弹性变形，主要起储能、缓冲和控制力与运动等作用，在各类机械装置与仪器仪表中应用十分广泛。机架类零件是机械设备的基础零部件，在机器总质量中占比较大，主要起支撑、容纳和基准的作用。本章主要介绍圆柱螺旋弹簧的设计，机架类零件的一般类型、常用材料和制造方法，以及结构设计。

15.1　弹簧

弹簧是一种弹性元件，在载荷作用下可以产生弹性变形，广泛应用于各类机械中。弹簧的主要用途有：① 控制机械的运动，如内燃机中的排进气阀门弹簧、离合器中的控制弹簧；②吸收振动与冲击能量，如车辆底盘悬挂系统的缓冲弹簧、联轴器的吸振弹簧；③储存能量，如钟表的平面涡卷弹簧；④ 用作灵敏元件，如千分表、百分表的游丝，继电器中的接触片簧以及压力表中的弹簧管、膜片与膜合；⑤实现力封闭，如凸轮机构中的压紧弹簧、消除齿轮空回误差的弹簧等。

根据形状不同，弹簧可分为螺旋弹簧、碟形弹簧、环形弹簧、板簧、蜗簧等，如图 15 - 1 所示。根据所受载荷不同，弹簧又可分为拉伸弹簧、压缩弹簧、扭转弹簧和弯曲弹簧等。弹簧的弹性变形量与所受载荷大小密切相关，其对应关系可能是线性的，也可能是非线性的。表示弹簧所受载荷与变形量关系的曲线称为弹簧的特性曲线。载荷与变形量的比值称为弹簧的刚度。

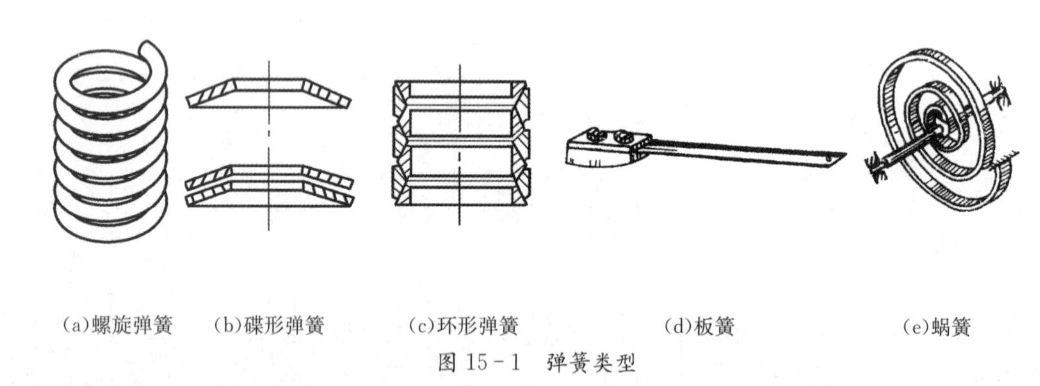

(a)螺旋弹簧　(b)碟形弹簧　(c)环形弹簧　(d)板簧　(e)蜗簧

图 15 - 1　弹簧类型

弹簧在机械中常承受具有冲击性的交变载荷，所以要求弹簧材料具有较高的弹性极限和疲劳极限，足够的冲击韧性和塑性，良好的热处理性能，等等。在选择弹簧材料时，应考虑到弹簧的使用条件、功用及其重要程度和经济性。使用条件是指载荷性质、大小及循环特性、工作温度和周围介质等情况。主要弹簧材料的使用性能见相关参考书。最常用的弹簧材料是优质碳素钢和合金钢。其中 65 钢、70 钢的拉伸强度极限见表 15 - 1。

表 15-1 碳素弹簧钢丝的抗拉强度极限 σ_B MPa

65、70 钢	钢丝直径 d/mm											
	1.0	1.5	2.0	2.5	3.0	3.6	4.0	4.5	5.0	5.6	6.0	7.0
Ⅰ组	2 500	2 200	2 000	1 800	1 700	1 650	1 600	1 500	1 500	1 450	1 450	—
Ⅱ、Ⅱa 组	2 050	1 850	1 800	1 650	1 650	1 550	1 500	1 400	1 400	1 350	1 350	1 250
Ⅲ组	1 650	1 450	1 400	1 300	1 300	1 200	1 150	1 150	1 100	1 050	1 050	1 000

注:1. 按受力循环次数 N 不同,弹簧分为三类:Ⅰ类 $N>10^6$;Ⅱ类 $N=10^3\sim10^5$ 以及受冲击载荷的;Ⅲ类 $N<10^3$。

2. 碳素弹簧钢丝 65 钢、70 钢按力学性能不同分为Ⅰ、Ⅱ、Ⅱa、Ⅲ四组,其对应强度依次由高到低。

钢丝弹簧常采用卷绕法制作,弹簧丝直径在 8 mm 以下的用冷卷法,直径在 8 mm 以上的用热卷法。

圆柱螺旋的压缩、拉伸、扭转弹簧应用最广,下面分别予以介绍。

15.1.1 圆柱螺旋压缩弹簧

如图 15-2 所示,弹簧节距为 p,自由状态下弹簧长度为 H_0,各圈之间有一定的间距。弹簧两端各有 0.75~1.25圈与弹簧座相接触的支承圈,俗称死圈。死圈不参与弹簧变形,其端面应与弹簧轴线垂直。

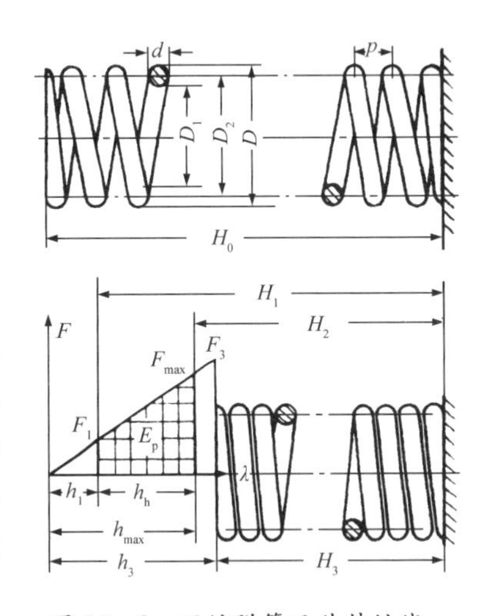

图 15-2 压缩弹簧及其特性线

弹簧在工作前,通常受预压缩力,以使其可靠地固定在安装位置上。力 F_1 称为弹簧的最小载荷。在最小载荷 F_1 的作用下,弹簧的长度为 H_1,弹簧的压缩量为 h_1。当弹簧达到最大工作载荷 F_{max}时,弹簧压缩量增至 h_{max},弹簧长度从 H_1 减至 H_2。h_{max}与 h_1 之差即为弹簧的工作行程 h_h。F_3 是弹簧的极限载荷,即在 F_3 作用下,弹簧丝内的应力达到了弹簧材料的屈服极限,这时相应的弹簧长度为 H_3,压缩量为 h_3。

弹簧的最小载荷通常取 $F_1=(0.1\sim0.5)F_{max}$。实际应用过程中,一般不希望弹簧失去其线性特性,所以最大载荷小于极限载荷,通常满足 $F_{max}\leqslant0.8F_3$。

15.1.1.1 强度计算

压缩弹簧受轴向载荷 F 作用时,在弹簧丝任意截面上作用有转矩 T、弯矩 M、切向力 F_Q 和法向力 F_N(图 15-3)。它们有如下关系

$$\left.\begin{aligned}T&=F\frac{D_2}{2}\cos\lambda\\M&=F\frac{D_2}{2}\sin\lambda\\F_Q&=F\cos\lambda\\F_N&=F\sin\lambda\end{aligned}\right\}\qquad(15-1)$$

式中:λ——弹簧的螺旋升角。

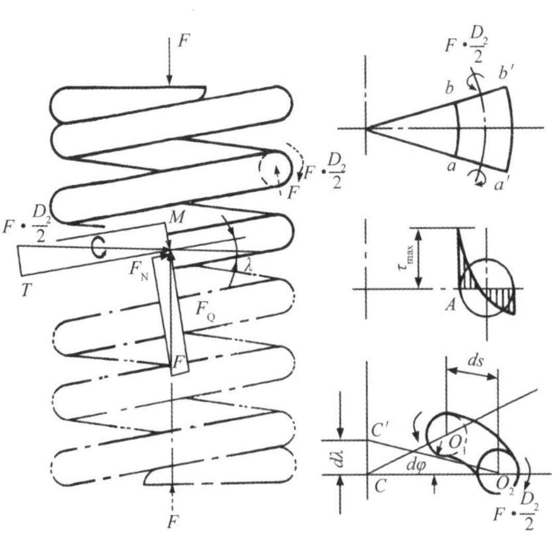

图 15-3 压缩弹簧的受力分析和变形

弹簧中径 D_2 与簧丝直径 d 之比称为旋绕比 C(又称弹簧指数),即 $C=D_2/d$。当其他条

件相同时，C值愈小，弹簧丝内、外侧的应力差愈悬殊，材料利用率愈低；反之，C值过大，应力过小，弹簧卷制后将有显著回弹，加工误差大。因此，通常$C=4\sim14$，不同簧丝直径推荐用旋绕比参照表15-2选用。

表 15-2 旋绕比 C 的荐用值

d/mm	$C=D_2/d$
0.1～0.4	7～14
0.5～1	5～12
1.1～2.2	5～10
2.5～6	4～10
7～16	4～8
18～40	4～6

根据理论推导，在轴向压力 F 作用下，压缩弹簧的最大切应力可按式(15-2)计算。

$$\tau_{\max}=\left(\frac{4C-1}{4C-4}+\frac{0.615}{C}\right)\frac{8FD_2}{\pi d^3}=K_1\frac{8FD_2}{\pi d^3} \tag{15-2}$$

式中：K_1——曲度系数，已知旋绕比 C 时，可按公式 $K_1=\frac{4C-1}{4C-4}+\frac{0.615}{C}$ 直接求出，也可查图15-4。

在求圆弹簧丝直径 d 时，应以 $F_{\max}$代替 F，并以 $D_2=Cd$ 代入式(15-2)，得到

$$d=1.6\sqrt{\frac{F_{\max}K_1C}{[\tau]}} \tag{15-3}$$

式中：$[\tau]$——许用切应力，可根据弹簧材料和工作特点选取。

在应用式(15-3)计算时，因旋绕比 C 和许用切应力$[\tau]$均与簧丝直径 d 有关，常用试算的方法求弹簧丝的直径。

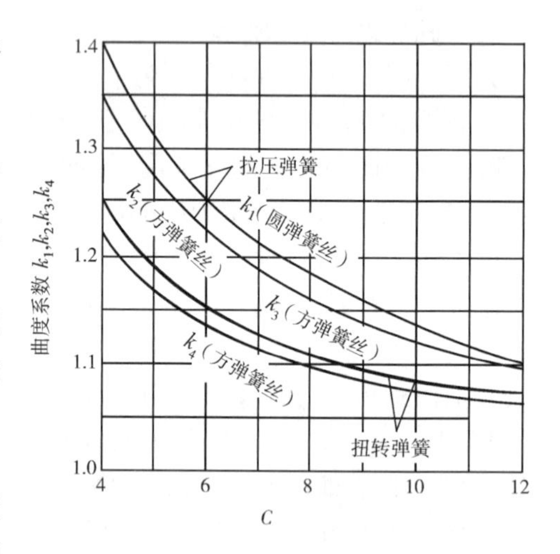

图 15-4 曲度系数曲线

15.1.1.2 刚度计算

设计弹簧时，强度计算的目的在于确定弹簧中径 D_2 和簧丝直径 d，而刚度计算的目的在于确定弹簧的圈数。

当压缩弹簧承受轴向压力时，在圆形簧丝截面上作用有转矩 T，从而产生扭转变形(图 15-3)。经积分推导，得到圆柱弹簧丝螺旋弹簧承受载荷 F 后所产生的变形量

$$h=\frac{8FD_2^3n}{Gd^4} \tag{15-4}$$

式中：F——弹簧所受的压力；

h——载荷 F 作用下的变形量；

D_2——弹簧中径；

d——簧丝直径；

n——有效工作圈数；

G——弹簧材料的切变模量。

利用式(15-4)，可以求出所需的弹簧有效圈数

$$n=Ghd^4/(8FD_2^3) \tag{15-5}$$

若 $n<15$，则取 n 为 0.5 圈的倍数；若 $n>15$，则取 n 为整圈数。弹簧的有效圈数最少为 2 圈。由式(15-4)，得到弹簧的刚度

$$K=\frac{F}{h}=\frac{Gd}{8C^3n} \tag{15-6}$$

当其他条件相同时，旋绕比 C 值愈小，刚度愈大，即弹簧愈硬；反之则愈软。

15.1.1.3　稳定性计算

当压缩弹簧的圈数较多时，还应校验其稳定性指标，即高径比 $b=H_0/D_2$。在高径比 b 值较大的情况下，当压力达到一定值时，弹簧会突然发生侧向弯曲的现象，使弹簧刚度突然降低，这种现象称为弹簧的失稳，这是弹簧正常工作所不允许的。

压缩弹簧的稳定性与弹簧两端的支承方式有关。为了保证弹簧不失稳，一般需要满足以下条件：当弹簧两端均为回转端时，$b\leqslant 2.6$；当弹簧一端固定、一端回转时，$b\leqslant 3.7$；当弹簧两端均固定时，$b\leqslant 5.3$。若 b 不能满足要求，为了保证弹簧的稳定性，应在弹簧外侧加导向套或在弹簧内侧加导向杆。

15.1.1.4　结构尺寸计算

压缩弹簧在最大载荷下应留有少量间隙 δ，以免各圈彼此接触，通常取 $\delta\geqslant 0.1d$。压缩弹簧的结构尺寸计算参考相关资料。

例 15-1　试设计一圆弹簧丝的螺旋压缩弹簧。数据如下：$F_{max}=600$ N，$h_{max}=50$ mm。该弹簧套在一直径为 24 mm 的轴上工作，并限制其最大外径在 38 mm 以内、自由长度在 110～130 mm 范围内。该弹簧并不经常工作，但较重要。弹簧端部选不磨平端，每端有一圈死圈。

解　选用弹簧材料为Ⅱa 组碳素弹簧钢丝。根据圆截面簧丝的直径优先选用第一系列的推荐值，假设弹簧丝直径 $d=4$ mm，4.5 mm，5 mm 三种尺寸进行试算，见表 15-3。

表 15-3　弹簧参数计算表

计算项目	计算内容	计算方案比较		
		1	2	3
计算弹簧丝直径				
假设弹簧丝直径 d		4 mm	4.5 mm	5 mm
假设弹簧丝中径 D_2		30 mm	30 mm	30 mm
旋绕比 C	$C=D_2/d$	7.5	6.7	6
曲度系数 K_1	查图 15-4	1.20	1.22	1.25
材料强度极限 σ_B	查表 15-1	1 500 MPa	1 400 MPa	1 400 MPa
许用切应力[τ]	$[\tau]=0.4\sigma_B$	600 MPa	560 MPa	560 MPa
弹簧丝计算直径 d_j	根据式(15-3)计算	4.8 mm	4.7 mm	4.5 mm
计算弹簧圈数				
弹簧有效圈数 n	根据式(15-5)计算	8(7.9)	13(12.7)	20(19.3)
弹簧死圈圈数		2	2	2
弹簧总圈数 n'	$n'=n+2$	10	15	22
核算弹簧外廓尺寸				
弹簧外径 D	$D=D_2+d$	$34<38$	$34.5<38$	$35<38$
弹簧最小节距 p_{min}	$p_{min}=d+h_{max}/n+\delta_{max}$	10.6 mm	8.8 mm	8.0 mm
最小长度 H_{0min}	$H_{0min}=np+(n'-n+1)d$	$96.8<110$	$110<127.9<130$	$175>130$

注：第 1 方案小于规定的弹簧自由长度，第 3 方案超过了规定的弹簧自由长度，只有第 2 方案符合规定要求。

弹簧结构尺寸略。

15.1.2 圆柱螺旋拉伸弹簧

拉伸弹簧有两种：无初拉力的和有初拉力的。如果以 F 代表拉力，h 代表拉伸量，则前一种弹簧的特性线与压缩弹簧相同。后一种由于它在自由状态下就受初拉力 F_0 的作用，故其特性线如图 15-5 所示。初拉力是由于卷制弹簧时使弹簧圈并紧和回弹而产生的。F_0 可用式(15-7)计算求得

$$F_0=\frac{\pi d^3}{8D_2}\tau \tag{15-7}$$

式中：τ ——拉伸弹簧的初切应力，可由图 15-6 两曲线间范围内查出。

拉伸弹簧簧丝直径仍采用式(15-3)计算。拉伸弹簧的弹簧圈数可用式(15-8)计算(无初拉力时，取 $F_0=0$)。

$$n=\frac{Ghd^4}{8(F-F_0)D_2^3} \tag{15-8}$$

拉伸弹簧的端部做有挂钩，以便安装和加载。

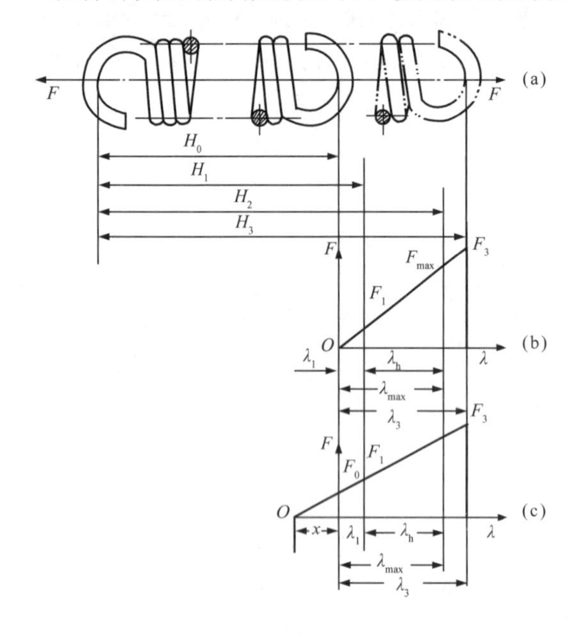

图 15-5 拉伸弹簧及其特性线

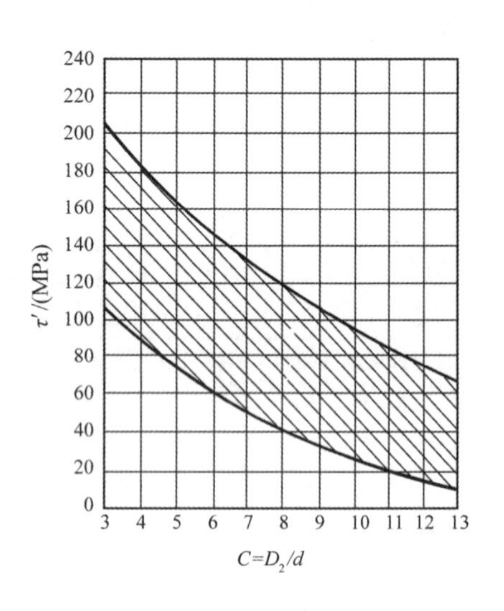

图 15-6 拉伸弹簧的初切应力范围

15.1.3 圆柱螺旋扭转弹簧

扭转弹簧的特性线如图 15-7 所示，其意义与压缩弹簧相同，只是扭转弹簧所受的外力为转矩 $T_{扭}$，所产生的变形为扭转角 ϕ。至于最小转矩和最大转矩，它们的关系可参考压缩弹簧中给出的数值。

在自由状态下，扭转弹簧的各圈间应留有少量间隙($\delta\approx0.5$ mm)。否则，在弹簧正常工作时，弹簧各圈间将彼此接触并产生摩擦和磨损。扭转弹簧的端部结构见图 15-8，从上到下依次为内臂、中心臂、外臂扭转弹簧。

若在垂直于弹簧轴线平面内受一转矩 T 作用的扭转弹簧，在其弹簧丝的任一截面上将作用有：弯矩 $M=T_{扭}\cos\alpha$ 和转矩 $T=T_{扭}\sin\alpha$(图 15-7)。由于螺旋角很小，所以转矩 T 可以忽略不计，并可认为 $M\approx T_{扭}$。因此，扭转弹簧的弹簧丝中主要受弯矩 M 的作用。

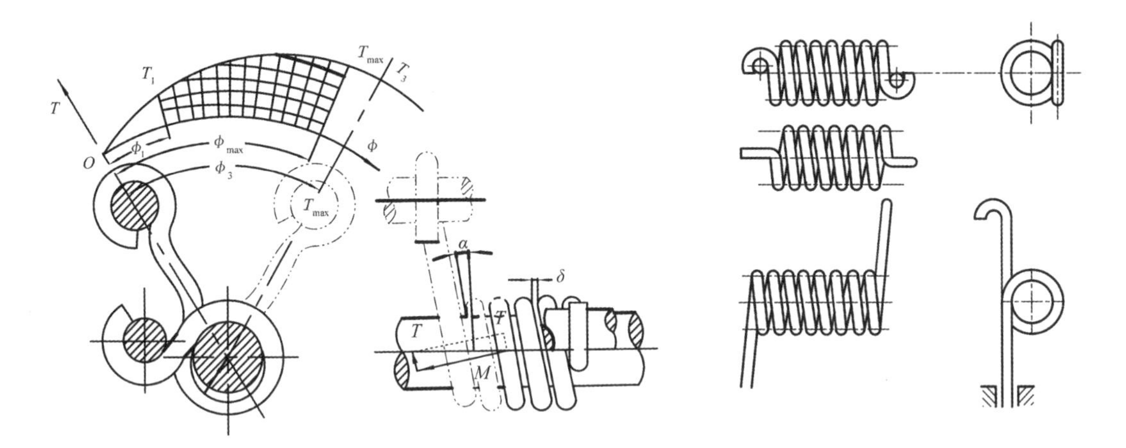

图 15－7　螺旋扭转弹簧及其特性线　　　　图 15－8　扭转弹簧的端部结构图

由以上分析可知，扭转弹簧应按受弯矩的曲梁来计算，其任一截面上的应力分布情况与压缩弹簧完全相似，只是应力为弯曲应力。最大弯曲应力可按式(15－9)计算

$$\sigma_{\mathrm{bmax}}=K\frac{M_{\max}}{W}\leqslant[\sigma_{\mathrm{b}}] \tag{15-9}$$

式中：W——弯曲时的截面系数。圆弹簧丝 $W=\frac{\pi d^3}{32}\approx0.1d^3$，方弹簧丝 $W=\frac{d^3}{6}$；

K——扭转弹簧的曲度系数。圆弹簧丝 $K=\frac{4C-1}{4C-4}$，方弹簧丝 $K=\frac{3C-1}{3C-3}$；

$[\sigma_{\mathrm{b}}]$——许用弯曲应力，取$[\sigma_{\mathrm{b}}]=1.25[\tau]$。

扭转弹簧受转矩作用后的扭转变形为

$$\phi=\frac{Ml}{EI}=\frac{180MD_2n}{EI} \tag{15-10}$$

式中：$I=\frac{\pi d^4}{64}$；ϕ 的单位为度。利用式(15－10)，可求出所需要的弹簧圈数

$$n=\frac{EI\phi}{180MD_2} \tag{15-11}$$

15.2　机架类零件

15.2.1　机架类零件的一般类型

机架类零件是机器中底座、床身、立柱、机架、工作台、箱体、泵体、壳体等零件的统称，在机器中起到支承、容纳、约束机器和其他零部件的作用。机架种类繁多，形式多样，功能也不尽相同。按构造形式的不同，机架类零件可分为整块式、箱式、柱式、架式、梁式等，如表 15－4 所示；按照加工方法的不同，可分为铸造件和焊接件；按结构的不同，可分为整体式和装配式。

表 15－4　机架的结构形式

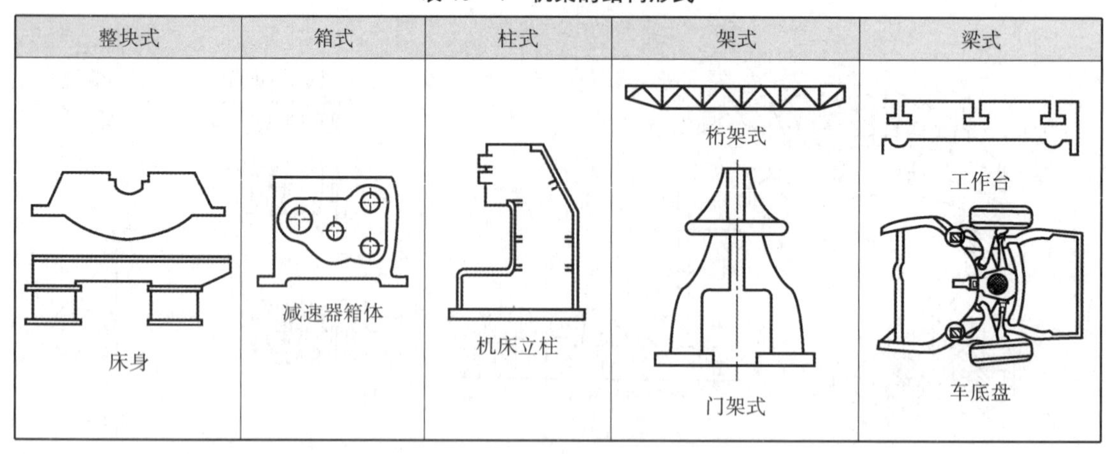

整块式	箱式	柱式	架式	梁式
床身	减速器箱体	机床立柱	桁架式 门架式	工作台 车底盘

15.2.2　机架类零件的材料与制造

机架类零件形状复杂，包括复杂的内腔，需加工的定位平面和孔较多，因此常采用铸造或焊接的制造方法。铸造便于实现复杂的结构，尤其是复杂的内腔。焊接则适用于单件或小批量生产零件，以及某些重型机器上的零件，可以降低成本、减轻重量、缩短生产周期。还有一些机架类零件则采用铸造和焊接的组合结构。大型结构的机架也可采用螺栓连接机架或铆接机架。大批量生产的小型、轻载和结构形状简单的机架可采用冲压机架。

铸造机架常用的材料有灰铸铁、球墨铸铁、铸钢、铸铝合金等。铸铁具有较高的抗压强度，良好的减振减摩作用，以及良好的铸造性能和切削加工性能，成本低廉，是选用最多的一种材料。比如机床中的床身、立柱、工作台、主轴箱等，汽车中的变速箱体、汽缸体和汽缸盖等。铸钢具有较高的综合力学性能，一般用于强度要求高、振动不是主要矛盾的重型机器的机架类零件。铝合金则用于要求重量轻、导热性好的机座机箱类零件，比如飞机的发动机箱体、摩托车的汽缸体等。

焊接机架常用的材料有钢板、角钢、槽钢等低碳钢材料。比如单件、小批量生产的减速器箱体、大型机床的立柱等。机架如果采用铸造和焊接的组合结构，材料则要采用铸钢。

可以用作机架的非金属材料有混凝土材料、花岗岩、大理石和陶瓷材料，此类材料有非常好的吸振性和热稳定性，常用在精密机械中，比如三坐标测量机的工作台。轻型设备还可以采用塑料作为机架。现在也有一些机器采用玻璃纤维机架和碳纤维机架。

15.2.3　机架类零件的结构设计

15.2.3.1　结构设计要求

一台机器往往包含很多需要支承的零件，机架类零件为其提供支撑和安装基准。在一些机架内部，还需要设置润滑剂或冷却剂通道，因此机架不但自身结构复杂，而且对其他零部件的工作性能有重要的影响，设计时主要应保证刚度、强度及稳定性。

(1)刚度要求。机架的刚度对所支承零件的运动精度影响很大，决定着产品精度和生产效率。比如在齿轮减速器中，箱体的刚度决定了齿轮的啮合情况和工作性能；薄板轧机的机架刚度直接影响钢板的质量和精度。

(2)强度要求。机器在工作中受到的力和力矩都会传递到机架上。机架必须具有足够的强度和抗冲击振动的能力。

(3)稳定性要求。稳定性是保证机架正常工作的基本条件，机架受压及受弯时都会存在失稳的问题。

(4)热变形要求。热变形会直接影响机架的精度,从而使产品精度下降。机架结构设计时应使热变形尽量小。

(5)工艺性要求。机架一般体积大、结构复杂,其结构工艺性对其质量、成本及加工、装配、使用和维修等都有直接影响。因此设计时必须考虑铸造工艺性或焊接工艺性,以及热处理、加工、装配、固定、运输等环节的工艺问题。

另外,当机架质量较大时,要考虑安装和运输需要,设计起吊装置或起吊结构,如吊环、吊耳或吊钩。各种机座均应设计方便可靠连接地基的装置或结构。设计箱体时要考虑到机器方便装配、调整、操作、排屑、检修等。隔振也是设计机架时要考虑的问题。

15.2.3.2 截面形状、肋板的布置及壁厚选择

机架主要通过采用合理的截面形状和肋板布置来提高其强度和刚度。可以先根据经验或类比同类零件进行结构设计,确定合理的壁厚和加强肋板的厚度,然后用 CAE 软件进行优化设计。

1)截面形状的合理选择

机架的抗弯、抗扭强度和刚度除了与截面面积有关外,还取决于截面形状。采用合理的截面形状,增大其惯性矩和截面系数,可在保证一定质量的前提下提高机架类零件的强度和刚度。常见的截面形状如表 15-5 所示,截面面积相等时,各种形状的封闭空心截面比同面积的实心截面的刚度大。圆形截面有较高的抗扭刚度,但抗弯强度较差,所以适用于以受扭为主的机架。工字形截面的抗弯强度最大,但是抗扭刚度很低,所以适用于以承受纯弯的机架。矩形截面综合性能好,尤其是空心矩形截面,其抗扭刚度较大,而且内腔的内、外壁上易装设其他零件,因此,机架的截面常采用空心矩形截面。

表 15-5 各种截面形状的相对强度和相对刚度

截面形状		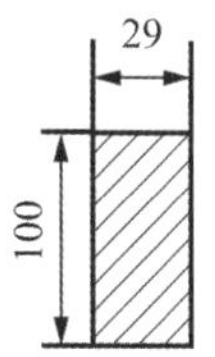 29 × 100	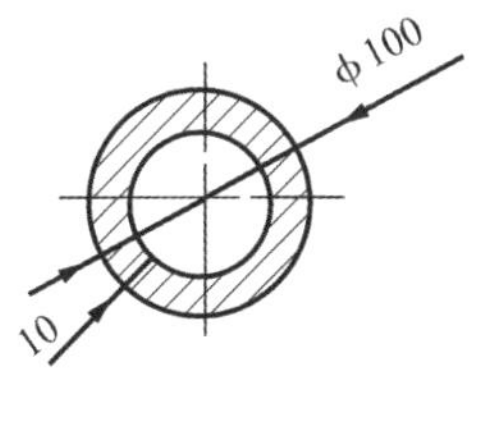 φ100, 10	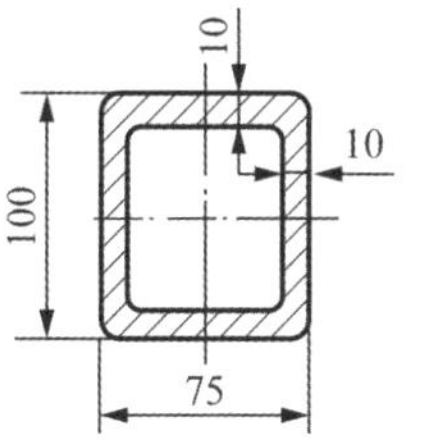 100 × 75, 10, 10	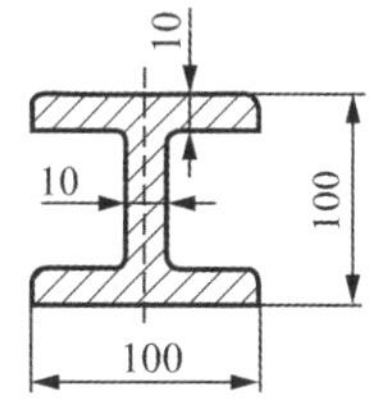 100 × 100, 10, 10
相对强度	弯曲	1	1.2	1.4	1.8
	扭转	1	43	38.5	4.5
相对刚度	弯曲	1	1.15	1.6	2
	扭转	1	8.8	31.4	1.9

2)肋板的布置

肋板可以在提高机架的强度和刚度的同时不增加机架的壁厚或质量,从而减少铸造缺陷或保证焊接品质。肋板布置的合理与否对于增设肋板的效果有着决定性的影响。如果布置不当,不仅达不到增加强度和刚度的目的,还会增加制造困难。表 15-6 列出了几种常用的肋板布置形式的对比,斜肋板布置形式较好,但是同时还要考虑铸造、焊接、铆或胶等的工艺要求和经济性等因素。

表 15-6　几种肋板布置形式的对比

几种肋板布置形式						
相对质量	1	1.1	1.14	1.38	1.49	1.26
相对弯曲刚度	1	1.1	1.08	1.17	1.78	1.55
相对扭转刚度	1	1.63	2.04	2.16	3.69	2.94
相对弯曲刚度/相对质量	1	1	0.95	0.85	1.2	1.23
相对扭转刚度/相对质量	1	1.48	1.79	1.56	2.47	2.34

图 15-9 为床身常见加强肋的形式。米字形肋的抗扭刚度是井字形肋的两倍以上，抗弯刚度则相近，但是米字形肋的铸造工艺性较差。蜂窝式肋在连接处不易堆积金属，所以内力小，不易产生裂纹，刚度高。

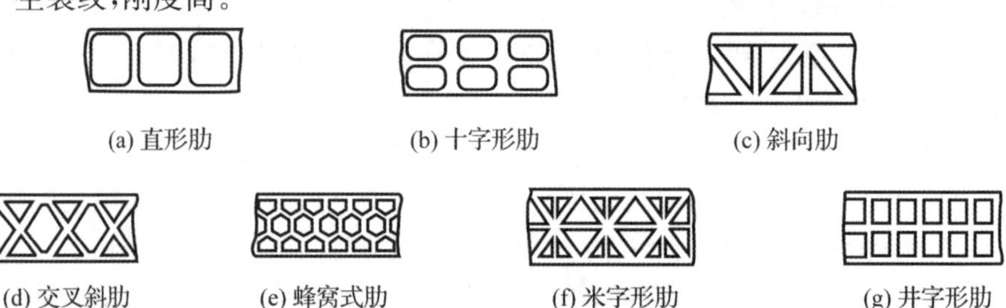

图 15-9　床身加强肋的形式

3)壁厚选择

在满足强度、刚度、振动稳定性等的前提下，尽量选择较小的壁厚，以减轻零件的重量。铸造零件的最小壁厚主要受铸造工艺的限制，例如轻型机床床身壁厚可取为 12～15 mm，中型机床床身壁厚可取为 18～22 mm，重型机床床身壁厚可取为 23～25 mm。机架肋板的厚度可取为主壁厚度的 0.6～0.8。铸钢件的最小壁厚比铸铁件大 20%～30%，碳素钢取小值，合金钢取大值。同一铸件的壁厚应力求趋于均匀，防止形成缩孔、缩松和裂纹等缺陷。当壁厚不同时，应在厚壁和薄壁相连接处设计过渡圆角或斜度。

焊接的金属材料最好采用相等的厚度，否则容易产生焊接缺陷，并造成应力集中。不等厚度的材料的焊接接头要采用过渡形式。以减速器箱体为例，焊接箱体壁厚可比铸造箱体薄 20%～30%，所以焊接箱体通常比铸造箱体轻 1/4～1/2。

本章知识图谱

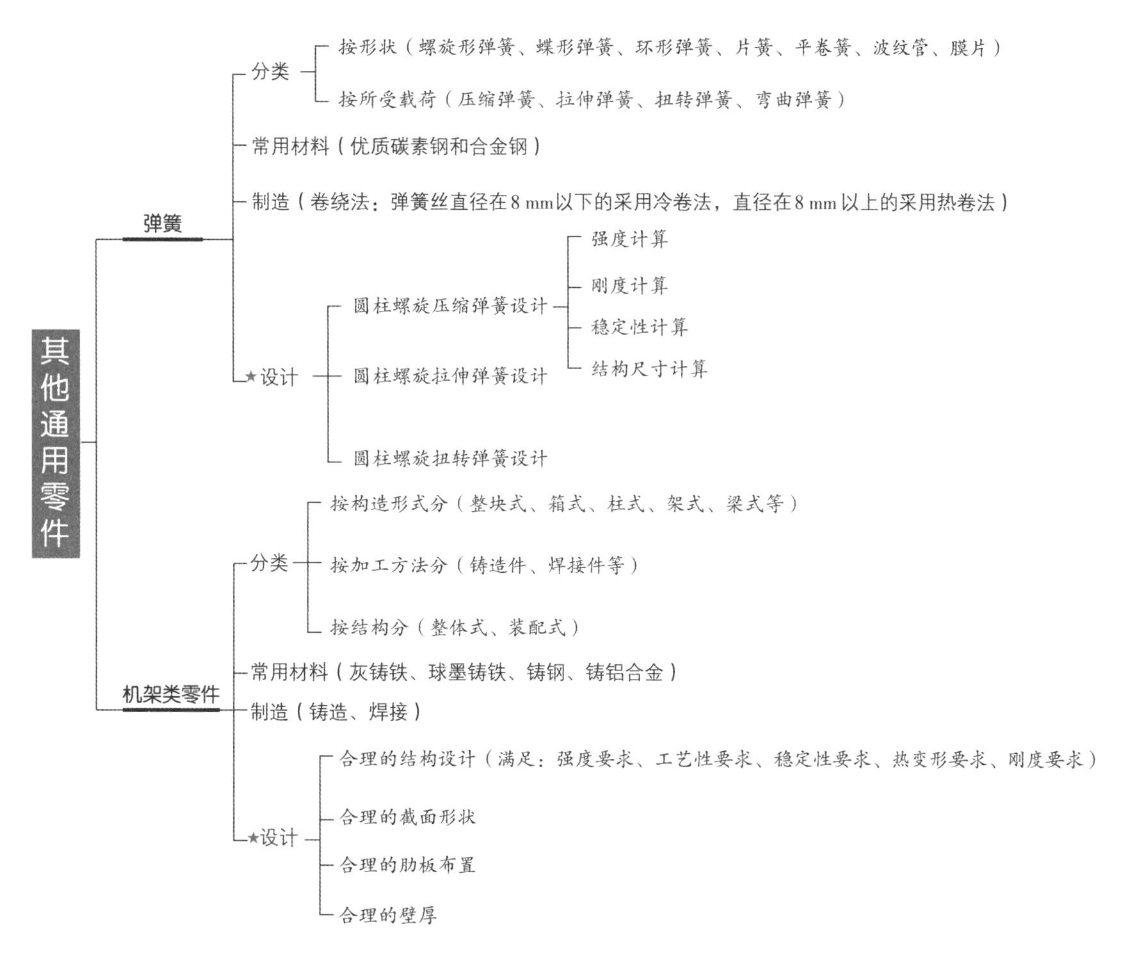

习　题

15－1　按承载性质和外形，弹簧分为哪几种主要类型？

15－2　什么是弹簧的刚度？什么是弹簧的旋绕比？

15－3　圆柱螺旋压缩弹簧，用Ⅱ型碳素弹簧钢丝制造。已知材料直径 $d=6$ mm，弹簧中径 $D_2=34$ mm，有效圈数 $n=10$，问当载荷 F 为 900 N 时，弹簧的变形量是多少？

15－4　某牙嵌式离合器用圆柱螺旋弹簧的参数如下：$D=36$ mm，$d=3$ mm，$n=5$，弹簧材料为Ⅱ型碳素弹簧钢丝，最大工作载荷 $F_{max}=100$ N，载荷循环次数 $N<1\ 000$。试校核此弹簧的强度。

15－5　设计一具有初拉力的圆柱螺旋拉伸弹簧，已知弹簧中径 $D_2=10$ mm，外径 $D<15$ mm，要求弹簧变形量为6 mm时，拉力为 160 N；变形量为 15 mm 时，拉力为 200 N。

15－6　机架类零件常用的材料有哪些？选择材料时主要应考虑哪些因素？

15－7　机架类零件为什么通常要设计肋板？

第五篇

系统方案设计示例与机械创新设计

第 16 章　机械系统方案设计示例

本章概要：本章以执行系统设计和传动系统设计为例，介绍机械系统运动方案设计和结构设计的一般过程和基本方法。

16.1　执行系统方案设计示例

设计题目：平面搬运机构的方案设计。

在自动生产线及自动化机械中，常常需要将工件搬运至不同工位。这一过程有着严格的次序要求和位置要求。本题的搬运机构要求沿着图 16－1 所示的 ab，bc，cd 和 da 四段直线轨迹移动，依次将工件搬运至 a，b，c 和 d 四点，直径为120 mm的圆周形工位。（本题只进行机械臂的运动方案设计）

（1）数据及设计要求：工作台尺寸为长 1 200 mm、宽 800 mm，搬运工件的尺寸 100 mm×100 mm、质量 2 kg 范围内，工作频率 600 次/h，a，b，c 和 d 点的工位布置如图 16－1 所示，要求搬运机构按次序（$a \to b \to c \to d$）移动完成四个工位的搬运后，水平移动返回到起始点 a，且搬运机构的运动范围需覆盖整个工作台平面。平面搬运机构布置在距离工作台前端中点前方 600 mm 处。

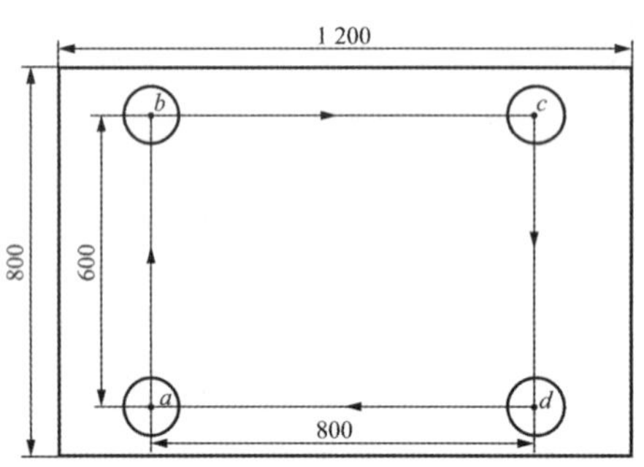

图 16－1　工作台尺寸及工位布置示意图（单位：mm）

（2）设计任务：①设计平面搬运机械臂的预选方案，至少提出三个方案。②进行预选方案的评价与决策，选择最佳方案进行尺度设计、运动学分析。

一、平面搬运机构机械臂的运动方案设计

机械臂的功能分解：平面搬运机构机械臂的分功能包含机械臂运送、机械臂终端夹放等功能。本题只针对机械臂运送功能进行方案设计。平面搬运机械臂实现工件 a，b，c 和 d 点四个工位的搬运（平面移动），以及工件姿态调整（转动），即执行构件需实现两个平移和一个转动的平面运动，其自由度为 3。

机构方案选择：根据结构类型的不同，机构类型有开链结构和闭链结构两种基本类型，其中，开链机构有多个自由度，一般为 2～3 个，运动灵活、工作范围大，但承载能力较小；闭链机构一般为单自由度，承载能力大，但工作范围小。不难发现，本题的设计要求是承载力较小但运动范围大，因此拟采用自由度为 3 的开链结构，即 3 自由度串联机械臂。

根据运动副类型和布置顺序，3 自由度串联机械臂常见结构有：RRR，PRR，RPR，RRP，PPR，PRP，RPP（其中：R 为转动副，P 为移动副）。从中设计多种机械臂运动方案，图 16－2 所示为其中的三种，方案一为 RRR 三转动机构，方案二为 RPR 两转动一平移的机构，方案三为 PPR 两平移一转动的机构，三种机构的自由度均为 3。

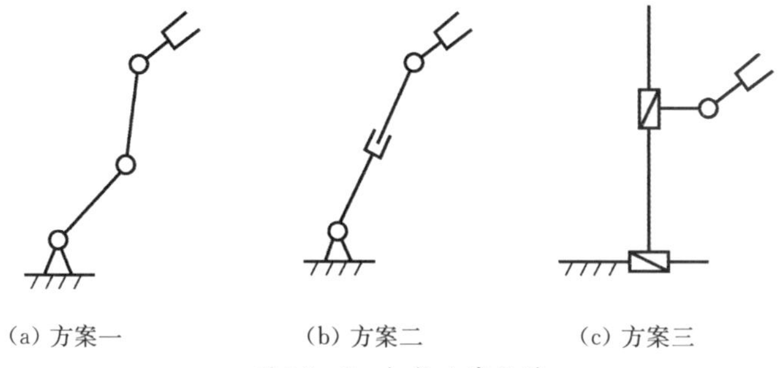

（a）方案一　　（b）方案二　　（c）方案三

图 16－2　机构方案设计

根据 2.8 节机械系统方案评价方法，从机构功能、工作性能、结构紧凑性等方面对以上三种机构方案进行评价分析。方案一可折叠性最好；方案二中含有移动副，导致末端执行器运动范围受限；方案三中移动副较多，不仅导致末端执行器运动范围受限、机构尺寸较大，而且因悬浮结构导致承载能力较差。通过分析比较确定实现平面搬运机械臂的机构，最终选择图 16－2 中的方案一。

二、平面搬运机构机械臂尺度综合

机构尺度综合可采用图解法或解析法，本题采用解析法进行机构尺度综合。

方案一所示的平面连杆机构的杆长分别为 l_1，l_2 和 l_3，其中的 l_3 的长度取与工位圆周半径相同，当杆件 l_2 末端到达圆周中心后，此时安装在 l_3 末端的执行器完成搬运工作，因此 l_3 的长度取 60 mm。

再对 l_1 和 l_2 的长度进行初步设计。根据设计要求，连杆 l_2 末端的运动范围需覆盖整个工作台面，连杆机构安装位置距离工作台远端点处的直线距离求得为 1 524 mm，距离工作台近端点处的直线距离为 600 mm。因此，由 l_1 和 l_2 的长度关系，可分为以下两种情况：

（1）当 $l_1=l_2$ 时：根据设计要求，由图 16－3 可知，此时连杆 l_2 末端的运动范围为直径为 $d=l_1+l_2$ 的圆，因此 $l_1=l_2=1\ 524/2=762$ mm。

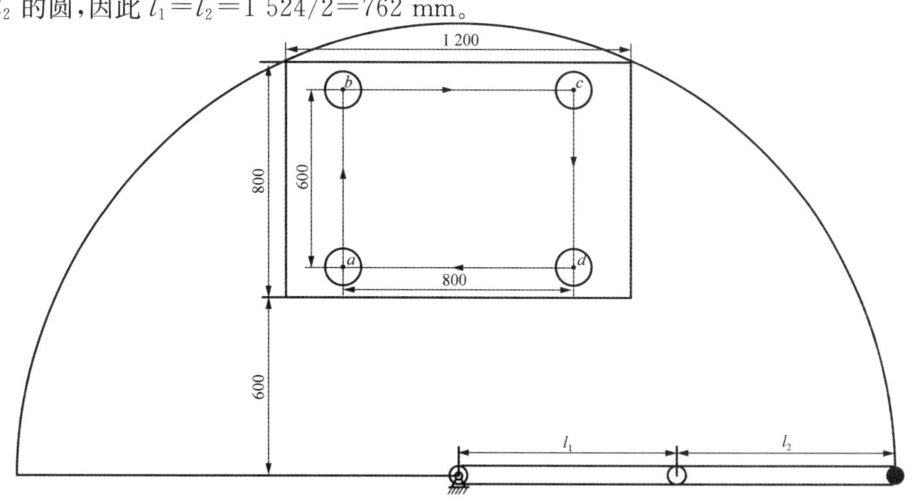

图 16－3　连杆机构工作空间（$l_1=l_2$）（单位：mm）

(2)当 $l_1 \neq l_2$ 时：根据设计要求，由图 16－4 可知，若 $l_1 < l_2$，此时连杆 l_2 末端的运动范围是直径为 $d_1 = l_1 + l_2 = 1\ 524$ mm 的圆与 $d_2 = l_2 - l_1 = 600$ mm 的圆构成的扇形，因此解得 $l_1 = 462$ mm，$l_2 = 1\ 062$ mm。反之，若 $l_1 > l_2$，则 $l_1 = 1\ 062$ mm，$l_2 = 462$ mm。

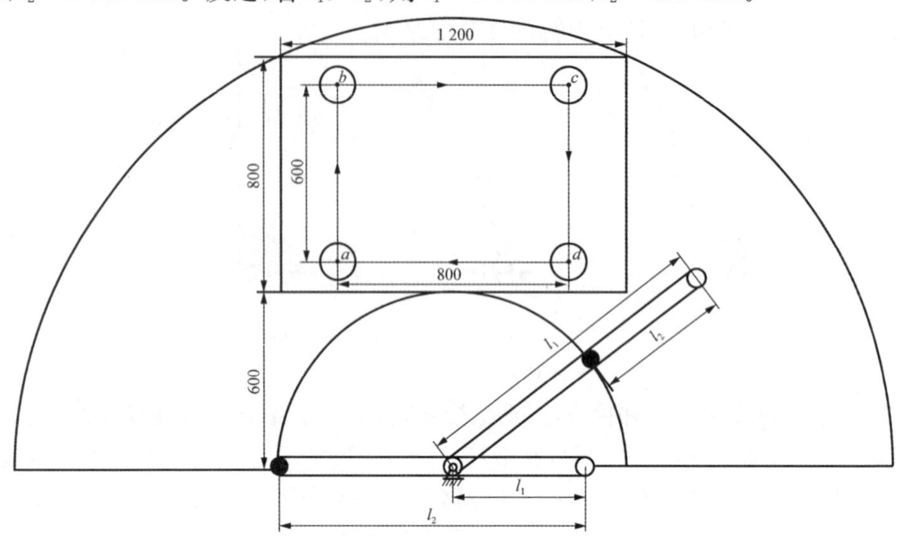

图 16－4　连杆机构工作空间($l_1 \neq l_2$)(单位：mm)

三、平面搬运机构机械臂运动学分析

针对平面搬运机构机械臂建立如图 16－5 所示的坐标系，其中，连杆逆时针转动为正，顺时针为负。连杆 1 长度 l_1，连杆 2 长度 l_2，连杆 3 长度 l_3，连杆 1 相对于水平面的转角为 q_1，连杆 2 相对于连杆 1 的转角为 q_2，连杆 3 相对于连杆 2 的转角为 q_3。

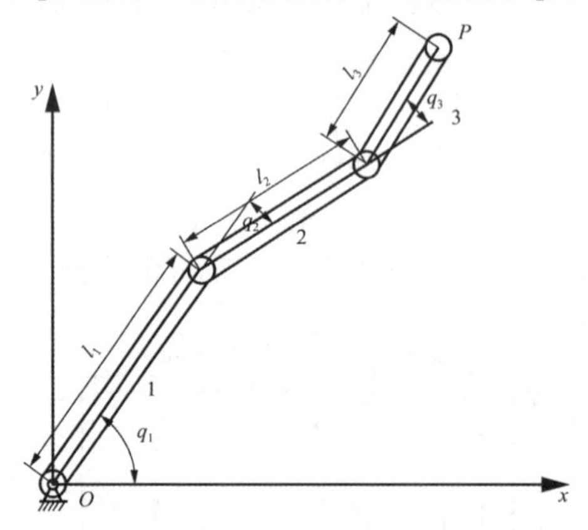

图 16－5　连杆机构坐标系

根据平面几何关系建立运动学方程，连杆 3 末端与中线交点处点 P 在基础坐标系中位置坐标为

$$x_P = l_1 \cos q_1 + l_2 \cos (q_1 + q_2) + l_3 \cos (q_1 + q_2 + q_3)$$
$$y_P = l_1 \sin q_1 + l_2 \sin (q_1 + q_2) + l_3 \sin (q_1 + q_2 + q_3)$$

由运动学方程两边对时间求导，得到下面的速度表达式：

$$\frac{\mathrm{d}x_P}{\mathrm{d}t} = -l_1 \sin q_1 \cdot \dot{q}_1 - l_2 \sin(q_1 + q_2) \cdot (\dot{q}_1 + \dot{q}_2) - l_3 \sin(q_1 + q_2 + q_3) \cdot (\dot{q}_1 + \dot{q}_2 + \dot{q}_3)$$

$$\frac{\mathrm{d}y_P}{\mathrm{d}t} = l_1 \cos q_1 \cdot \dot{q}_1 + l_2 \cos(q_1 + q_2) \cdot (\dot{q}_1 + \dot{q}_2) + l_3 \cos(q_1 + q_2 + q_3) \cdot (\dot{q}_1 + \dot{q}_2 + \dot{q}_3)$$

由速度方程两边对时间求导，得到下面的加速度表达式：

$$\frac{\mathrm{d}x_P^2}{\mathrm{d}t^2} = -l_1\cos q_1\cdot\dot{q}_1^2 - l_1\sin q_1\cdot\ddot{q}_1 - [l_2\cos(q_1+q_2)\cdot(\dot{q}_1+\dot{q}_2)]\cdot(\dot{q}_1+\dot{q}_2) - l_2\sin(q_1+q_2)\cdot(\ddot{q}_1+\ddot{q}_2) - [l_3\cos(q_1+q_2+q_3)\cdot(\dot{q}_1+\dot{q}_2+\dot{q}_3)]\cdot(\dot{q}_1+\dot{q}_2+\dot{q}_3) - l_3\sin(q_1+q_2+q_3)\cdot(\ddot{q}_1+\ddot{q}_2+\ddot{q}_3)$$

$$\frac{\mathrm{d}y_P^2}{\mathrm{d}t^2} = -l_1\sin q_1\cdot\dot{q}_1^2 + l_1\cos q_1\cdot\ddot{q}_1 - [l_2\sin(q_1+q_2)\cdot(\dot{q}_1+\dot{q}_2)]\cdot(\dot{q}_1+\dot{q}_2) + l_2\cos(q_1+q_2)\cdot(\ddot{q}_1+\ddot{q}_2) - [l_3\sin(q_1+q_2+q_3)\cdot(\dot{q}_1+\dot{q}_2+\dot{q}_3)]\cdot(\dot{q}_1+\dot{q}_2+\dot{q}_3) + l_3\cos(q_1+q_2+q_3)\cdot(\ddot{q}_1+\ddot{q}_2+\ddot{q}_3)$$

运用动力学分析软件对机构进行动力学分析，结合运动学方程共同完成对平面搬运机构仿真模型的搭建，连杆长度分别为：l_1=1 062 mm，l_2=462 mm，l_3=60 mm，连杆 1、连杆 2 和连杆 3 分别绕各自的关节轴转动，其中连杆 2 末端关节轴 P 点沿着预定轨迹（$a\to b\to c\to d$）以 100 mm/s 的速度匀速运动，连杆 3 则绕连杆 2 做圆周运动。此时连杆 2 相对于连杆 1 转角 q_2 的位移、角速度和角加速度变化曲线如图 16-6 所示，连杆 1 相对于水平面转角 q_1 的位移、角速度和角加速度变化曲线如图 16-7 所示。

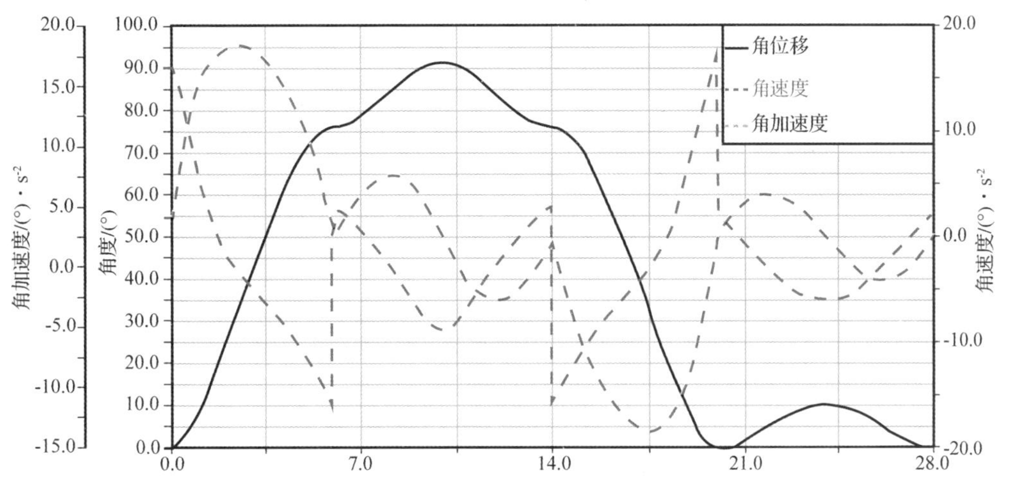

图 16-6　连杆 2 转角 q_2 运动学曲线

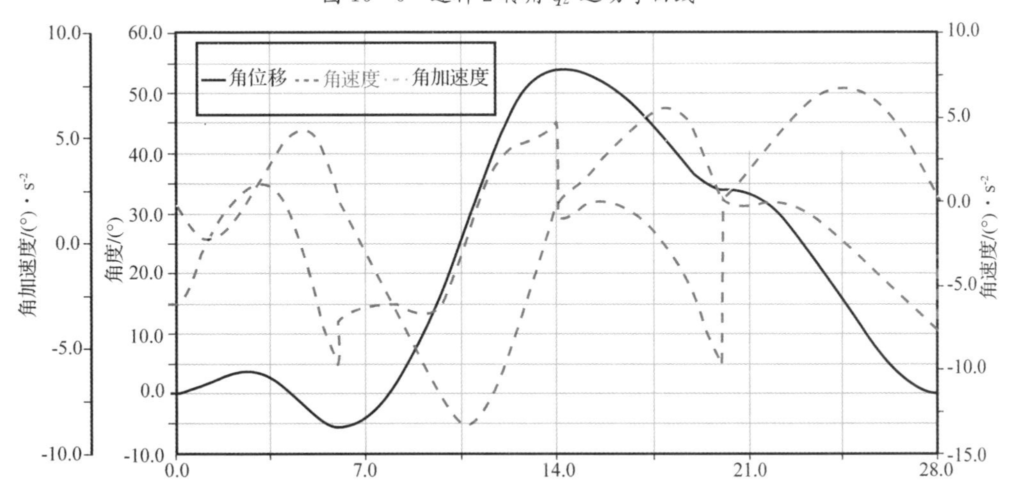

图 16-7　连杆 1 转角 q_1 运动学曲线

16.2 传动系统方案设计示例

设计题目:V带——单级斜齿圆柱齿轮传动设计。

某带式输送机的驱动系统采用如图2-15所示的传动方案。已知输送物料为原煤,输送机室内工作,单向输送、运转平稳。两班制工作,每年工作300 d,使用期限8年,大修期3年。环境有灰尘,电源为三相交流,电压380 V。驱动卷筒直径350 mm,卷筒效率0.96。输送带拉力5 kN,速度2.5 m/s,速度允差±5%。传动尺寸无严格限制,中小批量生产。

该带式输送机传动系统的设计计算如下:

一、电动机选择

1. 电动机类型选择

按工作要求和条件,选用三相笼型异步电动机,封闭式结构,电压380 V,Y型。

2. 电动机容量选择

工作机所需工作功率 $P_{工作}=Fv=5\times2.5=12.5(kW)$,

所需电动机输出功率为 $P_d=P_{工作}/\eta_{总}$,

电动机至输送带的传动总效率为:$\eta_{总}=\eta_{V带}\times\eta_{轴承}^2\times\eta_{齿轮}\times\eta_{联轴器}\times\eta_{滚筒}$,

查表2-9取带传动和齿轮传动的传动效率分别为0.96和0.97,取联轴器效率0.99,参照式(2-4)取轴承效率0.99,可求得 $\eta_{总}=0.96\times0.99^2\times0.97\times0.99\times0.96=0.867$,

故所需电动机输出功率 $P_d=P_{工作}/\eta_{总}=12.5/0.867=14.41(kW)$。

3. 确定电动机转速

卷筒轴工作转速为 $n_w=60\times1\,000\,v/(\pi D)$

$=60\times1\,000\times2.5/(\pi\times350)$

$\approx136.4(r/min)$,

根据带传动和齿轮传动的常用传动比范围 $i_{V带}=2\sim4$、$i_{齿轮}=3\sim7$,故 $i_{总}=6\sim28$,

故电动机转速的可选范围为:$n_d=n_w\times i_{总}=(6\sim28)\times136.4=818.4\sim3\,819.2(r/min)$。

根据容量和转速要求,查表2-8或有关手册或资料选定电动机型号为Y180L-6,其额定功率15 kW,同步转速1 000 r/min,满载转速970 r/min。

二、传动系统总传动比计算与分配

1. 总传动比计算

根据电动机满载转速和工作机主动转速求总传动比:$i_{总}=n_{电动机}/n_w=970/136.4=7.11$。

2. 总传动比分配

为使V带传动外廓尺寸不致过大,初步取 $i_{V带}=2.1$,则斜齿轮传动比 $i_{齿轮}=7.11/2.1=3.386$。

三、传动系统的运动和动力参数计算

1. 各轴输入转速

$n_{\text{I}}=n_{电机}/i_{V带}=970/2.1=462(r/min)$,

$n_{\text{II}}=n_{电机}/i_{总}=970/7.11\approx136.4(r/min)$。

2. 各轴输入功率

$P_{\mathrm{I}} = P_{ed}^{\triangle} \times \eta_{V带} = 15 \times 0.96 = 14.4(\mathrm{kW})$，

$P_{\mathrm{II}} = P_{\mathrm{I}} \times \eta_{轴承} \times \eta_{齿轮} = 14.4 \times 0.99 \times 0.97 = 13.83(\mathrm{kW})$。

3. 各轴输入转矩

$T_{\mathrm{I}} = 9.55 \times 10^6 P_{\mathrm{I}} / n_{\mathrm{I}} = 9.55 \times 10^6 \times 14.4/462 = 297.66 \times 10^3 (\mathrm{N \cdot mm})$，

$T_{\mathrm{II}} = 9.55 \times 10^6 P_{\mathrm{II}} / n_{\mathrm{II}} = 9.55 \times 10^6 \times 13.83/136.4 = 968.30 \times 10^3 (\mathrm{N \cdot mm})$。

△注：此处以额定功率为依据，可保证系统在电动机最大输出情况下的工作能力。有些教材以计算所得的实际输出功率为依据，则保证的是系统在目前工作机环境中的工作能力。

四、带传动设计计算

见例 7－1。

设计后带传动实际传动比 $i_{V带} = 425/200 = 2.125 > 2.1$，使轴 Ⅰ 转速 n_{I} 略有降低，误差小于 5%。若保持斜齿轮传动比 $i_{齿轮} = 3.386$，则输送带速度下降幅度在允许范围内；也可在保证总传动比不变的前提下重新分配传动比，则输送带速度满足 2.5 m/s。本章采用设计后所得到的带传动的实际传动比：$i_{V带} = 2.125$，修正斜齿轮传动比 $i_{齿轮} = 7.11/2.125 = 3.35$，此时，重新计算轴 Ⅰ 的输入转速和转矩（其他参数不变）：

$n_{\mathrm{I}} = n_{电机} / i_{V带} = 970/2.125 = 456.5(\mathrm{r/min})$，

$T_{\mathrm{I}} = 9.55 \times 10^6 P_{\mathrm{I}} / n_{\mathrm{I}} = 9.55 \times 10^6 \times 14.4/456.5 = 301.25 \times 10^3 (\mathrm{N \cdot mm})$。

五、斜齿轮传动设计计算

见例 5－3。

六、轴的设计计算

低速轴设计计算见例 14－1。

七、滚动轴承的校核计算

从例 14－1 的轴系受力分析知，低速轴两轴承处的合成（水平和垂直两平面）径向支反力分别为

$F_{rA} = \sqrt{F_{HA}^2 + F_{VA}^2} = \sqrt{4\,658.7^2 + 251.2^2} = 4\,665.5(\mathrm{N})$，

$F_{rB} = \sqrt{F_{HB}^2 + F_{VB}^2} = \sqrt{4\,658.7^2 + 3\,759.4^2} = 5\,986.4(\mathrm{N})$，

两处径向支反力方向不同，不在同一平面内。

低速轴滚动轴承设计计算见例 11－3（例题中只涉及力的数值计算）。

八、平键连接的选择和计算

大齿轮与轴的键连接设计计算见例 10－3。

九、联轴器的选择计算

见例 13－1。

第17章 机械创新设计

本章概要：创新是设计的本质特征。设计的创新属性要求设计者在设计过程中充分发挥创造力，利用最新的设计理论作指导，设计出具有市场竞争力的产品。本章简要介绍创造性思维、常用创新技法、机械创新设计方法等，旨在培养创新意识，启发创新灵感，培养创新设计的能力。

17.1 常用创造性思维与创新技法

发明与创造是人类文明进步的原动力，在人类社会的发展与进步过程中发挥了极其重要的作用。当今世界中，创新能力的大小已经成为一个国家综合国力强弱的重要因素。

创新设计有别于常规设计和现代设计。常规设计是以运用公式、图表为先导，借助设计经验等常规方法进行产品设计，其特点是设计方法的有序性和成熟性；现代设计则强调以计算机为工具，以工程软件为基础，运用现代设计理念的设计过程，其特点是产品开发的高效性和高可靠性；而创新设计是指设计者运用创造性思维，采用新技术、新原理和新手段，探索新的设计思路，提出新方案，提供具有社会价值的、新颖的而且成果独特的设计成果，其特点是运用创新原理和技法，强调产品的独特性和新颖性。

17.1.1 创造性思维

创造性思维是人们从事创造发明的源泉，是创新技法的基础。创造性思维是多种思维类型巧妙的辩证综合，它不仅要提供多样化的新奇想法，而且要对各种新奇想法进行筛选和优化，以满足解决复杂问题的实际需要。

1)形象思维与抽象思维相结合

形象思维是人脑对客观事物或现象的外部特点和具体形象的反映活动。这种思维形式表现为表象、联想和想象。例如在设计一个零件或一台机器时，设计者在头脑中浮现出该零件或机器的形状、颜色等外部特征，以及在头脑中将想象中的零件或机器进行分解、组装等的思维活动，都属于形象思维。抽象思维是凭借概念、判断、推理而进行的反映客观现实的思维活动。抽象思维是理解和把握科学理论的主要思维形式。只有运用抽象思维深刻地理解了科学理论的实质，才能把它转化为技术原理，进而发明创造出新的技术系统和工艺方法。因此，创新设计者不仅要善于运用形象思维构思新产品、新结构的空间图像，也要具有较强的抽象思维能力，以发挥各自的优势，互相补充，相辅相成。

2)发散思维与收敛思维相结合

发散思维是一种以一求多的思维形式，从单一信息输入，产生多种信息输出。思维过程：以要解决的问题为中心，运用横向、纵向、逆向、分合、颠倒、质疑、对称等思维方法，考虑所有因素的后果，找出尽可能多的方案，并从中寻求最佳方案。

收敛思维是一种寻求某种正确答案的思维形式。思维过程：以某种研究对象为中心，将众多的思路和信息汇聚于这一中心，通过比较、筛选、组合、论证，得出现有条件下解决问题的最佳方案。收敛思维的常用方法有目标识别法、间接法、由表及里法、聚集法等。

在一个完整的创新活动中,发散思维和收敛思维是相互补充、互为前提、相辅相成的。首先通过发散思维进行充分的想象、演绎,提出多样化的方案,再通过收敛思维进行综合、归纳,从多种方案中找出较好的方案。

3)横向思维和纵向思维相统一

横向思维是一种共时性的横断思维,研究同一事物在不同环境中的发展状况,通过同周围事物的相互比较中,找出事物在不同环境中的异同。横向思维的特点:同时性、横断性和开放性。纵向思维是一种历时性的比较思维,从事物的过去、现在和将来的分析比较,发现事物不同时期的特点及前后联系,从而发现事物及其本质。纵向思维的特点:历时性、同一性和预测性。要将横向思维和纵向思维相统一,首先采用横向思维的方式找出合适的方案方法,然后采用纵向思维的方式进行深入思考。

4)正向思维与逆向思维相结合

正向思维是按常规的、公认的、习惯的想法或范式进行思考,由条件推解结论的思维过程。正向思维沿循问题本身固有的某种顺序,易于找到问题的切入点,且有现成的思维轨道可循,思维求解具有高效性。逆向思维则相对于正向思维,用与常规思维相矛盾或相对立的思维视角进行问题思考。逆向思维并无定式可言,其主张反向思考问题,充满了辩证思想和哲学智慧,在创新探索过程中往往会有意想不到的收获。正向思维和逆向思维交叉进行,即体现出思维的逻辑性和高效性,又能带来求解的新颖性和突破性。

5)求同思维与求异思维相结合

求同思维是指在两个或两个以上不同事物之间,归纳出共同特征,并对其进行推广演绎,揭示出事物内部存在的共性和规律。求异思维是指在相同或相似的多个事物中,寻找相异之处,开拓思维、启发联想,在对比中创造新构思。这两种思维要求善于在相异的事物之中把握其相同本质,在相似的事物或现象中发现其特殊本质,将两种思维辩证结合以实现求合思维。

17.1.2 常用创新技法

创新技法是设计者应用创新原理、开展创造性思维、进行创新活动的具体化的技巧与方法,它能启迪设计者的思路,诱发创造性设想。常用的创新技法有设问创新法、列举创新法、形态分析创新法、仿生创新法、组合创新法、智力激励创新法等。

1)设问创新法

设问创新法是针对已知事物系统地罗列问题,然后逐一加以研究、讨论,多方面扩展思路,从单一事物中萌生出许多新的设想的创新方法。设问创新法可以从以下几个方面提问:有无其他用途?能否借用?能否改变?能否扩大?能否缩小?能否代用?能否重新调整?能否颠倒过来?能否组合?

2)列举创新法

缺点列举法是通过寻找事物存在的缺点并设法消除它来实现创新的方法。因为任何事物都不可能尽善尽美,总是存在缺点和不足,克服了缺点,就意味着进步。希望点列举法是设计者根据社会需求或个人愿望出发,通过列举希望来形成创造目标、开发出新设想的创新方法。特性列举法是将事物按某些属性或特征(如分为名词特性、形容词特性、动词特性)进行归类,然后逐一分析其特性,有利于产生创造性设想。

3)形态分析创新法

形态分析创新法是一种系统搜索和程序化求解的创新方法,是对创新对象进行因素分解和形态综合的过程,为创新提供尽可能多的备选方案。因素是构成事物的特性因子,形态是实现因素所要求的各功能的技术手段。

4)仿生创新法

仿生创新法是从自然界获得创造灵感,甚至直接仿照生物原型进行创新发明,即将模仿与现代科技有机结合起来,设计出具有新功能的仿生系统,实现对自然的一种超越的方法。其包括原理仿生、结构仿生、外形仿生、功能仿生、信息仿生等。

5)组合创新法

组合创新法是指按照一定的技术原理,通过将两个或多个功能元素合并,从而形成一种具有新功能的新产品、新工艺、新材料的创新方法。其包括功能组合、材料组合、同类组合、异类组合、技术组合、信息组合等。

17.2 机构创新设计方法

机构设计是关系到一个好的机械原理方案能否实现的关键。在机械系统中,执行机构要完成的功能和运动形式是各种各样的,能实现同一功能或运动特性要求的机构可以有多种类型。因此,设计者首先必须运用创造性思维方法,根据原理方案确定构件所需要的运动特性或功能,进行机构创新设计,搜索或构思各种能满足要求的机构,进行比较和评价,设计出最优方案。

17.2.1 机构的演化与变异创新

为了实现一定的工艺动作要求或使某些机构具有某些特殊的性能而改变现有机构的结构,演变和发展出新机构的设计,称为机构演化与变异设计。机构演化与变异的常用方法有以下几种:运动副及构件形状尺寸的改变、机架变换、机构的等效变换等。

17.2.1.1 运动副的演化与变异

通过改变机构中运动副的尺寸、运动副的接触性质或运动副的形状,得到不同运动性能的机构,称为运动副的演化与变异。该方法的主要目的:①提高运动副元素的接触强度;②减小运动副元素的摩擦、磨损减少;③改变机构的受力状态;④改善机构的运动和动力效果;⑤开拓机构的各种新功能;⑥寻求演化新机构的有效途径。

1)改变运动副的尺寸

(1)扩大转动副。增大转动副尺寸和销轴孔直径,机构相对运动关系没有改变,得到具有新性能的机构。如图 17-1(a)所示的旋转泵机构是由图 17-1(b)所示的曲柄摇杆机构通过扩大转动副 B 的尺寸,使其销轴直径增大到将转动副 A 包含其中,曲柄 1 变为偏心盘,连杆 2 变为圆环状构件,原始机构演化成一个旋转泵。

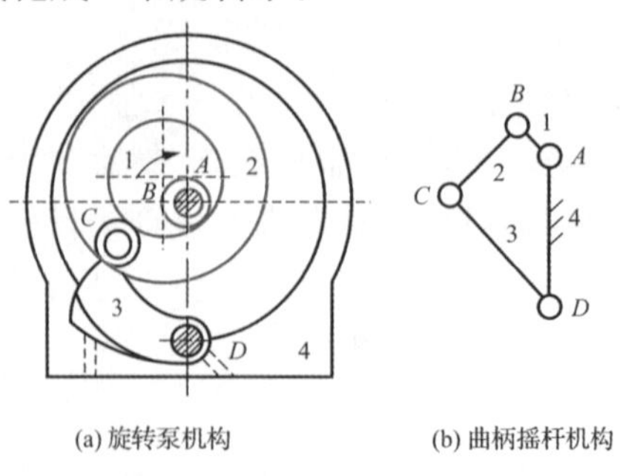

图 17-1 转动副扩大实例

(2)扩大移动副。移动副的滑块与导路尺寸变化，将机构中其他运动副包含在其中，构件间的相对运动关系并未改变。如图 17－2(a)所示的冲压机构由图 17－2(b)所示的曲柄滑块机构，通过扩大移动副的尺寸，将转动副 A，B，C 均包含其中，连杆 2 的端部圆柱面与滑块上的圆柱孔相配合，它们的公共圆心为 C 点；当曲柄 1 绕 A 轴回转时，通过连杆 2 使滑块 3 在固定导槽内做往复移动。

2)改变运动副的接触性质

低副元素的接触性质为滑动接触，摩擦大、易磨损；高副元素的接触性质为滑动和滚动接触。改变运动副的接触性质就是用滚动接触代替滑动接触，其目的是减小摩擦磨损。改变运动副接触性质的常用方法有：①对于移动副，将其变异为滚滑副；②对于转动副，将其变异为滚动轴承；③对于高副，如将凸轮从动件设计为滚子，将槽轮的拨销设计为滚子。

3)改变运动副的形状

由于运动副的性质主要取决于运动副的形状，改变运动副的形状实质上是改变运动副的性质，进而演化出不同的机构。

(1)改变平面低副的运动副元素。转动副演变为移动副，且滚子替代滑块将滑动接触变为滚动接触即滚滑副，并改变移动副元素的形状。如图 17－3 所示的反凸轮机构(摆杆为主动件)，是将直线运动副变为曲线运动副，并让带滚子的转动构件为主动件，即通过改变导轨的形状(将直线变为曲线)并让带有小滚子的转动构件为主动件演变出来的机构。

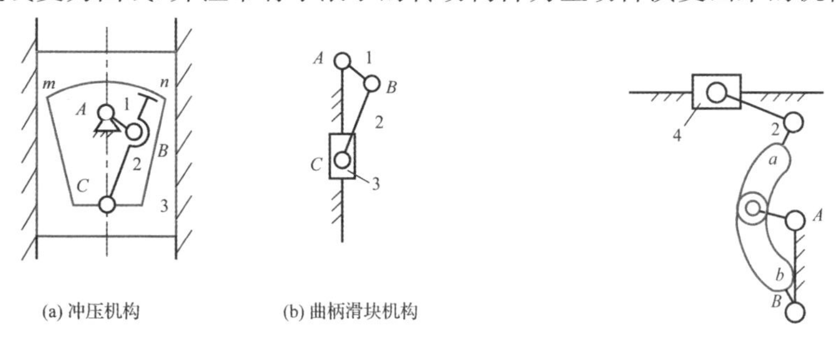

(a) 冲压机构　　(b) 曲柄滑块机构

图 17－2　移动副扩大实例

图 17－3　摆杆为主动件的反凸轮机构实现运动的暂停

(2)改变平面高副的运动副元素。改变平面高副运动副形状的目的：一是改变高副元素形状从而演化变异出不同功能的高副，如凸轮机构可看作由楔块机构变异而来；二是改善高副机构性能，如受力状态、接触强度、运动及动力特性等。如图 17－4 所示实现分度功能的凸轮机构，为了满足运动及动力要求，改变基本的凸轮轮廓曲线，进而改变从动件与凸轮的接触方式，达到增强接触强度、减小磨损的目的。

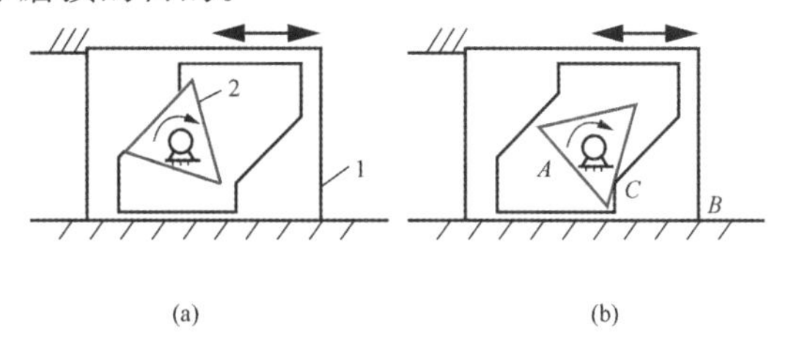

(a)　　(b)

图 17－4　往复凸轮分度机构

17.2.1.2　变换机架

机构的运动构件与机架的转换，称为机构的倒置。机架变换后，按照运动相对性原理，机构内各构件间的相对运动关系不变，但绝对运动发生了改变，同时可以得到不同特性的机构。

1)变换低副机构的机架

铰链四杆机构在满足曲柄存在条件下的机架变化：取不同构件为机架，可以分别得到具有急回运动特性的曲柄摇杆机构、双曲柄机构及双摇杆机构。含有一个移动副四杆机构的机架变换，如以曲柄滑块机构进行机架变换，可分别得到转动导杆机构、曲柄摇块机构、移动导杆机构。含有两个移动副四杆机构的机架变换，如以双滑块机构进行机架变换，可得到正切机构、正弦机构、双转块机构。

2)变换高副机构的机架

由于高副没有相对运动的可逆性，高副机构经过机架变换后，所形成的新机构与原机构的性质有很大的区别。如齿轮机构经过机架变换后可得到行星轮系机构，普通凸轮机构经过机架变换后可得到固定凸轮机构和凸轮行星机构。

17.2.2 机构的组合创新

机器的执行机构用来实现人们在生产活动中所必要的各种动作，如移动、转动、摆动、间歇运动等。随着生产的发展以及机械化、自动化程度的提高，对机器的运动规律和动力特性的要求也都提高了，简单的齿轮、连杆和凸轮等基本机构已经不能够满足以上要求。在工程实际中，单一的基本机构应用较少，常常将两种以上的基本机构进行组合应用，机构组合体中的各个基本机构还保持各自原有的特性，可以充分利用各机构的良好性能，改善其不足之处，创造出能够满足运动方案要求的、具有良好运动和动力特性的新型机构，这就是机构的组合创新设计。常用机构的组合方式主要有串联组合、并联组合、复合组合、叠加组合等。

17.2.2.1 机构的串联组合

若干个基本机构顺序连接，且每一个前置机构的输出构件与后一个机构的输入构件为同一个构件，这种组合方式称为机构的串联组合。机构的串联组合方式有两种：①连接点设在前置机构中做简单运动的连架杆上，称为Ⅰ型串联，如图 17－5(a)所示；②连接点设在前置机构中做复杂平面运动的构件上，称为Ⅱ型串联，如图 17－5(b)所示。

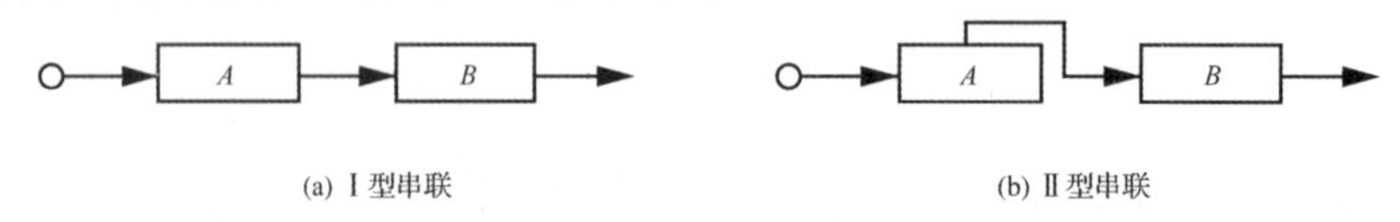

(a) Ⅰ型串联　　(b) Ⅱ型串联

图 17－5 机构的串联组合

Ⅰ型串联组合机构的用途有：①改善输出构件的运动和动力特性；②放大运动或力。图 17－6(a)为牛头刨床导杆机构，其由转动导杆机构和六杆机构串联组合而成，图中构件 1,2,5 及机架组成转动导杆机构，构件 2,3,4 及滑块 E、连杆 GF、机架组成六杆机构，构件 2 既是转动导杆机构的从动件，也是六杆机构的主动件。前置子机构为连杆机构，输出构件为连架杆，可实现往复摆动、往复移动或变速转动输出，并具有急回运动特征。后置机构也为连杆机构，可利用变速转动的输入获得等速转动的输出，还可以利用杠杆原理确定合适的铰接位置，在不减小传动角的情况下实现增程、增力的作用。因此，牛头刨床导杆机构通过原动件匀速转动，达到滑枕 4 近似匀速往复移动的目的。图 17－6(b)为该组合机构的组合框图。

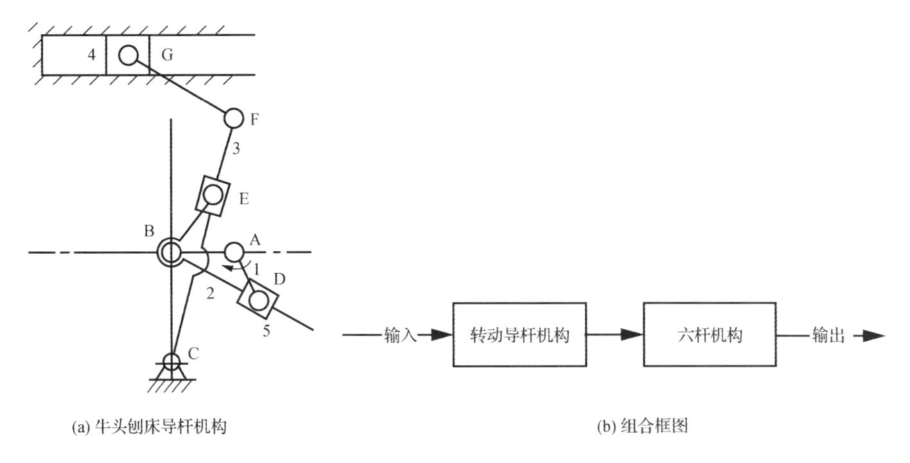

(a) 牛头刨床导杆机构　　(b) 组合框图

图 17－6　Ⅰ型串联组合机构

Ⅱ型串联组合机构，如图 17－7(a)所示的具有停歇的六杆机构。其由铰链四杆机构和滑块导杆串联组合而成，作为前置机构的铰链四杆机构的连杆是后置子机构——滑块导杆的主动件，该组合机构可实现导杆转动过程中的运动停歇。其机构组合框图如图 17－7(b)所示。

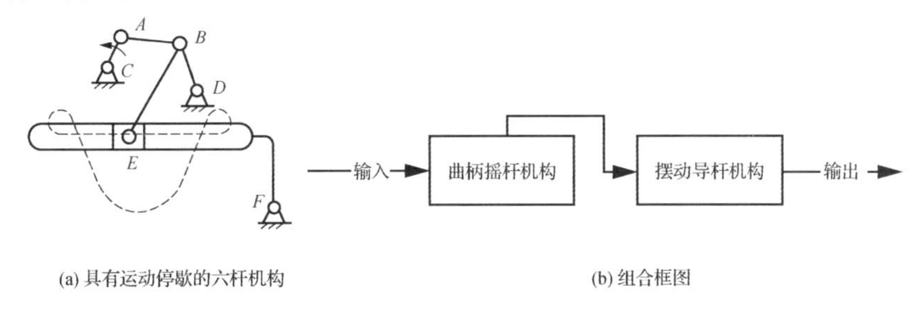

(a) 具有运动停歇的六杆机构　　(b) 组合框图

图 17－7　Ⅱ型串联组合机构

17.2.2.2　机构的并联组合

若干个单自由度基本机构的输入运动为同一构件，而其输出运动又同时输入给一个多自由度的子机构，再组合成为一个输出运动，这种组合方式称为机构的并联组合。机构并联组合方式有三种：①Ⅰ型并联：各基本机构输入构件独立，输出构件共用，如图 17－8(a)所示；②Ⅱ型并联：各基本机构有共同的输入和输出构件，如图 17－8(b)所示；③Ⅲ型并联：各机构有共同的输入和独立的输出，如图 17－8(c)所示。

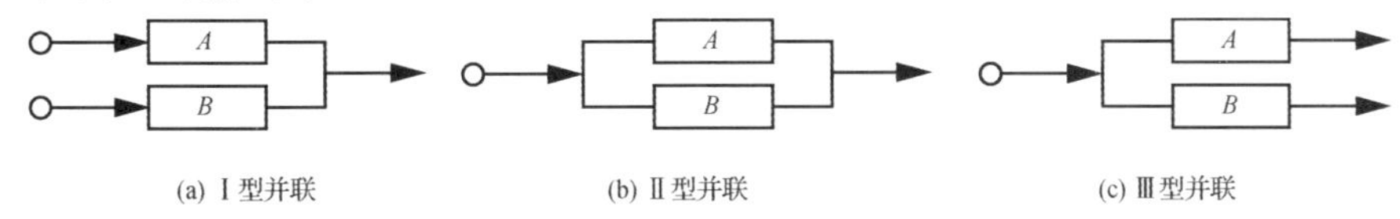

(a) Ⅰ型并联　　(b) Ⅱ型并联　　(c) Ⅲ型并联

图 17－8　机构的并联组合

并联组合机构具有两个子机构并列布置、运动并行传递的特点。如果按输出运动的性质不同，其又可以分为简单型并联和复杂型并联。简单型并联是指两个子机构的类型、形状和尺寸完全相同，并且对称布置，其主要用于改善受力情况、动力特性以及克服死点；复杂型并联是指两个子机构为不同类型或相同类型不同尺寸，以实现性质复杂的、合成的运动。

Ⅰ型并联组合机构，如图 17－9(a)所示的襟翼操纵机构。其由两个相同的齿条齿轮机构对称分布并联组合而成，故也属于简单型并联。其中，两齿条作为输入构件，彼此独立，可以分别带动同一个齿轮滚动，从而使连架杆实现所要求的偏移角度。该组合机构既具有良好的稳定性、可靠性与承载能力，又能实现对襟翼角度的精准控制，从而能够更好地控制飞机的升力与阻力大小，可以满足飞机襟翼承受较大升力的要求，并且有利于飞机的起飞和着陆。图 17－9(b)为其机构组合框图。

Ⅱ型并联组合机构实际上是将一个运动分解为两个运动，再将这两个运动合为一个运动输出的机构。图 17－10(a)所示为活塞机的齿轮杠杆机构，其由两个曲柄滑块机构与齿轮机构组合而成，两个曲柄滑块机构的形状和尺寸完全相同并且对称布置，也属于简单型并联。其中，两个相同齿轮作为输入构件，同时带动两连杆，从而共同驱动活塞做往复直线运动。图 17－10(b)所示为该组合机构的组合框图。

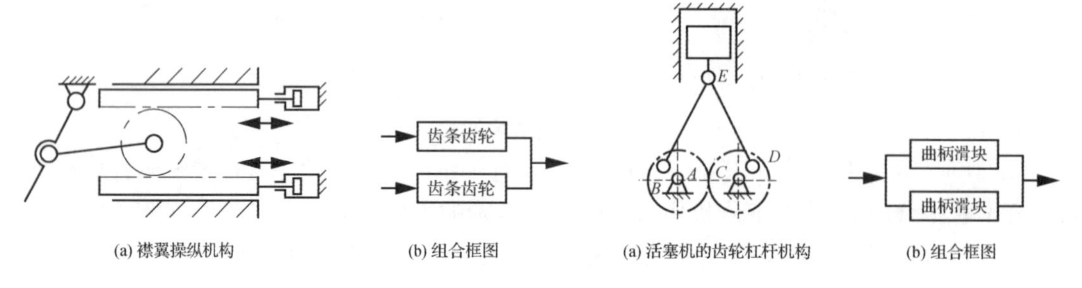

(a) 襟翼操纵机构　(b) 组合框图

图 17－9　Ⅰ型并联组合机构

(a) 活塞机的齿轮杠杆机构　(b) 组合框图

图 17－10　Ⅱ型并联组合机构

Ⅲ型并联组合机构实际上是将一个输入运动分解为两个输出运动的机构，主要解决机构动作的协调和时序的控制。图 17－11(a)所示为丝织机开口机构，由两个摇杆滑块机构并联组合，两个摇杆滑块机构的形状和尺寸完全相同并且对称布置，也属于简单型并联。其中，曲柄摇杆机构的摇杆 3 作为输入构件，同时带动两连杆 4 和 6，分别驱动滑块 5 和 7 作往复直线运动。图 17－11(b)为该其机构的组合框图。

17.2.2.3　机构的复合组合

由一个或几个串联的基本机构去封闭一个具有两个或两个以上个自由度的基本机构的组合方式，称为机构的复合组合。其分为两种组合方式：①并接复合，基础机构与附加机构各自取出一个做平面运动的构件并接，再各自取出一个连架杆并接，运动由基础机构中参加并接的连架杆输入，再由基础机构中的另一个连架杆输出，如图 17－12(a)；②回接复合，基础机构与附加机构中两个连架杆并接，附加机构中的另一个连架杆负责把运动回接到基础机构中做复杂运动的构件中，如图 17－12(b)。

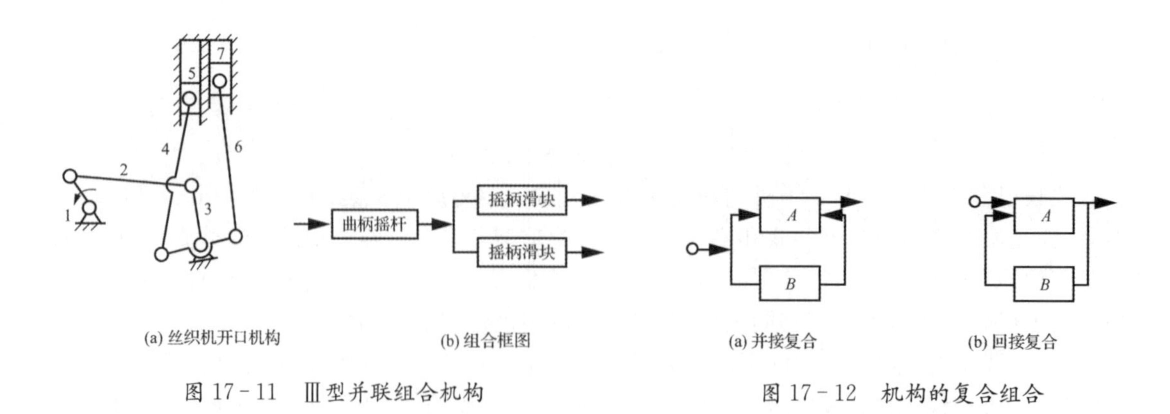

(a) 丝织机开口机构　(b) 组合框图

图 17－11　Ⅲ型并联组合机构

(a) 并接复合　(b) 回接复合

图 17－12　机构的复合组合

图 17-13(a)所示为复合组合机构，构件 1′，4，5 组成自由度为 1 的凸轮机构，构件 1，2，3，4，5 组成自由度为 2 的五杆机构，主动凸轮 1′与曲柄 1 为同一构件，构件 4 是两个基本机构的公共构件。当主动凸轮转动时，从动件 4 移动，同时给五杆机构输入一个转动 φ_1 和一个位移 s_4，故五杆机构具有确定的运动。此时构件 2 和构件 3 上任一点(如 P 点)能实现比四杆机构连杆曲线更为复杂的轨迹曲线。图 17-13(b)为该组合机构的组合框图。

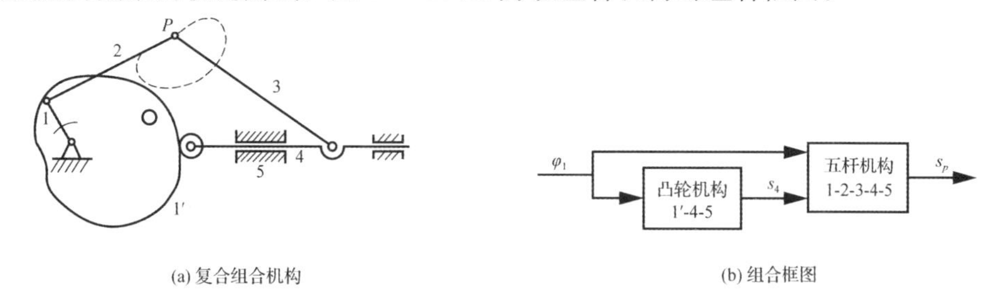

(a) 复合组合机构　　(b) 组合框图

图 17-13　复合组合机构

17.2.2.4　机构的叠加组合

将一个机构安装在另一个机构的某个运动构件上的组合形式，其输出运动是若干个机构输出运动的合成，称为机构的叠加组合，如图 17-14。其有两种组合方式：①Ⅰ型叠加，附加机构 B 安装在基础机构 A 的可动构件上，同时附加机构的输出构件驱动基础机构的某个构件，由附加机构输入运动，附加机构在驱动基础机构运动的同时，也可以有自己的运动输出，如图 17-14(a)；②Ⅱ型叠加，附加机构 B 安装在基础机构 A 的可动构件上，再由设置在基础机构可动构件上的动力源驱动附加机构运动，如图 17-14(b)。

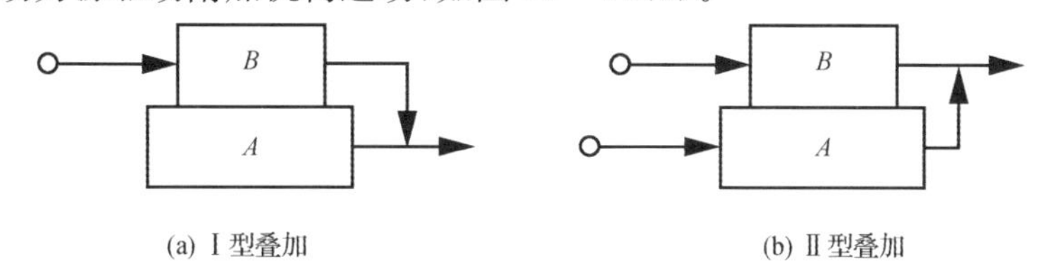

(a) Ⅰ型叠加　　(b) Ⅱ型叠加

图 17-14　机构的叠加组合

图 17-15(a)电风扇摇头机构为Ⅰ型叠加组合，是蜗杆机构(电动机)叠加在双摇杆机构的摇杆 1 上，蜗轮与双摇杆机构中的连杆 2 固定连接，当电动机带动电扇转动时，同时通过蜗轮蜗杆机构使摇杆 1 摆动，实现电扇的摇头；图 17-15(b)电动玩具马机构为Ⅱ型叠加组合，是 ABC 曲柄摇杆机构附加在机架与构件 4-2 杆机构上。

(a) 电风扇摇头机构（Ⅰ型叠加）　　(b) 电动玩具马机构（Ⅱ型叠加）

图 17-15　叠加组合机构

17.3 机械结构创新设计方法

机械结构设计是在原理方案设计和机构设计的基础上，得到满足功能要求的结构方案，即将机构系统结构化为机械实体系统。机械结构设计包括机械结构的类型和组成，以及结构中所有零部件的形状、尺寸、材料等，所确定的结构方案不仅要满足原理方案规定的动作要求，也要满足功能要求、使用要求、结构工艺性要求、人机工程学要求等。因此，机械结构设计具有巨大的创新空间，但机械结构设计具有多解性，即满足同一设计要求的机械结构并不唯一。故寻求最佳结构方案成为机械结构设计的关键环节，这就需要设计者发挥创造性思维方法的作用，进行结构的创新设计。

17.3.1 结构变异创新

结构变异创新是指针对一个已知结构进行深入分析，通过调整其结构参数或变换其功能面形状等得到多个结构方案的创新方法。

1)结构参数调整变异法

在明确结构参数变化对系统技术性能的影响基础上，调整对进一步提高系统性能影响较大的结构参数。以联轴器为例，图 17-16(a)为凸爪式弹性块联轴器，在两半联轴器 1 和 2 的中间，装有方形滑块 3，它可在半联轴器的凹槽中滑动，补偿两轴偏移量，图中涂黑的滑动面传递作用力，为主要工作面。运用发散思维方法进行该联轴器结构参数的调整，可获得多种结构方案，如对其主要作用面的面积和数量进行调整，可得到如图 17-16(b)所示的变形结构，工作面的尺寸变小了，但压力分布更为均匀；将滑动摩擦变为滚动摩擦，可得到如图 17-16(c)所示的结构；将图 17-16(c)结构中刚性支架 5 上的内装滚子 4 调整为外装滚子，可得到如图17-16(d)所示的结构；将图 17-16(d)中的支承滚子的刚性支架 5 变换为柔性环，则得到图 17-16(e)所示的结构。

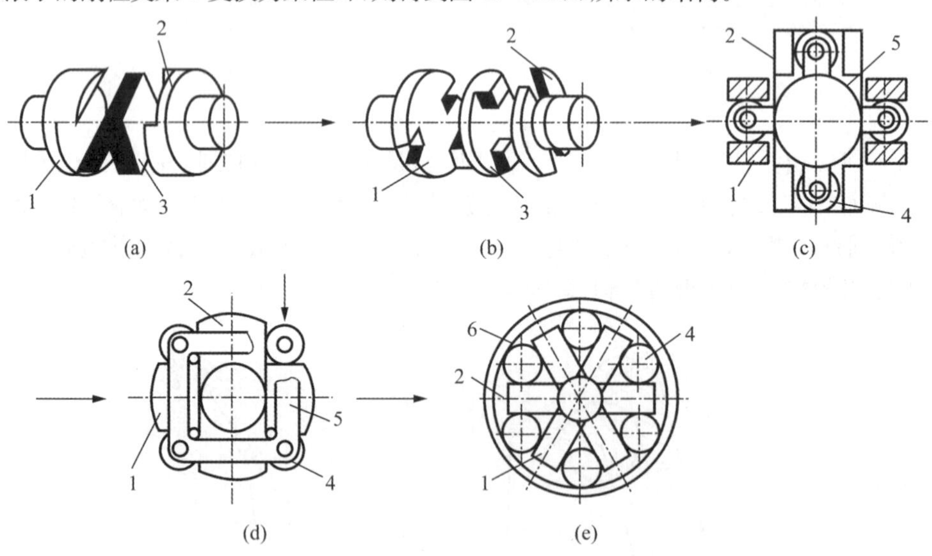

1,2:半联轴器　3:滑块　4:滚子　5:刚性支架　6:柔性环

图 17-16　弹性块联轴器的结构变异

2)功能面形状变换变异法

机械零部件中与其他零部件相接触或与工作介质、被加工物体相接触的表面称为功能表面。零件的功能表面是决定其功能的重要因素，通过对功能表面的变换设计，可以得到为实现

同一技术功能的多种结构方案。以螺钉为例，螺钉用于连接时，需要利用螺钉头部进行拧紧，通过变换旋拧功能面的形状和位置，可以得到螺钉头的多种设计方案，图 17－17 所示有 12 种方案。大家还可以想出更多的螺钉头部形状的设计方案，不同的头部形状所需的工作空间（扳手空间）不同，拧紧力矩亦不同，在设计新的螺钉头部形状方案时，要综合考虑拧紧工具的形状和操作方法。

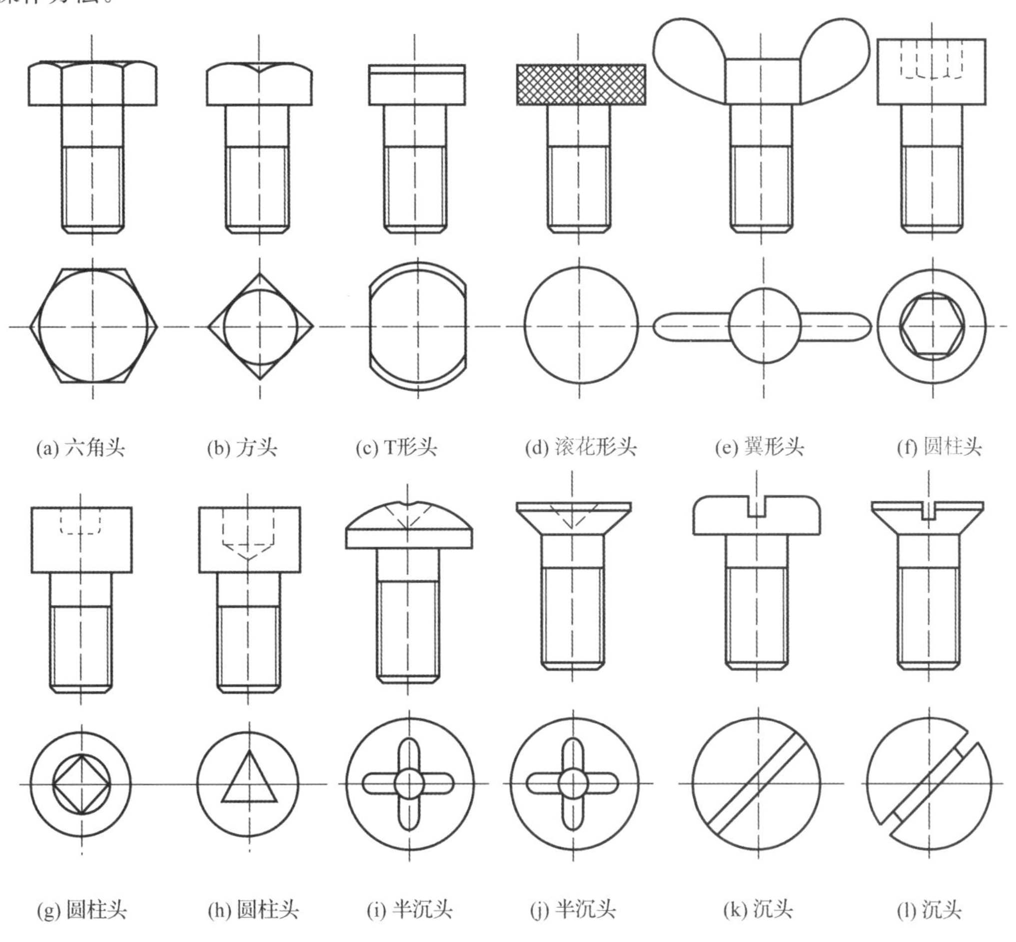

图 17－17　螺钉头功能面的变换

17.3.2　结构组合创新

将不同功能或特点的结构组合起来，实现功能集成、增强或互补的设计方法称为结构的组合创新。如图 17－18 所示的三种自攻螺钉结构，它们或将螺纹与丝锥的结构集成一起，或将螺纹与钻头的结构集成一起，使得拧螺钉与攻螺纹甚至钻孔能同时进行，因而螺钉连接结构的加工和安装更方便。

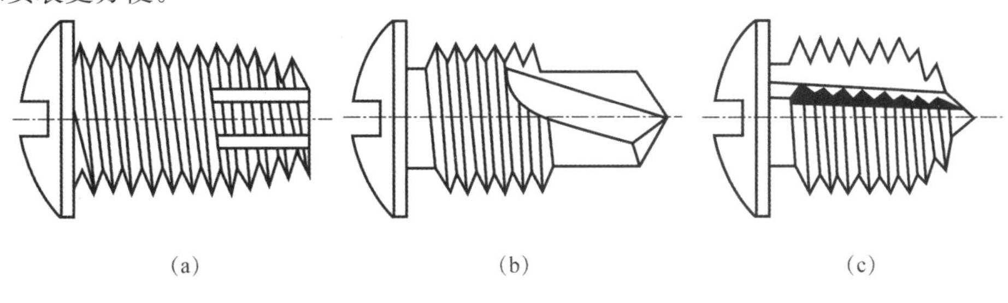

图 17－18　自攻螺钉结构

17.3.3 结构简化创新

一般情况下，需要完成的功能越复杂、越多，则零部件的结构也越复杂。但某些场合，可将复杂的结构巧妙地进行简化设计，使其不仅功能保持不变，而且结构简单、新颖，便于制造、安装、调整和维护。图 17-19(a)为仪器仪表常采用的常规螺钉连接结构，图 17-19(b)则是相同功能、经结构简化创新设计而改进的快动连接结构，省去了螺钉和螺纹孔结构，通过零件的弹性变形达到连接的目的，结构简单、便于操作。

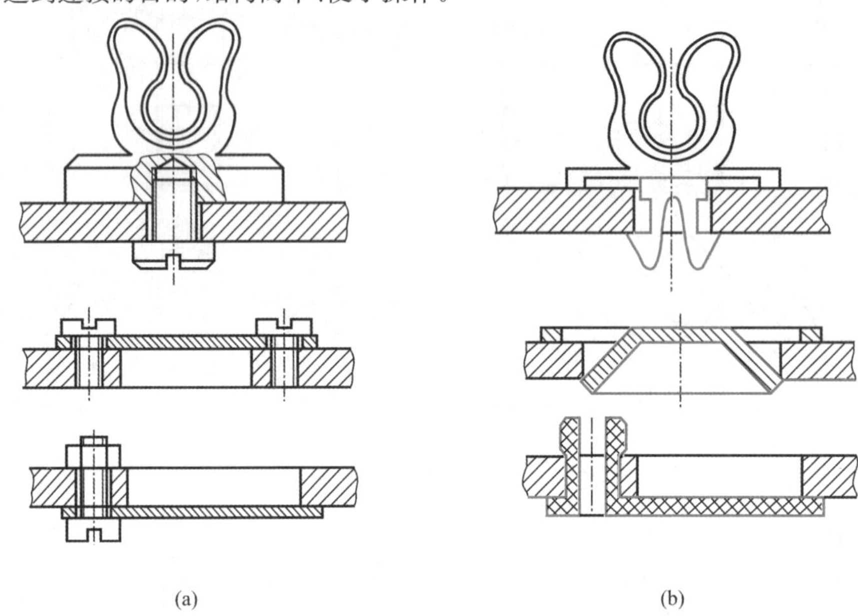

图 17-19 连接结构及其简化

17.3.4 材料变异创新

在结构设计中，既要根据功能的要求合理地选择材料，又要根据材料的种类确定适当的机械结构及其加工工艺。可采用其他材料(或新材料)替换原零部件所用材料，从而设计出多种满足要求的新颖的机械结构，而且能最大限度地发挥材料的优势，提高其工作性能，或实现新的工作原理，进而简化结构、降低成本。图 17-20 为采用形状记忆合金材料设计铆钉连接结构。图 17-20(a)为高温下所制成的铆钉形状，在低温环境下施力将其扳直并插入被连接件，如图 17-20(b)(c)所示，然后加热至高温，则铆钉自动恢复到原高温时的形状进而被连接件铆接，如图 17-20(d)所示。

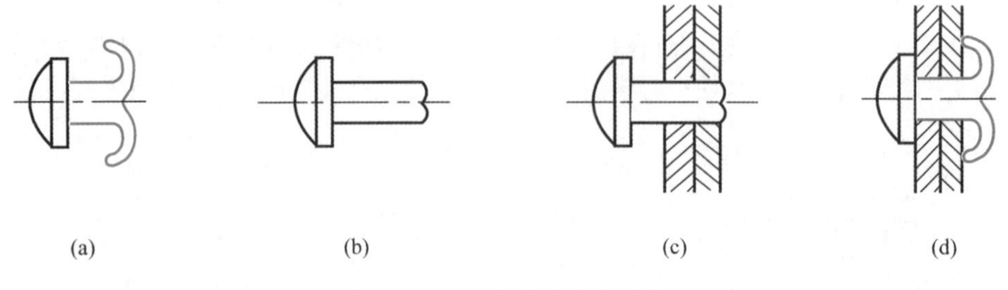

图 17-20 记忆合金铆钉连接

本章知识图谱

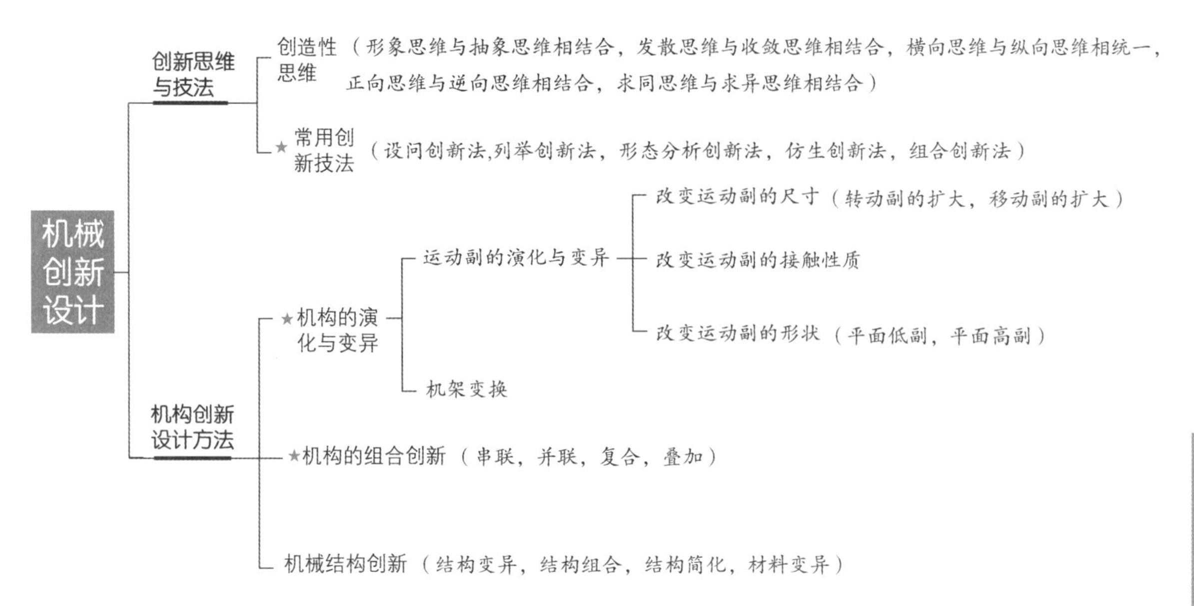

习　题

17－1　创造性思维具有哪些特征？

17－2　机构的演化、变异创新包括哪几种类型？

17－3　机构的组合创新包括哪几种类型？

17－4　说明图示旋转泵采用的机构演化或变异方法，画出其演化变异原始机构运动简图,并简要说明其工作原理。

17－5　分析图示钉扣机针杆传动机构由哪几种机构组合而成,说明其组合方式并画出组合方式图。

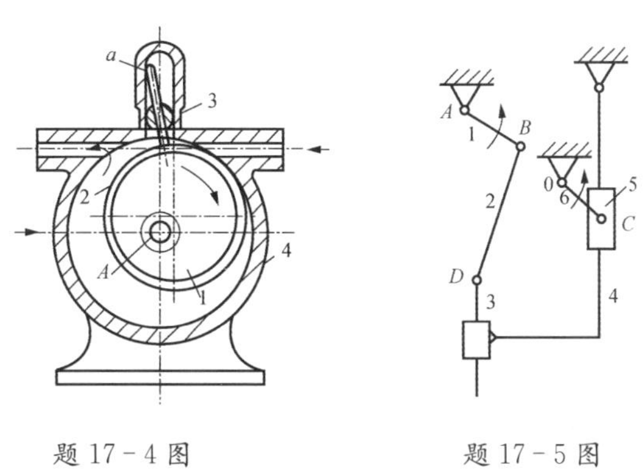

题 17－4 图　　题 17－5 图

17－6　基于曲柄连杆或曲柄滑块机构,设计一种能增大行程的组合机构。(1)画出机构示意图;(2)说明其结构组成和创新设计方法;(3)说明机构的增程原理。

17－7　根据仿生创新法,分析鸟类扑翼飞行动作,设计一种仿生鸟类扑翼机构,画出其机构简图。

参考文献

[1] 刘仙洲. 中国机械工程史料[M]. 北平:国立清华大学出版事务所,1935.

[2] 中国科学技术协会,中国机械工程学会. 2016—2017 机械工程学科发展报告(机械设计)[M]. 北京:中国科学技术出版社,2018.

[3] 中国科学院自然科学史研究所. 中国古代重要科技发明创造[M]. 北京:中国科学技术出版社,2019.

[4] 全国科学技术名词审定委员会. 机械工程名词(一)[M]. 2 版. 北京:科学出版社,2021.

[5] 中国轴承工业协会. 高端轴承技术路线图[M]. 北京:中国科学技术出版社,2018.

[6] 张策. 机械工程史[M]. 北京:清华大学出版社,2015.

[7] NORTON R L. 机械设计:原书 . 第 5 版:缩编版 [M]. 黄平,李静蓉,翟敬梅,等编译. 北京:机械工业出版社,2020.

[8] SHIGLEY J. 机械工程设计[M]. 北京:机械工业出版社,2016.

[9] D. 穆斯,H. 维特,M. 贝克,等. 机械设计:原书 . 第 16 版 [M]. 孔建益,译. 北京:机械工业出版社,2011.

[10] 杨可桢,程光蕴,李仲生,等. 机械设计基础[M]. 7 版. 北京:高等教育出版社,2020.

[11] 濮良贵,陈国定,吴立言,等. 机械设计[M]. 10 版. 北京:高等教育出版社,2019.

[12] 孙桓,葛文杰. 机械原理[M]. 9 版. 北京:高等教育出版社,2021.

[13] 谭建荣,冯毅雄. 智能设计理论与方法[M]. 北京:清华大学出版社,2020.

[14] 于靖军,毕树生,裴旭,等. 柔性设计:柔性机构的分析与综合[M]. 北京:高等教育出版社,2018.

[15] 闻邦椿. 机械设计手册:智能设计 仿生机械设计[M]. 6 版. 北京:机械工业出版社,2020.

[16] 张春林,赵自强,李志香. 机械创新设计[M]. 4 版. 北京:机械工业出版社,2021.

[17] 王亚东,赵亮,于海勇. 创造性思维与创新方法[M]. 北京:清华大学出版社,2018.

[18] 高志,黄纯颖. 机械创新设计[M]. 2 版. 北京:高等教育出版社,2010.

[19] 白清顺,孙靖民,梁迎春. 机械优化设计[M]. 6 版. 北京:机械工业出版社,2017.

[20] 李春书. 现代设计方法及其应用[M]. 北京:化学工业出版社,2013.

[21] 杨叔子,杨克冲,吴波,等. 机械工程控制基础[M]. 7 版. 武汉:华中科技大学出版社,2017.

[22] 关慧贞. 机械制造装备设计[M]. 5 版. 北京:机械工业出版社,2020.

[23] 张策. 机械原理与机械设计[M]. 3 版. 北京:机械工业出版社,2018.

[24] 邹慧君,郭为忠. 机械原理[M]. 3 版. 北京:高等教育出版社,2016.

[25] 王黎钦. 滚动轴承的极限设计[M]. 哈尔滨:哈尔滨工业大学出版社,2013.

[26] 于红英,邓宗全,丁刚. 机械原理[M]. 4 版. 北京:高等教育出版社,2023.

[27] 安琦,顾大强. 机械设计[M]. 2 版. 北京:科学出版社,2016.

[28] 王德伦,马雅丽. 机械设计[M]. 2 版. 北京:机械工业出版社,2020.

[29] 杜静. 机械原理[M]. 4 版. 北京:机械工业出版社,2023.

[30] 谢远龙,王书亭,蒋立泉. 四舵轮移动机器人运动控制:基本原理与应用[M]. 武汉:华中科技大学出版社,2023.

[31] 国家市场监督管理总局,中国国家标准化管理委员会. 机器人用谐波齿轮减速器[S]. 北京:中国标准出版社,2014.

[32] 王瑜,华宏星,翟文杰. 现代机械设计手册:单行本:机架、导轨及机械振动设计[M]. 2 版. 北京:化

学工业出版社，2020.

[33] 蒋秀珍. 精密机械结构设计[M]. 北京：清华大学出版社，2011.

[34] 潘承怡，解宝成. 机械结构设计禁忌[M]. 2版. 北京：机械工业出版社，2020.

[35] 吴宗泽. 机械结构设计准则与实例[M]. 北京：机械工业出版社，2006.

[36] 季林红，阎绍泽. 机械设计综合实践[M]. 北京：清华大学出版社，2011.

[37] 朱爱华. 机械设计基础案例教程[M]. 北京：机械工业出版社，2015.

[38] 成大先. 机械设计手册[M]. 6版. 北京：化学工业出版社，2016.

[39] 姜洪源，秦大同，闫辉. 现代机械设计手册：单行本：机械传动设计[M]. 2版. 北京：化学工业出版社，2020.

[40] 周明衡. 离合器、制动器选用手册[M]. 北京：化学工业出版社，2003.

[41] 秦大同，龚仲华. 现代机械设计手册：单行本：减速器和变速器[M]. 2版. 北京：化学工业出版社，2020.

[42] 张建成，方新. 数控机床与编程[M]. 2版. 山东：高等教育出版社，2013.

[43] 杜国臣. 机床数控技术[M]. 北京：机械工业出版社，2015.

[44] 王全景，刘贵杰，张秀红，等. 数程加工技术：3D版[M]. 北京：机械工业出版社，2020.

附录Ⅰ　机械设计常用基础数据

序号	常用基础数据二维码	对应章节	内容
1		第二章	Y2 系列(IP54)三相异步电动机技术条件(JB/T 8680—2008);Y 系列(IP44)三相异步电动机技术条件 (JB/T 10391—2008);常用传动结构传动效率的概略值;常用传动机构的最大允许速度、转速与传动比
2		第三章	常用零件结构的应力集中系数;零件结构的截面形状系数及尺寸系数;钢材的表面状态系数;常用工业润滑油的黏度分类及相应的黏度值;润滑油的黏-温曲线
3		第五章	常用齿轮材料及其力学性能;外啮合、减速齿轮传动变位系数选择;圆柱齿轮 ISO 齿面公差分级制(GB/T 10095—2022);圆柱齿轮主要表面粗糙度;齿轮啮合计算载荷系数;齿轮接触疲劳寿命系数;压力角 20°齿轮的节点区域系数;外齿轮齿形系数与应力修正系数;弯曲疲劳寿命系数;齿轮传动常用的润滑剂;普通圆柱蜗杆基本尺寸和参数;普通圆柱蜗杆传动基本几何尺寸计算关系式;蜗轮宽度、顶圆直径及蜗杆齿宽的计算公式
4		第七章	V 带单位长度的质量;普通 V 带轮的基准直径系列;滚子链链轮的基本参数和主要尺寸;链轮常用的材料及齿面硬度;链轮悬垂拉力计算用的垂度系数;链传动的布置
5		第九章	机械振动 恒态(刚性)转子平衡品质要求
6		第十章	普通螺纹 直径与螺距系列(GB/T 193—2003);普通螺纹 基本尺寸(GB/T 196—2003);梯形螺纹 牙型(GB/T 5796.1—2022);梯形螺纹 直径与螺距系列(GB/T 5796.2—2022);梯形螺纹 基本尺寸(GB/T 5796.3—2022);紧固件 螺栓、螺钉、螺柱和螺母通用技术条件(GB/T 16938—2008);螺栓组连接接合面材料的许用挤压应力;螺栓组连接接合面的摩擦系数;矩形花键尺寸、公差和检验(GB/T 1144—2001);圆柱销(GB/T 119—2000);圆锥销(GB/T 117—2000)
7		第十一章	滚动轴承 分类 (GB/T 271—2017);滚动轴承 额定动载荷和额定寿命(GB/T 6391—2010);滚动轴承 额定静载荷(GB/T 4662—2012);滚动轴承的静强度安全系数

续表

序号	常用基础数据二维码	对应章节	内容
8		第十二章	滑动轴承润滑脂的选择;整体镶轴套正滑动轴承座型号和尺寸
9		第十三章	凸缘联轴器(GB/T 5843—2003);弹性套柱销联轴器(GB/T 4323—2002);弹性柱销联轴器(GB/T 5014—2003)
10		第十四章	轴和零件上的倒角与圆角尺寸推荐值;毡圈油封形式和尺寸(JB/ZQ 4606—1997);液压气动用O型橡胶密封圈(GB/T 3452.1—2005);密封元件为弹性体材料的旋转轴唇形密封圈(GB/T 13871.1—2022);轴的抗弯、抗扭截面系数计算公式
11		第十五章	弹簧材料及其许用应力;普通圆柱螺旋压缩及拉伸弹簧的结构尺寸计算公式;圆柱螺旋弹簧尺寸系列(GB/T 1358—2009);普通圆柱螺旋拉伸弹簧尺寸及参数(GB/T 2088—2009)

附录Ⅱ　机械设计术语的中英文对照表

第1章　绪　论

机械系统	mechanical system	机构	mechanism
机器	machine	可靠性设计	reliability design
机械	machinery	构件	link
现代机械	modern machine	零件	part
传动系统	transmission system	驱动系统	driving system
控制和信息处理系统	controlling and information processing systems	执行系统	executive system
		机构学	theory of mechanisms
现代设计方法	modern design method	失效概率	invalidated probability
创新设计	innovation design	绿色设计	green design
优化设计	optimization design	并行设计	concurrent design，CD
机械设计	mechanical design		

第2章　机械系统总体方案设计

机械系统设计	mechanical system design，MSD	原动机	primer mover
总体方案设计	overall scheme design	操纵及控制装置	operation control device
执行构件	executive link；working link	电动机	motor
主动件	driving link	低副	lower pair
从动件	driven link	高副	higher pair
运动副	kinematic pair	自由度	degree of freedom
铰链连接	hinge，pilot pin joint	虚约束	redundant constraint,passive constraint
机构运动简图	kinematic diagram of mechanism	机械效率	mechanical efficiency

第3章　机械零件设计基础知识

标准化	standardization	动载荷	dynamic load
可靠性	reliability	静载荷	static load
概念设计	conceptual design	许用应力	allowable stress，permissible stress
工作能力	work capacity	接触应力	contact stress
承载能力	load carrying capacity,bearing capacity	极限应力	extreme (or limiting) stress
失效	failure	循环特性	cyclic characteristics
磨损	wear	脉动循环	pulsation cycle
点蚀	pitting	对称循环	symmetry cycle
干摩擦	dry friction,dry running	疲劳强度	fatigue strength
边界摩擦	boundary friction	疲劳极限	fatigue limit
磨损	abrasion，abrasive wear	润滑剂	lubricant
工艺性	technology		

第4章 平面连杆机构

连杆机构	linkage mechanism	连架杆	side link
四杆机构	four-bar mechanism	曲柄	crank
曲柄摇杆机构	crank-rocker mechanism	连杆	coupler, floating link, connecting rod
曲柄滑块机构	slider-crank mechanism	摇杆	rocker
偏心轮机构	eccentric mechanism	滑块	slider
急回运动机构	quick-return mechanism	导杆	guide bar, guide link
行程速度变化系数	coefficient of travel speed variation, advance-to-return ratio	压力角	pressure angle
		死点	anchor point, dead point
速度瞬心	instantaneous center of velocity		

第5章 齿轮传动

齿轮传动	gear drive	法平面	normal plane, cutting edge normal plane
主动齿轮	driving gear	轮齿	gear teeth
从动齿轮	driven gear	齿顶	crest
直齿轮	spur gear	齿根	root
斜齿轮	helical gear	齿槽	tooth space
锥齿轮	bevel gear	齿面	tooth flank
人字齿轮	herringbone gear	齿高	tooth depth
齿条	rack	齿顶高	addendum
左旋齿	left-hand teeth	齿根高	dedendum
右旋齿	right-hand teeth	齿宽	facewidth
齿廓	tooth profile	齿厚	tooth thickness
端面齿廓	transverse profile	齿距	pitch
法向齿廓	normal profile	基圆	base circle
轴向齿廓	axial profile	分度圆	reference circle
背锥齿廓	back cone tooth profile	节圆	pitch circle
共轭齿廓	conjugate profile	齿顶圆	tip circle
渐开线齿廓	involute profile	齿根圆	root circle
啮合	engagement	齿数	number of teeth
齿数比	gear ratio	模数	module
传动比	gear ratio, transmission ratio	端面模数	transverse module
啮合线	path of contact	法向模数	normal module
压力角	pressure angle	轴向模数	axial module
啮合角	working pressure angle	螺旋角	helix angle
顶隙	bottom clearance	当量齿数	virtual number of teeth
侧隙	backlash, side clearance	标准中心距	reference center distance
根切(挖根)	undercut	轴交角	shaft angle
变位	modification	锥距	outer cone distance
端面重合度	transverse contact ratio	分度圆锥角	reference cone angle
纵向重合度	overlap ratio	背锥角	back cone angle
啮合齿面	mating flank	阿基米德螺线	Archimedes spiral
共轭齿面	conjugate flank	导程角	lead angle

第6章 轮 系

行星齿轮系	planetary gear train	中心轮	center gear
定轴轮系	ordinary gear train, gear train with fixed axis	太阳轮	sun gear
行星架	planet carrier		

第7章 带传动与链传动

带传动	belt drive	普通V带	classical V-belt
平带传动	flat belt drive	窄V带	narrow V-belt
V带传动	V-belt drive	带长	belt length
圆带传动	round belt drive	包角	angle of contact
同步带传动	synchronous belt drive, timing belt drive	滑动率	sliding ratio
主动带轮	driving pulley	初拉力	initial tension
从动带轮	driven pulley	紧边拉力	tight side tension
张紧轮	tensioning wheel	松边拉力	slack side tension
链传动	chain drive	有效拉力	effective tension
链条	chain	离心拉力	centrifugal tension
滚子链	roller chain		

第8章 其他常用机构

凸轮	cam	回程	return travel
盘形凸轮	plate cam, disk cam	推程	rise travel
移动凸轮	translating cam	棘轮机构	ratchet mechanism
凸轮从动件	cam follower	回程运动角	motion angle for return travel
直动从动件	translating follower	推程运动角	motion angle for rise travel
凸轮理论轮廓	cam pitch curve	近休止角	inner dwell angle
凸轮实际轮廓	cam actual profile	远休止角	outer dwell angle
间歇运动机构	intermittent mechanism	槽轮机构	geneva mechanism, maltese cross, fluted-rolled mechanism
步进机构	stepping mechanism		
棘爪	pawl	不完全齿轮机构	incomplete gear mechanism

第9章 机械平衡及周期性速度波动调节

转子静平衡	static balance of rotor	惯性力	inertial force
转子动平衡	dynamic balance of rotor	转动惯量	moment of inertia, rotary inertia
速度波动	velocity fluctuation	回转半径	radius of gyration
盈亏功	increment or decrement of work	飞轮	flywheel

第 10 章　机械连接

螺纹	screw thread	螺栓	bolt
牙型角	thread angle	双头螺柱	stud
公称直径	nominal diameter	螺钉	screw
螺纹大径	major diameter	螺母	nut
螺纹小径	minor diameter	垫圈	washer
螺纹中径	pitch diameter	键	key
螺距	pitch	花键	spline
导程	lead	键槽	key way, keyseat
平键	flat key	楔键	taper key
半圆键	woodruff key	切向键	tangential key
销	pin		

第 11 章　滚动轴承

滚动轴承	rolling bearing ， rolling contact bearings	推力轴承	thrust bearing
深沟球轴承	deep groove ball bearing	向心球轴承	redial ball bearing
角接触轴承	angular contact bearing	调心轴承	self-aligning bearing
向心滚子轴承	radial roller bearing	内圈	inner ring, inner race
圆柱滚子轴承	cylindrical roller bearing	外圈	outer ring, outer race
圆锥滚子轴承	tapered roller bearing	滚动体	rolling element
滚针轴承	needle roller bearing, needle bearing	保持架	cage
基本额定寿命	basic rating life	基本额定动载荷	basic dynamic load rating

第 12 章　滑动轴承

滑动轴承	plain bearing, plain surface bearing	轴颈	journal
径向滑动轴承	plain journal bearing	轴瓦	bearing pad
止推滑动轴承	plain thrust bearing	轴承衬	bearing liner
液体动压滑动轴承	hydrodynamic sliding bearing	液体静压滑动轴承	hydrostatic sliding bearing
偏心率	relative eccentricity	楔效应	wedge effect

第 13 章　联轴器　离合器　制动器

联轴器	coupling	离合器	clutch
刚性联轴器	rigid coupling	牙嵌离合器	jaw clutch
凸缘联轴器	flange coupling	摩擦离合器	friction clutch
齿式联轴器	gear coupling	安全离合器	safety clutch
弹性联轴器	resilient shaft coupling	制动器	brake
膜片联轴器	diaphragm coupling	带式制动器	band brake
安全联轴器	safety coupling	块式制动器	block brake

第 14 章　轴系布局与轴的设计

直轴	straight shaft	心轴	spindle
阶梯轴	multi-diameter shaft	传动轴	transmission shaft
曲轴	crank shaft	转轴	revolving shaft, rotating shaft
钢丝软轴	wire soft shaft	轴端挡圈	lock ring at the end of shaft
临界转速	critical speed		

第 15 章　其他通用零件

圆柱螺旋压缩弹簧	cylindrical helical compression spring	碟形弹簧	belleville spring
		环形弹簧	ring spring
圆柱螺旋拉伸弹簧	cylindrical helical tension spring	板弹簧	leaf spring
		节距(弹簧)	pitch (spring)
机身	frame	中径	pitch diameter
机架	rack	旋绕比(弹簧)	spring index (spring)
机箱	chassis	曲度系数(弹簧)	curvature correction factor
肋板	rib		
截面	section	高径比(弹簧)	slenderness ratio (spring)
圆柱螺旋扭转弹簧	cylindrical helical torsion spring		

第 16 章　机械系统设计示例

机械系统设计	mechanical system design	带式输送机	belt conveyor
执行系统	executive system	传动方案	transmission scheme
传动系统	driving system	电动机	motor
平面搬运机构	plane handling mechanism	额定功率	rated power
机械臂	mechanical arm	效率	efficiency
运动方案	motion scheme	功率	power
尺度综合	dimension synthesis	转速	rotational speed
功能分解	functional decomposition	设计计算	design calculation
开链	open chain	运动参数	motion parameters
闭链	closed chain	动力参数	power parameters
机构运动学分析	kinematic analysis of mechanism	输入转速	input speed
角度	angle	输入功率	input power
角速度	angular velocity	输入转矩	input torque
角加速度	angular acceleration		

第 17 章　机械创新设计

创新	innovation	机构创新	institutional innovation
创造性思维	creative thought	转动副	revolve pair
形象思维	thinking in images	移动副	translational
抽象思维	abstract thinking	演化	evolution
发散思维	divergent thinking	变异	variation
收敛思维	convergent thinking	接触性质	contact properties
横向思维	lateral thinking	机架变换	rack transformation
纵向思维	vertical thinking	等效变换	equivalent transformation
正向思维	positive thinking	串联组合	series combination
逆向思维	reverse thinking	并联组合	parallel combination
求同思维	convergent thinking	复合组合	compound combination
求异思维	differential thinking	叠加组合	overlay combination
创新技法	methods of invention	机械结构	mechanical structure
设问创新	questioning innovation	结构变异	structural variation
列举创新	list innovation	结构组合	structural combination
形态分析创新	morphological analysis innovation	结构简化	structural simplification
仿生创新	biomimetic innovation	材料变异	material variation
组合创新	combination innovation		

本书配有智能阅读助手，为您1V1定制

《机械设计基础》阅读计划

帮助您实现“时间花得少，学习体验好”的阅读目的

建 议 配 合 二 维 码 一 起 使 用 本 书

您可根据自己的学习需求，量身定制专属于您的阅读计划：

阅读服务方案	阅读时长指数	为您提供的资源类型	帮助您达到以下学习目的
1. 高效阅读	每周阅读频次 较低 每次耗费时长 较短 总共耗费时长	总结类	帮您快速掌握本教材核心考点。
2. 轻松阅读	每周阅读频次 较高 每次耗费时长 适中 总共耗费时长	基础类	了解本教材基础知识。
3. 深度阅读	每周阅读频次 较高 每次耗费时长 较长 总共耗费时长	拓展类	顺利通过考试。

针对您选择的阅读服务方案，您会获得以下权益：

立刻获得的主要权益

1套本书配套资料包	1套专业知识网课	至少1套学习工具	3次实体书抽奖机会
由出版社独家提供	与本书内容相关	辅助学习培养好习惯	限时抽奖
高效辅助本书学习	名师授课免费学	终身拥有	让您免费读好书

每周获得的主要权益

专享礼券包	至少16周线上听课提醒	16周专属学习内参	16周精选好书推荐
零门槛课程专享券	每周1-7次贴心提醒	学习/应试/考研	每周推荐1次
用于积分商城兑换精品课程	按时完成本书学习	每周2次相关热点必看资讯	本书相关精品好书

长期获得的主要权益

- **线上精品课** 名师亲授，专业知识强化精品课程，每学期不少于1次。
- **线下读书活动推荐** 精选活动，拓展专业知识面，每学期不少于1次。
- **抢兑高效提升一对一辅导课** 每学期至少2次限时抽奖，免费获取一对一辅导课。

微信扫码

第一步：微信扫描二维码；

第二步：关注出版社公众号；

第三步：选择您需要的资源或服务，点击获取。